D1664690

Werkstoffprüfung

Werkstoffprüfung

Von einem Autorenkollektiv

Herausgegeben von
Prof. Dr. sc. techn. Horst Blumenauer, Ordentliches Mitglied
der Akademie der Wissenschaften der DDR

5., durchgesehene Auflage
Mit 332 Bildern und 68 Tabellen

VEB Deutscher Verlag für Grundstoffindustrie · Leipzig

Als Lehrbuch für die Ausbildung an Universitäten und Hochschulen der DDR anerkannt.

Berlin, Februar 1984

Minister für Hoch- und Fachschulwesen

Autorenkollektiv

Prof. Dr. sc. techn. *Horst Blumenauer*, Magdeburg
(Kapitel 1, Abschnitte 2.1.2. und 2.1.3.)

Prof. Dr. sc. nat. *Irmgard Garz*, Magdeburg
(Kapitel 5)

Prof. Dr. sc. techn. *Heinz Hoffmann*, Merseburg
(Kapitel 8)

Prof. Dr. sc. techn. *Ulf-Dietger Hünicke*, Merseburg
(Abschnitt 6.1.)

Prof. Dr. sc. techn. *Christian Knedlik*, Ilmenau
(Kapitel 7)

Doz. Dr.-Ing. *Werner Kurzmann*, Freiberg
(Abschnitte 2.3. und 2.5., Kapitel 9)

Prof. Dr. sc. techn. *Winfried Morgner*, Magdeburg
(Abschnitte 6.3. bis 6.6.)

Prof. Dr. sc. techn. *Gerhard Pusch*, Freiberg
(Abschnitt 2.2.)

Doz. Dr.-Ing. *Heinz Schmiedel*, Merseburg
(Abschnitt 2.1.1.)

Doz. Dr. sc. nat. *Eberhard Than*, Karl-Marx-Stadt
(Kapitel 3)

Prof. Dr. sc. techn. *Horst-Dieter Tietz*, Zwickau
(Abschnitte 2.4. und 6.2.)

Doz. Dr. sc. techn. *Hartmut Worch*, Dresden
(Kapitel 4)

ISBN 3-342-00390-1

5., durchgesehene Auflage

VLN 152–915/36/89
Printed in the German Democratic Republic
Fotomechanischer Nachdruck: VEB Druckerei „Thomas Müntzer“, Bad Langensalza
Lektor: Berthold Schöpe
Redaktionsschluß: 1. 2. 1988
LSV 3014
Bestell-Nr.: 542 149 0
03500

Vorwort zur 1. Auflage

Das Wachstum der industriellen Produktion hat einen zunehmenden Bedarf an Werkstoffen zur Folge, wobei der Übergang zu höheren Leistungsparametern, die Verbesserung der Zuverlässigkeit technischer Erzeugnisse und die Automatisierung der Fertigung immer neue Anforderungen an die Werkstoffeigenschaften stellen. Bei der Erfüllung der volkswirtschaftlichen Zielstellungen auf dem Gebiet der Materialökonomie und der Qualitätssicherung stehen ebenfalls werkstofftechnische Aufgaben im Vordergrund. Um die Werkstoffe rationell verarbeiten und zweckmäßig einsetzen zu können, ist es erforderlich, ihre Eigenschaften und ihr Verhalten unter den betrieblichen Beanspruchungsbedingungen mit Hilfe der Werkstoffprüftechnik zu untersuchen.

Im Jahre 1955 begründete Prof. Dr. phil. *Ernst Schiebold* an der Technischen Hochschule Otto von Guericke Magdeburg eine wissenschaftliche Schule mit dem Ziel, durch Übernahme von Erkenntnissen verschiedener naturwissenschaftlicher und technischer Disziplinen die Aussagefähigkeit der Verfahren zur Werkstoffprüfung zu erhöhen und ihnen neue Anwendungsgebiete zu erschließen. Nachdem die wissenschaftlichen Arbeitsergebnisse dieser Schule in mehreren Monografien über ausgewählte Prüfverfahren publiziert worden sind, erschien es im Hinblick auf die vielfältigen Wechselbeziehungen zwischen den in der Praxis zu lösenden Prüfproblemen erforderlich, diese Spezialliteratur durch eine zusammenfassende Darstellung der Werkstoffprüftechnik zu ergänzen.

Damit sollte auch das den beiden von Prof. Dr.-Ing. habil. *W. Schatt* herausgegebenen Lehrbüchern »Einführung in die Werkstoffwissenschaft« und »Werkstoffe des Maschinen-, Anlagen- und Apparatebaues« zugrunde liegende Konzept, nach dem die allen Werkstoffgruppen gemeinsamen Erscheinungen und Anwendungsprobleme zum Ausgangspunkt der Stoffeinteilung und -vermittlung gemacht wurden, auf die Werkstoffprüfung übertragen werden.

Bei dem Umfang des Stoffgebietes war es nicht möglich, eine detaillierte Beschreibung aller Prüfverfahren und ihrer Anwendungsmöglichkeiten anzustreben. Versuchstechnische Einzelheiten können ebenso wie die Anwendung der Fehlerrechnung und Statistik dem im gleichen Verlag erschienenen Arbeitsbuch »Praktikum Werkstoffprüfung« entnommen werden. Auf werkstoffwissenschaftliche Grundlagen konnte nur in dem Maße, wie es zur Erklärung bestimmter Sachverhalte unbedingt erforderlich schien, eingegangen werden. Für nähere Informationen sei der Leser auf die oben genannten Lehrbücher sowie die zu jedem Kapitel gegebenen Hinweise auf Zusatz- und Quellenliteratur bzw. Standards verwiesen. Vorausgesetzt werden die in den technischen Studienrichtungen vermittelten Kenntnisse in Mathematik, Physik, Technischer Mechanik, Elektrotechnik und Fertigungstechnik.

Das Lehrbuch »Werkstoffprüfung« wendet sich in erster Linie an die Studierenden der Hoch- und Fachschulen in den Fachrichtungen des Werkstoff-, Maschinen-, Bau-, Elektro- und Verfahrensingenieurwesens. Es soll aber auch zur Weiterbildung der in der Praxis tätigen Werkstoffprüf- und Kontrollingenieure, Berechnungsingenieure, Konstrukteure und Technologen dienen und den leitenden ingenieurtechnischen Kadern in der werkstoffherstellenden und -verarbeitenden Industrie Anregungen und Hinweise zur verstärkten Nutzung der modernen Verfahren zur Werkstoffprüfung geben.

Dem Autorenkollektiv ist es ein Bedürfnis, dem VEB Deutscher Verlag für Grundstoffindustrie, Leipzig, für die ständige Unterstützung bei der Erarbeitung des Manuskripts und die Bereitschaft zur raschen Herausgabe des Buches zu danken.

Unser Dank gilt auch allen Fachkollegen und Betrieben, die Unterlagen und Bildmaterial zur Verfügung stellten. Den Herren Prof. Dr. sc. techn. *H.-J. Spies* und Prof. Dr.-Ing. habil. *K. Nitzsche* sind wir für viele konstruktive Hinweise zu besonderem Dank verpflichtet.
Autoren und Verlag sind sich bewußt, daß die schnelle Entwicklung der Werkstoffprüftechnik die Herausgabe dieses Lehrbuches zu einer gleichermaßen notwendigen wie schwierigen Aufgabe macht. Anregungen und kritische Hinweise werden daher dankbar entgegengenommen.

Magdeburg *Horst Blumenauer*

Vorwort zur 3. Auflage

Seit dem Erscheinen der 1. Auflage dieses für die Ausbildung an Universitäten und Hochschulen der DDR anerkannten Lehrbuchs im Jahre 1976 (eine Übersetzung in die russische Sprache im Verlag Metallurgija, Moskau, und eine berichtigte 2. Auflage erschienen 1979) hat die Werkstoffprüfung sowohl für die werkstoffwissenschaftliche Grundlagenforschung als auch für die betriebliche Qualitätssicherung stark an Bedeutung gewonnen.
Hieraus resultiert eine z.T. sprunghafte Weiterentwicklung der Prüfverfahren und -geräte, was durch folgende Fakten belegt werden kann:

- das Entstehen einer neuen Generation von Werkstoffkenngrößen für das Festigkeits- und Zähigkeitsverhalten der Werkstoffe auf der Basis der Bruchmechanik und der dazu erforderlichen Prüftechnik
- die immer stärkere Eingliederung der Werkstoffprüfung in den Fertigungsprozeß bei gleichzeitiger rechnerunterstützter Informationsverarbeitung
- der Einsatz automatisierter Prüfgeräte mit rechnergeführter Versuchsvorbereitung, -durchführung und -auswertung durch breite Anwendung der Mikroelektronik und Sensortechnik
- die zunehmende Kopplung experimenteller und mathematischer Methoden bei der Beschreibung des Werkstoffverhaltens als Grundlage einer zielgerichteten Eigenschaftsoptimierung

Damit ergab sich aber auch die Notwendigkeit zur umfassenden Überarbeitung dieses Lehrbuchs. Hierbei war es nicht möglich, auf alle Entwicklungsrichtungen im Detail einzugehen, ohne die einem Lehrbuch natürlicherweise gesetzten Grenzen zu überschreiten. Trotzdem wurde versucht, unter bewußtem Verzicht auf manche prüftechnische Einzelheit sowie die Methoden zur statistischen Versuchsplanung und -auswertung, die ausführlich in dem in enger Beziehung zu diesem Lehrbuch stehenden Arbeitsbuch »Praktikum Werkstoffprüfung« erläutert sind, dem aktuellen Stand und den erkennbaren Entwicklungstendenzen der Werkstoffprüfung zu entsprechen. Besonderer Wert wurde dabei wiederum auf die Darlegung der werkstoffphysikalischen Grundlagen der Prüfverfahren und Kenngrößen gelegt.
Probleme ergaben sich aus dem derzeitigen Stand der Standardisierung auf den verschiedenen Gebieten der Werkstoffprüfung, so daß Unterschiede in den Bezeichnungen oder Kurzzeichen (z. B. für die Festigkeitskenngrößen) zwangsläufig in Kauf genommen werden mußten bzw. einige Kompromisse erforderlich waren.
Auch diesmal gilt der Dank des Autorenkollektivs und Herausgebers dem VEB Deutscher Verlag für Grundstoffindustrie, Leipzig, für die Herausgabe der 3. Auflage und Herrn Prof. Dr. sc. techn. *H.-J. Spies* für seine konstruktiven Hinweise.

Magdeburg *Horst Blumenauer*

Inhaltsverzeichnis

1. Einführung

1.1. Bedeutung und Aufgaben der Werkstoffprüfung

Die Werkstoffprüfung ist ein Teilgebiet der Werkstoffwissenschaft mit engen Verbindungen zu anderen Ingenieurwissenschaften, vor allem zur Festkörpermechanik, Konstruktionstechnik, Fertigungstechnik und Automatisierungstechnik. Grundlegende Aufgaben der Werkstoffprüfung sind:

a) die Festlegung geeigneter Kenngrößen zur Charakterisierung der Werkstoff- bzw. Bauteileigenschaften und die quantitative Darstellung dieser Eigenschaften in Form von Kennwerten
b) die kontinuierliche und weitgehend automatisierte Kontrolle der bei der Herstellung, Ver- und Bearbeitung der Werkstoffe eintretenden Eigenschaftsänderungen einschließlich des Nachweises möglicher Werkstoffehler
c) die laufende Überwachung des Werkstoffzustands während des Betriebs von Maschinen und Anlagen
d) die Untersuchung von Schadensfällen

Die Zielstellungen für diese Aufgaben und die zu ihrer Lösung angewandten Methoden sollen nachfolgend kurz umrissen werden.

1.1.1. Kenngrößenforschung und Kennwertermittlung

Die Anwendung von Kenngrößen zur Beschreibung von Werkstoffeigenschaften einschließlich der Methoden zur Ermittlung von Kennwerten ist eine wesentliche Voraussetzung für den effektiven Werkstoffeinsatz sowie die funktionsgerechte Dimensionierung von Bauteilen. Eine *Werkstoffkenngröße* ist eine meßbare und damit quantitativ darstellbare Werkstoffeigenschaft, die durch entsprechende Prüfvorschriften definiert wird. Im wesentlichen ist zwischen mechanischen, technologischen, thermischen, optischen, elektrischen, magnetischen und chemischen bzw. elektrochemischen Kenngrößen zu unterscheiden. Mit der Charakterisierung der Werkstoffeigenschaften durch entsprechende Kenngrößen und der Erarbeitung definierter Prüfvorschriften beschäftigt sich die *Kenngrößenforschung*. Hierbei kommt es vor allem darauf an, ausgehend von den gesetzmäßigen Zusammenhängen zwischen der Mikrostruktur der Werkstoffe und ihren makroskopischen Eigenschaften, eine einheitliche Basis für die Bewertung aller Werkstoffgruppen bei vergleichbaren Beanspruchungsbedingungen zu schaffen und Werkstoffkenngrößen zu entwickeln, die dem Werkstoffverhalten unter Betriebsbedingungen möglichst nahe kommen.
Der *Werkstoffkennwert* stellt die Kenngröße eines Werkstoffs in ihrer Abhängigkeit vom Werkstoffzustand und äußeren Einflußfaktoren (Temperatur, Beanspruchungs-

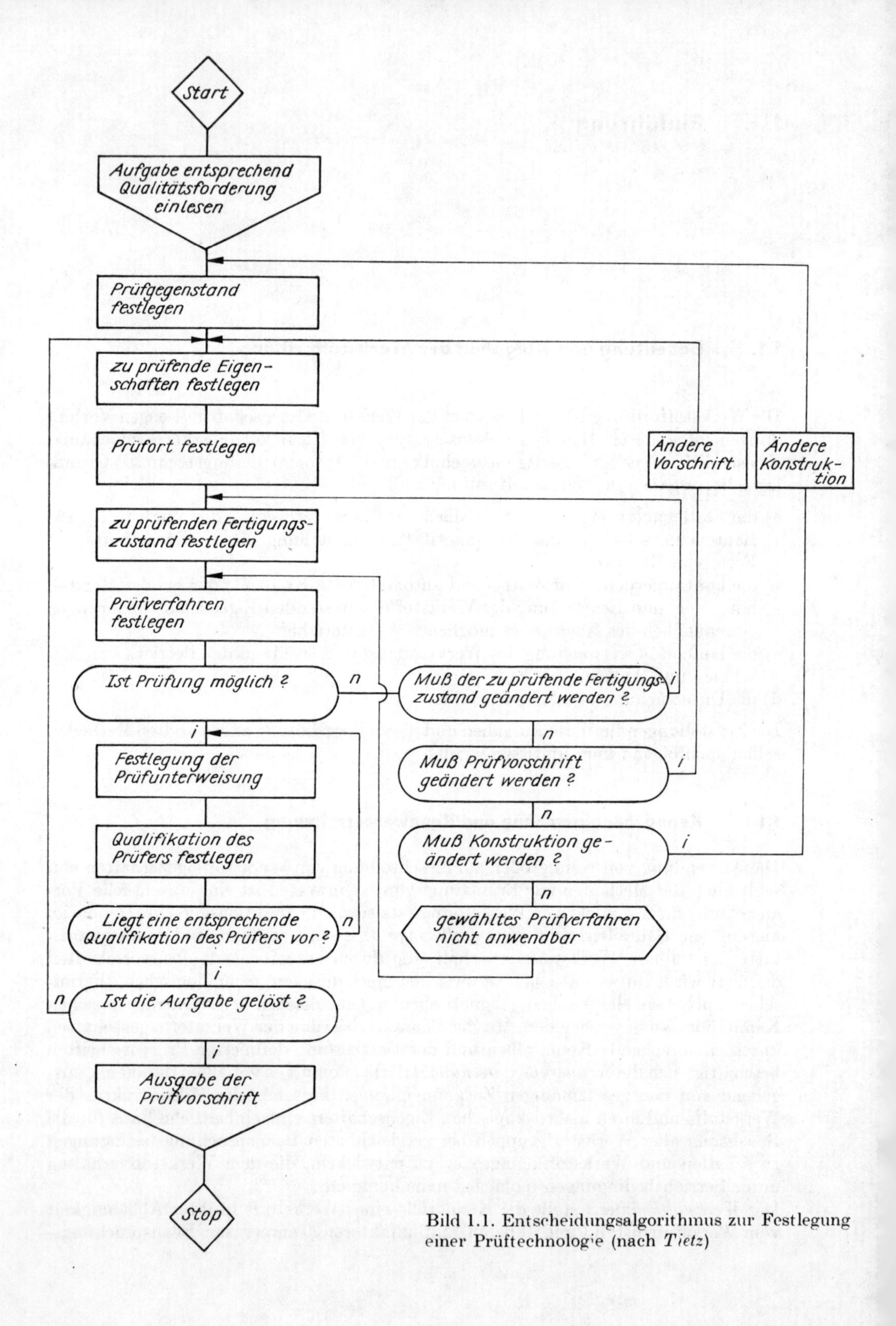

Bild 1.1. Entscheidungsalgorithmus zur Festlegung einer Prüftechnologie (nach *Tietz*)

art und -dauer usw.) dar. Er wird in der Regel als Produkt von Zahlenwert und Einheit angegeben, z. B. erfolgt für die Kenngröße *Zugfestigkeit* R_m die Angabe des Kennwerts in der Form $R_m = 500$ MPa.
Auf der Grundlage der Ermittlung der Kennwerte in der werkstoffherstellenden Industrie kann mittels EDVA eine zentrale Speicherung erfolgen. Eine derartige *Werkstoffdatenbank* ermöglicht neben einer rechnergestützten Informationstätigkeit auch die Verknüpfung und Verarbeitung der eingespeicherten Informationen, z. B. im Hinblick auf Veränderungen der Werkstoffeinsatzstruktur und Werkstoffsubstitution oder die Ableitung von Aussagen zur Werkstoffentwicklung.
Bei der Anwendung von mechanischen Werkstoffkennwerten in Dimensionierungsrechnungen erfolgt ein Vergleich mit Kennwerten der Beanspruchung, die entweder als Kräfte, Momente, Spannungen oder Dehnungen mit den Methoden der Festkörpermechanik ermittelt werden.

1.1.2. Qualitäts- und Fehlerprüfung

Zur Sicherung einer hohen und gleichmäßigen Qualität bei der Werkstoffherstellung und -verarbeitung durch Ur- und Umformen, Spanen, Fügen, Beschichten und Wärmebehandeln ist eine laufende Werkstoffprüfung vor, während und nach der Fertigung unerläßlich. Dabei ist zu unterscheiden zwischen der Kontrolle von *Qualitätsparametern* (chemische Zusammensetzung, Gefügezustand, Reinheitsgrad, innere Spannungen, Schichtdicke) und der als *Grobstrukturprüfung* oder *Defektoskopie* bezeichneten Aufdeckung von makroskopischen Inhomogenitäten (*Ungänzen*), wie Lunker, Risse, Seigerungen, Einschlüsse, Dopplungen. Der Begriff *Fehler* sollte in diesem Zusammenhang nur dann gebraucht werden, wenn die Größe oder Häufigkeit der Ungänzen ein in Standards oder Vereinbarungen festgelegtes Maß überschreitet.
Die im allgemeinen zerstörungsfrei durchzuführende Qualitäts- und Fehlerprüfung erfolgt auf der Grundlage von *Prüftechnologien*, die Bestandteil der Gesamttechnologie sein müssen, um die richtige Eingliederung der Werkstoffprüfung in den Produktionsablauf und den Einsatz der Prüfverfahren im frühestmöglichen Stadium der Fertigung zu gewährleisten. Prüftechnologien sollen in Form von Entscheidungsalgorithmen (Bild 1.1) vor allem zu folgenden Fragen eine eindeutige Aussage enthalten:

- Welche Eigenschaften bzw. Inhomogenitäten sind zu prüfen?
- In welchem Fertigungszustand ist zu prüfen?
- Womit und durch wen ist zu prüfen?
- Wie ist zu prüfen?
- Wie erfolgt die Auswertung der Prüfergebnisse?

Die in den *Prüfvorschriften* enthaltenen Forderungen hinsichtlich der zu prüfenden Qualitätsparameter bzw. der zulässigen Ungänzenart, -größe und -häufigkeit müssen bereits im Stadium der Projektierung bzw. Konstruktion formuliert und dem späteren Verwendungszweck optimal angepaßt werden, d. h., die Prüfung ist immer mit der Forderung nach einer *Beurteilung des Prüfergebnisses* im Hinblick auf die Verwendbarkeit des Prüfobjekts verbunden. Die Bewertungsvorschriften werden aus Zuverlässigkeitsbetrachtungen abgeleitet, wobei unter *Zuverlässigkeit* der Grad der Eignung eines Produkts für einen bestimmten Verwendungszweck über eine festgelegte Zeitdauer verstanden wird.
Für diese Aufgaben, deren Umfang sich infolge der zunehmenden Anforderungen an die Werkstoffe ständig erweitert, werden vorrangig die Verfahren der chemisch-

physikalischen Analysenmeßtechnik und der zerstörungsfreien Werkstoffprüfung eingesetzt. Zur Auslösung der Meßsignale finden sehr unterschiedliche Energieformen, wie mechanische Schwingungen, elektromagnetische Wellen vom Bereich der Gamma- und Röntgenstrahlen bis zu den Mikrowellen, Kernstrahlungen sowie magnetische Felder, Anwendung.

1.1.3. Betriebsüberwachung und Schadensanalyse

Zur *technischen Diagnostik*, d. h. der demontagelosen bzw. demontagearmen Zustandsüberwachung von Maschinen und Anlagen, kommen neben Geräusch-, Schwingungs- oder Temperaturmessungen vorwiegend zerstörungsfreie Prüfverfahren zum Einsatz. Vor allem die Kontrolle der Rißbildung und -ausbreitung bildet eine wichtige Grundlage für die Bewertung des *Schädigungszustands* und die Abschätzung der Restlebensdauer (*Restnutzungsdauerprognose*). Kommt es trotzdem als Folge von Werkstoff-, Konstruktions-, Fertigungs- oder Betriebsfehlern zu *Schadensfällen*, ist eine gründliche Erfassung des Schadensbildes und die Ermittlung der Schadensursachen erforderlich. Die dazu genutzten konventionellen metallographischen und mechanisch-technologischen Prüfverfahren haben eine wertvolle und bei komplizierten Schadensfällen unentbehrliche Ergänzung durch die rasterelektronenmikroskopischen Bruchflächenuntersuchungen (Mikrofraktographie), die Elektronenstrahl-Mikrosonde und andere chemisch-physikalische Untersuchungsmethoden gefunden.

In ähnlicher Weise wie bei den Schadensuntersuchungen muß auch bei Forschungsarbeiten zur Werkstoffentwicklung auf eine Kombination verschiedener Methoden der Werkstoffprüfung zurückgegriffen werden. Deshalb bedingt die Verbesserung der Werkstoffeigenschaften zwangsläufig eine Weiterentwicklung der Prüfverfahren.

1.2. Einteilung und Standardisierung der Prüfverfahren

Die Einteilung der Verfahren zur Werkstoffprüfung kann in unterschiedlicher Weise erfolgen. Neben der Zuordnung der Prüfverfahren zu den im Abschnitt 1.1. erläuterten Aufgabenkomplexen ist allgemein die der Gliederung dieses Buches zugrunde liegende Unterscheidung folgender Verfahrensgruppen üblich, wobei eine eindeutige Abgrenzung nicht immer möglich ist:

a) *Mechanische Prüfverfahren* zur Untersuchung des Festigkeits-, Verformungs- und Bruchverhaltens sowie der Härte und des Verschleißwiderstandes. Außerdem ist hier einzuordnen die *technologische Prüfung* von Bearbeitungseigenschaften (Umformbarkeit, Schweißbarkeit, Zerspanbarkeit, Härtbarkeit).
b) *Chemisch-physikalische Prüfverfahren* zur Untersuchung der chemischen Zusammensetzung und der Struktur der Werkstoffe sowie zur Ermittlung der Beständigkeit in aggressiven Medien (*Korrosionsprüfung*).
c) *Prüfverfahren zur Untersuchung des Gefügeaufbaus und von Zustandsänderungen*. Entsprechend ihrer Beschränkung auf die metallischen Werkstoffe wurden sie bisher als *metallographische Prüfverfahren* bezeichnet, sie finden jedoch im zunehmenden Maße auch bei polymeren und keramischen Werkstoffen Anwendung (*Plastographie*, *Keramographie*).

d) *Zerstörungsfreie Prüfverfahren* zum Nachweis von Art, Größe und Häufigkeit von Ungänzen sowie zur kontinuierlichen Kontrolle von Qualitätsparametern werden vorwiegend an Halbzeugen oder Bauteilen durchgeführt, so daß ihre technische und ökonomische Bedeutung für die betriebliche Qualitätssicherung und die Gewährleistung der Funktionstüchtigkeit von Maschinen und Anlagen besonders groß ist.

e) *Physikalische Prüfverfahren* finden Anwendung zur Erfassung mechanischer, thermischer, optischer, elektrischer und magnetischer Werkstoffeigenschaften bzw. zum Nachweis von Zustandsänderungen durch Ausnutzung physikalischer Effekte.

f) *Prüfverfahren zur Bestimmung von Dehnungen und Spannungen* in Bauteilen sind ein Spezialgebiet der Werkstoffprüfung, das in enger Verbindung zur Festkörpermechanik steht.

Zur Gewährleistung der Reproduzierbarkeit der Prüfergebnisse ist eine umfassende *Standardisierung* der Verfahren zur Werkstoffprüfung erforderlich. Aus diesem Grunde wurden schon frühzeitig Normen für die Durchführung der Prüfungen, die dazu benötigten Prüfgeräte und Proben erarbeitet. In der DDR sind derzeit sowohl *RGW-Standards* (STRGW) als auch *Staatliche Standards* (TGL) die verbindliche Grundlage. Weitere bedeutsame nationale Standardsammlungen zur Werkstoffprüfung bestehen in der UdSSR (GOST), den USA (ASTM) und der BRD (DIN).

Die für die Entwicklung und Sicherung der Qualität der Erzeugnisse auf der Grundlage von Standards und anderen technischen Vorschriften verantwortliche staatliche Institution der DDR ist das *Amt für Standardisierung, Meßwesen und Warenprüfung* (*ASMW*). In diesem Zusammenhang muß darauf verwiesen werden, daß die moderne Werkstoffprüfung zum größten Teil eine »messende« Prüfung ist, d. h., das Messen als Vergleich einer meßbaren Eigenschaft mit einer Eigenschaft gleicher Art und bekannter Größe wird dem Oberbegriff Prüfen untergeordnet.

1.3. Historische Entwicklung

Verfahren zur Kontrolle von Verarbeitungs- und Gebrauchseigenschaften der Werkstoffe finden seit den Anfängen der menschlichen Kultur Anwendung. Als Beispiele für die aus empirischen Erfahrungen abgeleiteten Prüfungen sollen das Hin- und Herbiegen von Schwertern zum Nachweis ihrer Elastizität und Festigkeit oder das Abklopfen eines Keramikgefäßes angeführt werden. Systematische Untersuchungen über die Eigenschaften von Werk- und Baustoffen sind allerdings erst seit dem Mittelalter bekannt. *Leonardo da Vinci* beschrieb eine Prüfmaschine zur Bestimmung der Zugfestigkeit von Drähten, bei der die Zunahme der Belastung durch Einfließen von Sand in einen am Drahtende befestigten Korb geregelt werden konnte. Ausgehend von den Anforderungen des Schiffbaus in Venedig, führte *Galilei* systematische Festigkeitsprüfungen an Holz durch und entwickelte dabei die ersten mathematischen Ansätze zur Beschreibung des Materialverhaltens unter mechanischer Beanspruchung. Im Jahre 1678 veröffentlichte *Hooke* die Gesetzmäßigkeit des mechanischen Werkstoffverhaltens: »ut tensio, sic vis«, die später die Bezeichnung *Hookesches Gesetz* erhielt und 1802 mit der Definition des Elastizitätsmoduls durch *Young* in die noch heute übliche Form gebracht wurde.

Im 18. Jahrhundert wurden bereits umfangreiche Prüfungen an Holz, Steinen und Metallen mit speziell dazu entwickelten Prüfapparaturen vorgenommen, u. a. von *van Muschenbroek* und *Achard*. Letzterer veröffentlichte 1788 eine Arbeit über die Ergebnisse von Untersuchungen zur Festigkeit, Zähigkeit, Härte und Korrosionsbeständigkeit unterschiedlicher Werkstoffe. Dabei benutzte er als erster eine Universalprüfmaschine für Zug- und Biegeversuche.
Mit der beginnenden industriellen Revolution nahm in der ersten Hälfte des 19. Jahrhunderts die Bedeutung der Werkstoffprüfung sprunghaft zu. Die Entwicklung der Dampfmaschine stellte höhere Ansprüche an die Charakterisierung der Werkstoffeigenschaften, insbesondere der Festigkeit und Zähigkeit. In der sog. »preußischen Kesselformel« von 1831 wird zur Berechnung der Wandstärke eines auf Innendruck berechneten Kessels erstmals eine »absolute Cohäsion« (Zugfestigkeit) mit dem Wert von 50000 Pfund je Quadratzoll (etwa 340 MPa) benutzt.
In England richtete *Kirkaldy* 1858 ein Laboratorium für mechanisch-technologische Werkstoffprüfung ein, von dem die Impulse für die weitere Entwicklung in den anderen Ländern ausgingen. Die erste Materialprüfanstalt in Deutschland wurde 1871 in München von *Bauschinger* gegründet, und noch im gleichen Jahr entstand unter *Martens* das Materialprüfungsamt an der Berliner Gewerbeakademie. Unmittelbar nach seiner Berufung an die Technische Hochschule Stuttgart 1878 richtete *Bach* ein Hochschulinstitut für Materialprüfung ein.
Die erste, noch in England gekaufte Zugprüfmaschine wurde in Deutschland 1863 von der *Fa. Krupp* zur betrieblichen Werkstoffprüfung eingesetzt (Bild 1.2).

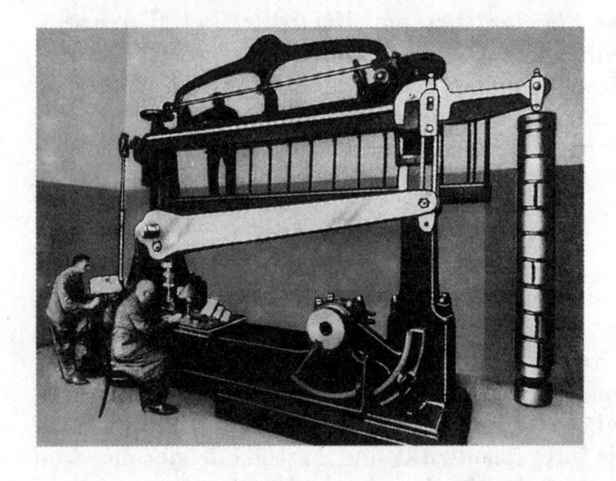

Bild 1.2. Zugprüfmaschine um 1860 (nach [1.6])

Anfang dieses Jahrhunderts ergab sich aus der Erhöhung der Betriebstemperaturen von Dampfkraftanlagen die Notwendigkeit, Festigkeitsuntersuchungen oberhalb 600 K durchzuführen. Hierbei zeigte sich, daß die bis dahin üblichen Kurzzeitprüfverfahren nicht ausreichten, sondern daß zur Erfassung der zeitabhängigen Kriechvorgänge Standversuche mit einer Versuchsdauer bis zu 100000 h erforderlich sind.
Als in der Mitte des vorigen Jahrhunderts infolge häufiger Brüche an Eisenbahnachsen die Problematik der Werkstoffschädigung bei schwingender Beanspruchung in den Vordergrund trat, entwickelte *Wöhler* ein zur Untersuchung dieser Vorgänge geeignetes Prüfverfahren, den noch heute genutzten Wöhlerversuch. Dieser Versuch hat später durch die Gestaltfestigkeitsprüfung (Prüfung kompletter Bauteile) bzw. Betriebsfestigkeitsprüfung (Einwirkung betriebsähnlicher Beanspruchungen) eine

wesentliche Erweiterung erfahren und wird gegenwärtig vor allem auf der Basis der Bruchmechanik weiterentwickelt.
In ähnlicher Weise vollzog sich die Einführung der Prüfverfahren mit schlagartiger Beanspruchung. Aus den zuerst von *Tetmajer* 1884 an gekerbten T-Trägern vorgenommenen Schlagversuchen entstand um 1910 der Kerbschlagbiegeversuch in den beiden grundsätzlichen Formen nach *Charpy* und *Izod*. Die ungenügende Aussagefähigkeit dieses zunächst nur für Homogenitätsprüfungen vorgesehenen Versuchs hinsichtlich der Bewertung der Sprödbruchsicherheit führte zu Prüfverfahren unter Verwendung von bauteilähnlichen Proben, die zusammen mit den aus der Bruchmechanik abgeleiteten Bruchkriterien eine Dimensionierung sprödbruchgefährdeter Konstruktionen ermöglichen.
Während das Ritzhärteverfahren in der Mineralogie schon lange bekannt ist, wurde 1900 von *Brinell* auf der Pariser Weltausstellung die erste technisch brauchbare Methode zur Härteprüfung vorgestellt. Zusammen mit den später entwickelten Rockwell- und Vickersverfahren sowie der dynamischen Härteprüfung gehört es heute zu den in der Prüfpraxis am häufigsten benutzten Verfahren der Werkstoffprüfung.
Die Kontrolle der Werkstoffqualität erfolgte im Mittelalter vor allem durch Betrachten einer Bruchfläche. Aber auch die Anwendung des Ätzens mit Säuren zur Entwicklung des Gefüges reicht schon in sehr frühe Zeiten zurück. Mit den 1861 von *Sorby* in England und 1875 von *Martens* in Deutschland durchgeführten mikroskopischen Beobachtungen an Metallschliffflächen und der Einführung spezieller Ätztechniken durch *Heyn*, *Oberhoffer*, *Stead*, *Černov* u. a. wurde die Entwicklung der Methoden zur systematischen Gefügeuntersuchung eingeleitet. Durch die Erweiterung der Licht- zur Elektronenmikroskopie, speziell die Anwendung des erstmalig 1937 durch *von Ardenne* veröffentlichten Prinzips des Rasterelektronenmikroskops (Bild 1.3), wurden neue Möglichkeiten zur Untersuchung des inneren Aufbaus der Werkstoffe erschlossen.
Die Werkstoffanalytik, die bis zu den Anfängen der Metallgewinnung zurückreicht, erfuhr am Ende des 18. Jahrhunderts einen großen Aufschwung durch die Arbeiten von *Gellert* an der Bergakademie Freiberg. Hier entstand auch die analytische Mikrochemie in Form der Lötprobierkunde.
Seit der Beschreibung des ersten Spektroskops durch *Kirchhoff* im Jahre 1859 hat sich die Spektralanalyse über Prismen- und Gitterspektrographen mit Spektralphotometer zur quantitativen direkt anzeigenden Spektrochemie entwickelt. Unter Einbeziehung weiterer physikalischer Meßverfahren, wie Röntgenfluoreszenz- und Röntgenfeinstrukturanalyse, Elektronenstrahl-Mikroanalyse und Auger-Spektroskopie, wurde die konventionelle chemische Werkstoffprüfung zu einer chemisch-physikalischen Analysenmeßtechnik, die eng mit den Verfahren der Struktur- und Gefügeuntersuchung verknüpft ist, erweitert.
Nach der Entdeckung der Röntgenstrahlen (*Röntgen* 1895) und der Gammastrahlen (*Becquerel* 1896) begann ab 1910 die industrielle Anwendung der radiographischen Prüfverfahren. Besonderen Anteil hieran hatten *Glocker*, *Bertold*, *Vaupel* und *Schiebold*. Die von *Solokov* 1929 beobachtete Störung der Ausbreitung von Ultraschallwellen in fehlerbehafteten Werkstücken war der Ausgangspunkt für die Ultraschallverfahren, die in verschiedenen Varianten zur zerstörungsfreien Fehler- und Qualitätsprüfung genutzt werden. Der Nachweis von Oberflächenfehlern mit Hilfe von Magnetfeldern wurde erstmals 1868 durch *Saxby* vorgenommen. Das auf einer Patentanmeldung von *Hoke* aus dem Jahre 1919 beruhende Magnetspulverfahren wird seit etwa 50 Jahren durch die von *Förster* entwickelte magnetinduktive oder Wirbelstromprüfung in mannigfaltiger Weise ergänzt.

Bild 1.3. Das von *Manfred von Ardenne* 1937 konzipierte und entwickelte Raster-Elektronenmikroskop (Archivbild *Manfred von Ardenne*)

Nach der Einführung der Röntgenfeinstrukturanalyse durch *Bragg*, *Debye* und *Scherrer* hat 1922 erstmalig *Aksenov* den Nachweis elastischer Spannungen in polykristallinen Werkstoffen mit Hilfe von Röntgeninterferenzen geführt und damit die Grundlage für die Entwicklung der röntgenographischen Spannungsmessung durch *Glocker*, *Schiebold* und *Macherauch* geschaffen.

1.4. Entwicklungstrends

Die zunehmende Breite der Einsatzgebiete technischer Werkstoffe und die daraus resultierenden unterschiedlichen Anforderungen an ihre Eigenschaften hatten eine starke Spezialisierung der Prüfverfahren zur Folge, wobei die Untersuchung einfacher Proben unter Laborbedingungen durch eine die Gestalt-, Belastungs- und Umgebungseinflüsse berücksichtigende komplexe Materialprüfung ergänzt wurde (Tabelle 1.1). Da dieser Entwicklung einer »*Werkstoffprüfung nach Maß*« aber technische und öko-

Tabelle 1.1. Komplexe Prüfverfahren zur Untersuchung mechanischer Eigenschaften

Wesentliche Einflußgröße	Komplexes Prüfverfahren
Gestalt des Bauteils	1. Sprödbruchprüfung bauteilähnlicher Proben mit Kerben, Bohrungen, Schweißverbindungen 2. Berstversuche an Druckbehältern oder Rohrleitungen unter Einbeziehung zerstörungsfreier Prüfverfahren zum Nachweis der Rißbildung und -ausbreitung 3. Gestaltfestigkeitsprüfung schwingend beanspruchter Bauteile
Art der Belastung	1. Prüfung mit kombinierter Belastung (z. B. Zugversuch an innendruckbeanspruchten Rohren) 2. Betriebsfestigkeitsprüfung mit stochastischer Beanspruchung 3. Simulationsversuche für transiente Beanspruchungen (z. B. Erdbeben, Flugzeugabstürze) 4. Prüfung mit Schockwellenbeanspruchung
Zeitdauer der Belastung und Umgebungseinfluß	1. Zeitstand- und Thermoschockprüfung 2. Prüfung bei extrem hohen oder niedrigen Temperaturen 3. Prüfung bei Einwirkung korrosiver Medien oder energiereicher Strahlung 4. Verschleißversuche unter Betriebsbedingungen

nomische Grenzen gesetzt sind, ist es eine wichtige Aufgabe der weiteren Forschung, die Erkenntnisse der *Werkstoffwissenschaft* über die Beziehungen zwischen der Struktur und den Eigenschaften der Werkstoffe zu nutzen, um hieraus werkstoffphysikalisch fundierte Prüfverfahren abzuleiten, die mit einem vertretbaren Aufwand und bei guter Reproduzierbarkeit der Versuchsergebnisse eine Übertragbarkeit auf das Verhalten der Bauteile unter Betriebsbedingungen gestatten. Als Beispiel dafür soll die mit der *Bruchmechanik* entstandene neue Generation mechanischer Werkstoffkenngrößen angeführt werden. Eine entscheidende Grundlage für die Anwendung bruchmechanischer Dimensionierungsmethoden besteht in der Verknüpfung der Ergebnisse zerstörender und zerstörungsfreier Prüfverfahren bei gleichzeitiger Forderung des Übergangs von der Defektoskopie (*Fehlerortung*) zur Defektometrie (*Fehlergrößenbestimmung*).
Als Zielstellung für die in den Fertigungsprozeß eingebaute Prüfung von Qualitätsparametern darf nicht die ständige Erweiterung des Prüfumfangs, sondern eine Optimierung der Werkstoffeigenschaften auf der Grundlage der aktiven Qualitätssteuerung (*Qualimetrie*) angestrebt werden.
Die Möglichkeiten der Ableitung neuartiger Prüfverfahren aus prinzipiell bekannten physikalischen Erscheinungen sind keineswegs erschöpft. Die seit Jahrzehnten bekannte Tatsache, daß verformte Werkstoffe Schallwellen aussenden, hat erst jetzt mit der Anwendung der *Schallemissionsanalyse* zur Untersuchung der Rißbildung und -ausbreitung in Metallen, Gläsern, keramischen und Verbundwerkstoffen sowie zur Maschinen- und Bauteilüberwachung ein breites Nutzungsfeld gefunden. Der Einsatz von Laserstrahlen, Mikrowellen, nuklearen Analysenmethoden u. ä. wird in den kommenden Jahren auch in der betrieblichen Werkstoffprüfung weiter an Bedeutung gewinnen.

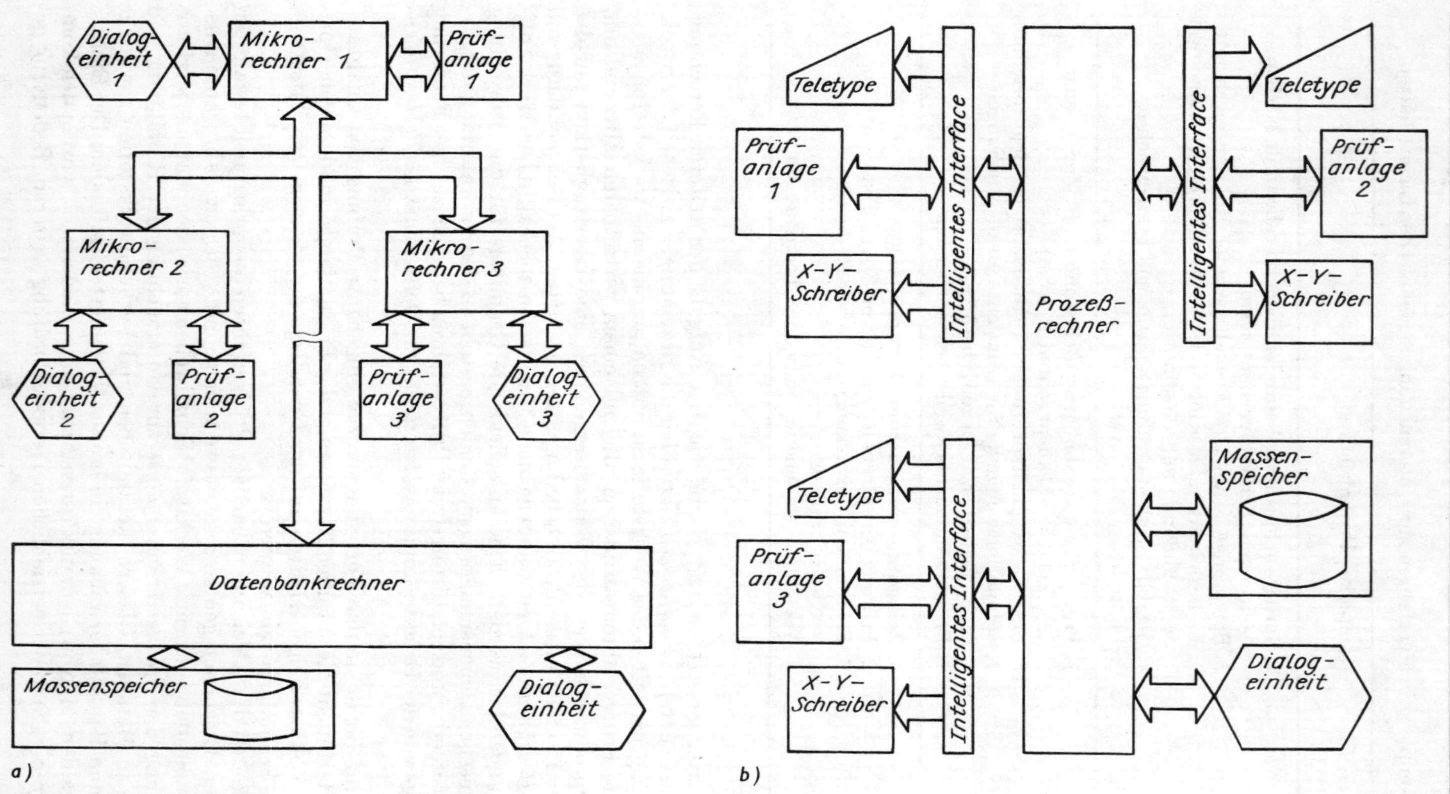

Bild 1.4. Rechnereinsatz in der Werkstoffprüfung
a) dezentrale rechnergestützte Werkstoffprüfung
b) zentrale rechnergestützte Werkstoffprüfung

Wesentliche Fortschritte werden sich aus der mathematischen und informationstheoretischen Durchdringung der Prüfprozesse ergeben. *Rechnergestützte Prüfsysteme* ermöglichen neben einer zeit- und arbeitskraftsparenden Versuchsdurchführung auch eine wesentlich umfassendere Analyse der anfallenden Daten, beispielsweise bei der dreidimensionalen und farbigen Bildanalyse licht- bzw. elektronenmikroskopischer Gefügeaufnahmen oder der Mehrparameterprüfung in der zerstörungsfreien Werkstoffprüfung.

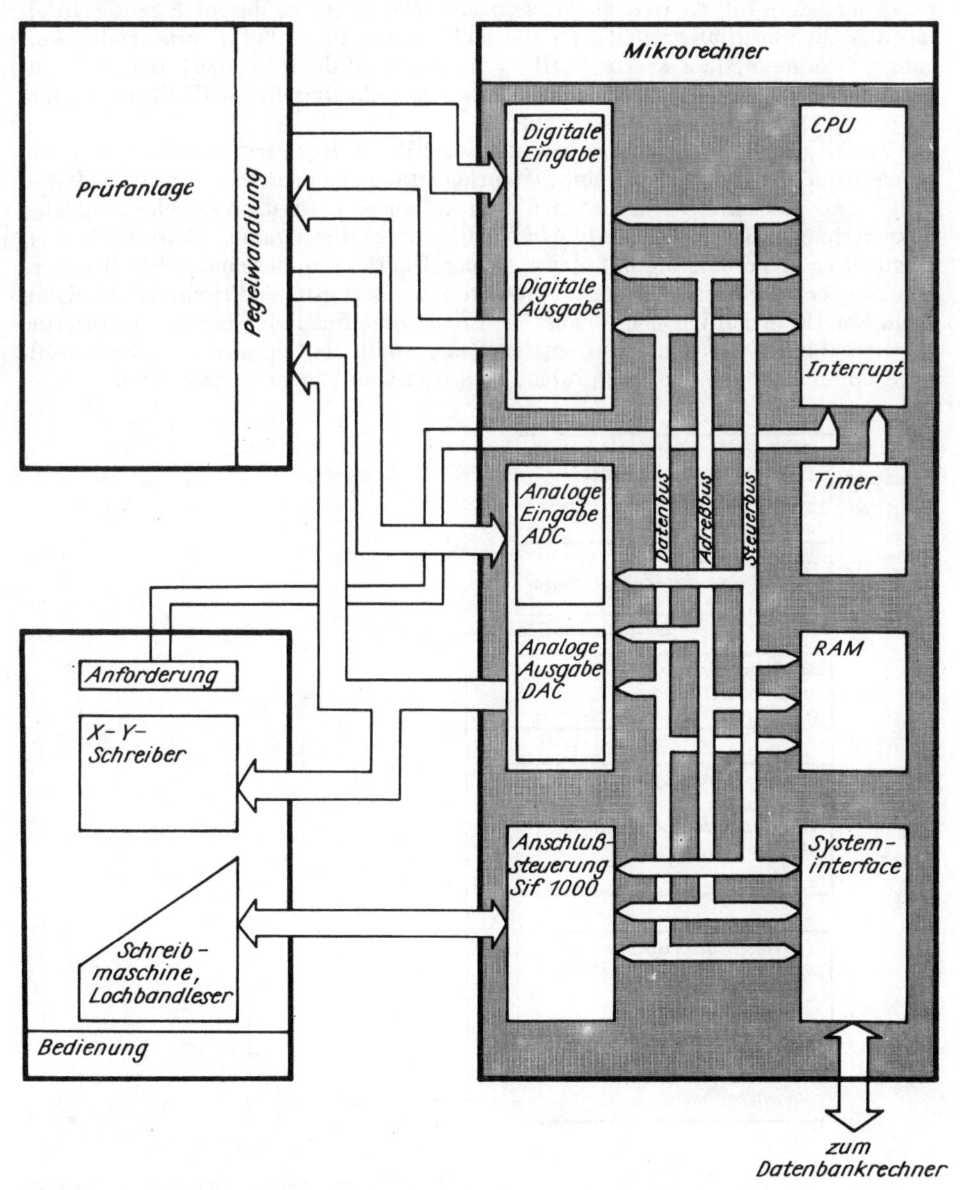

Bild 1.5. Aufbau eines Mikrorechners für den Einsatz in der Werkstoffprüfung

Die rasche Entwicklung der Mikroelektronik und der Informationsverarbeitung hat in der Prüfpraxis bereits zur weitgehenden Automatisierung einzelner Prüfverfahren und -geräte geführt. Der nächste Schritt ist die komplexe Laborautomatisierung als Voraussetzung zur Eingliederung der Werkstoffprüfung in das betriebliche Datenverarbeitungs- und Informationssystem. Dazu sind zwei Konzepte anwendbar (Bild 1.4). Einmal kann die zentrale Versuchssteuerung und -auswertung über einen *Prozeßrechner* erfolgen, an den Prüfgeräte mit unterschiedlichen Datenausgängen durch speziell aufgebaute Interfaces angeschlossen sind. Die Aufgaben des intelligenten Interface bestehen im Umformen der im allgemeinen in analoger Form vorliegenden Ausgangsdaten in digitale Werte (ADU = Analog-Digital-Umwandler), der quasizeitparallelen Abfragung der Meßstellen durch Meßstellenumschalter (Multiplexer) und einer evtl. erforderlichen Datenreduktion.
Die zweite Lösung baut auf der Kopplung der Prüfanlagen mit dezentralen *Mikrorechnern* auf, die one-line über eine Datenringleitung an einen übergeordneten *Datenbankrechner* geschaltet werden können. Den Aufbau eines für diese Zwecke geeigneten Mikrorechners zeigt Bild 1.5. Als selbständige, speziell programmierbare Einheit ermöglicht er in Verbindung mit einem Analog-Digital-Wandler eine Echtzeit-Datenerfassung bei mechanischen, analytischen oder zerstörungsfreien Prüfungen und damit einen Eingriff in den Versuchsablauf. Der Programmaufbau für einen automatisierten Versuchsablauf ist in Bild 1.6 schematisch dargestellt. Im Gegensatz zur Systemsoftware sind die Programme der Anwendersoftware vom Nutzer zu erarbeiten.

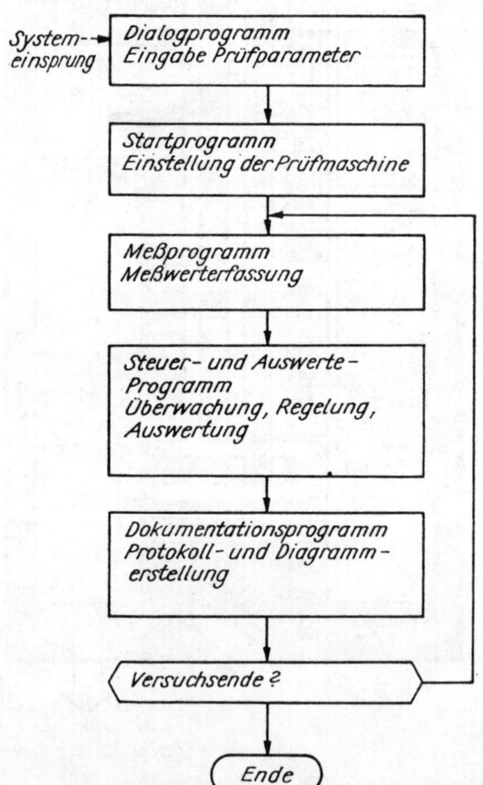

Bild 1.6. Software für den automatisierten Versuchsablauf

Bei umfangreichen Rechenoperationen, z. B. zur Herstellung von Korrelationsbeziehungen zwischen verschiedenen Kennwerten oder für statistische Auswertungen, ist dagegen die off-line-Verarbeitung in einem externen Rechenzentrum zu bevorzugen. Die noch bestehende Lücke zwischen den speicherprogrammierbaren Mikroprozessoren und den Prozeßrechnern wird geschlossen durch den Einsatz von Mikrorechnersystemen mit entsprechend ausgebauten *Prozeßmoduln*, die an die Peripherie der Prüfgeräte angekoppelt werden.
Schließlich soll noch auf die wachsende Bedeutung von automatischen Prüfsystemen, die auch unter komplizierten Bedingungen einsetzbar sind, hingewiesen werden. Derartige *Prüfroboter* werden u. a. für die Kontrolle aktivierter Werkstoffe in der Kerntechnik benötigt.

Literaturhinweise

[1.1] Praktikum Werkstoffprüfung. (Hrsg.: *Becker, E.; Michalzik, G.; Morgner, W.*) Leipzig: VEB Deutscher Verlag für Grundstoffindustrie 1980
[1.2] Einführung in die Werkstoffwissenschaft. (Hrsg.: *Schatt, W.*) 6. Aufl. Leipzig: VEB Deutscher Verlag für Grundstoffindustrie 1987
[1.3] Werkstoffe des Maschinen-, Anlagen- und Apparatebaues. (Hrsg.: *Schatt, W.*) 3. Aufl. Leipzig: VEB Deutscher Verlag für Grundstoffindustrie 1987
[1.4] Metodi ispitanija, kontrolja i issledovanija masinostroitelnych materialov. T. 1–3. (Hrsg.: *Tumanova, A. T.*) Moskau: Masinostroenije 1971–1974
[1.5] Prüfung hochpolymerer Werkstoffe. (Federführung: *Schmiedel, H.*) Leipzig: VEB Deutscher Verlag für Grundstoffindustrie 1977

Quellennachweise

[1.6] Handbuch der Werkstoffprüfung. (Hrsg.: *Siebel, E.*) Wien, New York: Springer-Verlag
[1.7] Handbuch der zerstörungsfreien Materialprüfung. (Hrsg.: *Müller, E. A. W.*) München, Wien: Oldenbourg
[1.8] *Krankenhagen, G.; Laube, H.:* Wege der Werkstoffprüfung. München: Deutsches Museum 1979
[1.9] *Ruske, W.:* 100 Jahre Materialprüfung in Berlin. Berlin 1971
[1.10] *Pusch, R.:* Die Geschichte der Metallographie. Düsseldorf 1976
[1.11] *Sonnenberg, G. S.:* Hundert Jahre Sicherheit. Beiträge zur technischen und administrativen Entwicklung des Dampfkesselwesens in Deutschland 1810 bis 1910. Düsseldorf: VDI-Verlag 1968
[1.12] Handbuch der Schadensverhütung. München, Berlin: Allianz-Versicherung 1976
[1.13] *Kleinemeier, B.:* Prozeßrechnereinsatz in der statischen und dynamischen Werkstoffprüfung. Aachen: RWTH, Diss., 1979
[1.14] *Blumenauer, H.; Morgner, W.:* Aufgaben der Werkstoffprüfung zur Erhöhung der Zuverlässigkeit und Schadensverhütung. Neue Hütte 24 (1979) 10, S. 390

Standards

Kurzmann, W.; Balla, G.; Wagner, G.: TGL-Taschenbuch Werkstoffprüfung. Bd. 1, 2. Leipzig: VEB Deutscher Verlag für Grundstoffindustrie 1976
Pusch, G.; Spengler, A.: TGL-Taschenbuch Werkstoffauswahl und Werkstoffeinsatz. Metallische Konstruktionswerkstoffe. Bd. 1, 2. Leipzig: VEB Deutscher Verlag für Grundstoffindustrie 1980
Balla, G.; Triebel, H.: Einführung von RGW-Prüfstandards in das nationale Standardwerk. Neue Hütte 26 (1981) 8, S. 308
Annual Book of ASTM Standards. Part 10: Metals-Mechanical, Fracture and Corrosion Testing; Part 11: Metallography, Nondestructive Tests
DIN Taschenbuch 19. Materialprüfnormen für metallische Werkstoffe. Berlin, Köln: Beuth

2. Mechanische Prüfverfahren

Die Widerstandsfähigkeit eines Bauteils bei Einwirkung äußerer mechanischer Beanspruchungen in Form von Kräften oder Momenten wird dadurch bestimmt, daß die mit Hilfe analytischer, numerischer oder experimenteller Methoden der Festkörpermechanik ermittelten Beanspruchungsparameter unter Beachtung eines Sicherheitsfaktors den Kennwerten für die Beanspruchbarkeit der Werkstoffe gegenübergestellt werden. Die Beanspruchbarkeits-Kennwerte ergeben sich aus den Kenngrößen der mechanischen Eigenschaften, d. h. der Festigkeit und Verformbarkeit, des Bruchwiderstands, der Härte und des Verschleißwiderstands. Es ist die vorrangige Aufgabe der mechanischen Werkstoffprüfung, derartige Kennwerte unter standardisierten Prüfbedingungen zu ermitteln. Dabei ist jedoch zu beachten, daß diese Kennwerte nicht allein die mechanischen Eigenschaften der Werkstoffe widerspiegeln, sondern im erheblichen Maße von der Art und Dauer der Beanspruchung, der Form und Größe der geprüften Proben bzw. Bauteile sowie dem Einfluß umgebender Medien einschließlich der Temperatur und der verwendeten Prüfmaschine abhängig sind.
Weiterhin ist davon auszugehen, daß sowohl die Beanspruchungsparameter als auch die Werkstoffkennwerte statistischen Schwankungen unterworfen und somit durch eine Verteilungsdichtefunktion festgelegt sind. Aus der Überlagerung dieser Verteilungsdichtefunktionen lassen sich probabilistische Sicherheitsfaktoren bzw. Aussagen über die Ausfallwahrscheinlichkeit ableiten.

2.1. Verfahren zur Ermittlung von Festigkeits- und Zähigkeitskennwerten

2.1.1. Verfahren mit statischer Beanspruchung

Bei den *statischen Verfahren* zur Ermittlung von Festigkeits- und Verformungskennwerten wirkt auf eine Probe des zu untersuchenden Werkstoffs eine ruhende oder langsam und stoßfrei (quasistatisch) gesteigerte Belastung ein. Neben den in Tabelle 2.1 zusammengestellten einfachen Belastungsarten finden auch statische Versuche mit mehrachsigen bzw. zusammengesetzten Beanspruchungen Anwendung. Entsprechend der Zeitdauer sind *Kurzzeit-* und *Langzeitversuche* möglich.

2.1.1.1. Zugversuch

Der *Zugversuch* hat unter den mechanischen Prüfverfahren die größte Bedeutung erlangt. Die mit diesem Versuch ermittelten Kennwerte finden Anwendung zur Werkstoffentwicklung, Bemessung statisch beanspruchter Bauteile und Qualitätskontrolle.

Tabelle 2.1. Statische Prüfverfahren (Übersicht)

Beanspruchungsart	Schema	Prüfverfahren	Wichtige Kenngrößen	Anwendungsbereich
Zug a) Prüfkraft kontinuierlich gesteigert		Zugversuch	Elastizitätsmodul Dehngrenze Streckgrenze Zugfestigkeit Reißfestigkeit Bruchdehnung Reißdehnung Einschnürung Arbeitsvermögen	allgemeine Anwendung mit Ausnahme sehr spröder Werkstoffe für Polymerwerkstoffe für Polymerwerkstoffe
b) Prüfkraft konstant		Standversuch	Zeitdehngrenze Zeitstandfestigkeit	metallische Werkstoffe bei höheren Temperaturen; Polymerwerkstoffe bereits bei Raumtemperatur
Druck		Druckversuch	Quetschgrenze Druckfestigkeit Bruchstauchung	Baustoffe, Holz, Gestein; metallische und Polymerwerkstoffe nur für Sonderzwecke (z. B. Lagerwerkstoffe)
Biegung		Biegeversuch	Biegefestigkeit Biegespannung bei vorgegebener Durchbiegung	Polymerwerkstoffe, Baustoffe, Holz, Glas, Keramik, spröde metallische Werkstoffe (z. B. Werkzeugstähle oder Hartmetalle)
Torsion	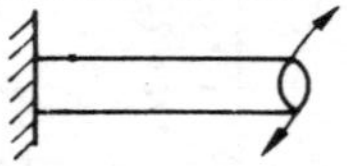	Torsionsversuch	Verdrehfestigkeit Verdrehwinkel Gleitmodul	metallische und nichtmetallische Werkstoffe für Drähte, Rohre, Spiralbohrer
Abscheren	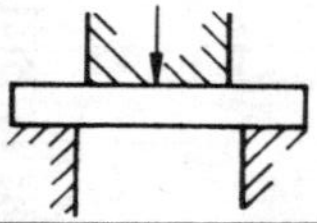	Scherversuch	Scherfestigkeit	Werkstoffe für Schneidwerkzeuge und Niete

Im allgemeinen dient der Versuch zur Untersuchung des Werkstoffverhaltens unter einachsiger, über den Querschnitt gleichmäßig verteilter Zugbeanspruchung. Dazu wird ein ungekerbter Probestab in einer *Zugprüfmaschine* in Richtung der Stabachse mit kontinuierlich ansteigender Zugkraft bis zum Bruch gedehnt und der Zusammenhang zwischen Zugkraft und Längenänderung als Kraft-Verlängerungs-Diagramm registriert.

Spannungs-Dehnungs-Diagramm

Da sowohl die Kraft als auch die Verlängerung von der Form und Größe der verwendeten Zugproben abhängen, ist ein quantitativer Werkstoffvergleich mit den Kraft-Verlängerungs-Diagrammen nicht möglich. Deshalb werden die Zugkraft F auf den Ausgangsquerschnitt der Probe S_0 und die Verlängerung auf eine zu Beginn des Versuchs festgelegte ursprüngliche Meßlänge L_0 bezogen, und man erhält mit den *Nennspannungen*

$$R = \frac{F}{S_0} \quad \text{in MPa bzw. Nmm}^{-2} \tag{2.1}$$

und den Längsdehnungen

$$\varepsilon = \frac{L_u - L_0}{L_0} \cdot 100 \quad \text{in \%} \tag{2.2}$$

$L_u - L_0$ absolute Verlängerung der Probe nach dem Bruch
L_u Meßlänge der Probe nach dem Bruch

das *Spannungs-Dehnungs-Diagramm*.

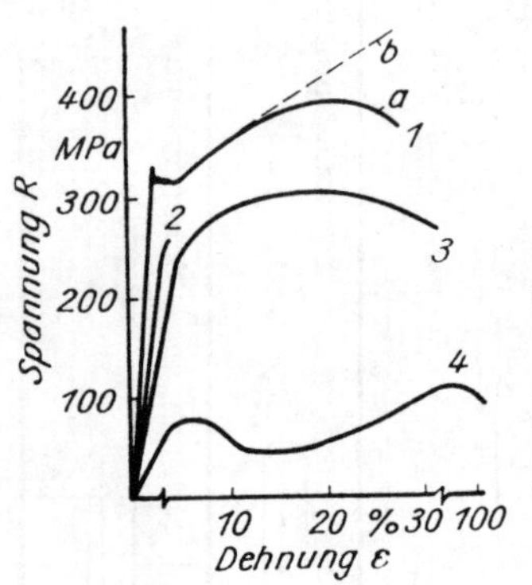

Bild 2.1. Spannungs-Dehnungs-Kurven für verschiedene Werkstoffe

1 Baustahl: *a*) scheinbares und *b*) wahres Diagramm
2 Gußeisen mit Lamellengraphit
3 Al-Legierung
4 Polyamid

Die in Bild 2.1 dargestellten Spannungs-Dehnungs-Kurven lassen erkennen, daß bei den technischen Werkstoffen erhebliche Unterschiede im Festigkeits- und Verformungsverhalten auftreten. Der geradlinige Anfangsteil charakterisiert den Bereich elastischer Verformungen, in dem unter der Annahme eines quasiisotropen Werkstoffverhaltens das *Hookesche Gesetz*

$$R = \varepsilon E \tag{2.3}$$

E Elastizitätsmodul

Gültigkeit hat (s. auch Abschnitt 7.1.2.).

Bei sprödem Werkstoffverhalten tritt am Ende des elastischen Bereichs der Bruch der Probe ein; die Bruchfläche weist dann die Merkmale eines verformungsarmen Sprödbruchs auf. Gummielastische Werkstoffe (Elastomere, PVC weich) zeigen ein nichtlineares Spannungs-Dehnungs-Verhalten, wobei die reversiblen Dehnungen mehrere tausend Prozent erreichen können.
Bei duktilen Werkstoffen tritt dagegen oberhalb einer bestimmten Spannung ein kontinuierlicher oder diskontinuierlicher Übergang in den durch irreversible Gleitvorgänge bedingten plastischen Bereich auf. Der weitere Anstieg der Spannung ist bei den metallischen Werkstoffen auf die Kaltverfestigung und bei Polymerwerkstoffen auf eine als Folge der Verstreckung auftretende Orientierung der Makromoleküle zurückzuführen. Der Endpunkt der Spannungs-Dehnungs-Kurve wird in diesem Fall durch den duktilen oder Verformungsbruch bestimmt.
Bei der Umrechnung der gemessenen Kräfte und Verlängerungen entsprechend den Gln. (2.1) und (2.2) wird nicht berücksichtigt, daß mit zunehmender Dehnung der Querschnitt der Probe ständig abnimmt. Da sich aber bei stärkeren Verformungen Abweichungen von den tatsächlich in der Probe auftretenden Spannungen und Dehnungen ergeben, spricht man von einem *scheinbaren Spannungs-Dehnungs-Diagramm*. Wird dagegen die in jedem Augenblick des Versuchs wirkende Kraft F auf den kleinsten, d. h. am stärksten verformten Querschnitt S_w bezogen, ergibt sich als *wahre Spannung*

$$R_w = \frac{F}{S_w} \tag{2.4}$$

Ebenso ist die *wahre Dehnung* φ durch die Summe aller augenblicklichen Zunahmen eines Elements der Länge L gegeben:

$$\varphi = \int_{L_0}^{L} \frac{dL}{L} = \ln\left(\frac{L}{L_0}\right) = \ln(1 + \varepsilon) \tag{2.5}$$

Da für $\varepsilon < 0{,}10 \ln(1 + \varepsilon) \approx \varepsilon$ ist, stimmen die Dehnung und die wahre Dehnung φ für plastische Verformungen unter 10% annähernd überein. Der Zusammenhang von R_w und ε bzw. φ wird als *wahres Spannungs-Dehnungs-Diagramm* bezeichnet (Kurve *1b* in Bild 2.1). Es hat als ***Fließkurve*** besondere Bedeutung für die Ermittlung von Kennwerten der Umformbarkeit (Abschnitt 2.4.1.).
Nach Erreichen des Höchstkraftpunktes kommt es zu einer mechanischen Instabilität, bei der erstmals die Spannungsabnahme infolge der Querschnittsverminderung gegenüber dem durch die Werkstoffverfestigung bedingten Spannungsanstieg überwiegt. Aus der Beziehung

$$F = RS_w \tag{2.6}$$

ergibt sich die für eine weitere Verformung der Zugprobe erforderliche Änderung der Kraft

$$dF = R\,dS_w + S_w\,dR \tag{2.7}$$

Am Instabilitätspunkt ist $dF = 0$ und somit

$$\frac{dR}{R} = \frac{dS_w}{S_w} \tag{2.8}$$

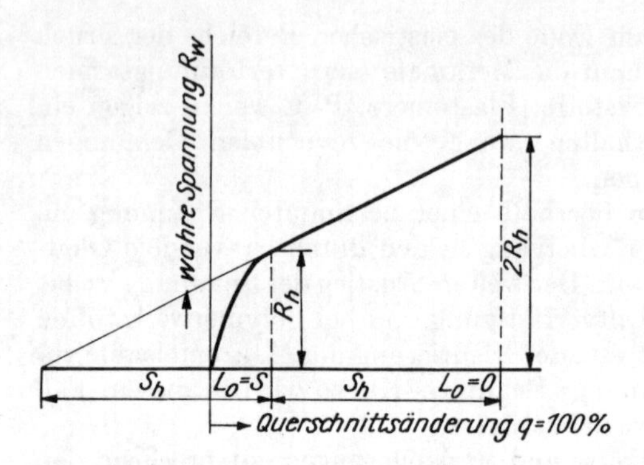

Bild 2.2. Lage des Höchstkraftpunktes im wahren Spannungs-Dehnungs-Diagramm

Wenn man die wahre Spannung über der prozentualen Querschnittsverminderung q aufträgt (Bild 2.2), hat die Tangente am Instabilitätspunkt die Gleichung

$$R - R_w = \frac{R_h}{S_h}(S_h - S_w) \tag{2.9}$$

R_h Spannung am Instabilitätspunkt
S_h Querschnittsfläche am Instabilitätspunkt

Für $S_w \to 0$, d. h. $q \to 100\%$, folgt $R = 2R_h$.

Da die Tangente die Abszisse im Abstand S_h schneidet, ist der Beginn der mechanischen Instabilität auch im wahren Spannungs-Dehnungs-Diagramm eindeutig festgelegt.
Eine Möglichkeit zum besseren Vergleich der Spannungs-Dehnungs-Kurven verschiedener Werkstoffe bietet das *normierte Spannungs-Dehnungs-Diagramm*, in dem alle Spannungswerte durch eine Basisspannung R_0 und alle Dehnungswerte durch eine Basisdehnung ε_0 dividiert werden. Von *Ramberg* und *Osgood* wurde als Basisspannung R_0 der Schnittpunkt einer Sekante mit dem Anstieg $0{,}7E$ (E Elastizitätsmodul) im scheinbaren Spannungs-Dehnungs-Diagramm vorgeschlagen (Bild 2.3). Die Basisdehnung ist dann die zu diesem Spannungswert gehörende elastische Dehnung

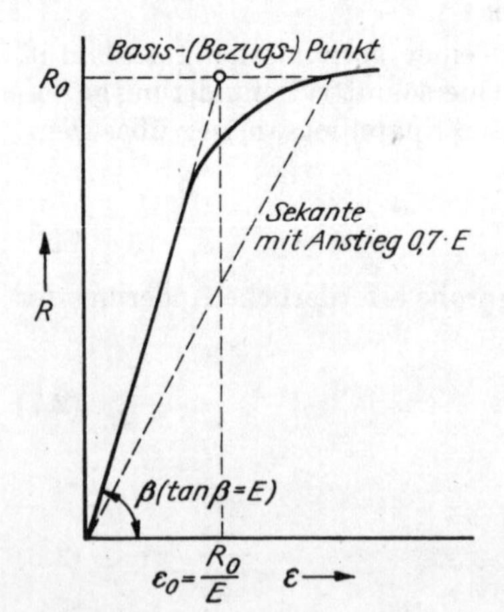

Bild 2.3. Festlegung der Basiswerte für das normierte Spannungs-Dehnungs-Diagramm

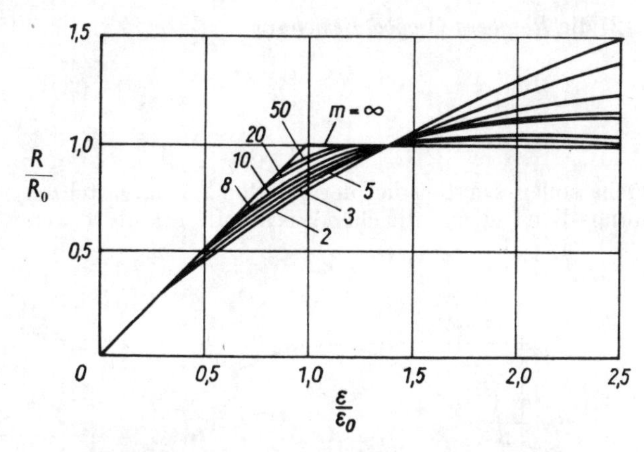

Bild 2.4. Normierte Spannungs-Dehnungs-Kurven für Werkstoffe mit unterschiedlichem Verfestigungsverhalten

$\varepsilon_0 = \dfrac{R_0}{E}$. Trägt man die dimensionslosen Größen R/R_0 in Abhängigkeit von $\varepsilon/\varepsilon_0$ als normiertes Spannungs-Dehnungs-Diagramm auf, entsteht eine Kurvenschar, die sich unabhängig vom Werkstoffverhalten durch den gleichen Anstieg und einen gemeinsamen Schnittpunkt auszeichnet (Bild 2.4.).

Ausgehend von dem normierten Diagramm, läßt sich eine allgemeingültige Beziehung für den Zusammenhang zwischen Spannung und Dehnung im Zugversuch ableiten. Dividiert man die halbempirische Beziehung

$$\varepsilon = \varepsilon_{el} + \varepsilon_{pl} = \frac{R}{E} + \left(\frac{R}{B}\right)^m \tag{2.10}$$

B, m Konstanten

durch ε_0, so wird

$$\frac{\varepsilon}{\varepsilon_0} = \frac{R}{\varepsilon_0 E} + \frac{1}{\varepsilon_0}\left(\frac{R}{B}\right)^m \tag{2.11}$$

und mit $\varepsilon_0 = \dfrac{R_0}{E}$

$$\frac{\varepsilon}{\varepsilon_0} = \frac{R}{R_0} + \frac{E}{B^m}\,\frac{R^m}{R_0} \tag{2.12}$$

Da die plastische Dehnung bei der Basisspannung R_0 (Bild 2.3)

$$\varepsilon_{pl_0} = \left(\frac{R_0}{B}\right)^m \tag{2.13}$$

ausgedrückt werden kann durch

$$\varepsilon_{pl_0} = \frac{R_0}{0{,}7E} - \frac{R_0}{E} = \frac{3}{7}\,\frac{R_0}{E} \tag{2.14}$$

erhält man

$$\frac{E}{B^m} = \frac{3}{7}\,R_0^{1-m} \tag{2.15}$$

und durch Einsetzen in Gl. (2.12) die *Ramberg-Osgood-Beziehung*

$$\frac{\varepsilon}{\varepsilon_0} = \frac{R}{R_0} + \frac{3}{7}\left(\frac{R}{R_0}\right)^m \tag{2.16}$$

Kenngrößen des Zugversuchs

Die Kenngrößen des Zugversuchs sollen am Beispiel der im Bild 2.5 dargestellten scheinbaren Spannungs-Dehnungs-Kurven metallischer Werkstoffe erläutert wer-

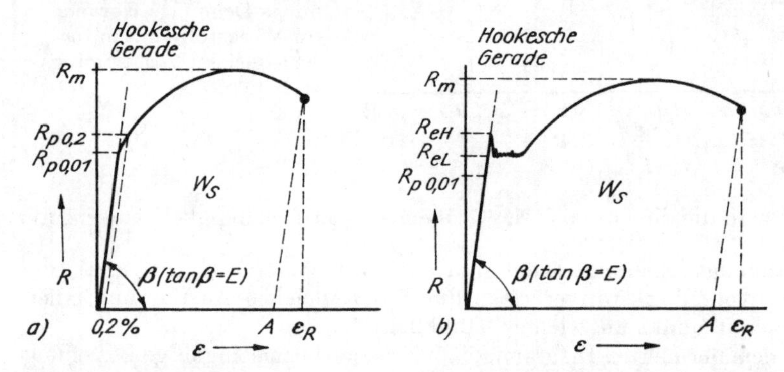

Bild 2.5. Kenngrößen im scheinbaren Spannungs-Dehnungs-Diagramm
a) kontinuierlicher Verlauf
b) Auftreten einer ausgeprägten Streckgrenze

den. Im Anfangsstadium des Versuchs erfolgt zunächst ein linearer Anstieg der Spannung. In diesem als *Hookesche Gerade* bezeichneten Teil der Kurve ist die elastische Dehnung der Spannung proportional. Wird als Proportionalitätsfaktor die Dehnzahl α eingeführt, erhält man

$$\varepsilon = \alpha R \tag{2.17}$$

Der reziproke Wert der Dehnzahl α ist identisch mit dem *Elastizitätsmodul E*, so daß sich wieder die Form des Hookeschen Gesetzes entsprechend Gl. (2.3) ergibt.

Tabelle 2.2. Elastizitätsmoduln verschiedener Werkstoffe

Werkstoff	Elastizitätsmodul E in GPa
Diamant	1200
Stahl	205
Glas	60 ... 88
Aluminiumlegierungen	70
Porzellan	60
Beton	20
Epoxidharz mit Quarzmehl als Füllstoff	12 ... 14
Phenoplaste je nach Typ und Füllstoff	5 ... 10
Polyvinylchlorid	3
Polystyrol	2 ... 4
Polyäthylen	0,5 ... 1
Elastomere	0,1

Da $E = \tan \beta$ ist, kann der Elastizitätsmodul aus der Neigung der Hookeschen Geraden bestimmt werden. Für Werkstoffe, die keinen oder nur einen geringen linearen Zusammenhang zwischen Spannungen und Dehnungen aufweisen (z. B. GGL, Polymerwerkstoffe), wird E als *Tangenten-* bzw. *Sekantenmodul* im Anfangsteil der Spannungs-Dehnungs-Kurve ermittelt. Die Differenz zwischen Tangenten- und Sekantenmodul kann als Maß für die Abweichung vom ideal elastischen Verhalten in einem vorgegebenen Spannungs- bzw. Dehnungsbereich angesehen werden. In Tabelle 2.2 sind die E-Moduln verschiedener Werkstoffe zusammengestellt. Bei den Polymerwerkstoffen ist auf Grund des viskoelastischen Verhaltens bereits bei Raumtemperatur Zeit- und Temperaturabhängigkeit des E-Moduls zu beobachten.
Das Verhältnis der mit zunehmender elastischer Verlängerung der Zugprobe auftretenden *Querkontraktion* ε_q zur Dehnung ε wird als *Poissonsche Querkontraktionszahl* μ bezeichnet (Abschnitt 7.1.2.).
Die *Elastizitätsgrenze* ist die Grenzspannung, bei der nach einer Entlastung an der Zugprobe noch keine bleibende Formänderung nachweisbar ist. Da es nicht möglich ist, diesen Wert meßtechnisch exakt zu erfassen, wird als *technische Elastizitätsgrenze* die Spannung ermittelt, bei der eine bleibende Dehnung von 0,01% ($R_{p0,01}$-Grenze) auftritt. Für genauere Messungen ist auch die Festlegung einer bleibenden Dehnung von 0,005% ($R_{p0,005}$-Grenze) möglich. Die Ermittlung derartiger *Dehngrenzen* wird im Abschnitt 2.1.1.5. erläutert.
Nach dem Überschreiten der Elastizitätsgrenze beginnt in polykristallinen Werkstoffen die plastische Verformung einzelner Kristallite (*Mikroplastizität*). Dadurch biegt die Spannungs-Dehnungs-Kurve aus der Richtung der Hookeschen Gerade ab, d. h., der Spannungsanstieg bleibt hinter der Zunahme der Dehnung zurück.
Als Kenngröße des Übergangs von der Mikroplastizität zum *makroskopischen Fließen* wurde die *Dehngrenze* $R_{p0,2}$, d. h. die Spannung, bei der eine bleibende Dehnung von 0,2% auftritt, festgelegt (Bild 2.5a). Bei weichen Kohlenstoffstählen und einigen anderen metallischen Werkstoffen ist die Ausdehnung der plastischen Verformung über das gesamte Probenvolumen mit einer ausgeprägten Unstetigkeit in den Kraft-Verlängerungs- bzw. Spannungs-Dehnungs-Kurven verbunden (Bild 2.5b). Man bezeichnet die zugehörige Spannung als *Streckgrenze* R_e und definiert sie als die auf den Ausgangsquerschnitt der Probe bezogene Kraft F_e, bei der die Probe ohne merkliche Vergrößerung der Zugkraft gedehnt wird:

$$R_e = \frac{F_e}{S_0} \quad \text{in MPa} \tag{2.18}$$

Wird während des Versuches ein Abfall der Kraft beobachtet, ist zwischen der *oberen Streckgrenze* R_{eH} und der *unteren Streckgrenze* R_{eL} zu unterscheiden. Die obere Streckgrenze ist die größte Spannung vor dem ersten Abfall der Zugkraft bei zunehmender Längenänderung, die untere Streckgrenze ist die kleinste Spannung im Fließbereich, wobei Einschwingerscheinungen infolge trägheitsbehafteter Kraftmessung nicht berücksichtigt werden.
Als technisch gebräuchlicher Kennwert wird die obere Streckgrenze R_{eH} bestimmt, obwohl sie wesentlich stärker als die anderen im Zugversuch ermittelten Kennwerte von den Versuchsbedingungen sowie der Probeform und der Nachgiebigkeit der Prüfmaschine (Abschnitt 2.1.1.3.) abhängt.
Die Ursache des plötzlichen Kraftabfalls an der Streckgrenze läßt sich aus der Kinetik der Versetzungsbewegung und Versetzungsmultiplikation in diesen Werkstoffen erklären. Beim Erreichen der oberen Streckgrenze kommt es zum Losreißen einzelner Versetzungen von den sie blockierenden Fremdatomen (z. B. C und N in Stählen).

Da zunächst nur wenige bewegliche Versetzungen vorhanden sind, müssen sich diese mit großer Geschwindigkeit bewegen, um die Probe mit der von der Prüfmaschine aufgeprägten Verformungsgeschwindigkeit zu dehnen. Vergrößert sich die Zahl der gleitfähigen Versetzungen sprunghaft, kommt es zu einem merklichen Absinken ihrer Abgleitgeschwindigkeit. Da die Abgleitgeschwindigkeit der Versetzungen der einwirkenden Zugkraft proportional ist, tritt ein Abfall der Kraft an der Streckgrenze auf. Der anschließende horizontale Verlauf der R-ε-Kurve kennzeichnet die Ausbreitung der plastischen Verformung über das gesamte Probenvolumen (*Lüders-Dehnung*). Für polykristalline metallische Werkstoffe besteht ein Zusammenhang zwischen der Streckgrenze und der Korngröße des Gefüges in Form der *Hall-Petch-Beziehung*

$$R_e = \sigma_i + kL^{-1/2} \tag{2.19}$$

Hierbei sind σ_i die der Versetzungsbewegung innerhalb eines Korns entgegenwirkende Reibungsspannung, L die Korngröße und k ein Faktor, der die Wirkung der Korngrenzen zum Ausdruck bringt. Die *Reibungsspannung* σ_i wird von zwei Grundmechanismen der Behinderung einer Versetzungsbewegung bestimmt, nämlich von dem weitreichenden, über einige 1000 Atomabstände wirkenden Spannungsfeld der Versetzungsstruktur und von der nur wenige Atomabstände erfassenden *Peierlsspannung*. Der letztgenannte Anteil der Reibungsspannung ist temperatur- und geschwindigkeitsabhängig und bestimmt damit im wesentlichen den Anstieg der Streckgrenze bei sinkender Temperatur bzw. zunehmender Dehngeschwindigkeit. Die Abhängigkeit der Streck- bzw. Dehngrenze von der Temperatur bzw. Dehngeschwindigkeit ist bei metallischen Werkstoffen mit krz-Gitter wesentlich stärker ausgeprägt als bei kfz-Gitter. Dies ist von Bedeutung für die Festlegung und Einhaltung von zulässigen Dehngeschwindigkeiten beim Zugversuch.
Bei Thermoplasten im zähen Zustand kann als Folge der Verstreckung von Makromolekülen ebenfalls nach einem Kraftabfall ein Fließbereich auftreten. Auch in diesem Fall spricht man von einer Streckgrenze. Die Dehnung der Thermoplaste im Bereich der Verstreckung kann mehrere hundert Prozent betragen.
Nach dem Überschreiten der Streckgrenze steigt die Spannung bei weiterer Zunahme der plastischen Dehnung an. Wenn das Verformungsvermögen der Probe erschöpft ist, kommt es zum Bruch, der entweder im ansteigenden Teil der Spannungs-Dehnungs-Kurve oder nach dem Überschreiten der Maximalkraft eintreten kann. Die in beiden Fällen bestimmbare Höchstkraft F_m, bezogen auf den Ausgangsquerschnitt der Probe, wird als *Zugfestigkeit* R_m bezeichnet:

$$R_m = \frac{F_m}{S_o} \quad \text{in MPa} \tag{2.20}$$

Tritt der Bruch im abfallenden Teil der R-ε-Kurve ein, kann als weiterer Kennwert die *Reißfestigkeit)*

$$\sigma_R = \frac{F_R}{S_o} \quad \text{in MPa} \tag{2.21}$$

bestimmt werden. Dieser Kennwert findet vor allem bei Polymerwerkstoffen Anwendung; bei Metallen ist er nur für werkstoffphysikalische Grundlagenuntersuchungen von Interesse. Zur Bewertung vergüteter Stähle verwendet man häufig noch das *Streckgrenzenverhältnis*

$$\frac{R_e}{R_m} \quad \text{bzw.} \quad \frac{R_{p0,2}}{R_m}$$

Außer den Festigkeitskennwerten werden im Zugversuch auch die Verformungskennwerte Bruchdehnung A und Brucheinschnürung Z sowie das spezifische Arbeitsvermögen W_s bestimmt. Unter der *Bruchdehnung* A versteht man die absolute Verlängerung der Probe nach dem Bruch $L_u - L_o$, bezogen auf die ursprüngliche Meßlänge L_o:

$$A = \frac{L_u - L_o}{L_o} \cdot 100 \quad \text{in \%} \tag{2.22}$$

Dieser Kennwert setzt sich zusammen aus *Gleichmaßdehnung* und *Einschnürdehnung*. Während die Gleichmaßdehnung aus der gleichmäßigen Verlängerung und damit verbundenen Querschnittsabnahme im Bereich der gesamten Meßlänge resultiert, entspricht die nach dem Überschreiten des Höchstkraftpunktes auftretende Einschnürdehnung einer starken Querschnittsabnahme in einem eng begrenzten Gebiet (Bild 2.6). Auf Grund des *Kickschen Ähnlichkeitsgesetzes* sind die Bruchdehnungen von

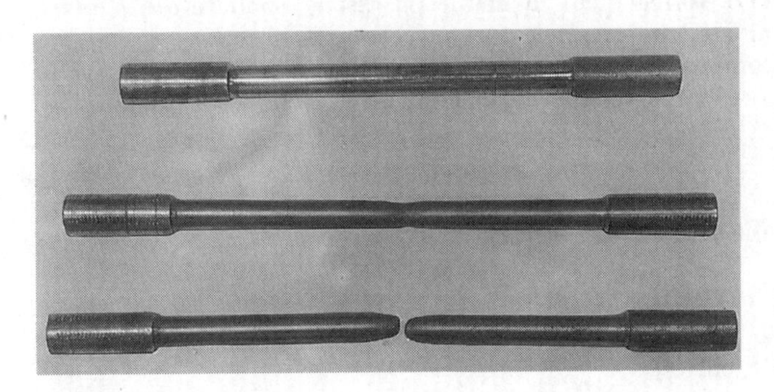

Bild 2.6. Zugproben mit Gleichmaß- und Einschnürdehnung

Proben mit unterschiedlichem Querschnitt vergleichbar, wenn das Verhältnis zwischen der Meßlänge L_o und dem Stabquerschnitt S_o konstant ist. Davon ausgehend wurden die Abmessungen der zur Prüfung metallischer Werkstoffe verwendeten *Proportionalstäbe* festgelegt. Die Bruchdehnung beim langen Proportionalstab ($L_o = 10d_o$) wird mit A_{10} und beim kurzen Proportionalstab ($L_o = 5d_o$) mit A_5 bezeichnet. Zwischen beiden Kennwerten besteht die Beziehung $A_5 \approx (1{,}2 \text{ bis } 1{,}5)\, A_{10}$.
Bei der praktischen Ermittlung der Bruchdehnung unterscheidet man nicht zwischen Gleichmaß- und Einschnürdehnung, sondern legt die gesamte bleibende Längenänderung der Probe zugrunde. Um diese Längenänderung zu erfassen, braucht man nur an den Enden der Meßlänge je eine Markierung anzubringen, deren Entfernung nach Beendigung des Versuchs, nachdem die Bruchstücke gut passend aneinandergelegt sind, ausgemessen wird. Für die Bruchdehnung ergibt sich aber nur dann ein brauchbarer Wert, wenn bei kurzen Proportionalstäben der Abstand zur nächsten Endmarke mindestens $^1/_3$, bei langen Proportionalstäben mindestens $^1/_5$ der Meßlänge nach dem Bruch beträgt. Bei Brüchen in der Mitte der Meßlänge sind die Werte am höchsten, da die Verformung der beiden Probehälften vollkommen gleichmäßig ist (Bild 2.7).

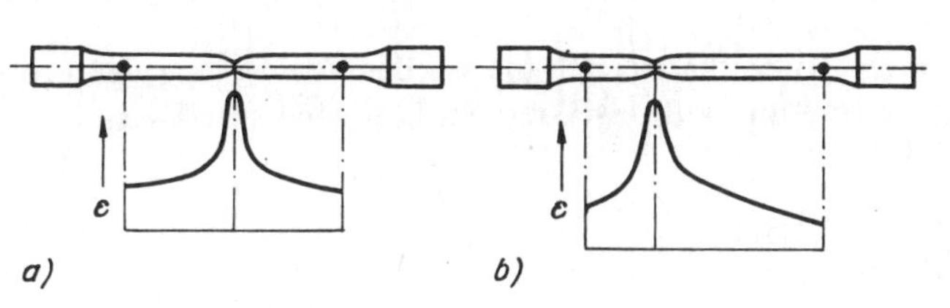

Bild 2.7. Verlauf der Dehnung über die Probe bei mittigem (*a*) und außermittigem Bruch (*b*)

Um auch für Proben, die außerhalb der angeführten Grenzen zu Bruch gehen, die Bruchdehnung bestimmen zu können, wurden Korrekturmethoden entwickelt.
Bei Polymerwerkstoffen werden in erster Linie gespritzte Proben verwendet, die auf Grund des Herstellungsprozesses Orientierungen der Makromoleküle aufweisen. Dies führt dazu, daß der Bruch am Ende der Meßlänge, an der vom Anguß entferntesten Stelle auftritt. Ferner bestimmt man bei diesen Werkstoffen die der Reißfestigkeit entsprechende relative *Reißdehnung*

$$\varepsilon_R = \frac{L_R - L_o}{L_o} \cdot 100 \quad \text{in } \% \tag{2.23}$$

L_R Meßlänge im Moment des Bruchs

Im Interesse einer rechnergestützten Auswertung des Zugversuchs wird angestrebt, auch bei metallischen Werkstoffen nicht mehr die plastische, sondern die *Reißdehnung* ε_R als Bruchdehnung zu definieren.
Während des Versuchs kommt es zu einer zunächst gleichmäßigen und nach Ausbildung der *Einschnürzone* örtlich begrenzten Querschnittsänderung der Probe

$$q = \frac{S_o - S}{S_o} \cdot 100 \quad \text{in } \% \tag{2.24}$$

Beim Bruch ergibt sich die *Brucheinschnürung*

$$Z = \frac{S_o - S_u}{S_o} \cdot 100 \quad \text{in } \% \tag{2.25}$$

S_u Querschnitt an der Bruchstelle

Bei Rundproben ist die Einschnürung

$$Z = \left[1 - \left(\frac{d_u}{d_o}\right)^2\right] \cdot 100 \quad \text{in } \% \tag{2.26}$$

und bei Rechteckproben (Bild 2.8)

$$Z = \left(1 - \frac{a_u b_u}{a_o b_o}\right) \cdot 100 \quad \text{in } \% \tag{2.27}$$

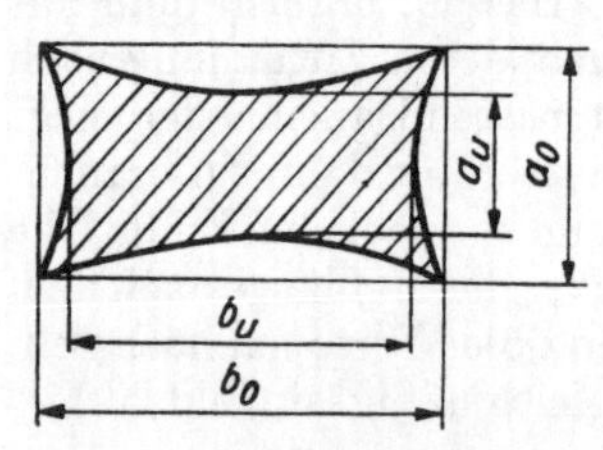

Bild 2.8. Bestimmung des Bruchquerschnitts an Zugproben mit rechteckigem Querschnitt

Aus der Spannungs-Dehnungs-Kurve kann auch die bei der Verformung der Probe von der Prüfmaschine geleistete und auf das Volumen bezogene *spezifische Formänderungsarbeit*

$$W_s = \int_{\varepsilon=0}^{\varepsilon=\varepsilon_R} R \, d\varepsilon \quad \text{in J mm}^{-3} \tag{2.28}$$

entnommen werden. Bestimmt wird W_s entweder durch Ausplanimetrieren des Flächeninhalts unter der Spannungs-Dehnungs-Kurve oder angenähert aus der Zugfestigkeit und Bruchdehnung mit Hilfe der Beziehung

$$W_s = R_m A \cdot \xi \tag{2.29}$$

Der Faktor $\xi < 1$ wird als *Völligkeitsgrad* bezeichnet.
Im elastischen Bereich erhält man

$$W_{sel} = \frac{1}{2} \varepsilon_{el} R_{p0,01} \tag{2.30}$$

und mit

$$\varepsilon_{el} = \frac{R_{p0,01}}{E}$$

ergibt sich

$$W_{sel} = \frac{R_{p0,01}^2}{2E} \quad \text{in J mm}^{-3} \tag{2.31}$$

Bei der Angabe von Kennwerten des Zugversuchs sind folgende Rundungen anzuwenden:

Festigkeitskennwerte bis 1000 MPa	auf 1,0 MPa
Festigkeitskennwerte über 1000 MPa	auf 10,0 MPa
Brucheinschnürung und -dehnung	auf 0,1%

Die Festigkeitskennwerte des Zugversuchs sind eine wesentliche Voraussetzung für die Dimensionierung von statisch beanspruchten Konstruktionen. Der Elastizitätsmodul bestimmt die Steifigkeit eines Bauwerks bzw. die Dimensionsstabilität von Maschinen und Geräten. Um ein Versagen durch plastische Verformung oder Bruch zu vermeiden, muß die in der Konstruktion wirkende Spannung unterhalb der Elastizitätsgrenze $R_{p0,01}$ liegen. An Stelle dieses Wertes können auch die um einen Sicherheitsfaktor verminderten Kennwerte der Streckgrenze oder Zug- bzw. Reißfestigkeit Verwendung finden, wobei die durch Vorschriften festgelegten Sicherheitsfaktoren bei den einzelnen Werkstoffen unterschiedlich sind. Zur Vermeidung von verformungsarmen Brüchen sowie hinsichtlich der Bewertung von Verarbeitungseigenschaften sind die Kennwerte der Verformbarkeit wie Bruchdehnung und Brucheinschnürung erforderlich. Das spezifische Arbeitsvermögen kennzeichnet die integrale Wirkung von Festigkeit und Verformbarkeit. Der Kennwert W_{sel} hat für die Dimensionierung von Federn Bedeutung.

Versuchsdurchführung und Versuchseinrichtungen

Zur Durchführung des Zugversuchs wird eine Probe in den Einspannköpfen der Prüfmaschine befestigt und zunehmend bis zum Bruch gedehnt. Dabei müssen die erforderliche Zugkraft und die Verlängerung der Probe gemessen werden. Zugprüfmaschinen sind deshalb so aufgebaut, daß der Abstand eines Einspannkopfes vom anderen vergrößert werden kann, wobei der eine Einspannkopf direkt an das Kraftmeßelement angekoppelt wird, während der andere mit einem beweglichen Querhaupt in Verbindung steht. Der Grundaufbau einer derartigen *verformungsgesteuerten Prüfmaschine* ist schematisch in Bild 2.9 dargestellt. Diese Konstruktion ist so ausgeführt, daß sowohl Zug- als auch Druckbeanspruchungen erzeugt werden können. Damit wird es möglich, mit einer Prüfmaschine Zug-, Druck- und Biegeversuche durchzuführen (*Universal-Prüfmaschine*). Die durch den Antrieb erzeugten Kräfte werden über die Einspannvorrichtung auf die Probe übertragen. Die Bewegung erfolgt gegen den die

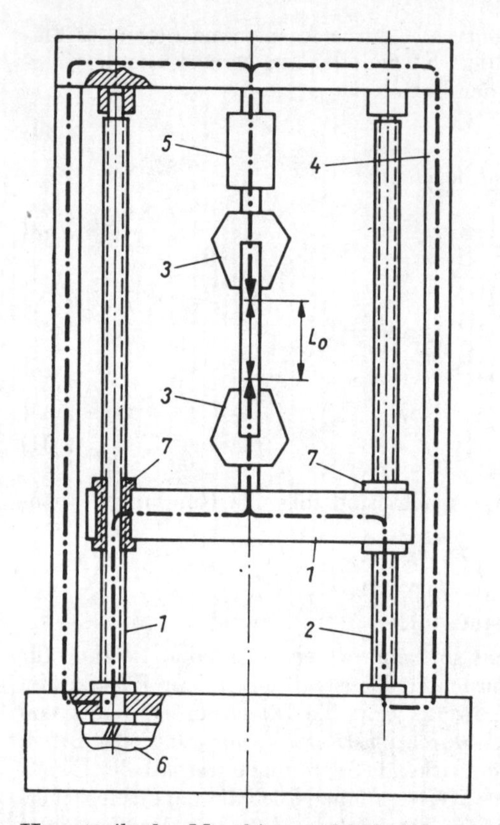

Bild 2.9. Aufbau einer Prüfmaschine für Zug-, Druck- und Biegebeanspruchung

1 Querhaupt
2 Spindeln
3 Einspannvorrichtung
4 Maschinenrahmen
5 Kraftmeßeinrichtung
6 Antrieb der Spindeln
7 drehbare Muttern für die Bewegung des Querhauptes
L_0 Meßlänge der Zugprobe

Hauptteile der Maschine verbindenden und somit die wirkenden Kräfte aufnehmenden Maschinenrahmen. In den dabei entstehenden Kraftschluß ist eine elektronische Kraftmeßeinrichtung, die im wesentlichen auf der Basis von Dehnungsmeßstreifen arbeitet, eingeschaltet. Zur Messung der Verlängerung dienen induktive oder kapazitive Wegaufnehmer (Abschnitt 8.1.), die unmittelbar an der Probe befestigt werden. Die Aufzeichnung des Kraft-Verlängerungs-Diagrammes erfolgt mit Hilfe eines X-Y-Schreibers.

Für die Krafterzeugung werden *mechanische* und *hydraulische Antriebssysteme* verwendet. Im allgemeinen sind Prüfmaschinen bis zu einer Höchstkraft von 10^5 N mit mechanischem und über 10^5 N mit hydraulischem Antrieb ausgerüstet. Bei dem mechanischen Antrieb (Bild 2.9) erfolgt die Bewegung des Querhaupts (*1*) über zwei Spindeln (*2*), die durch Schneckenrad und Schnecke oder über Zahnräder (*6*) in Umdrehung versetzt werden. Dadurch bewirken die im beweglichen Querhaupt gelagerten Muttern (*7*) die Verstellung des Querhauptes. Der mechanische Antrieb enthält ein dem Elektromotor nachgeschaltetes Regelgetriebe, über das die Vorschubgeschwindigkeit des Querhauptes (und damit des beweglichen Einspannkopfes) stufenlos regelbar ist. Eine Universalprüfmaschine mit elektromechanischem Antrieb zeigt Bild 2.10.

Es ist zu beachten, daß bei den bisher beschriebenen verformungsgesteuerten Prüfmaschinen eine angenähert gleichmäßige Geschwindigkeit des beweglichen Einspannkopfes und damit eine konstante Verformungsgeschwindigkeit für die Probe nur mit einem mechanischen Antrieb eingehalten werden kann. Bei hydraulischen Prüfmaschinen ist dies ohne Zusatzregelung nicht möglich.

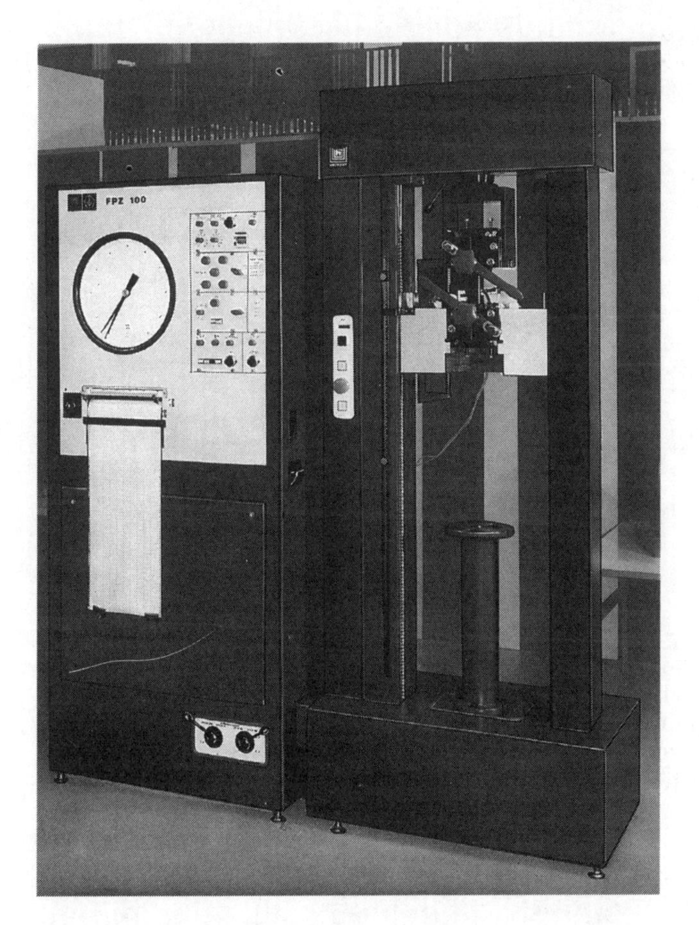

Bild 2.10. Prüfmaschine für Zug-, Druck- und Biegebeanspruchung (VEB Thüringer Industriewerk Rauenstein)

Da die Beziehungen zwischen Spannung und Dehnung geschwindigkeitsabhängig sind, sollte der Zugversuch zur Gewährleistung reproduzierbarer Kennwerte mit einer konstanten Prüfgeschwindigkeit durchgeführt werden. Bei der Bestimmung von Dehn- bzw. Streckgrenzenwerten metallischer Werkstoffe ist eine *Dehngeschwindigkeit* von 0,00025 bis 0,0025 s^{-1} einzuhalten. Falls dies nicht durch direkte Steuerung der Maschine möglich ist, muß bis zum Erreichen der Streckgrenze die *Spannungszunahme-Geschwindigkeit* 3 bis 30 MPa s^{-1} betragen.
Im plastischen Bereich ist die Dehngeschwindigkeit nicht nur vom geprüften Werkstoff, sondern von dem gesamten Prüfsystem, bestehend aus Probe, Einspannvorrichtung, Maschinenrahmen, Kraftmeßeinrichtung usw., abhängig. Vereinfacht kann dies dem mechanischen Modell einer Zugprüfmaschine in Bild 2.11 entnommen werden.
Das Verhalten der elastischen Glieder wird durch die Federkonstante C bzw. ihren Kehrwert $K = 1/C$ (*Nachgiebigkeit*) beschrieben. Für die Dehngeschwindigkeit der

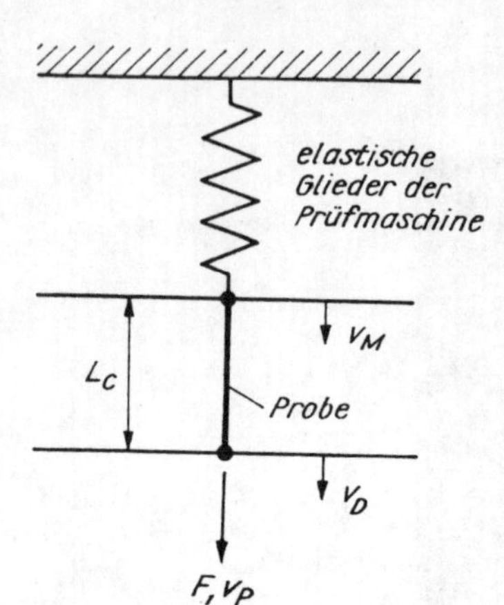

Bild 2.11. Schema für die Bestimmung des K-Faktors einer Prüfmaschine

Probe läßt sich ableiten:

$$v_P = \frac{L_c}{L_c + KES_0} \tag{2.32}$$

L_c Versuchslänge
S_0 Probenquerschnitt
E Elastizitätsmodul

Damit ergibt sich die Notwendigkeit der Bestimmung des *K-Faktors* einer Prüfmaschine für die im Regelfall benutzten Probenformen, Spannzeuge und Prüfkraftbereiche. Hierzu wird die Längenänderung der Probe im elastischen und plastischen Bereich in Abhängigkeit von der Zeit bei gleicher Maschineneinstellung ermittelt und das Verhältnis der Dehngeschwindigkeiten

$$H = v_{P_{pl}}/v_{P_{el}} \tag{2.33}$$

aus dem Anstieg der Längenänderungs-Zeit-Kurven gebildet. Der K-Wert läßt sich dann nach

$$K = \frac{L_c}{ES_0}(H - 1) \tag{2.34}$$

unter Verwendung der Abmessungen der benutzten Zugprobe berechnen. Der Probenwerkstoff für die K-Wert-Bestimmung soll ausgeprägtes Fließen bei konstanter Kraft zeigen.

Für die in Bild 2.10 dargestellte Zugprüfmaschine mit elektromechanischem Antrieb liegen die K-Faktoren in der Größenordnung von $2 \cdot 10^{-5}$ bis $5 \cdot 10^{-5}$ mm N^{-1}.

Zur Gewährleistung der vorgeschriebenen Prüfbedingungen ist es ratsam, den K-Wert regelmäßig zu überprüfen. Eine einfache Kontrollmethode, die in Verbindung mit jedem Zugversuch erfolgen kann, besteht in der Ermittlung der Federkonstante aus der Steigung des von der Maschine aufgezeichneten Kraft-Verschiebungs-Diagramms unter Verwendung der Beziehung

$$K = \frac{1}{\mathrm{d}F/\mathrm{d}u} - \frac{L_c}{ES_0} \tag{2.35}$$

Bei der Prüfung von Stahl kann man davon ausgehen, daß die Nachgiebigkeit der Probe fast immer kleiner ist als die der Prüfmaschine. Genaue Untersuchungen im Fließbereich und eine von der Prüfmaschine weitgehend unbeeinflußte Anzeige der Streckgrenzenerscheinung sind daher nur dann möglich, wenn die Prüfmaschine eine geringe Nachgiebigkeit (*harte Prüfmaschine*) aufweist. Eine derartige Forderung ist konstruktiv durch einen sehr starren Maschinenrahmen sowie eine Vorspannung mit parallel zur Probe geschalteten Federn möglich. Bei einer »weichen« Prüfmaschine mit großer Nachgiebigkeit kann ein »hartes« Verhalten dadurch erzwungen werden, daß die Probe in einen Zylinder aus einem Werkstoff mit hoher Elastizitätsgrenze eingeschraubt und mit diesem zusammen beansprucht wird. In diesem Fall sind die Steifigkeit der Prüfeinrichtung und der Probe annähernd gleich.
Die Einhaltung einer konstanten Dehngeschwindigkeit wird in modernen Prüfmaschinen dadurch gewährleistet, daß die Verformung mit einem elektronischen Dehnungsmesser direkt an der Probe gemessen und in ein elektrisches Signal umgewandelt wird, das mit einem Sollwert zu vergleichen ist. Stimmen beide Größen nicht überein, wird die Antriebsgeschwindigkeit über das Regelsystem der Prüfmaschine so lange verstellt, bis das Fehlersignal 0 wird, also die Dehngeschwindigkeit wieder dem vorgegebenen Sollwert entspricht. Prüfmaschinen, die mit einer zumeist mikrorechnergestützten Kraft-, Weg- oder Dehnungsregelung ausgerüstet sind, bezeichnet man als *Maschinen mit geschlossenem Regelkreis* (Bild 2.12). In diesem Fall werden die Einflüsse der Nachgiebigkeit des Prüfsystems ausgeglichen; nach Bedarf läßt sich eine »harte« oder »weiche« Prüfmaschine simulieren.

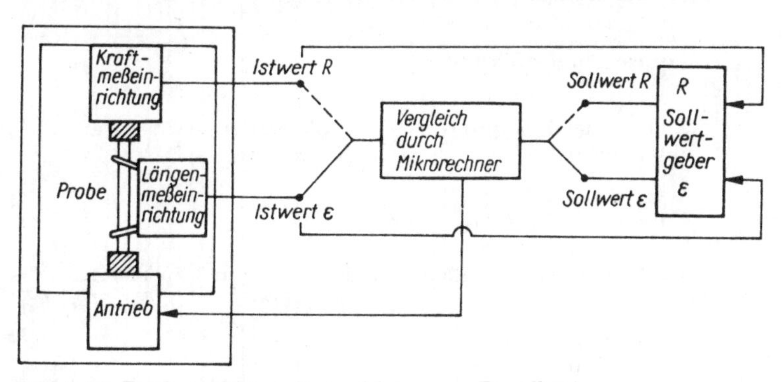

Bild 2.12. Prüfmaschine mit geschlossenem Regelkreis

Automatisierung des Zugversuchs

Wegen der großen Bedeutung des Zugversuchs für die betriebliche Werkstoffprüfung finden Maßnahmen zur Rationalisierung durch eine automatische Prüfablaufsteuerung, Meßwerterfassung und -verarbeitung besondere Beachtung. Die *Automatisierung des Zugversuchs* (dies gilt im Prinzip auch für andere Prüfverfahren) kann in verschiedenen Etappen erfolgen.
Die einfachste Möglichkeit besteht in der digitalen Speicherung von Kraft und Verlängerung während des Versuchs und einer anschließenden off-line-Verarbeitung der Meßwerte mit Hilfe spezieller Auswerteprogramme in einem Prozeß- oder Tischrechner.
Einen höheren Automatisierungsgrad erreicht man durch eine rechnergestützte Versuchssteuerung. Nach dem Einbau der Probe läuft der Versuch automatisch ab, wo-

bei die zur Kennwertermittlung erforderlichen Operationen (Umrechnung der Kraft in Spannungen und der Verlängerungen in Dehnungen, Bestimmung von Dehngrenzen usw.) bereits während des Versuchs erfolgen und die Kennwerte einschließlich statistischer Auswertung nach Versuchsende in Form eines Prüfprotokolls zur Verfügung stehen.

Die vollautomatische Zugprüfmaschine gestattet die Abarbeitung aller Schritte der Versuchsvorbereitung, -durchführung und -auswertung ohne Eingriffe des Menschen (Tabelle 2.3). Zur Speicherung und weiteren Auswertung der anfallenden großen Datenmengen ist die Eingliederung in ein übergeordnetes Datenverarbeitungs- und

Tabelle 2.3. Arbeitsablauf bei der vollautomatischen Zugprüfmaschine

Phase	Rechnergesteuerter Vorgang		Datenverarbeitung
a) Versuchsvorbereitung	Entnahme der Probe aus dem Magazin		
	↓		
	Abtasten der Probe	→	Querschnittberechnung
	↓		↓
	Einbau der Probe in Spannbacken		
	↓		
	Aufbringen der Vorlast		
	↓		
	Anlegen des Dehnungsaufnehmers		Einlesen der gewünschten Kennwerte
	↓		↓
b) Versuchsablauf	Umschalten auf Kraft- oder Dehnungssteuerung mit Regelgeschwindigkeit v_1		Errechnen und Speichern der Kennwerte E, R_p, R_{eH}, R_{eL}
	↓		↓
	Abschwenken des Dehnungsaufnehmers		
	↓		
	Umschalten auf Dehnungsgeschwindigkeit v_2		
	↓		
	Abschalten bei Probenbruch		Errechnen und Speichern der Kennwerte R_m, A, r, n
	↓		↓
	Zurückfahren in Ausgangsstellung	←	Ausdruck des Versuchsprotokolls
			↓
c) Versuchsauswertung			Datenverarbeitung im Laborrechner, Einspeicherung in das Informationssystem für Werkstoffkennwerte

Informationssystem zweckmäßig. Damit läßt sich die Peripherie der automatischen Prüfmaschine in zwei Komponenten, nämlich das prozeßnahe Rechnersystem und das prozeßferne Zentralsystem, aufgliedern. Das prozeßnahe System übernimmt die Steuerung des Versuchsablaufs sowie die Datenerfassung und -konzentration. Im prozeßfernen Zentralrechner erfolgt die Speicherung und statistische Auswertung der Daten sowie eine Sortierung nach bestimmten Auswahlkriterien. Der Einsatz derartiger automatischer Prüfstationen ist allerdings nur dann wirtschaftlich, wenn laufend sehr viele Proben unter gleichbleibenden Bedingungen zu untersuchen sind, z. B. Abnahmeprüfungen in der werkstoffherstellenden Industrie.

Ermittlung von Dehngrenzen

Als *Dehngrenze* bezeichnet man Spannungen für einen vorgeschriebenen Dehnungsbetrag. Nach der Art der Ermittlung werden unterschieden:

a) Dehngrenze R_p als Spannung, bei der die plastische Dehnung die vorgeschriebene Größe erreicht
b) Dehngrenze R_r als Spannung, bei der die Probe nach Wegnahme der Kraft die vorgeschriebene bleibende Dehnung beibehält
c) Dehngrenze R_t unter Zugkraft als Spannung, bei der die Gesamtdehnung der Probe die vorgeschriebene Größe erreicht

In jedem Fall ist der vorgeschriebene Dehnungswert in der Bezeichnung anzugeben, z. B. $R_{p0,2}$ oder $R_{r0,1}$.
Die Dehngrenze R_p wird graphisch aus dem Spannungs-Dehnungs-Diagramm bei einmaliger Belastung bestimmt. Dazu ist, ausgehend von dem vorgeschriebenen Wert der plastischen Dehnung, eine Parallele zur Hookeschen Geraden zu ziehen; der Schnittpunkt mit der Spannungs-Dehnungs-Kurve ergibt die Dehngrenze (Bild 2.13a).
Die Ermittlung von Dehngrenzen bei zügiger Kraftzunahme erfordert die Ausstattung der Prüfmaschine mit einer registrierenden Kraft-Verlängerungs-Meßeinrichtung. Ein zur Ermittlung von Dehngrenzen geeignetes induktives Dehnungsmeßgerät zeigt Bild 2.14. Bei einem rechnergestützten Versuchsablauf muß die elastische Dehnung

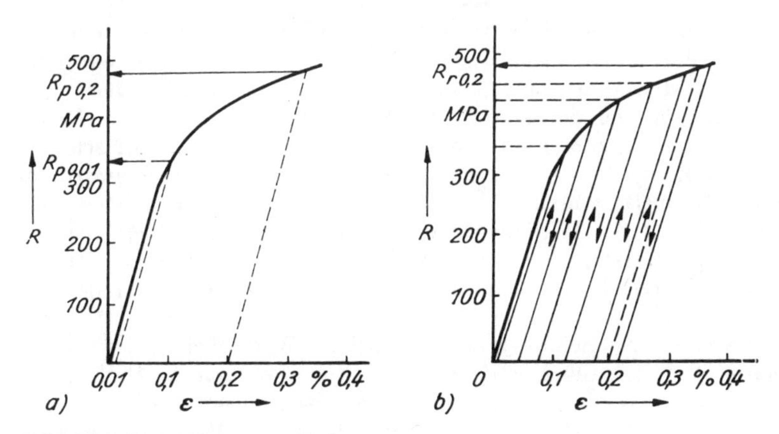

Bild 2.13. Ermittlung von Dehngrenzen

a) Ermittlung der Dehngrenzen $R_{p0,01}$ und $R_{p0,2}$ bei einmaliger Belastung
b) Ermittlung der Dehngrenze $R_{r0,2}$ durch stufenweise Belastung und Entlastung

Bild 2.14. Induktives Dehnungsmeßgerät

aus dem Kurvenanstieg im Bereich der Hookeschen Geraden laufend berechnet und von der gemessenen Gesamtdehnung subtrahiert werden.
Die Dehngrenze R_r ist durch mehrmalige Be- und Entlastung der Probe zu bestimmen. Nach dem Einbau der Zugprobe in die Prüfmaschine und dem Aufbringen einer Vorspannung von höchstens 10% der zu erwartenden Dehngrenze R_r wird das Dehnungsmeßgerät an der Probe angebracht. Beginnend mit einer Kraft von 70 bis 80% des für R_r erwarteten Wertes ist die Probe nacheinander mit steigenden Kräften zu beanspruchen, wobei jedesmal die bleibende Dehnung bei der Vorspannung gemessen wird. Der Versuch ist beendet, wenn die bleibende Dehnung den vorgegebenen Wert erreicht (Bild 2.13b). Das klassische Feindehnungsmeßgerät für eine derartige Dehngrenzenbestimmung bei sehr kleinen Dehnungsbeträgen ($R_{r0,01}$- bzw. $R_{r0,005}$-Dehngrenze) ist das *Spiegelgerät nach Martens* (Abschnitt 8.1.). Für die Bestimmung der Dehngrenze $R_{r0,2}$ können mechanische Ansatzdehnungsmesser mit Meßuhranzeige verwendet werden. Die Dehngrenze R_t kann ebenfalls aus dem Spannungs-Dehnungs-Diagramm entnommen werden. Dazu ist für den vorgeschriebenen Dehnungswert eine Gerade parallel zur Hookeschen Geraden zu ziehen und der zugehörige Schnittpunkt mit der Spannungs-Dehnungs-Kurve zu bestimmen.

Probennahme und Probenform

Unter *Probe* versteht man den Teil eines Halbzeugs oder Werkstücks, der in einer festgelegten Form und Größe der Durchführung des Versuchs dient. Beim Herstellen der Probe ist darauf zu achten, daß keine Beeinflussung der Eigenschaften des Werkstoffs erfolgt. Es empfiehlt sich deshalb, für die Bearbeitung spanabhebende Werkzeuge zu verwenden. Müssen zum Heraustrennen metallischer Proben ein Schneidbrenner oder eine Blechschere verwendet werden, ist eine Zugabe von 20 mm vorzusehen, um das Einflußgebiet des Brenn- oder Scherenschnitts bei der spanabhebenden Fertigbearbeitung zu beseitigen. Wird die Oberfläche überschliffen, muß auf eine gute Kühlung geachtet werden, da durch die beim Schleifen örtlich mögliche Erwärmung die Festigkeitseigenschaften der zu untersuchenden Werkstoffe beeinflußt werden können.
Bei der Abnahme von fertigen Schmiedestücken wird das Werkstück an vorher vereinbarten Stellen größer ausgeführt, und an diesen Stellen werden die Proben entnommen. Die Entnahmestellen sollen am Stück möglichst so liegen, daß die Eigenschaften der später im Betrieb am stärksten beanspruchten Stellen erfaßt werden. Bei Gußstücken werden die Proben aus angegossenen Leisten, deren Querschnitt den mittleren Abmessungen des Gußstücks entsprechen muß, gefertigt.

Vor der Durchführung des Zugversuchs ist festzuhalten, wie die Probe aus dem Werkstück herausgearbeitet wurde. Zur Vermeidung von Verwechslungen sind die Proben an den Stirnflächen zu kennzeichnen.
Zugproben aus Polymerwerkstoffen werden entweder durch Herausarbeiten aus größeren Formteilen oder durch direkte Formgebung mittels Pressens, Spritzgießens, Extrudierens hergestellt. Dabei werden durch Anisotropieerscheinungen infolge Molekülorientierungen sowie Eigenspannungen und anderen Inhomogenitäten die Werkstoffeigenschaften beeinflußt, so daß eine strukturbezogene Kennwertermittlung von Polymerwerkstoffen die genaue Kenntnis des Prüfkörperzustands erforderlich macht. Als Probenform für metallische Werkstoffe sind der kurze Proportionalstab

$$L_o = 5{,}65 S_o^{1/2} \quad (\text{für Rundprobe } L_o = 5d_o)$$

oder der lange Proportionalstab

$$L_o = 11{,}3 S_o^{1/2} \quad (\text{für Rundprobe } L_o = 10d_o)$$

zu bevorzugen. Form und Abmessungen der Probenenden sowie der Übergänge von den Enden zum mittleren Teil der Probe (Versuchslänge) richten sich nach der Art der Befestigung in der Einspannvorrichtung der Prüfmaschine. Zylindrische Proben mit glatten Einspannköpfen (Bild 2.6) werden in den Beißkeilen der Einspannvorrichtung der Prüfmaschine befestigt. Sollen genauere Messungen, z. B. die Bestimmung von Dehngrenzen, durchgeführt werden, ist es ratsam, Proben mit Gewinde- oder Schulterköpfen zu verwenden, um einen festeren Sitz in der Einspannvorrichtung zu gewährleisten. Für die Prüfung von Blechen wird eine Flachzugprobe benutzt. Die *Versuchslänge* L_o der Proben muß betragen:

bei Rundproben $\quad L_o + 0{,}5d_o < L_c < L_o + 2d_o$

bei Flachproben (Dicke >3 mm) $\quad L_o + 1{,}5S_o^{1/2} < L_c < L_o + 2{,}5S_o^{1/2}$

bei Flachproben (Dicke <3 mm) $\quad L_o + \frac{b_o}{2} < L_c < L_o + 2b_o$

Die Proben sind spanabhebend zu bearbeiten. Flachproben können die Walzoberfläche beibehalten, wobei scharfe Grate an den Probenkanten zu entfernen sind. Kleine Profile, Rohre, Stangen, Formstahl, Bandstahl usw., können unbearbeitet geprüft werden. Dünne Rohre werden entweder an den Enden mit passenden Stopfen versehen oder breitgeschlagen, so daß flache Füllstücke eingelegt werden können. Für den Zugversuch an Polymerwerkstoffen werden geschulterte und bei Elastomeren auch ringförmige Proben verwendet.
Für die Untersuchung des Gefügeeinflusses auf das Festigkeits- und Verformungsverhalten ist es u. U. erforderlich, Zugversuche an kleinen (Mikro-) Proben durchzuführen. Hierzu gehören die Prüfung der mechanischen Eigenschaften von Grobblechen in Dickenrichtung oder die Untersuchung spezieller Gefügebereiche in Schweißverbindungen. Auf Grund des stärkeren Einflusses von Inhomogenitäten im Gefüge und der Probenoberfläche ist mit einer größeren Streuung der ermittelten Kennwerte zu rechnen.

Zugversuche mit mehrachsiger Beanspruchung und Bauteilprüfungen

Die in der Praxis auftretenden Beanspruchungen sind oft mehrachsig und inhomogen und somit den Prüfbedingungen beim Zugversuch an ungekerbten Proben kaum vergleichbar. Zur besseren Anpassung an das reale Betriebsverhalten gibt es folgende Möglichkeiten:

a) Übertragung der bei einachsiger und homogener Zugbeanspruchung ermittelten Kennwerte auf mehrachsige Beanspruchungsfälle durch Einbeziehung kontinuumsmechanischer Stoffgesetze
b) Ermittlung von Kennwerten an Proben unter reproduzierbaren Bedingungen einer mehrachsigen bzw. inhomogenen Beanspruchung
c) Prüfung von Bauteilen oder Bauteilkomponenten, evtl. auch maßstäblich verkleinert

Zur Charakterisierung des Werkstoffverhaltens bei mehrachsigen Spannungszuständen aus den Kennwerten des einachsigen Zugversuchs dienen *Vergleichsspannungen* bzw. *Vergleichsformänderungen*, die nach verschiedenen Hypothesen ermittelt werden. Üblich sind vor allem die *Schubspannungs-Hypothese* nach *Tresca* sowie die *Gestaltänderungs-Hypothese* nach *Mises*.

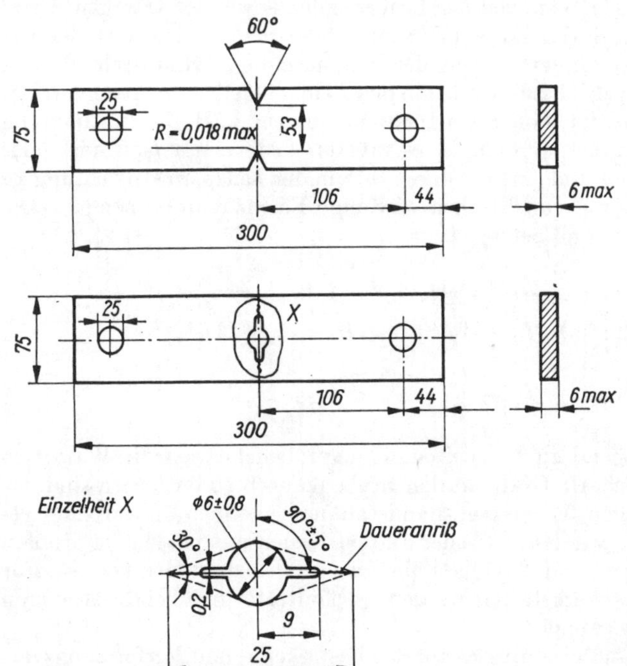

Bild 2.15. Zugproben mit scharfem Kerb bzw. künstlichem Anriß

Die Kennwertermittlung bei inhomogenen Spannungszuständen kann durch Verwendung von Zugproben mit scharfen Kerben bzw. infolge schwingender Beanspruchung erzeugten Ermüdungsrissen (Bild 2.15) erfolgen. Anwendung finden derartige Proben vor allem zur Ermittlung bruchmechanischer Werkstoffkennwerte (Abschnitt 2.2.). Häufig werden auch kombinierte Beanspruchungen angewandt. Ein homogener zweiachsiger Spannungszustand läßt sich z. B. in dünnwandigen Rohren unter Innendruck und Zug bzw. unter Torsion und Zug erzeugen. In dickwandigen Hohlzylindern entstehen bei Innendruck und Zugbeanspruchung dreiachsige, inhomogene Spannungszustände.

Die *Bauteilprüfung* bringt zwar die beste Anpassung an das Betriebsverhalten, erfordert jedoch einen hohen Kosten- und Materialaufwand und kann deshalb nur selten unter systematisch variierten Versuchsbedingungen durchgeführt werden. Üblich ist die Anwendung des Zugversuchs bei Drahtseilen, Ketten oder geschweißten Platten.
Mit den höheren Anforderungen des Druckbehälterbaus, insbesondere für Kernreaktorgefäße, an die Bauteilsicherheit hat der *Großzugversuch* unter Verwendung von Proben mit künstlich eingebrachten Fehlern steigende Bedeutung erlangt. Erforderlich sind dafür Prüfanlagen, mit denen Beanspruchungen von 50 bis 100 MN realisiert werden können. Auf der Grundlage der in diesen Versuchen ermittelten Kennwerte kann bei Kenntnis des im Bauteil vorliegenden Spannungszustands eine weitgehend bruchsichere Auslegung erfolgen.

Zugversuch bei hohen und tiefen Temperaturen

Bei einer von Raumtemperatur abweichenden Temperatur muß die Probe während der Versuchsdauer auf der gewünschten Prüftemperatur gehalten werden. Beim *Warmzugversuch* werden elektrisch beheizte Röhrenöfen verwendet, in denen durch ausreichende Luftumwälzung die Temperatur mit maximaler Abweichung von ± 2 K konstant gehalten wird. In bestimmten Fällen haben sich auch Flüssigkeitsbäder bewährt. Für Untersuchungen bei tiefen Temperaturen sind Kältekammern erforderlich, die an Kältemaschinen angeschlossen sind bzw. mit flüssigem Stickstoff betrieben werden. Zur exakten Messung der Probentemperatur ist es erforderlich, unmittelbar an der Probe mehrere über die Meßlänge gleichmäßig verteilte Thermoelemente durch Anbinden, Anklemmen oder Anschweißen zu befestigen.
Bei der Ermittlung der Festigkeitseigenschaften wird die Probe auf die gewünschte Temperatur erwärmt bzw. abgekühlt und bis zum Erreichen der Streckgrenze bzw. einer anderen Dehngrenze oder bis zum Bruch gedehnt. Dabei werden folgende Kennwerte bestimmt: Streckgrenze $R_{e/T}$; Zugfestigkeit $R_{m/T}$; Brucheinschnürung Z_T; Dehngrenze $R_{r/T}$ (die Größe der Dehngrenze ist in der Bezeichnung anzugeben, z. B. $R_{r0,1/T}$); Bruchdehnung $A_{5/T}$ oder $A_{10/T}$ (T Prüftemperatur).
Es ist zu beachten, daß die Kennwerte des Warmzugversuchs stark von der Prüfgeschwindigkeit abhängen. Aus diesem Grunde stellt man bei der Bestimmung der Streckgrenze oder der $R_{r0,2}$-Grenze die Prüfgeschwindigkeit so ein, daß zu jedem Versuchszeitpunkt entweder die Dehnungszunahme 0,3% der Meßlänge je Minute oder die Spannungszunahme 300 MPa min^{-1} beträgt. Oberhalb der Streckgrenze bzw. $R_{r0,2}$-Grenze darf die Dehnungszunahme zu keinem Versuchszeitpunkt größer als 40% der Meßlänge je Minute sein. Dabei geht man davon aus, den Warmzugversuch in einer bestimmten Zeitdauer, im allgemeinen 20 min, zu beenden. Weil dies nicht in jedem Fall möglich ist, stellt man die ermittelten Festigkeitswerte in Abhängigkeit von der Versuchsdauer grafisch dar und interpoliert auf 20 min Versuchsdauer. Das Ausmessen der Länge L_u und der kleinsten Querschnittsfläche erfolgt an der abgekühlten Probe.
Bild 2.16 zeigt die Veränderung im Spannungs-Dehnungs-Diagramm eines Baustahls mit steigender Temperatur. Da bei diesem Werkstoff oberhalb von 600 K der Zeiteinfluß stark in den Vordergrund tritt, ist anstelle des Warmzugversuchs besser der *Standversuch* (Abschnitt 2.1.1.5.) anzuwenden.

Reißversuch

Eine spezielle Art des Zugversuchs ist der für die Prüfung von Folien aus Polymerwerkstoffen sowie von Kunstleder, Schaumstoffen, Papier und Gewebe angewandte *Einreiß-* bzw. *Weiterreißversuch*. Dazu wird eine stufen- oder trapezförmige Probe mit

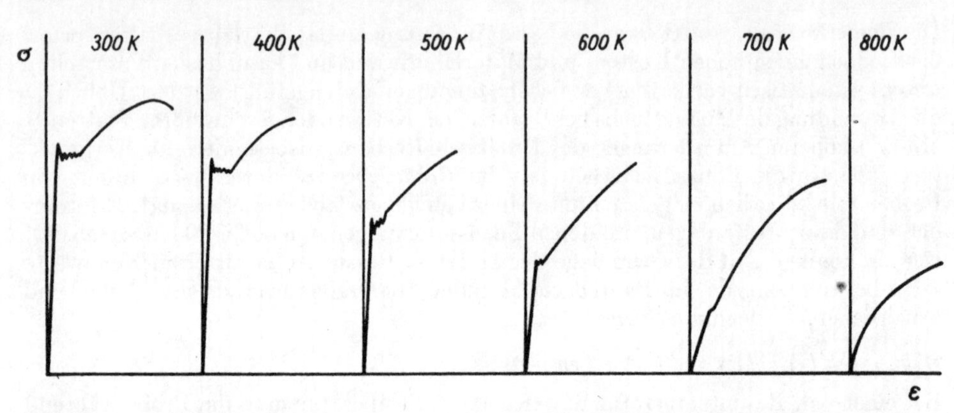

Bild 2.16. Spannungs-Dehnungs-Kurven eines Baustahls bei höheren Temperaturen

einer seitlichen Einkerbung versehen und auf Zug beansprucht. Als Kennwerte werden ermittelt: der *Einreißwiderstand*, d. i. die zum Einreißen erforderliche Zugkraft, und der *Weiterreißwiderstand*, d. i. die zur Aufrechterhaltung der Rißausbreitung erforderliche Zugkraft, beide bezogen auf die Probendicke in N mm^{-1}.

2.1.1.2. Druckversuch

Dieser Versuch, in dem das Werkstoffverhalten unter einachsiger Druckbeanspruchung geprüft wird, kann als die Umkehrung des Zugversuchs angesehen werden. Der *Druckversuch* hat vor allem Bedeutung für die Prüfung von Baustoffen, wie Naturgestein, Ziegel, Beton, Holz usw. Bei metallischen und Polymerwerkstoffen ist die Anwendung auf Sonderfälle beschränkt, z. B. Werkstoffe für Gleitlager oder Dichtungen.

Beim Druckversuch wird eine Probe mit dem Querschnitt S_0 einer Stauchung unterworfen und die dazugehörige Kraft F gemessen. Zur Bestimmung der Druckspannung σ_d[1]) wird die Kraft F auf die Ausgangsfläche S_0 bezogen. Der Index d wird eingeführt, um den Kennwert eindeutig als Druckspannung zu charakterisieren. Es ist

$$\sigma_d = \frac{F}{S_0} \quad \text{in MPa} \tag{2.36}$$

Wird die durch die Verformung hervorgerufene Verkürzung $L_0 - L_u$ auf die Ausgangshöhe L_0 bezogen, erhält man die *Stauchung*

$$\varepsilon_d = \frac{L_0 - L_u}{L_0} \cdot 100 \quad \text{in \%} \tag{2.37}$$

In Bild 2.17 sind die *Druckspannungs-Stauchungs-Kurven* für verschiedene Werkstoffe dargestellt.

Als *Druckfestigkeit* σ_{dB} ist festgelegt

$$\sigma_{dB} = \frac{F_B}{S_0} \quad \text{in MPa} \tag{2.38}$$

[1]) Im Gegensatz zum Zugversuch wurden bisher bei den anderen Prüfverfahren noch keine neuen Kurzzeichen für die Kennwerte eingeführt.

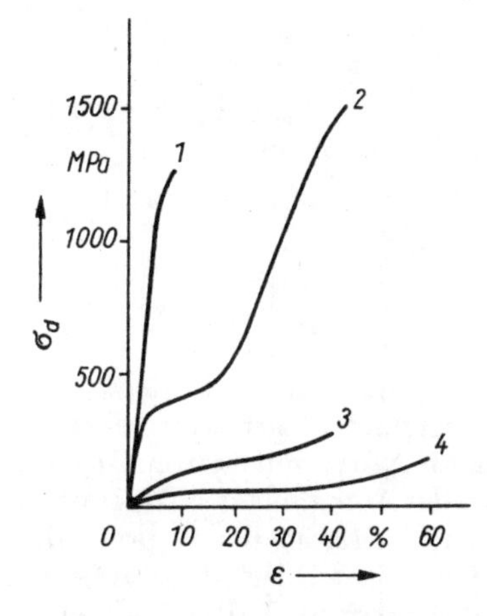

Bild 2.17. Druckspannungs-Stauchungs-Kurven verschiedener Werkstoffe

1 Gußeisen mit Lamellengraphit
2 weicher Stahl
3 Zink
4 Blei

Hierin ist F_B die Kraft, die beim ersten Anriß oder Bruch gemessen wird. Tritt kein Anriß auf, wird der Versuch bis zu einer Gesamtstauchung $\varepsilon_{d\,ges} = 50\%$ durchgeführt. Für die Druckfestigkeit gilt dann

$$\sigma_{d50} = \frac{F_{50}}{S_0} \quad \text{in MPa} \tag{2.39}$$

Bei der Prüfung von Holz quer zur Faser und anderen verformbaren Baustoffen wird der Versuch bereits nach einer Stauchung von 10% abgebrochen.
Die der Streckgrenze des Zugversuchs entsprechende *Quetschgrenze* σ_{dF} ist festgelegt durch

$$\sigma_{dF} = \frac{F_F}{S_0} \quad \text{in MPa} \tag{2.40}$$

Dabei ist F_F die Kraft, bei der in der Druckspannungs-Stauchungs-Kurve unter gleichzeitigem Auftreten einer merklich bleibenden Stauchung die erste Unstetigkeit auftritt. Wenn die Druckspannungs-Stauchungs-Kurve einen stetigen Verlauf aufweist, wird anstelle der Quetschgrenze die $\sigma_{d0,2}$-Stauchgrenze ermittelt. Als technische Elastizitätsgrenze gilt die $\sigma_{d0,01}$-Stauchgrenze.
Die nach dem ersten Anriß ermittelte *Bruchstauchung* der Probe ε_{dB} ist

$$\varepsilon_{dB} = \frac{L_0 - L_B}{L_0} \cdot 100 \quad \text{in } \% \tag{2.41}$$

Geht die Probe ohne sichtbaren Anriß völlig zu Bruch, kann die Bruchstauchung nicht bestimmt werden. Die im Verlauf des Druckversuchs auftretende tonnenförmige Ausbauchung der Probe (Bild 2.18) ist auf die an den Preßflächen zwischen Maschine und eingespannter Probe auftretende Reibung zurückzuführen, wodurch die Querdehnung an den Endflächen der Druckprobe behindert und eine Störung des einachsigen Druckspannungszustands hervorgerufen wird. Da sich die Behinderung der Verformung kegelförmig bis in die Probenmitte erstrecken kann, ist die plastische Verformung im wesentlichen auf die außerhalb dieser Kegel liegenden Bereiche beschränkt.

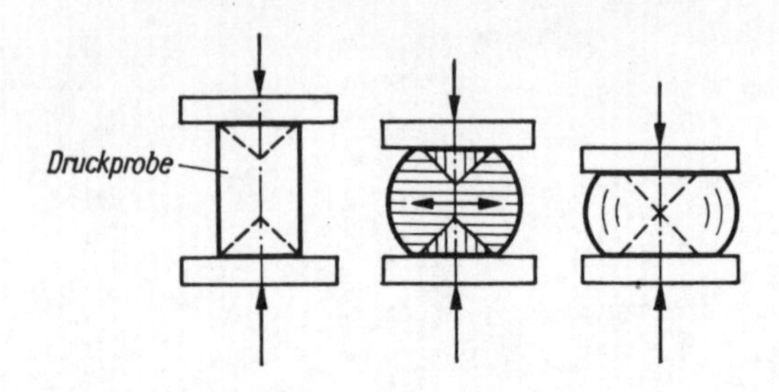

Bild 2.18. Stauchung einer Druckprobe

Für den Druckversuch werden entweder Zug-Druck-Prüfmaschinen oder spezielle *Druckpressen*, z. B. für die Prüfung von Baustoffen, eingesetzt. Druckpressen mit mechanischem Antrieb finden bis zu Prüfkräften von 10^5 N und mit hydraulischem Antrieb bis zu 10^8 N und darüber Anwendung. Die für die Aufnahme der Druckproben verwendeten Druckplatten müssen eben, poliert und härter als der zu prüfende Werkstoff sein. Die Druckplatte, die zu Beginn des Versuchs an der Probe anliegt, ist mit Hilfe einer Kugel-Vollkalotte so zu lagern, daß sie in engen Grenzen allseitig kippen kann, um geringe Abweichungen der Parallelität der Probenoberflächen auszugleichen (Bild 2.19). Der Durchmesser der allgemein verwendeten zylindrischen

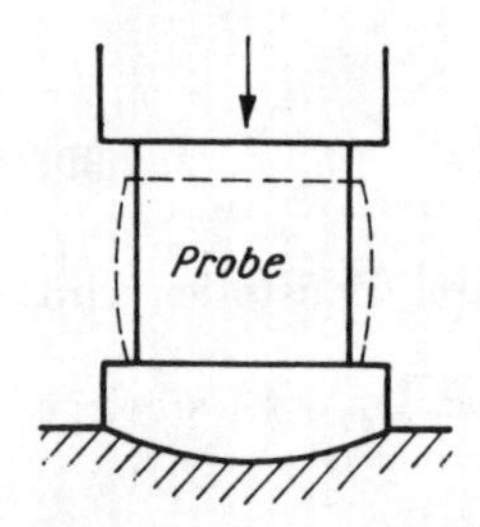

Bild 2.19. Versuchsanordnung beim Druckversuch

Proben hängt von den Abmessungen des vorliegenden Werkstoffs ab, üblich sind Durchmesser von 10 bis 30 mm. Für Grobmessungen genügt eine *Normalprobe*, bei der die Höhe gleich dem Durchmesser ist. Sollen Feindehnmessungen durchgeführt werden, muß eine *Langprobe* mit $L_0 = 2{,}5$ bis $3\ d_0$ verwendet werden. Längere Proben sind wegen der Gefahr des Ausknickens nicht üblich. Bei den langen Proben wird die Meßlänge um den halben Durchmesser kleiner gewählt, als die Höhe beträgt. Metallische Proben müssen allseitig fein geschlichtet oder geschliffen werden. Wichtig ist, daß die Endflächen genau parallel und senkrecht zur Probenachse sind. In der Baustoffprüfung werden meist würfelförmige Proben bevorzugt.

Rohre aus spröden Werkstoffen (Steinzeug, Ton) werden im Druckversuch auf ihre Widerstandsfähigkeit gegen *Scheiteldruck* geprüft. Dabei ruht das Rohr auf einer Grundplatte, und die Kraftaufbringung erfolgt mit Hilfe eines Druckstempels.

Zur Prüfung feuerfester keramischer Werkstoffe erfolgt die Ermittlung der *Druckfeuerbeständigkeit* (DFB). Man versteht hierunter das Verhalten bei gleichbleibender Druckbeanspruchung und steigender Temperatur. Als *DFB-Kennwert* können bestimmt werden:

a) die Anfangstemperatur, bei der die Probe um 0,3 mm zusammengedrückt ist
b) die Endtemperatur, bei der die Probe unter gleicher Druckbeanspruchung um 10 mm zusammengedrückt ist
c) die Bruchtemperatur, d. h. die Temperatur, bei der die Probe zusammenbricht

Für die Prüfung werden zylindrische Proben von 50 mm Durchmesser und 50 mm Höhe verwendet. Während der Versuchsdurchführung befindet sich die Probe in einem Ofen, der eine Zone gleichmäßiger Erhitzung (±10 K) von mindestens 100 mm aufweisen muß.

2.1.1.3. Biegeversuch

Der *Biegeversuch* findet Anwendung zur Untersuchung spröder Werkstoffe, z. B. Gußeisen mit Lamellengraphit, Werkzeugstahl oder Keramik. Bei zähen metallischen Werkstoffen kann man eine Biegebeanspruchung über die Streckgrenze hinaus fortführen, ohne daß der Werkstoff bricht (technologischer *Faltversuch*, Abschnitt 2.4.1.).
Besondere Bedeutung hat der Biegeversuch für Polymerwerkstoffe, da bei dieser Werkstoffgruppe, bedingt durch ihre spezifischen Eigenschaften, im praktischen Einsatz Biegebeanspruchungen vorherrschen.
Bei der Beanspruchung eines symmetrischen Querschnitts auf Biegung treten, wie Bild 2.20 zeigt, in der einen Randfaser Zug- und gegenüberliegend Druckspannungen

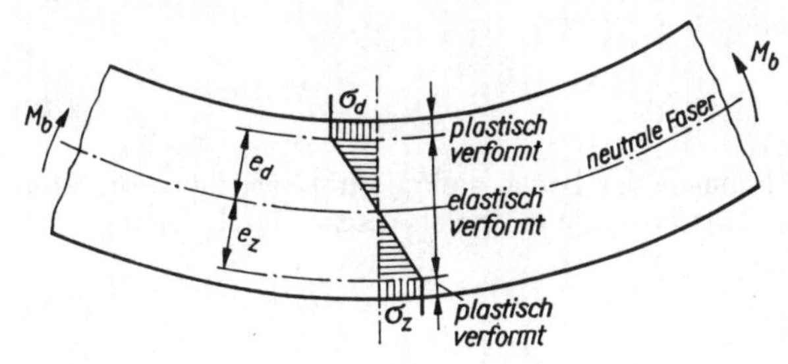

Bild 2.20. Spannungsverteilung in einem auf Biegung beanspruchten symmetrischen Querschnitt

auf. Die Spannungen nehmen auf beiden Seiten mit dem Abstand von der *neutralen Faser* zu, so daß die höchsten Werte jeweils in den Randfasern auftreten. Wird dabei die Streck- bzw. Quetschgrenze des Werkstoffs erreicht, kommt es zum plastischen Fließen.
Im elastischen Gebiet ist die Verteilung der Beanspruchungen über dem Querschnitt linear, und die maximalen Spannungswerte sind

$$\sigma_z = \frac{M_b e_z}{J} \quad \text{und} \quad \sigma_d = \frac{M_b e_d}{J} \tag{2.42}$$

M Biegemoment
J äquatoriales Trägheitsmoment
bzw.

$$\sigma_z = \frac{M_b}{W_z} \quad \text{und} \quad \sigma_d = \frac{M_b}{W_d} \tag{2.43}$$

$W = J/e$ Widerstandsmoment

Die Kennwerte des Biegeversuchs werden mit Hilfe von zwei Versuchsanordnungen, der *Dreipunktbiegung* und *Vierpunktbiegung*, ermittelt. Bei der Dreipunktbiegung (Bild 2.21 a) tritt das größte Biegemoment unter Wirkung der Einzelkraft F in der Mitte der Probe auf:

$$M_{b\,max} = \frac{FL_s}{4} \tag{2.44}$$

L_s Stützweite

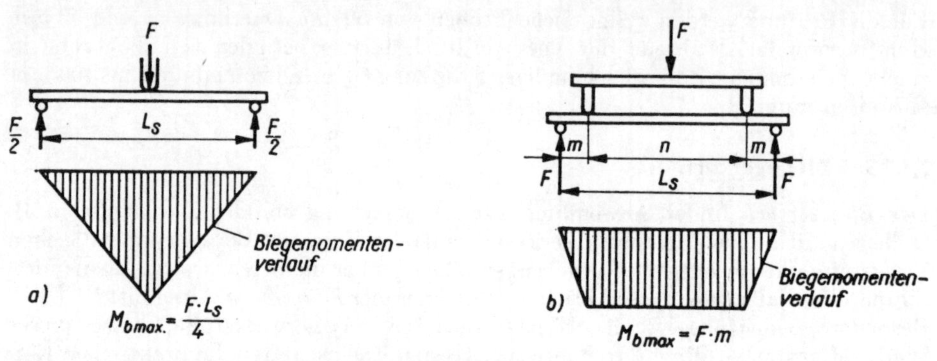

Bild 2.21. Versuchsanordnung beim Biegeversuch

a) Versuchsanordnung und Momentenverlauf bei Dreipunktbiegung
b) Versuchsanordnung und Momentenverlauf bei Vierpunktbiegung

Die maximale Spannung ist demnach

$$\sigma_{\text{b max}} = \frac{FL_s}{4W} \quad \text{in MPa} \tag{2.45}$$

Setzt man für F die Kraft im Moment des Bruches ein, ergibt sich die *Biegefestigkeit* σ_{bB}. Am Kraftangriffspunkt tritt auch die größte elastische Durchbiegung

$$f_{\max} = \frac{1}{48}\,\frac{FL_s^3}{EJ} \quad \text{in mm} \tag{2.46}$$

E Elastizitätsmodul

auf.
Bei Werkstoffen mit einer ausgeprägten Streckgrenze wird deren Wert als *Biegefließspannung* σ_{bF} bezeichnet. Bezieht man die im Versuch ermittelte Durchbiegung auf die Stützweite L_s, ergibt sich der *Biegepfeil*

$$\varphi = \frac{f}{L_s} \cdot 100 \quad \text{in \%} \tag{2.47}$$

Weiterhin kann das Werkstoffverhalten durch das als *Steifigkeit* bezeichnete Verhältnis von Biegefestigkeit σ_{bB} und Bruchdurchbiegung f_{B} charakterisiert werden.
Bei der Vierpunktbiegung (Bild 2.21 b) wirken zwei im Abstand m von den Stützen angreifende Kräfte F auf die Biegeprobe ein. Bei dieser Beanspruchung treten zwischen den Kraftangriffsstellen keine Querkräfte auf. Das Biegemoment bleibt zwischen den Kraftangriffsstellen konstant, es ist

$$M_{\text{b max}} = Fm \tag{2.48}$$

Die maximalen Spannungen zwischen den Angriffspunkten der Einzelkräfte sind

$$\sigma_{\max} = \frac{Fm}{W} \quad \text{in MPa} \tag{2.49}$$

Die größte Durchbiegung in der Mitte zwischen den Angriffspunkten der Einzelkräfte, gemessen gegen die äußeren Auflagepunkte, ist

$$f_{max} = \frac{Fm}{14EJ} (3L_s^2 - 4m^2) \quad (2.50)$$

Im Gegensatz zur Dreipunktbiegung ist bei der Vierpunktbiegung infolge des zwischen den Kraftangriffsstellen konstant bleibenden Biegemoments gewährleistet, daß die ermittelten Kennwerte das Werkstoffverhalten richtig charakterisieren und nicht durch Inhomogenitäten der Probe an der Stelle des maximalen Biegemoments beeinflußt werden.
Für die Durchführung des Biegeversuchs werden Proben mit zylindrischem oder prismatischem Querschnitt verwendet. Die Probenabmessungen für Polymerwerkstoffe sind in Tabelle 2.4 zusammengestellt. Die Probe wird auf glatte zylindrische, dreh-

Tabelle 2.4. Biegeprobe für Polymerwerkstoffe

Länge in mm	80
Breite in mm	10 ± 0,5
Dicke in mm	4 ± 0,2

bar gelagerte Auflagerollen gelegt und entsprechend der gewählten Versuchsanordnung durch einen bzw. zwei Druckstempel gleichmäßig belastet. Vor Beginn des Versuchs ist die Stützweite (bei zylindrischen Proben $L_s = 20d_0$) genau einzustellen.

2.1.1.4. Torsions- und Scherversuch

Torsionsversuch

Der *Torsions-* oder *Verdrehversuch* hat nur eine untergeordnete Bedeutung; er wird zur Beurteilung von Werkstoffen für Wellen, Rohre oder Draht sowie zur Prüfung des Festigkeits- und Zähigkeitsverhaltens harter Stähle herangezogen.
Spannt man einen Stab an einem Ende fest ein und läßt an seinem anderen Ende ein Kräftepaar in einer Ebene senkrecht zur Stabachse angreifen, so entsteht ein *Torsionsmoment*

$$M_t = Fd \quad (2.51)$$

F wirkende Kraft
d Durchmesser des Probestabs

Durch die Verdrehung werden alle Querschnitte um die gemeinsame Achse gegenüber dem Befestigungsquerschnitt verschoben (Bild 2.22). Diese Verschiebung nimmt mit dem Abstand von der Einspannstelle zu, wobei die zur Stabachse parallelen Linien in Schraubenlinien übergehen. Die Verdrehung, die dabei zwei Querschnitte gegeneinander erfahren und die durch den *Verdrehwinkel* ψ gekennzeichnet wird, ist dem Abstand L der beiden Flächen proportional. Unter der *Drillung* ϑ versteht man die

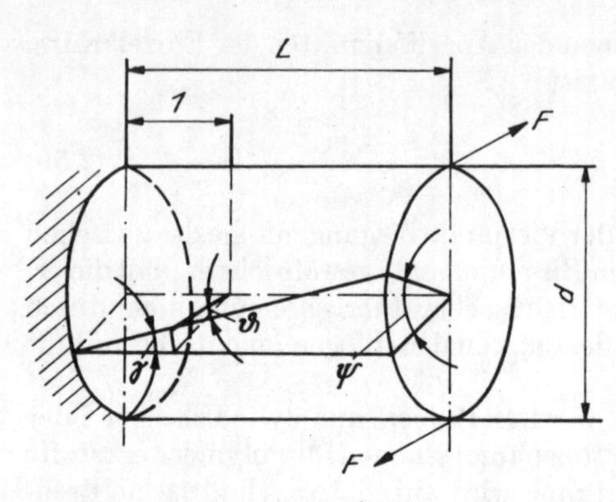

Bild 2.22. Kenngrößen beim Torsionsversuch

Verdrehung zweier Querschnitte im Abstand 1. Die *Schiebung* γ ist der Winkel, den die entstehende Schraubenlinie mit der Mantelfläche des Zylinders bildet. Im elastischen Gebiet ist die Schiebung der Entfernung von der Stabachse proportional. Das Verhältnis zwischen Schiebung γ und zugehöriger Randschubspannung τ wird als *Schubzahl* β bezeichnet.

$$\beta = \frac{\gamma}{\tau} \tag{2.52}$$

Der reziproke Wert der Schubzahl ergibt den *Gleitmodul G*. Wie beim Biegeversuch tritt auch beim Verdrehversuch die größte Beanspruchung in der Randfaser auf, es ist

$$\tau_{max} = \frac{M_t}{W_p} \tag{2.53}$$

W_p polares Widerstandsmoment

Für Proben mit kreisförmigem Querschnitt ist

$$\tau_{max} = \frac{16 M_t}{\pi d^3} \tag{2.54}$$

Um die Schiebung zu bestimmen, wird die gegenseitige Verdrehung zweier Querschnitte gemessen. Da $\vartheta = 2\gamma/d$ und $\psi = \vartheta L$ ist, besteht zwischen der Schiebung γ und der Verdrehung für zwei Flächen im Abstand L die Beziehung

$$\psi = \frac{2\gamma L}{d} \tag{2.55}$$

Mit dem Hookeschen Gesetz für Schubspannungen $\tau = G\gamma$ wird

$$\psi = \frac{2\tau L}{Gd} \qquad \text{bzw.} \tag{2.56}$$

$$\psi = \frac{32 M_t L}{\pi d^4 G} \tag{2.57}$$

Der Gleitmodul kann damit aus der Beziehung

$$G = \frac{32 M_t L}{\pi d^4 \psi} \tag{2.58}$$

bestimmt werden.

Die bleibenden Verformungen für die Elastizitäts- bzw. Fließgrenze sind beim Torsionsversuch doppelt so groß wie im Zugversuch, so daß $R_{p0,001}$ einer $\tau_{0,02}$-Grenze bzw. $R_{p0,2}$ einer $\tau_{0,4}$-Grenze entspricht. Nach dem Erreichen der *Verdrehfestigkeit* τ_{tB} tritt der Bruch entweder in einer Querschnittsebene oder durch Aufspaltungen in Längsrichtung ein. Bei spröden Werkstoffen entsprechen die Bruchflächen den Ebenen der größten Normalbeanspruchungen. Da diese Ebenen um 45° geneigt sind, stellt der Bruch eine Schraubenfläche dar (Bild 2.94). Die einfachste Möglichkeit zur Messung der Verdrehung ist durch die Verfolgung der gegenseitigen Verdrehung der beiden Einspannköpfe gegeben. Soll nur die Verdrehung im Augenblick des Bruchs bestimmt werden, kann man eine zur Probenachse parallele Linie zeichnen, die nach dem Bruch unter Aneinanderfügen der beiden Probenhälften ausgemessen wird.
Für die Durchführung des Versuchs werden in erster Linie zylindrische Proben verwendet. Im allgemeinen wird eine Meßlänge von $10d$ gewählt. Eine sichere Einspannung erreicht man durch Keile, die mit ansteigendem Drehmoment fester greifen.

Scherversuch

Beim *Scherversuch* soll die Probe durch zwei in einer Ebene wirkende Kräfte F auf reinen Schub beansprucht werden. In der Praxis wird der Versuch meist zweischnittig ausgeführt; ein dafür entwickeltes *Schergerät* für Zug- und Druckbeanspruchung ist in Bild 2.23 dargestellt.

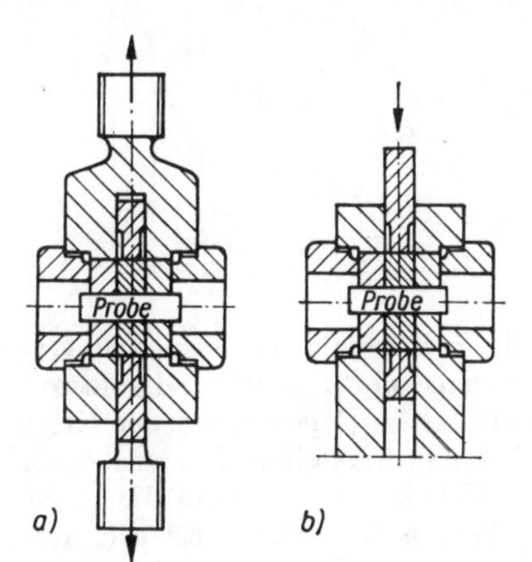

Bild 2.23. Versuchsanordnung beim Scherversuch

a) Zugbeanspruchung
b) Druckbeanspruchung

Da beim Scherversuch kein eindeutiger Beanspruchungszustand zu erreichen ist, wird nur die zum Abscheren erforderliche Höchstkraft F_{max} ermittelt, aus der man unter der allerdings nicht zutreffenden Voraussetzung einer gleichmäßigen Beanspruchung über den Querschnitt die *Scherfestigkeit* τ_s für den zweischnittigen Versuch zu

$$\tau_s = \frac{2F_{max}}{\pi d^2} \quad \text{in MPa} \tag{2.59}$$

d Probendurchmesser

berechnet.
Praktische Bedeutung hat der Scherversuch für die Prüfung von Werkstoffen für Niete und die Dimensionierung von Scheren.

2.1.1.5. Standversuch

Der *Standversuch* dient zur Ermittlung des Werkstoffverhaltens bei ruhender Beanspruchung in Abhängigkeit von Beanspruchungstemperatur und -zeit. Bei Temperaturen $T > 0{,}4T_s$ (T_s Schmelztemperatur in K) treten sowohl in metallischen als auch nichtmetallischen Werkstoffen zeitabhängige *Kriechvorgänge* auf, die zu irreversiblen Verformungen führen.
Gleichzeitig kommt es zu Gefügeveränderungen, die sich ebenfalls auf die mechanischen Eigenschaften auswirken. In diesem Fall wird die Beanspruchungsdauer zu einem entscheidenden Beurteilungskriterium für das Werkstoffverhalten, und zur Kennwertermittlung sind *Langzeitversuche* bzw. Methoden zur Extrapolation der Versuchswerte auf die für das Bauteil vorgesehene Beanspruchungsdauer erforderlich.
Nach der Art der Versuchsdurchführung unterscheidet man den *Zeitstand-* und den *Entspannungsversuch*. Während beim Zeitstandversuch eine konstante Kraft bzw. Spannung vorgegeben und die Zunahme der bleibenden Dehnung (*Retardation*) gemessen wird, ist beim Entspannungsversuch eine bestimmte Verlängerung bzw. Dehnung vorgegeben, und der Spannungsabfall (*Relaxation*) wird registriert. In Tabelle 2.5 sind die Temperaturbereiche für Standversuche bei den verschiedenen Werkstoffgruppen angegeben.

Tabelle 2.5. Temperaturbereiche für Zeitstandversuche

Werkstoffgruppe	Temperaturbereich
Polymerwerkstoffe	bis 400 K
Unlegierte Stähle	bis 700 K
Niedriglegierte Stähle	bis 850 K
Hochlegierte Stähle	bis 1500 K
Hochtemperaturwerkstoffe	bis 1600 K

Zeitstandversuch

Der *Zeitstand(zug)versuch* dient zur Ermittlung des zeitabhängigen Festigkeitsverhaltens bei statischer, während des Versuchs gleichbleibender Zugkraft und konstanter Temperatur. Im Gegensatz zum Zugversuch erfolgt die Aufbringung der Kraft (Spannung) nicht durch den gesteuerten Vorschub der Prüfmaschine, sondern durch Massestücke, die entweder direkt oder durch eine Hebelübersetzung auf die Probe wirken und dadurch eine Verformung erzwingen. Wegen des hohen zeitlichen Aufwands werden *Vielprobengeräte* bevorzugt, bei denen mehrere Proben übereinander in einem Versuchsstrang angeordnet sind. Durch Abstufung der Probendurchmesser können mit einer Belastungseinrichtung unterschiedliche Nennspannungen realisiert werden. An die langzeitige Temperaturführung und -messung in Zeitstandanlagen müssen sehr hohe Anforderungen gestellt werden. Die Temperaturschwankungen innerhalb der Meßlänge der Proben dürfen während der gesamten Versuchsdauer folgende Werte nicht überschreiten:
± 3 K für Temperaturen bis 600 °C
± 4 K für Temperaturen von 600 bis 800 °C
± 6 K für Temperaturen von 800 bis 1000 °C

Zur Temperaturmessung werden bevorzugt Thermoelemente verwendet, wobei zur Gewährleistung einer hohen Temperaturkonstanz automatische Temperaturregler Anwendung finden.

Die infolge des Kriechens auftretende zeitabhängige Verlängerung (Dehnung) der Probe wird entweder kontinuierlich oder nur in bestimmten Zeitabständen gemessen. Beim *nichtunterbrochenen Versuch* muß die Verlängerung durch Anbringen von Meßschienen am Probestab, die aus dem Ofen herausführen, gemessen werden. Einfacher ist der *unterbrochene Versuch*, bei dem man die Proben nach bestimmten Zeiten ausbaut und an den erkalteten Proben die Verlängerung einer markierten Meßlänge mit einer Genauigkeit von mindestens 0,01 mm ermittelt.
Die Probenform entspricht weitgehend der für statische Zugversuche; dabei haben sich allgemein Rundproben mit Gewindeköpfen durchgesetzt. Der kleinste Probendurchmesser soll 4 mm nicht unterschreiten. Die Anwendung von Rundproben mit ringförmigem Kerb (Verhältnis Innen- zu Außendurchmesser 0,6 bis 0,8) ist ebenfalls möglich.
Die grafische Darstellung der Kriechdehnung in Abhängigkeit von der Zeit ergibt die sog. *Kriechkurve*, die bei ausreichend hohen Spannungen bzw. Temperaturen aus den Kriechbereichen *I*, *II* und *III* – häufig auch als Primär-, Sekundär- und Tertiärkriechen bezeichnet – bestehen (Bild 2.24). Das Ende dieser Kurven wird vom *Kriechbruch* bestimmt.

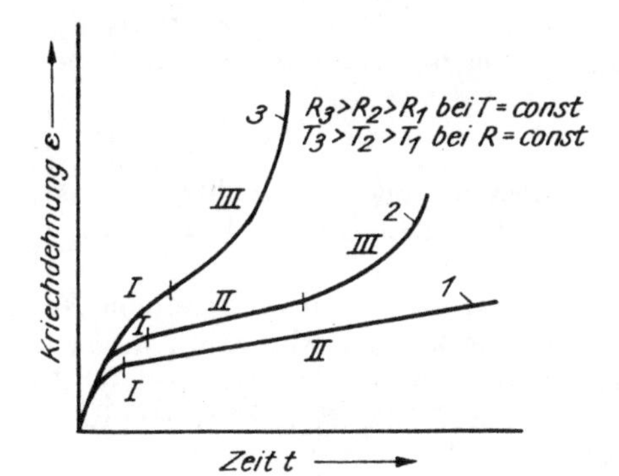

Bild 2.24. Kriechkurven für verschiedene Spannungen R bzw. Temperaturen T

Aus den Kriechkurven wird das *Zeitstandschaubild* (Bild 2.25) in Form einer doppeltlogarithmischen Darstellung charakteristischer Spannungswerte über der Beanspruchungszeit abgeleitet. Die von der Nennspannung und Temperatur abhängigen Bruchzeiten ergeben die Kurve der *Zeitstandfestigkeit*, und aus der für das Erreichen einer bestimmten bleibenden Dehnung erforderlichen Nennspannung kann die Kurve der *Zeitdehngrenze* konstruiert werden. Hieraus sind folgende Festigkeits-Kennwerte zu entnehmen:

a) Die *Zeitdehngrenze* $R_{p\,A;T;t}$ ist die auf die ursprüngliche Querschnittsfläche der Probe bezogene Nennspannung, die bei einer konstanten Prüftemperatur T nach der Prüfzeit t zu einer bestimmten bleibenden Dehnung A führt. Üblich sind Dehnungsbeträge von 0,1; 0,2; 0,5 und 1%. Wird z. B. bei 500 °C nach 1000 h eine bleibende Dehnung von 1% erreicht, bezeichnet man diese Zeitdehngrenze mit $R_{p\,1;500;1000}$.
b) Die Zeitstandfestigkeit $R_{m;T;t}$ ist die Nennspannung, die bei einer Prüftemperatur T nach der Prüfzeit t zum Bruch der Probe führt, z. B. $R_{m;500;10^5}$, für T = 500 °C und eine Bruchzeit von 100000 h.

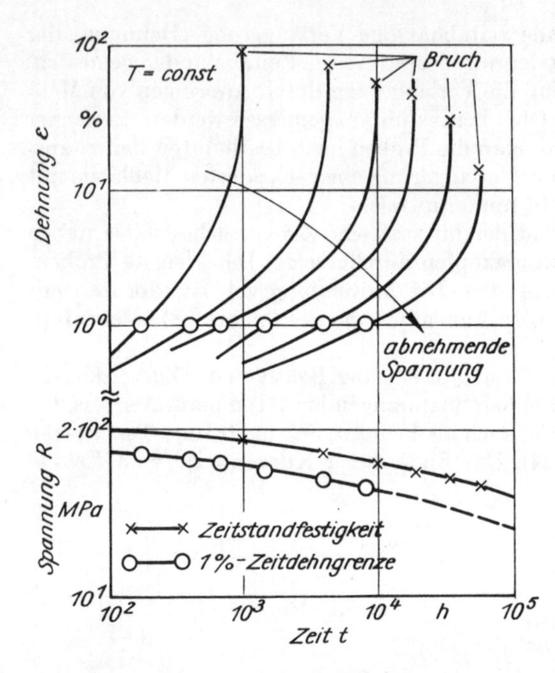

Bild 2.25. Ableitung des Zeitstandschaubildes aus den Kriechkurven

Als Kennwerte für das Verformungsverhalten werden außerdem analog zum statischen Zugversuch die *Zeitbruchdehnung* $A_{5;T;t}$ und die *Zeitbrucheinschnürung* $Z_{5;T;t}$ ermittelt.

Der *Kriechmodul* $E_{t;T}$ ist der Quotient aus der zeitlich konstanten Spannung $R_{T;t}$ und der zeitabhängigen Dehnung $\varepsilon_{T;t}$. Bei Polymerwerkstoffen wird häufig noch eine sog. *Schadenslinie* festgelegt. Sie verbindet die Punkte, bei denen erstmals unter Zuhilfenahme mikroskopischer Methoden eine Werkstoffschädigung in Form von Rissen oder Crazes (aus stark verstreckten und parallel zur Beanspruchungsrichtung orientierten Molekülketten bestehende Fließbänder) nachweisbar ist.

Die Zeitstandfestigkeit und z.T. auch die Zeitdehngrenzen dienen als Berechnungsgrundlage bzw. zur Lebensdaueranalyse für den Einsatz von Bauteilen unter Kriechbedingungen. Als Prüfzeiten werden für metallische Werkstoffe 100000 h und für Polymerwerkstoffe z. Z. 1000 h zugrunde gelegt. Um den hohen Prüfaufwand derartiger Langzeitversuche zu reduzieren bzw. bei der Werkstoffentwicklung schon möglichst frühzeitig Kennwerte zu erhalten, wird immer wieder die Frage nach der Möglichkeit einer Extrapolation der Zeitstandwerte aus relativ kurzzeitigen Versuchsergebnissen gestellt. Die zahlreichen *Extrapolationsverfahren* beruhen entweder auf grafischen, grafisch-numerischen oder numerischen Methoden, wobei den letzteren sowohl rein empirische als auch werkstoffphysikalisch begründbare Beziehungen zugrunde gelegt werden können. Die größte praktische Bedeutung haben die auf der Anwendung von Zeit-Temperatur-Parametern beruhenden Extrapolationsverfahren erhalten. Hierbei wird angenommen, daß langzeitige Versuche bei tieferen Temperaturen durch kürzere bei höheren Temperaturen ersetzt werden können. Damit lassen sich die Zeitstandkurven für verschiedene Temperaturen zu einer »*Meisterkurve*« zusammenfassen. Bei Vergleichen zwischen den extrapolierten mit »echten« Langzeitwerten haben sich jedoch erhebliche Unterschiede gezeigt, so daß nur innerhalb einer Zeitdekade extrapoliert werden sollte.

Entspannungsversuch

Im *Entspannungsversuch* wird der Probe bei festgelegter Temperatur eine Anfangsverformung aufgezwungen und die allmähliche Abnahme der Beanspruchung gemessen. Es gelten folgende Kenngrößen:
Die *Entspannungsgeschwindigkeit* ist die Geschwindigkeit, mit der die Beanspruchung der Probe abfällt. Der *Entspannungswiderstand*, der sich bei festgelegter Temperatur und Anfangsverformung nach Ablauf einer bestimmten Versuchszeit einstellt, wird mit dem Index E/Zeit in h (Anfangsdehnung in %) angegeben. Für den Wert nach 24 h bei einer Anfangsdehnung von 0,3% ist somit $R_{E/24(0,3)}$ zu schreiben.
Neben den Zeitstand- und Entspannungsversuchen bei konstanter Temperatur gibt es noch eine dritte Möglichkeit des Standversuchs, bei der über ein Kontaktsystem die Prüftemperatur in Abhängigkeit von der auftretenden Verformung verändert wird. Obwohl die Standversuche vorwiegend mit Zugbeanspruchung durchgeführt werden, sind auch andere Beanspruchungsarten, wie Druck, Innendruck, Biegung oder Torsion, möglich. Versuche mit zyklischer Belastung und Entlastung bilden den Übergang zu den im Abschnitt 2.1.2. behandelten Prüfverfahren mit schwingender Beanspruchung. Bei Polymerwerkstoffen laufen Standversuche häufig unter definierten Umgebungsbedingungen (Feuchtigkeit, aggressive Medien, Sonneneinstrahlung) ab.

2.1.2. Verfahren mit schwingender Beanspruchung

Bei den meisten Maschinen und Bauwerken treten Beanspruchungen in Form von Schwingungen auf. Unter *Schwingung* soll hier jede Art einer sich zyklisch wiederholenden Beanspruchung, die als Kraft, Moment oder Formänderung vorgegeben sein kann, verstanden werden.
Der Frequenzbereich reicht von 10^{-5} Hz (Temperaturschwankungen, Schneelasten, An- und Abfahrvorgänge bei Druckbehältern) bis etwa 10^4 Hz (Resonanzschwingungen). Liegt die Anzahl der während der Betriebsdauer zu erwartenden Schwingungen unterhalb 10^4, spricht man von einer *niederzyklischen* Beanspruchung. Nur selten handelt es sich bei der zyklischen Beanspruchung um eine reine Sinusschwingung; viel häufiger sind die aus harmonischen Anteilen zusammengesetzten bzw. stochastischen Beanspruchungsfolgen.
Eine zyklische Belastung kann dazu führen, daß es nach einer bestimmten Anzahl von Schwingungen (*Schwingspielzahl*) zum Bruch kommt, obwohl die Nennspannung im Bauteil die Streckgrenze des Werkstoffs nicht überschritten hat. Diese Erscheinung, die gleichermaßen bei Werkstoffen mit kristalliner und nichtkristalliner Struktur auftritt, wird häufig als *Ermüdung* und der dadurch hervorgerufene Bruch als *Ermüdungsbruch* bezeichnet. Da es sich aber um Vorgänge handelt, die zu weitgehend irreversiblen Veränderungen im Werkstoff führen, ist es besser, von einer *Schädigung* oder *Zerrüttung* zu sprechen und die Bezeichnung *Schwingbruch* zu verwenden.
Der Widerstand eines Werkstoffs bzw. Bauteils gegenüber dem Auftreten eines Schwingbruchs wird durch die *Schwingfestigkeit* bestimmt. Im Fall einer schwingenden Beanspruchung lassen sich deshalb die mit den statischen Prüfverfahren ermittelten Festigkeitskennwerte, z. B. die Streckgrenze oder Zugfestigkeit, nicht als Grundlage der Dimensionierung verwenden. Vielmehr sind Versuche erforderlich, mit denen Kennwerte für die Schwingfestigkeit bzw. die durch die Bruchschwingspielzahl festgelegte Lebensdauer ermittelt werden können.

2.1.2.1. Werkstoffschädigung bei schwingender Beanspruchung

Der Schädigungsprozeß verläuft in drei Stadien (Bilder 2.26 und 2.27):

a) Rißentstehung

Infolge der wechselsinnigen und örtlich inhomogenen Verformung entstehen an der Werkstoffoberfläche Gleitbänder, die sich allmählich vertiefen und verbreitern. Die Entwicklung dieser persistenten oder *Ermüdungs-Gleitbänder* wird begleitet von Veränderungen der mechanischen und physikalischen Eigenschaften im gesamten Werkstoffvolumen, die – z. B. durch Messung der elektrischen Leitfähigkeit (Abschnitt 7.3.) oder der mechanischen Hysterese bei Be- und Entlastung (Abschnitt 7.1.3.) – zum Nachweis dieses Frühstadiums der Werkstoffschädigung herangezogen werden können. Aus den Ermüdungs-Gleitbändern bilden sich scheibchenförmige Auspressungen (*Extrusionen*) bzw. Einsenkungen (*Intrusionen*), die zu einer Aufrauhung der Oberfläche führen und bereits als Vorstufen einer Anrißbildung anzusehen sind. Durch die Änderung des Reflexionsgrades aufgeklebter weicher Metallfolien kann die fortschreitende Oberflächenaufrauhung verfolgt und als Sensor für eine Bauteilüberwachung genutzt werden.

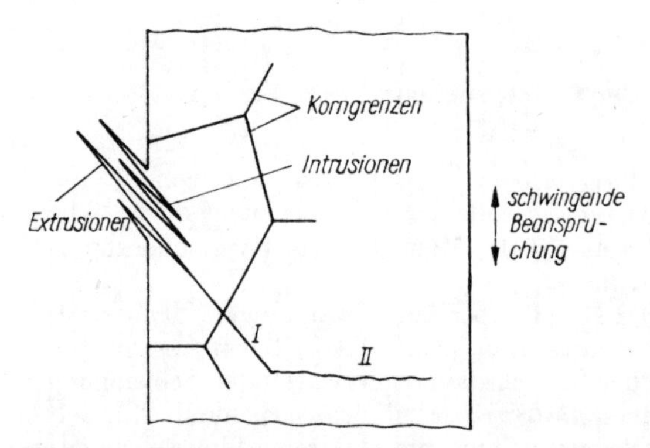

Bild 2.26. Entstehung und Ausbreitung eines Schwingungsrisses in den Stadien *I* und *II*

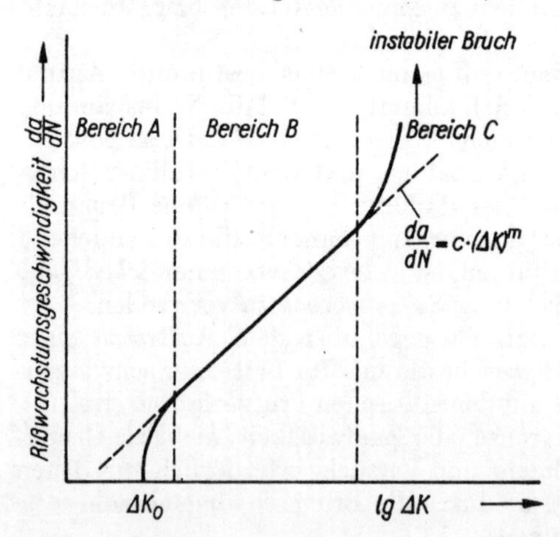

Bild 2.27. Rißwachstumskurve (schematisch)

Bereich *A*: Rißwachstum bei $\Delta K > \Delta K_0$, bei $\Delta K < \Delta K_0$ nichtausbreitungsfähige Risse

Bereich *B*: Kontinuierliches Rißwachstum mit Streifenbildung

Bereich *C*: Annäherung an das statische Bruchverhalten

b) Rißwachstumsstadium I

Aus den Intrusionen werden allmählich *Mikrorisse*, die sich zunächst in Richtung der maximalen Schubspannung ausbreiten, falls die durch die Beanspruchung bestimmte *Spannungsintensität* an der Rißspitze (s. Abschnitt 2.2.) einen *Schwellenwert* ΔK_0 überschreitet. Das Auftreten *nichtausbreitungsfähiger Risse* unterhalb des Schwellenwerts erklärt man damit, daß an der Rißspitze nach Durchlaufen eines Schwingspiels Druckeigenspannungen entstehen, die ein teilweises Schließen der neugebildeten Rißflächen bewirken (*Rißschließeffekt*).

c) Rißwachstumsstadium II

Nach allmählicher Änderung der Ausbreitungsrichtung erfolgt das weitere mikroskopische und schließlich makroskopische Wachstum eines Einzelrisses senkrecht zur größten Normalspannung. Von diesem Zeitpunkt an laufen alle weiteren Schädigungsprozesse ausschließlich in einem begrenzten Volumen vor der Rißspitze, der *plastischen Zone*, ab. Das charakteristische Merkmal dieses Rißwachstumsstadiums *II* ist das schrittweise stabile Fortschreiten des Risses durch einen ständigen Wechsel zwischen Abstumpfung und Verschärfung der Rißspitze. Dadurch entsteht eine Bruchoberfläche mit typischen *Schwingungsstreifen* (Bild 2.28).

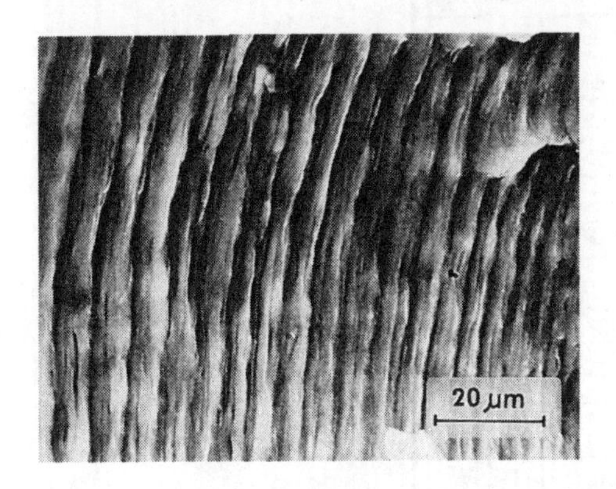

Bild 2.28. Schwingungsstreifen bei der Rißausbreitung im Stadium *II*; Aufnahme mit dem Rasterelektronenmikroskop

Der sich allmählich vergrößernde Schwingungsriß erreicht nach etwa 50 bis 60% der Lebensdauer ein solches Ausmaß, daß er ohne zusätzliche Hilfsmittel erkennbar wird. Üblicherweise spricht man bei einer Rißlänge bzw. -tiefe von 0,5 bis 1 mm von einem technischen Anriß. Nachdem die Werkstofftrennung immer größere Bereiche erfaßt hat, wird schließlich im restlichen Querschnitt die ertragbare statische Festigkeit überschritten, und es kommt zum gewaltsamen Bruch durch instabile Rißausbreitung (Bild 2.29). Somit weist die makroskopische Bruchfläche eines Schwingbruches zwei sich deutlich voneinander unterscheidende Bereiche auf, das Gebiet der allmählichen Rißausbreitung im Stadium *II* mit einer relativ glatten Bruchoberfläche und die rauhe und zerklüftete Rest- oder Gewaltbruchfläche. Durch das Betrachten einer Bruchfläche mit bloßem Auge oder einer Lupe (*Makrofraktographie*) lassen sich bereits wichtige Hinweise für die Ursachen des Bruchs und damit zur Aufklärung von Schadensfällen ableiten. So sind die *Rastlinien*, die als Folge eines zeitweiligen Rißstillstands bei Belastungspausen entstehen, ein eindeutiges Merkmal des Schwingbruchs. Das Verhältnis der Größe des Bereichs der allmählichen Rißvergrößerung zur Restbruchfläche ist ein Maß für die Höhe der zum Bruch führenden schwingenden Be-

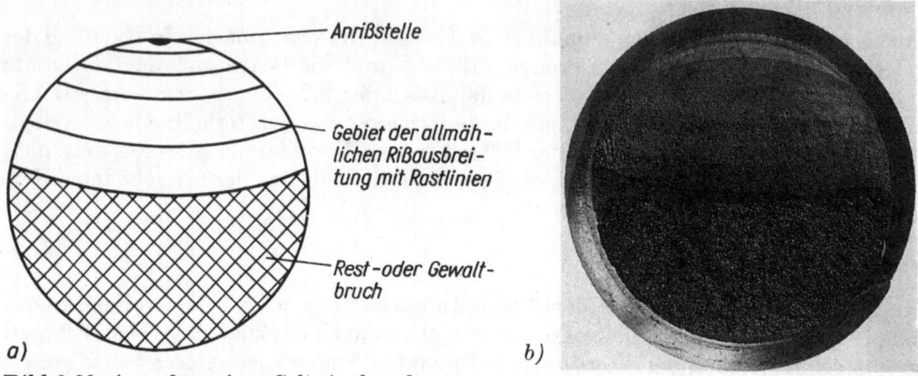

Bild 2.29. Aussehen eines Schwingbruchs
a) makroskopisches Bruchbild (schematisch)
b) Schwingbruch einer Welle

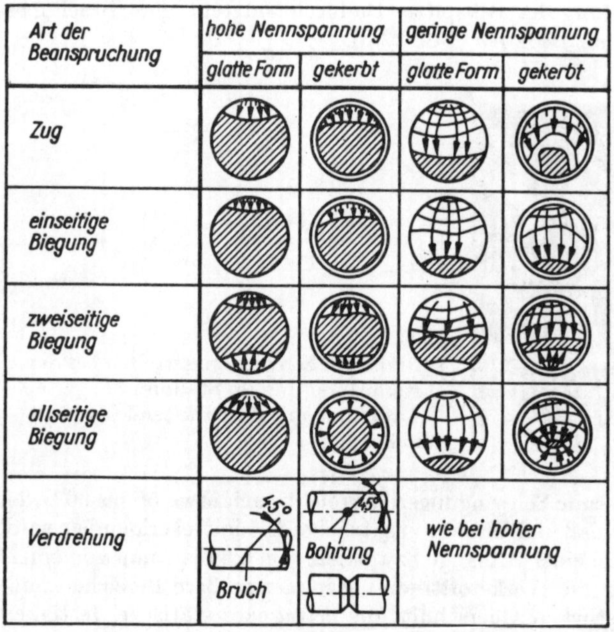

Art der Beanspruchung	hohe Nennspannung		geringe Nennspannung	
	glatte Form	gekerbt	glatte Form	gekerbt
Zug				
einseitige Biegung				
zweiseitige Biegung				
allseitige Biegung				
Verdrehung	45° Bruch	45° Bohrung	wie bei hoher Nennspannung	

Bild 2.30. Schwingbruchformen für unterschiedliche Beanspruchungen

anspruchung. Für unterschiedliche Beanspruchungsarten charakteristische Bruchformen sind in Bild 2.30 zusammengestellt.

Mit der Entwicklung der *Mikrofraktographie*, besonders durch Anwendung des Rasterelektronenmikroskops (Abschnitt 4.2.3.), wurde es möglich, die Ausbildung des Schwingbruchs in mikroskopischen Bereichen zu untersuchen und z. B. aus dem Abstand der in Bild 2.28 sichtbaren Schwingungsstreifen die Rißausbreitungsgeschwindigkeit abzuschätzen.

Während die im elastisch-plastischen Bereich ablaufende niederzyklische Ermüdung (10^1 bis 10^4 Schwingspiele bis zum Bruch) vorrangig von den Vorgängen im Rißbildungsstadium bestimmt wird, ist bei den unter der Elastizitätsgrenze liegenden Beanspruchungen das Rißwachstumsstadium *II* für die Lebensdauer eines Bauteils entscheidend. In diesem Fall hat sich bereits weitgehend die Betrachtungsweise der Bruchmechanik (Abschnitt 2.2.) durchgesetzt, und es wird die *Rißwachstumskurve* (Bild 2.27) der Bewertung des Rißausbreitungswiderstandes zugrunde gelegt. In der Rißwachstumskurve wird der Rißfortschritt je Schwingspiel da/dN über der zyklischen Spannungsintensität ΔK aufgetragen. Im mittleren, bei logarithmischer Auftragung annähernd linear verlaufenden Teil der Kurve gilt die *Paris-Erdogan-Gleichung*

$$\frac{da}{dN} = \mathrm{C}(\Delta K)^{\mathrm{m}} \qquad (2.60)$$

mit den vom Werkstoff, den Belastungsbedingungen und Umgebungseinflüssen abhängigen Konstanten C und m. Durch Integration von Gl. (2.60) erhält man mit

$$N = \int_{a_0}^{a_c} \frac{1}{\mathrm{C}(\Delta K)^{\mathrm{m}}}\, da \qquad (2.61)$$

(a_0 ist die ursprüngliche, a_c die zur instabilen Rißausbreitung führende Rißlänge)

die Möglichkeit, die bis zum Schwingbruch ertragbare Schwingspielzahl N, d. h. die Lebensdauer eines schwingend beanspruchten Bauteils, zu berechnen. Prüftechnische Einzelheiten der bruchmechanischen Schwingfestigkeitsprüfung werden im Abschnitt 2.2. behandelt.

Für die Ermittlung der Rißausbreitungsgeschwindigkeit bei schwingend beanspruchten Bauteilen können Sensoren genutzt werden, die zumeist auf dem elektrischen Potentialsondenverfahren (Abschnitt 6.3.1.) oder der akustischen Emission (Abschnitt 6.2.3.7.) beruhen. Eine weitere Möglichkeit ist das Messen der Widerstandsänderung beim Zerstören dünner Drähte, die senkrecht zur erwarteten Rißausbreitungsrichtung aufgebracht werden. In ähnlicher Weise können Glasfasern, die den Rißfortschritt durch Lichtunterbrechung signalisieren, Verwendung finden (Abschnitt 6.6.2.).

Das Schädigungsverhalten und damit die Lebensdauer bei schwingender Beanspruchung werden von einer großen Anzahl von Faktoren beeinflußt. Beim Vorhandensein aggressiver Medien wirken die Intrusionen bzw. Ermüdungsrisse als aktive Bereiche, die zu einer beschleunigten anodischen Auflösung führen (Kapitel 5.). Eine derartige Schwingungsrißkorrosion äußert sich sowohl in einer Zunahme der Rißwachstumsgeschwindigkeit als auch in einer Herabsetzung des Schwellenwertes ΔK_0. In Vakuum bzw. inerter Umgebung kann dagegen die Rißausbreitungsgeschwindigkeit durch das teilweise Verschweißen der nichtoxydierten Rißoberflächen um ein bis zwei Zehnerpotenzen herabgesetzt werden.

2.1.2.2. Schwingfestigkeitsversuche

Ausgehend von den verschiedenen Möglichkeiten des Aufbringens einer schwingenden Beanspruchung, können die *Schwingfestigkeitsversuche* nach unterschiedlichen Aspekten unterteilt werden (Tabelle 2.6).

Einstufenversuch

Der Einstufenversuch ist dadurch gekennzeichnet, daß die Beanspruchung während des Versuchs konstant bleibt. Im allgemeinen hat der zeitliche Verlauf der Beanspruchung Sinusform, aus der zur Charakterisierung des Beanspruchungsverlaufs folgende Spannungswerte entnommen werden können (Bild 2.31):

Tabelle 2.6. Merkmale zur Kennzeichnung von Schwingfestigkeitsversuchen

Beanspruchungsmöglichkeiten	Einstufenversuch, Mehrstufenversuch, Randomversuch, Betriebslastenversuch
Beanspruchungsart	Zug-Druck, Biegung, Umlaufbiegung, Torsion
Beanspruchungsparameter	Spannung, Dehnung
Spannungszustand	ein- bzw. mehrachsig
Prüffrequenz	niedrig (< 5 Hz), mittel (< 30 Hz), hoch (> 30 Hz)
Versuchsobjekt	glatter Probestab, gekerbter Probestab, Formelement, Bauteil, Baugruppe, Anlage
Umgebungsbedingungen	hohe bzw. niedrige Temperatur, Luftfeuchtigkeit, Vakuum, korrosive Medien, Strahlung

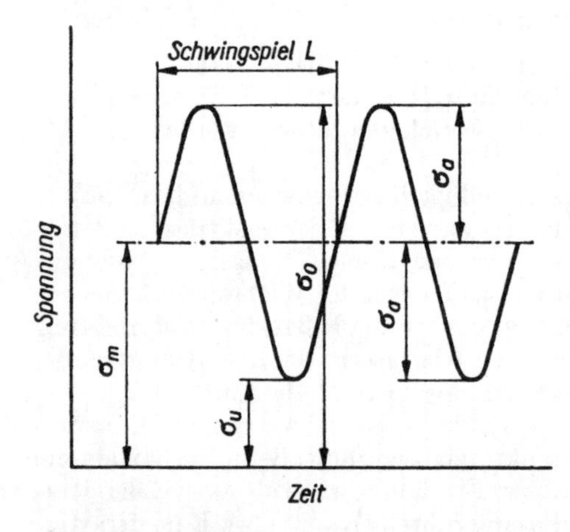

Bild 2.31. Spannungs-Zeit-Schaubild beim Einstufenversuch

Mittelspannung σ_m
Spannungsamplitude σ_a
Oberspannung σ_o
Unterspannung σ_u
Schwingbreite $2\sigma_a$

Ein vollständiger Beanspruchungszyklus wird als *Schwingspiel L* bezeichnet. Die Mittelspannung σ_m ist als statische Vorspannung aufzufassen, die durch eine Schwingung mit der Amplitude σ_a überlagert wird. Die Oberspannung σ_o ist der größte und die Unterspannung σ_u der kleinste in einem Schwingspiel auftretende Spannungswert, unabhängig vom Vorzeichen. Es bestehen folgende Beziehungen:

$$\sigma_m = 0{,}5(\sigma_o + \sigma_u) \quad (2.62)$$

$$2\sigma_a = \sigma_o - \sigma_u \quad (2.63)$$

Je nach der Versuchsdurchführung sind entweder die Mittelspannung und die Spannungsamplitude oder die Ober- und die Unterspannung als Beanspruchungswerte vorzugeben. Zur Unterscheidung erhalten die gewählten Beanspruchungswerte kleine

und die gesuchten Festigkeitskennwerte große Indizes; außerdem wird noch die Art der Beanspruchung durch kleine Indizes angegeben.
In Abhängigkeit von den vorgegebenen Beanspruchungswerten kann der Einstufenversuch in drei *Beanspruchungsbereichen* mit insgesamt sieben *Beanspruchungsfällen* durchgeführt werden (Bild 2.32). Die Beanspruchungsbereiche sind

a) *Druckschwellbereich* (σ_o und σ_u negativ)
b) *Wechselbereich* (σ_o und σ_u verschiedene Vorzeichen)
c) *Zugschwellbereich* (σ_o und σ_u positiv)

Der Verlauf des *Spannungsverhältnisses* $\varkappa = \dfrac{\sigma_u}{\sigma_o}$ in den Beanspruchungsbereichen geht aus Bild 2.33 hervor.

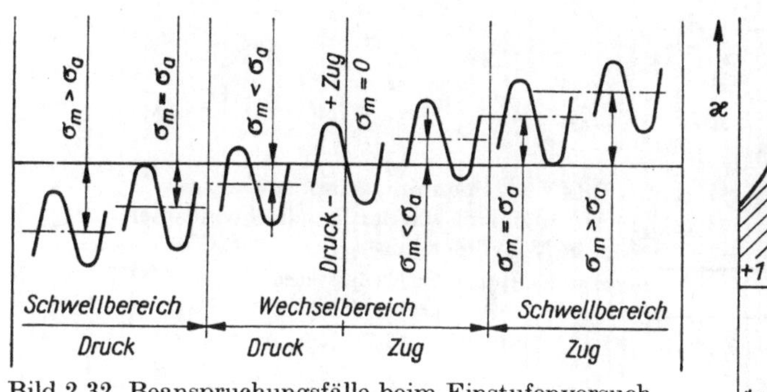

Bild 2.32. Beanspruchungsfälle beim Einstufenversuch

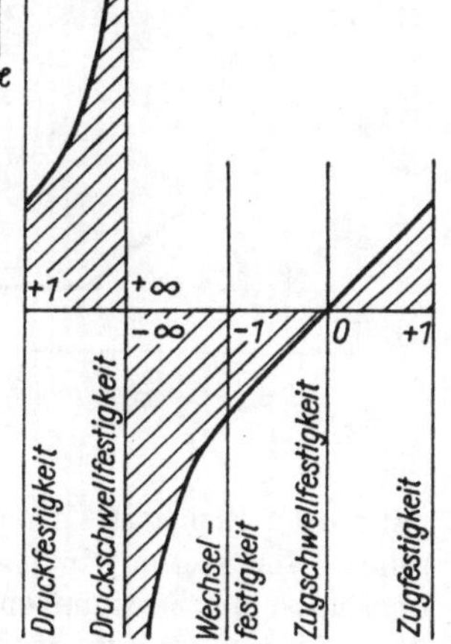

Bild 2.33. Verlauf des Spannungsverhältnisses $\varkappa$ in den Beanspruchungsbereichen

Wird im Versuch die Mittelspannung vorgegeben und die Oberspannung der Dauerfestigkeit gesucht, so ist zu schreiben:

$$\sigma_{OD} = \sigma_m + \sigma_{AD} \tag{2.64}$$

Ist dagegen die Oberspannung vorgegeben und die Mittelspannung der Dauerfestigkeit gesucht, so ist

$$\sigma_M = \sigma_O - \sigma_{AD} \tag{2.65}$$

Sehr häufig werden zwei Sonderfälle der Dauerschwingfestigkeit benutzt:

a) *Wechselfestigkeit* σ_W für $\sigma_m = 0$ oder $\varkappa = -1$
Die Wechselfestigkeit ist

$$\sigma_W = \sigma_A = \sigma_O = |\sigma_U| \tag{2.66}$$

b) *Schwellfestigkeit* σ_{Sch} für $\sigma_m = \sigma_A$ oder $\varkappa = 0$ (Zugschwellfestigkeit) bzw. $\varkappa = \pm\infty$ (Druckschwellfestigkeit).
Die Schwellfestigkeit ist

$$\sigma_{Sch} = 2\sigma_A \tag{2.67}$$

Zur Ermittlung von Werkstoffkennwerten wird der *Wöhler-Versuch* durchgeführt. Er besteht aus einer Folge von Einstufenversuchen mit unterschiedlicher Spannungsamplitude σ_a bei gleichbleibender Mittelspannung σ_m bzw. konstantem Spannungsverhältnis $\varkappa$. Die Beanspruchungswerte werden in Abhängigkeit von der bis zum Bruch ertragenen Bruchschwingspielzahl N aufgetragen; die Verbindung der einzelnen Meßpunkte ergibt die *Wöhlerlinie* (Bild 2.34). Sie zeigt erwartungsgemäß eine Zu-

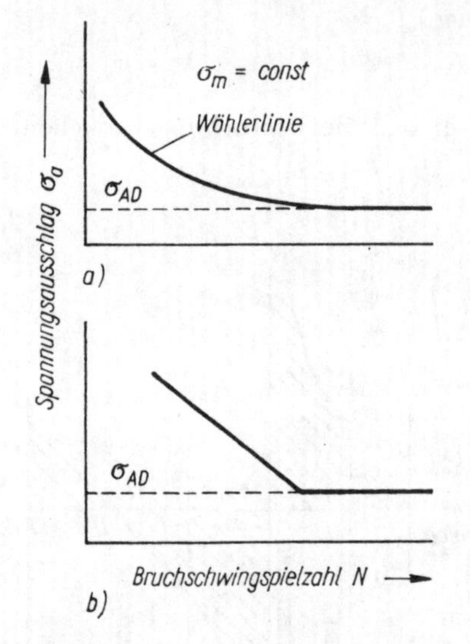

Bild 2.34. Spannungsamplitude σ_a in Abhängigkeit von der Bruchschwingspielzahl N (Wöhlerlinie)
a) arithmetisches Koordinatensystem
b) doppeltlogarithmisches Koordinatensystem

nahme der Bruchschwingspielzahl mit absinkender Spannungsamplitude. Bei metallischen Werkstoffen, insbesondere den Konstruktionsstählen, geht die Wöhlerlinie oberhalb einer bestimmten Schwingspielzahl annähernd in eine Parallele zur N-Achse über. Diesen Grenzwert der Beanspruchung, bei dem auch nach unendlich vielen Schwingspielen kein Bruch mehr auftritt, bezeichnet man als Dauerschwingfestigkeit σ_{AD} bzw. σ_{OD} (kurz Dauerfestigkeit). Zu ihrer praktischen Bestimmung muß der Wöhlerversuch bis zum Erreichen einer bestimmten *Grenzschwingspielzahl* N_G durchgeführt werden. Einige aus der Erfahrung abgeleitete Werte für N_G sind:

Stahl 10^7
Kupfer und Kupferlegierungen $5 \cdot 10^7$
Leichtmetalle 10^8

Bei polymeren Werkstoffen fällt die Wöhlerlinie auch bei sehr hohen Schwingspielzahlen noch weiter ab, so daß man in diesen Fällen keinen Dauerschwingfestigkeitswert bestimmen kann.
Ist der Spannungsausschlag $\sigma_a > \sigma_{AD}$, kommt es nach einer durch die Wöhlerlinie festgelegten Schwingspielzahl zum Bruch. Man bezeichnet diesen zwischen der statischen Zugfestigkeit und der Dauerschwingfestigkeit einzuordnenden Bereich als *Zeitschwingfestigkeit*

$$\sigma_{(N)} = \sigma_m \pm \sigma_A \tag{2.68}$$

Liegen die Spannungsamplituden in der Größenordnung der Streckgrenze bzw. Zugfestigkeit, d. h. bei Auftreten makroplastischer zyklischer Verformungen, kann der Zeitschwingbruch schon nach wenigen Schwingspielen ($N_B = 10^1$ bis 10^4) eintreten.

Dies ist z. B. der Fall bei An- und Abfahrvorgängen von Energieerzeugungsanlagen, bei denen infolge rascher Temperaturänderungen und der daraus resultierenden inhomogenen Temperaturverteilungen in den Bauteilen behinderte Wärmedehnungen auftreten, die schon nach wenigen Lastwechseln zu Anrissen bzw. zum Bruch führen können. Für den Fall einer derartigen niederzyklischen Ermüdung gilt die *Manson-Coffin-Beziehung*

$$N_B^n \varepsilon_{pl} = C \qquad (2.69)$$

N_B Zahl der Schwingspiele bis zum Bruch
ε_{pl} Amplitude der plastischen Dehnung
C, n experimentell zu bestimmende Konstanten

Zur Untersuchung der niederzyklischen Ermüdung werden *Dehnungswechselversuche*, d. h. Schwingversuche mit einer konstanten Dehnungsamplitude, durchgeführt. Dabei wird entweder die Amplitude der Gesamtdehnung oder die der plastischen Dehnung als Sollwert vorgegeben. Die abhängige Variable ist die Spannungsamplitude, die je nach Werkstoff und Versuchstemperatur zunehmen (*zyklische Verfestigung*) oder abnehmen (*zyklische Entfestigung*) kann. Werden die nach einer bestimmten Schwingspielzahl erreichten maximalen Spannungswerte über der zugehörigen Dehnungsamplitude aufgetragen, erhält man die *zyklische Fließkurve*. Sie liegt bei Verfestigung oberhalb und bei Entfestigung unterhalb der statischen Fließkurve (Abschnitt 2.4.1.). Neben Dehnungswechselversuchen im Zug-Druck-Bereich sind auch Torsionswechselversuche mit vorgegebener Schiebungsamplitude γ üblich.
Als Versagenskriterium wird bei niederzyklischer Ermüdung im allgemeinen das Auftreten eines Makrorisses (Rißtiefe 0,5 bis 1 mm) gewählt, und daraus werden die Kurven Dehnungs- bzw. Schiebungsamplitude = f (Anrißschwingspielzahl) als *Anriß-Kennlinien* zur Charakterisierung des Werkstoffverhaltens abgeleitet.
Neben der Wöhlerlinie wird im Bereich der Zeitschwingfestigkeit häufig noch die *Schadenslinie*, die den Beginn einer merklichen Schädigung durch Bildung makroskopischer Anrisse anzeigen soll, eingezeichnet. Die Schadenslinie hat aber mit der Einführung der Rißwachstumskurven (Bild 2.27) ihre Bedeutung verloren.
Schwingversuche werden auch bei hohen und tiefen Temperaturen sowie unter dem Einfluß umgebender Medien durchgeführt. Bei hohen Temperaturen ergeben sich Übergänge zum Zeitstandbruch (Abschnitt 2.1.1.5.), während im Bereich tiefer Temperaturen das Sprödbruchverhalten (Abschnitt 2.1.3.) maßgebend werden kann. Bei der *Schwingungsrißkorrosion* infolge Einwirkung korrosiver Medien (Kapitel 5.) treten Brüche auch noch nach sehr hohen Schwingspielzahlen auf, d. h., es existiert keine Dauerfestigkeitsgrenze (Bild 2.35). Aus diesem Grunde bezeichnet man die bei den Grenzspielzahlen ohne Bruch ertragenen Beanspruchungen als *Korrosionszeitfestigkeit*.
Bei der Durchführung von Dauerschwingversuchen treten erhebliche Streuungen der Meßwerte auf. Im Bereich der Zeitfestigkeit von Stählen sind Unterschiede in den Bruchschwingspielzahlen von 1:10 möglich, und die Streubreite der Dauerfestigkeit kann bis zu 25% des mittleren Werts betragen. Aus diesem Grunde sind statistische Methoden der Versuchsdurchführung bzw. -auswertung zweckmäßig, um eine willkürliche Bewertung der Ergebnisse zu vermeiden.
Im Bereich der Zeitfestigkeit, in dem alle Proben zu Bruch gehen, kann eine statistische Versuchsauswertung erfolgen, wenn auf mindestens vier Spannungshorizonten je 10 Proben geprüft werden. Dazu werden die n Versuchswerte jedes Spannungshorizonts, beginnend mit der größten erreichten Bruchschwingspielzahl, abfallend

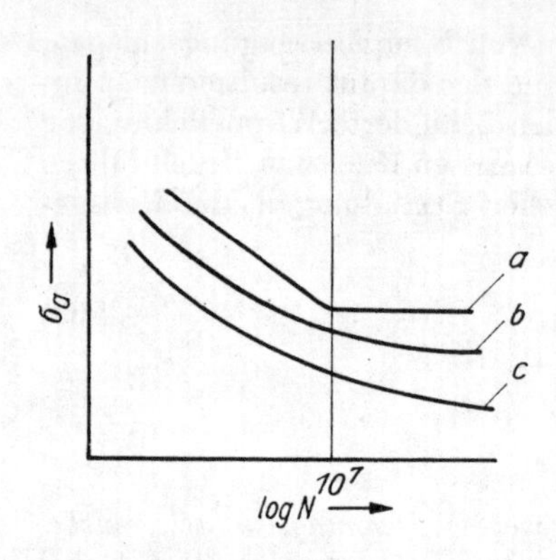

Bild 2.35. Einfluß der Korrosion auf den Verlauf der Wöhlerlinie von Baustahl
a polierte Oberfläche *c* Schwingrißkorrosion
b korrodierte Oberfläche

geordnet und mit einer Ordnungszahl m versehen. Die *Überlebenswahrscheinlichkeit* $P_{ü}$ ist

$$P_{ü} = 100 \frac{m}{n + 1} \text{ in \%} \tag{2.70}$$

Durch das Auftragen der Spannung und Schwingspielzahl im Wahrscheinlichkeitsnetz können beliebige Überlebenswahrscheinlichkeiten entnommen und zur Darstellung entsprechender Wöhlerlinien benutzt werden.
Im Übergangsgebiet von der Zeit- zur Dauerfestigkeit treten gleichzeitig Brüche und Durchläufer (kein Bruch bis zur festgelegten Grenzschwingspielzahl) auf. Aus dem Verhältnis von Brüchen zu Durchläufern kann ein Schätzwert der *Bruchwahrscheinlichkeit* nach

$$P_{ü} = \frac{3r - 1}{3n + 1} \tag{2.71}$$

n Anzahl der Schwingversuche
r Anzahl der Brüche

berechnet werden.
Eine genauere Festlegung der Dauerschwingfestigkeit ist mit dem *Treppenstufenverfahren* möglich. Hierbei wird der zu erwartende Streubereich der Dauerschwingfestigkeit in Stufen eingeteilt und mit einem Versuch in der Mitte des Streubereichs begonnen. Je nachdem, ob die Probe bis zum Erreichen der Grenzschwingspielzahl zu Bruch geht oder durchläuft, wird der nächste Versuch mit einer niedrigeren oder höheren Spannungsamplitude durchgeführt. Die Versuchsergebnisse ordnen sich um einen Mittelwert der Dauerfestigkeit

$$\bar{\sigma}_D = \sigma_x + d\left(\frac{A}{F} \pm 0{,}5\right) \tag{2.72}$$

$\bar{\sigma}_D$ Mittelwert der Dauerfestigkeit
σ_x niedrigste Spannung des weniger oft eingetretenen Ereignisses, wobei unter Ereignis »Bruch« oder »kein Bruch« zu verstehen ist
d Stufenabstand der gewählten Spannungsamplituden
$A = \sum f_i i$; $F = \sum f_i$
f_i Ereignishäufigkeit je Stufe
i Nummer der Stufe

Das Pluszeichen gilt für die Auswertung der nichtgebrochenen Proben und das Minuszeichen für die gebrochenen Proben. Die Standardabweichung des Mittelwertes ergibt sich zu

$$s = 1{,}62d\left(\frac{FB - A^2}{F^2} + 0{,}029\right) \tag{2.73}$$

mit $B = \sum i^2 f_i$.

Die für das Treppenstufenverfahren erforderliche Probenzahl ist abhängig von der Genauigkeit der Annahme des Dauerfestigkeitswerts und liegt zwischen 20 und 40. Da der nachfolgende Versuch vom Ergebnis des vorangegangenen Versuchs abhängt, ist dieses Verfahren recht aufwendig.

Dauerfestigkeits-Schaubilder

Aus einer Wöhlerlinie erhält man nur den Wert der Dauerschwingfestigkeit für einen bestimmten Beanspruchungsfall. Um das Werkstoffverhalten in einem Beanspruchungsbereich zu erfassen, werden die Ergebnisse von Wöhlerversuchen bei unterschiedlichen Mittelspannungen bzw. Spannungsverhältnissen in *Dauerfestigkeits-Schaubildern* zusammengefaßt. Sie sind eine wichtige Grundlage für die konstruktive Bemessung schwingend beanspruchter Bauteile, wobei im Maschinenbau das Dauerfestigkeits-Schaubild nach *Smith* und im Stahlbau das nach *Moore-Kommers-Jasper* am häufigsten angewendet wird.

Beim Schleifendiagramm nach *Smith* (Bild 2.36) sind in einem Koordinatensystem mit gleichen Maßstäben auf der Abszisse die Mittelspannung und auf der Ordinate

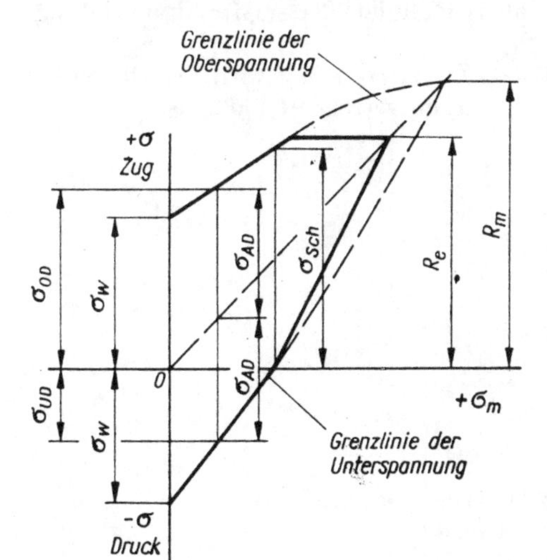

Bild 2.36. Dauerfestigkeitsschaubild nach *Smith* für positive Mittelspannungen

die Ober- bzw. Unterspannung aufgetragen. Es entstehen zwei Grenzlinien, die den Bereich der Dauerfestigkeit des Werkstoffs für verschiedene Beanspruchungsfälle einschließen. Die Wechselfestigkeit ($\sigma_m = 0$) wird auf der Ordinate angegeben, während die Schwellfestigkeit vom Schnittpunkt der Grenzlinien mit der Abszisse nach oben bzw. nach unten aufgetragen ist. Mit zunehmender Mittelspannung nähern sich die beiden Grenzlinien, d. h., der ertragbare Spannungsausschlag σ_A wird kleiner. Im

Schnittpunkt beider Kurven ist $\sigma_A = 0$. Dieser Punkt, an dem der Bruch allein durch die als statische Vorspannung wirkende Mittelspannung hervorgerufen wird, entspricht der statischen Zugfestigkeit R_m. Wenn für die Bemessung schwingend beanspruchter Bauteile keine plastischen Formänderungen zulässig sind, kann das Dauerfestigkeits-Schaubild durch eine Parallele zur Abszisse in der Höhe der Streckgrenze R_e abgeschnitten und die Grenzlinie der Unterspannung diesem Kurvenverlauf angepaßt werden. Bei zähen Werkstoffen (Stahl) läßt sich aus der Wechselfestigkeit σ_W und der Streckgrenze R_e, bei spröden Werkstoffen aus der Wechselfestigkeit σ_W und der Zugfestigkeit R_m ein vereinfachtes Dauerfestigkeits-Schaubild zeichnen (Bild 2.37). Für Werkstoffe, die bei Zug- und Druckbeanspruchung das gleiche Dauer-

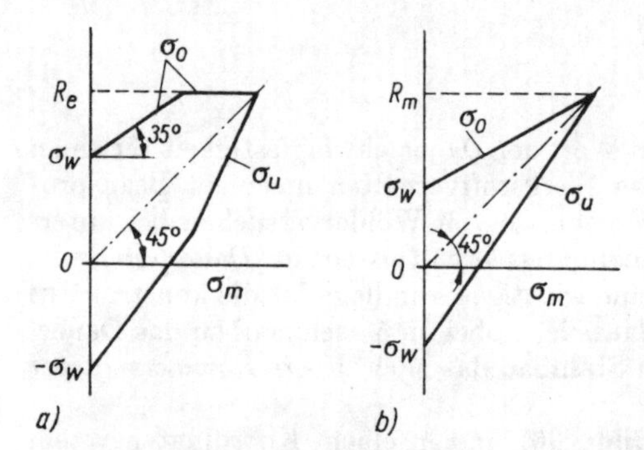

Bild 2.37. Vereinfachte Konstruktion des Dauerfestigkeitsschaubildes für zähe (*a*) und spröde Werkstoffe (*b*)

festigkeitsverhalten zeigen, sind die Schaubilder im Zug- und Druckbereich symmetrisch. Ist dies nicht der Fall, wie z. B. bei Gußeisen mit lamellarer Graphitausbildung, weichen sie voneinander ab.

Beim Dauerfestigkeits-Schaubild nach *Moore-Kommers-Jasper* wird die Oberspannung σ_o über dem Spannungsverhältnis $\varkappa = \sigma_u/\sigma_o$ aufgetragen (Bild 2.38).

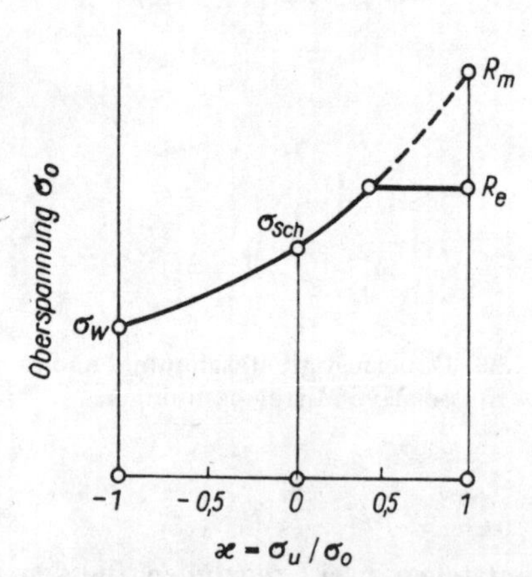

Bild 2.38. Dauerfestigkeitsschaubild nach *Moore-Kommers-Jasper*

Gestaltfestigkeit

Durch die an Querschnittsübergängen, Kerben, Bohrungen usw. auftretenden inhomogenen Spannungsverteilungen wird das Dauerfestigkeitsverhalten eines Bauteils stark beeinflußt. Der Einfluß örtlicher Spannungsspitzen an Kerben läßt sich bei rein elastischer Beanspruchung und Kerben mit Rundungsradius $\varrho > 0$ durch die von *Neuber* eingeführte *Formzahl*

$$\alpha_K = \frac{\sigma_{max}}{\sigma_N} > 1 \tag{2.74}$$

erfassen. Mit zunehmender Nennspannung kommt es zu einer Plastifizierung im Kerbgrund und damit zu einem Abbau der Spannungsspitzen (Bild 2.39). Für diesen Fall wurde die Anwendung einer *Dehnungsformzahl*

$$\alpha_\varepsilon = \frac{\varepsilon_{max}}{\varepsilon_N} \tag{2.75}$$

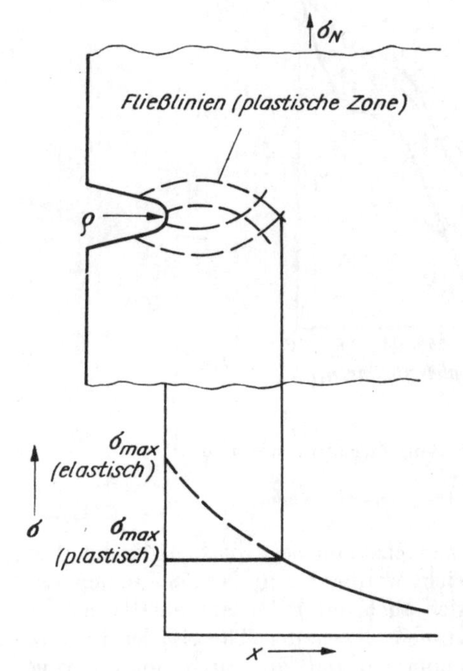

Bild 2.39. Spannungsverteilung am Kerb bei elastisch-plastischer Verformung

vorgeschlagen. Es hat sich jedoch gezeigt, daß die Formzahlen noch nicht ausreichen, um die als *Gestaltfestigkeit* bezeichnete Dauerfestigkeit eines gekerbten Bauteils zu berechnen. Dazu ist außerdem noch die Berücksichtigung des Werkstoffeinflusses in Form der experimentell zu ermittelnden *Kerbwirkungszahl* β_K als Verhältnis der Dauerschwingfestigkeit einer glatten und einer gekerbten Probe

$$\beta_K = \frac{\sigma_D\,(\text{ungekerbt})}{\sigma_D\,(\text{gekerbt})} > 1 \tag{2.76}$$

erforderlich. Die rechnerische Gestaltfestigkeit eines Bauteils σ_{nD} ergibt sich dann zu

$$\sigma_{nD} = \frac{\sigma_D}{\beta_K} \tag{2.77}$$

Eine vollständige Erfassung des Formeinflusses ist nur durch die Prüfung kompletter Bauteile möglich.

Mehrstufenversuch

Bei *Mehrstufen-Schwingversuchen* wird die Beanspruchung während der Versuchsdauer stufenweise in einer vorgegebenen Reihenfolge verändert. Dabei können auch die Mittelspannung bzw. das Spannungsverhältnis mit den Stufen wechseln.
Eine Erhöhung der Aussagefähigkeit des Wöhlerversuchs ist bereits mit der Anwendung des *Zweistufenversuchs* möglich (Bild 2.40). Hieraus lassen sich *Schadenskurven* ableiten, die eine Aussage über den Schädigungsverlauf mit fortschreitender Schwingbeanspruchung gestatten. Aus Bild 2.40b geht hervor, daß durch eine niedrige

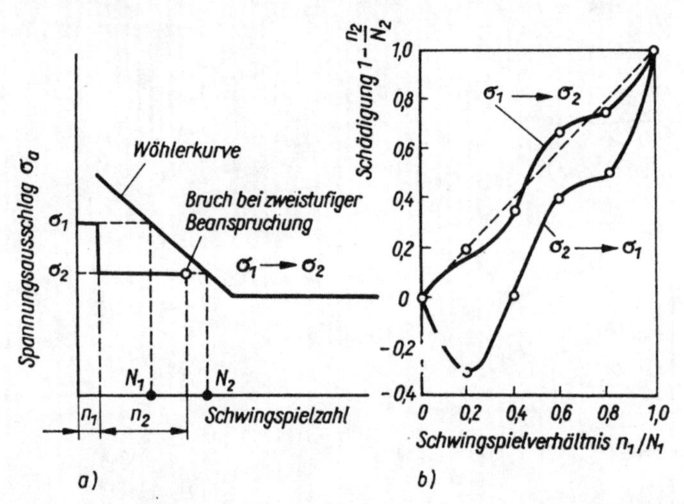

Bild 2.40. Ermittlung von Schadenskurven mit dem Zweistufenversuch

a) Zweistufenversuch

b) Schadenskurven für einen Vergütungsstahl bei unterschiedlicher Beanspruchungsfolge

Spannungsamplitude in der ersten Laststufe zunächst eine negative Schädigung, d. h. also eine Verbesserung der Lebensdauer erreicht werden kann. Der Schädigungsverlauf bei mehrstufiger Beanspruchung läßt sich auch mit Hilfe mathematischer Beziehungen der *Schadensakkumulation* bestimmen. Nach der Theorie der linearen Schädigung von *Palmgren-Miner* wird angenommen, daß die durch eine Schwingspielzahl n hervorgerufene Schädigung dem Verhältnis n/N (N Bruchschwingspielzahl der Wöhlerkurve) proportional und die Gesamtschädigung von der Reihenfolge der Teilschädigungen unabhängig ist. Nach dieser Theorie tritt ein Schwingbruch dann ein, wenn die Schädigung S den Wert

$$S = \frac{n_1}{N_1} + \frac{n_2}{N_2} + \ldots \frac{n_q}{N_q} = \sum_{i=1}^{q} \frac{n_i}{N_i} = 1 \tag{2.78}$$

erreicht. In Bild 2.40b ist dieser Zusammenhang durch eine unter 45° verlaufende Gerade dargestellt. Die Schadensakkumulationshypothesen gestatten es, die Lebensdauer eines Bauteils auf der Grundlage der Wöhlerkurve theoretisch abzuschätzen, wenn bestimmte Annahmen über die Betriebsbelastungen getroffen werden. Ein weiteres Anwendungsgebiet der Mehrstufenversuche besteht in der Abkürzung der Versuchsdauer bei der Ermittlung der Dauerfestigkeit. Unter Annahme der Gültigkeit der Miner-Beziehung kann die Dauerfestigkeit durch eine stufenweise Zunahme der Spannungsamplitude während des Versuchs bestimmt werden (*Locati-Versuch*).

Betriebsfestigkeitsversuch

Ein- und Mehrstufenversuche erlauben lediglich eine Aussage über das Bruchverhalten bei sinusförmiger Schwingbeanspruchung. Die meisten Bauteile, besonders im Flugzeug-, Maschinen-, Fahrzeug- und Landmaschinenbau, sind aber während ihres Einsatzes Beanspruchungen unterworfen, die sich ständig nach Größe und Richtung ändern. Um eine Aussage über das Schädigungsverhalten bei diesen nur statistisch erfaßbaren Betriebsbeanspruchungen zu erhalten, ist die Ermittlung der *Betriebsfestigkeit* erforderlich.

In diesem Fall muß im Interesse des Leichtbaus ein Überschreiten der Dauerfestigkeit bzw. der Wöhlerlinie zugelassen werden (Bild 2.41). Die dazu festgelegte *Lebensdauer-*

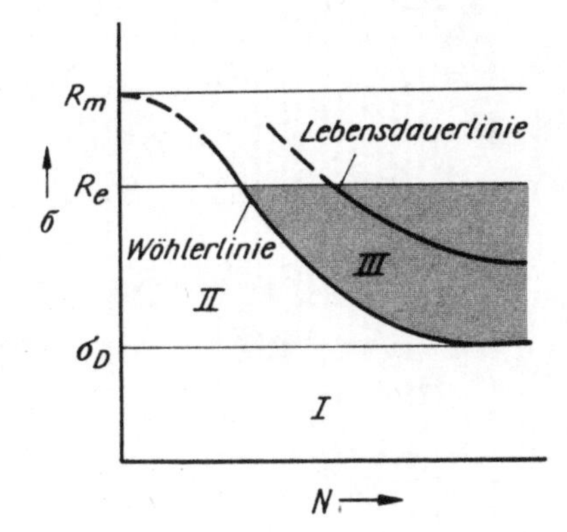

Bild 2.41. Bereich der Dauer- (*I*), Zeit- (*II*) und Betriebsfestigkeit (*III*)
σ_D Dauerfestigkeit R_m Zugfestigkeit
R_e Streckgrenze

linie kann entweder rechnerisch mit Schadensakkumulations-Hypothesen oder durch Betriebsfestigkeitsversuche mit betriebsähnlichem Beanspruchungsablauf ermittelt werden. Die verschiedenen Möglichkeiten der *Betriebsfestigkeitsprüfung* im Vergleich zum Einstufenversuch sind in Bild 2.42 zusammengefaßt. Am einfachsten zu realisieren ist der *Blockprogramm-Versuch*. Dazu ist es zunächst notwendig, die Größe, Häufigkeit, Reihenfolge und Frequenz der Belastungen, die auf ein Bauteil im Laufe der geforderten Lebensdauer einwirken, zu bestimmen. Diese als *Lastkollektiv* bezeichnete Belastungsfolge kann unter Anwendung bestimmter Klassierverfahren, bei denen die Beanspruchung in mehrere Klassen unterteilt und dann die Überschreitung der Klassengrenzen ausgezählt wird, aufgestellt und zur Steuerung der Prüfmaschine verwendet werden.

Als zweckmäßig hat sich ein Blockprogramm in 8 Stufen mit regelmäßig steigender und fallender Folge erwiesen. Die Vorgabe des Programmverlaufs kann durch Lochstreifen oder einen Prozeßrechner erfolgen.

Ein weiteres Problem ist die Berücksichtigung von wechselnden Mittelspannungen, die sich z. B. aus der unterschiedlichen Beladung von Fahrzeugen oder der Masseänderung eines Flugzeugs infolge des Treibstoffverbrauchs während des Fluges ergeben.

Mit der Einführung der *Servohydraulik* (Abschnitte 2.1.1.1. und 2.1.2.3.) hat der *Randomversuch* erheblich an Bedeutung gewonnen. Dabei ist Randomversuch die übergeordnete Bezeichnung für die Möglichkeit der Realisierung von Unregelmäßigkeiten im Beanspruchungsverlauf. Mit dem *Nachfahrversuch* werden die an einem Bauteil unter Betriebsbedingungen auf Magnetband aufgezeichneten Belastungen in der Prüfeinrichtung simuliert. In *randomisierten Programmversuchen* werden die Merkmal-

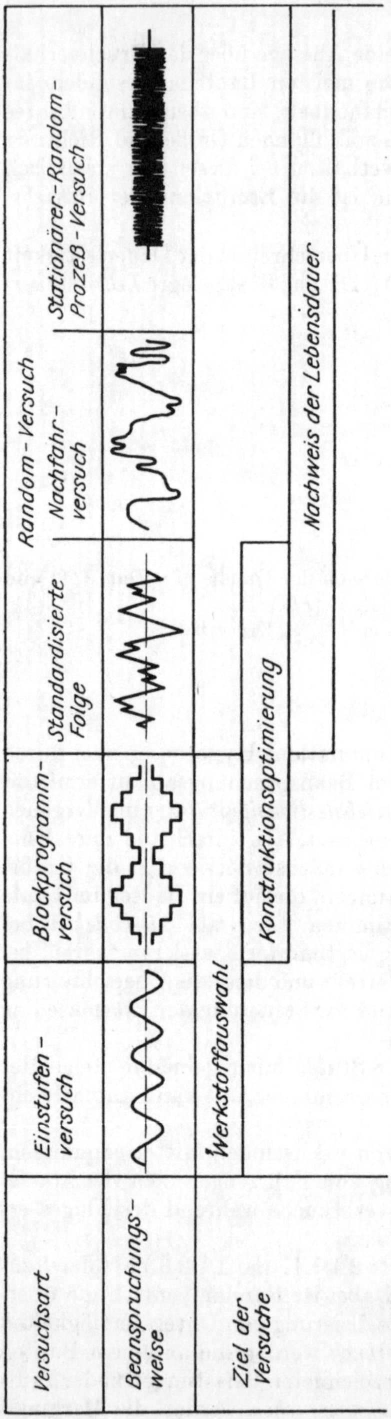

Versuchsart	Einstufenversuch	Blockprogrammversuch	Random-Versuch: Standardisierte Folge	Random-Versuch: Nachfahrversuch	Stationärer-Random Prozeß-Versuch
Beanspruchungsweise					
Ziel der Versuche	Werkstoffauswahl	Konstruktionsoptimierung	Konstruktionsoptimierung	Nachweis der Lebensdauer	Nachweis der Lebensdauer

Bild 2.42. Möglichkeiten zur Ermittlung der Betriebsfestigkeit

kennwerte des gemessenen Belastungskollektivs in unregelmäßiger Folge wiederholt, während im *Random-Prozeßversuch* ein Beanspruchungsablauf, der den Bedingungen eines stationären Gaußprozesses genügt, durch einen Rauschgenerator oder Prozeßrechner mit schneller Fourier-Transformation erzeugt wird.
Bei der Vorgabe von Störungsgrößen (Böen, Straßenunebenheiten) spricht man von *Betriebslastensimulation*. Eine besondere Gruppe bilden Versuche mit *transienter* Beanspruchung, wie sie z. B. bei Erdbeben oder Seegang auftreten. Im Fall eines Erdbebens ist die Bodenbewegung nach wenigen Sekunden abgeklungen, und die angeregte Struktur schwingt entsprechend ihrer Eigenschwingung nach. Ähnliche Beanspruchungen treten auch beim Start einer Trägerrakete für die Nutzlast (Satellit, Raumfähre) auf. Mit prozeßrechnergesteuerten servohydraulischen *Prüfzylinderanlagen* mit 4 bzw. 6 Freiheitsgraden ist eine wirklichkeitsgetreue Simulation derartiger Schwingungen möglich.

2.1.2.3. Prüfmaschinen für schwingende Beanspruchung

Zur Untersuchung des Werkstoff- und Bauteilverhaltens bei schwingender Beanspruchung können verschiedene Arten von Prüfmaschinen Anwendung finden. Nach der Beanspruchung kann man sie in Zug-Druck-, Biege- und Torsions-Schwingprüfmaschinen unterteilen. Andere Einteilungsprinzipien sind die Art der Schwingungserzeugung, der Schwinghub, die Prüffrequenz oder der Verwendungszweck.
Zug-Druck-Schwingprüfmaschinen älterer Bauart sind im Prinzip wie statische hydraulische Zug-Druck-Prüfmaschinen gebaut (Abschnitt 2.1.1.1.), jedoch zusätzlich noch mit einem *Pulsator* ausgerüstet, dessen Zylinderraum mit dem Arbeitszylinder der Prüfmaschine verbunden ist. Durch die Bewegung des Pulsatorkolbens kann der Öldruck in einem bestimmten Rhythmus variiert werden. Da auf diese Weise zunächst nur eine Schwellbeanspruchung möglich ist, müssen Schwingprüfmaschinen für wechselnde Beanspruchung mit einer Gegenfeder (mit Öl gefüllter Hochdruckbehälter) ausgerüstet sein. Ein Nachteil dieses Prüfprinzips besteht darin, daß die Bewältigung der großen mitschwingenden Massen nur niedrige Schwingspielfrequenzen zuläßt. Dieser Nachteil kann durch Maschinen, die im Resonanzbereich oder dessen Nähe arbeiten, überwunden werden.
Bei Hochfrequenz-Pulsatoren mit elektromagnetischem Antrieb können Frequenzen bis 300 Hz erzielt und die Lastamplituden elektrooptisch geregelt werden. Da bei den *Resonanz-Prüfmaschinen* die Probe selbst als Feder wirkt, ist ihre Anwendung auf das elastische Verformungsstadium beschränkt. Schwingprüfmaschinen mit Resonanzantrieb werden wegen der hohen Prüffrequenz und des niedrigen Energieverbrauchs vor allem für Einstufenversuche eingesetzt.
In den letzten Jahren haben die *servohydraulischen Prüfsysteme*, mit denen sich Prüffrequenzen von 0 bis 200 Hz verwirklichen lassen, in breitem Maße Anwendung für Schwingfestigkeitsversuche gefunden. In Bild 2.43 ist der schematische Aufbau eines derartigen Systems dargestellt. Durch das elektrohydraulische Servoventil gelangt der von einem Hydraulikaggregat erzeugte Ölstrom in den doppelt wirkenden Prüfzylinder. der die an der Probe verlangte Beanspruchung hervorruft. Die gemessenen Größen Kraft, Weg oder Dehnung werden über einen Meßverstärker dem Servoregler zugeführt und mit der vom Sollwertgeber kommenden Führungsgröße verglichen. Die Differenz zwischen Ist- und Sollwert wird dem Servoventil als Regelabweichung zugeführt, d. h., die Prüfanlage bildet einen geschlossenen Regelkreis. Zur Sollwertvorgabe können Funktionsgeneratoren, Programmautomaten oder Prozeßrechner Verwendung finden. so daß praktisch alle gewünschten Beanspruchungsarten realisierbar

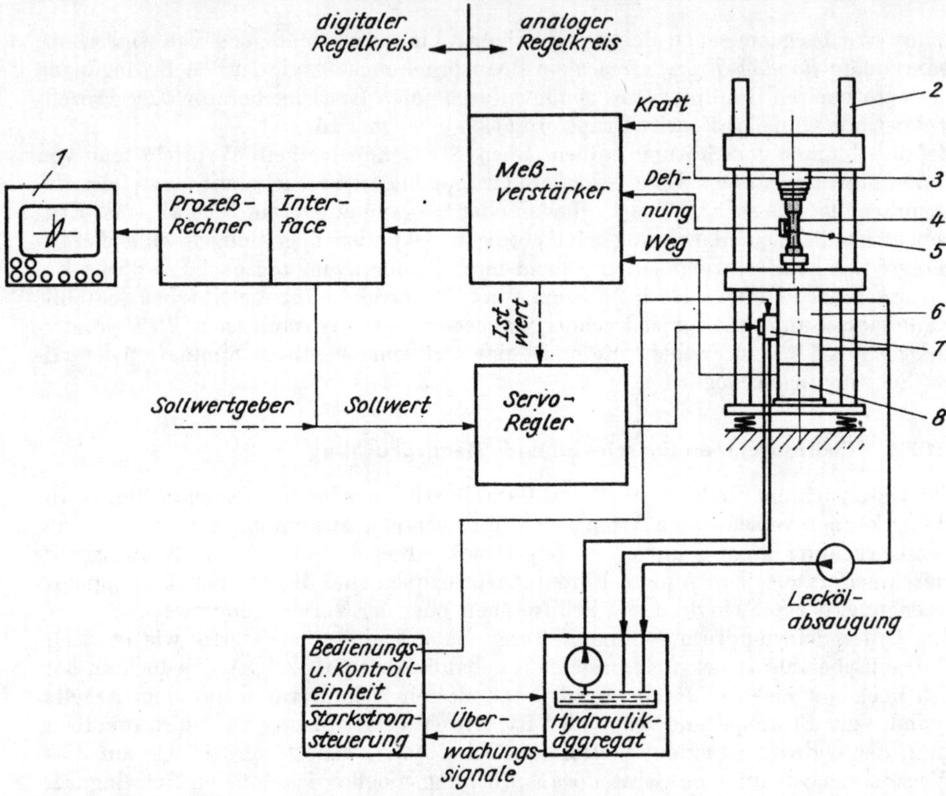

Bild 2.43. Prozeßrechnergeführtes servohydraulisches Prüfsystem

1 Bildschirm-Terminal
2 Maschinengestell
3 Kraftaufnehmer
4 Probe
5 Dehnungsaufnehmer
6 Prüfzylinder
7 Servoventil
8 Wegaufnehmer

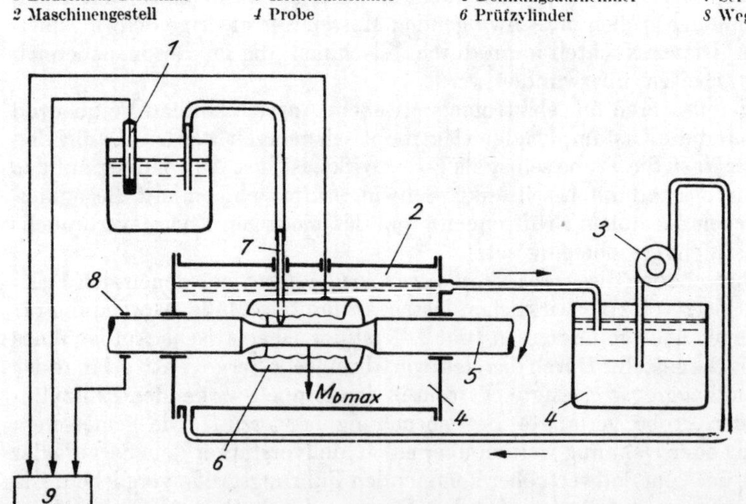

Bild 2.44. Umlaufbiegeversuch mit Berücksichtigung umgebender Medien

1 Vergleichselektrode
2 Korrosionskammer
3 Pumpe
4 Elektrolyt
5 Probe
6 Hilfselektrode
7 Sonde
8 Schleifring
9 Potentiostat

sind. Der Einsatz von Prozeßrechnern im one-line-Betrieb ermöglicht neben der Sollwertregenerierung eine Versuchsüberwachung und -steuerung, Meßdatenverarbeitung und Protokollierung (s. auch Bild 1.6). Die verschiedenen Arten von Beanspruchungsfolgen werden in diesem Fall über ein Terminal (Teletype, Bildschirmgerät) eingegeben. Durch die große Regelgeschwindigkeit einer servohydraulischen Prüfmaschine ist es weiterhin möglich, bei quasistatischen Versuchen die Maschinensteifigkeit in bestimmten Grenzen zu variieren (Abschnitt 2.1.1.1.). Ein Nachteil der servohydraulischen Prüfmaschinen besteht in dem hohen Energieverbrauch, der größtenteils in Wärme umgesetzt wird und weggekühlt werden muß.
Biege-Schwingprüfmaschinen können für umlaufende und Wechselbiegeversuche gebaut werden. Bei den *Umlaufbiegemaschinen* wird eine rotierende Probe durch ein Biegemoment belastet. Bild 2.44 zeigt eine Versuchsanordnung zur Prüfung der Schwingungsrißkorrosion mit dem Umlaufbiegeversuch bei kontrolliertem Potential (Kapitel 5.).
Zur Prüfung von Flach- und Rundproben dient der *Wechsel-* oder *Planbiegeversuch*, in dem die Probe durch einen Doppelexzenter unter einem bestimmten Winkel hin- und hergebogen wird. Als Nachteil dieser Versuche gegenüber der Zug-Druck-Beanspruchung ist der unterschiedliche Spannungsverlauf über den Querschnitt anzusehen. Mit Hilfe von *Torsions-Schwingprüfmaschinen* werden wechselnde Dreh-

Bild 2.45. Servohydraulische Prüfzylinderanlage (VEB Werkstoffprüfmaschinen Leipzig)

momente erzeugt, als deren Folge in der Probe Schubspannungen auftreten. Anwendung findet dieser Versuch z. B. zur Ermittlung der Gestalt- und Betriebsfestigkeit von Kurbelwellen.
Für die Prüfung von Bauteilen erweist es sich häufig als zweckmäßig, die Prüfeinrichtungen nach dem Baukastenprinzip zusammenzustellen und somit der Prüfaufgabe optimal anzupassen. Als Bauelemente benötigt man dazu die als *Prüfzylinder* bezeichneten Belastungselemente, Einrichtungen zur Erzeugung und zum Messen der Last sowie Verbindungselemente. Der Prüfzylinder besteht aus einem Zylinder mit eingeschliffenem Kolben, der entweder nach dem hydraulischen oder servohydraulischen Prinzip die schwingende Beanspruchung erzeugt. Bild 2.45 demonstriert den Einsatz einer derartigen Prüfzylinderanlage.

2.1.3. Verfahren mit schlagartiger Beanspruchung

Unter Betriebsbedingungen kommt es häufig zu schlagartigen Krafteinwirkungen, beispielsweise beim Überfahren von Schlaglöchern, Rangieren von Eisenbahnwaggons, Starten und Landen von Flugzeugen oder beim Eingriff der Zahnräder in einem Getriebe. Explosionen, der Aufprall von Geschossen sowie eine Hochgeschwindigkeitsbearbeitung (Schmieden, Walzen, Drahtziehen) führen zu extrem stoßartigen Beanspruchungen (Bild 2.46). Neben der Charakterisierung des Werkstoffverhaltens für derartige Einsatzfälle werden die Prüfverfahren mit schlagartiger Beanspruchung wegen ihrer einfachen und kostengünstigen Durchführung im breiten Umfang zur Qualitätsüberwachung bei der Herstellung metallischer und nichtmetallischer Werkstoffe genutzt.

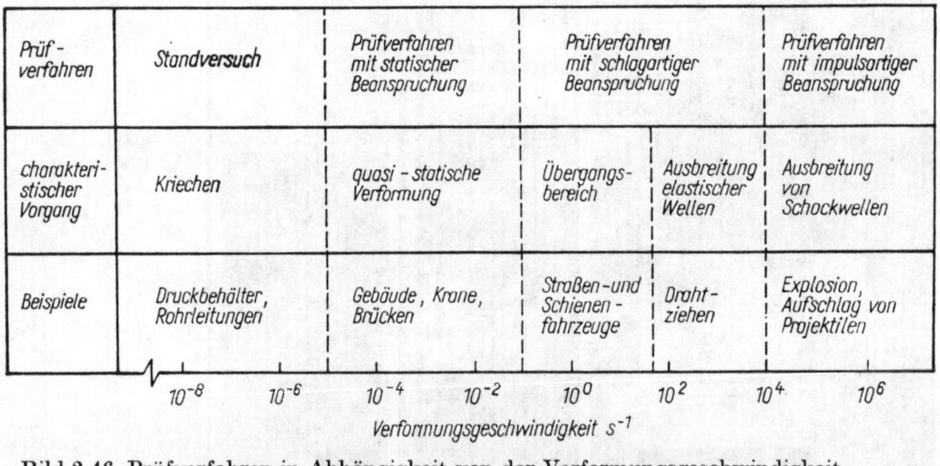

Prüfverfahren	Standversuch	Prüfverfahren mit statischer Beanspruchung	Prüfverfahren mit schlagartiger Beanspruchung		Prüfverfahren mit impulsartiger Beanspruchung
charakteristischer Vorgang	Kriechen	quasi-statische Verformung	Übergangsbereich	Ausbreitung elastischer Wellen	Ausbreitung von Schockwellen
Beispiele	Druckbehälter, Rohrleitungen	Gebäude, Krane, Brücken	Straßen- und Schienenfahrzeuge	Drahtziehen	Explosion, Aufschlag von Projektilen

10^{-8} 10^{-6} 10^{-4} 10^{-2} 10^{0} 10^{2} 10^{4} 10^{6}

Verformungsgeschwindigkeit s^{-1}

Bild 2.46. Prüfverfahren in Abhängigkeit von der Verformungsgeschwindigkeit

2.1.3.1. Werkstoffverhalten bei hoher Verformungsgeschwindigkeit

Die aus der einachsigen Dehnung abgeleitete *Verformungsgeschwindigkeit* $\dot{\varepsilon}$ ist im elastischen Bereich mit der Geschwindigkeit der Spannungszunahme $\dot{\sigma}$ durch

$$\dot{\varepsilon}_{el} = \frac{1}{E} \dot{\sigma} \tag{2.79}$$

verknüpft. Bei einer Verformungsgeschwindigkeit von 10^{-1} s^{-1} beginnt die schlagartige Beanspruchung. Oberhalb von 10^2 s^{-1} entstehen elastische bzw. elastisch-plastische Spannungswellen, die sich maximal mit Schallgeschwindigkeit ausbreiten können. Da derartige Spannungswellen an jeder Grenzfläche reflektiert werden, muß die Versuchsanordnung so beschaffen sein, daß die zu ermittelnden Kennwerte nicht von den reflektierten Wellen beeinflußt werden.
Außerdem kommt es zu einem Übergang vom isothermen zum adiabatischen Versuchsablauf, da die mit der Verformung der Probe verbundene Erwärmung in der kurzen Versuchszeit nicht mehr an die Umgebung abgeleitet werden kann. Dieser Effekt kann dazu führen, daß der Einfluß einer erhöhten Verformungsgeschwindigkeit auf das Festigkeitsverhalten durch den Temperaturanstieg kompensiert wird.
Die Erhöhung der Verformungsgeschwindigkeit bewirkt bei verfestigungsfähigen Werkstoffen einen Anstieg der Streckgrenze und Zugfestigkeit bei gleichzeitiger Abnahme der Verformungskennwerte. Für die Streckgrenze unlegierter Stähle gilt die Beziehung

$$\log R_{eH} = \log \mathrm{A} + \frac{1}{\mathrm{m}} \log \dot{\varepsilon} \tag{2.80}$$

A Konstante

Im Faktor m kommt der Einfluß der Verformungsgeschwindigkeit auf den Mechanismus der Bildung neuer Versetzungen zum Ausdruck.
Von besonderer praktischer Bedeutung ist die Verringerung der Zähigkeit, wodurch das Auftreten eines makroskopisch verformungslosen *Sprödbruchs* begünstigt wird. Bei Metallen ist diese Bruchart an der kristallin glitzernden Bruchfläche zu erkennen, da die Spaltflächen der Kristallite das Licht intensiv reflektieren. Im Gegensatz dazu zeigt ein verformungsreicher *Zähbruch* ein mattes, fasriges Aussehen. Durch das Auftreten von Sprödbrüchen ist es zu schwerwiegenden Schadensfällen an Schiffen, Brücken, Druckbehältern und Rohrleitungen gekommen.
Als sprödbruchfördernde Faktoren wirken neben der erhöhten Verformungsgeschwindigkeit noch niedrige Temperaturen und mehrachsige Spannungszustände einschließlich Eigenspannungen. Im besonderen Maße wird die Ausbildung eines Sprödbruchs durch Spannungskonzentrationen an Kerben bzw. Rissen begünstigt, so daß die Prüfung mit schlagartiger Beanspruchung häufig an gekerbten oder angerissenen Proben und bei Variation der Temperatur durchgeführt wird. Für eine Reihe von Werkstoffen, darunter die normal- und höherfesten Baustähle, ergibt sich dann die in Bild 2.47 schematisch dargestellte Abhängigkeit der Streckgrenze und Bruchspannung von der

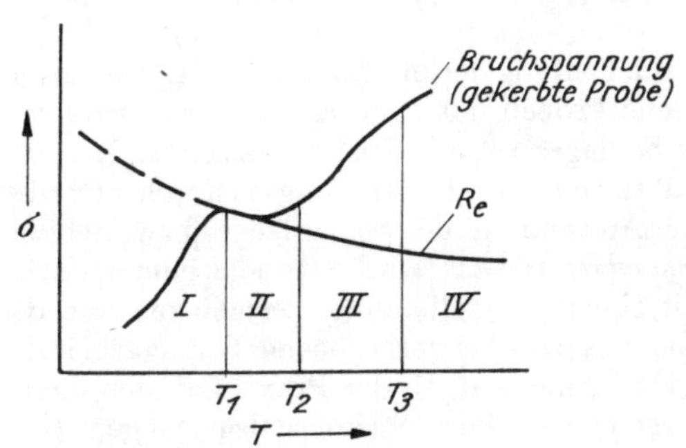

Bild 2.47. Abhängigkeit der Festigkeit von der Temperatur und Verformungsgeschwindigkeit bei gekerbten Proben bzw. Bauteilen

Temperatur bzw. der Verformungsgeschwindigkeit bei gekerbten Proben bzw. Bauteilen. Hiernach lassen sich vier Bereiche unterscheiden:

Bereich *I*: Bei $T < T_1$ ist die Bruchspannung kleiner als die Streckgrenze des Werkstoffs, und der Bruch hat die Merkmale eines spaltflächigen Sprödbruchs. Man spricht in diesem Fall auch von einem Niedrigspannungsbruch.

Bereich *II*: Zwischen T_1 und T_2 ist die Bruchspannung gleich oder etwas größer als die Streckgrenze. Trotz beginnender plastischer Verformung im Kerb- bzw. Rißquerschnitt tritt weiterhin Spaltbruch auf.

Bereich *III*: Oberhalb T_2 kommt es – ausgehend vom Kerb oder Riß – zunächst zu einem stabilen Rißfortschritt, und erst nach Erreichen einer bestimmten Rißlänge erfolgt die zum Bruch führende Rißausbreitung instabil. Die Bruchfläche zeigt sowohl Anzeichen von duktilem Verformungsbruch als auch spaltflächigem Sprödbruch, wobei an den Rändern sog. Scherlippen auftreten.

Bereich *IV*: Oberhalb T_3 erfolgt die Rißausbreitung ausschließlich stabil, d. h. als Zähbruch.

Reziprok zur Temperatur wirkt die Verformungsgeschwindigkeit.

Bei der Bewertung der *Sprödbruchsicherheit* eines Bauteils sind nicht nur die äußeren Einflußgrößen Verformungsgeschwindigkeit, Temperatur und Spannungszustand in Betracht zu ziehen, sondern es ist auch zu beachten, daß sich die Eigenzähigkeit des Werkstoffs während der Fertigung und im Betrieb durch Kaltverformung, Wärmebehandlung, Korrosion oder Strahleneinwirkung erheblich ändern kann. Eine kaum kontrollierbare Vielfalt thermischer und mechanischer Einwirkungen ist mit dem Schweißen verbunden, so daß das Verhalten von Schweißverbindungen unter schlagartigen Beanspruchungen besonders sorgfältig geprüft werden muß.

2.1.3.2. Schlagversuche an ungekerbten Proben

Der *Schlagzugversuch* findet Anwendung zur Ermittlung von Festigkeits- und Verformungskennwerten eines mit hoher Geschwindigkeit gedehnten Werkstoffs. Unter Verwendung des servohydraulischen Prinzips (Abschnitte 2.1.1.1. und 2.1.2.3.) wurden Schnellzerreißmaschinen entwickelt, die geregelte Kolbenabzugsgeschwindigkeiten bis zu $10\,\mathrm{m\,s^{-1}}$ ermöglichen. Für noch höhere Verformungsgeschwindigkeiten werden pneumatisch angetriebene Zugprüfmaschinen oder rotierende Schlagwerke benutzt. Dabei ist zu beachten, daß eine Prüfmaschine (Kolben, Spannzeug-Probe-Kraftmeßglied) ein Masse-Feder-System mit einer charakteristischen Eigenfrequenz darstellt. Die Voraussetzung für einen dynamischen Zugversuch ist somit eine möglichst hohe Eigenfrequenz, damit das Prüfsystem nicht bzw. nicht übermäßig zu Eigenschwingungen angeregt wird.

Der *Schlagstauchversuch* wird nur selten zur Prüfung der mechanischen Eigenschaften herangezogen. Man verwendet zylindrische Proben mit $L_0 = d_0$ und bezieht die für eine bestimmte Stauchung erforderliche Schlagarbeit auf das Probenvolumen.

Für Werkstoffe, die auf Grund ihrer Struktur oder des Behandlungszustands nur eine geringe Eigenzähigkeit aufweisen, ist die Anwendung des Schlagbiege- bzw. Schlagtorsionsversuchs zweckmäßig. Beim *Schlagbiegeversuch* wird entweder eine einfache zylindrische oder rechteckige Probe mit einem Pendelhammer zerschlagen und die dazu benötigte Schlagarbeit bestimmt, oder es wird bei vorgegebener Schlagarbeit die Durchbiegung der nicht gebrochenen Probe gemessen. In der Praxis hat sich dieser Versuch vor allem zur Zähigkeitsprüfung von spröden Nichteisenlegierungen (Zn-Legierungen), Gußwerkstoffen, Werkzeugstählen, Sinterwerkstoffen und Duromeren

bewährt. Bei den elektrisch nichtleitenden Polymerwerkstoffen kann durch Aufbringen von Leitsilber-Schichten, die als Stromöffner bzw. Stromschließer in einer elektrischen Schaltung fungieren, die Bruchzeit unmittelbar an der Probe gemessen werden.
Der *Schlagtorsionsversuch* dient zur Ermittlung von Torsionsmoment-Verdrehwinkel-Diagrammen. Praktische Anwendung findet er u. a. zur Qualitätsprüfung von Spiralbohrern.
Eine spezielle Art des Schlagversuchs ist der häufig an Platten oder Folien aus Polymerwerkstoffen durchgeführte *Durchstoß-* oder *Fallbolzenversuch* (Bild 2.48). Dabei

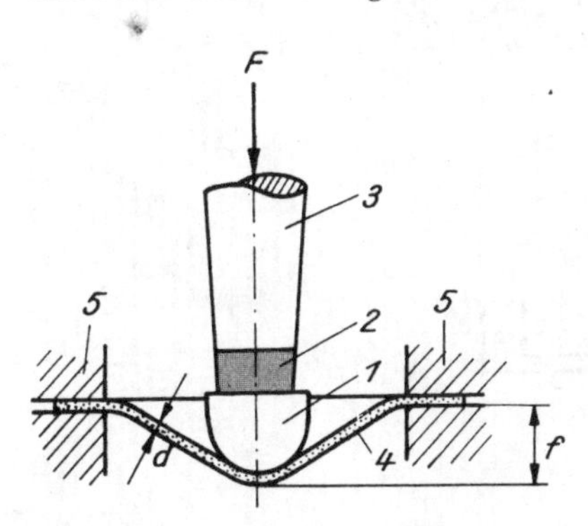

Bild 2.48. Biaxialer Schlagversuch (Fallbolzenversuch) für Polymerwerkstoffe
1 Durchstoßkörper
2 Kraftmeßglied
3 Schaft
4 Probe
5 Einspannung
F Schlagkraft
f Durchbiegung
d Platten- bzw. Foliendicke

wird die Schlagenergie im allgemeinen durch freien Fall eines Durchstoßkörpers aus definierter Höhe, teilweise auch durch Pendelschlagwerke und Federhämmer, aufgebracht. Als Durchstoßkörper sind Kugeln oder Schlagbolzen mit unterschiedlicher Schlagkopfgeometrie üblich. Die Versuchsanordnungen sollen eine elektronische Aufzeichnung des Kraft-Verformungs-Verlaufs ermöglichen, damit als Kennwerte neben der Schlagarbeit auch die Kraft bzw. Durchbiegung beim Anrißbeginn ermittelt werden können.

2.1.3.3. Kerbschlagbiegeversuch

Für die Sprödbruchprüfung duktiler metallischer und polymerer Werkstoffe hat der *Kerbschlagbiegeversuch* die größte Bedeutung erlangt. Die Verwendung gekerbter Proben wirkt in zweifacher Hinsicht sprödbruchfördernd: Durch den Kerb kommt es zu einer Behinderung der Querkontraktion und damit zum Aufbau eines mehrachsigen Spannungszustands, und außerdem wird mit der Konzentration der Verformung auf ein kleines Volumen am Kerb eine hohe örtliche Verformungsgeschwindigkeit erreicht. Neben dem Nachweis der Sprödbruchneigung der Konstruktionsstähle wird der Kerbschlagbiegeversuch zur Kontrolle der Qualität und Gleichmäßigkeit von Gefüge- und Behandlungszuständen sowie zur Untersuchung von Alterungserscheinungen genutzt. Er ist – nicht zuletzt wegen der einfachen Versuchsdurchführung und des geringen Materialaufwands – nach dem Zugversuch der am häufigsten durchgeführte Abnahmeversuch in der werkstofferzeugenden und -verarbeitenden Industrie.

Versuchsdurchführung

Beim Kerbschlagbiegeversuch wird eine einseitig gekerbte Probe durch einen Schlag mit einem Pendelhammer oder einer anderen Schlagvorrichtung zerbrochen bzw. so weit gebogen, wie es die Versuchseinrichtung zuläßt. Dabei kann der Probestab ent-

weder mit der Kerbseite an zwei Widerlagern anliegen (*Charpy-Anordnung*) oder einseitig eingespannt sein (*Izod-Anordnung*). Nachfolgend soll nur auf die Charpy-Anordnung Bezug genommen werden (Bild 2.49).
Einige Angaben zur Probenform und Versuchsanordnung enthält Tabelle 2.7.

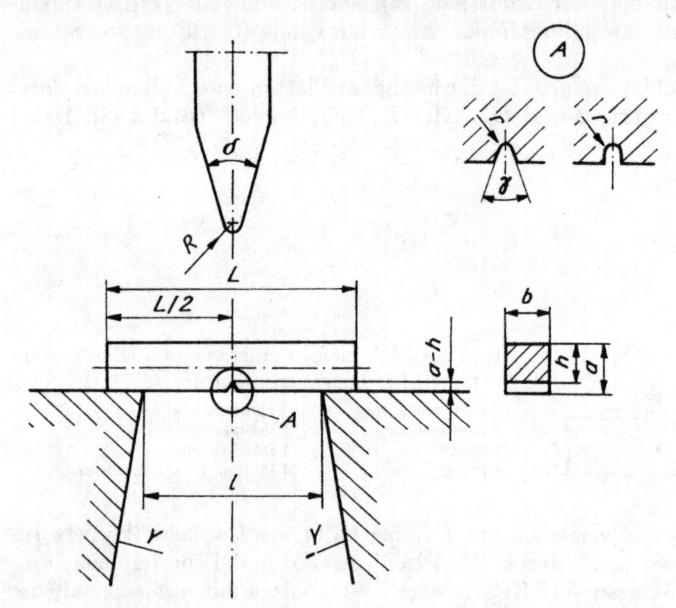

Bild 2.49. Kerbschlagbiegeversuch, Versuchsanordnung und Probenform (s. auch Tabelle 2.7)

Tabelle 2.7. Versuchsanordnung beim Kerbschlagbiegeversuch nach *Charpy*

Bezeichnung des Parameters (s. Bild 2.49)	Nennmaß
Länge der Probe L	55 mm
Höhe der Probe a	10 mm
Breite der Probe b	10; 7,5; 5 mm
Höhe der Probe an der Kerbstelle h	8; 7[1]); 5[1]) mm
Kerbtiefe der Probe $a-h$	
Rundungsradius des Kerbgrundes der Probe	1 mm bei U-Kerb 0,25 mm bei V-Kerb
Abstand zwischen den Widerlagern l	40 mm
Neigung des Widerlagers Y	1:5
Winkel des V-förmigen Kerbs der Probe γ	45°
Schneidenwinkel des Hammers δ	30°
Rundungsradius der Hammerschneide R	2 mm

[1]) Nur bei U-Kerb

Anmerkung: Die Symmetrieebene des Kerbs muß senkrecht zur Probenlängsachse verlaufen.

In der internationalen Entwicklung hat sich für die Prüfung metallischer Werkstoffe weitgehend die Kerbschlagprobe mit V-förmigem Kerb durchgesetzt, so daß andere Kerbformen nur noch in Ausnahmefällen anzuwenden sind. Die gleiche Probenform findet bei Polymerwerkstoffen Verwendung, wobei die Kerbeinbringung auch durch Schlitzen mit einer Metallklinge erfolgen kann. Eine nichtstandardisierte Probe mit hoher Kerbschärfe ist die *Kohärazie-Probe* nach *Schnadt*. Sie enthält einen eingedrückten Kerb ($r < 0{,}005$ mm) und auf der dem Kerb gegenüberliegenden Druckzone einen eingesetzten gehärteten Bolzen, der eine zusätzliche Verformungsbehinderung bewirkt.

Das Zerschlagen der Kerbschlagbiegeprobe erfolgt mit einem *Pendelschlagwerk* (Bild 2.50).

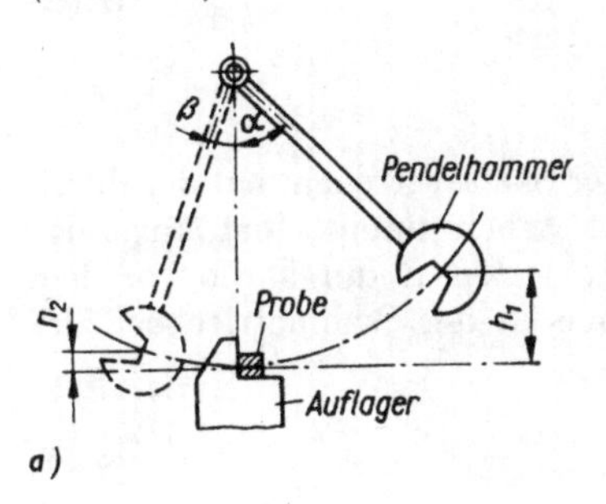

Bild 2.50. Pendelschlagwerk
a) schematische Darstellung
b) PSW (VEB Werkstoffprüfmaschinen Leipzig)

Eine an einem rohrförmigen Pendelarm befestigte Hammerscheibe, die an der Schlagseite die Hammerschneide oder Finne enthält, beschreibt nach dem Ausklinken einen Kreisbogen und überträgt im tiefsten Punkt der Hammerbahn einen Teil ihrer kinetischen Energie auf die Probe.

Zur Durchführung der Prüfung wird die Kerbschlagprobe lose an die Widerlager angelegt, wobei der Abstand der Symmetrieebene des Kerbs von der Symmetrieebene der Widerlager nicht mehr als 0,5 mm betragen darf. Mit der gleichen zulässigen Abweichung muß der Schlag des Pendelhammers auf der dem Kerb abgewandten Probenseite erfolgen. Die Geschwindigkeit des Pendelhammers im Moment des Aufpralls ist abhängig von der Fallhöhe:

$$v = [2gz(1 - \cos \alpha)]^{1/2} \approx (2gx_1)^{1/2} \quad \text{in m s}^{-1} \qquad (2.81)$$

g Erdbeschleunigung
z Abstand zwischen Drehpunkt und Probenmitte
α Pendelfallwinkel
x_1 Fallhöhe

Bei den üblichen Pendelschlagwerken mit einem Arbeitsinhalt $K_{max} = 150$ bis 300 J liegt die Aufprallgeschwindigkeit des Hammers zwischen 5 und 7 m s^{-1}; mit rotierenden Schlagwerken können Schlaggeschwindigkeiten bis zu 200 m s^{-1} erzielt werden. Zur Prüfung mit verminderter Schlagenergie bzw. Schlaggeschwindigkeit (z. B. für Polymerwerkstoffe) sind Pendelschlagwerke mit kleinerer Hammermasse oder niedrige Fallhöhen erforderlich.
Als Kennwert für das Zähigkeitsverhalten wird die zum Zerschlagen der Probe erforderliche Arbeit K aus der Differenz der Energie des Pendelhammers vor und nach dem Schlag bestimmt.
Es ist

$$K = G(x_1 - x_2) = Gz(\cos\beta - \cos\alpha) \quad \text{in J} \tag{2.82}$$

G Masse des Pendelhammers
β Pendelsteigwinkel

Die handelsüblichen Pendelschlagwerke sind mit einer Skala versehen, auf der durch die Mitnahme eines Schleppzeigers die verbrauchte Arbeit unmittelbar angezeigt wird. Bisher war es allgemein üblich, die *Kerbschlagarbeit* K durch die vor dem Versuch ausgemessene Querschnittsfläche der Probe in der Symmetrieebene des Kerbs S_0 zu dividieren. Dieser Kennwert

$$\mathrm{KC} = \frac{K}{S_0} \quad \text{in J cm}^{-2} \tag{2.83}$$

wird *Kerbschlagzähigkeit* genannt und mit einer Kombination von Buchstaben und Ziffern bezeichnet. Die Buchstaben KC bilden das allgemeine Symbol der Kerbschlagzähigkeit, und ein dritter Buchstabe U oder V bestimmt die Kerbform. Die erste Ziffer gibt die maximale Energie des Pendelschlagwerks, die zweite Ziffer die Kerbtiefe (bei U-Kerb) bzw. die Breite der Probe (bei V-Kerb) und die dritte Ziffer (nur bei U-Kerb) die Breite der Probe an.
Die Ziffern werden nicht aufgeführt:

- bei Bestimmung der Kerbschlagzähigkeit KCU am Pendelschlagwerk mit $K_{max} = 300$ J, bei einer Kerbtiefe von 5 mm und einer Breite der Probe von 10 mm
- bei der Bestimmung der Kerbschlagzähigkeit KCV am Pendelschlagwerk mit $K_{max} = 300$ J bei einer Breite der Probe von 10 mm

Der Kennwert KC ist mit folgender Genauigkeit zu berechnen:

bis 1 J cm^{-2} bei KC über 10 J cm^{-2}
bis 0,1 J cm^{-2} bei KC bis 10 J cm^{-2}

Da die Brucharbeit zum größten Teil aus der plastischen Verformung eines nicht exakt bestimmbaren Volumens resultiert, soll zukünftig auf die Division durch den Probenquerschnitt verzichtet und als Kennwert die mit der V-Probe ermittelte *Kerbschlagarbeit* KV in Joule angegeben werden.
Neben der Kerbschlagzähigkeit werden das makroskopische Bruchaussehen und der Biegewinkel zur Kennzeichnung der Werkstoffzähigkeit herangezogen. Die quantitative Bewertung des Bruchaussehens erfolgt durch die Bestimmung des *kristallinen Flecks* F_R, d. h. des Sprödbruchanteils auf der Bruchfläche.
In neuerer Zeit wird auch der Bestimmung der *lateralen Breitung* LB zunehmende Beachtung geschenkt. Dabei wird davon ausgegangen, daß die einfach zu messende Probenverbreiterung an der vom Pendelhammer getroffenen Stelle der am Kerbgrund

auftretenden seitlichen Einschnürung direkt proportional ist. Der Vorteil dieses Kennwerts besteht darin, daß der Einfluß der Festigkeit auf das Zähigkeitsverhalten richtig bewertet wird; denn um die gleiche laterale Breitung zu erreichen, ist bei ansteigender Festigkeit eine höhere Arbeitsaufnahme erforderlich.

Kerbschlagzähigkeit-Temperatur-Schaubild

Für den Nachweis der Sprödbruchneigung eines Werkstoffs ist die Durchführung des Kerbschlagbiegeversuchs bei unterschiedlichen Temperaturen und die Darstellung der Meßwerte in einem *Kerbschlagzähigkeit-Temperatur-* (*KC-T-*) *Schaubild* von besonderer Bedeutung. Dazu werden die Proben in einem Wärme- oder Kältemittel erwärmt bzw. abgekühlt und anschließend sofort zerschlagen. Als Kältemittel können verwendet werden:

bis −75 °C ein Gemisch aus Kohlensäureschnee (Trockeneis) und Äthylalkohol
bis −180 °C ein Gemisch aus flüssigem Stickstoff und einer nichttoxischen, nichtgefrierenden Flüssigkeit
bis −190 °C flüssiger Stickstoff

Eine andere Möglichkeit zur Abkühlung der Proben besteht in der Anwendung von Kältekammern mit Gaszwangszirkulation. Die Abkühlung der Proben hat unter Beachtung des Arbeitsschutzes zu erfolgen. Um zu gewährleisten, daß die Temperatur der Probe im Augenblick der Zerstörung um nicht mehr als ±2 K von der im Prüfbereich angegebenen Temperatur abweicht, ist eine von der Differenz zwischen Prüf- und Raumtemperatur und von der Zeitdauer bis zum Zerschlagen abhängige Überhitzung bzw. Unterkühlung der Proben vorzunehmen. Die Haltezeit der Proben bei der Prüftemperatur muß mindestens 15 min betragen, und die Zeit von der Herausnahme der Proben aus dem Wärme- bzw. Kühlmittel bis zum Zerschlagen soll nicht länger als 5 s sein. Zur Aufnahme eines vollständigen KC-T-Schaubildes sind mindestens 30 Proben erforderlich, so daß in etwa 10 Temperaturstufen jeweils 3 Versuchswerte vorliegen.
Für den Verlauf der Kerbschlagzähigkeit-Temperatur-Kurve gibt es die in Bild 2.51 a dargestellten drei prinzipiellen Möglichkeiten:

Kurve 1: Die Abhängigkeit der Kerbschlagzähigkeit von der Temperatur ist gering, und der Werkstoff verhält sich auch bei tiefen Temperaturen noch ausreichend zäh.

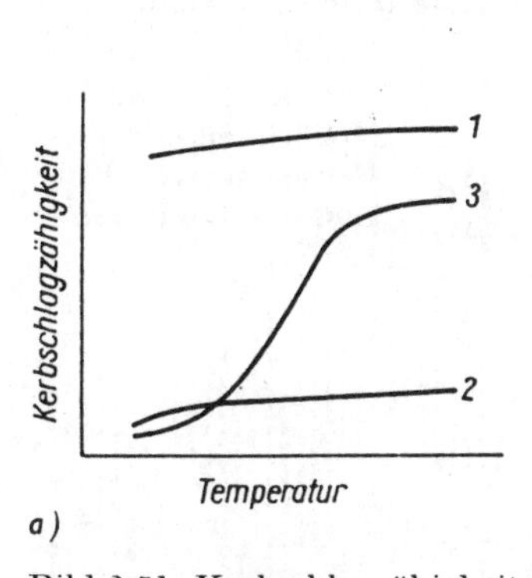

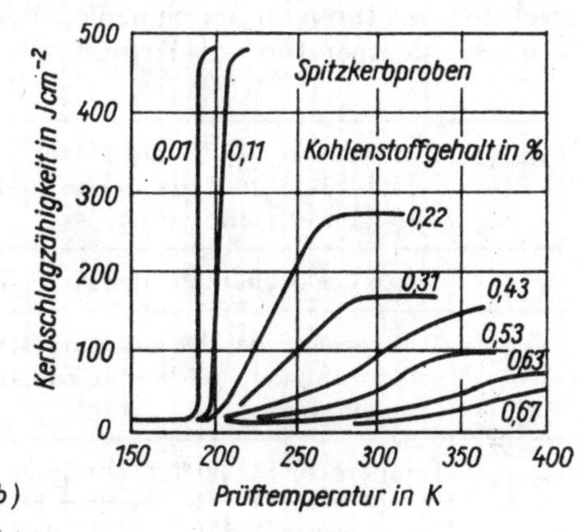

Bild 2.51. Kerbschlagzähigkeit-Temperatur-Kurven
a) für verschiedene Werkstoffgruppen
b) für Stähle mit unterschiedlichem Kohlenstoffgehalt

Ein Sprödbruch kann nur unter besonderen Umgebungsbedingungen, z. B. bei Neutronenbestrahlung, auftreten. Dieses Verhalten zeigen metallische Werkstoffe mit einem kfz-Gitter wie Aluminium, Kupfer, Nickel, austenitische Stähle sowie schlagzähe Polymerwerkstoffe. In derartigen Fällen ist eine Anwendung des Kerbschlagbiegeversuchs meist nicht notwendig, da das Zähigkeitsverhalten durch die im Zugversuch ermittelte Bruchdehnung oder Brucheinschnürung ausreichend charakterisiert werden kann.

Kurve 2: Bei einer ebenfalls nur geringen Abhängigkeit von der Temperatur liegen in einem breiten Temperaturintervall niedrige Werte der Kerbschlagzähigkeit vor. Dieses Verhalten ist charakteristisch für Werkstoffe mit geringer Eigenzähigkeit, wie Glas, keramische Werkstoffe, hochfeste oder einsatzgehärtete Stähle. Es ist günstiger, die Widerstandsfähigkeit dieser Werkstoffe gegenüber schlagartigen Beanspruchungen mit dem Schlagbiege- oder Schlagtorsionsversuch zu prüfen bzw. die Verfahren der Bruchmechanik (Abschnitt 2.2.) anzuwenden.

Kurve 3: Die Kerbschlagzähigkeit fällt in einem relativ engen Temperaturintervall von der *Hochlage* in die *Tieflage* ab. Während für die Hochlage ein Zähbruch charakteristisch ist, tritt in der Tieflage der makroskopisch verformungslose Sprödbruch auf. Der dazwischenliegende *Steilabfall* der KC-T-Kurve, dem sich *Mischbrüche* mit unterschiedlichen Anteilen von Zäh- und Sprödbruch zuordnen lassen, ist typisch für metallische Werkstoffe mit krz- bzw. hexagonalem Gitter. Von großer praktischer Bedeutung ist er für Stähle mit ferritisch-perlitischem Gefüge, da Unterschiede in der chemischen Zusammensetzung und dem Gefügezustand zu deutlichen Verschiebungen der Lage und Steilheit des Übergangsgebietes führen (Bild 2.51 b).

Die Abhängigkeit der Kerbschlagzähigkeit (Kerbschlagarbeit) sowie der anderen im Kerbschlagbiegeversuch zu ermittelnden Kennwerte von der Temperatur erlaubt die Festlegung von *Übergangstemperaturen*. Ausgehend von empirischen Erfahrungen, wurden hierzu eine Reihe von Vorschlägen gemacht, von denen diejenigen die größere praktische Bedeutung erlangt haben, die in Bild 2.52 bzw. Tabelle 2.8 in Verbindung mit den charakteristischen Bruchflächen der drei Bereiche Hochlage, Tieflage und Steilabfall zusammengestellt sind. Es muß betont werden, daß diese Übergangstemperaturen zwar eine Klassifizierung des Sprödbruchverhaltens verschiedener Werkstoffe oder Gefügezustände gestatten, aber nicht als eine untere Begrenzung der Betriebstemperaturen für Maschinen oder Anlagen anzusehen sind. Die Verwendung der Übergangstemperaturen als Kriterium bei der Werkstoffauswahl für tiefe Temperatu-

Tabelle 2.8
Möglichkeiten zur Festlegung von Übergangstemperaturen

$T_{\text{ü Hoch}}$	Temperatur, bei der der kristalline Bruchanteil verschwindet und die Hochlage der Kerbschlagzähigkeit erreicht wird
$T_{\text{ü }1/2}$	Mitte des Steilabfalls der KC-T-Kurve
$T_{\text{ü }34}$	Temperatur, bei der ein Mindestwert der Kerbschlagzähigkeit, in diesem Fall KC = 34 J cm^{-2}, erreicht wird
$T_{\text{ü }50\%}$	Temperatur für 50 % kristallinen Bruchanteil
$T_{\text{ü }0{,}4}$	Temperatur, bei der ein Mindestwert der lateralen Breitung LB von 0,4 mm erreicht wird

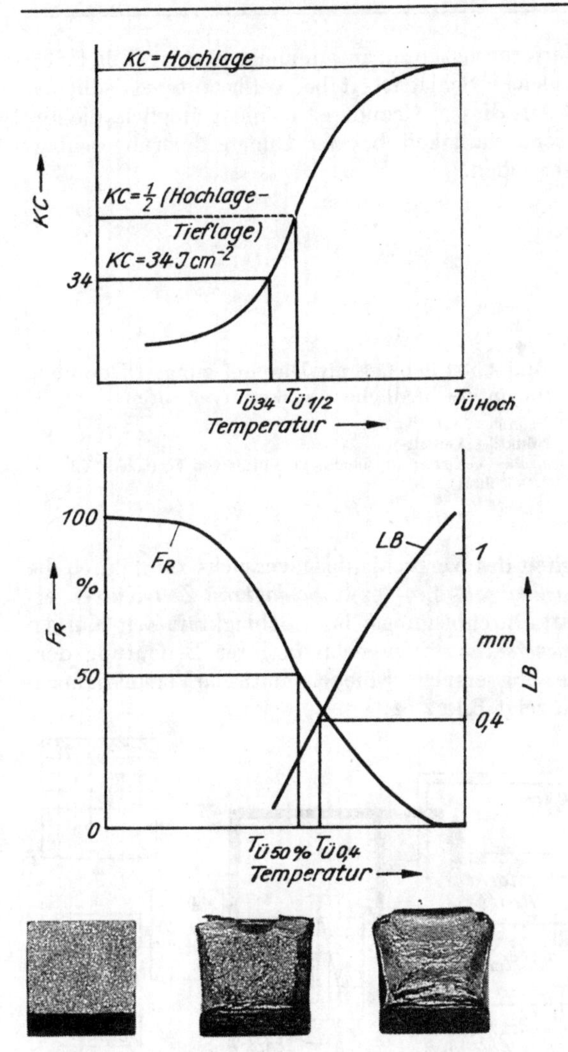

Bild 2.52. Möglichkeiten zur Ermittlung von Übergangstemperaturen mit Hilfe des Kerbschlagbiegeversuchs

ren ist deshalb nur dann zulässig, wenn bereits Erfahrungen hinsichtlich der Bewährung des Werkstoffs unter den geforderten Einsatzbedingungen vorliegen.

Instrumentierter Kerbschlagbiegeversuch

Der Nachteil der im einfachen Kerbschlagbiegeversuch ermittelten Schlagarbeit K besteht vor allem darin, daß es sich um eine integrale Größe handelt, die entsprechend der Beziehung

$$K = \int_{f=0}^{f_c} F \, df \qquad (2.84)$$

f Durchbiegung
f_c Durchbiegung beim Bruch der Probe
F Schlagkraft

aus einem Festigkeits- und einem Verformungsanteil zusammengesetzt ist (Bild 2.53). Damit erhält man aber u. U. die gleiche Schlagarbeit bei völlig unterschiedlichen Kraft- bzw. Durchbiegungswerten. Aus diesem Grunde ist es nicht möglich, die aus der Schlagarbeit abgeleitete Kerbschlagzähigkeit bei der Dimensionierung schlagartig beanspruchter Bauteile zu verwenden.

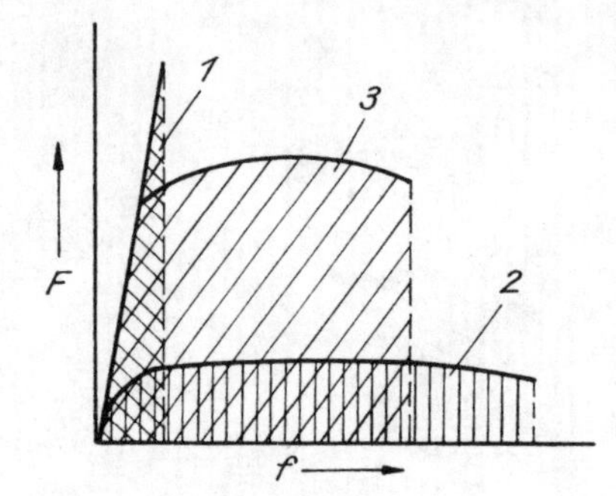

Bild 2.53. Schlagkraft-Durchbiegungs-Diagramme für unterschiedliches Werkstoffverhalten
1 sprödes Verhalten
2 duktiles Verhalten
3 zähes Verhalten (optimales Verhältnis von Festigkeit und Duktilität)

Eine Erweiterung der Aussagefähigkeit des Kerbschlagbiegeversuchs kann durch die elektronische Aufzeichnung von *Schlagkraft-Weg-* bzw. *Schlagkraft-Zeit-Kurven* erreicht werden. Derartige Schlagkraft-Durchbiegungs- bzw. Schlagkraft-Zeit-Kurven des *instrumentierten Kerbschlagbiegeversuchs* entsprechen in ihrer Bedeutung dem Spannungs-Dehnungs-Diagramm des Zugversuchs. Eine schematische Versuchsanordnung für derartige Untersuchungen zeigt Bild 2.54.

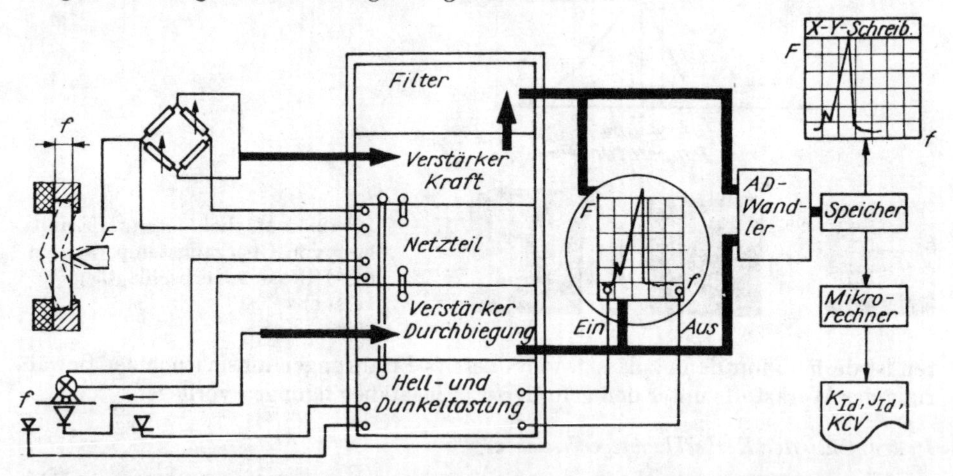

Bild 2.54. Versuchsanordnung für den instrumentierten Kerbschlagbiegeversuch

Dabei wird die Schlagkraft mit einem hinter der Schlagfinne angeordneten Piezoquarz oder mit Hilfe von auf der Schlagfinne aufgeklebter Dehnungsmeßstreifen gemessen, während die Probendurchbiegung aus der Bewegung des Pendelhammers fotoelektrisch bestimmt werden kann. Die Registrierung der Diagramme erfolgt mit einem Oszillographen; außerdem ist nach einer Analog-Digital-Wandlung der Meßsignale mit einem *Transientenrecorder* die rechnergestützte Verarbeitung der Meßdaten möglich.

In Bild 2.55 ist ein Schlagkraft-Zeit- bzw. Schlagkraft-Durchbiegungs-Diagramm schematisch dargestellt. Ein meßtechnisches Problem besteht beim instrumentierten Kerbschlagbiegeversuch im Auftreten eines Trägheitseffekts. Durch die Beschleunigung der Probe wird eine Kraft erzeugt, die zu einer Verfälschung der echten Reaktion des Werkstoffs auf die schlagartige Beanspruchung führen kann. Während sich bei duktilem Bruchverhalten die ***Trägheitskraft*** nur in einer Unstetigkeit im elastischen Anstieg der Schlagkraft bemerkbar macht, kann sie bei sprödem Verhalten höher sein als die Bruchkraft. Deshalb wurden spezielle Vorschriften für die Gewährleistung einer unverfälschten Registrierung der Schlagkraft ausgearbeitet (s. Abschnitt 2.2.2.2.).

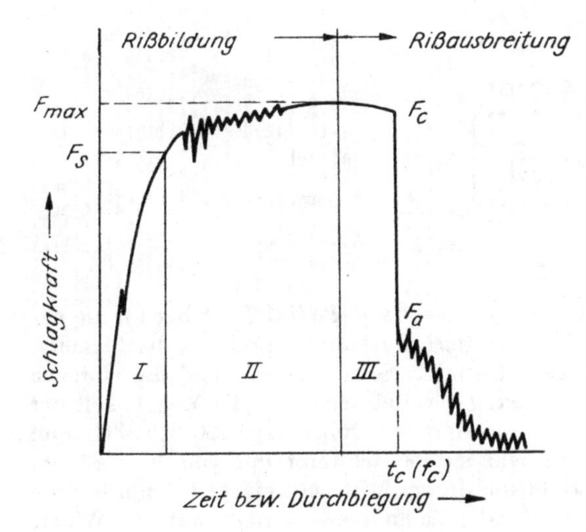

Bild 2.55. Schlagkraft-Zeit- bzw. Schlagkraft-Durchbiegungs-Diagramm

I elastisch-plastische Verformung
II Rißbildung; *III* Rißausbreitung
F_s Schlagkraft zur Rißeinleitung
F_c kritische Schlagkraft zur instabilen Rißausbreitung
F_a Schlagkraft bei Rißarretierung

Neben der Möglichkeit einer Bestimmung der Schlagkraft sowie der zur elastisch-plastischen Verformung, Rißbildung und Rißausbreitung gehörenden Arbeitsanteile ist der Kerbschlagbiegeversuch unter Verwendung instrumentierter Fall- oder Pendelschlagwerke zu einem wichtigen bruchmechanischen Prüfverfahren geworden (Abschnitt 2.2.2.).

2.1.3.4. Versuche mit schlagartiger Beanspruchung an bauteilähnlichen Proben

Auch mit der Registrierung von Schlagkraft-Durchbiegungs-Diagrammen ist der Kerbschlagbiegeversuch noch nicht in der Lage, das Sprödbruchverhalten eines Bauteils unter Betriebsbeanspruchungen zu charakterisieren und damit eine exakte Festlegung der Belastbarkeitsgrenze zu ermöglichen. Die Ursachen liegen darin, daß die Bauteilabmessungen den Spannungszustand sowie die Verformungsgeschwindigkeit sehr wesentlich beeinflussen und die Vorgänge bei der Rißausbreitung in großen Konstruktionen nur ungenügend durch die Kerbschlagproben simuliert werden können. Um bei der Untersuchung der Sprödbruchneigung eines Werkstoffs eine möglichst gute Annäherung an die Beanspruchungsverhältnisse unter den Betriebsbedingungen zu gewährleisten, sind *bauteilähnliche Proben* erforderlich. In Abhängigkeit von den Probenabmessungen hat sich folgende Einteilung als zweckmäßig erwiesen:

a) Proben mit scharfem Kerb oder künstlichem Anriß, die in der Breite der Blechdicke entsprechen
b) Proben, deren Breite wesentlich größer als die Blechdicke ist
c) Großproben mit bauteilähnlichen Abmessungen
d) Versuche an kompletten Bauteilen oder Bauwerken

Zur ersten Gruppe gehört der *Fallgewichtsscherversuch* (***Drop-weight-tear-test*** *DWTT*). Die in Bild 2.56 dargestellte Probe wird durch ein Fallwerk oder Pendelschlagwerk belastet, und die zum Bruch verbrauchte Schlagarbeit sowie das Bruchaussehen dienen als Zähigkeitskennwerte. Wird der Versuch in Abhängigkeit von der Temperatur durchgeführt, kann die sog. *Rißeinleitungstemperatur* T_i bestimmt werden.

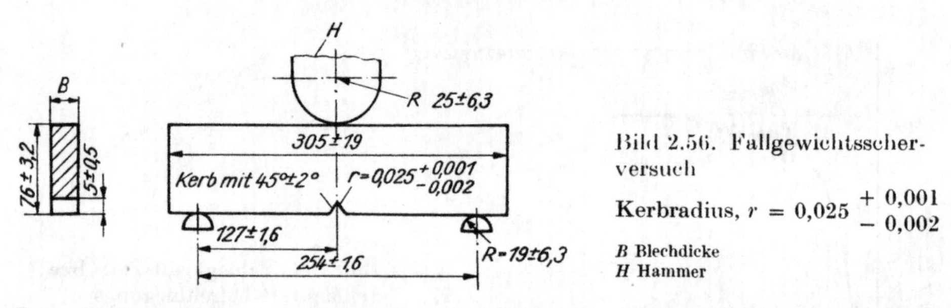

Bild 2.56. Fallgewichtsscherversuch

Kerbradius, $r = 0{,}025 \begin{array}{l} +0{,}001 \\ -0{,}002 \end{array}$

B Blechdicke
H Hammer

Der wichtigste Versuch zu b) ist der *Fallgewichtsversuch* (*Pellini-Test*), der für die Ermittlung der *NDT-Temperatur* (NDT = ***nil-ductility-transition*** oder Nullzähigkeits-Temperatur) an Stahlblechen Anwendung findet. Seine Vorteile sind die einfache Versuchsdurchführung, die geringe Streuung der Meßwerte und die Möglichkeit der Prüfung größerer Blechdicken. Auf eine Flachprobe (Probenlänge 130 bzw. 360 mm, Probendicke 16, 19 oder 25 mm) wird eine spröde Schweißraupe von etwa 65 mm Länge und 15 mm Breite aufgeschweißt und in der Mitte mit einem 1,5 mm breiten Kerb versehen. Durch eine senkrecht aufprallende Fallmasse wird die auf zwei Widerlagern aufliegende Probe bei unterschiedlichen Temperaturen in Intervallen von 5 °C beansprucht. Da sich zur Begrenzung der Durchbiegung unter der Probe ein entsprechend geformtes Widerlager befindet, kann die Spannung in der Probe die Streckgrenze nicht überschreiten, und die Temperatur, bei der eine Ausbreitung des Risses durch die gesamte Probe erfolgt, entspricht der NDT-Temperatur. Die Versuchsanordnung und eine gebrochene Probe zeigt Bild 2.57.

Eine weitere Möglichkeit bietet der *Explosions-Ausbeul-Versuch*, bei dem in einer angerissenen Blechprobe durch Zünden einer Sprengladung eine hohe Beanspruchung erzeugt wird. Ist die Bruchspannung größer als die Streckgrenze des Werkstoffs, beult das Blech aus, während im anderen Fall ein ebener Bruch mit einer starken Rißverzweigung zu beobachten ist.

In die dritte Gruppe ist der *Rißauffangversuch* (Robertson-Test) einzuordnen (Bild 2.58). Dabei wird eine Stahlplatte in einer Zugprüfmaschine auf einen Wert von 60% der Streckgrenze statisch vorgespannt und an der Seite, an der sich eine Bohrung mit einem eingesägten Kerb befindet, mittels eines Schlaghammers oder Bolzenschußgerätes ein Riß erzeugt. Während des Versuchs wird die Probe entweder auf eine über die Probenlänge konstante Temperatur (isothermer Versuch) oder in der Weise, daß ein Temperaturgradient von etwa 5 K cm^{-1} entsteht (Gradientenversuch), gekühlt. Man ermittelt die Temperatur, bei welcher der ausgelöste Riß gestoppt wird (*Rißauffang-* oder *Crack-Arrest-Temperatur* CAT). Die Rißauffangtemperatur ist besonders für Konstruktionen, in denen kleinere Risse ungefährlich sind, aber eine ausreichende

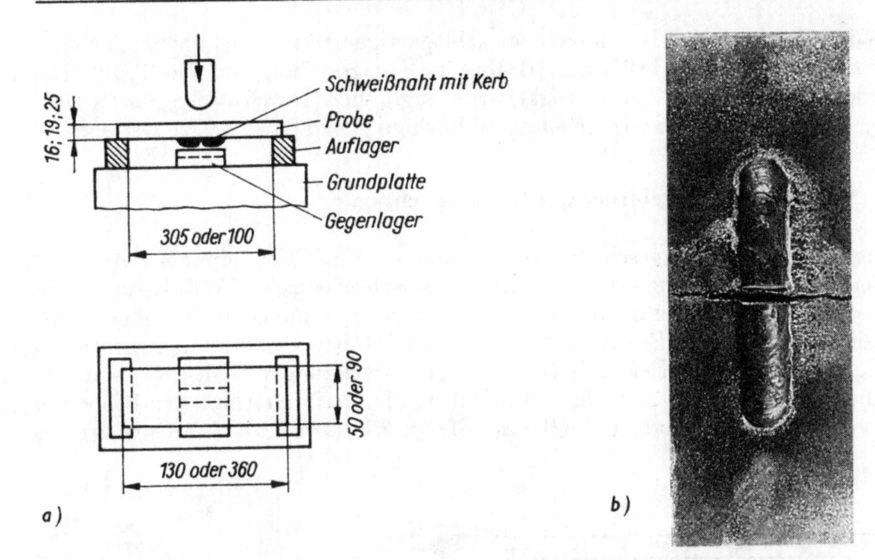

Bild 2.57. Fallgewichtsversuch

a) schematische Versuchsanordnung
b) Probe eines Schiffbaustahls nach dem Bruch

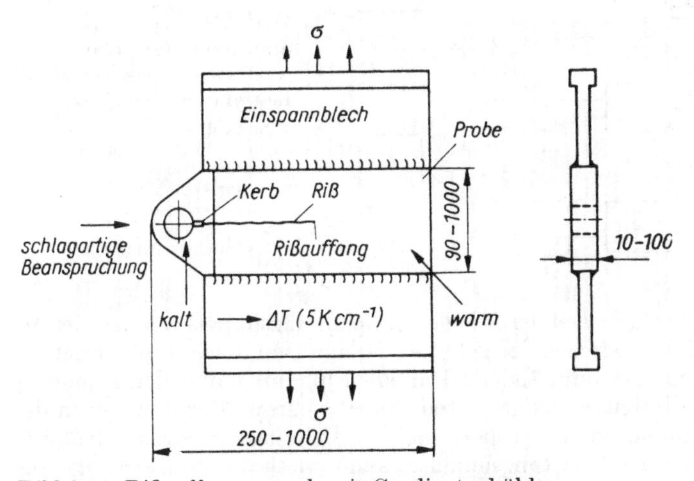

Bild 2.58. Rißauffangversuch mit Gradientenkühlung

Sicherheit hinsichtlich der Arretierung sich schnell vergrößernder spröder Brüche gegeben sein muß, von Bedeutung.

Eine in den Abnahmevorschriften des internationalen Eisenbahnverbandes *UIC* festgelegte Bauteilprüfung ist der *Schlagversuch an Schienen*. Dazu wird ein Schienenabschnitt der Mindestlänge 1300 mm auf zwei Auflager (Entfernung 1000 mm von Mitte zu Mitte) gelegt und durch einen Fallbär mit der Masse von 1000 kg aus einer Fallhöhe von 9,1 m einmal bzw. einer Fallhöhe von 6,35 m zweimal schlagartig auf Biegung beansprucht. Die Schiene muß diesen Schlagversuch ohne Bruch, Ausbrüche oder Risse bei Temperaturen von 0 bis +40 °C ertragen.

Anstelle der bisher beschriebenen passiven schlagartigen Beanspruchung ist auch der *aktive Schlag*, bei dem das Prüfstück (Halbzeug, Fertigprodukt) auf eine Prallfläche fällt, in der Qualitäts- und Zuverlässigkeitsprüfung üblich. Durch stufenweise Steigerung der Fallhöhe läßt sich eine geometrieabhängige Schädigungsgrenze festlegen.

2.1.3.5. Versuche mit impulsartiger Beanspruchung

Bei hohen Beanspruchungsgeschwindigkeiten kommt es zur Ausbildung instationärer Spannungszustände in Form elastischer bzw. elastisch-plastischer Wellen. Im Ergebnis dieser Wellenausbreitung können impulsartige Spannungsüberhöhungen entstehen, die eine definierte Ermittlung von Festigkeits- bzw. Verformungskennwerten beeinträchtigen. Eine übersichtliche Gestaltung der Belastungsverhältnisse bei hohen Geschwindigkeiten gelingt mit einer Apparatur, die zusammen mit der Probe ein System von Wellenleitern bildet (*Hopkinson-Stange*, Bild 2.59). Durch Aufschlag eines

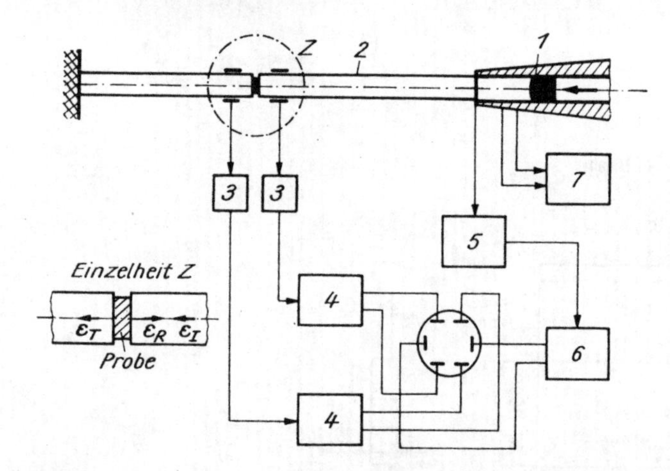

Bild 2.59. Versuchsanordnung für hohe Verformungsgeschwindigkeiten (nach *Stroppe*)
1 Projektil
2 geteilte Hopkinson-Stange
3 Impedanzwandler
4 Verstärker
5 Triggerverzögerung
6 Zeitablenkung
7 Geschwindigkeitsmessung

Projektils wird in dem rechten Teil der Stange ein Spannungsimpuls erzeugt, der die Stange durchläuft und die zwischen der geteilten Stange befindliche Probe belastet. Der in die Probe einlaufende Impuls σ_I wird in einen hindurchlaufenden Impuls σ_T und einen reflektierten Impuls σ_R aufgespalten, wobei σ_T proportional zu der in der Probe wirkenden Spannung und σ_R proportional zur Dehnungsgeschwindigkeit $\dot{\varepsilon}$ in der Probe ist. Die Dauer des Belastungsimpulses kann durch die Projektillänge, die Impulsamplitude durch die Projektilgeschwindigkeit variiert werden. Bei Verwendung von Proben mit Anrissen ist mit dieser Apparatur die Ermittlung dynamischer Bruchzähigkeitskennwerte möglich.
Eine weitere Steigerung der Verformungsgeschwindigkeit kann durch die Erzeugung ebener Schockwellen in plattenförmigen Proben mit Hilfe von *plane-wave-Generatoren* erreicht werden. Gegenwärtig finden diese Versuche vorwiegend in der werkstoffphysikalischen Grundlagenforschung, z. B. beim Studium der Dynamik von Versetzungsbewegungen oder von stoßwelleninduzierten Phasenumwandlungen, Anwendung. Es ist aber zu erwarten, daß sie zukünftig auch zur Ermittlung von Kennwerten für Werkstoffe, die bei der Explosivumformung oder unter Betriebsbedingungen extrem hohen Verformungsgeschwindigkeiten unterliegen, genutzt werden.

2.2. Verfahren zur Ermittlung bruchmechanischer Kennwerte

Mit der Einführung der *Bruchmechanik* wurde eine wesentliche Ergänzung und Weiterentwicklung des vorliegenden Regelwerkes zur Bewertung der Bruchsicherheit von Werkstoffen und Bauteilen einschließlich der dazu erforderlichen Prüfverfahren erreicht. In der Grundkonzeption aller bruchmechanischen Sicherheitskriterien wird davon ausgegangen, daß der Bruch das Ergebnis einer Rißausbreitung ist, wobei die Risse entweder bereits bei der Fertigung (Schweißrisse) oder während der Betriebsphase (Schwingungsrisse, Korrosionsrisse) entstehen können. Diese Risse werden sowohl bei der Spannungsanalyse des Bauteils als auch bei der prüftechnischen Kennwertermittlung (Probe mit Anriß) berücksichtigt. Damit ist es möglich, einen quantitativen Zusammenhang zwischen der Bauteilbeanspruchung, der Rißgröße und dem Werkstoffwiderstand gegen Rißausbreitung herzustellen. Anwendung findet die Bruchmechanik bei der Werkstoffauswahl, der Bewertung der Sicherheit rißbehafteter Bauteile und der Schadensfallanalyse.

2.2.1. Kennwerte der LEBM für statische Rißeinleitung

Das Konzept der *linear-elastischen Bruchmechanik* (*LEBM*) beruht auf der Analyse der Spannungsverteilung vor der Rißspitze eines elastisch verformten Körpers. Aus ihr folgt, daß das Spannungsfeld an der Rißspitze durch den *Spannungsintensitätsfaktor* K_I

$$K_I = \sigma(\pi a)^{1/2} f(a/W) \tag{2.85}$$

σ Spannung, bezogen auf den homogenen Querschnitt

a Rißlänge

$f(a/W)$ Geometriefaktor in Abhängigkeit von der Rißkonfiguration und Bauteilabmessung

eindeutig beschrieben wird.
Der Index I bedeutet, daß die *Rißöffnungsart* I, d. h. ein Abheben der Rißflächen senkrecht zur einwirkenden Normalspannung, vorliegt. Die Bruchsicherheit eines Bauteils, definiert als Sicherheit gegen instabile, d. h. zum Sprödbruch führende Rißausbreitung, ist gegeben, wenn die Bedingung

$$K_I \leqq K_{Ic} \tag{2.86}$$

K_{Ic} *Bruch-* oder *Rißzähigkeit* des Werkstoffes

erfüllt wird. Der unter den Bedingungen des ebenen Dehnungszustands (EDZ) geometrieunabhängige Kennwert der Bruchzähigkeit K_{Ic} (bei dem ebenen Spannungszustand ESZ wird der Wert geometrieabhängig und mit K_c bezeichnet) charakterisiert den Werkstoffwiderstand gegen instabile Rißausbreitung.
Die Kenntnis des Spannungsintensitätsfaktors K_I und der Bruchzähigkeit K_{Ic} bzw. K_c ist die Basis für die Berechnung einer zulässigen Spannung bei bekannter Rißgröße bzw. die Festlegung einer zulässigen Rißgröße unter Zugrundelegung der Betriebsbeanspruchung in einem rißbehafteten Bauteil. Die Ermittlung der Bruchzähigkeit K_{Ic} erfolgt auf der Grundlage der nachfolgend beschriebenen Prüfmethode.

2.2.1.1. Form und Abmessungen der Proben

Form und Abmessungen der in Prüfstandards aufgeführten *Dreipunkt-Biegeprobe* (3PB-Probe), *Kompakt-Zugprobe* (CT-Probe), *Rund-Kompakt-Zugprobe* (RCT-Probe) und *C-förmigen Probe* (C-Probe) sind in den Tabellen 2.9 bis 2.12 zusammengestellt.

Tabelle 2.9. Dreipunkt-Biegeprobe

Probenform

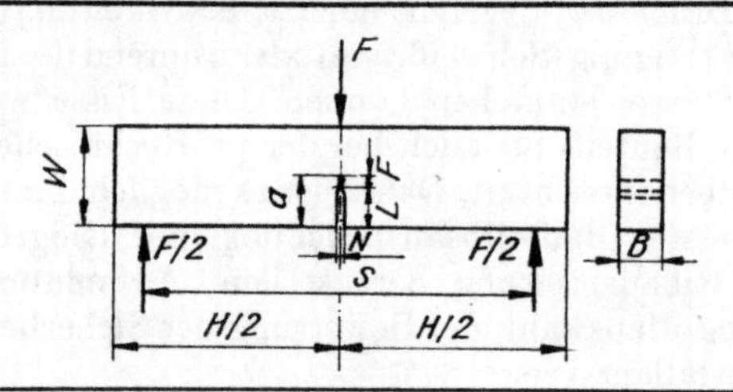

Bestimmungsgleichung	Abmessungen
$K_I = \frac{Fs}{BW^{3/2}} f_1(a/W)$	$W = 2B$
$f_1(a/W)$ Geometriefaktor (s. Tabelle 2.14)	$W = B$ bis $4B$ (Sonderform)
Gültigkeitsbereich:	$s = 4W$
$0{,}45 \leqq \frac{a}{W} \leqq 0{,}55$	$H = 4{,}5W$
$s/W = 4$	$a = (0{,}45 - 0{,}55)W$
	$N \leqq W/10$, mind. 1,5 mm
	$L = a - F$
	F = mindestens 1,30 mm bzw. größer als $0{,}05a$

Tabelle 2.10. Kompakt-Zugprobe

Probenform

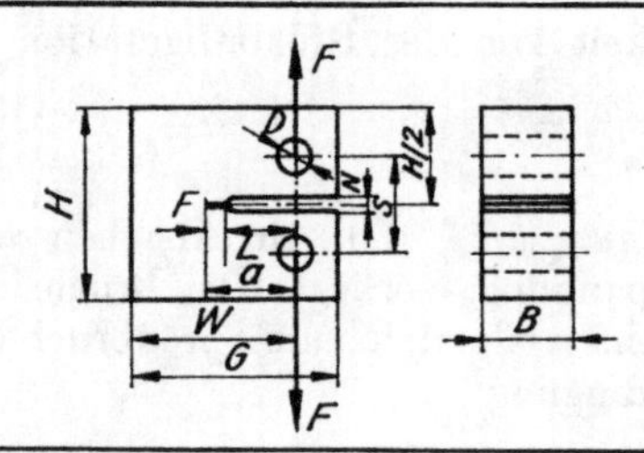

Bestimmungsgleichung	Abmessungen
$K_I = \frac{F}{BW^{1/2}} f_2(a/W)$	$W = 2B$
$f_2(a/W)$ Geometriefaktor (s. Tabelle 2.14)	$W = 2B$ bis $4B$ (Sonderform)
Gültigkeitsbereich:	$s = 0{,}55W$
$0{,}45 \leqq \frac{a}{W} \leqq 0{,}55$	$H = 1{,}2W$
	$D = 0{,}25W$
	$G = 1{,}25W$
	$N \leqq W/10$, mind. 1,5 mm
	$a = (0{,}45 - 0{,}55)\,W$
	$L = a - F$
	F = mindestens 1,30 mm bzw. größer als $0{,}05a$

Tabelle 2.11. C-förmige Probe

Probenform

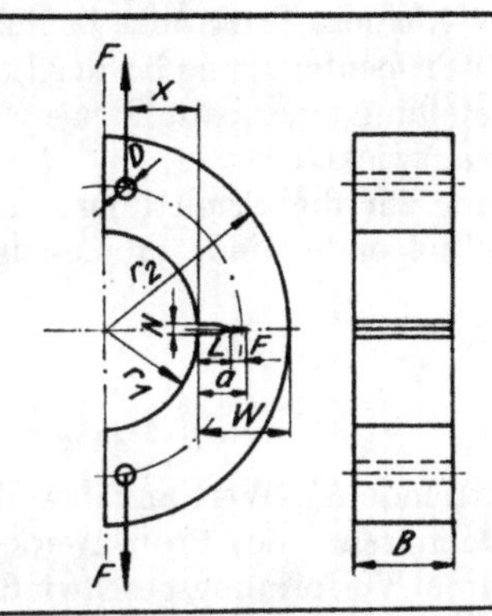

Bestimmungsgleichung	Abmessungen
$K_I = \frac{F}{BW^{1/2}} f_3(a/W) \left[1 + 1{,}54\left(\frac{X}{W}\right) + 0{,}5\left(\frac{a}{W}\right)\right] \times \left\{1 + 0{,}22\left[1 - \left(\frac{a}{W}\right)^{1/2}\left(1 - \frac{r_1}{r_2}\right)\right]\right\}$ $f_3(a/W)$ Geometriefaktor (s. Tabelle 2.14) *Gültigkeitsbereich:* $0{,}45 \leqq \frac{a}{W} \leqq 0{,}55$ $\frac{X}{W} = 0$ oder $0{,}5$ $0 \leqq \frac{r_1}{r_2} \leqq 1{,}0$	$W = 2B$ $a = (0{,}45 - 0{,}55)W$ $D = 0{,}25W$ $L = a - F$ F = mindestens 1,30 mm bzw. größer als $0{,}05a$ $X = 0{,}5W$ $N \leqq W/10$, mindestens 1,5 mm

Tabelle 2.12. Rund-Kompakt-Zugprobe

Probenform

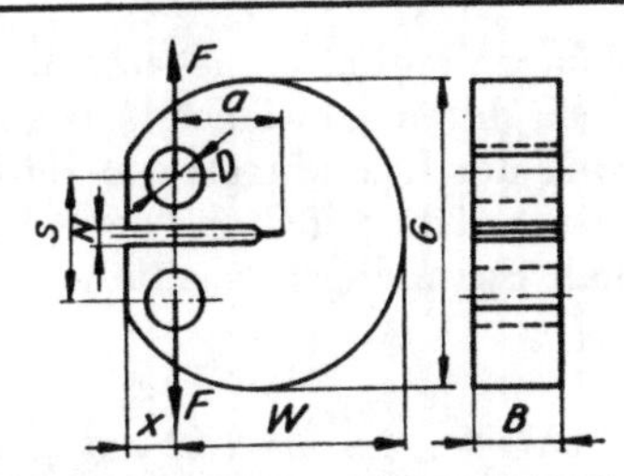

Bestimmungsgleichung	Abmessungen
$K_I = \frac{F}{BW^{1/2}} f_4(a/W)$ $f_4(a/W)$ Geometriefaktor (s. Tabelle 2.14) *Gültigkeitsbereich:* $0{,}45 \leqq \frac{a}{W} \leqq 0{,}55$	$W = 2B$ $X = 0{,}25W$ $s = 0{,}55W$ $D = 0{,}25W$ $N \leqq W/10$, mindestens 1,5 mm $a = (0{,}45 - 0{,}55)W$ $G = 1{,}35W$

Während sich die CT-Probe bei gleicher Dicke B durch ein geringeres Materialvolumen auszeichnet, werden bei der 3PB-Probe kleinere Prüfkräfte benötigt. Der Vorteil der RCT-Probe besteht in der rationellen Probenfertigung bei der Prüfung runder Halbzeuge. Die C-Probe wurde mit der Zielstellung einer bauteilangepaßten Probennahme für dickwandige Hochdruckzylinder entwickelt.
Zur Realisierung des EDZ als Voraussetzung für die Ermittlung eines geometrieunabhängigen Werkstoffkennwertes K_{Ic} sind folgende Mindestabmessungen der Proben zu gewährleisten:

$$a,\ W - a,\ B \geqq 2{,}5 \left(\frac{K_{Ic}}{R_e}\right)^2 \tag{2.87}$$

Vorausgesetzt wird hierbei, daß der zu ermittelnde K_{Ic}-Wert annähernd bekannt ist. Für R_e ist die Streckgrenze oder die 0,2-Dehngrenze des Probenwerkstoffs bei der Versuchstemperatur und einer vergleichbaren Verformungsgeschwindigkeit einzusetzen. Liegen für den zu erwartenden K_{Ic}-Wert keine Werte vor, erfolgt die Festlegung der Probenabmessungen aus dem Verhältnis von Streckgrenze bzw. 0,2-Dehngrenze zu Elastizitätsmodul R_e/E nach Tabelle 2.13.

Tabelle 2.13. Minimale Probendicke B_{min} und Rißlänge a in Abhängigkeit vom Verhältnis Streckgrenze/E-Modul

$100R_e/E$	B_{min}, a_{min} in mm
0,50 ... 0,57	75
0,57 ... 0,62	63
0,62 ... 0,65	50
0,65 ... 0,68	44
0,68 ... 0,71	38
0,71 ... 0,75	32
0,75 ... 0,80	25
0,80 ... 0,85	20
0,85 ... 1,00	12,5
1,00 oder größer	6,5

Proben für bruchmechanische Untersuchungen enthalten neben dem spanabhebend eingearbeiteten Kerb noch zusätzlich einen durch schwingende Beanspruchung erzeugten Ermüdungsriß. Bei der Erzeugung des Ermüdungsrisses durch eine Biegeschwellbeanspruchung der gekerbten Proben soll die auf Grund der Schwingbeanspruchung an der Rißspitze wirkende maximale Spannungsintensität

$$K_{f\,max}/E \leqq 0{,}01\ \text{mm}^{1/2} \tag{2.88}$$

betragen. Hieraus kann über die in den Tabellen 2.9 bis 2.12 angegebenen Bestimmungsgleichungen für den Spannungsintensitätsfaktor K_I die für die Einstellung der Schwingbeanspruchung erforderliche Oberlast F_o berechnet werden. Die Festlegung der Unterlast F_u wird über das Verhältnis $F_u/F_o = 0{,}10$ bis $0{,}25$ vorgenommen. Um die Ausbildung einer plastischen Zone und die hiermit verbundene Entstehung von Eigenspannungen vor dem Ermüdungsriß weitestgehend zu verhindern, haben sich eine schrittweise Verminderung der Oberlast, ein Spannungsarmglühen nach der Rißerzeugung oder die Rißeinbringung bei tiefen Umgebungstemperaturen als zweckmäßig erwiesen. Bei Polymerwerkstoffen kann der Ermüdungsriß durch einen Rasierklingenschnitt ersetzt werden.

2.2.1.2. Versuchsdurchführung und -auswertung

Die Versuchsanordnung ist in Bild 2.60 am Beispiel der 3PB- und CT-Probe dargestellt. Die Probenverformung und der Beginn der Rißausbreitung werden über die Messung der *Kerbaufweitung* verfolgt. Hierzu wird in der Regel ein mit Halbleiter-

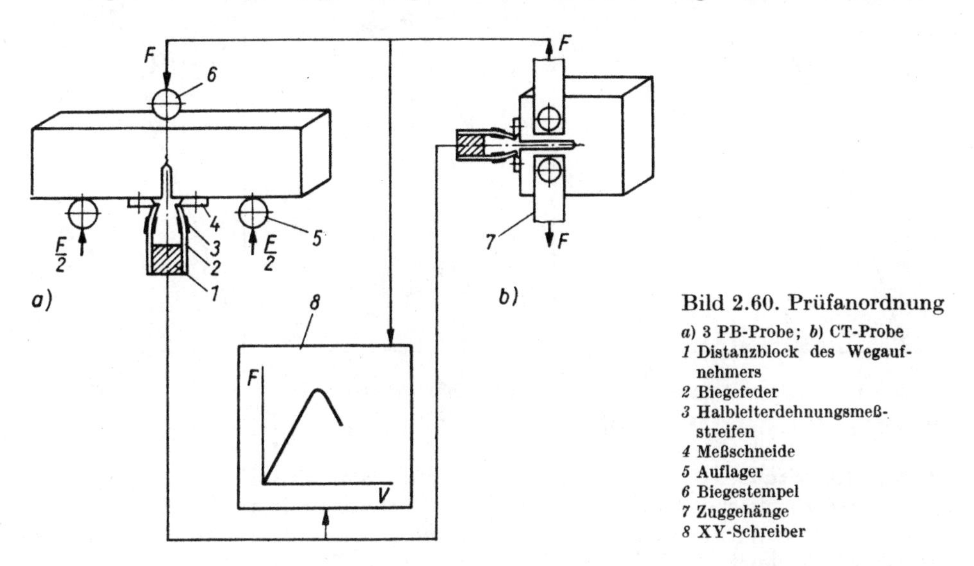

Bild 2.60. Prüfanordnung
a) 3 PB-Probe; *b)* CT-Probe
1 Distanzblock des Wegaufnehmers
2 Biegefeder
3 Halbleiterdehnungsmeßstreifen
4 Meßschneide
5 Auflager
6 Biegestempel
7 Zuggehänge
8 XY-Schreiber

dehnungsmeßstreifen bestückter Wegaufnehmer entweder in eingearbeitete Kanten am Rand des Kerbs bzw. in anschraubbare oder angeklebte Meßschneiden eingesetzt. Während des Versuchsablaufs werden die Kraft F und die zugehörige Kerbaufweitung V mit Hilfe eines XY-Schreibers aufgezeichnet. Die aufgenommenen *Kraft-Kerbaufweitungs-Kurven* (F-V-Kurven) lassen sich in Abhängigkeit vom Werkstoffverhalten und den Prüfbedingungen (z. B. Umgebungstemperatur) drei typischen Formen zuordnen (Bild 2.61):

Typ 1: Bevor bei F_{max} die instabile, d. h. zum Bruch führende Rißausbreitung einsetzt, kommt es bereits zu plastischen Verformungen und u. U. auch zu einem stabilen Rißfortschritt. Um trotzdem eine reproduzierbare Kennwertermittlung nach den Bedingungen der LEBM zu gewährleisten, wird wie folgt verfahren:
Nach Anlegen der Tangente 0A, die dem Verlauf der elastischen Verformung entspricht, zeichnet man eine Sekante 0B, die gegenüber 0A einen um 5% geringeren Anstieg aufweist. F-V-Kurve und Sekante schneiden sich bei der Kraft $F_S = F_Q$. Zur Begrenzung der plastischen Verformungen an der Rißspitze bzw. des stabilen Rißfortschritts muß die Kontrollbedingung

$$\frac{F_{max}}{F_Q} \leqq 1{,}1 \tag{2.89}$$

eingehalten werden. Ist Gl. (2.89) erfüllt, wird F_Q zur Berechnung des K_Q-Wertes nach den in den Tabellen 2.9 bis 2.12 angegebenen Bestimmungsgleichungen verwendet. Der Index Q drückt aus, daß es sich hierbei um einen vorläufigen Bruchzähigkeitswert handelt, dessen Verwendbarkeit als gültiger K_{Ic}-Wert erst nach Abschluß der Auswertung überprüft wird.

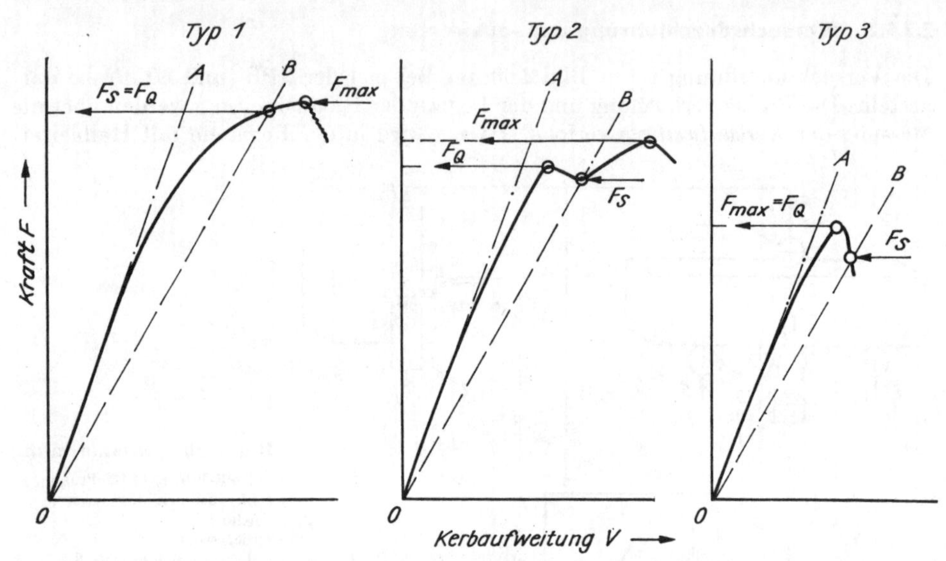

Bild 2.61. Verlauf und Auswertung von Kraft-Kerbaufweitungs-Kurven

Typ 2: Nach zunächst weitgehend linear-elastischem Werkstoffverhalten ist bei Erreichen einer kritischen Kraft F_Q eine deutliche Unstetigkeit in der F-V-Kurve zu verzeichnen. Sie ist die Folge einer sprunghaften, begrenzten Rißausbreitung und wird als »pop-in« bezeichnet. Bei Erfüllung der Bedingung (2.89) wird die an dieser Unstetigkeit vorliegende Kraft F_Q zur Berechnung des K_Q-Wertes verwendet.

Typ 3: Der Verlauf ist durch ein nahezu linear-elastisches Werkstoffverhalten gekennzeichnet. Wird die Bedingung (2.89) erfüllt, ist aus $F_Q = F_{max}$ der K_Q-Wert zu berechnen.

Für die Berechnung des K_{Ic}-Wertes nach den in den Tabellen 2.9 bis 2.12 angegebenen Bestimmungsgleichungen ist neben der kritischen Kraft F_Q und den Werten für die Probenbreite W und der Probendicke B auch die Kenntnis der Rißlänge a erforderlich. Dieser Wert, der sich aus der Länge des spanabhebend gefertigten Kerbs und des Ermüdungsrisses zusammensetzt, wird nach Aufnahme der F-V-Kurve auf der Bruchfläche der Probe an drei Stellen gemessen und als Mittelwert ausgewiesen

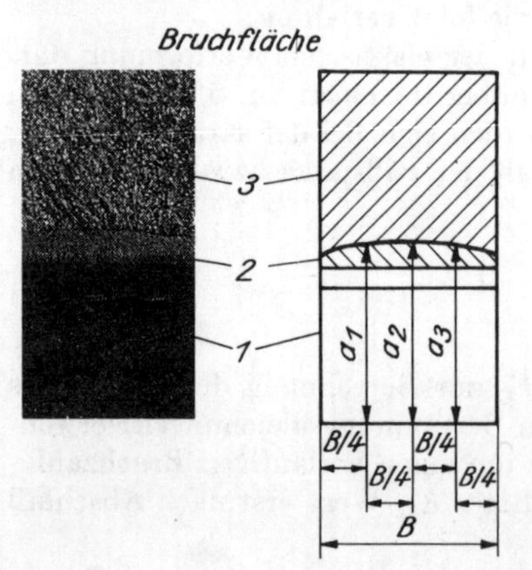

Bild 2.62. Ermittlung der Rißlänge aus der Probenbruchfläche

1 mechanischer Kerb
2 Ermüdungsriß
3 Restbruch

(Bild 2.62). Die von der Rißlänge a und der Probenbreite W abhängigen Werte für den Geometriefaktor $f(a/W)$ sind für die in den Tabellen 2.9 bis 2.12 aufgeführten Probearten in Tabelle 2.14 zusammengestellt.

Tabelle 2.14. Geometriefaktoren $f_{1,2,3,4}(a/W)$ der Bestimmungsgleichungen für die Bruchmechanikproben nach Tabellen 2.9 bis 2.12

a/W	3PB-Probe $f_1(a/W)$	CT-Probe $f_2(a/W)$	C-Probe $f_3(a/W)$	RCT-Probe $f_4(a/W)$
0,450	2,29	8,34	6,32	8,71
0,455	2,32	8,46	6,42	8,84
0,460	2,35	8,58	6,51	8,97
0,465	2,39	8,70	6,60	9,11
0,470	2,43	8,83	6,70	9,25
0,475	2,46	8,96	6,80	9,40
0,480	2,50	9,09	6,90	9,55
0,485	2,54	9,23	7,01	9,70
0,490	2,58	9,37	7,11	9,85
0,495	2,62	9,51	7,22	10,01
0,500	2,66	9,66	7,33	10,17
0,505	2,70	9,81	7,45	10,34
0,510	2,75	9,96	7,57	10,51
0,515	2,79	10,12	7,69	10,68
0,520	2,84	10,29	7,81	10,86
0,525	2,89	10,45	7,94	11,05
0,530	2,94	10,63	8,07	11,24
0,535	2,99	10,80	8,20	11,43
0,540	3,04	10,98	8,34	11,63
0,545	3,09	11,17	8,48	11,83
0,550	3,14	11,36	8,62	12,04

Erfüllt der berechnete K_Q-Wert die in Gl. (2.87) formulierte Voraussetzung für die instabile Rißausbreitung unter den Bedingungen des EDZ, d. h., genügt die benutzte Probendicke der Forderung

$$B \geqq 2{,}5 \left(\frac{K_Q}{R_e}\right)^2 \tag{2.90}$$

liegt ein gültiger, d. h. geometrieunabhängiger und somit auf das Bauteil übertragbarer K_{Ic}-Wert des Werkstoffs vor.

2.2.2. Kennwerte der LEBM für dynamische Rißeinleitung

Wird ein rißbehaftetes Bauteil schlag- oder stoßartig beansprucht, so bewirkt die an der Rißspitze auftretende hohe Dehngeschwindigkeit bei verfestigungsfähigen Werkstoffen, beispielsweise höherfesten schweißbaren Baustählen, einen Anstieg der Festigkeit und ein Absinken der Bruchzähigkeit. Der Wert für die *dynamische Bruchzähigkeit* K_{Id}, der den Werkstoffwiderstand gegen instabile Rißausbreitung bei schlagartiger Beanspruchung charakterisiert, verringert sich mit Zunahme der Dehngeschwindigkeit, sein Minimalwert wird als *Rißauffangzähigkeit* K_{Ia} bezeichnet. Durch eine hohe Rißauffangzähigkeit des Werkstoffs wird erreicht, daß sich z. B. in Behältern, Rohrleitungen und Schiffsrümpfen mit hoher Geschwindigkeit ausbreitende Risse aufgefangen werden, bevor sie zur völligen Zerstörung des Bauteils führen. Da in diesen Fällen eine Bauteilbewertung auf der Grundlage statischer Bruchzähigkeitswerte K_{Ic} zu einer Überbewertung der Bruchsicherheit führen würde, ist die experimentelle Ermittlung der dynamischen Bruchzähigkeitswerte K_{Id} bzw. K_{Ia} erforderlich.

2.2.2.1. Form und Abmessungen der Proben

Als Proben werden häufig Kerbschlagproben (10 × 10 × 55 mm) mit Spitzkerb oder Seitenkerben verwendet (Bild 2.63). Die Länge des einzubringenden Ermüdungsrisses beträgt 1,25 mm.

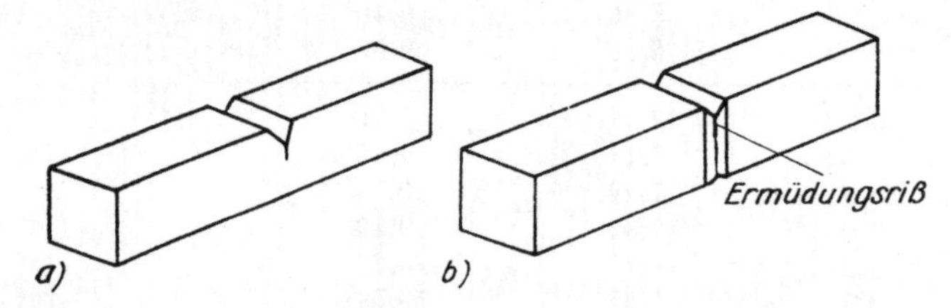

Bild 2.63. Probenformen zur Bestimmung der dynamischen Bruchzähigkeit K_{Id}

a) Probe mit Spitzkerb
b) Probe mit Seitenkerben

2.2.2.2. Versuchsdurchführung und -auswertung

Mit Hilfe der im Abschnitt 2.1.3. beschriebenen instrumentierten Fall- oder Pendelschlagwerke werden die Proben dynamisch beansprucht. Das in Bild 2.64 dargestellte Kraft-Zeit-Diagramm charakterisiert ein makroskopisch elastisches Werkstoffverhalten mit nachfolgender instabiler Rißausbreitung nach Erreichen der kritischen Kraft F_{cd} und kann deshalb für die Bestimmung der dynamischen Bruchzähigkeit K_{Id} verwendet werden.

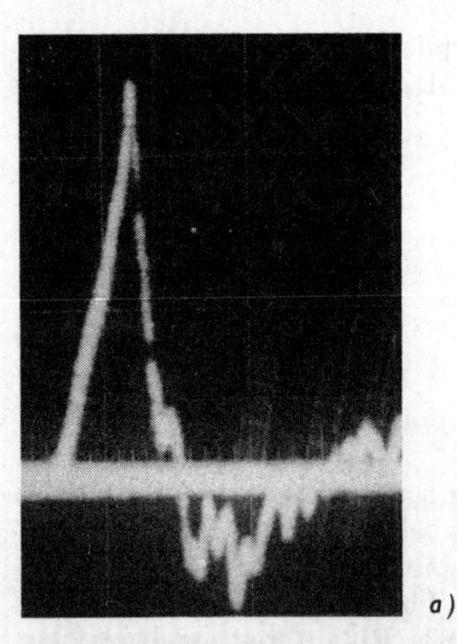

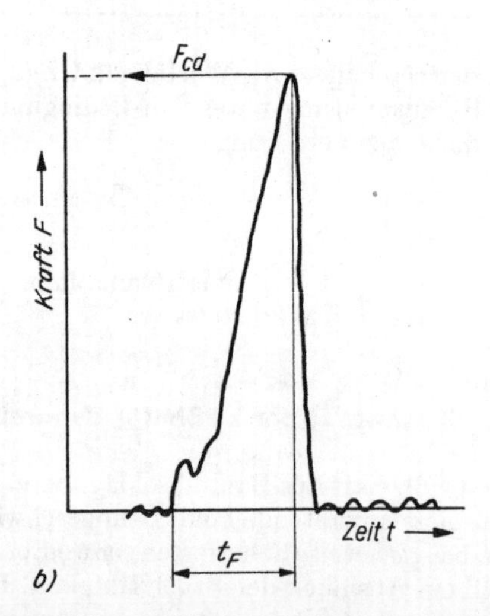

Bild 2.64. Kraft-Zeit-Diagramm für makroskopisch elastisches Werkstoffverhalten

a) Realdiagramm
b) Auswertung

Zur Vermeidung versuchstechnisch bedingter Trägheitseffekte ist das Kriterium

$$t_F \geqq 2{,}3\tau \qquad (2.91)$$

t_F Zeit bis zum Erreichen der Bruchkraft F_{cd}

einzuhalten.
Die Schwingungsperiode τ der Probe beträgt

$$\tau = 1{,}68 \frac{s}{C_0} \left(\frac{W}{s}\right)^{1/2} (EB\lambda_v)^{1/2} \qquad (2.92)$$

C_0 Schallausbreitungsgeschwindigkeit (Stahl: $5{,}1 \cdot 10^6$ mm s^{-1})
λ_v Nachgiebigkeit der Probe, die bei $s/W = 4$ (s Stützweite, W Probenbreite) über die in Bild 2.65 dargestellte grafische Lösung bestimmt wird
B Probendicke
E Elastizitätsmodul

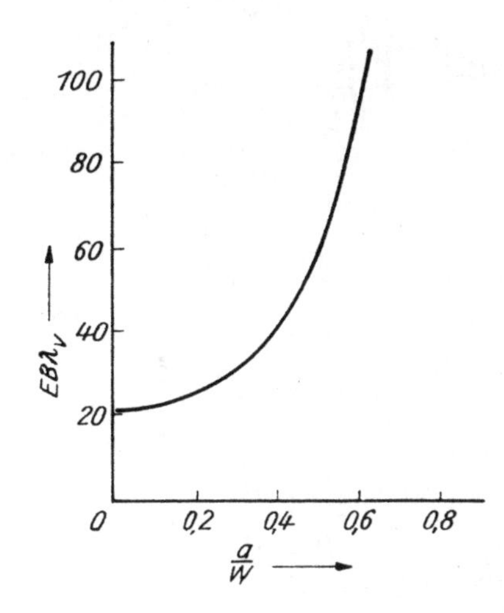

Bild 2.65. Bestimmung der Probennachgiebigkeit λ_v in Abhängigkeit von a/W für $s/W = 4$

Die Bestimmung des K_{Id}-Wertes wird analog zur K_{Ic}-Bestimmung unter Zugrundelegung der 3PB-Probe durchgeführt, wobei in die Bestimmungsgleichung für den Spannungsintensitätsfaktor (s. Tabelle 2.9) für F der Wert F_{cd} eingesetzt und der Wert für die Rißlänge a über die Probenbruchfläche ermittelt wird (s. Bild 2.62). Die Gültigkeit des K_{Id}-Wertes wird mit Hilfe von Gl. (2.90) überprüft.

2.2.3. Kennwerte des COD-Konzepts für statische Rißeinleitung

Das *COD-Konzept* (COD = **c**rack **o**pening **d**isplacement) wurde für Werkstoffe entwickelt, bei denen vor dem Bruch im Bereich der Rißspitze bereits größere plastische Verformungen auftreten. Der Bruchvorgang wird hier im Gegensatz zur LEBM nicht von einer kritischen Spannungsintensität, sondern von einer kritischen plastischen Verformung an der Rißspitze kontrolliert. Die hierdurch hervorgerufene Aufweitung der Rißspitze, die als *Rißöffnung* δ bezeichnet wird, ist ein Maß für die Größe der plastischen Verformung. Als kritischer Wert kann entweder die Rißöffnung im Moment der Rißeinleitung δ_i oder der instabilen Rißausbreitung δ_c festgelegt werden.

2.2.3.1. Form und Abmessungen der Proben

Die üblichen Abmessungen der bevorzugt verwendeten 3PB-Probe sind in Tabelle 2.15 zusammengestellt. Bei der Festlegung der Probendicke B ist von der Materialdicke (z. B. Blechdicke) auszugehen. Während der Probentyp I mit $W = 2B$ bevorzugt verwendet wird, kann die Prüfung auf der Basis quadratischer Proben mit $W = B$ vereinbart werden. Zur Herstellung des Ermüdungsrisses wird die erforderliche Oberlast F_o über die in Tabelle 2.9 für die 3PB-Probe angegebene Bestimmungsgleichung unter Zugrundelegung der einzuhaltenden Bedingung

$$K_{f\,max} \leqq 0{,}63 R_e B^{1/2} \tag{2.93}$$

berechnet. Die Unterlast F_u wird über das vorgeschriebene Verhältnis $F_u/F_o = 0$ bis 0,1 bestimmt.

Tabelle 2.15. Abmessungen der 3PB-Probe zur Bestimmung von δ_c

Probeform

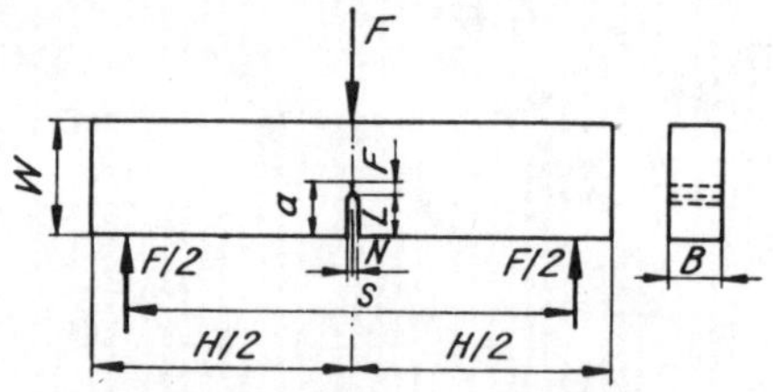

Abmessung	Typ I	Typ II
B	Materialdicke	Materialdicke
W	$2B$	B
s	$4W$	$4W$
a	$(0{,}45 \dots 0{,}55)W$	nach Vereinbarung
L	$(0{,}25 \dots 0{,}45)W$	nach Vereinbarung
F	mindestens 1,25 mm	mindestens 1,25 mm
N	$\leqq 1{,}5$ mm bei $W \leqq 25$ mm	$\leqq 1{,}5$ mm bei $W \leqq 25$ mm
	$\leqq 0{,}065W$ bei $W > 25$ mm	$\leqq 0{,}065W$ bei $W > 25$ mm
H	$4{,}6W$	$4{,}6W$

2.2.3.2. Versuchsdurchführung und -auswertung

Die 3PB-Proben mit Ermüdungsriß werden analog zur Versuchsdurchführung der LEBM im statischen Biegeversuch belastet. Die Bestimmung der kritischen Rißöffnung erfolgt über die Kerbaufweitung an der Probenoberfläche, die mit Hilfe des in Abschnitt 2.2.1.2. beschriebenen Wegaufnehmers gemessen wird. Die Genauigkeit des vor jeder Versuchsreihe zu eichenden Wegaufnehmers soll $\pm 1\%$ bei einer Empfindlichkeit von 20 mV/mm Kerbaufweitung betragen. Für die drei in Bild 2.66 dargestellten Formen von Kraft-Kerbaufweitungs-Kurven werden folgende Kennwerte bestimmt:

Typ 1: Der Bruch der Probe tritt nach plastischer Verformung ohne vorausgehende stabile Rißausbreitung bei der Kraft F_c ein. Über die zugehörige Kerbaufweitung V_c wird die kritische Rißöffnung δ_c berechnet.

Typ 2: Nach plastischer Verformung wird bei F_c eine sprunghafte, begrenzte Rißausbreitung registriert, die als »pop-in« bezeichnet wird. Die dem »pop-in« zugehörige Kerbaufweitung V_c dient zur Berechnung der kritischen Rißöffnung δ_c.

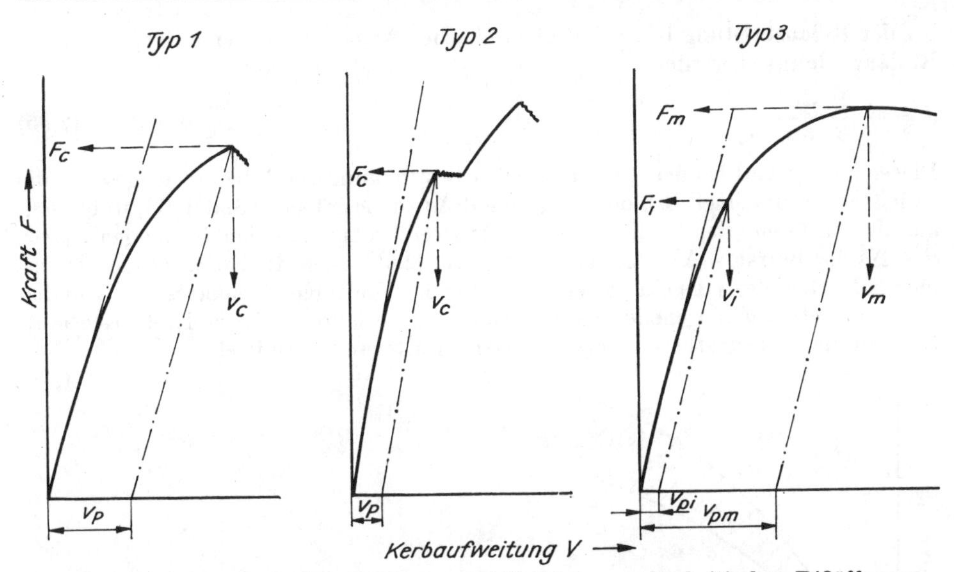

Bild 2.66. Kraft-Kerbaufweitungs-Kurven zur Bestimmung der kritischen Rißöffnung

Typ 3: Eine nach plastischer Verformung bei der Kraft F_i einsetzende stabile Rißausbreitung führt nach Erreichen der Maximalkraft F_{max} zum Bruch der Probe. Für den experimentellen Nachweis des Beginns der stabilen Rißausbreitung kommen die in Abschnitt 2.2.4. aufgeführten physikalischen Prüfmethoden zur Anwendung. Auch über die dort beschriebene Mehrprobenmethode zur Bestimmung der Rißverlängerung Δa ist bei Extrapolation der Meßwerte $\Delta a = f(V)$ für $\Delta a = 0$ die Kerbaufweitung V_i für den Beginn der stabilen Rißausbreitung bestimmbar. Unter Verwendung der Ausgangsrißlänge a kann eine zugehörige kritische Rißöffnung δ_i berechnet werden. Bei der Berechnung einer kritischen Rißöffnung δ_m aus V_m ist zu beachten, daß hier die effektive Rißlänge $a_{eff} = a + \Delta a$ zur Anwendung kommen muß.

Die Berechnung der kritischen Rißöffnung δ_c (Kurventyp *1* und *2*) bzw. der Rißöffnungswerte δ_i und δ_m (Kurventyp *3*) erfolgt nach Gl. (2.94), die sich aus einem elastischen und plastischen Verformungsanteil zusammensetzt.

$$\delta_c, \delta_i, \delta_m = \frac{K^2(1 - \nu^2)}{2R_eE} + \frac{0{,}4(W - a)\, V_P}{0{,}4W + 0{,}6a + z} \tag{2.94}$$

z Abstand des Wegaufnehmers von der Probenoberfläche (Meßschneidendicke)

Der Spannungsintensitätsfaktor K wird über die Bestimmungsgleichung für die 3PB-Probe (s. Tabelle 2.9) aus der Kraft F_c (Kurventyp *1* und *2*) bzw. F_i und F_m (Kurventyp *3*) berechnet. Der plastische Anteil der kritischen Kerbaufweitung V_P wird entsprechend Bild 2.66 festgelegt. Die Bestimmung der Rißlänge wird für den Kurventyp *1* und *2* analog zur LEBM vorgenommen (s. Bild 2.62). Für den Kurventyp *3* kommt die beschriebene Verfahrensweise zur Anwendung.

2.2.4. Kennwerte des *J*-Integral-Konzepts für statische Rißeinleitung

Das für nichtlineares Werkstoffverhalten entwickelte *J-Integral-Konzept* beschreibt die Energiebilanz an der Rißspitze und kann als Änderung der potentiellen Energie *U* bei der Rißausbreitung in zwei Proben gleicher Abmessung, aber unterschiedlicher Rißlänge definiert werden:

$$J = -\frac{1}{B}\frac{dU}{da} \tag{2.95}$$

Dieser Betrag wird bei der experimentellen Bestimmung der Arbeit gleichgesetzt, die zu leisten ist, um einen Riß der Länge a auf Δa zu vergrößern (Bild 2.67), wobei sich aus der Differenz der beiden Kurven für zwei Proben mit den Rißlängen a bzw. $a + \Delta a$ der Betrag $-\Delta U$ und damit nach Gl. (2.95) auch die Größe $JB\,\Delta a$ bestimmen läßt. Der Weg s drückt die Verschiebung des Kraftangriffspunktes aus. Von dieser Interpretation ausgehend, wurden Näherungsverfahren aufgestellt, die es gestatten, mit einem vertretbaren Aufwand J-Integralwerte zu ermitteln.

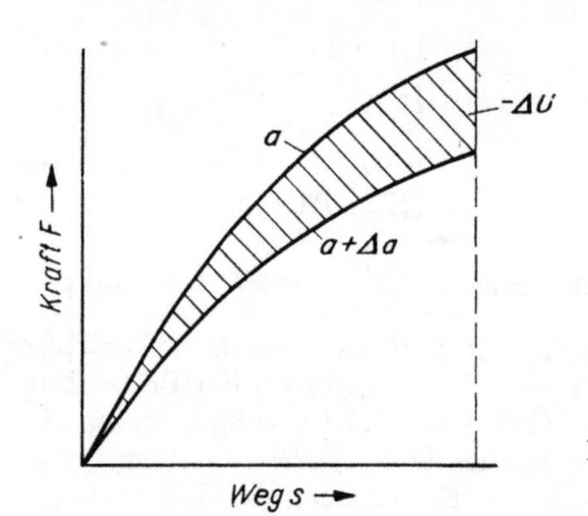

Bild 2.67 Interpretation des J-Integrals

2.2.4.1. Form und Abmessungen der Proben

Zur Anwendung kommen 3PB- und modifizierte CT-Proben (Bild 2.68). Die zur Ermittlung gültiger J_{Ic}-Werte benötigte Probendicke B wird über die Beziehung

$$B > 25\,\frac{J_{Ic}}{\sigma_F} \tag{2.96}$$

festgelegt, setzt also die näherungsweise Kenntnis des J_{Ic}-Wertes voraus. Die Fließspannung σ_F wird aus der Streckgrenze R_e und der Zugfestigkeit R_m nach

$$\sigma_F = \frac{R_e + R_m}{2} \tag{2.97}$$

berechnet.
Bei der Erzeugung des Ermüdungsrisses darf die Oberlast F_o höchstens 25% der zur Plastifizierung der Probe erforderlichen Grenzlast F^* betragen.
Die Grenzlast F^* ergibt sich für die CT-Probe:

$$F^* = \frac{Bb^2\sigma_F}{2W + a} \tag{2.98}$$

und die 3PB-Probe:

$$F^* = \frac{4}{3}\,\frac{Bb^2\sigma_F}{a} \tag{2.99}$$

Für $b = W - a$ ist die Länge des Ligaments vor der Rißspitze einzusetzen.

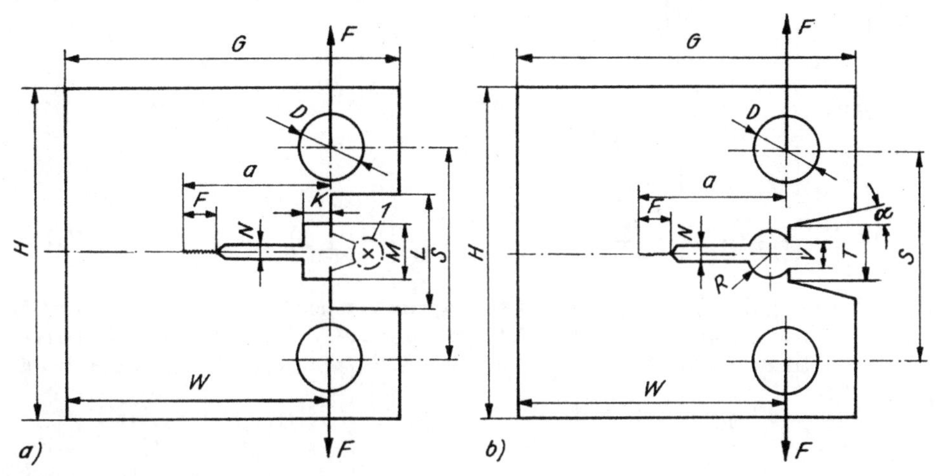

Bild 2.68. Geometrie und Abmessungen von CT-Proben zur J-Integralmessung sowie verschiedene Befestigungsmöglichkeiten des Wegaufnehmers

a) Rasierklingen-Meßschneiden
b) Einfräsung im Kerbbereich
Probendicke B; $W = 2B$; $a = 0{,}6W$; $F \geqq 1{,}27$ mm; $s = 0{,}75W$; $D = 0{,}25W$; $N = W/16$; $H = 1{,}2W$; $G = 1{,}25W$; $K = 0{,}1W$; $M = 0{,}2W$; $L = 0{,}4W$; $\alpha = 15°$; $V = 0{,}1W$; $T = 0{,}18W$; $R = 0{,}08W$; *1* aus Rasierklingen gefertigte angesetzte Meßschneiden

Die Rißlänge a soll im Bereich

$$0{,}5W < a < 0{,}75W \tag{2.100}$$

liegen, wobei $a = 0{,}6W$ anzustreben ist. Die Länge des Ermüdungsrisses soll nicht kleiner als 1,25 mm sein.

2.2.4.2. Versuchsdurchführung und -auswertung

Die *Kraft-Durchbiegungs-Kurven* (F-f-Kurve) der 3PB-Proben bzw. die *Kraft-Kerbaufweitungs-Kurven* (F-δ-Kurven) der CT-Proben werden mit einem X-Y-Schreiber aufgezeichnet. Während bei der 3PB-Probe die Durchbiegung in der Kraftwirkungslinie mit Hilfe spezieller Meßfühler gemessen wird, kommen bei der CT-Probe die in Abschnitt 2.2.1.2. beschriebenen Wegaufnehmer zur Anwendung. Sie werden im Kerb in der Kraftwirkungslinie durch Einfräsungen oder spezielle Halterungen befestigt. Für das zur Anwendung kommende Verfahren bei Auswertung der F-f- bzw. F-δ-Kurven ist entscheidend, ob dem Bruch der Probe eine stabile Rißausbreitung vorausgeht oder nicht. Eine Aussage hierzu kann über mikrofraktographische Untersuchungen und über die nachfolgend angeführten Prüfverfahren zum Nachweis der stabilen Rißausbreitung getroffen werden.

Bruch ohne stabile Rißeinleitung

Nach einem von *Rice*, *Paris* und *Merkle* angegebenen Näherungsverfahren kann der J-Integral-Wert für $a/W > 0{,}5$ wie folgt bestimmt werden:

$$J_\mathrm{I} = \frac{U}{B(W-a)} f(a/W) \tag{2.101}$$

U Potentielle Energie, bestimmbar als Fläche unter der F-f- bzw. F-δ-Kurve
$f(a/W)$ Geometriefaktor

3PB-Probe

$$f(a/W) = 2$$

CT-Probe

$$f(a/W) = 2\left[\frac{1 + \alpha}{(1 + \alpha)^2}\right] \tag{2.102}$$

$$\alpha = \left[\left(\frac{2a}{W - a}\right)^2 + 2\left(\frac{2a}{W - a}\right) + 2\right]^{1/2} - \left(\frac{2a}{W - a} + 1\right) \tag{2.103}$$

Die Festlegung der Rißlänge a erfolgt analog zur Versuchsdurchführung der LEBM aus der Probenbruchfläche (s. Bild 2.62). Der vorerst als J_Q-Wert bezeichnete J-Integralwert wird zu einem gültigen J_{Ic}-Wert, wenn entsprechend Gl. (2.96) die Bedingung

$$B,\ W - a > 25\frac{J_Q}{\sigma_F} \tag{2.104}$$

erfüllt wird.

Bruch mit stabiler Rißeinleitung

Bei dem Auftreten einer stabilen Rißausbreitung vor dem Bruch kommt vorzugsweise die *Mehrprobentechnik* zur Anwendung. Hierbei werden mehrere Proben nacheinander mit unterschiedlichen Kräften beansprucht, wobei es sich als zweckmäßig erwiesen

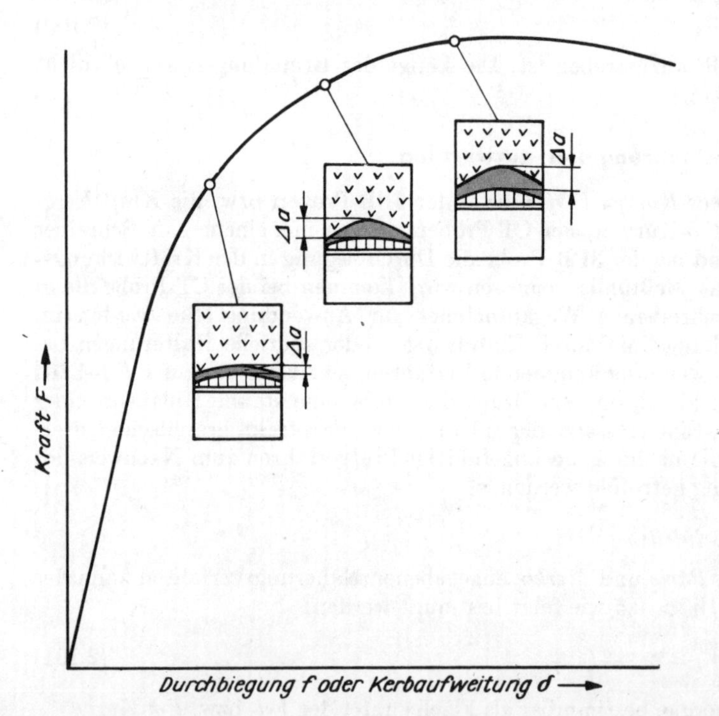

Bild 2.69. Stufenweise Belastung und Nachweis der stabilen Rißausbreitung (Schema)

hat, die erste Probe bis zur Maximallast F_m zu belasten und die Festlegung der unterhalb F_m liegenden Einzellasten erst nach Auswertung der jeweiligen Laststufe vorzunehmen (Bild 2.69). Für die Markierung des Bereichs der stabilen Rißausbreitung Δa auf der Rißausbreitungsfläche kommen mehrere Methoden zur Anwendung. Bei der Rißflächenoxydation (Bild 2.70a) werden die Proben nach dem Versuch bei 300 °C (austenitische Stähle bei 600 °C) in einem Ofen einer oxydierenden Atmosphäre ausgesetzt und anschließend zerbrochen. Die Rißfläche infolge stabiler Rißausbreitung markiert sich durch ihre dunkle Färbung. Eine zweite Möglichkeit ist durch ein Wiederanschwingen der Probe gegeben, da sich die zweite Ermüdungsfläche von der stabilen Rißausbreitung auf der Probenbruchfläche unterscheidet.

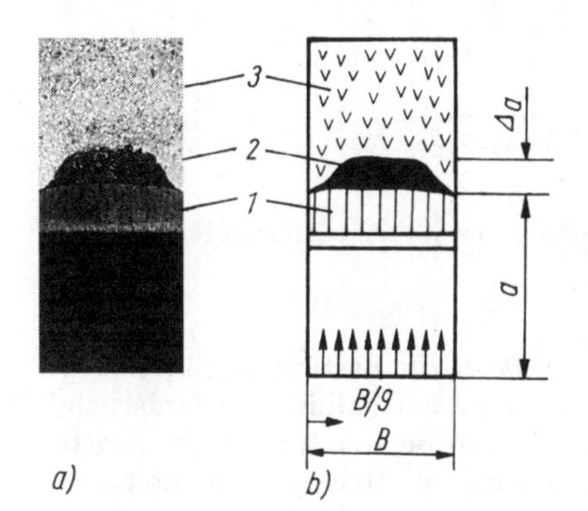

Bild 2.70. Bestimmung des Betrages Δa der stabilen Rißausbreitung aus der Probenbruchfläche

a) Probenbruchfläche nach Rißflächenoxydation
b) Auswertung der Bruchfläche
1 Ermüdungsbruchfläche
2 Rißfläche der stabilen Rißausbreitung
3 Restbruch

Für die Bestimmung von Δa werden für die Mittelwertsbildung 9 Einzelwerte gefordert, die über die Rißfront an 9 äquidistanten Punkten zu messen sind. Die Ermüdungsrißlänge a wird analog zur Versuchsdurchführung der LEBM bestimmt (s. Bild 2.62).

Für jede Einzelprobe wird neben der experimentellen Bestimmung von Δa auch der zugehörige J-Integralwert nach Gl. (2.101) berechnet. Der Wert für U wird durch Ausplanimetrieren der F-f- bzw. F-δ-Kurve bestimmt. Es werden nur die J-Werte in die Auswertung einbezogen, die die Bedingung

$$B, (W - a) > 15 \frac{J}{\sigma_F} \tag{2.105}$$

erfüllen.

Die Festlegung des J_{Ic}-Wertes läßt sich über die in Bild 2.71 dargestellte Verfahrensweise in folgenden Einzelschnitten beschreiben:

1. Darstellung der J-Δa-Kurve
2. Berechnung und Darstellung einer sogenannten *Rißabstumpfungsgeraden* nach

   $$J = 2\sigma_F \Delta a \tag{2.106}$$

   Mit Hilfe von Parallelen zu dieser Geraden durch die Abzissenwerte 0,15 und 1,5 mm werden die Werte für eine minimale und maximale Rißausbreitung Δa_{min} bzw. Δa_{max} festgelegt.
3. Die zwischen diesen Werten liegenden J-Δa-Werte werden mittels linearer Regression zur Darstellung einer *Rißwiderstandskurve* (*R-Kurve*) verwendet, wobei mindestens 4 J-Werte die Bedingung (2.105) erfüllen müssen.

4. Der J-Wert im Schnittpunkt der Rißwiderstands- und der Rißabstumpfungsgeraden wird zunächst als J_Q-Wert bezeichnet. Er stellt einen gültigen J_{Ic}-Wert dar, wenn die Bedingung (2.96) erfüllt ist.

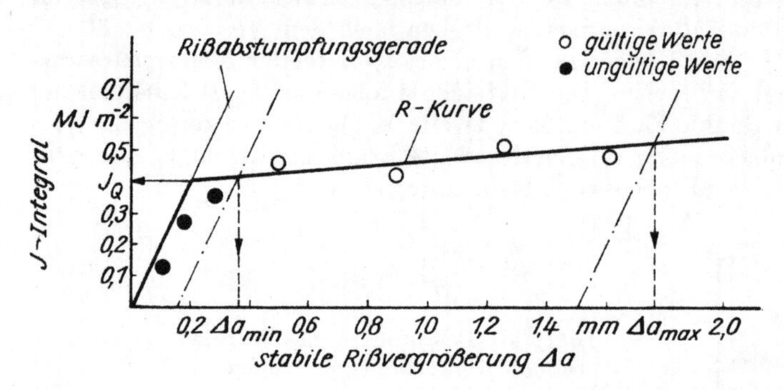

Bild 2.71. Bestimmung von J_{Ic} unter Berücksichtigung der stabilen Rißausbreitung
○ gültige Werte
● ungültige Werte

Neben der Mehrproben- findet auch die *Einprobenmethode* zur Bestimmung kritischer J-Integralwerte für die Rißeinleitung Anwendung. In diesem Fall ist es erforderlich, mit Hilfe zerstörungsfreier Prüfverfahren (Kapitel 6.) den Beginn des Rißfortschritts bzw. den Betrag von Δa im Probeninnern nachzuweisen. Als Meßverfahren kommen hauptsächlich die *Potentialmethode* (Abschnitt 6.2.3.7.), die *Schallemission* (Abschnitt 6.2.3.7.) und das *Ultraschallverfahren* (Abschnitt 6.2.) in Frage (Bild 2.72).

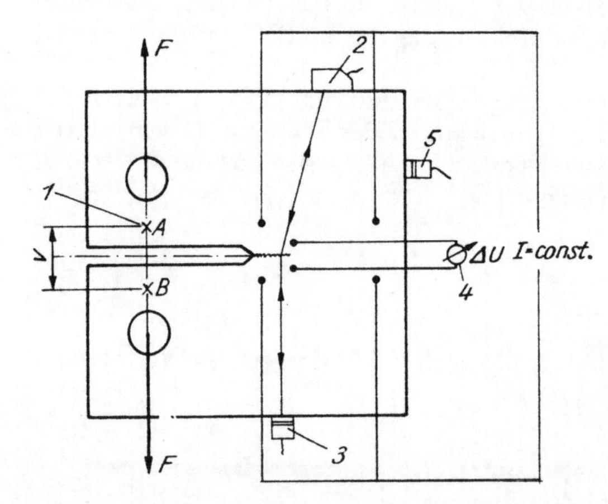

Bild 2.72. Experimentelle Möglichkeiten zur Bestimmung der stabilen Rißausbreitung
1 Compliance Messung
2 Ultraschall (Winkelprüfkopf)
3 Ultraschall (Normalprüfkopf)
4 Potentialverfahren
5 Schallemission

Eine kontinuierliche Bestimmung des Rißfortschritts Δa ermöglicht die *Compliance-Methode*. Mit zunehmender Rißausbreitung ändert sich die Compliance (Nachgiebigkeit) der Probe. Diese wird über die Messung der Kerbaufweitung mit Hilfe des in Abschnitt 2.2.1.2. beschriebenen Wegaufnehmers erfaßt. Bei der CT-Probe erfolgt die Messung der Kerbaufweitung V zwischen den Punkten A und B in Bild 2.72. Die Bestimmung der Rißlänge aus der Proben-Nachgiebigkeit kann entweder über eine Eichkurve $V/F = f(a/W)$ bzw. ihre auf den Elastizitätsmodul E und die Probendicke B

normierte Form

$$\frac{EBV}{F} = f(a/W) \tag{2.107}$$

oder über den für die CT-Probe vorliegenden analytischen Ausdruck

$$\frac{EBV}{F} = \left(1 + \frac{0{,}25}{a/W}\right)\left(\frac{1 + a/W}{1 - a/W}\right)^2 [1{,}61369 + 12{,}6778(a/W) - 14{,}2311(a/W)^2 - 16{,}6102(a/W)^3 + 35{,}0499(a/W)^4 - 14{,}4943(a/W)^5] \tag{2.108}$$

für $0{,}2 \leqq a/W \leqq 0{,}975$ bestimmt werden.

2.2.5. Kennwerte für stabiles Rißwachstum

Bei zyklischer Beanspruchung, Kriechprozessen und Spannungsrißkorrosion kommt es zu einem allmählichen stabilen Rißwachstum. Auch für diese Form der Rißvergrößerung lassen sich bruchmechanische Kennwerte ermitteln und entsprechende Bruchsicherheitskriterien ableiten.

2.2.5.1. Bestimmung der Bruchzähigkeit unter dem Einfluß korrosiver Medien

Die konventionellen Prüfmethoden zur Bestimmung der Spannungsrißkorrosions-(SRK-) Empfindlichkeit (Kapitel 5.) beschreiben das Schädigungsverhalten des Werkstoffs nur bis zur Rißbildung. In Ergänzung hierzu erfassen die bruchmechanischen Prüfverfahren auch das Stadium der Rißausbreitung bis zum Bruch. Praktische Erfahrungen an Schweißverbindungen aus höherfesten Stählen, Aluminium- und Titanlegierungen sowie Polymerwerkstoffen zeigen, daß hiermit die Voraussetzungen für eine betriebsnahe Bewertung des SRK-Verhaltens gegeben sind.
Obwohl prinzipiell alle Probenformen mit bekannter Bestimmungsgleichung für den Spannungsintensitätsfaktor verwendet werden können, finden die einseitig gekerbten *Hebelproben* sowie die *Doppelhebelproben* (DCB-Proben) eine bevorzugte Anwendung. Es wird zwischen kraft- und verformungsbelasteten Proben unterschieden (Bild 2.73). Der Startkerb besteht aus dem mechanisch gefertigten Kerb mit einem zusätzlichen Ermüdungsriß.
Werden diese Korrosionsproben einem korrosiven Medium unter dem Einfluß äußerer Spannungen ausgesetzt, so kontrolliert der an der Rißspitze vorherrschende Span-

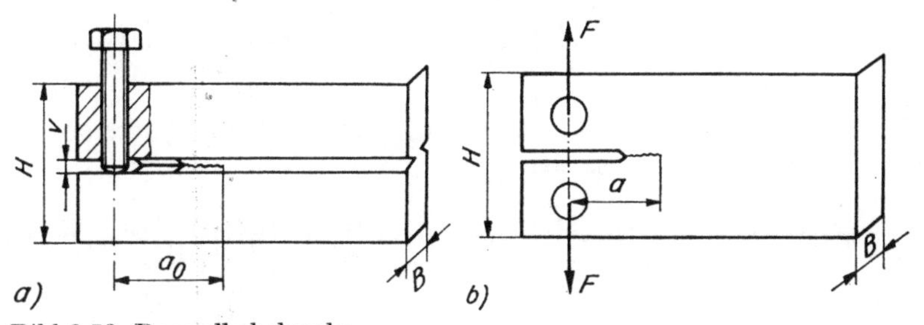

Bild 2.73. Doppelhebelprobe

a) Verformung V = const
b) Kraft F = const

nungsintensitätsfaktor K_I die Geschwindigkeit da/dt der stabilen Rißausbreitung (Bild 2.74). Unterhalb eines Schwellenwertes für den Spannungsintensitätsfaktor, der mit K_{Iscc} (scc = **s**tress **c**orrosion **c**racking) bezeichnet wird, geht die Rißwachstumsgeschwindigkeit gegen Null. Bei der Versuchsdurchführung zur Bestimmung des K_{Iscc}-Wertes wird die Rißausbreitungsgeschwindigkeit in Abhängigkeit vom Spannungsintensitätsfaktor K_I bestimmt.

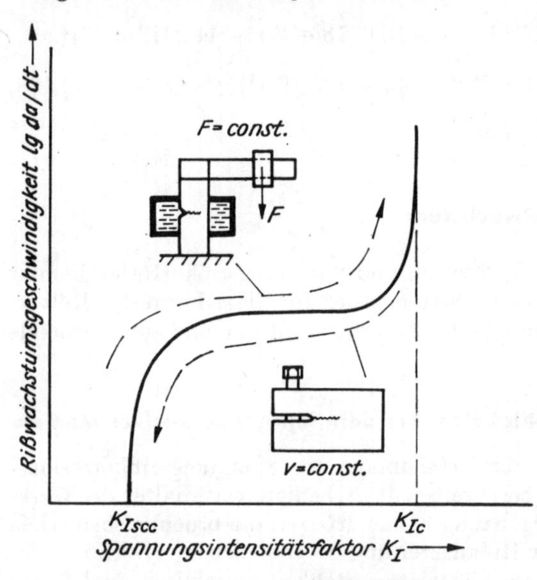

Bild 2.74. Verlauf der Rißwachstumsgeschwindigkeit in Abhängigkeit vom Spannungsintensitätsfaktor und Versuchsdurchführung bei konstanter Belastung bzw. Verformung

Um zu gewährleisten, daß die Größe der plastischen Zone klein gegenüber der Rißlänge und den Probenabmessungen ist, soll die bei der Beanspruchung wirkende Nennspannung die Bedingung $\sigma \leqq 0{,}5R_e$ erfüllen.
Bei der häufig verwendeten Versuchsanordnung nach Bild 2.75 werden einseitig gekerbte Hebelproben durch ein zeitlich konstantes Biegemoment beansprucht und die

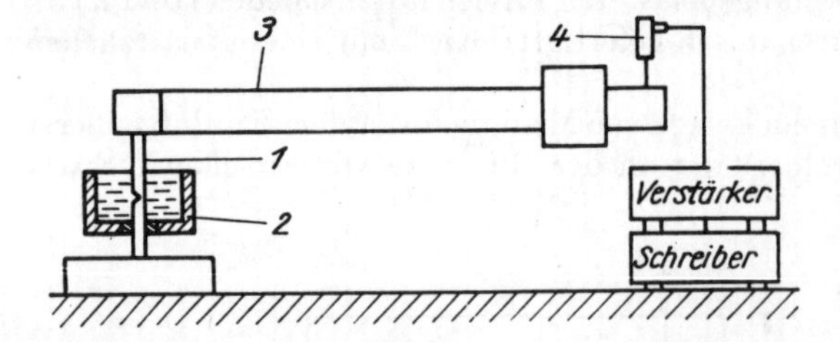

Bild 2.75. Versuchsanordnung zur Bestimmung von K_{Iscc}-Werten

1 Probe *3* Hebelarm
2 Elektrolytzelle *4* induktiver Wegaufnehmer

Rißwachstumsgeschwindigkeit über die Auslenkung des Hebelarms gemessen. Als K_I-Wert ergibt sich für diesen Belastungsfall

$$K_I = \frac{4{,}12M(\alpha^{-3} - \alpha^3)^{1/2}}{BW^{3/2}} \tag{2.109}$$

M Biegemoment

$$\alpha = 1 - \frac{a}{W}$$

Für die DCB-Probe folgt für V = const (Bild 2.73a)

$$K_I = \frac{EVH[3H(a + 0{,}6H)^2 + H^3]^{1/2}}{4[(a + 0{,}6H)^3 + H^2a]} \tag{2.110}$$

V die durch Anspannen der Schraube hervorgerufene Kerbaufweitung, gemessen in der Schraubenachse
E Elastizitätsmodul
a Rißlänge nach Rißstillstand

und für F = const (Bild 2.73b)

$$K_I = \frac{Fa}{BH^{3/2}}\left(3{,}46 + 2{,}38\frac{H}{a}\right) \tag{2.111}$$

Bei V = const verringert sich der K_I-Wert mit zunehmender Rißverlängerung und bewirkt, daß der Riß zum Stillstand kommt. Zu dieser Rißlänge a gehört der nach Gl. (2.110) zu bestimmende K_{Iscc}-Wert.
Bei F = const wird über mehrere unterschiedlich belastete Proben der K_I-Wert als K_{Iscc}-Wert bestimmt, der den Beginn der stabilen Rißausbreitung auslöst. In Analogie zur LEBM muß auch hier für den EDZ die Bedingung

$$B \geqq 2{,}5\left(\frac{K_{Iscc}}{R_e}\right)^2 \tag{2.112}$$

erfüllt sein, wenn ein probenunabhängiger K_{Iscc}-Wert ermittelt werden soll.

2.2.5.2. Bestimmung der Rißwachstumsgeschwindigkeit bei schwingender Beanspruchung

Für die Bewertung des Bruchverhaltens zyklisch beanspruchter rißbehafteter Bauteile müssen die im Abschnitt 2.1.2. dargelegten Zusammenhänge zwischen dem *zyklischen Spannungsintensitätsfaktor* ΔK und der *Rißausbreitungsgeschwindigkeit* da/dN beachtet werden. Während einer bruchsicheren Dimensionierung die Beziehung

$$\Delta K_I \leqq \Delta K_0 \tag{2.113}$$

ΔK_0 belastungs- und werkstoffabhängiger Schwellenwert des zyklischen Spannungsintensitätsfaktors als *bruchmechanische Dauerfestigkeit* (Bild 2.27)

zugrunde zu legen ist, wird bei einer bruchkontrollierten Konstruktion von der *Paris-Erdogan-Gleichung* [Gl. (2.60)] bzw. ihrer durch Einbeziehung des Spannungsverhältnisses $R = K_{min}/K_{max}$ modifizierten Form (*Forman-Gleichung*)

$$\frac{da}{dN} = \frac{C(\Delta K_I)^m}{(1 - R)\,K_c - \Delta K} \tag{2.114}$$

ausgegangen.
Setzt man Gl. (2.85) in Gl. (2.60) ein, wobei die im homogenen Bauteilquerschnitt wirkende Betriebsbeanspruchung σ durch die Schwingbreite $\Delta\sigma$ und analog K_I durch ΔK_I ersetzt wird, folgt

$$\frac{da}{dN} = C[\Delta\sigma(\pi a)^{1/2}]^m \tag{2.115}$$

Integriert man Gl. (2.115) in den Grenzen von a_0 (Ausgangsrißlänge) bis a_c (kritische Rißlänge), ergibt sich für die Lastspielzahl N, die erforderlich ist, damit der Riß von a_0 nach a_c wächst,

$$N = \frac{1}{\left(\frac{m-2}{2}\right) C f^m \pi^{m/2} \Delta\sigma^m} \left[\frac{1}{a_0^{(m-2)/2}} - \frac{1}{a_c^{(m-2)/2}}\right] \tag{2.116}$$

Damit ist die Möglichkeit gegeben, die Lebensdauer eines rißbehafteten Bauteils zu berechnen und in Verbindung mit den in Kapitel 6. beschriebenen Verfahren der zerstörungsfreien Werkstoffprüfung Inspektionszeiträume festzulegen.
Voraussetzung für eine derartige Verfahrensweise ist die Kenntnis des Schwellenwertes ΔK_0 sowie der Konstanten C und m, deren prüftechnische Ermittlung nachfolgend beschrieben wird.

Form und Abmessungen der Proben

Prinzipiell können alle bekannten Probenformen verwendet werden. Bevorzugte Anwendung finden die CT-Probe (s. Tabelle 2.10) und die CCT-Probe (Bild 2.76). Für die Probendicke B wird die Einhaltung der Bedingung

$$\frac{W}{20} \leqq B \leqq \frac{W}{4} \tag{2.117}$$

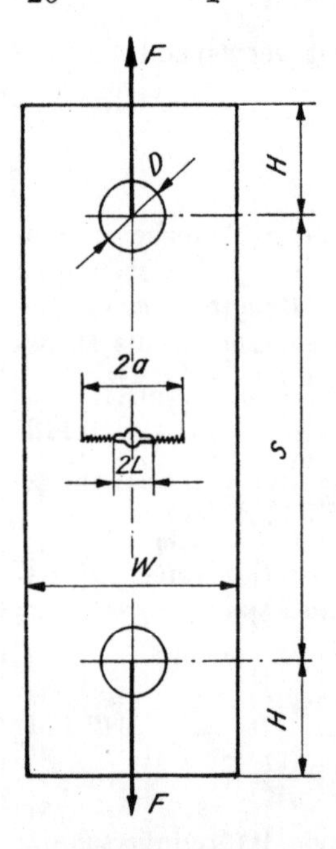

Bild 2.76. CCT-Probe zur Bestimmung der Rißwachstumsgeschwindigkeit

Probendicke B; $s \geqq 2W$; $H \geqq 1/2W$; $D = 1/3W$; $2L \geqq 0{,}4W$

empfohlen ($W \geqq 25$ mm). Das Ligament $b = W - a$ muß zur Gewährleistung einer elastischen Verformung die Bedingung

$$b \geqq \frac{4}{\pi} \left[\frac{K_{max}}{R_e}\right]^2 \tag{2.118}$$

erfüllen, wobei die Nennspannung σ_N im Restquerschnitt den Wert der Streckgrenze nicht überschreiten darf:

$$\sigma_N = \frac{F_{max}}{B \cdot W\left(1 - \frac{2a}{W}\right)} \leq R_e \tag{2.119}$$

Der Startkerb der Länge $2a$ besteht aus einem mechanisch oder elektroerosiv eingebrachten Kerb mit einem zusätzlichen Ermüdungsriß.

Versuchsdurchführung und -auswertung

Die Beanspruchung der Proben erfolgt im Einstufenversuch. Gemessen wird die jeweilige Länge des Ermüdungsrisses in Abhängigkeit von der zugehörigen Anzahl der aufgebrachten Lastwechsel N. Die Messung der Rißlängenänderung kann nach verschiedenen Methoden erfolgen. Neben der häufig zur Anwendung kommenden optischen Messung des Rißfortschritts mittels Meßmikroskops kommen auch die in Abschnitt 2.2.4.2. angeführten physikalischen Verfahren zur Anwendung.
Im Ergebnis der durchgeführten Messungen wird die Rißwachstumsgeschwindigkeit da/dN als Funktion des zyklischen Spannungsintensitätsfaktors ΔK dargestellt (vgl. Kapitel 2, Abschnitt 2.1.2.). Dieser ergibt sich für die CT-Probe
($a/W \geqq 0,2$) zu

$$\Delta K = \frac{\Delta F}{BW^{1/2}} \frac{2 + a/W}{(1 - a/W)^{3/2}} \times \left[0,886 + 4,64\frac{a}{W} - 13,32\left(\frac{a}{W}\right)^2 + 14,72\left(\frac{a}{W}\right)^3 - 5,6\left(\frac{a}{W}\right)^4\right] \tag{2.120}$$

mit $\Delta F = F_o - F_u$

F_o Oberlast, F_u Unterlast der zyklischen Beanspruchung
und für die CCT-Probe ($2a/W < 0,95$)

$$\Delta K = \frac{\Delta F}{WB} a^{1/2} \left[1,77 - 0,177\left(\frac{2a}{W}\right) + 1,77\left(\frac{2a}{W}\right)^2\right] \tag{2.121}$$

Der Schwellenwert ΔK_o wird über eine stufenweise Zunahme des ΔK-Wertes bis zum Beginn der Rißausbreitung bestimmt. Der ΔK_o-Wert ist abhängig von Spannungsverhältnis $R = K_{min}/K_{max}$; er wird mit größerem R zu kleineren Werten verschoben. Die Messung der Rißwachstumsgeschwindigkeit erfolgt oberhalb 10^{-5} mm/Lastwechsel im Bereich II der da/dN-ΔK-Kurve (s. Bild 2.27), in dem auch die experimentelle Ermittlung der Konstanten m und C der *Paris-Erdogan*-Gleichung vorgenommen werden kann.

2.3. Härteprüfung

2.3.1. Definition der Härte

Der Begriff Härte ist weit verbreitet und wird im täglichen Leben oft angewendet. Man unterscheidet harte und weiche Stoffe, ohne bei diesen relativen Wertungen die Härte zu definieren oder zu quantifizieren. Als Definition des Begriffs Härte gilt in der Technik die bereits 1898 von *Martens* getroffene Festlegung des »Widerstandes, den ein Körper dem Eindringen eines härteren entgegensetzt«. Eine derartige Interpretation der Härte läßt jedoch sehr unterschiedliche Deutungen und somit auch verschiedene Prüfverfahren zu. Damit erhält man zwangsläufig Kennwerte der Härte, die von der Prüf- bzw. Auswertemethodik abhängig und in der Regel nicht miteinander vergleichbar sind. Versuche, die Härte anders zu definieren – *Hertz* kennzeichnete sie als den spezifischen Druck, der in der Mitte der Eindruckfläche einer Kugel auf einer ebenen Fläche herrscht, wenn die Elastizitätsgrenze erreicht wird –, haben sich nicht durchsetzen können, da sie ebenfalls nicht allgemeingültig bzw. für alle Werkstoffgruppen anwendbar sind und außerdem einen zu großen prüftechnischen Aufwand erfordern.

Die werkstoffphysikalische Interpretation von Härte-Kennwerten ist wesentlich schwieriger als von Festigkeits-Kennwerten, etwa der Streckgrenze. Als Ursache dafür ist vor allem die Mehrachsigkeit und Inhomogenität des Spannungszustands und die daraus resultierende ungleichmäßige Verformung in der Umgebung des Härteeindrucks anzusehen.

Trotz dieser Einschränkungen gehört die Härteprüfung zu den am häufigsten eingesetzten Verfahren der mechanischen Werkstoffprüfung, da sie als ein einfaches und zudem fast zerstörungsfrei arbeitendes Prüfverfahren gut zur Qualitätsprüfung von Halbzeugen und Fertigerzeugnissen (vor allem im Anschluß an eine Wärmebehandlung) geeignet ist und da sich weiterhin auch – zumeist qualitative – Beziehungen zu anderen Eigenschaften (z. B. Verschleißwiderstand) herstellen lassen.

In der Vergangenheit wurde eine Vielzahl von Verfahren zur Bestimmung der Härte entwickelt, deren Grundprinzip darauf beruht, daß ein Prüfkörper in den zu prüfenden Werkstoff eindringt; die entstehenden plastischen (und teilweise elastischen) Verformungen oder Rückfederungskräfte werden als Maß für die Härte des Werkstoffs betrachtet. Der Kennwert der Härte wird daher häufig als Quotient von aufgebrachter Prüfkraft und der Oberfläche des Eindrucks festgelegt. Aus versuchstechnischen Gründen wird im allgemeinen die Größe des bleibenden Eindrucks nach Entlastung zugrunde gelegt, was bei Werkstoffen, die sich entweder gar nicht (Gummi) oder nur wenig (Polymerwerkstoffe) plastisch verformen, zu irregulären Härtewerten führt. Deshalb wurden für diese Werkstoffe Prüfverfahren entwickelt, die eine Messung der Verformung bei aufgebrachter Kraft gestatten.

Nach der Geschwindigkeit der Aufbringung der Kraft beim Eindringen des Prüfkörpers in den Werkstoff unterscheidet man die Härteprüfverfahren mit statischer und dynamischer (schlagartiger) Krafteinwirkung.

Die erste Prüfhärtemethode, die größere Bedeutung erlangte und teilweise noch in der Mineralogie angewendet wird, ist von *Mohs* 1822 entwickelt worden. Er stellte eine Reihe von 10 unterschiedlich harten Mineralen auf, wobei sich jedes Mineral mit dem in der Reihe folgenden (härteren) ritzen läßt (*Mohssche Härteskala*, Tabelle 2.16).

Die heute hauptsächlich angewendeten Verfahren (*Brinell*, *Vickers*, *Rockwell*) sind ursprünglich nur zur Prüfung der Härte von metallischen Werkstoffen eingesetzt worden. Zur Ermittlung der Härte von anderen Werkstoffgruppen, etwa von Polymerwerkstoffen, mußten spezielle Verfahren, z. B. Bestimmung der *Kugeldruckhärte*, entwickelt werden.

Für die Prüfung weiterer nichtmetallischer Werkstoffe gelangt eine Vielzahl von Varianten zur Anwendung, die alle der allgemeinen Definition entsprechen, sich aber bereits in der Art des Aufbringens und der Größe der Kraft sowie auch hinsichtlich ihrer oft auf willkürlichen Festlegungen beruhenden Methoden zur Ermittlung des Härte-Kennwertes so stark unterscheiden, daß sie jeweils nur bei bestimmten Werk-

Tabelle 2.16
Härteskala nach *Mohs*

Härte nach *Mohs*	Mineral	
1	Talk	$Mg_3(Si_2O_5)_2(OH)_2$
2	Gips	$CaSO_4 \cdot 2\,H_2O$
3	Kalkspat	$CaCO_3$
4	Flußspat	CaF_2
5	Apatit	$Ca_5(PO_4)_3(F, Cl)$
6	Feldspat	$KAlSi_3O_8$
7	Quarz	SiO_2
8	Topas	$Al_2SiO_4(F, OH)$
9	Korund	Al_2O_3
10	Diamant	C

stoffen angewendet werden können und dem Grunde nach Gleichmäßigkeitsprüfungen darstellen.
Durch den zunehmenden Einsatz von Prüfgeräten mit Digitalanzeige sowie angeschlossenen Mikrorechnern für eine statistische Qualitätskontrolle konnte eine wesentliche Rationalisierung der Härteprüfung erreicht werden.
Neben den in diesem Kapitel behandelten Prüfverfahren sind in den letzten Jahren auch eine Vielzahl von indirekten Methoden zur Härtebestimmung bzw. zum Härtevergleich entwickelt worden. Sie beruhen darauf, daß Änderungen der Zusammensetzung bzw. des Gefüges eines Werkstoffs, die zu Härteänderungen führen, mit einer Änderung der physikalischen Eigenschaften verbunden sind. Üblich ist die Messung der *Koerzitivfeldstärke* oder des ihr proportionalen magnetischen Restfeldes; auch *magnetinduktive Methoden* gelangen zur Anwendung. Der Vorteil dieser Verfahren besteht darin, daß als Meßwert eine elektrische Größe ermittelt wird, die eine Automatisierung des Prüfprozesses und den Einbau der Prüfanlage in einen kontinuierlichen Fertigungsprozeß ermöglicht. Auf diese Verfahren wird in Abschnitt 6.3. noch näher eingegangen. Es sei aber bereits an dieser Stelle darauf hingewiesen, daß der Einsatz derartiger Methoden außerordentlich umfangreiche und sorgfältige Voruntersuchungen erfordert, um die Proportionalität zwischen der gemessenen physikalischen Größe und dem interessierenden Härte-Kennwert zu ermitteln.

2.3.2. Verfahren mit statischer Krafteinwirkung

Die verschiedenen Prüfverfahren unterscheiden sich in der Form der Eindringkörper (Kugel, Pyramide, Kegel u. a.), im Werkstoff des Eindringkörpers (gehärteter Stahl, Hartmetall, Diamant), in der Größe der aufgebrachten Kraft (Makrohärte, Kleinlasthärte, Mikrohärte) sowie in der Art der Ermittlung des Härte-Kennwertes.
Prüfungen im Makrobereich, d. h. mit großen Prüfkräften ($F > 50$ N), führen zu entsprechend großen Eindrücken, die einen für das Gesamtgefüge charakteristischen *Makrohärtewert* ergeben. Zu dieser Gruppe sind u. a. die Verfahren nach *Brinell*, *Vickers*, *Rockwell* und die Ermittlung der Kugeldruckhärte zu zählen. Bei der stetig an Bedeutung zunehmenden *Kleinlasthärteprüfung* wird mit Prüfkräften zwischen 2 und 20 (bis 50) N gearbeitet. Mit der *Mikrohärteprüfung* (Prüfkräfte 0,002 bis 2 N) kann eine lokalisierte Ermittlung der Härte durchgeführt werden. So ist es z. B. möglich, die Härte einzelner Kristallite bzw. Einschlüsse zu ermitteln

oder eine Bestimmung des Härteverlaufs in Seigerungs- und Diffusionszonen vorzunehmen.
Moderne Härteprüfgeräte ermöglichen vielfach die wahlweise Prüfung der Makrohärte nach *Brinell*, *Vickers* und *Rockwell*. Manche Bauteile lassen sich damit nicht oder an bestimmten Stellen nicht prüfen, z. B. Innenflächen von Ringen bzw. Rohren oder Zahnflanken. Um auch in solchen Fällen Härteprüfungen durchführen zu können, sind Zusatzvorrichtungen entwickelt worden, die in der Regel an handelsübliche Geräte angebaut werden.

2.3.2.1. Verfahren nach Brinell

Bei der Härteprüfung nach *Brinell* wird, wie Bild 2.77a zeigt, eine Kugel mit einer bestimmten Prüfkraft F während einer festgelegten Einwirkdauer in den zu prüfenden Werkstoff eingedrückt. Dadurch entsteht in der Oberfläche der Probe ein Ein-

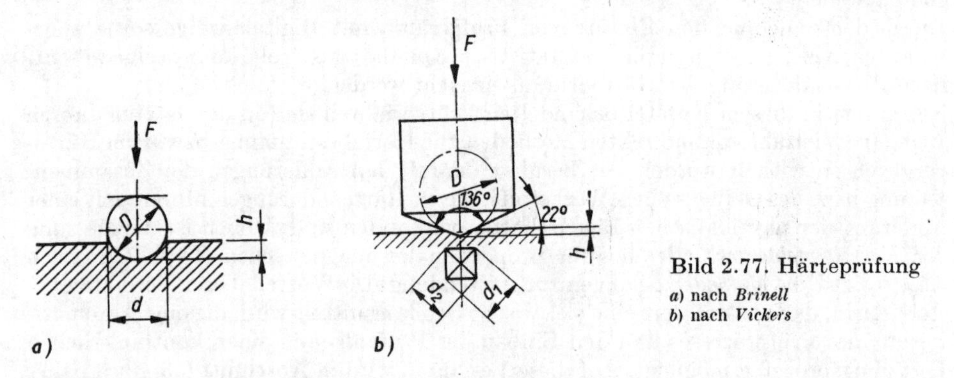

Bild 2.77. Härteprüfung
a) nach *Brinell*
b) nach *Vickers*

druck in Form einer Kugelkalotte mit dem Durchmesser d und der Tiefe h. Die Brinellhärte HB wird als Quotient aus der aufgebrachten Kraft F und der Oberfläche A des bleibenden Eindrucks errechnet und ohne Einheit angegeben:

$$HB = \frac{0{,}102F}{A} \tag{2.122}$$

F Prüfkraft in N
A Kalottenoberfläche in mm^2

Die Oberfläche des Eindrucks wird bestimmt nach

$$A = \pi D h \quad \text{in } mm^2 \tag{2.123}$$

D Kugeldurchmesser in mm
h Eindringtiefe in mm

Der Faktor 0,102 ergibt sich aus der Festlegung, die Kennwerte der Härte bei der Umstellung auf SI-Einheiten nicht zu verändern (Kapitel 9.).
Bei der Härteprüfung wird jedoch nicht die Eindringtiefe h, sondern der Eindruckdurchmesser d bestimmt. Aus der Beziehung

$$h = \frac{D - (D^2 - d^2)^{1/2}}{2} \quad \text{in mm} \tag{2.124}$$

kann die Eindringtiefe h errechnet werden, so daß sich der Härtewert HB ergibt zu

$$\mathrm{HB} = \frac{0{,}102 \cdot 2F}{\pi D[D - (D^2 - d^2)^{1/2}]} \tag{2.125}$$

Die als Eindringkörper verwendeten Kugeln aus gehärtetem Stahl oder Hartmetall haben Durchmesser D von 10; 5; 2,5; 2 und 1 mm. Der Durchmesser d des Eindrucks soll zwischen 0,25 und $0{,}6D$ liegen. Um diese Grenzen einhalten zu können, ist es notwendig, die Prüfkräfte zu variieren (Tabelle 2.17). Diese Tabelle enthält außerdem

Tabelle 2.17. Prüfkräfte bei der Prüfung nach *Brinell*

Kugeldurchmesser D in mm	Prüfkraft F in N für die Belastungsgrade $K = \frac{0{,}102F}{D^2}$				
	30	10	5	2,5	1
10	29430	9800	4900	2450	980
5	7355	2450	1225	613	245
2,5	1840	613	306,5	153,2	61,5
2	1176	392	196	98	39,2
1	294	98	49	24,5	9,8
erfaßbarer Härtebereich HB	96 ... 450	32 ... 200	16 ... 100	8 ... 50	3,2 ... 20
vorzugsweise anzuwenden bei der Härteprüfung von	hochfesten Legierungen, Stahl, Gußeisen	Kupfer, Nickel und deren Legierungen	Aluminium, Magnesium, Zink und deren Legierungen	Lagerlegierungen	Blei, Zinn, Weißmetallen

noch neben den für die einzelnen Belastungsgrade erfaßbaren Härtebereichen die Werkstoffgruppen, bei denen diese Belastungsgrade bevorzugt zur Anwendung gelangen sollen. Die Prüfung eines Werkstoffs mit verschieden großen Kugeln ist bei gleichem Belastungsgrad durchzuführen. Die mit Kugeln unterschiedlicher Durchmesser bei gleichem Belastungsgrad bestimmten Härtewerte sind nur bedingt vergleichbar.

Die Krafthaltedauer soll bei Eisenwerkstoffen 10 bis 15 s, bei NE-Werkstoffen 10 bis 180 s in Abhängigkeit vom Werkstoff und seiner Härte betragen.

Da die Versuchsbedingungen das Ergebnis beeinflussen, müssen diese mit angegeben werden, um die Härtewerte vergleichen und reproduzieren zu können. Ihre Kennzeichnung wird nach folgendem Prinzip durchgeführt:

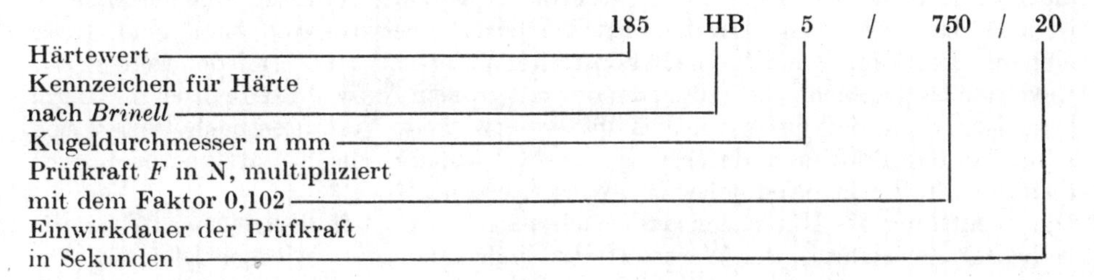

Werden bei der Prüfung die Normal- oder Standardbedingungen ($D = 10$ mm, $F = 29430$ N, Krafthaltedauer = 10 bis 15 s) eingehalten, wird nur der Härtewert mit dem nachgesetzten Kurzzeichen HB angegeben, z. B. 320 HB.
Damit der Härtewert nicht durch die Eigenschaften der Unterlage beeinflußt wird, muß der zu prüfende Werkstoff so dick sein, daß auf der Rückseite der Probe keine Anzeichen einer Verformung hervorgerufen werden. Die von der Härte und den Prüfbedingungen abhängige Mindestdicke s der Probe kann nach der folgenden Gleichung ermittelt werden:

$$s = 8h \quad \text{in mm} \tag{2.126}$$

h Eindringtiefe in mm

Da die Eindringtiefe h als Meßwert nicht bestimmt wird, kann die Gl. (2.126) auch unter Berücksichtigung von Gl. (2.125) geschrieben werden:

$$s = \frac{0{,}102F}{\pi D \mathrm{HB}} \quad \text{in mm} \tag{2.127}$$

F Prüfkraft in N
D Kugeldurchmesser in mm
HB zu erwartender Härtewert

Der bleibende Eindruckdurchmesser d ist in zwei senkrecht zueinander stehenden Richtungen zu messen und daraus der Mittelwert zu bilden. Um zu vermeiden, daß sich Verfälschungen des Härtewerts durch Ausbeulen der Probe an der Kante oder durch die kaltverfestigte Zone um einen bereits vorhandenen Eindruck ergeben, sind die Festlegungen des Prüfstandards bezüglich des Randabstands und Mittenabstands einzuhalten.
Die Härte des zu prüfenden Werkstoffs soll den Wert von 450 HB nicht überschreiten, da bei größerer Härte sich auch die Kugel verformt, so daß genaue Messungen nicht mehr möglich sind. Wird als Eindringkörper anstelle der Kugel aus gehärtetem Stahl eine Hartmetallkugel verwendet, werden bereits ab 350 HB unterschiedliche Werte gemessen, so daß in diesem Bereich der Einsatz der Hartmetallkugel auszuweisen ist.
Die Ermittlung der Härte metallischer Werkstoffe ist auch bei höheren Temperaturen möglich. Dabei befindet sich die Probe während des Eindringvorgangs in einem Ofen oder Flüssigkeitsbad. Derartige Untersuchungen haben jedoch an Bedeutung verloren, da durch die bei höheren Temperaturen auftretenden Kriechvorgänge ein nur bedingt aussagefähiger und vergleichbarer Härtewert bestimmt werden kann.

2.3.2.2. Verfahren nach Vickers

Obwohl das Verfahren nach *Brinell* noch häufig Anwendung findet, weist es doch einige seinen Einsatzbereich einschränkende Nachteile auf: Der Prüfkugelwerkstoff läßt die Prüfung härterer Werkstoffe nicht zu, so daß Messungen nur bis etwa 450 HB möglich sind. Durch die Verwendung relativ großer Prüfkräfte sind geringe Probendicken und dünne Oberflächenschichten nicht prüfbar. Der entscheidende Nachteil ist aber darin zu sehen, daß die Brinellhärtewerte belastungsabhängig sind. Diese Abhängigkeit könnte nur durch ein konstantes Verhältnis d/D vermieden werden, das wiederum ist prüftechnisch kaum oder nur mit großem Aufwand zu realisieren. Hierin liegt der Grund, daß das wesentlich später entwickelte Verfahren nach *Vickers* sich schnell in der Prüfpraxis durchsetzen konnte, wobei es die Einsatzgrenzen bis zur Prüfung von Werkstoffen hoher Härte erweitert hat.
Die Ermittlung des Härtekennwerts nach *Vickers* erfolgt in der gleichen Weise wie beim Brinellverfahren; der Werkstoff des Eindringkörpers ist jedoch Diamant. An-

stelle der Kugel wird ein Eindringkörper in Form einer vierseitigen Pyramide mit einem Flächenöffnungswinkel von 136° (Bild 2.77 b) verwendet. Den gleichen Winkel schließen die an den Eindruck einer Brinellkugel angelegten Tangenten ein, wenn das Verhältnis d/D den Wert 0,375 aufweist; 0,375 ist der Mittelwert der Grenzen für dieses Verhältnis, die ursprünglich mit $0{,}25 < d/D < 0{,}5$ festgelegt waren.
Die Kennwerte der Härte nach *Vickers* sind im Makrobereich belastungsunabhängig. Die damit mögliche Reduzierung der Prüfkräfte bis auf 10 N läßt auch die Prüfung bei geringen Probendicken und von dünnen Schichten zu. Die Ähnlichkeit mit dem Brinellverfahren gewährleistet, daß beide Verfahren bis zum Härtewert 300 übereinstimmen.
Die *Vickershärte* HV ergibt sich wie die Brinellhärte als Quotient aus der aufgebrachten Kraft F und der Oberfläche A des bleibenden Eindrucks zu

$$\mathrm{HV} = \frac{0{,}102F}{A} \tag{2.128}$$

F Prüfkraft in N
A Eindruckoberfläche in mm^2

und wird ebenfalls ohne Einheit angegeben.
Die Oberfläche A errechnet sich aus der Beziehung

$$A = \frac{d^2}{2\cos 22^\circ} = \frac{d^2}{2\sin\frac{136^\circ}{2}} = \frac{d^2}{1{,}854} \quad \text{in mm} \tag{2.129}$$

d Länge der Diagonalen in mm

Damit ergibt sich

$$\mathrm{HV} = \frac{0{,}102F \cdot 1{,}854}{d^2} = \frac{0{,}189F}{d^2} \tag{2.130}$$

Da die Grundfläche der Vickerseindrücke – besonders bei anisotropen Werkstoffen – oft nicht quadratisch ist, wird zur Berechnung der Härte der Mittelwert der beiden Diagonalen zugrunde gelegt. Beim Vickersverfahren sind die Prüfkräfte wesentlich kleiner als beim Brinellverfahren, und zwar nach TGL RGW 969: 980; 490; 294; 196; 98; 49; 29,4; 24,5; 19,6; 9,8 N. Die Standardkraft beträgt 294 N. In Abhängigkeit vom Werkstoff werden folgende Kräfte empfohlen:

Eisenwerkstoffe	49 ... 980 N
Kupfer und -legierungen	24,5 ... 490 N
Aluminium und -legierungen	9,8 ... 980 N

Die Normalkrafthaltedauer soll 10 bis 15 s betragen; längere Haltezeiten müssen im Kurzzeichen ausgewiesen werden. Letzteres setzt sich zusammen aus dem Symbol für die Vickershärte HV, dem mit dem Faktor 0,102 multiplizierten Zahlenwert der Prüfkraft F in N und dem mit Schrägstrich angeschlossenen Zahlenwert der Einwirkdauer der Prüfkraft in s, z. B. 138 HV 10/30. Beträgt die Prüfkraft 294 N und ihre Haltedauer 10 bis 15 s, so wird nur der Zahlenwert mit dem Kurzzeichen angegeben, z. B. 615 HV.
Infolge der geringeren Prüfkräfte ergeben sich weniger tiefe Eindrücke und damit eine geringere Mindestdicke; sie soll für Eisenwerkstoffe mindestens $1{,}2d$ und für alle anderen Metalle $1{,}5d$ betragen. Bild 2.78 zeigt ein Härteprüfgerät zur Prüfung der Härte nach *Brinell* und *Vickers* mit optischer Auswertung.

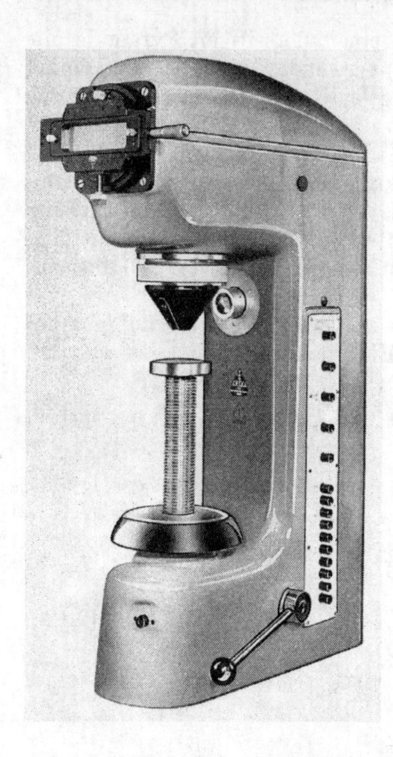

Bild 2.78. Härteprüfgerät HPO250 (VEB Werkstoffprüfmaschinen Leipzig)

Zur automatisierten Ermittlung des kontinuierlichen Härteverlaufes, wie er z. B. bei der Aufnahme von *Härte-Tiefen-Kurven* von oberflächengehärteten Stählen zweckmäßig ist, wurde ein Verfahren beschrieben, bei dem ein speziell für diese Zwecke entwickelter Eindringkörper konstant belastet wird und im interessierenden Randbereich eine Furche ritzt, deren Tiefe von der Härte abhängt. Als Registriergerät findet ein X-Y-Schreiber Verwendung, auf dem neben einer ohne Last aufgenommenen Referenzlinie auch die Eindringtiefe mit Last über dem Gleitweg aufgetragen wird; die Differenz zwischen Referenz- und Eindringtiefenlinie ist das Maß für die Härte. Mit Hilfe von Nomogrammen können Eindringtiefenwerte in Beziehung zu Vickershärtewerten gebracht werden.
Eine erhöhte Aussagefähigkeit erreicht man mit dem sog. registrierenden Härteprüfverfahren. Hierbei wird der Eindringkörper (in der Regel eine Vickerspyramide) mit Hilfe eines programmgesteuerten Vorschubs (Bild 2.79a und 2.79b) in den Werkstoff gedrückt. Während des Eindringvorgangs wird eine Eindringtiefe-Kurve (Bild 2.79) mit einem X-Y-Schreiber aufgenommen. Damit kann ein – unter Last gemessener – Härtewert

$$HV = k\frac{F \cdot 0{,}102}{h^2} \qquad (2.131)$$

F Kraft in N
h Eindringtiefe in mm
k Geometriefaktor (aus $0 = h^2/\mathrm{k} = 37{,}84$ für Vickerseindruck)

ermittelt werden.

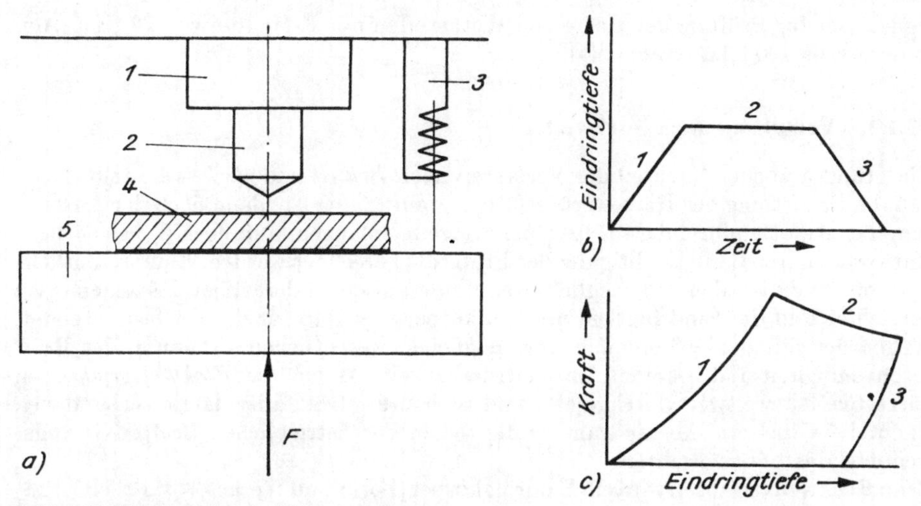

Bild 2.79. Registrierende Härteprüfung

a) Prüfprinzip
1 Kraftmeßdose
2 Eindringkörper (Vickerspyramide)
3 Induktiver Wegaufnehmer
4 Probe
5 Traverse
b) Eindringtiefe-Zeit-Kurve
c) Kraft-Eindringtiefe-Kurve

Das Verfahren weist eine Reihe von Vorteilen auf: Es kann automatisiert werden, wobei alle subjektiven Fehler beim sonst notwendigen Ausmessen der Diagonalen entfallen; die Ermittlung des Härtewertes erfolgt unter Last, so daß auch extrem spröde und harte Werkstoffe (Glas) sowie Werkstoffe mit großer elastischer Rückfederung (Gummi) geprüft werden können, und durch eine quantitative Erfassung des Härteprofils in Richtung der Tiefe kann die Oberflächenhärte gleichzeitig mit der Kernhärte erfaßt werden.
Des weiteren ist es möglich, durch eine Aufspaltung der Kraft F in einen Anteil F_1, der zur Vergrößerung der Eindruckoberfläche beiträgt, und in einen Anteil F_2, der die Arbeit zur elastischen und nichtelastischen Verformung zum Ausdruck bringt, einen auch im Mikrobereich lastunabhängigen Härtekennwert zu ermitteln, der außerdem noch unabhängig von der Rißbildung in der Umgebung der Eindrücke ist.
Eine Analyse der vollständigen F-h-Kurve (Bild 2.79c) bringt darüber hinaus zusätzliche Informationen über das mechanische Werkstoffverhalten, z. B. durch eine quantitative Erfassung der anelastischen Relaxation und der elastischen Rückfederung.
Ebenfalls eine Härteprüfung unter Last ermöglicht das *UCI-* (*Ultrasonic-Contact-Impedance-*)Verfahren. Als Prüfkörper dient eine Vickerspyramide, die an der Spitze eines Stabs aus magnetostriktivem Werkstoff befestigt ist und mit einer konstanten Prüfkraft von 8,4 N in den zu prüfenden Werkstoff gedrückt wird. Der Stab schwingt dabei in Längsrichtung in Resonanz mit einer Frequenz von 78 kHz. Je größer die Kontaktfläche, d. h., je größer die Eindruckoberfläche ist, desto stärker wird die Resonanzfrequenz des Stabes verändert. Diese Frequenzänderung ist ein direktes Maß für die Größe der Eindringfläche. Unter Berücksichtigung des als bekannt vorausgesetzten Elastizitätsmoduls und der durch Federkraft aufgebrachten Belastung kann durch einen Mikrorechner der Vickershärtewert ermittelt und digital angezeigt werden. Das Gerät ermöglicht Härteprüfungen im Bereich von 50 bis 995 HV und

eignet sich zur Prüfung der Härte von Werkstoffen mit E-Moduln von 70 GPa (Aluminium) bis 460 GPa (Hartmetall).

2.3.2.3. Verfahren nach Rockwell

Ein grundsätzlicher Nachteil der Verfahren nach *Brinell* und *Vickers* besteht darin, daß die Ermittlung des Härtewerts relativ zeitaufwendig ist; denn nach der Ausmessung der Kalottendurchmesser bzw. der Diagonalenlängen muß noch der eigentliche Härtewert unter Berücksichtigung der Prüfkraft berechnet werden. Eine wesentliche Vereinfachung ist aber nur möglich, wenn man auf einen derartigen Härtekennwert verzichtet und die Eindringtiefe des Prüfkörpers als Maß für die Härte verwendet. Wegen der mit dieser Vereinfachung möglichen wesentlichen Erhöhung der Prüfgeschwindigkeit und besseren Automatisierbarkeit hat sich das *Rockwellverfahren* in kürzester Zeit weltweit durchgesetzt und ist heute – trotz aller damit verbundenen Nachteile – das mit Abstand am häufigsten in der betrieblichen Prüfpraxis angewendete Härteprüfverfahren.
Beim Rockwellverfahren wird ein Eindringkörper (Form und Werkstoff s. Tabelle 2.18) in den zu prüfenden Werkstoff gedrückt und die Eindringtiefe t als Maß für die Härte bestimmt.
Würde man die Eindringtiefe unmittelbar als Härtekennwert betrachten, so ergäben weiche Werkstoffe auf Grund der großen Eindringtiefen große und harte Werkstoffe dementsprechend kleine Härtewerte. Da man jedoch bei *Brinell* und *Vickers* für harte Werkstoffe große und für weiche Werkstoffe kleine Härtewerte erhält, wird beim Rockwellverfahren der Nullpunkt verlegt und die bleibende Eindringtiefe e von einer willkürlich festgelegten maximalen Eindringtiefe (0,2 oder 0,1 mm) (s. Tabelle 2.18) abgezogen:

$$\mathrm{HR} = 0{,}2 - e \tag{2.132}$$

Um den Einfluß von Oberflächenrauhigkeit und Fehler durch das Spiel des Anzeigegeräts (meist wird eine Meßuhr zur Ermittlung der Eindringtiefe benutzt) auszuschalten, wird die Gesamtprüfkraft in zwei Stufen, Vorprüfkraft und Hauptprüfkraft, aufgebracht.
Das Prinzip der Ermittlung der Härte nach *Rockwell* ist in Bild 2.80 dargestellt. Danach wird zunächst der Eindringkörper mit der Vorprüfkraft F_0 bis zur Eindringtiefe a in den zu prüfenden Werkstoff gedrückt. Durch a wird die Bezugsebene für die Messung der bleibenden Eindringtiefe e festgelegt. Beim Aufbringen der Hauptkraft F_1 in 2 bis 8 s dringt der Prüfkörper bis zur Gesamteindringtiefe E_1 in den Werkstoff ein. Die Krafthaltedauer der Gesamtprüfkraft ($F_0 + F_1$) beträgt normalerweise 2 s, kann jedoch bei Werkstoffen, die ein zeitabhängiges plastisches Fließen aufweisen, auf 10, 30 oder 80 s erhöht werden. Abweichungen von der normalen Krafthaltedauer sind im Prüfprotokoll anzugeben.
Danach wird die Hauptprüfkraft F_1 wieder entfernt, die bleibende Eindringtiefe e gemessen und daraus die *Rockwellhärte* entsprechend Gl. (2.132) abgeleitet. Die meisten Zifferblattskalen der zur Ermittlung der bleibenden Eindringtiefe e verwendeten Meßuhren ermöglichen ein direktes Ablesen der Rockwellhärte, so daß Umrechnungen vermieden werden. Durch die Kennzeichnung von Toleranzfeldern auf den Zifferblattskalen ist eine schnelle Sortierung möglich, und bei Anbringung elektrischer Kontakte in Verbindung mit einer Sortierelektronik kann der Prüfvorgang leicht automatisiert werden.

Tabelle 2.18. Rockwell-Härteprüfverfahren

Verfahren	C	A	B	F	N[1]			T[1]		
Prüfkörper Form	Kegel Winkel 120° Spitzenrad. 0,20 mm	Kegel Winkel 120° Spitzenrad. 0,20 mm	Kugel Durchmesser 1,587 5 mm = 1/16″	Kugel Durchmesser 1,587 5 mm = 1/16″	Kegel Winkel 120° Spitzenradius 0,20 mm			Kugel Durchmesser 1,587 5 mm = 1/16″		
Werkstoff	Diamant	Diamant	Stahl	Stahl	Diamant			Stahl		
Vorprüfkraft in N	98	98	98	98	29,4	29,4	29,4	29,4	29,4	29,4
Prüfkraft in N	1 373	490	883	490	117,6	265	412	117,6	265	412
Gesamtkraft in N	1 471	588	980	588	147	294	441	147	294	441
max. Eindringtiefe in mm	0,200	0,200	0,260	0,260	0,200			0,200		
Bezeichnung der Härte	HRC	HRA	HRB	HRF	HR 15 N	HR 30 N	HR 45 N	HR 15 T	HR 30 T	HR 45 T
Größe der Rockwelleinheit e	1 e = 0,002 mm = 2 μm				1 e = 0,001 mm = 1 μm					
Ermittlung des Härtewertes	HRC, HRA = 100 − e		HRB, HRF = 130 − e		HR 15 N, HR 30 N, HR 45 N = 100 − e			HR 15 T, HR 30 T, HR 45 T = 100 − e		
erfaßbarer Härtebereich	20 bis 70 HRC	60 bis 88 HRA	35 bis 100 HRB	60 bis 100 HRF	66 bis 92 HRN	39 bis 84 HRN	17 bis 75 HRN	50 bis 94 HRT	10 bis 84 HRT	0 bis 75 HRT
vorzugsweise anzuwenden für:	gehärtete und angelassene Stähle	sehr harte Werkstoffe (z. B. Hartmetall)	Werkstoffe mittl. Härte (z. B. Stähle mit niedr. u. mittl. C-Gehalt, Messing, Bronze)	kaltgewalzte Feinbleche aus Stahl, geglühtes Messing u. Kupfer	Die Verfahren nach N und T sollten nur dann angewendet werden, wenn die Proben eine Prüfung nach C, A, B, F nicht zulassen, z. B. wenn die Proben zu dünn oder die Prüfflächen zu klein sind.					

[1]) Diese Verfahren werden auch als Superrockwellverfahren bezeichnet.

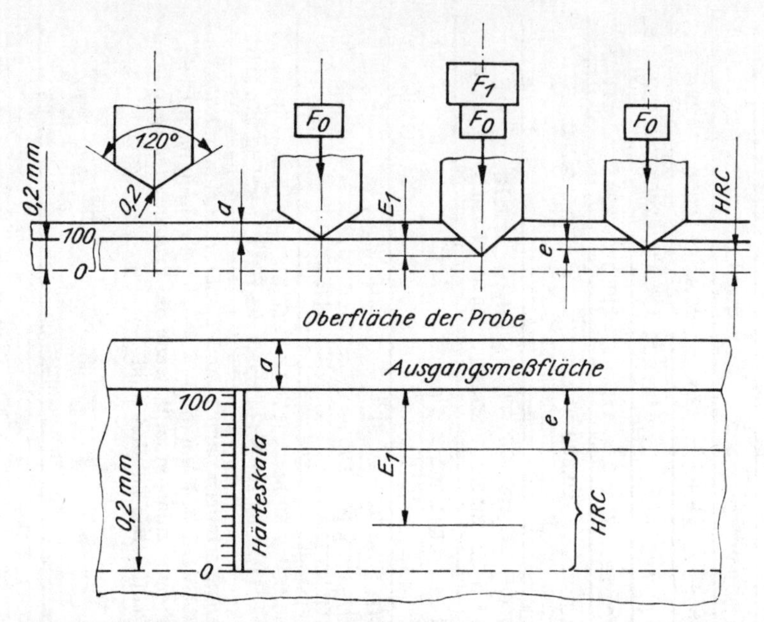

Bild 2.80. Härteprüfung nach *Rockwell*

Zur Ermittlung der Härte nach *Rockwell* gelangen mehrere Verfahrensvarianten zur Anwendung, die in Tabelle 2.18 zusammengestellt sind. Die mit Abstand am häufigsten eingesetzte Variante ist das Rockwell-C-Verfahren. Der ermittelte Härtewert steht jeweils vor dem Zeichen für das angewandte Verfahren, z. B. 47 HRC. Die Mindestprobendicke soll das Achtfache der Eindringtiefe e betragen und ist aus dem Härtewert leicht zu berechnen.
Im allgemeinen werden die Härteprüfungen auf ebenen Oberflächen durchgeführt. In einem bestimmten Umfang ist es jedoch auch möglich, Vickers- und Rockwellhärtewerte an konvexen und konkaven Oberflächen durchzuführen; der ermittelte Härtewert ist anhand von Tabellenwerten, die in den jeweiligen Prüfstandards zu finden sind, zu korrigieren.
Durch elektronische Messung der Eindringtiefe kann die Empfindlichkeit bei der Tiefenmessung so gesteigert werden, daß die Rockwellprüftechnik auch bei kleinen Prüfkräften in der Größenordnung von 10 N anwendbar ist.

2.3.2.4. Ermittlung der Kugeldruckhärte

Während bei metallischen Werkstoffen die plastische Verformung wesentlich größer ist als die elastische Verformung, überwiegt letztere bei den Polymerwerkstoffen, so daß die Bestimmung eines Härtewertes unter ausschließlicher Berücksichtigung der bleibenden Verformung bei dieser Werkstoffgruppe wenig sinnvoll wäre. Aus diesem Grunde wird die *Kugeldruckhärte* unter Last ermittelt.
In Anlehnung an das Brinellverfahren wird als Eindringkörper eine Kugel aus Stahl mit einem Durchmesser von 5 mm verwendet. Der Härtewert HK wird ebenfalls als Quotient aus der Prüfkraft F und der Kalottenoberfläche A berechnet. Als Meßgröße wird jedoch die Eindringtiefe h ermittelt.

Da es bei den immer vorhandenen Oberflächenrauhigkeiten nahezu unmöglich ist, die Oberfläche als Bezugsebene für die Tiefenmessung zu benutzen, wird wie bei dem Rockwellverfahren mit einer Vorkraft F_0 gearbeitet, deren Größe geräteabhängig ist; sie beträgt 4,9 N bei Geräten, mit denen die Eindringtiefe von der Oberfläche des Prüfkörpers, und 9,8 N bei Geräten, mit denen die Eindringtiefe vom Auflagetisch ausgehend gemessen wird. Anschließend wird die als Zusatzkraft F_1 bezeichnete Hauptkraft aufgebracht, 60 s belassen und danach die Eindringtiefe h gemessen. Letztere muß in den Grenzen 1,3 mm $\leqq h \leqq$ 3,6 mm liegen. Um diese Forderung einhalten zu können, wird die Zusatzkraft F_1 variiert: 49 N; 132,5 N und 960 N. Erfüllen mehrere Werte von F_1 diese Bedingung, so ist der niedrigste zu wählen. Die Berechnung der Kugeldruckhärte erfolgt nach der Gleichung

$$\mathrm{HK} = \frac{0{,}102 F_1}{D \pi h} \tag{2.133}$$

F_1 Zusatzkraft in N
D Kugeldurchmesser = 0,5 cm
h Eindringtiefe in cm

2.3.2.5. Kleinlasthärteprüfung

Die Ermittlung der Härte an Werkstoffen mit niedriger Härte (Zinn, Blei, Aluminium) und kleinen Probendicken, insbesondere aber an dünnen Schichten, erforderte den Einsatz immer geringerer Prüfkräfte und führte zur Gruppe der *Kleinlasthärteprüfverfahren*. Sie unterscheidet sich demzufolge von den bisher besprochenen Verfahren zur Bestimmung der Makrohärte nur in der Größe der Prüfkräfte, die zwischen 0,2 und 50 N (meist bei 10 N) liegen. Die damit verbundene wesentliche Verkleinerung ermöglichte den Bau transportabler Geräte, so daß nicht mehr eine Probe zum Gerät, sondern auch das Gerät zum Werkstoff gebracht werden kann. Die kleineren und oft kaum sichtbaren Eindrücke lassen in vielen Fällen die Prüfung endbehandelter (z. B. geschliffener) Oberflächen zu. Im Gegensatz zu den in Abschnitt 2.5.3. beschriebenen Verfahren ermöglichen sie darüber hinaus die Ermittlung direkter Härtewerte nach *Brinell* oder *Vickers*.

Handelsübliche Kleinlasthärteprüfgeräte sind zwar auch für die Prüfung nach *Brinell* (zum Einsatz kommt dabei die 1-mm-Kugel) eingerichtet, doch wird die Prüfung fast ausschließlich mit der Vickerspyramide bzw. dem Knoopdiamanten durchgeführt. Dabei wird der Härtewert HV nach Gl. (2.130) aus der Länge der Diagonalen und der Prüfkraft F errechnet. Während jedoch im Makrobereich die Vickershärte als unabhängig von der Prüfkraft angesehen werden kann, stellt man bei Prüfkräften unter 10 N eine zunehmende Abhängigkeit des Härtewerts von der Prüfkraft fest, und zwar wird er mit abnehmender Prüfkraft größer. Dies ist wahrscheinlich auf die stärkere Beeinflussung durch den nicht berücksichtigten Anteil der elastischen Verformung zurückzuführen. Damit ist in jedem Falle die Angabe der Prüfkraft erforderlich. Ein Vergleich von Härtewerten im Kleinlastbereich ist nur sinnvoll, wenn bei gleicher Kraft geprüft wurde.

Das Ausmessen der kleineren Eindrücke bereitet meßtechnische Schwierigkeiten; so beträgt z. B. die Länge einer Diagonalen bei HV 1 nur noch 0,13 mm für eine Härte von 110 HV. Aus diesem Grunde setzte *Knoop* als Eindringkörper eine Diamantpyramide mit rhombischer Grundfläche (Längskantenwinkel 172° 30′ und Querkantenwinkel 130°) ein (Bild 2.81). Dadurch ergibt sich ein Eindruck mit dem Diagona-

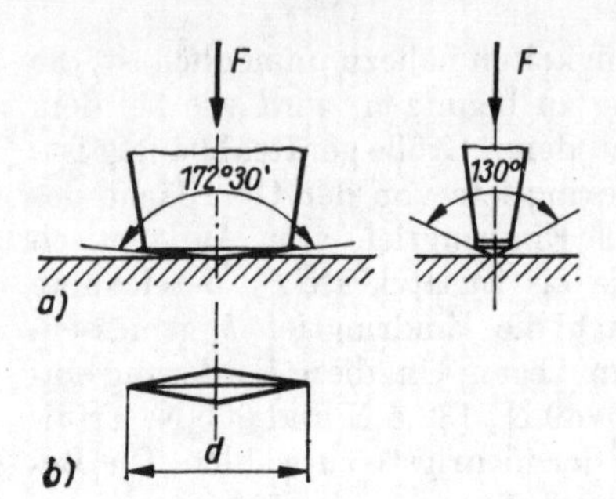

Bild 2.81. Härteprüfung nach *Knoop*

lenverhältnis 7 : 1. In Abweichung von den Festlegungen bei *Brinell* und *Vickers* wird die Knoophärte H_K als Quotient der Prüfkraft F zur Fläche des Eindrucks in Höhe der Werkstoffoberfläche errechnet:

$$H_K = \frac{0{,}102 \cdot 100F}{7{,}028d^2} \tag{2.134}$$

F Prüfkraft in N
d Länge der großen Diagonale in mm

Auf Grund dieses Unterschieds lassen sich Vickers- und Knoophärtewerte nicht unmittelbar vergleichen.
Die Eindringtiefe ist sehr gering und beträgt etwa $^1/_{30}$ der Länge der langen Diagonale. Damit ist das *Knoop-Verfahren* besonders zur Messung der Härte an dünnen, z. B. galvanisch aufgebrachten Schichten geeignet.

2.3.2.6. Mikrohärteprüfung

Im allgemeinen erfaßt man bei der Makro- und Kleinlasthärteprüfung mit dem Eindruck jeweils einen größeren Bereich der Oberfläche und erhält einen von vielen Gefügekörnern beeinflußten mittleren Härtewert. Ist es notwendig, die Härte eines einzelnen Gefügebestandteils zu bestimmen, muß die Prüfkraft so weit verringert werden, daß der Eindruck nur diesen Bestandteil erfaßt. Bei der *Mikrohärteprüfung* wird deshalb mit Prüfkräften zwischen 0,002 und 2 N gearbeitet und als Eindringkörper allgemein die Vickerspyramide verwendet. Sie wird in einer Bohrung der Frontlinse eines Mikroskops gefaßt, wobei ein ausreichender ringförmiger Teil der Linse für Beleuchtung und Abbildung frei bleibt. Die Prüfkraft wird über ein Federsystem aufgebracht; mit Rücksicht auf die Genauigkeit der Messung soll sie so groß wie möglich gewählt werden. Die obere Grenze wird unter anderem durch die Größe des zu untersuchenden Gefügebestandteils bestimmt, da diese ein Vielfaches der Eindruckgröße sein sollte. Diese Forderung gilt besonders für die Prüfung harter Kristalle in einer weichen Grundmasse, da sonst bei im Verhältnis zur Korngröße großen Eindrücken die harten Kristalle durchgedrückt werden. Bei der Prüfung der Härte dünner Oberflächenschichten soll die Dicke dieser Schicht das 10fache der Eindringtiefe bzw. das 1,5fache der Diagonallänge betragen. Bild 2.82 zeigt Mikrohärteeindrücke in einem zweiphasigen Werkstoff, dessen Phasen unterschiedliche Härte aufweisen.
Mikrohärteprüfungen können nur auf metallographisch polierten Oberflächen (Kapitel 4.) durchgeführt werden, da die Länge der Eindruckdiagonalen in der Regel unter 100 μm liegt.

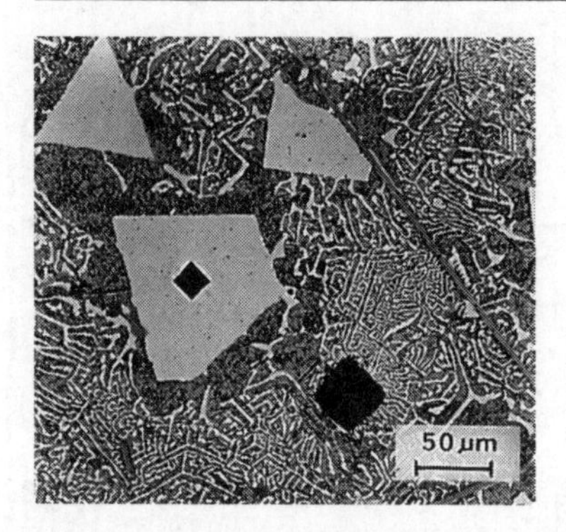

Bild 2.82. Mikrohärteeindrücke in einem zweiphasigen Werkstoff

2.3.3. Verfahren mit dynamischer Krafteinwirkung

Neben den Verfahren mit statischer Krafteinwirkung haben sich besonders in der betrieblichen Prüfpraxis auch Methoden bewährt, bei denen die Prüfkraft schlagartig aufgebracht wird. Die Härte läßt sich dann entweder wieder aus der Größe des bleibenden Eindrucks (dynamisch-plastische Verfahren, *Schlaghärteprüfung*) oder aus der Rücksprunghöhe des Eindringkörpers (dynamisch-elastische Verfahren, *Rücksprunghärteprüfung*) bestimmen.
Die dafür erforderlichen Geräte sind klein, handlich und transportabel. Dadurch ist es möglich, das Gerät an das Prüfobjekt zu bringen, so daß Prüfungen sowohl im Materiallager und auf Bau- oder Montagestellen als auch an großen Werkstücken oder Halbzeugen durchgeführt werden können, ohne daß eine Probe abgetrennt oder das Teil ausgebaut werden muß. Auf Grund der gegenüber den statischen Prüfverfahren geringeren Genauigkeit liegt ihr Einsatz hauptsächlich auf dem Gebiet der Grobsortierung und Gleichmäßigkeitsprüfung.

2.3.3.1. Dynamisch-plastische Verfahren

Diese Gruppe von Verfahren wurde in Anlehnung an das früher dominierende Brinellverfahren entwickelt. Beim *Baumannhammer* (Bild 2.83a) wird die Kugel schlagartig durch Federkraft in den zu prüfenden Werkstoff gedrückt. Die Versuchsbedingungen – Kugeldurchmesser 5 oder 10 mm, halbe oder ganze Federspannung – sind von der Härte des zu prüfenden Werkstoffs abhängig. Die Auswertung erfolgt durch Messung der Größe des Eindrucks. Umrechnungstabellen, die anhand der Ergebnisse zahlreicher Vergleichsprüfungen aufgestellt wurden, ermöglichen die Angabe in Brinellhärtewerten.
Ein ebenso handliches Gerät ist der *Poldihammer* (Bild 2.83b). Durch einen Schlag auf den Stempel wird von der Kugel im Werkstoff ein Eindruck erzeugt. Im Gegensatz zum Baumannhammer ist aber in diesem Fall die Größe der Kraft, die zum Erzeugen des Eindrucks aufgewendet wurde, nicht bekannt. Man benötigt aus diesem Grunde einen Vergleichsstab bekannter Härte, in dem durch den Schlag ebenfalls ein Eindruck erzeugt wird. Aus den Größen der beiden Eindruckdurchmesser (d_1 im Vergleichsstab; d_2 im Werkstoff) und des bekannten Brinellhärtewertes H_1 des Vergleichsstabs läßt sich der Härtewert H_2 des zu untersuchenden Werkstoffs ermitteln:

$$H_2 = H_1 \frac{D - (D^2 - d_1^2)^{1/2}}{D - (D^2 - d_2^2)^{1/2}} \tag{2.135}$$

D Kugeldurchmesser in mm

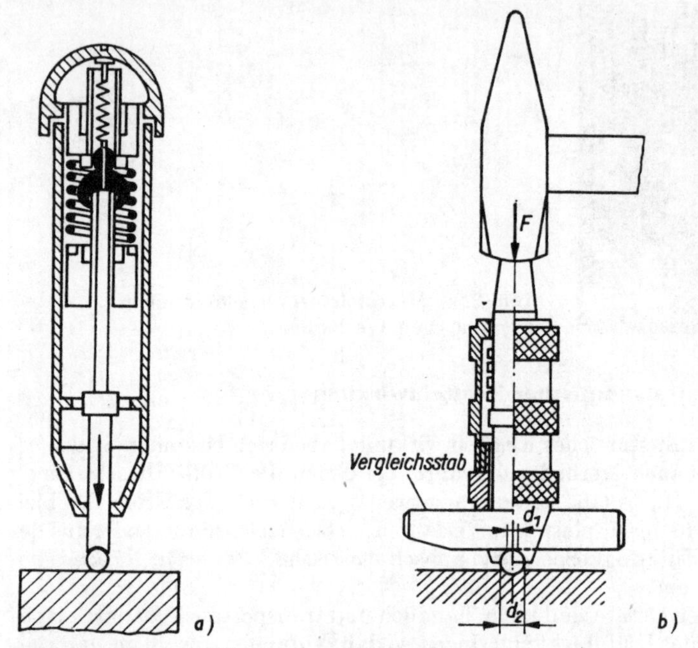

Bild 2.83. Dynamisch-plastische Härteprüfung
a) Baumannhammer
b) Poldihammer

Bei Prüfungen auf Verwechslung oder Grobsortierungen genügt oft schon die Feststellung, ob der geprüfte Werkstoff härter oder weicher als der Vergleichsstab ist; dementsprechend muß dann der Eindruckdurchmesser im Werkstoff kleiner oder größer sein.

2.3.3.2. Dynamisch-elastische Verfahren

Läßt man einen Prüfkörper (bei diesen Verfahren bezeichnet man die Prüfkörper meist als Hammer; eingesetzt werden Kugeln oder Hämmer entsprechender Form mit einer Diamantspitze) aus einer bestimmten Höhe auf die Oberfläche des zu prüfenden Werkstücks fallen, so springt er wieder zurück. An der annähernd punktförmigen Auftreffstelle des Hammers wird der Werkstoff plastisch verformt. Für diesen Verformungsprozeß wird ein Teil der Fallenergie verbraucht, so daß die ursprüngliche Höhe nicht mehr erreicht wird. Die Rücksprunghöhe ist um so größer, je kleiner der Anteil der plastischen Verformung des Werkstoffs ist. Das Hauptanwendungsgebiet dieser Methode ist die Prüfung größerer Werkstücke auf Gleichmäßigkeit der Oberflächenhärte. Da zudem beim Auftreffen des Hammers auf der Oberfläche in der Regel keine sichtbaren Eindrücke erzeugt werden, läßt sich die Prüfung auch auf bereits durch Schleifen endbearbeiteten Werkstücken durchführen, z. B. auf den Ballenflächen von Kaltwalzen. Vergleicht man die mit diesem Verfahren an verschiedenen Werkstoffen ermittelten Härtewerte, so ist zu berücksichtigen, daß ein solcher Vergleich nur sinnvoll ist, wenn die Werkstoffe annähernd den gleichen Elastizitätsmodul besitzen.

Das bekannteste Prüfgerät ist das *Skleroskop* nach *Shore*. Als Prüfkörper wird ein Hammer (Masse etwa 2 g) mit einer abgerundeten Diamantspitze verwendet. Das Prinzip der Prüfung ist in Bild 2.84a dargestellt. Als Härtewert gilt die Rücksprung-

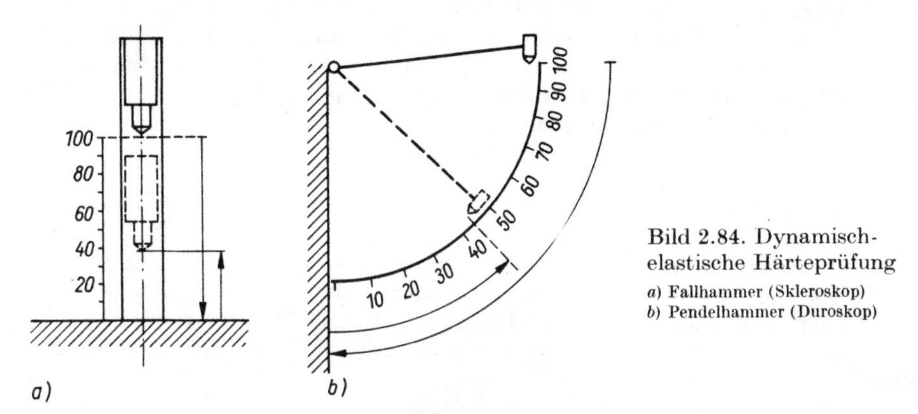

Bild 2.84. Dynamisch-elastische Härteprüfung
a) Fallhammer (Skleroskop)
b) Pendelhammer (Duroskop)

höhe, die an einer Skala mit einer willkürlich aufgestellten Teilung von 100 Intervallen direkt abgelesen wird. Da sich die Prüfgeräte oft in der Hammermasse, in der Form des Hammers und der Prüfspitze sowie in der Fallhöhe unterscheiden, ist mit der *Rücksprunghärte* stets das benutzte Prüfgerät anzugeben. Geräte dieser Art können naturgemäß nur dann zur Prüfung eingesetzt werden, wenn eine horizontale Oberfläche des Werkstücks vorliegt. Durch den Pendelhammer (Bild 2.84b) wird das Rücksprungprinzip auch auf die Prüfung senkrechter Flächen erweitert. Die Härtezahl wird bei diesen Geräten durch die Größe des Winkels beim Rückpendeln ausgedrückt. Außerdem weist es den Vorteil auf, daß die bei der Fallhärteprüfung unkontrollierbaren Reibungseinflüsse der Hammerführung ausgeschaltet werden.
Ein ähnliches Prüfprinzip liegt der Ermittlung der *Pendelhärte* an Anstrichen zugrunde. Auf einer Glasplatte wird unter definierten Bedingungen ein ein- oder mehrschichtiger Anstrich von 40 µm Dicke durch Streichen, Spritzen oder Lackieren aufgebracht. Ein Pendel wird um 6° ausgelenkt und trifft nach dem Auslösen auf die Platte. wobei die Bewegung des Pendels durch die unterschiedliche Härte der Anstrichfilme mehr oder weniger gedämpft wird. Als Kennwert der Pendelhärte

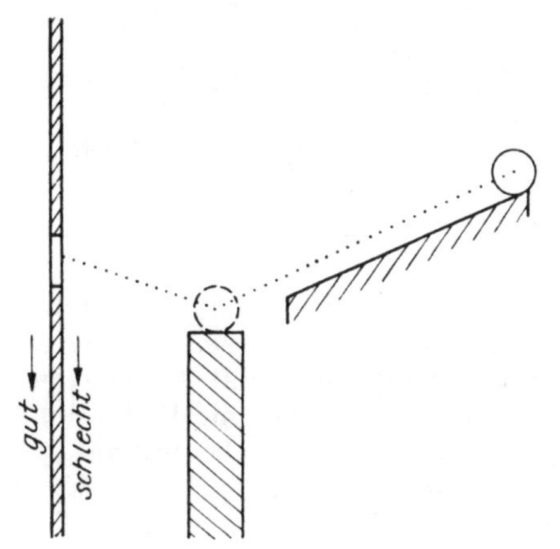

Bild 2.85. Gleichmäßigkeitsprüfung von Kugellagerkugeln

gilt die Schwingungsdauer in Sekunden, in der der Ausschlag des Pendels auf 3° abklingt.
Der Rücksprunghärteprüfung ist auch ein Verfahren zuzuordnen, dessen Prinzip in Bild 2.85 dargestellt ist. Mit dieser Methode werden Kugeln für Kugellager auf Härte, mehr noch aber auf Gleichmäßigkeit aller Eigenschaften geprüft. Nur wenn die Kugeln die geforderten Werte aufweisen und zudem frei von Rissen sind, ist ein Sprung durch das eng bemessene Loch möglich, d. h., es erfolgt eine Sortierung mit der Aussage gut (geeignet) – schlecht (ungeeignet).

2.3.4. Weitere Härteprüfverfahren

Die bisher beschriebenen Härteprüfverfahren werden hauptsächlich zur Prüfung von metallischen und polymeren Werkstoffen eingesetzt. Daneben gelangen speziell zur Prüfung nichtmetallischer Werkstoffe (Holz, Schichtpreßstoffe, Hartgummi, Asphalt usw.) weitere Verfahren zur Anwendung, die vielfach nur Relativmessungen ermöglichen.

Bestimmung der Saphir-Ritzhärte

Zur Prüfung endbehandelter Oberflächen von Werkstücken aus Holz und dekorativen Schichtpreßstoffplatten wird ein bereits von *Martens* (allerdings für die Prüfung von Metallen) vorgeschlagenes Verfahren eingesetzt. Es beruht darauf, daß die Oberfläche durch eine mit Massestücken von 25, 50, 100 oder 200 g belastete Saphirspitze (Durchmesser 0,7 mm, Kegelform mit Spitzenwinkel 50° und Spitzenradius 25 μm) geritzt wird. Als Maß für die Ritzhärte gilt die Belastung, die eine Furche von 50 μm Breite hervorruft.

Ermittlung der Härte nach Shore-A

Dieses Verfahren wird zur Prüfung von Gummi eingesetzt. Als Eindringkörper findet eine gehärtete Stahlnadel von 1,3 mm Durchmesser mit einem Kegelstumpf (Spitzenwinkel 35°, Abarbeitung der Spitze bis zu einem Durchmesser von 0,79 mm) Verwendung. Das Maß für die Härte ist die Eindringtiefe. Die Belastung wird mit einer Feder aufgebracht. Eine Skala in willkürlichen Einheiten von 0 bis 100 (lineare Teilung) ist so ausgelegt, daß der Shore-A-Härte Null eine maximale Eindringtiefe von 2,54 mm und der Shore-A-Härte 100 die Eindringtiefe Null entspricht. Es wird mit einer Vorkraft von 0,55 N gearbeitet; die Maximallast beträgt 8,06 N. In gleicher Weise wird auch die Härte nach Shore-D zur Prüfung von Hartgummi ermittelt. Der Eindringkörper hat jedoch bei gleichem Durchmesser eine Kegelspitze (Spitzenwinkel 30°, Spitzenradius 0,1 mm), und die Belastung variiert zwischen 0,98 N (Vorkraft) und einem Maximalwert von 44,1 N.

Bestimmung der Stempeleindrucktiefe

Mit dieser Methode wird die Härte an Prüfkörpern, Ausbruchstücken oder Bohrkernen aus Gußasphalt, Bitumenmastix, Sandasphalt und ähnlichen Gemischen ermittelt. Als Eindringkörper kommen Stempel mit ebener Prüffläche und Durchmessern von 25,2 mm (für die Prüfung von Gemischen für den Straßenbau) und 11,3 mm (für Gemische für den Hoch- und Tiefbau) zum Einsatz. Die Prüfkraft beträgt 514,5 N, die Einwirkdauer 0,5 oder 5 h. Als Maß für die Härte gilt die Stempeleindrucktiefe in mm.

2.3.5. Umrechnungsmöglichkeiten

Bei der Durchführung wissenschaftlicher oder betrieblicher Untersuchungen besteht häufig die Notwendigkeit, Härtewerte miteinander zu vergleichen, die mit verschiedenen Methoden bestimmt worden sind. Da bei einer Reihe von Verfahren der Härtewert anhand willkürlich aufgestellter Skalenteilungen ermittelt wird, ist eine exakte und wissenschaftlich fundierte Umrechnung nicht möglich, sieht man einmal von der bereits erwähnten Übereinstimmung der Werte nach *Brinell* und *Vickers* bis 350 HB ab. Um Vergleiche dennoch durchführen zu können, sind auf empirischer Basis Härtevergleichstabellen erarbeitet worden, die es gestatten, innerhalb bestimmter Grenzen Härtewerte, die mit verschiedenen Verfahren ermittelt worden sind, mit hinreichender Genauigkeit zu vergleichen.
Eine Härteprüfung bedarf eines wesentlich geringeren Aufwands als die Bestimmung eines Festigkeitskennwertes. Da auf Grund der gleichen parabolischen Abhängigkeit von der Versetzungsdichte bei metallischen Werkstoffen eine Proportionalität zwischen Härte und Zugfestigkeit zweifellos vorhanden ist, wurde in der Vergangenheit häufig der Versuch unternommen, diese Proportionalität in Form der Beziehung

$$R_{m} = c\,\mathrm{HB}\ (\text{oder HV}) \quad \text{in MPa} \tag{2.136}$$

quantitativ zu erfassen. Für den Faktor c werden im allgemeinen folgende Werte angegeben:

Stahl (außer austenitischem Stahl)		3,5
Kupfer, Messing, Aluminium- und Zinnbronze	geglüht	5,5
	kalt verformt	4,0
Aluminium und -legierungen		3,7

Es ist allerdings zu beachten, daß diese Umrechnungsfaktoren offensichtlich in größeren Grenzen schwanken, als bisher angenommen. Untersuchungen an einer Vielzahl von Stählen unterschiedlicher Zusammensetzung und unterschiedlichem Gefügezustand ergaben Werte zwischen 2,9 und 3,6. Neuere Untersuchungen zum Zusammenhang zwischen Versetzungsdichte, Härte und Zugfestigkeit haben den starken Einfluß der werkstoffabhängigen Plastizitätseigenschaften nachgewiesen, so daß eine Anwendung der Beziehung (2.136) nur dann sinnvoll ist, wenn der für die Art und den Zustand des Werkstoffs charakteristische Faktor c vorher auf experimentellem Wege bestimmt wurde. Erfolgt in Ausnahmefällen, z. B. bei Schadensuntersuchungen, eine Umrechnung, so ist die aus Härtekennwerten ermittelte Zugfestigkeit besonders zu kennzeichnen. Bei Abnahmeprüfungen oder Reklamationen darf die Bestimmung der Zugfestigkeit nicht durch eine Umrechnung aus der Härte ersetzt werden.

2.4. Technologische Prüfverfahren

Die *technologischen Prüfungen* gehören zu den ältesten Verfahren der Werkstoffprüfung. Kennzeichnend ist für sie die Untersuchung der Eignung des Werkstoffs für ein bestimmtes Fertigungsverfahren oder einen speziellen Verwendungszweck, wobei im Gegensatz zu den bisher behandelten mechanischen Prüfverfahren nicht einzelne Kennwerte mit möglichst geringer Meßunsicherheit ermittelt werden, sondern das

Gesamtverhalten des Werkstoffs zu beurteilen ist. Mit zunehmender Standardisierung werden allerdings auch bei den technologischen Prüfverfahren Kenngrößen festgelegt, die zu den Beanspruchungsbedingungen bei der Fertigung in Beziehung stehen, diese aber wegen der Vielzahl der Einflußfaktoren nicht vollständig erfassen können.

2.4.1. Prüfung der Umformbarkeit

Der Begriff der *Umformbarkeit* umfaßt die *Umformfestigkeit* und das *Umformvermögen*. Die Umformfestigkeit ist die zum Erreichen eines bestimmten Umformgrades erforderliche Fließspannung, die vor allem als Kennwert für die Dimensionierung von Umformmaschinen Bedeutung hat. Sie kann aus der Fließkurve des Werkstoffs abgeleitet werden. Die Fließspannung ist somit keine reine Werkstoffkenngröße, sondern abhängig von der vorangegangenen Verfestigung bzw. Entfestigung des Werkstoffs, der Umformtemperatur und -geschwindigkeit.

2.4.1.1. Prüfung der Kaltumformbarkeit

Die *Fließkurve* bringt den Zusammenhang zwischen der Fließspannung σ_F (auch als *Formänderungsfestigkeit* k_f bezeichnet) und der bleibenden logarithmischen Formänderung (*Umformgrad*) φ zum Ausdruck. Für metallische Werkstoffe gilt allgemein die *Ludwik-Gleichung*

$$\sigma_F = a\varphi^n \tag{2.137}$$

a Konstante
n Verfestigungsexponent

Die Umformgeschwindigkeit ist dabei konstant.
Fließkurven können mit Hilfe von Zug-, Zylinderstauch-, Kegelstauch-, Flachstauch- sowie Torsionsversuchen aufgenommen werden. Diese Verfahren sind aufwendig und langwierig, so daß eine rechnergestützte automatische Versuchsdurchführung und -auswertung zweckmäßig ist.
Das gebräuchlichste Prüfverfahren zur Ermittlung der Fließkurve ist der *Zugversuch*. Dazu werden aus dem wahren Spannungs-Dehnungs-Diagramm (Abschnitt 2.1.1.1.) die Fließspannung σ_F (wahre Zugspannung R_w) und die bleibende logarithmische Formänderung φ entnommen. Bild 2.86 zeigt die Fließkurven für unlegierte Stähle in Abhängigkeit vom Kohlenstoffgehalt. Eine doppelt logarithmische Darstellung der Fließkurve erlaubt die Ermittlung des *Verfestigungsexponenten* n aus dem Anstieg der Geraden. Einige Werkstoffe zeigen zwei (oder drei) Teilgeraden mit unterschiedlichem Anstieg. Man spricht dann vom sog. Doppel-n-Verhalten (bzw. Dreifach-n-Verhalten). Beim *Zylinderstauchversuch* wird eine zylindrische Probe mit dem Ausgangsdurchmesser d_0 bzw. der -fläche S_0 und einer Ausgangshöhe h_0 durch einachsigen Druck verformt. Da die Reibung der Stirnflächen eine zusätzliche Kraft hervorruft, ergibt sich die Fließspannung zu

$$\sigma_F = -\frac{F}{S}\,\frac{1}{\left(1 + \frac{1}{3}\mu\frac{d}{h}\right)} \tag{2.138}$$

wobei μ der Reibwert der Werkstoffpaarung, h die Probenhöhe, S die Querschnittfläche der Probe und d der Probendurchmesser während der Verformung bedeuten.

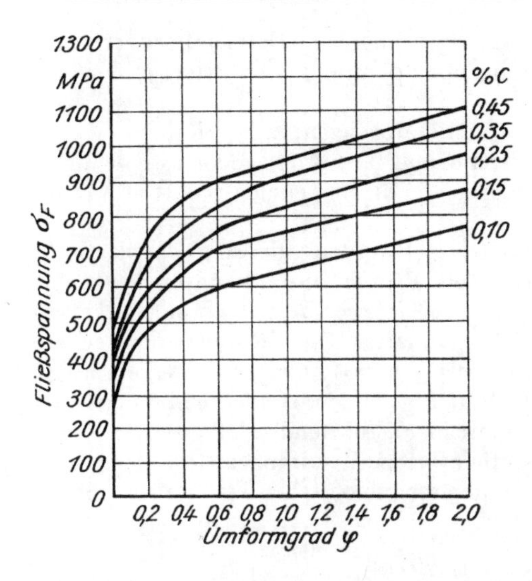

Bild 2.86. Fließkurven für unlegierte Stähle in Abhängigkeit vom Kohlenstoffgehalt bei Kaltverformung

Der Reibungseinfluß nimmt mit kleiner werdendem Verhältnis d/h ab. Das Verhältnis wird zu 0,5 gewählt, da bei kleineren Werten die Knickgefahr zunimmt.
Um eine Ausbauchung zu vermeiden, werden im *Kegelstauchversuch* zylindrische Proben mit kegelförmigen Eindrehungen an den Stirnflächen gestaucht. Der *Flachstauchversuch* wird zur Prüfung der Umformbarkeit bei ebener Formänderung durchgeführt. Dabei werden zwei gegenüberliegende Stempel mit ebener Preßfläche in eine flache Probe (Blech) eingedrückt. Um einen ebenen Dehnungszustand zu erreichen, müssen die Stempeldicke und das Breiten-Höhen-Verhältnis der Probe bestimmte Grenzwerte überschreiten.
Häufig wird der Torsionsversuch (Abschnitt 2.1.1.4.) zur Aufnahme der Fließkurve herangezogen. Der Vorteil dieses Versuchs liegt in der Vernachlässigung von Reibungseinflüssen und der Erzielung hoher Umformgrade. Die Vergleichbarkeit mit den Fließkurven des Zug- oder Stauchversuchs erfordert die Anwendung von *Fließkriterien*. Dabei ist nach dem Fließkriterium von *Tresca*

$$\sigma_F = 2\tau \qquad (2.139\,a)$$

bzw.

$$\varphi = \gamma/2 \qquad (2.139\,b)$$

und nach dem Fließkriterium von *Mises*

$$\sigma_F = \sqrt{3}\tau \qquad (2.140\,a)$$

bzw.

$$\psi = \gamma/\sqrt{3} \qquad (2.140\,b)$$

Je nach benutztem Prüfverfahren ergeben sich mehr oder weniger starke Unterschiede im Verlauf der Fließkurven. Diese Unterschiede sind vor allem durch die bei den verschiedenen Versuchen realisierten unterschiedlichen Spannungszustände zu erklären. So nimmt das Umformvermögen mit hydrostatischem Druck zu, und auch ausgesprochen spröde Werkstoffe werden plastisch verformbar. Der Einfluß des Spannungszustands auf das Umformvermögen läßt sich durch den auf die Vergleichsspan-

nung bezogenen Mittelwert der Hauptspannungen angeben. Das Umformvermögen ist dann als Kenngröße für die maximal mögliche Spannung ohne Bruch in der Umformzone definiert.
Für die Beurteilung des Umformverhaltens von Halbzeugen, z. B. Blechen, ist man bestrebt, Kenngrößen mit weitgehender allgemeingültiger Aussage anzuwenden, wobei die Kennwerte in einem möglichst wenig aufwendigen Versuch ermittelt werden sollen.
Bleche und Bänder, die durch Tiefziehen verarbeitet werden, müssen große plastische Verformungen ohne Anrißbildung ertragen. Kein Prüfverfahren kann bis heute voll die Tiefziehfähigkeit ermitteln, wobei der Begriff *Tiefziehfähigkeit* sowohl werkstoff- als auch verfahrensgebundene Einflußgrößen beinhaltet. Die nachbildenden technologischen Prüfverfahren liefern Kennwerte, deren Übertragung auf die Verarbeitung mit Großwerkzeugen schwierig ist, da die Reibungs- und Schmierbedingungen der Praxis und die Formenvielfalt der Ziehteile nicht ausreichend erfaßt werden. Diese Einflußfaktoren können sogar den Werkstoffeinfluß zurückdrängen.
Der *Tiefungsversuch* nach *Erichsen* hat unter den technologischen Blechprüfungen die

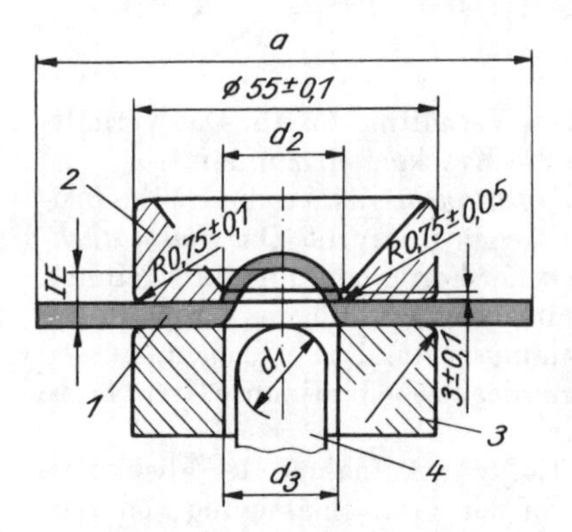

Bild 2.87. Tiefungsversuch nach *Erichsen*
1 Probe
2 Matrize
3 Halter
4 Stempel
d_1 Durchmesser des kugelförmigen Stempelendes
d_2 Innendurchmesser der Matrize
d_3 Innendurchmesser des Halters
a Probenbreite
IE Tiefe der Kalotte

größte Bedeutung, insbesondere wegen seiner Einfachheit. Er erfolgt mit der im Bild 2.87 dargestellten Vorrichtung. Der zu untersuchende Blechstreifen mit einer Breite *a* von mindestens 13 bis 90 mm und einer Dicke von 0,2 bis 2 mm wird zwischen einem Blechhalter und einer Matrize eingespannt. Dann wird ein Stempel mit polierter Stahlkugel (5 bis 20 mm/min) eingedrückt, so daß es zum Einbeulen des kreisförmigen Blechbereichs (Ronde) in Form einer Kugelkalotte kommt. Als Kennwert für die Tiefziehfähigkeit wird die Tiefe der Kalotte IE bis zum Anriß des Blechs ermittelt. Hierzu wird die dem Stempel abgewandte Blechoberfläche über eine Beleuchtungseinrichtung mit einem Spiegel beobachtet. Bei gleichmäßig starker Blechverformung in Längs- und Querrichtung ist der Riß kreisförmig, bei einer bevorzugten Walzrichtung mit Ausbildung einer Textur geradlinig. An einem grobkörnigen Blech sind in der Oberfläche des tiefgezogenen Blechbereichs Narben (Apfelsinenhaut) zu erkennen (Bild 2.88). Die erreichte Kalottentiefe wird auf 0,1 mm genau abgelesen und mit entsprechenden Richtkurven (Bild 2.89) verglichen. Bei der Festlegung der Kalottentiefe aus dem plötzlichen Absinken der Tiefungskraft ist die Kennzeichnung durch den Buchstaben H zu ergänzen: IE^H.
Die Erichsenprüfung charakterisiert vor allem die *Streckziehfähigkeit*. Beim reinen Streckziehen erfolgt unter zweiachsigem Zug die Umformung aus der Blechdicke heraus, und die Hauptumformzone ist das Zentrum der Blechronde. Dagegen treten beim

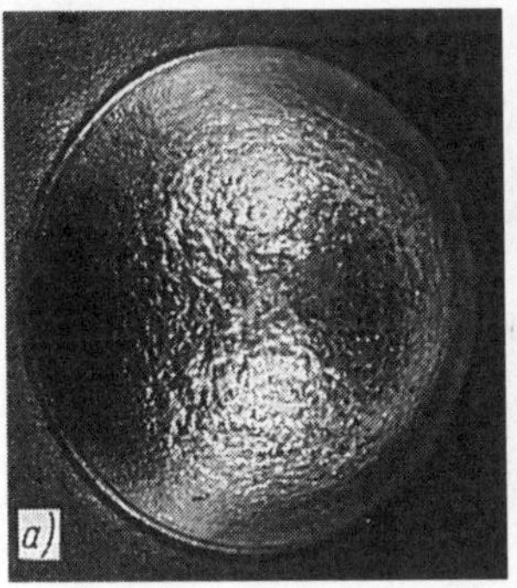

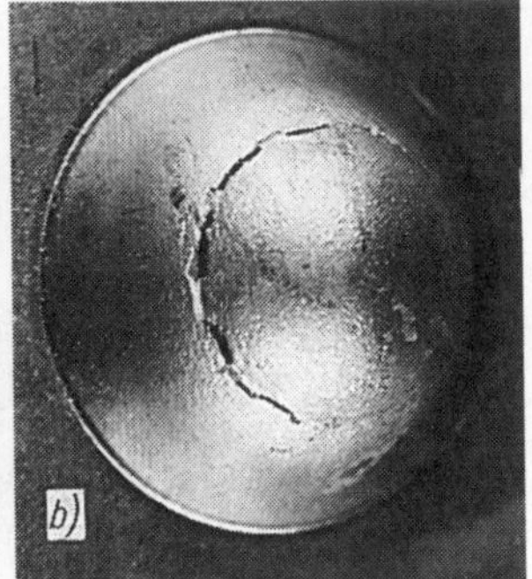

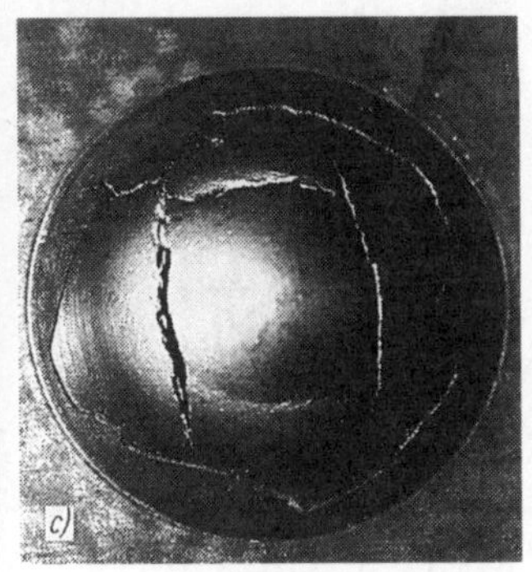

Bild 2.88. Proben nach der Tiefungsprüfung

a) Apfelsinenhaut infolge Grobkorns
b) isotropes Blech
c) anisotropes Blech

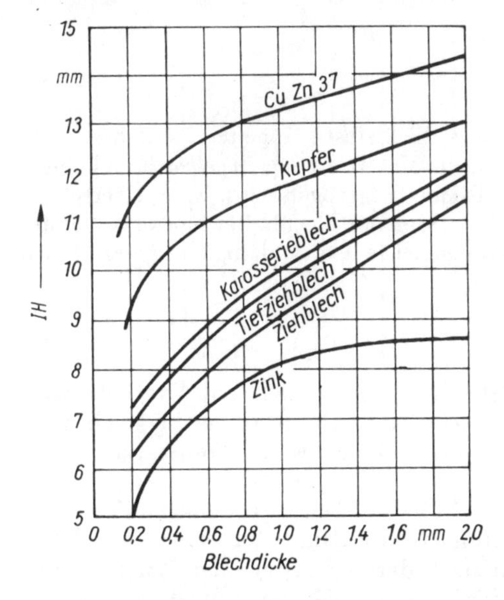

Bild 2.89. Zusammenhang zwischen Tiefung und Blechdicke für verschiedene Werkstoffe

reinen Tiefziehen Formänderungen durch tangentiales Stauchen und damit verbundenes radiales Strecken des Flansches ohne wesentliche Blechdickenänderung auf.
Der *Näpfchenziehversuch* mit Flachbodenstempel stellt die klassische Tiefziehprüfung dar. Bei diesem Versuch werden Blechronden mit verschiedenen Durchmessern D mittels eines zylindrischen Stempels (Durchmesser d_1) durch eine Matrize tiefgezogen, so daß ein Näpfchen mit dem Durchmesser $d > d_1$ entsteht (Bild 2.90). Die Versuchseinrichtung entspricht der Tiefungsprüfung bei verändertem Ziehwerkzeug. Als Maß für die Tiefziehfähigkeit wird der Durchmesser $D_{\max}$ einer Ronde ermittelt, die ohne zu reißen zum Näpfchen gezogen werden kann. Meist tritt ein Bodenreißer in Umfangsrichtung auf. Als Kennwert dient das *Grenzziehverhältnis*

$$\beta_{\max} = \frac{D_{\max}}{d} \qquad (2.141)$$

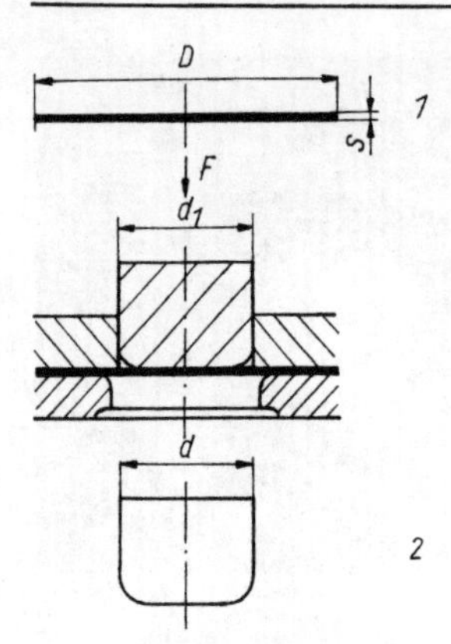

Bild 2.90. Näpfchenziehversuch
1 Ronde *2* gezogenes Näpfchen

Eine verschärfte Prüfbedingung liegt vor, wenn die Näpfchen anschließend zu Näpfchen mit einem kleineren Durchmesser verformt werden. Ist im Blech eine Textur vorhanden, tritt eine unerwünschte *Zipfelbildung* auf. Ein Maß für diese Zipfelbildung ist die Zipfelhöhe:

$$H = \frac{h_{max} - h_{min}}{h_{min}} \cdot 100 \quad \text{in } \% \tag{2.142}$$

Dabei bedeuten h_{max} und h_{min} die größte bzw. die kleinste Höhe des Näpfchens.
Eine Variante des Näpfchenziehversuchs ist die Methode nach *Engelhardt* und *Gross*, bei der eine zu kleine, d. h. unterkritische Ronde tiefgezogen wird. Nach Überschreiten der maximal dafür nötigen Ziehkraft F_z werden der Blechhalter blockiert und der Bodenreißer bei der Abreißkraft F_{ab} erzwungen. Die Tiefziehfähigkeit T ergibt sich dann zu

$$T = \frac{F_{ab} - F_z}{F_{ab}} . 100 \quad \text{in } \% \tag{2.143}$$

Zur Charakterisierung der Kaltumformbarkeit von Feinblechen werden auch die *senkrechte Anisotropie* r und der *Verfestigungsexponent* n ermittelt, da sie die Möglichkeit einer werkstoffphysikalisch begründeten Beurteilung der Kaltumformbarkeit erlauben.
Die senkrechte Anisotropie kennzeichnet die Größe des Texturzustands im Feinblech. Dazu werden Proben im Zugversuch kontinuierlich gedehnt. Im Gebiet der Gleichmaßdehnung (Abschnitt 2.1.1.1.) werden die Änderungen der Länge L, der Breite b und der Dicke s in Abhängigkeit von der Fließspannung gemessen und daraus die bleibenden logarithmischen Formänderungen ermittelt:

$$\varphi_L = \int_{L_0}^{L_1} \frac{dL}{L} = \ln \frac{L_1}{L_0} \tag{2.144a}$$

$$\varphi_b = \int_{b_0}^{b_1} \frac{db}{b} = \ln \frac{b_1}{b_0} \tag{2.144b}$$

$$\varphi_s = \int_{s_0}^{s_1} \frac{ds}{s} = \ln \frac{s_1}{s} \tag{2.144c}$$

L_0, b_0, s_0 sind die Abmessungen vor und L_1, b_1, s_1 nach der Verformung. Der Werkstoff zeigt makroskopisch isotropes Verformungsverhalten, wenn

$$\varphi_b = \varphi_s \tag{2.145}$$

ist.
Die senkrechte Anisotropie

$$r = \frac{\varphi_b}{\varphi_s} = \frac{\ln \frac{b_1}{b_0}}{\ln \frac{s_1}{s_0}} \tag{2.146}$$

kennzeichnet somit als Proportionalitätsfaktor die Anisotropie. Er gibt an, wie sich eine Längenformänderung auf die Breiten- und Dickenformänderung verteilt, da wegen der Volumenkonstanz gilt:

$$\varphi_L + \varphi_b + \varphi_s = 0 \tag{2.147}$$

Man ermittelt deshalb den r-Wert zweckmäßig aus der Längen- und Breitenformänderung (Bild 2.91) nach der Reckung einer Zugprobe um einen bestimmten Betrag zu

$$r = \frac{\ln \frac{b_0}{b_1}}{\ln \frac{L_1}{L_0} \frac{b_1}{b_0}} \tag{2.148}$$

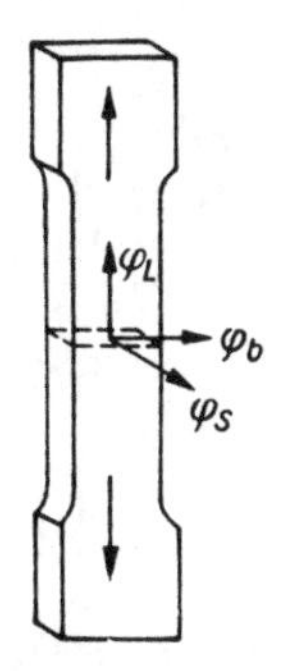

Bild 2.91. Ermittlung der senkrechten Anisotropie an einer Zugprobe

Der Fall $r = 1$ liegt vor, wenn die Probe beim Recken gleichermaßen aus der Dicke und der Breite fließt. Angestrebt wird $r > 1$, da dann auf Grund der geringen Wanddickenänderung das Grenzziehverhältnis erhöht werden kann. Bei kleinen r-Werten fließt der Werkstoff aus der Wanddicke nach, und das Tiefziehverhalten ist schlecht. Beruhigte Stähle haben höhere r-Werte (1,4 bis 1,8) als unberuhigte (0,8 bis 1,2). Der r-Wert kann durch Textur und durch Abbinden des Kohlenstoffs und Stickstoffs vergrößert werden.
Proben aus einer Blechtafel, die unter verschiedenen Winkeln zur Walzrichtung entnommen waren, liefern unterschiedliche r-Werte. Deshalb wird ein Mittelwert r_m definiert:

$$r_m = \frac{r_0 + r_{90} + 2r_{45}}{4} \tag{2.149}$$

wobei zur Ermittlung von r_0 die Proben in Walzrichtung, von r_{90} in Querrichtung und von r_{45} in Diagonalrichtung, d. h. unter 45° zu den Kanten, entnommen werden. Die Verteilung der r-Werte in der Blechebene wird gekennzeichnet durch die ebene Anisotropie Δr

$$\Delta r = \frac{r_0 + r_{90} - 2r_{45}}{2} \tag{2.150}$$

Ein Blech, das in der Ebene sehr stark anisotrop ist, liefert einen großen Absolutwert für Δr. Das Blech neigt dann zur Zipfelbildung. Mit automatisierten Prüfmaschinen (Abschnitt 2.1.1.1.) ist es möglich, aus der während des Versuchs kontinuierlich gemessenen Längen- und Breitenänderung die r-Werte zu berechnen.
Der Verfestigungsexponent n wird ebenfalls aus dem Zugversuch an einer dem Feinblech entsprechenden Probeform ermittelt. Für zwei Punkte der Fließkurve gilt

$$n = \frac{\ln \dfrac{\sigma_{F1}}{\sigma_{F2}}}{\ln \dfrac{\varphi_1}{\varphi_2}} \tag{2.151}$$

σ_F Fließspannung

Die Größe des Verfestigungsexponenten n gibt an, wie weit der Werkstoff gereckt werden kann, ohne daß eine Einschnürung auftritt. Der n-Wert ist für Werkstoffe mit Einschnürdehnung, d. h. mit einem Maximum in der Spannungs-Dehnungs-Kurve, und unter Gültigkeit der Gl. (2.151) gleich der logarithmischen Gleichmaßdehnung

$$n = \varphi_{gl} \tag{2.152}$$

Um eine hohe Meßgenauigkeit zu erhalten, werden im Bereich der Gleichmaßdehnung mindestens 7 Kraftstufen so gewählt, daß die Formänderungen in logarithmischer Darstellung etwa gleiche Abstände aufweisen. Der n-Wert ist dann über eine Ausgleichsrechnung zu ermitteln. Auch die Bestimmung aus zweimal je 2 Dehnstufen der Fließkurve ist möglich. Für die Untersuchung eines Blechs werden je eine Probe unter 0°, 90° und 45° zur Walzrichtung entnommen. Dann errechnet sich der n-Wert zu

$$n = \frac{n_0 + n_{90} + 2n_{45}}{4} \tag{2.153}$$

Während der r-Wert die Eignung des Feinblechs zum Tiefziehen charakterisiert, gibt der n-Wert eine Aussage über die Streckziehfähigkeit.
Eine allgemein befriedigende Vorhersage des Tiefziehverhaltens ist auch mit den r- und n-Werten nicht möglich. Von großer praktischer Bedeutung ist deshalb die *Formänderungsanalyse* am Blech selbst, indem vor dem Umformen ein Meßraster mit Kreisen aufgebracht wird. Die an den Änderungen der Rasterabmessungen nach dem Umformen erkennbaren örtlichen Verformungen klassifiziert man nach Bild 2.92a und vergleicht sie mit der Grenzformänderungskurve des betreffenden Stahls (Bild 2.92b). Damit läßt sich der Abstand der Fertigungsbedingungen von der Versagensgrenze abschätzen. Der Verlauf der *Grenzformänderungskurve* wird durch Aufnahme der Grenzformänderungen φ_1 und φ_2 bei Eintreten einer plastischen Instabilität, d. h. einer Einschnürung in Abhängigkeit vom Spannungsverhältnis σ_2/σ_1, ermittelt. Dazu werden Streifen unterschiedlicher Breite in einer Dualformpresse durch Eindrücken eines halbkugelförmigen Stempels von 200 mm Durchmesser gestreckt. Die Streifenbreiten-

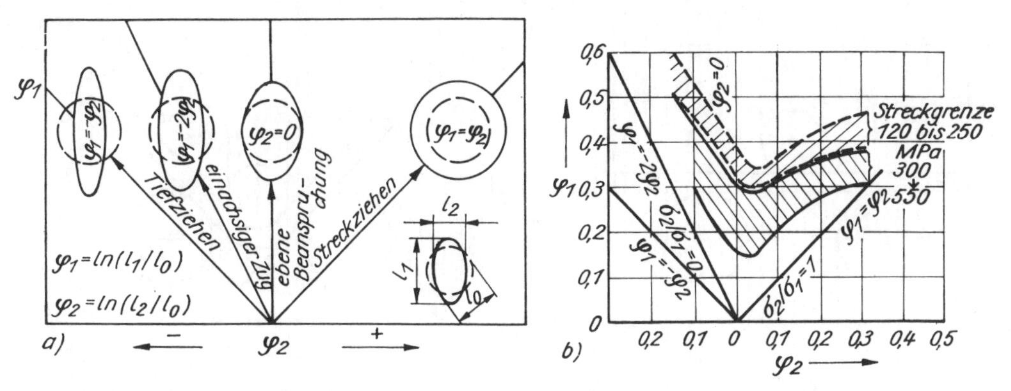

Bild 2.92

a) Veränderung der Meßrasterkreise bei verschiedenen Umformverfahren (nach *Just*)
Index *0*: vor der Umformung
Index *1*, *2*: nach der Umformung $\varphi_1 > \varphi_2$
b) Kurven der Grenzformänderung für verschiedene Feinblechsorten (0,8 bis 1 mm Blechdicke) (nach *Just*)

variation ermöglicht die Einstellung unterschiedlicher Spannungsverhältnisse über einen größeren Bereich von φ_2. Auf angebrachten Meßkreisen werden φ_1 und φ_2 ausgemessen. Während diese Grenzformänderungswerte für den Bruchbeginn gut zu ermitteln sind, gibt es für den Einschnürbeginn graphische Auswerteverfahren auf der Grundlage einer Definition des Fließbeginns bei einem bestimmten Verhältnis der Werte von φ_1 und φ_2.

Neben diesen aus dem Plastizitätsverhalten der Werkstoffe abgeleiteten Prüfverfahren finden in der Praxis noch weitere Verfahren Anwendung, deren Eignung für die Charakterisierung des Umformverhaltens zunächst rein empirisch erkannt wurde.

Biege- und *Faltversuche* dienen zum Nachweis der Umformbarkeit eines Werkstoffs oder einer Schweißverbindung. Ermittelt werden vor allem der Werkstoffeinfluß (Härte bzw. Festigkeit) und der Einfluß der Werkstückdicke, da mit steigenden Werten dieser Einflußfaktoren das Umformvermögen sinkt.

Bei der Durchführung des Versuchs wird eine Probe (meist handelt es sich um Flachstäbe von 20 bis 50 mm Breite und 200 bis 300 mm Länge) langsam um einen Dorn gebogen (Bild 2.93). Als Kennwert wird der *Biegewinkel* α, den der Werkstoff bis zum ersten Anriß auf der Zugseite aushält, ermittelt. Der Versuch kann auch nach Erreichen eines vorgegebenen Biegewinkels, bei dem noch keine Anrisse auftreten dürfen, beendet werden. Eine extreme Biegung bis zu einem Biegewinkel von 180° nennt man Falten.

Der Versuch wird meist mittels entsprechender Vorrichtungen in Zug-Druck-Prüfmaschinen durchgeführt, um eine stetige und langsame Biegung zu gewährleisten. Bei der Probenahme ist auf die Lage der Probe zur Faserrichtung zu achten. Die Oberfläche der Probe hat einen erheblichen Einfluß, da Riefen, Überwalzungen usw. infolge ihrer Kerbwirkung ein vermindertes Umformvermögen bewirken. Wenn in der Probe absichtlich ein einseitiger Kerb (Öffnungswinkel 60°, Kerbtiefe 20% Blechdicke) eingebracht wird, spricht man vom *Kerbfaltversuch*. Der Versuch soll den Kerbeinfluß auf das Umformvermögen charakterisieren.

Der Biegeversuch wird auch an Rohren mit Außendurchmessern bis 60 mm durchgeführt. Bei größeren Durchmessern werden Quer- und Längsstreifenproben entnommen und dem Faltversuch unterworfen.

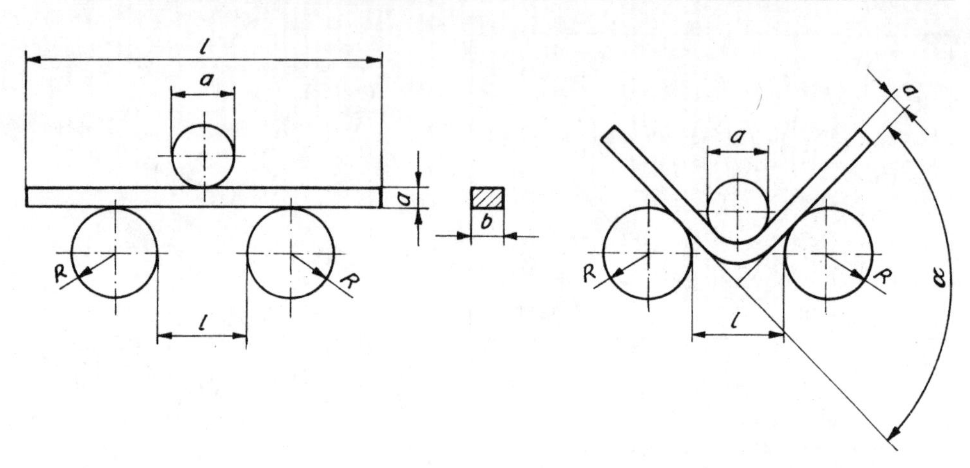

Bild 2.93. Faltversuch

D Dorndurchmesser; R Radius der Auflage
a Probendicke $a \leqq 25$ mm
b Probenbreite: l Abstand zwischen den Auflagen: $l = D + 3a$
L Probenlänge

Feinbleche und Bänder prüft man im Faltversuch auf Walzfehler, Seigerungen und ungleiche Blechdicke. Hierzu werden Streifen von 20 bis 50 mm Breite in Walzrichtung entnommen und über den rechten Winkel hinaus gebogen, wobei man die Schenkel unter Zwischenlegen eines Blechs gleicher Dicke in einer Presse zusammendrückt. Die Probendicke darf 25 mm nicht überschreiten, gegebenenfalls muß sie auf dieses Maß abgearbeitet werden. Auf der Außenseite dürfen nach dem Falten keine Risse auftreten. Eine Verschärfung des Faltversuchs für Bleche bis 3 mm ist der *Doppelfaltversuch*. Es werden Tafeln von 200 mm × 200 mm zunächst ohne Zwischenlegen eines Bleches so gefaltet, daß die Schenkel aufeinanderliegen, nachdem sie vorher bis zu einem Winkel von 100° um einen Dorn von 10 mm Durchmesser manuell vorgebogen worden sind. Anschließend wird das Blech senkrecht zur ersten Faltung nochmals gefaltet (ähnlich wie man ein Taschentuch zusammenlegt). Das Blech darf nach der Beanspruchung keine Risse aufweisen. Ein grobkörniger Werkstoff zeigt auf der Zugseite eine narbige Oberfläche.
Die Kennzeichnung des Umformvermögens beim Biege- und Faltversuch durch den Biegewinkel bis zum Anriß erlaubt nur dann vergleichbare Versuchsergebnisse, wenn durch Wahl geeigneter Werte für das Verhältnis von Breite zu Dicke der Proben an der zugseitigen Probenoberfläche gleiche Spannungszustände auftreten. Beträgt das Verhältnis mehr als 0,5, so ist das Umformvermögen durch die behinderte Querformänderung herabgesetzt, während es bei zu kleinen Probenbreiten wiederum durch die behinderte Dickenformänderung vermindert ist. Ein Werkstoffvergleich ist nur bei gleichem Verfestigungsverhalten möglich.
Für Stahlbleche höherer Festigkeit und Blechdicken von 0,2 bis 5 mm wird der *Abkantversuch* durchgeführt. Blechstreifen von 100 mm Länge und 40 mm Breite werden in einer Prüfvorrichtung, die aus einem 60°-Prisma als Druckstempel und einer entsprechenden Gegenform besteht, abgekantet. In der Biegezone dürfen keine Anrisse auftreten. Im Anschluß an diesen Versuch ist bei rißfrei gebliebenen Stahlblechen eine Prüfung der *Alterungsanfälligkeit* möglich. Dazu werden die abgekanteten Bleche durch eine Glühbehandlung von 2 h bei 520 K einer künstlichen Alterung un-

terzogen und schlagartig wieder geradegebogen. Ein alterungsbeständiger Stahl muß diesen Vorgang ohne Anriß überstehen.
Der Biegeversuch wird auch zur Prüfung von schmelzgeschweißten Stumpfnähten eingesetzt. Die Stäbe werden quer zur Schweißnaht mit einer Breite von 20 mm so entnommen, daß die Schweißnaht in der Probenmitte liegt. Die Wurzel der Naht ist nach Bild 2.93 dem Druckstempel zugekehrt. Angegeben wird der Biegewinkel α, bei dem ein erster Anriß auf der Zugseite beobachtet wird. Soll beim Biegen ein Bruch erzielt werden, ist zur Verformungsbehinderung in die Zugseite der Naht ein Kerb einzubringen.
Der *Hin-* und *Herbiegeversuch* spiegelt das Umformvermögen des Werkstoffs wider, wenn bei der Umformung Richtungswechsel der Beanspruchung auftreten. Mit diesem Versuch prüft man Feinbleche bis zu 3 mm Dicke und Drähte im Durchmesserbereich von 0,5 bis 8 mm. Bei Drähten zählt als eine Biegung das Umlegen in die Waagerechte und das Zurückbiegen in die Senkrechte, wobei die Biegung abwechselnd nach links und rechts erfolgt. Bei Blechen gilt als eine Biegung eine Ausbiegung nach rechts und links um 90° und anschließend eine Rückbiegung in die Ausgangsstellung. Als Gütemaß dient die Zahl der Biegungen bis zum Bruch, d. h. bei Drähten bis zum vollständigen Bruch, bei Blechen bis zum Anriß, der sich mindestens über die halbe Probendicke erstrecken muß. Für diese Versuche werden Hin- und Herbiegeprüfer mit Zählwerk verwendet.
Der *Verwindeversuch* wird bei Blechen und Drähten zur Prüfung auf Gleichmäßigkeit und Umformfähigkeit durchgeführt. In Feinblechwalzwerken dient er als Zwischenversuch zur Überwachung von Platinen, die zu Tiefziehblechen ausgewalzt werden sollen. Man entnimmt von verschiedenen Stellen der Platine Proben, deren Breite gleich der Dicke der Platinen ist; die Länge beträgt 300 mm. Diese Proben werden zweimal um 360° verdreht, wobei sich Fehler wie Dopplungen oder schlecht verschweißbare Gasblasen als Anriß markieren. Die Weiterverarbeitung der Platine zu Tiefziehblech ist dann auszuschließen.
Der Verwindeversuch findet weiterhin Anwendung bei Drähten von 0,3 bis 7 mm Durchmesser. Die Versuchslänge beträgt das 50- bis 200fache des Durchmessers, die Gesamtlänge der Probe soll mindestens 100 mm länger sein. Der Draht ist drehsicher und ohne Beschädigung festzuklemmen. Ein in der Längsachse verschiebbarer Einspannkopf gewährleistet das Aufbringen einer geringen Zugbeanspruchung von etwa 2% der Nennfestigkeit bei Stahldrähten, damit die Probe beim Verdrehen nicht seitlich ausweicht. Als Kennwert wird die Anzahl der Umdrehungen bis zum Bruch ermittelt. Örtliche Fehlstellen wie Kerben, Riefen und Rostnarben beeinflussen das Ergebnis oft beträchtlich. Bild 2.94 zeigt den schraubenförmigen Normalspannungsbruch einer Verwindeprobe.

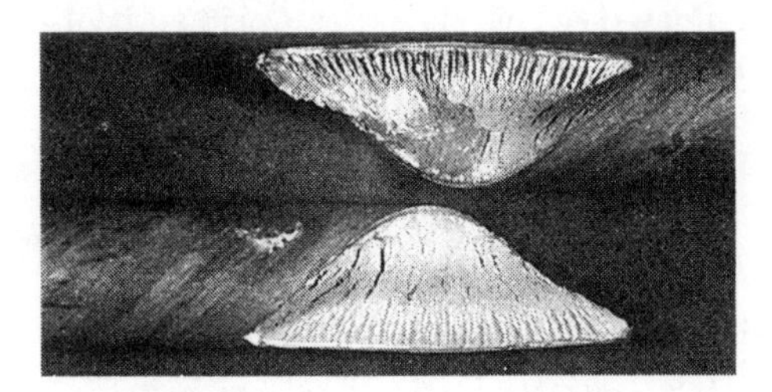

Bild 2.94. Normalspannungsbruch einer Verwindeprobe

Der *Wickelversuch* wird bei Drähten zur Ermittlung des Formänderungsvermögens bzw. zur Ermittlung der Haftfestigkeit von Überzügen auf dem Drahtgrundwerkstoff durchgeführt. Für den Wickelversuch kann die gleiche Prüfvorrichtung wie für den Verwindeversuch benutzt werden. Der Draht wird mit einer Geschwindigkeit von 1 Windung je Sekunde auf einen Dorn direkt auf- oder abgewickelt. Der Dorndurchmesser, die Zahl der auf- bzw. abzuwickelnden Windungen und die zulässigen Oberflächenfehler nach dem Versuch sind zu vereinbaren. Bei der Prüfung von Drähten mit Überzügen ist festzustellen, ob der Überzug nach dem Versuch abblättert oder rissig geworden ist.
Zur Prüfung der Fähigkeit von Rohren, eine Bördelung ohne Rißbildung zu ertragen, wird der *Bördelversuch* durchgeführt. Zunächst wird ein Aufweitdorn mit der Form eines Kegelstumpfes in das Rohr getrieben (Bild 2.95a) und anschließend ein Abplattdorn aufgedrückt (Bild 2.95b). Die Bördelbreite b soll mindestens das 1,5fache der Rohrwanddicke betragen. Treten in der Zone der größten Verformung vor Erreichen der geforderten Bördelbreite Risse auf, ist die bis dahin erreichte Bördelbreite anzugeben.

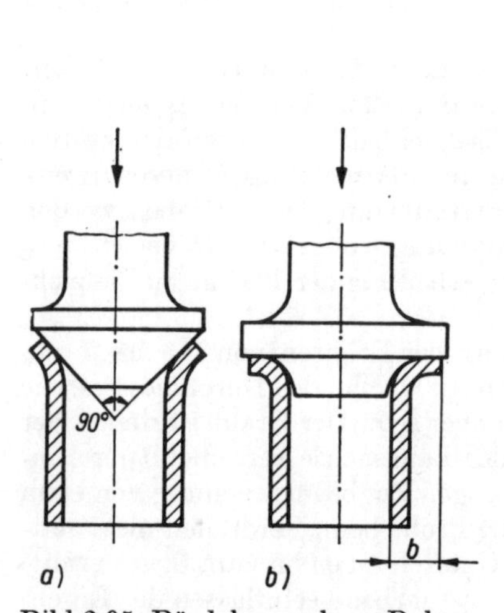

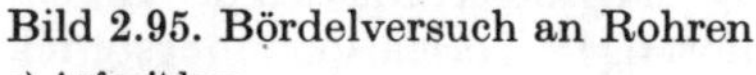

Bild 2.95. Bördelversuch an Rohren
a) Aufweitdorn
b) Abplattdorn

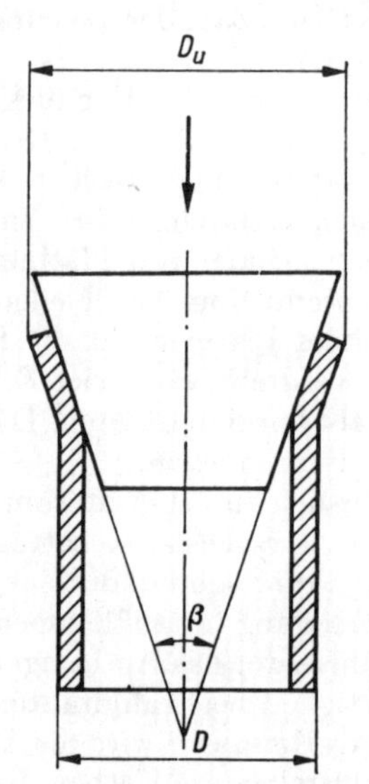

Bild 2.96. Rohraufweitversuch

Beim *Rohraufweitversuch* wird das Rohr mit einem Außendurchmesser bis 150 mm und einer Wanddicke von höchstens 9 mm durch Eintreiben eines Kegeldorns mit einem Winkel $\beta = 30, 45, 60, 90$ oder $120°$ aufgeweitet, bis ein erster Anriß zu beobachten bzw. eine vorgeschriebene Aufweitung W erreicht ist, die sich nach Bild 2.96 zu

$$W = \frac{D_u - D}{D} \; 100 \quad \text{in } \% \tag{2.154}$$

ergibt.
Der *Ringaufdornversuch* besteht in der Weitung eines vom Rohr (18 bis 150 mm Außendurchmesser, Wanddicke mindestens 2 mm) abgetrennten Rings auf einem kegeligen

Dorn (Kegelneigung 1:5 oder 1:10) mittels einer Presse bis zu einem vorgeschriebenen Dehnungsbetrag oder bis zum Bruch, um Fehlstellen und Gefügeabweichungen nachweisen zu können. Die Weite wird nach Gl. (2.154) berechnet.
Die im Aufweit- bzw. Ringaufdornversuch ermittelten Weitungen bei Rißbeginn sind bei den in den Prüfvorschriften meist festgelegten Probenabmessungen zwischen Rohren unterschiedlicher Abmessungen nicht vergleichbar. Die Weitungen sind auch größer, als sie beim Längszugversuch an Rohren unter Innendruck erreicht werden.
Eine Ergänzung zu diesem Versuch für Rohre mit einem Außendurchmesser größer als 146 mm und einer Wanddicke von höchstens 40 mm ist der *Ringzugversuch*. Je Rohr werden mindestens 2 Ringe mit einer Breite von der doppelten Wanddicke, jedoch mindestens 10 mm, über zwei gegenüberliegende Bolzen in einer Zugprüfmaschine eingespannt und gezogen. Dieser Versuch gestattet auch eine einfache Ermittlung der Zugfestigkeit der Rohre in Tangentialrichtung.
Der *Rohrstauchversuch* wird an Rohrabschnitten durchgeführt, deren Länge gleich dem doppelten Außendurchmesser ist. Man drückt die Rohre im Schraubstock oder maschinell bis zum Auftreten von Anrissen zusammen. Je nach Werkstoff sind die erreichbaren Abstände der Druckplatten in Abhängigkeit von der Wanddicke vorzugeben.
Beim *Querfaltversuch* werden Proben mit 10 bis 100 mm Länge von Rohren mit einem Außendurchmesser von höchstens 100 mm und Wanddicken von höchstens 15% des Außendurchmessers senkrecht zur Mantellinie bis zu einem vorgeschriebenen Abstand H zwischen zwei parallelen Druckplatten verformt (Bild 2.97a) bzw. vollständig gefaltet (Bild 2.97b). Eine verschärfte Bedingung stellt der Doppelfaltversuch dar, bei dem das flachgedrückte Rohr anschließend um 180° in senkrechter Richtung gebogen wird. Für Stahlrohre mit Außendurchmessern bis 60 mm kann der *Rohrbiegeversuch* analog zum Biegeversuch für Bleche und Stäbe durchgeführt werden.
Eine spezifische technologische Prüfung für Rohre und andere Hohlkörper ist die *Wasserdruckprobe*. Hierbei wird das mit Wasser (falls keine andere Flüssigkeit vorgeschrieben ist) gefüllte Rohr mit verschlossenen Enden einem Prüfdruck, der meist das 2fache des späteren Betriebsdruckes beträgt, ausgesetzt. Das Rohr hat die Prüfung bestanden, wenn während der Prüfung keine Flüssigkeit austritt und keine bleibende Verformung (Aufwölbung) der Wand nach der Prüfung zurückbleibt, die die zulässige Durchmesserabweichung überschreitet. Wird die Wasserdruckprobe bis zur Zerstörung der Probe fortgesetzt, spricht man vom *Berstversuch*. Die dabei zu ermit-

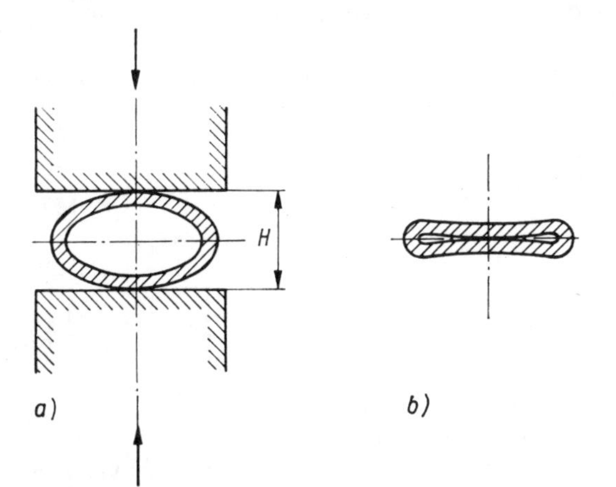

Bild 2.97. Querfaltversuch

a) Faltung bis zum Betrag *H*
b) vollständige Querfaltung

telnde Berstspannung ist ein wichtiger Kennwert für die Auslegung innendruckbeanspruchter Bauteile. In zunehmendem Maße wird die Wasserdruckprobe mit Methoden zum zerstörungsfreien Nachweis von Rißbildungs- bzw. Rißausbreitungsvorgängen im Werkstoff kombiniert (s. Schallemissionsanalyse Abschnitt 6.2.).

2.4.1.2. Prüfung der Warmumformbarkeit

Die technologischen Prüfungen bei höheren Temperaturen dienen der Kennzeichnung der *Warmumformbarkeit* metallischer Werkstoffe. Die Kennwerte der Warmumformbarkeit sind Grundlage sowohl für die Dimensionierung von Warmumformanlagen als auch für die Gestaltung der Umformprozesse. Die Umformgeschwindigkeit hat bei der Warmumformung einen größeren Einfluß als die Formänderung selbst, so daß sie den Umformbedingungen der Praxis möglichst entsprechen soll. Infolge der während der Umformung auftretenden Rekristallisation verlaufen die Fließkurven entsprechend Bild 2.86 nach einem von der Formänderungsgeschwindigkeit abhängigen Anstieg nahezu parallel zur Abszisse.
Die wichtigsten Verfahren zur Prüfung der Warmumformbarkeit sind der Warmzug-, Warmstauch- und Warmtorsionsversuch. Für hohe Umformgeschwindigkeiten bzw. schwer verformbare Werkstoffe wird auch der Warmschlagversuch, z. B. unter Verwendung von Rotationsschlagwerken, eingesetzt.
Beim *Warmzugversuch* ist die Kenngröße für das Umformvermögen die Bruchformänderung

$$\varphi_{Br} = \ln \left(\frac{r_0}{r_{Br}}\right)^2 \qquad (2.155)$$

Dabei bedeuten r_0 den Ausgangsradius der geprüften Rundprobe und r_{Br} den Radius an der im Einschnürbereich liegenden Bruchstelle. Die Bruchformänderung kann auch aus der Brucheinschnürung Z ermittelt werden:

$$\varphi_{Br} = \ln \frac{1}{1 + Z} \qquad (2.156)$$

Die Fließspannung ergibt sich im Bereich der Gleichmaßdehnung aus dem wahren Spannungs-Dehnungs-Diagramm. Nach beginnender Einschnürung ist eine Korrektur erforderlich, was voraussetzt, daß die zeitliche Änderung der Einschnürgeometrie laufend erfaßt wird.
Im *Zylinderstauchversuch* wird eine zylindrische Probe mit dem Radius r_0 und der Höhe h_0 mit der Kraft F auf eine Höhe h gestaucht. Die Fließspannung ist unter Zugrundelegung einer mittleren Druckfläche zu errechnen aus

$$\sigma_F = \frac{16Fh}{\pi r_0^2 h_0} \qquad (2.157)$$

Die Formänderung ist

$$\varphi = \ln \frac{h_0}{h} \qquad (2.158)$$

Beim *Flachstauchversuch* (Bild 2.98) wird meist das Verhältnis b/h_0 der Flachprobe größer als 6 gewählt, um möglichst ebene Formänderungen zu erzielen. Die Prüfung wird dabei so durchgeführt, daß jeder Walzstich durch einen Flachstauchversuch simuliert wird. Dabei gilt für das Eindrücken, daß bei gleichen Umformzeiten und -temperaturen die gleichen Umformgrade und -geschwindigkeiten erreicht werden wie bei dem zugeordneten Walzstich.

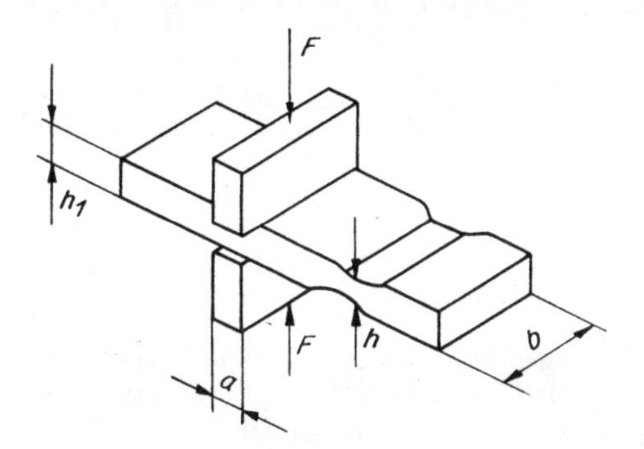

Bild 2.98. Flachstauchversuch

Mit der Umformkraft F folgt nach der Theorie von *Mises* für die Vergleichsfließspannung

$$\sigma_V = \frac{\sqrt{3}}{2} \frac{\sqrt{F}}{ab} \tag{2.159}$$

und die Vergleichsformänderung

$$\varphi_V = \frac{2}{\sqrt{3}} \ln \frac{h_0}{h} \tag{2.160}$$

bzw. nach der Theorie von *Tresca*

$$\sigma_V = \frac{F}{ab} \tag{2.161}$$

$$\varphi_V = \ln \frac{h_0}{h} \tag{2.162}$$

Beim *Torsionsversuch* schließlich wird eine zylindrische Probe unter Einwirkung eines Torsionsmoments M mit der Drehzahl n bis zum Bruch tordiert. Die Anzahl der Umdrehungen ist ein Maß für das Umformvermögen. Durch Verwendung von dünnwandigen Rohren ist der Spannungszustand annähernd homogen zu halten; allerdings besteht die Gefahr des Ausbeulens.
Die Umformgeschwindigkeit muß bei den bisher genannten Versuchen durch eine besondere Maschinensteuerung konstant gehalten werden, z. B. in Form von logarithmisch geformten Nocken bzw. durch Verwendung servohydraulischer Prüfmaschinen (Abschnitt 2.1.1.1.).
Die Fließspannung läßt sich am besten mit dem Flachstauchversuch ermitteln. Der Torsionsversuch ist neben dem Zugversuch besonders zur Bestimmung des Umformvermögens geeignet. Vor allem lassen sich Warmumformfolgen mit dem Flachstauch- und dem Torsionsversuch gut simulieren. Auch bei der Prüfung der Warmumformbarkeit gibt es eine Reihe spezieller Prüfverfahren, deren Eignung zur Charakterisierung spezieller Umformprobleme rein empirisch begründet ist.
Mit dem *Ausbreitversuch* beurteilt man die Schmiedbarkeit von Stahl. Hierzu werden Flachproben von etwa 400 mm Länge und einer Probendicke von $^1/_3$ der Probenbreite

bei Rotglut mit der abgerundeten Finne eines Handhammers ausgeschmiedet, wobei die Ränder parallel zu den Ausgangsrändern bleiben müssen. Die Ausbreitung wird so weit getrieben, bis die Endbreite b_1 das 1,5fache der Ausgangsbreite b ohne Anrißbildung beträgt. Es kann auch ein Gütegrad angegeben werden, und zwar ist für die Breite der

$$\text{Gütegrad} = \frac{b_1 - b}{b} \qquad (2.163)$$

oder für die Länge der

$$\text{Gütegrad} = \frac{l_1 - l}{l} \qquad (2.164)$$

Der *Stauchversuch* wird an Knüppeln und Stangen bzw. Drähten (Durchmesserbereich von 2 bis 150 mm) zur Prüfung der Eignung zur Kalt- bzw. Warmumformbarkeit und zum Nachweis von Fehlern in bzw. unmittelbar unterhalb der Oberfläche durchgeführt. Häufig wird der Versuch bei Werkstoffen für Niete und Schrauben angewendet. Die Höhe der Stauchproben beträgt für Stahl das 2fache, für NE-Metalle das 1,5fache des Durchmessers. Die Probe wird entweder bis zum vorgeschriebenen Stauchgrad oder bis zum ersten Anriß geprüft. Der Stauchgrad wird aus der Höhe h_1 der Probe vor dem Stauchen und der Höhe h_2 nach dem Stauchen als Verhältniszahl v oder in Prozent x angegeben:

$$v = \frac{h_2}{h_1} \qquad (2.165)$$

$$x = \frac{h_1 - h_2}{h_1} \cdot 100 \quad \text{in } \% \qquad (2.166)$$

Beim *Lochversuch* wird ein Probestreifen mit dem Verhältnis Dicke zu Breite größer als 1:5 mittels eines konischen Lochdorns über eine Lochplatte längs der Probenkante mehrmals gelocht. Entweder dürfen bei einem festgelegten Abstand vom Rand keine Risse auftreten, oder es wird der kleinste Lochabstand als Gütemaß ermittelt, bei dem noch kein Aufreißen des Loches feststellbar ist.

Der *Aufdornversuch* ist eine Erweiterung des Lochversuchs. Er entspricht gut den Verhältnissen bei der Rohrfertigung und liefert vor allem für das Pilgern Aussagen. Ein Flachstahl oder Blechstreifen mit einer Breite gleich der 5fachen Dicke wird mit einem Dorn (Kegel 1:5, größter Durchmesser des Kegels gleich 2fache Blechdicke) in der Mitte vorgelocht, so daß der Lochdurchmesser gleich der doppelten Blechdicke ist. In dieses Loch wird ein zweiter Dorn (Kegel 1:10) eingetrieben. Dies kann einmal erfolgen, bis der Lochdurchmesser d_1 auf den Wert $d_2 = 2d_1$ angestiegen ist, ohne daß dabei Anrisse auftreten. Zum anderen kann ein Gütegrad ermittelt werden, indem der Durchmesser so erweitert wird, daß beim Durchmesser d_2 Kantenrisse auftreten:

$$\text{Gütegrad} = \frac{d_2 - d_1}{d_1} \cdot 100 \quad \text{in } \% \qquad (2.167)$$

Der *Warmbiegeversuch* für Stahl dient bei Temperaturen von 1000 bis 1400 K dem Nachweis der *Rotbrüchigkeit* (bei höheren Schwefelgehalten) und von etwa 550 K der Prüfung auf *Blaubrüchigkeit,* wobei die Versuchsdurchführung der nach Abschn. 2.4.1.1. entspricht. Die Warmverformbarkeit ist nachgewiesen, wenn keine Anrisse auftreten.

2.4.2. Prüfung der Spanbarkeit

Die *Spanbarkeit* ist die Eigenschaft eines Werkstoffs, sich unter bestimmten Bedingungen spanend bearbeiten zu lassen. Es handelt sich um eine komplexe Kenngröße, die das Zusammenwirken der drei wichtigsten Komponenten des Spanungsvorgangs, nämlich Werkzeug, Werkstück und Maschine, umfaßt. Wichtige Bewertungsgröße für die Beurteilung der Spanbarkeit ist der *Werkzeugverschleiß* nach einer festgelegten Schnittzeit oder nach einem bestimmten Schnittweg. Weitere Bewertungsgrößen sind der Energiebedarf, das Spanungsvolumen, die Spanstauchung, die Spanform und die Oberflächenrauhigkeit des bearbeiteten Werkstücks.
Die Prüfverfahren der Spanbarkeit werden entweder als Langzeitprüf- oder als Kurzzeitprüfverfahren durchgeführt. Die *Langzeitprüfverfahren* unter Betriebsbedingungen liefern die genauesten Ergebnisse. Die *Kurzzeitprüfverfahren* sollen in kurzer Zeit unter sonst gleichen technologischen Bedingungen den spanungstechnisch günstigsten Werkstoff herausfinden sowie eine Unterscheidung der Schnittleistung verschiedener Werkstoffe, die Auswahl der günstigsten Schnittbedingungen bzw. die Aufstellung von Spanungsrichtwerten ermöglichen.
Als Langzeitprüfverfahren findet das *Verschleiß-Standzeit-Verfahren* Anwendung zur Bestimmung des Werkzeugverschleißes in Abhängigkeit von der Schnittzeit oder dem Schnittweg bis zur Einstellung eines definierten Verschleißzustands des Werkzeuges, der z. B. beim Drehmeißel (Bild 2.99a) durch das Erreichen einer bestimmten *Verschleißmarkenbreite B* auf der Prüffläche und/oder eine *Kolkkennzahl* (Verhältnis Kolktiefe K_t zu Kolkmittenabstand K_m) charakterisiert ist. Bild 2.99b zeigt den Zusammenhang der Verschleißmarkenbreite mit der Schnittzeit t für verschiedene

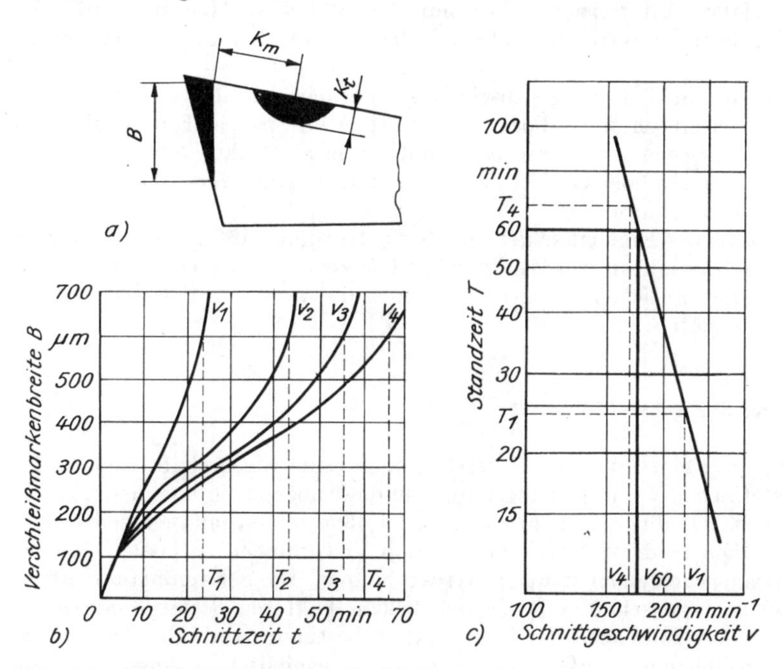

Bild 2.99. Verschleiß-Standzeit-Verfahren

a) Verschleißkenngrößen am Drehmeißel
b) Verschleiß-Schnittzeit-Schaubild
c) Standzeit-Schnittgeschwindigkeits-Schaubild Werkstoff X22CrMoV12.1, Schneidstoff HS10

Schnittgeschwindigkeiten bei der Spanung eines hochlegierten Stahls. Aus dem *Verschleiß-Schnittzeit-Diagramm* läßt sich mit einer ausreichenden Zahl von Schnittgeschwindigkeiten das Standzeit-Schnittgeschwindigkeits-Schaubild (T-v-Schaubild) ermitteln, wenn für eine bestimmte Verschleißmarkenbreite ($B = 0{,}6$ mm in Bild 2.99b) die zugehörigen Drehzeiten in Abhängigkeit von der Schnittgeschwindigkeit dargestellt werden (Bild 2.99c). Als Maß für die Spanbarkeit wird häufig die Stundengeschwindigkeit v_{60} aus dem T-v-Schaubild bei der Standzeit $T = 60$ min angegeben. Zur Verringerung des Zeit- und Materialaufwands bei einer derartigen Langzeitprüfung ist die Anwendung von Methoden der statistischen Versuchsplanung erforderlich.
Von den Kurzprüfverfahren sollen das *Standwegverfahren*, das *Schnittgeschwindigkeits-Steigerungs-Verfahren* und die *radioaktive Verschleißmessung* genannt werden.
Beim Standwegverfahren wird der Versuch bis zum Eintreten der Schneidunfähigkeit durch thermische Überbelastung bei hohen Schnittgeschwindigkeiten durchgeführt. Da die Zeitmessung infolge der kurzen Versuchsdauer relativ hohe Fehler aufweist, gibt man den Umfangsdrehweg an. Das Verfahren wird für mindestens 5 Schnittgeschwindigkeiten durchgeführt, so daß die Kurve als Vergleichswert z. B. eine Schnittgeschwindigkeit liefert, bei der eine Standzeit von 1 min erreicht wird. Mit Hilfe dieses Verfahrens kann eine Rangfolge verschiedener Werkstoffe bezüglich der anwendbaren Schnittgeschwindigkeiten aufgestellt werden.
Beim Schnittgeschwindigkeits-Steigerungs-Verfahren wird die Anfangsgeschwindigkeit stufenlos oder in Stufen gesteigert, bis eine Schneidunfähigkeit des Werkzeugs auftritt. Die höchste Schnittgeschwindigkeit bzw. die bis zum Erreichen der Schneidunfähigkeit erforderliche Zeit sind ein Maß für die Spanbarkeit. Dieses Verfahren und das Standwegverfahren beurteilen in erster Linie die anwendbare Höchstgeschwindigkeit bei verschiedenen Werkstoffen und nicht die Verschleißwirkung unter Praxisbedingungen.
Die radioaktive Verschleißmessung (Abschnitt 2.5.) erfolgt mit aktivierten Schneidplatten. Es wird der Anteil der radioaktiven Teilchen im Span und in der Schnittfläche des Werkstücks gemessen, das vorher mit einem nicht aktivierten Werkzeug abgedreht wird. Diese Methode erlaubt zwar die Ermittlung des Verschleißvolumens, nicht aber der Verschleißform.
Bei der Übertragung der Ergebnisse der Spanbarkeitsprüfung auf den Bearbeitungsprozeß sind neben Streuungen von Werkzeug und zu spanendem Werkstoff hinsichtlich Gefüge und mechanischen Eigenschaften auch die variablen Beanspruchungsbedingungen zu beachten.

2.4.3. Prüfung der Schweißbarkeit

Unter *Schweißbarkeit* eines Werkstoffs versteht man seine Eigenschaft, sich bei geeigneten werkstofflichen Voraussetzungen und auf diese abgestimmten konstruktiven und technologischen Bedingungen durch ein Schweißverfahren mit sich selbst oder anderen Werkstoffen in der Schweißkonstruktion so verbinden zu lassen, daß betriebsmäßige Beanspruchungen ertragen werden können. Die Schweißbarkeit ist somit eine komplexe Eigenschaft, die von den beiden Faktoren *Schweißeignung* des Werkstoffs und *Schweißsicherheit* der Konstruktion bestimmt wird. Die Schweißeignung ist in erster Linie eine Werkstoffeigenschaft. Sie beinhaltet die Aussage, ob ein Werkstoff mit einem Verfahren so geschweißt werden kann, daß die Schweißverbindung bestimmten Mindestanforderungen an Festigkeit und Verformbarkeit genügt.

Eine gute Schweißeignung liegt vor, wenn zur Erzielung der Mindestforderungen keine besonderen Maßnahmen wie Vorwärmen oder Wärmenachbehandlung erforderlich sind. Die betriebsmäßige Beanspruchung der Schweißverbindung wird durch die Schweißsicherheit gekennzeichnet. Man versteht deshalb unter Schweißsicherheit die Eigenschaft von Schweißverbindungen in einer Konstruktion, alle Beanspruchungen für die Dauer des Einsatzes ohne funktionsstörende Schädigungen zu ertragen.
Aus dieser Definition folgt, daß es kein universelles Prüfverfahren für die Schweißbarkeit gibt, sondern die Prüfverfahren für Schweißeignung und Schweißsicherheit getrennt zu betrachten sind.

2.4.3.1. Prüfung der Schweißeignung

Die Schweißeignung eines Werkstoffs ist unter Beachtung des angewendeten Schweißverfahrens nachzuweisen. Dies geschieht einmal durch Festlegen hinsichtlich der chemischen Zusammensetzung bzw. des Gefüges und zum anderen durch Prüfung des Widerstandes gegenüber Rißbildung und -ausbreitung. Eine wichtige Rolle spielt in unlegierten Stählen der Kohlenstoffgehalt, der für eine gute Schweißeignung mit 0,25% begrenzt ist. Sollen im Stahl noch andere Elemente als Kohlenstoff aus der chemischen Analyse zur Einschätzung der Schweißeignung herangezogen werden, benutzt man ein *Kohlenstoffäquivalent* C_E, z. B. in Form

$$C_E = \%C + \frac{\%Mo}{4} + \frac{\%Cr}{5} + \frac{\%Mn}{6} + \frac{\%Cu}{13} + \frac{\%Ni}{15} + \frac{\%P}{2} + 0{,}0024s \quad (2.168)$$

s Werkstückdicke

Die Angabe des Kohlenstoffäquivalents ist in der Literatur nicht einheitlich, da die Summation über viele Elemente mit jeweils kleinen Prozentsätzen nicht identisch mit der Wirkung weniger Elemente bei großen Prozentsätzen sein kann. Die Vorgabe des zulässigen C_E-Wertes ist deshalb abhängig von der Bestimmungsgleichung. Bei Verwendung von Gl. (2.168) soll eine rißsichere Verbindung möglich sein, wenn unter Beschränkung auf Kohlenstoff und Mangan $C_E = 0{,}45\%$ ist. Es hat sich aber die Auffassung durchgesetzt, daß die Ermittlung von C_E nur eine Orientierung sein kann. Mit einer bestimmten Eigenschaft einer Schweißverbindung ist der Wert nicht in Verbindung zu setzen.
Als Gefügekriterium für die *Kaltrißneigung* wurden der K_{30}- und der K_{50}-Wert eingeführt. Diese Werte geben die Abkühldauer von A_3 bis 723 K an, bei der im Schweißübergang 30% bzw. 50% Martensit entsteht. Ohne nachfolgende Wärmebehandlung soll der K_{30}-Wert erreicht werden, bei nachfolgendem Spannungsarmglühen der K_{50}-Wert.
Die Schweißeignung läßt sich auch durch *Schweiß-ZTU-Schaubilder* und *Härte-Abkühlkurven* charakterisieren. Durch Aufnahme von Schweiß-ZTU-Schaubildern unter Verwendung synthetischer Schweißproben erhält man eine Aussage über die Umwandlungsvorgänge, die sich während des Schweißens abspielen. Besondere Aufmerksamkeit ist dabei der Messung der Abkühlzeit und ihrer eindeutigen Zuordnung zu den Schweißbedingungen der Praxis zu schenken. Mit Hilfe derartiger Schaubilder können Aussagen über das Gefüge und die Härte, vor allem in der Wärmeeinflußzone, getroffen werden. Sie erlauben die optimale Wahl der Schweißbedingungen hinsichtlich Kaltrißneigung und Betriebsbewährung.
Zur Aufnahme der Härte-Abkühlungskurven werden synthetische Schweißproben der Abmessungen 6 mm × 6 mm × 100 mm in 5 bis 7 s auf 1623 K erhitzt und dann mit vorgegebenen unterschiedlichen Geschwindigkeiten abgekühlt.

Speziell zur Ermittlung der Kaltrißneigung wurde der *Implantversuch* entwickelt. Bei diesem Versuch wird eine zylindrische Probe (Implant) mit einem Wendelkerb in die Bohrung eines Stahlblechs eingesetzt, und anschließend wird auf das Blech mit der eingebrachten Probe eine Auftrageschweißraupe gelegt. Der Wendelkerb dient dazu, daß bei den unterschiedlichen Aufschmelzzonen die Kerbwirkung immer im kritischen Bereich der Wärmeeinflußzone auftritt. Nach dem Abkühlen der Schweißverbindung auf 423 K wird eine zeitlich konstante Zugspannung auf die Probe aufgebracht (Bild 2.100). Da Kaltrisse erst lange nach der Schweißung auftreten können,

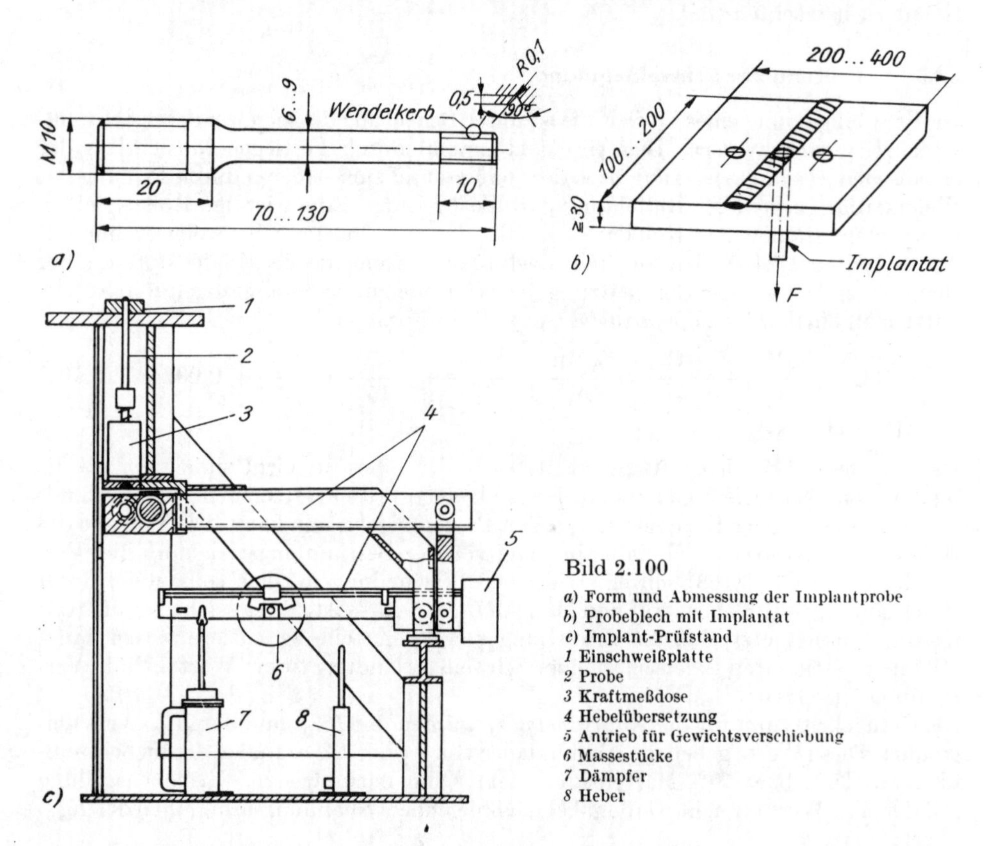

Bild 2.100
a) Form und Abmessung der Implantprobe
b) Probeblech mit Implantat
c) Implant-Prüfstand
1 Einschweißplatte
2 Probe
3 Kraftmeßdose
4 Hebelübersetzung
5 Antrieb für Gewichtsverschiebung
6 Massestücke
7 Dämpfer
8 Heber

werden die Proben, sofern sie nicht schon eher brechen, bis zu 72 h belastet. (War bisher als Kaltrißkriterium vor allem der Bruch ausschlaggebend, so kann die Anrißbildung heute auch mit Hilfe der Schallemission nachgewiesen werden (Abschnitt 6.2.).) Aufgenommen wird eine *Spannungs-Standzeit-Kurve*, d. h., die Spannung wird in Abhängigkeit von der Zeit, bei der der Bruch bzw. der Anriß auftritt, dargestellt. Als relative Schweißeignung kann die auf die Zugfestigkeit bezogene Rißspannung angegeben werden. Bevorzugtes Anwendungsgebiet des Implantversuchs ist der Nachweis der Kaltrißempfindlichkeit von Stahl unter Einwirkung von Wasserstoff.
Von betriebsmäßig hergestellten Schweißverbindungen geht der *TRC-(**T**ensile **R**estraint **C**racking-)Test* aus. Hierbei werden in einer Prüfmaschine zwei Platten verschweißt, wobei eine Platte beweglich und die andere fest eingespannt ist. Nach dem Schweißen wird diese Probe auf Zug beansprucht, bis die Rißbildung beginnt. Durch

Veränderung der Fugenform können sowohl die Kaltrißneigung der Wärmeeinflußzone als auch die des Schweißguts geprüft werden.
Zur Prüfung auf *Heißrißanfälligkeit*, die vor allem bei austenitischen Stählen und Zusatzwerkstoffen eine entscheidende Rolle spielt, kommen sowohl Prüfverfahren mit sich selbst beanspruchenden Proben als auch solche mit fremdbeanspruchten Proben zur Anwendung. In jedem Fall müssen das erstarrende Schweißgut bzw. die hocherhitzte Wärmeeinflußzone so hoch beansprucht werden, daß sich in diesen Bereichen Heißrisse bilden. Bei den sich selbst beanspruchenden Proben erfolgt die Beanspruchung durch die beim Schweißen auftretenden Schrumpfungen und Verformungen. Am bekanntesten ist die *Doppelkehlnahtprobe* (2.101). Prüfnaht *4* wird im Vergleich zur

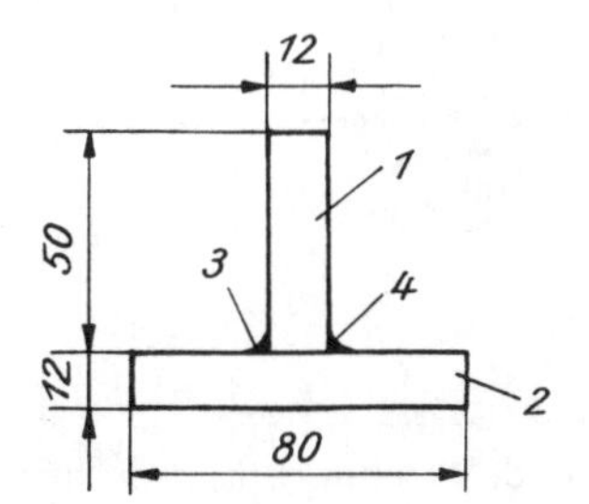

Bild 2.101. Doppelkehlnahtprobe

1 Steg
2 Grundplatte
3 Naht 1
4 Naht 2

Naht *3* in entgegengesetzter Richtung geschweißt; die Probenlänge beträgt 120 mm. Das Ergebnis ist nur eine ja-nein-Aussage; eine Übertragbarkeit auf Bauteile ist nicht gegeben. Aus der Reihe der Verfahren mit Fremdbeanspruchung, die generell eine unabhängige Variation von Schweißparametern und Beanspruchung erlauben und gut reproduzierbare quantitative Meßergebnisse liefern, sei der *PVR-Test* (*Programmierter Verformungs-Riß-Test*) angeführt. Hierbei wird einem Probenblech eine Testraupe in der Mitte der Probe in Längsrichtung aufgeschweißt. Während des Schweißens wird die Probe in einer Horizontalprüfmaschine in Schweißrichtung mit einer programmiert veränderlichen Dehngeschwindigkeit gezogen, so daß das Schweißgut während seiner Erstarrung und weiteren Abkühlung einer plastischen Verformung unterliegt. Die Auswertung auf Risse erfolgt nach Ausbau der Probe aus der Maschine. Aus der Lage des Risses in der Probe und dem Meßstreifen für die Dehngeschwindigkeit ist jedem Heißriß eine Dehngeschwindigkeit zuzuordnen. Kritische Werte sind das Auftreten des ersten Risses und die Häufung von Rissen. Die Ergebnisse sind auf Bauteile einfacher Form übertragbar.

2.4.3.2. Prüfung der Schweißsicherheit

Für die Prüfung der Schweißsicherheit gelangen übliche Verfahren der mechanischen Werkstoffprüfung an Proben, deren Form und Abmessungen z.T. für die Prüfung von Schweißverbindungen abgewandelt sind, zum Einsatz. Dabei handelt es sich um statische Zug- und Biegeversuche an gekerbten Proben, den Kerbschlagbiegeversuch, den Rißauffangversuch nach *Robertson*, den Fallgewichtsversuch nach *Pellini* (Abschnitt 2.1.3.) und die Prüfverfahren der Bruchmechanik (Abschnitt 2.2.). Als einfacher Versuch der Prüfung auf Schweißsicherheit soll der *Aufschweißbiegeversuch* erläutert werden. Bei diesem Versuch wird als Probe eine Platte der Dicke s von 20 bis 50 mm verwendet, die in der Mitte eine 6 s lange Nut mit einem Radius r von 3 bis 4 mm erhält. Die Nut wird mit einer Lage bei 293 K zugeschweißt und die Raupe nicht abgearbeitet (Bild 2.102). Die Probe wird so gebogen, daß die Raupe in der Zugzone liegt. Eine ausreichende Sprödbruchsicherheit liegt vor, wenn die Probe einen zähen Verformungsbruch aufweist bzw. einen von der Probendicke abhängigen Mindestbiegewinkel erreicht. Anrisse im Schweißgut müssen vom Probengrundwerkstoff aufgefangen werden.

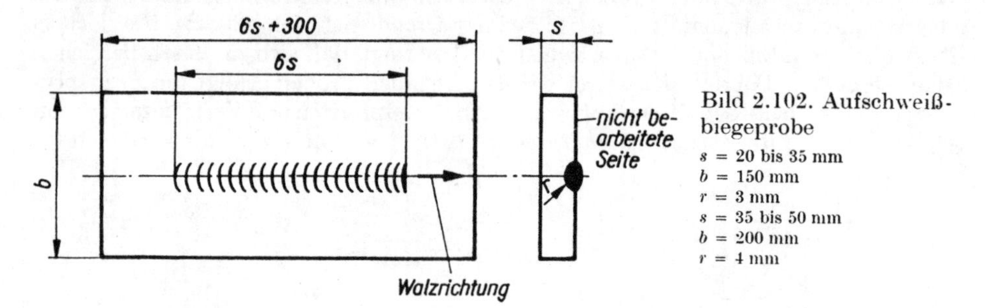

Bild 2.102. Aufschweißbiegeprobe
s = 20 bis 35 mm
b = 150 mm
r = 3 mm
s = 35 bis 50 mm
b = 200 mm
r = 4 mm

2.4.4. Prüfung der Härtbarkeit

Unter *Härtbarkeit* versteht man die Fähigkeit zum Auf- und Durchhärten, d. h. die Eigenschaft eines Stahls, beim Härten einen bestimmten Härtewert in einer festgelegten Tiefe zu erreichen.
Die Härteannahme kennzeichnet die maximal erreichbare Härte. Das älteste Verfahren der Härtbarkeitsprüfung ist die Beurteilung der Bruchfläche. Dazu werden Proben gleicher Abmessungen von verschiedenen Temperaturen abgeschreckt. Nach dem Brechen der Probe im Anschluß an das Abschrecken wird aus der Bruchfläche auf die günstigste Härtetemperatur geschlossen, wobei die Auswertung durch Vergleich mit Standardbruchproben erfolgt. Aus der Probe kann auch die Einhärtetiefe ermittelt werden. Dieser Versuch ist bei unlegierten Stählen mit einem Kohlenstoffgehalt von mindestens 0,3% anwendbar.
Der von *Jominy* entwickelte *Stirnabschreckversuch* (*Jominy-Versuch*) wird immer mehr zur Grundlage für Vereinbarungen zwischen Herstellern und Verbrauchern von Stahl, da er eine gute Reproduzierbarkeit und hohe Aussagefähigkeit gewährleistet. Die *Jominy-Probe* (Bild 2.103) wird gleichmäßig auf Härtetemperatur erwärmt, bei dieser Temperatur 30 min gehalten und von der Stirnseite mit einem Wasserstrahl (278 bis 308 K) aus einem Rohr abgeschreckt. Der Wasserdruck ist so einzustellen, daß die freie Steighöhe 65 $\pm$ 10 mm beträgt. An der erkalteten Probe werden zwei gegenüberliegende Meßflächen eben und parallel zueinander je 0,4 mm bis zu 0,5 mm tief angeschliffen und hierauf die Härte in HRC oder HV in gleichmäßigen Abständen von 1,5; 3; 5; 7; 9; 11; 13; 15 mm und jeder nächste Punkt nach 5 mm, von der Stirnfläche beginnend, gemessen. Die graphische Darstellung der Härte vom Stirnabstand ist die *Härtbarkeitskurve*. Der Härtbarkeitsindex J kennzeichnet die Härte (HRC oder HV) in einem vorgegebenen Abstand von der abgeschreckten Stirnfläche: J HRC-d oder J HV-d. Vorher ist die Fläche dunkel zu ätzen. Die Härtewerte der gegenüberliegenden Meßflächen werden gemittelt.
Wegen des hohen Meßaufwands und der zunehmenden Verbreitung des Stirnabschreckversuchs als Abnahmeverfahren ist eine kontinuierliche Messung der Härte vorteilhaft (Abschnitt 2.3.). Bei der Übertragung der Ergebnisse auf reale Bauteile ist vor allem der Einfluß der Streuung der chemischen Zusammensetzung der Stähle, insbesondere des Kohlenstoffgehalts, zu beachten.

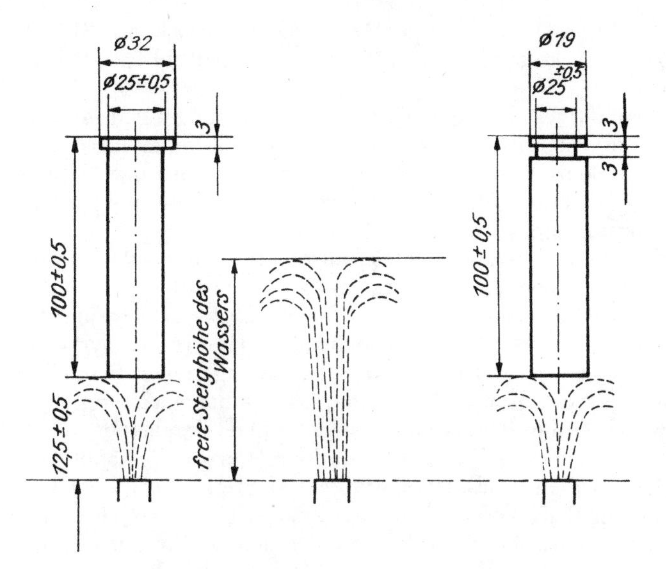

Bild 2.103. Probenformen für den Stirnabschreckversuch

2.5. Verschleißprüfung

In der Technik versteht man unter *Verschleiß* die infolge Reibung eintretenden bleibenden Form-, Größen- und/oder Stoffänderungen der die Oberfläche von Festkörpern bildenden Stoffbereiche, die technologisch nicht beabsichtigt sind. Reibung und Verschleiß treten demnach stets gemeinsam auf, wobei zur Aufklärung der komplizierten Wechselbeziehungen die Kenntnisse und Erfahrungen verschiedener Wissenschaftsdisziplinen herangezogen werden müssen. Dieser Entwicklung entsprechen die in den letzten Jahren eingeführten Begriffe *Tribologie* und *Tribotechnik*, unter denen die Wissenschaft von den mit Reibung und Verschleiß verbundenen Vorgängen verstanden wird.

2.5.1. Reibung und Verschleiß

Die Grundstruktur eines *tribologischen Systems* ist in Bild 2.104 dargestellt. Es besteht aus den drei aktiven Elementen Reibkörper *1*, Reibkörper *2*, Zwischenstoff und dem

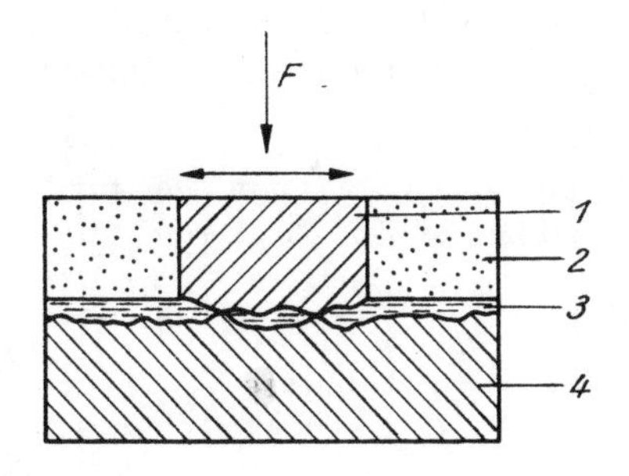

Bild 2.104. Grundstruktur eines tribologischen Systems

1 Reibkörper *1*
2 Umgebungsmedium
3 Zwischenstoff
4 Reibkörper *2*

mitbeteiligten Umgebungsmedium. Der Reibkörper *2* ist normalerweise kompakt und fest, während der Reibkörper *1* in kompakter oder Teilchenform sowohl fest, flüssig als auch gasförmig sein kann.
Der Zwischenstoff kann ebenfalls fest (Verschleißkörper, Verunreinigungen im Öl), flüssig (Öl) oder gasförmig (Luft) sein. Die Bewegung ist zu kennzeichnen durch ihre Art (Gleiten, Rollen, Stoßen, Bohren), die Dauer (Zeit oder Gleitweg) und die Geschwindigkeit; die Belastung F kann ruhend, schwingend oder schlagartig sowie gleichförmig oder ungleichförmig sein.
Obwohl der Verschleißvorgang entsprechend der Definition stets mit Reibung verbunden ist, konnte bisher noch keine eindeutige Beziehung zwischen der experimentell einfach zu ermittelnden Reibungszahl und dem Verschleißverhalten gefunden werden. Zur Unterscheidung der verschiedenen Verschleißzustände werden typische Erscheinungsformen und die sie bewirkenden Mechanismen herangezogen. Beim *Abtragverschleiß* treten infolge mikroskopischer oder makroskopischer Trennvorgänge Stoffverluste auf. Auftragverschleiß (auch als Adhäsionsverschleiß bezeichnet) führt durch Haften zu einer Stoffanlagerung. Beim *Formänderungsverschleiß* kommt es infolge plastischer Verformung zu einer Gestaltänderung ohne Stoffverlust oder -anlagerung. Tritt infolge Erhöhung der inneren oder der Oberflächenenergie eine Änderung der physikalischen oder chemischen Eigenschaften der sich berührenden Stoffbereiche ein, so spricht man vom *Stoffänderungsverschleiß*. Durch das Nebeneinanderbestehen verschiedener Verschleißzustände kommt es vielfach zu Mischformen mit einer großen Anzahl von Kombinationen. Des weiteren können im Verlauf eines Verschleißvorgangs auch nacheinander unterschiedliche Verschleißzustände auftreten.
In der Praxis häufiger angewendet wird die Unterteilung des Verschleißprozesses nach den Arten der Relativbewegung der beiden Reibkörper in *Gleit-*, *Roll-* und *Bohrverschleiß*. Ihre Überlagerung führt zu Mischformen, von denen der *Wälzverschleiß*, eine Überlagerung von Gleit- und Rollverschleiß, die größte technische Bedeutung erlangt hat.

2.5.2. Verfahren der Verschleißprüfung

Das Hauptziel bei der Durchführung von *Verschleißprüfungen* mit besonderen Verschleißprüfmaschinen oder im Betriebsversuch ist die quantitative Ermittlung des *Verschleißbetrages*, worunter eine zahlenmäßige Angabe über die Änderung der Gestalt oder der Masse des verschleißenden Körpers verstanden wird. Sie werden oft ergänzt durch visuelle und metallographische Beobachtungen, die Rückschlüsse auf den Verschleißmechanismus sowie auf andere Verschleißarten, z. B. Formänderungsverschleiß oder Stoffänderungsverschleiß, ermöglichen.
Da die Begriffe Verschleiß und Verschleißbetrag oft im gleichen Sinne verwendet werden, sollte konsequent zwischen »Verschleiß« (als Vorgang) und »Verschleißbetrag« (als Ergebnis) unterschieden werden. Der Verschleißbetrag kann direkt oder indirekt bestimmt werden. Direkte Meßmethoden sind:

- Ermittlung des linearen absoluten Verschleißbetrages, z. B. in µm, mm oder cm
- Ermittlung des volumetrischen absoluten Verschleißbetrages, z. B. in μm^3, mm^3 oder cm^3
- Ermittlung des massemäßigen absoluten Verschleißbetrages, z. B. in mg oder g

Diese Kennwerte können auch als bezogene Meßwerte, z. B. als lineare Verschleißgeschwindigkeit (z. B. in $\mu m\ h^{-1}$), angegeben werden. Als den Verschleiß indirekt kennzeichnende Kennwerte gelten beispielsweise die Gesamtlebensdauer (in h) oder die Durchsatzmenge (in kg oder m^3) bis zur Funktionsunfähigkeit infolge des Verschleißes oder der Temperatur.

2.5.2.1. Allgemeine Verschleißprüfverfahren

Bei dieser Gruppe von Verfahren wird bei der Prüfung ein der praktischen Beanspruchung zwar ähnliches, jedoch oft sehr vereinfachtes Prinzip realisiert. In Bild 2.105 sind die Prüfprinzipien der wichtigsten Gleit-, Wälz-, Roll- und Strahlverschleißprüfmaschinen zusammengestellt. Die Untersuchungen können meist mit oder ohne Schmiermittel durchgeführt werden; in einer Reihe von Fällen dienen die Versuche auch der Einschätzung der Qualität bzw. der Eignung der Schmierstoffe. Des weiteren ist es möglich, zur Simulierung entsprechender Beanspruchungsbedingungen, z. B. bei Baggern, als Zwischenstoff oder als Reibkörper *1* (s. Prüfprinzip Verschleißtopf) Mineralkorn einzusetzen.
Zur Einschätzung des Verschleißverhaltens wird in der Regel das Verschleißvolumen (aus den Veränderungen der Abmessungen oder aus der Massedifferenz) ermittelt. Moderne Anlagen arbeiten mit induktiven Meßgebern, wodurch diese Größe automatisch und ihre Abhängigkeit vom Gleitweg, vom Reibungsmoment, von der Temperatur u. a. Größen erfaßt werden kann.
Der komplexe Charakter der auf die Reibstellen einwirkenden Einflußgrößen führt dazu, daß zwischen den Ergebnissen, die mit derartigen Prüfmaschinen und denen, die durch praktische Betriebsversuche erzielt werden, teilweise beträchtliche Unterschiede bestehen, so daß die Möglichkeit einer Übertragung auf konkrete Anwendungsfälle in der Praxis meist sehr begrenzt ist. Eine wesentliche Ursache ist darin zu sehen, daß der große Vorteil dieser Verfahren (in relativ kurzen Zeiten werden hinreichend große und mit einfachen Methoden auswertbare Verschleißbeträge erzeugt) durch größere Kräfte und andere Maßnahmen erreicht wird, die dazu führen, daß sich vielfach sowohl der Verschleißmechanismus als auch die Schadbildungsart gegenüber dem im praktischen Betrieb ablaufenden Verschleißprozeß ändern.
Eine bessere Übereinstimmung ist zu erzielen, wenn wesentliche Parameter der Prüfmaschinenuntersuchungen, wie Flächenpressung, relative Gleitgeschwindigkeit, thermische Oberflächenbelastung und Schmierung, den Bedingungen der Beanspruchung in der Praxis weitestgehend angeglichen oder Abweichungen davon durch meist empirisch ermittelte Korrekturfaktoren berücksichtigt werden. In Einzelfällen, z. B. bei Stirnradgetrieben, ist es unter Hinzuziehung weiterer Kenngrößen (z. B. Oberflächenzustand) möglich, aus den Ergebnissen des *ZVP-* (*Zahnrad-Verspannungs-Prüfmaschine-*) Tests die Sicherheit gegen Freßverschleiß zu ermitteln.
Bei der kritischen Wertung der mit diesen Prüfmaschinen zu erzielenden Ergebnisse hinsichtlich ihrer Übertragbarkeit auf den praktischen Einsatzfall sollte nicht übersehen werden, daß es bei einem vertretbaren Zeit- und Materialaufwand möglich ist, mindestens Relativbewertungen von Werkstoffen und Schmierstoffen durchzuführen und die Wirksamkeit verschleißhemmender Maßnahmen, z. B. durch die Aufbringung entsprechender Schichten, einzuschätzen.

2.5.2.2. Spezielle Verschleißprüfverfahren

Mit den in diesem Abschnitt zusammengefaßten Prüfverfahren werden in der Regel nicht mehr die Werkstoffe mittels spezieller Proben oder der Schmierstoff, sondern ganze Maschinenelemente geprüft (z. B. Gleitlager, Wälzlager). Die dazu benutzten

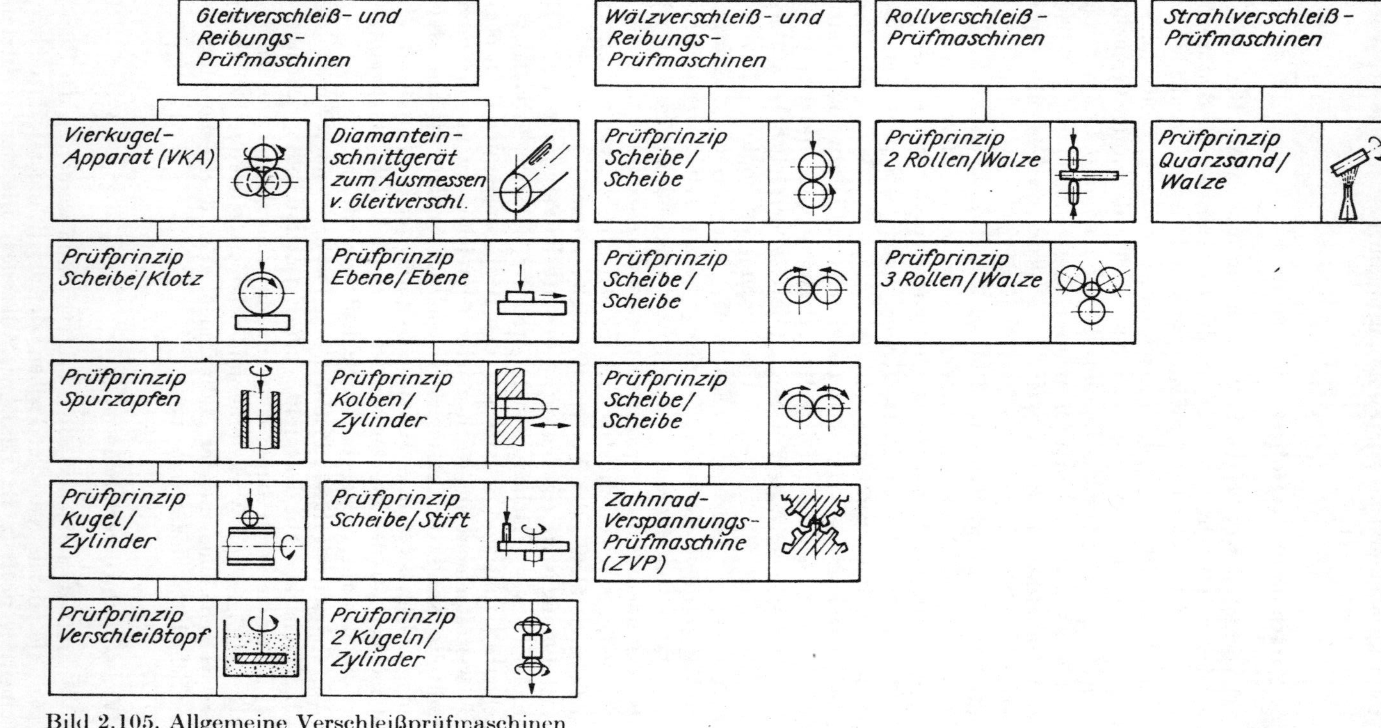

Bild 2.105. Allgemeine Verschleißprüfmaschinen

Prüfmaschinen, meist als *Prüfstände* bezeichnet, ermöglichen in den meisten Fällen, die Beanspruchungsbedingungen in der Praxis hinsichtlich Belastung, Gleit- oder Rollgeschwindigkeit, Temperatur usw. zu realisieren und darüber hinaus diese Größen in weiten Grenzen zu variieren, wodurch nicht nur Aussagen über die Eignung an sich, sondern auch über Grenzwerte, z. B. maximale Belastbarkeit oder maximale Gleitgeschwindigkeit, erhalten werden können. Einige Beispiele sind Prüfstände für Verschleiß- und Reibungsuntersuchungen an Zahnrädern, Gleitlagern, Kupplungen und Bremsen oder Dichtungen und Packungen.
Bei der Einschätzung der Ergebnisse solcher Prüfstandsuntersuchungen muß jedoch berücksichtigt werden, daß sie nicht nur vom Werkstoff und Schmierstoff, sondern auch vom Konstruktionsprinzip und der Fertigungs- und Montagetechnologie beeinflußt werden. Damit lassen sich zwar einerseits die Aussagen der Versuche wesentlich besser auf konkrete Einsatzfälle in der Praxis übertragen, auf der anderen Seite ist eine Verallgemeinerung der Ergebnisse z. B. hinsichtlich der Eignung der Werkstoffe nur noch in einem sehr beschränkten Umfang möglich.
Da bei solchen Untersuchungen die zu ermittelnden Verschleißbeträge sehr klein sind, müssen Methoden hoher Empfindlichkeit eingesetzt werden, um in vertretbaren Zeiten auswertbare Ergebnisse zu erhalten. In zunehmendem Maße werden dafür *radioaktive Nuklide* eingesetzt [2.6]. Ihre Einbringung kann auf verschiedenen Wegen erfolgen, z. B. beim Schmelz- oder Gießprozeß (dazu sind in der Regel größere Mengen an Nukliden erforderlich), durch Aktivierung mittels Neutronenbestrahlung oder durch Anbringung von Verschleißeinsätzen, wobei dann nur die Einsätze das Nuklid enthalten. Mit dieser Methode lassen sich auch sehr kleine Verschleißbeträge quantitativ äußerst genau bestimmen. Durch die Anwendung von Registriergeräten kann der Verlauf des Verschleißprozesses unmittelbar verfolgt und durch Veränderung der Betriebsdaten der Prüfstände gezielt beeinflußt werden.
Eine weitere Möglichkeit der Erfassung des Verschleißbetrages besteht in einer *spektrometrischen Spurenanalyse* (Abschnitt 3.2.3.). Auch diese Methode ist sehr empfindlich. Außerdem gestattet sie, die Verschleißteilchen zu analysieren, wodurch die gleichzeitige Erfassung des Verschleißes an verschiedenen Stellen erfolgen kann. Diese höchstempfindlichen Meßmethoden werden vorzugsweise auch bei *Betriebsversuchen* eingesetzt, bei denen die Verschleißprüfungen an kompletten Maschinen und Aggregaten, z. B. Verbrennungsmotoren oder Kühlaggregaten, erfolgen.

Literaturhinweise

[2.1] Prüfung hochpolymerer Werkstoffe. (Federführung: *Schmiedel, H.*). Leipzig: VEB Deutscher Verlag für Grundstoffindustrie 1977
[2.2] *Schulze, W.:* Einführung in die Baustoffprüfung. Berlin: VEB Verlag für Bauwesen 1976
[2.3] Werkstoffermüdung. (Hrsg.: *Schott, G.*). 3. Aufl. Leipzig: VEB Deutscher Verlag für Grundstoffindustrie 1985
[2.4] *Blumenauer, H.; Pusch, G.:* Technische Bruchmechanik. 2. Aufl. Leipzig: VEB Deutscher Verlag für Grundstoffindustrie 1986
[2.5] Metodi ispitanija, kontrolja i issledovanija masinostroitelnich materialov. T. 2. Hrsg.: *Tumanov, A. T.*). Moskau: Mašinostroenije 1974
[2.6] *Ivanova, W. S.:* Rasrushenija metallov. Moskau: Metallurgija 1979
[2.7] Festigkeitsprobleme und Materialverhalten. Leipzig: VEB Fachbuchverlag 1982
[2.8] *Fleischer, G.; Gröger, H.; Thum, H.:* Verschleiß und Zuverlässigkeit. Berlin: VEB Verlag Technik 1980
[2.9] *Beckert, M.:* Grundlagen der Schweißtechnik, Schweißbarkeit der Metalle. Berlin: VEB Verlag Technik 1980

Quellennachweise

[2.10] Handbuch der Werkstoffprüfung. Bd. 1, 2. (Hrsg.: *Siebel, E.*). Berlin, Göttingen, Heidelberg: Springer-Verlag 1958
[2.11] Neuzeitliche Verfahren der Werkstoffprüfung. (Hrsg.: Verein Deutscher Eisenhüttenleute). Düsseldorf: Verlag Stahleisen 1973
[2.12] Grundlagen des Festigkeits- und Bruchverhaltens. (Hrsg.: *Dahl, W.*). Düsseldorf: Verlag Stahleisen 1974
[2.13] Festigkeits- und Bruchverhalten bei höheren Temperaturen. Bd. 1, 2. (Hrsg.: *Dahl, W.; Titsch, W.*). Düsseldorf: Verlag Stahleisen 1980
[2.14] Verhalten von Stahl bei schwingender Beanspruchung. (Hrsg.: *Dahl, W.*). Düsseldorf: Verlag Stahleisen 1978
[2.15] Die Spannungs-Dehnungs-Kurve von Stahl. (Hrsg.: *Dahl, W.; Rees, H.*). Düsseldorf: Verlag Stahleisen 1976
[2.16] *Schwalbe, E.:* Bruchmechanik metallischer Werkstoffe. München: Hanser-Verlag 1980
[2.17] *Ruge, J.:* Handbuch der Schweißtechnik. Bd. 1. Berlin, Heidelberg, New York: Springer-Verlag 1980
[2.18] *Müller, G.; Lambert, V.:* Rechnerunterstützte Werkstoffprüfung. In: VDI-Ber. 408. Düsseldorf: VDI-Verlag 1981
[2.19] Härteprüfung in Theorie und Praxis. VDI-Ber. 308. Düsseldorf: VDI-Verlag 1978
[2.20] *Fröhlich, P.; Grau, P.; Grellmann, W.:* Untersuchung mechanischer Eigenschaften von Glas mit Hilfe moderner Härtemeßverfahren. Wiss. Z. Univ. Jena, Math.-Nat. R. 28 (1979) 449

Standards (Auswahl)

TGL GRW 468-77	Metalle, Härtemessung nach dem Brinellverfahren
TGL RGW 469-77	Metalle, Härtemessung nach dem Rockwellverfahren, Skalen A, B, C
TGL RGW 470-77	Metalle, Härtemessung nach dem Vickersverfahren
TGL RGW 471-77	Metalle, Zugversuch
TGL RGW 472-77	Metalle, Kerbschlagbiegeversuch bei Raumtemperaturen
TGL RGW 473-77	Metalle, Kerbschlagbiegeversuch bei tiefen Temperaturen
TGL RGW 474-77	Metallische Werkstoffe, Faltversuch
TGL RGW 475-77	Stahl, Stirnabschreckversuch
TGL RGW 476-77	Metallrohre, Zugversuch
TGL RGW 478-77	Metalle, Prüfung auf Tiefung von Blechen und Bändern nach dem Erichsenverfahren
TGL RGW 479-77	Metalle, Prüfung auf Hin- und Herbiegung der Bleche und Bänder mit einer Dicke kleiner als 3 mm
TGL RGW 480-77	Metallrohre, Technologische Prüfungen
TGL 14401	(Blatt 3) Prüfung von Gußeisen mit Lamellengraphit, Biegeversuch
TGL 10977	Zugversuch bei erhöhten Temperaturen
TGL 10976	Unterbrochener Kriechversuch bei erhöhten Temperaturen
TGL 11224	Zeitstandversuch bei erhöhten Temperaturen
TGL 14067	Prüfung von Plasten, Bestimmung des statischen Biegeverhaltens starrer Plaste
TGL 14069	Prüfung von Plasten, Druckversuch
TGL 14070	Prüfung von Plasten, Druckversuch
TGL 12972/04	Prüfung von Kunstleder, Zugversuch an Gewebekunstleder
TGL 14363/01	Prüfung von Elastomeren, Herstellung von Prüfkörpern und allgemeinen Forderungen an die Durchführung physikalisch-mechanischer Prüfungen
TGL 19330	Prüfung metallischer Werkstoffe, Schwingversuch (Blatt 1) Begriffe und Grundsätze, (Blatt 2) Durchführung, (Blatt 3) Auswertung
TGL 19340/03	Dauerschwingfestigkeit, Berechnung, Einflüsse

TGL 14912 (Blatt 4) Mechanische Prüfung der Schweißverbindung, Faltversuch an Stumpfnähten

TGL 14912 (Blatt 5) Mechanische Prüfung der Schweißverbindung, Seitenfaltversuch an Stumpfnähten

TGL 15485 Prüfung metallischer Werkstoffe, Hin- und Herbiegeversuch an Drähten

TGL 15484 Prüfung metallischer Werkstoffe, Verwindeversuch an Drähten, einfacher Verwindeversuch, Hin- und Herbiegeversuch

TGL 15487 Prüfung metallischer Werkstoffe, Wickelversuch an Drähten

TGL 27438 Prüfung von Stahl, Bestimmung der normalen plastischen Anisotropie, r-Wert

TGL 27439 Prüfung von Stahl, Bestimmung des Verfestigungsexponenten, n-Wert

TGL 281001 Berechnungen, Fließkurven, metallische Werkstoffe

TGL 20023 Prüfung metallischer Werkstoffe, Stauchversuch

TGL 14913 (Blatt 1) Prüfung der Stähle auf Schweißbarkeit

TGL 14914 Prüfung von Stahl, Prüfung der Schweißneigung, Aufschweißbiegeversuch (Blatt 1)

TGL 20924 Prüfung von Plasten, Bestimmung der Kugeldruckhärte

TGL RGW 1198 Gummi; Verfahren zur Bestimmung der Härte nach *Shore* A

TGL 12921 Prüfung von Pappe; Bestimmung der Härte nach der Kugeldruckmethode

TGL 20139 Prüfung von Hartgummi; Bestimmung der Härte nach *Shore* D

TGL 20801/14 Prüfung bituminöser Bindemittel-Gesteins-Gemische; Stempeleindrucktiefe

TGL 29771 Prüfung von Anstrichfilmen; Bestimmung der Pendelhärte nach *König*

3. Verfahren zur Untersuchung der Zusammensetzung

3.1. Gegenstand und Aufgabenbereich der Werkstoffanalytik

Die Gebrauchseigenschaften der Werkstoffe werden durch Art und Menge der sie aufbauenden Bestandteile sowie deren gegenseitige Verknüpfung und Anordnung in Mikro- und Makrobereichen bestimmt. Mit der Untersuchung der Änderung von Art und Menge der Bestandteile sowie ihrer gegenseitigen Verknüpfung beschäftigt sich die *Werkstoffanalytik*, die damit zur Beschreibung des Aufbaus der Werkstoffe und zur Klärung von Struktur-Eigenschafts-Beziehungen entscheidend beiträgt.
Die analytische Beschreibung eines Werkstoffs erfordert die Bearbeitung unterschiedlicher analytischer Aufgabenstellungen, z. B. Ermittlung des durchschnittlichen Elementgehalts, des Konzentrationsverlaufs im Volumen oder in der Randschicht, Nachweis von Segregationen u. a. Beim Übergang von einer *Durchschnitts-(Volumen-) Analyse* (z. B. Bestimmung des Gehalts eines Stahlbegleiters) zur Bestimmung des Konzentrationsverlaufs des gleichen Elements, z. B. in der Randschicht eines einsatzgehärteten Stahls, nimmt gleichzeitig die zur Verfügung stehende Probenmenge und damit gemäß

$$m = \varrho V \tag{3.1}$$

auch das Probenvolumen um Größenordnungen ab.
Betrachtet man die Bestimmung von Art (z_i) und Menge (m_i) in Abhängigkeit von den Raumkoordinaten (x_i, x_j, x_k) innerhalb der untersuchten Objekte, d. h.

$$z_i, m_i = f(x_i, x_j, x_k) \tag{3.2}$$

so ist zu unterscheiden zwischen

$$z_i, m_i = f(x_i)_{x_j, x_k} \quad \textit{Profil- oder Linienanalyse} \tag{3.3}$$

$$z_i, m_i = f(x_i, x_j)_{x_k} \quad \textit{Flächenanalyse} \tag{3.4}$$

$$z_i, m_i = f(x_i, x_j, x_k) \quad \textit{Volumenanalyse} \tag{3.5}$$

Die durch die Gln. (3.3) bis (3.5) dargestellten Möglichkeiten werden unter dem Oberbegriff *Verteilungsanalyse* zusammengefaßt. Von verteilungsanalytischen Untersuchungen kann immer dann gesprochen werden, wenn die Abmessungen der untersuchten Objektbereiche wesentlich kleiner sind als die Abmessungen des Objekts selbst. Ist diese Bedingung nicht oder nur teilweise erfüllt, erhält das analytische Ergebnis immer mehr den Charakter einer Durchschnitts- (Volumen-) Analyse. Die Ausführung von Verteilungsanalysen, die über die klassische Durchschnitts- (Volumen-) Analyse der chemischen Werkstoffprüfung hinausgeht, wurde erst durch die Entwicklung entsprechender Geräte (z. B. Röntgen- und Elektronenspektrometer) möglich.

3.2. Kriterien zur Bewertung analytischer Untersuchungsverfahren

Die Beschreibung (Analysenvorschrift) analytischer Untersuchungsverfahren muß die Meßanordnung und die dazugehörige Meßvorschrift, in allen Einzelheiten festgelegt, beinhalten. Nur in diesem Fall kann man von einem *vollständigen Analysenverfahren* sprechen. Die Anwendung eines Analysenverfahrens liefert Meßwerte, die z. B. als Masse, Volumen, Stromstärke, Extinktion, Impulsrate, Spannungsdifferenz, Intensität einer Spektrallinie u. a. auftreten können. Zielgrößen der analytischen Untersuchungen sind aber nicht die gemessenen Werte, sondern den Werkstoff charakterisierende Angaben, z. B. Gehalte, An- bzw. Abwesenheit von Elementen, Elementverteilungen, die über chemische und physikalische Zusammenhänge aus den Meßwerten erhalten werden.
Der Zusammenhang zwischen dem Meßwert y und der entsprechenden Zielgröße *Gehalt* c wird durch die *Analysenfunktion* beschrieben:

$$c = \mathrm{f}(y) \tag{3.6a}$$

Unter Analysenfunktion versteht man die Umkehrfunktion der *Eichfunktion*

$$y = \mathrm{g}(c) \tag{3.6b}$$

die beim Vermessen bekannter Konzentrationen (Eichung des Verfahrens) erhalten wird. Die Umkehrung der Eichfunktion im analytischen Sinn und damit ihre Eignung als Analysenfunktion ist nur im Gehaltsbereich zwischen c_a und c_b möglich, in dem die Funktion $y = \mathrm{g}(c)$ differenzierbar und die Bedingung $\mathrm{d}y/\mathrm{d}c \neq 0$ erfüllt ist.
Das analytische Untersuchungsergebnis sollte nach Möglichkeit die in Tabelle 3.1 zusammengestellten Angaben enthalten, um die angewandten Verfahren bezüglich ihrer Eignung bewerten und die Ergebnisse, die sich auf vergleichbare Objektbereiche beziehen, untereinander vergleichen zu können.

Tabelle 3.1. Angabe analytischer Ergebnisse

$(\bar{x} \pm \Delta\bar{x})$ Einheit $(\pm s;\ P\,\%;\ f)$

Form (Symbolik)	Inhalt (Aussagewert)
$\bar{x}$ Mittelwert aus M Messungen $\pm\Delta\bar{x}$ Vertrauensintervall $\Delta\bar{x} = \frac{t(P, f)\, s}{\sqrt{M}}$	charakterisiert die Zielgröße und ihre Unschärfe (Qualität, Güte)
$\pm s$ Standardabweichung $s = \sqrt{\frac{\sum_{i=1}^{N} (x_i - \bar{x})^2}{N - 1}}$	charakterisiert Unschärfe (Qualität, Güte) des Analysenverfahrens
$P\,\%$ Wahrscheinlichkeit	Gewicht der Entscheidung
f Anzahl der Freiheitsgrade zur Berechnung von s $f = M - 1$	Zahl der Wiederholungsmessungen

Die Frage nach dem kleinstmöglichen Meßwert, den ein Analysenverfahren überhaupt liefern kann, ist sowohl ein verfahrensbedingtes als auch statistisches Problem. Der kleinstmögliche Meßwert eines Analysenverfahrens (Meßwert an der *Nachweisgrenze*) $\underset{\sim}{x}$ wird aus dem *Blindwert* $\bar{x}_{Bl}$ (Meßwert ohne Anwesenheit der zu bestimmenden Komponente) und dem Dreifachen seiner Standardabweichung s_{Bl} berechnet:

$$\underset{\sim}{x} = \bar{x}_{Bl} + 3s_{Bl} \tag{3.7}$$

Tabelle 3.2. Gehaltssysteme und ihre Umrechnung

Bezeichnung des Gehaltssystems	Bedeutung	Einheit (Kurzbezeichnung)	Umrechnungsfaktor für verschiedene Gehaltsangaben in m-%	Zweckmäßige Verwendung für
Massenprozent G[1])	Gramm x je 100 Gramm $(x + y)$	m-%	1	feste, weniger für flüssige und gasförmige Substanzgemische
Volumenprozent G_v[1])	Liter x je 100 Liter $(x + y)$	v-%	$\frac{\varrho_{(x+y)}}{x}$	flüssige und gasförmige Substanzgemische
Mol- oder Atomprozent G_{mol}[1])	Mol x je 100 Mol $(x + y)$	mol-%	$\frac{M_{(x+y)}}{M_x}$	feste Substanzgemische
Massenvolumenkonzentration c	Gramm x je Liter $(x + y)$	$g\,l^{-1}$	$10\varrho_{(x+y)}$	gelöste Systeme
Molvolumenkonzentration c_M[2])	Mol x je Liter $(x + y)$	$mol\,l^{-1}$	$\frac{10\varrho_{(x+y)}}{M_x}$	Reaktionslösungen (Volumetrie)

x Symbol für die anzugebende Komponente (z. B. Fe)
y Symbol für die Matrix bzw. das Lösungsmittel (z. B. Wasser)
$(x + y)$ Symbol für das Substanzgemisch (z. B. Lösung)
ϱ_x Dichte des Stoffes x in $g\,cm^{-3}$
$\varrho_{(x+y)}$ Dichte der Probe in $g\,cm^{-3}$, muß in den meisten Fällen experimentell bestimmt werden (für häufig gebrauchte Lösungen, z. B. Säuren oder Basen, kann sie Tabellen entnommen werden)
M_x Molmasse des Stoffes x in $g\,mol^{-1}$
$M_{(x+y)}$ mittlere Molmasse der Probe in $g\,mol^{-1}$

$$M_{(x+y)} = \frac{100}{\frac{G_x}{M_x} + \frac{G_1}{M_1} + \frac{G_2}{M_2} + \dots}$$

[1]) m-%, v-%, mol-% sind dimensionslos (Einheit 1).
Zur eindeutigen Information sollten die jeweiligen Symbole stets mit angegeben werden. Für 10^{-4} % wird vielfach das Symbol ppm (parts per million) verwendet.

[2]) c_M wird vielfach auch als Stoffmengenkonzentration bezeichnet. Das Mol ist die Stoffmenge eines Systems, das aus so viel gleichartigen elementaren Teilchen (bzw. Formelumsätzen) besteht, wie Atome in 0,012 kg des Kohlenstoffnuklids ^{12}C enthalten sind. Dadurch wird die Angabe der Konzentration in val (Normalität N, umsatzbezogene Stoffmenge in g) überflüssig.

Der kleinstmögliche Gehalt c_E (Gehalt an der *Erfassungsgrenze*), der mit Hilfe eines Analysenverfahrens bestimmbar ist, berechnet sich über die Analysenfunktion

$$c_E = f(x_E) \tag{3.8}$$

aus dem Meßwert an der Erfassungsgrenze x_E

$$x_E = \underline{x} + 3s_{Bl} = \bar{x}_{Bl} + 6s_{Bl} \tag{3.9}$$

Für die Angabe von Gehalten werden die in Tabelle 3.2 zusammengestellten Konzentrationsmaße verwendet.

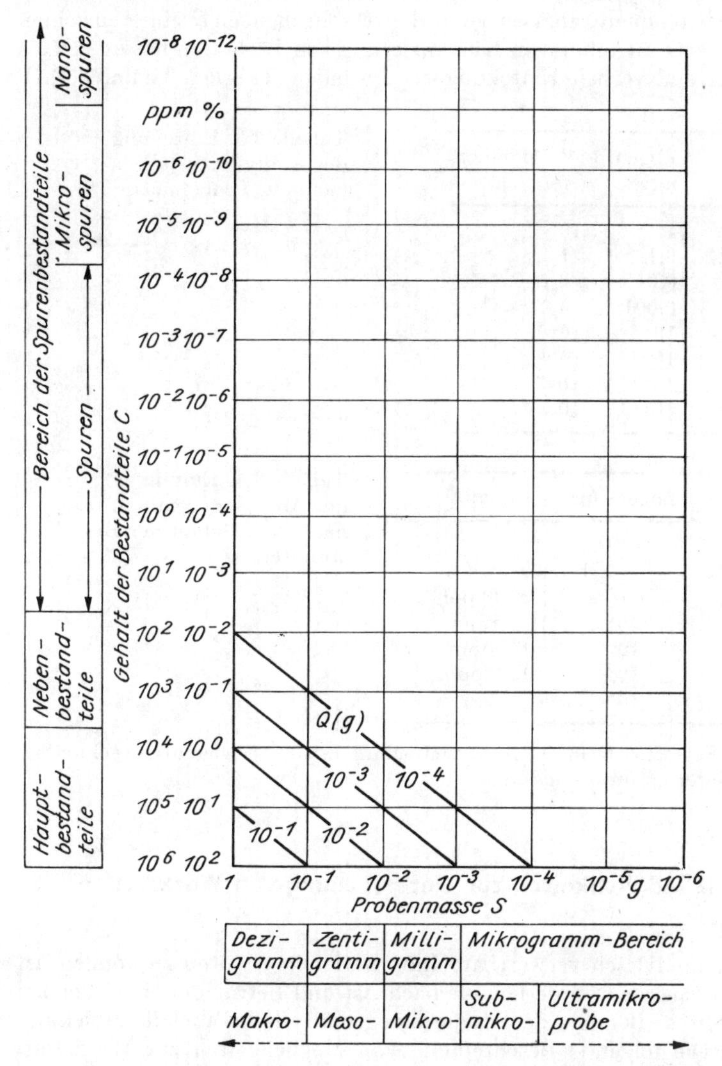

Bild 3.1. Einteilung analytischer Methoden (und Verfahren) auf der Grundlage der Probenmasse und des Gehaltes von Bestandteilen (nach [3.3])

Für die Klassifizierung von Analysenverfahren wird von der Internationalen Union für Reine und Angewandte Chemie ein Schema auf der Grundlage der Größen S (Probenmasse in Gramm) und C (relativer Gehalt des zu bestimmenden Bestandteils in % oder ppm) vorgeschlagen. Danach sollen die Methoden und Verfahren vom Standpunkt des Arbeitsbereiches mit Hilfe der zwei Grundgrößen

Probenumfang (Masse) und
Gehalt des Bestandteils (z. B. in % oder in ppm)

klassifiziert werden. Mit der Spannweite dieser Grundgrößen ist auch der Bereich der absoluten Menge Q des Bestandteils festgelegt. Die auf dieser Grundlage mögliche Klasseneinteilung von Analysenverfahren nebst ihren Bereichen ist in Bild 3.1 dargestellt. Die diagonalen Linien repräsentieren die Absolutmengen Q eines einzelnen Bestandteils. Neben der zahlenmäßigen Klassifizierung von Verfahren hat es sich als zweckmäßig erwiesen, eine verbale Einteilung zu verwenden (Tabellen 3.3 und 3.4).

Tabelle 3.3. Einteilung der Analysenverfahren nach der Probenmasse (S)

Arbeitsbereich	Zugeordnete Mengen in g
Gramm-Bereich	1 ... 10
Dezigramm-Bereich	0,1 ... 1
Zentigramm-Bereich	0,01 ... 0,1
Milligramm-Bereich	0,001 ... 0,01
Mikrogramm-Bereich	10^{-6} ... 10^{-3}
Nanogramm-Bereich	10^{-9} ... 10^{-6}
Picogramm-Bereich	10^{-12} ... 10^{-9}
Femtogramm-Bereich	10^{-15} ... 10^{-12}

Tabelle 3.4. Einteilung der Analysenverfahren nach dem Gehalt der Bestandteile (C)

Gehaltsbereich	Zugeordneter Gehalt
Hauptbestandteil	100 ... 1 %
Nebenbestandteil	1 ... 0,01 %
Spurenbestandteil[1]	< 0,01 % ... (< 100 ppm)
Spuren	10^{2} ... 10^{-4} ppm
Mikrospuren	10^{-4} ... 10^{-7} ppm
Nanospuren	10^{-7} ... 10^{-10} ppm
Picospuren	10^{-10} ... 10^{-13} ppm

[1]) Bedingt durch die Fortschritte in der Analysentechnik erweist es sich als zweckmäßig, den Spurenbereich weiter zu untergliedern.

3.3. Analytische Möglichkeiten zur Untersuchung von Werkstoffen

Um von einer Probe analytisch verwertbare Informationen erhalten zu können, ist eine Einwirkung von Energie erforderlich. Je nach Art und Betrag der einwirkenden Energie werden spezifische Bereiche der Atome (sinngemäß gilt das auch für Moleküle) angeregt (Bild 3.2). Die folgende Beschreibung von Möglichkeiten zur Werkstoffanalyse wurde zweckmäßigerweise nach Art und Betrag der wechselwirkenden Energie sowie der dazu prinzipiell notwendigen technischen Voraussetzungen gegliedert.

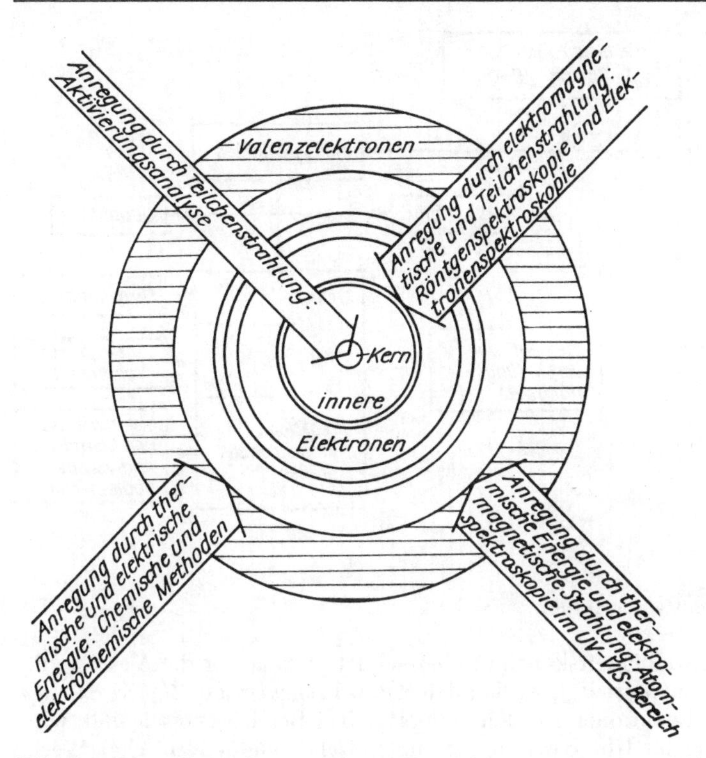

Bild 3.2. Darstellung der anregbaren Bereiche eines Atoms in Abhängigkeit von Art und Betrag der einwirkenden Energie

3.3.1. Untersuchungen mit chemischen Methoden

Die Möglichkeiten zur Untersuchung von Werkstoffen mit Hilfe *chemischer Reaktionen* sind im Bild 3.3 zusammengefaßt. Die Auswertung einer chemischen Reaktion nach analytischen Gesichtspunkten ist an die Bedingungen Vollständigkeit der Umsetzung, große Reaktionsgeschwindigkeit und eindeutiger Reaktionsverlauf geknüpft.
Jede chemische Reaktion verläuft in geschlossenen Systemen nur bis zu einem Gleichgewichtszustand. Dieses Gleichgewicht, thermodynamisch ausgedrückt durch die *Gleichgewichtskonstante* K der jeweiligen Reaktion, muß möglichst weit auf der Seite der Reaktionsprodukte liegen. Die *Reaktionsgeschwindigkeit* RG und die Zeit bis zur Einstellung dieses Gleichgewichtszustands wird durch die in der Zeiteinheit umgesetzte Stoffmenge der Reaktanden bestimmt. Damit eine chemische Reaktion ausgelöst wird, muß vielfach ein zusätzlicher Energiebetrag, die *Aktivierungsenergie* E_A, bereitgestellt werden.
Die Aktivierungsenergie, die Temperatur des reagierenden Systems und die nach

$$\mathrm{RG} = \mathrm{k} c_\mathrm{A} c_\mathrm{B} \ldots \tag{3.10}$$

definierte *Geschwindigkeitskonstante* k stehen in folgendem Zusammenhang:

$$\mathrm{k} = \mathrm{k}_{\mathrm{max}} \exp(-E_\mathrm{A}/\mathrm{R}T) \tag{3.11}$$

R molare Gaskonstante

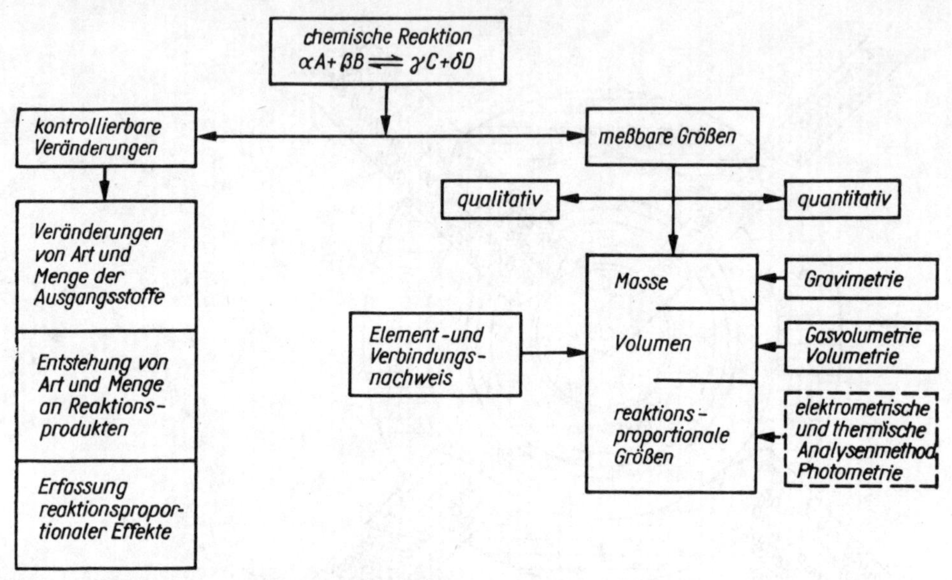

Bild 3.3. Chemische Analysenverfahren

Mit k_{max} soll die Geschwindigkeitskonstante bezeichnet werden, für die $E_A = 0$ gilt. Die Geschwindigkeitskonstante k_{max} wird annähernd bei *Ionenkombinationsreaktionen* erreicht. Da derartige Reaktionen für den anorganischen Bereich typisch sind, wird die chemische Reaktion zur Untersuchung von metallischen und keramischen Werkstoffen – im Gegensatz zu organischen polymeren Werkstoffen – in breitem Umfang genutzt. Für organische Verbindungen gilt allgemein $k \ll k_{max}$; das führt zu sehr großen Reaktionszeiten. Durch Erhöhung der Temperatur ist es möglich, solche Reaktionen in einer endlichen Zeit zu erzwingen. Allerdings können dann oftmals mehrere Reaktionen gleichzeitig ablaufen; dadurch ist die Forderung nach einem eindeutigen Reaktionsablauf nicht mehr gegeben, und solche Reaktionen sind nur qualitativ auswertbar.

Die *qualitative Auswertung* chemischer Umsetzungen erfolgt z. B. in Form von Brenntests für organische Polymere oder *Tüpfelreaktionen* für metallische Werkstoffe. Zur Identifizierung polymerer organischer Werkstoffe wird das unbekannte Material in schmale Streifen geschnitten und im Glühröhrchen erhitzt bzw. direkt in die Flamme gehalten (Tabelle 3.5). Bei der Betriebskontrolle zum qualitativen Nachweis der Zusammensetzung metallischer Werkstoffe wird eine 2 bis 4 cm^2 große Fläche durch Feilen oder Schmirgeln gereinigt, und danach werden ein oder mehrere Tropfen Lösungsmittel, in der Regel Säuren oder Säuregemische, aufgebracht (Tabelle 3.6). Das gelöste Material sowie vorhandene Niederschläge werden mit Filterpapier abgenommen. Der Nachweis erfolgt dann auf dem Papierstreifen oder auf einer Tüpfelplatte, nachdem das gelöste Material eluiert wurde (Tabelle 3.7). Zum Teil wird der Nachweis auch mit speziell vorbereiteten Papierstreifen (*Reagenzpapier*) geführt. Die Tüpfelreaktionen werden hauptsächlich zur Charakterisierung von Schrott, zur Eingangskontrolle bei der Verarbeitung von Halbzeugen und zum Werkstoffvergleich (Verwechslungsprüfung) angewendet.

Während zur Prüfung der An- bzw. Abwesenheit bestimmter Elemente (qualitative Analyse) nur der Eintritt oder das Ausbleiben charakteristischer Reaktionen heran-

Tabelle 3.5. Identifizierung von polymeren organischen Werkstoffen

Werkstoff[1]) Dichte	Verhalten			Flammenfarbe	Geruch	Besonderheiten
	in der Flamme	neben der Flamme	im Glühröhrchen[2])			
Polyäthylen 0,94	brennt gut	brennt weiter	schmilzt leicht, farblose Schmelze	blaugelb	nach Kerze	Tropfen laufen breit
PVC 1,38	brennt schwer	verlischt	zersetzt sich, S dunkelbraune Schmelze	gelb, grüner Flammensaum	stechend nach HCl	verkohlt
Polystyrol 1,05	brennt gut	brennt weiter	schmilzt	gelb, rußt	süßlich	tropft kaum
Glasfaser-Polyester 1,80 (ohne Glasfaser)	brennt langsam	verlischt	schmilzt unter Zersetzung	gelb, rußt	süßlich	verkohlt, knistert
Phenolharz 1,30	brennt schwer	verlischt	schmilzt, dann Zersetzung	gelb	nach Phenol	verkohlt
Polyamide 1,13	brennt zögernd	verlischt	schmilzt	blaugelber Saum	nach Horn	zieht Fäden
Aminoplaste 1,50	brennt kaum	verlischt	schmilzt, A dann Zersetzung Dunkelfärbung	gelb	Tran, Ammoniak	Kanten werden weiß
Polyurethan 1,21	brennt	brennt weiter	schmilzt bei kräftigem A Erhitzen, dann Zersetzung	bläulich gelber Rand bis leuchtend	stechend unangenehm (Isocyanat)	tropft blasig fädenziehend wie Siegellack

[1]) Vielfach kann auch die Dichte (Angaben in g cm^{-3}) für die Bestimmung herangezogen werden.
[2]) Entweichende Dämpfe: A alkalisch, S sauer } Prüfung mit Unitestpapier

Tabelle 3.6. Löslichkeit der Stähle in Säuren (nach [3.22])

Zusammensetzung möglicher Lösungsgemische	Lösliche Stähle	Unlösliche Stähle
1 Vol.-Teil 16 M HNO_3 (ϱ = 1,4; 70%ig) + 5 Vol.-Teile H_2O	unlegierte und legierte Stähle mit weniger als 10% Cr	korrosionsbeständige Cr-Stähle und Stähle mit über 10% Cr; magnetisierbar
	Hartmanganstähle mit über 10% Mn; Mn-Cr- oder Mn-Cr-Ni-Stähle; Ni-Stähle mit über 20% Ni; nichtferromagnetisch	korrosionsbeständige Cr-Ni- und Cr-Mn-(Ni)-Stähle; unmagnetisierbar
1 Vol.-Teil 12 M HCl (ϱ = 1,18; 36%ig) + 4 Vol.-Teile frisch hergestelltes H_2O_2 (3%ig)	wird der korrosionsbeständige Stahl schnell angegriffen, so ist über 8% Mn vorhanden	
1 Vol.-Teil 16 M HNO_3 + 1 Vol.-Teil 12 M HCl + 2 Vol.-Teile H_2O_2 (10%ig) Vor Gebrauch mischen	hochkorrosionsbeständige Stähle mit zusätzlichem Mo- oder Cu-Gehalt	

Anmerkung: Für Co-Nachweis (Maskierung von Fe) werden 50 ml 3%iges H_2O_2, 7,5 ml sirupöse H_3PO_4 und 5 ml 12 M HCl vorgeschlagen. Einheit von ϱ g · cm^{-3}

Tabelle 3.7. Nachweis von Nebenbestandteilen und Spurenelementen im Stahl durch Tüpfelreaktionen (nach [3.22])

Nachzuweisendes Element	Nachweisreagens	Nachweisvermögen
Wolfram	Zinn(II)-chlorid	$\geqq$0,1%
Aluminium	Chinalizarin	$\geqq$0,05%
Chromium	Diphenylcarbazid	0,1% $\leqq c_{Cr} \leqq$ 8%
Kobalt	α-Nitroso-β-Naphthol	$\geqq$0,25%
Kupfer	Rubeanwasserstoffsäure	0,01% $\leqq c_{Cu} \leqq$ 2% Abscheidung von metallischem Kupfer beim Lösen auf der Stahloberfläche
Mangan	Oxydation zu Mangan(IV)-oxid	1% $\leqq c_{Mn} \leqq$ 10% in allen Stahlmarken vorhanden
Molybdän	Kaliumäthylxanthogenat	
Nickel	Diacetyldioxim	$\geqq$0,1%
Phosphor	Ammoniummolybdat	$\geqq$0,1%
Schwefel	Zersetzung von Jodazid	0,02% $\leqq c_S \leqq$ 0,1%
	als Cadmiumsulfid	$\geqq$0,1%
Silizium	Ammoniummolybdat/Benzidin	$\geqq$0,1 bis 0,3%
Titan	Chromotropsäure	$\geqq$0,1%
Vanadium	Wasserstoffperoxid	$\geqq$0,1 ... 0,2%
	8-Oxychinolin	$\geqq$0,2%

Anmerkung: Alle Prozentangaben in den Tabellen 3.6 und 3.7 beziehen sich auf m-%.

gezogen werden, ist für *quantitative Untersuchungen* eine Kontrolle der umgesetzten Menge erforderlich.

Der Einsatz der Analysenwaage zur direkten Bestimmung der Masse (*Gravimetrie*) setzt als Reaktionsprodukte schwerlösliche Niederschläge voraus. Diese Niederschläge müssen außerdem gut filtrierbar sein, wobei die Wägeform nicht unbedingt mit der Fällungsform identisch zu sein braucht. Die Masse m_s der zu bestimmenden Komponente, die Bestandteil der in gelöster Form vorliegenden Probe ist, errechnet sich nach

$$m_s = F m_{A_m B_n} \tag{3.12}$$

$m_{A_m B_n}$ Auswaage der gefällten Verbindung $A_m B_n$
m, n stöchiometrische Verbindungskoeffizienten
F stöchiometrischer Faktor ($F = M_A / M_{A_m B_n}$)
M_A Atommasse des gesuchten Elementes A
$M_{A_m B_n}$ Molmasse der ausgewogenen Verbindung $A_m B_n$

Auf Grund ihrer großen Präzision eignen sich gravimetrische Verfahren für *Schiedsanalysen* und die Bestimmung höherer Elementgehalte (Tabelle 3.8).

Tabelle 3.8. Anwendungsbeispiele gravimetrischer Verfahren zur quantitativen Elementbestimmung

Werkstoff	Element	Bestimmbare Gehalte	Wägeform
legierte Stähle Ferronickel	Nickel	> 0,2 m-%	Nickel-Dimethylglyoxim oder Nickeloxid (NiO)
unlegierte Stähle	Kupfer	ohne Einschränkung	Kupfer–Salicyldioxim
Stähle Ferromolybdän	Molybdän	ohne Einschränkung	Blei-Molybdat
alle Eisenwerkstoffe	Silizium	ohne Einschränkung	Differenzwägung der Tiegel mit und ohne SiO_2 oder reines SiO_2
legierte Stähle Ferrokobalt	Kobalt	> 0,5 m-%	Kobalt-α-Nitroso-β-Naphthol

Variabler sind Verfahren, die als Meßgröße das Volumen verwenden. Sie werden deshalb auch häufiger als gravimetrische Verfahren eingesetzt. Bei gasförmigen Substanzen (*Gasvolumetrie*) ist der Zusammenhang zwischen Gasmasse m_g und Gasvolumen V_g durch die *allgemeine Gasgleichung*

$$m_g = p V_g M / RT \tag{3.13a}$$

gegeben.

p Gasdruck
M Molmasse der (des) gasförmigen Verbindung (Elements)

Gl. (3.13a) gilt in dieser Form nur für *ideale Gase*. Im Bereich um *Normalbedingungen* ($p_0 = 101{,}325 \cdot 10^3$ Pa, $T_0 = 273$ K) ist diese Gleichung allerdings ohne merkliche

Fehler praktisch anwendbar. Die gesuchte Masse m_s erhält man durch Multiplikation von m_g mit den der chemischen Reaktion entsprechenden stöchiometrischen Faktoren.
Die Untersuchung metallischer Werkstoffe mit Hilfe gasanalytischer Verfahren erstreckt sich hauptsächlich auf die Bestimmung der Elemente C, N, O, H und S. Je nachdem, ob diese Elemente im elementaren (gelöst, adsorbiert, Einschlüsse) oder im gebundenen Zustand (Carbide, Oxide, Sulfide) vorliegen, müssen der quantitativen Bestimmung spezielle chemische Prozesse (oxydative oder reduktive Schmelze) vorgelagert werden. Für die quantitative Erfassung der freigesetzten Gasmengen werden neben chemischen auch physikalische Methoden eingesetzt (Tabelle 3.9).
Analytische Verfahren, die mit Lösungsvolumina V als Meßgröße arbeiten, werden als *Volumetrie* bzw. *Maßanalyse* oder *Titrimetrie* bezeichnet. Sie gestatten eine quantitative Aussage, indem die zur vollständigen chemischen Umsetzung einer unbekannten Stoffmenge benötigte Menge an Reagens gemessen wird. Das Reagens, auch Titrator genannt, wird als Lösung (*Maßlösung*) bekannter Konzentration mit der zu untersuchenden Substanz (*Titrand*), die ebenfalls in gelöster Form vorliegen muß, zur Reaktion gebracht. Die Masse der bei dieser Reaktion verbrauchten Substanzmenge ergibt sich aus der Beziehung

$$m_l = cV_l \qquad (3.13\,b)$$

c Konzentration der Maßlösung

Die gesuchte Masse m_s erhält man durch Multiplikation von m_l mit den der chemischen Reaktion entsprechenden stöchiometrischen Faktoren. Wird bei der Wahl der Konzentration der Maßlösung (*Normallösung*) bereits dieser Faktor berücksichtigt, erhält man die gesuchte Masse m_s direkt aus Gl. (3.13b).
Neben den bereits genannten Bedingungen für den Einsatz chemischer Reaktionen für quantitative analytische Untersuchungen muß zusätzlich eine gute Erkennbarkeit der Beendigung der Reaktion (*Äquivalenzpunkt*) gefordert werden. Das Ende der Reaktion kann visuell durch Indikatoren oder durch Messung physikalisch-chemischer Eigenschaften des reagierenden Systems erfaßt werden. Als *Indikatoren* werden Substanzen verwendet, die sich genau so verhalten wie das reagierende System, aber im Äquivalenzpunkt sprunghaft ihre Eigenschaften (z. B. Farbe) ändern.
Die lösungsvolumetrischen Verfahren sind nach der Art der ihnen zugrunde liegenden Reaktionen zu unterscheiden. *Ionenkombinationsreaktionen* verlaufen ohne Änderung der Ionenwertigkeiten, während sich bei *Redoxreaktionen* die Ionenwertigkeiten ändern. Von den Ionenkombinationsreaktionen sind in der Metallanalytik insbesondere Reaktionen zwischen Säuren und Basen

$$H^+ + OH^- \rightleftharpoons H_2O \qquad (3.14)$$

(Indikatorsysteme: schwache organische Säuren und Basen, Farbindikatoren, z. B. Phenolphthalein) und Reaktionen zwischen Metallionen Me und Komplexbildnern X

$$\alpha Me^{n+} + \beta X^{m-} \rightleftharpoons [Me_\alpha X_\beta]^{\beta m + \alpha n} \qquad (3.15)$$

(Indikatorsysteme: organische Komplexbildner, Metallindikatoren, z. B. Eriochromschwarz T) von Wichtigkeit (Tabelle 3.10). Von der Vielzahl möglicher Redoxreaktionen

$$\mathrm{Red} + \mathrm{Ox}' \rightleftharpoons \mathrm{Ox} + \mathrm{Red}' \qquad (3.16)$$

die nach dem verwendeten Oxydations- (Ox) bzw. Reduktionsmittel (Red) unterscheidbar sind, werden in der Metallanalytik hauptsächlich die *Manganometrie* (Indi-

Tabelle 3.9. Möglichkeiten zur quantitativen Bestimmung der Elemente H, O, N, C und S in Stählen (Durchschnitts-(Volumen-)Analyse)

Bindungszustand des Elementes	Vorbereitende Reaktion	Art des Nachweises	Benennung des Verfahrens
Carbide, Gesamtkohlenstoff $G > 0{,}1$ m-%	Verbrennen der Probe im O_2-Strom zu CO_2	Gasstrom ($O_2 + CO_2$) in Gasbürette auffangen, CO_2 in KOH absorbiert, ΔV gemessen	gasvolumetrische C-Bestimmung
	Verbrennen der Probe im Keramiktiegel	instrumentelle[1]) Kontrolle des Gasstromes: CO_2/O_2	Inertgasextraktion
$G < 0{,}1$ m-%	Verbrennen der Probe im O_2-Strom zu CO_2	CO_2 in $Ba(OH)_2/BaCl_2$-Lsg. absorbiert, verbrauchtes $Ba(OH)_2$ durch Elektrolyse aus $BaCl_2$ erneuert	coulometrische C-Bestimmung
Kohlenstoff ungebunden	Isolierung des Graphits durch chemisches Auflösen des gesamten Stahls	je nach C-Gehalt wie bei Gesamtkohlenstoff	
Sulfide Gesamtschwefel $G > 0{,}01$ m-%	Verbrennen der Probe im O_2-Strom zu SO_2	SO_2 in der wäßrigen Phase (NaOH, H_2O_2, $CdSO_4$, H_2O) absorbiert, mit Jodlösung zu H_2SO_4 oxydiert	jodometrische Schwefelbestimmung
Nitride $G > 0{,}005$ m-%	Lösen der Probe in nichtoxydierenden Säuren	NH_3 in wäßriger Phase absorbiert, mit Säure neutralisiert	Kjeldahlmethode
$G < 0{,}005$ m-%	Lösen der Probe in nichtoxydierenden Säuren	NH_3 absorbiert in Nesslers Reagens	photometrische N_2-Bestimmung
Gesamtstickstoff	Schmelzen der Probe im Graphittiegel $T \approx 2300$ K, thermische Dissoziation der Nitride	instrumentelle[1]) Kontrolle des Gasstromes: Inertgas/N_2	Inertgasextraktion
		Vakuum, Druckzunahme[1]) durch N_2	Vakuumheißextraktion
Oxide Gesamtsauerstoff	reduzierendes Schmelzen im Graphittiegel $T \approx 2300$ K	instrumentelle[1]) Kontrolle des Gasstromes: Inertgas/CO bzw. nach Oxydation CO_2	Inertgasextraktion
		Vakuum, Druckzunahme[1]) durch CO bzw. CO_2 nach Oxydation	Vakuumheißextraktion
Gesamtwasserstoff	Schmelzen der Probe	Vakuum, Druckzunahme[1]) durch H_2	Vakuumheißextraktion

[1]) Für die instrumentelle Kontrolle der Gasströme werden manometrische, massenspektrometrische, IR-spektrometrische, katharometrische sowie spektralphotometrische, coulometrische und chemische Methoden eingesetzt.

Tabelle 3.10. Anwendungsbeispiele lösungsvolumetrischer Verfahren zur quantitativen Elementbestimmung

Werkstoff	Element	Verfahren und Reaktionsgleichung
legierter und unlegierter Stahl	Phosphor	Säure-Base-Reaktion; Rücktitration eines NaOH-Überschusses mit H_2SO_4: $2\,[P(Mo_3O_{10})_4]^{3-} + 46\,OH^- \rightleftharpoons 24\,MoO_4^{2-} + 2\,HPO_4^{2-} + 22\,H_2O$ $OH^- + H^+ \rightleftharpoons H_2O$ (BG)
legierter Stahl	Stickstoff als Nitrid	Säure-Base-Titration; Rücktitration eines H_2SO_4-Überschusses mit NaOH: $NH_3 + H^+ \rightleftharpoons NH_4^+$ $H^+ + OH^- \rightleftharpoons H_2O$ (BG)
legierter und unlegierter Stahl	Schwefel als Sulfid	Säure-Base-Titration; Rücktitration eines NaOH-Überschusses mit H_2SO_4 $SO_2 + H_2O \rightleftharpoons SO_3^{2-} + 2\,H^+$ $H^+ + OH^- \rightleftharpoons H_2O$ (BG)
Stahl	Chrom	Redoxtitration; Manganometrie, Rücktitration eines Fe^{2+}-Überschusses mit $KMnO_4$: $Cr_2O_7^{2-} + 6\,Fe^{2+} + 14\,H^+ \rightleftharpoons 6\,Fe^{3+} + 2\,Cr^{3+} + 7\,H_2O$ $5\,Fe^{2+} + MnO_4^- + 8\,H^+ \rightleftharpoons 5\,Fe^{3+} + Mn^{2+} + 4\,H_2O$ (BG)
Ferromangan	Mangan	Redoxtitration; Manganometrie: $3\,Mn^{2+} + 2\,MnO_4^- + 2\,H_2O \rightleftharpoons 5\,MnO_2 + 4\,H^+$
legierter und unlegierter Stahl	Schwefel als Sulfid	Redoxtitration; Jodometrie: $H_2O + SO_3^{2-} + J_2 \rightleftharpoons SO_4^{2-} + 2\,J^- + 2\,H^+$
legierter Stahl	Kobalt	Redoxtitration; Cerimetrie: $Co^{2+} + Fe^{3+} \rightleftharpoons Co^{3+} + Fe^{2+}$ $Fe^{2+} + Ce^{4+} \rightleftharpoons Fe^{3+} + Ce^{3+}$ (BG) (Reaktion 1 wird durch Zusatz von o-Phenanthrolin erreicht)
Oxydationsprodukte des Eisens	Fe^{2+}/Fe^{3+}	Redoxtitration; Cerimetrie: $Fe^{3+} + 1e \rightleftharpoons Fe^{2+}$ $Fe^{2+} + Ce^{4+} \rightleftharpoons Fe^{3+} + Ce^{3+}$ (BG) (Gesamt- $Fe^{2+} + Ce^{4+} \rightleftharpoons Fe^{3+} + Ce^{3+}$ (BG) eisen)
Kupferlegierungen	Kupfer	Komplexbildung; Komplexìmetrie: 1. $Cu^{2+} + Zn^{2+} + 2\,H_2Y^{2-} \rightleftharpoons CuY^{2-} + ZnY^{2-} + 4\,H^+$ (BG) Indikator: PAN 2. $Zn^{2+} + H_2Y^{2-} \rightleftharpoons ZnY^{2-} + 2\,H^+$ (BG) Indikator: Xylenolorange H_2Y^{2-} Dinatriumsalz der Ethylendiamintetraessigsäure

Anmerkung: BG = Bestimmungsgleichung

katorsystem: MnO_4^-/Mn^{2+})

$$MnO_4^- + 5e + 8\,H^+ \rightleftharpoons Mn^{2+} + 4\,H_2O \quad (3.17)$$

$$MnO_4^- + 3e + 2\,H_2O \rightleftharpoons MnO_2 + 4\,OH^- \quad (3.18)$$

Jodometrie (Indikatorsystem: J/J^-)

$$J + 1e \rightleftharpoons J^- \quad (3.19)$$

und die *Cerimetrie* (Indikatorsystem: Ferroin/Ferriin)

$$Ce^{4+} + 1e \rightleftharpoons Ce^{3+} \quad (3.20)$$

eingesetzt (Tabelle 3.10). Die neben der visuellen Endpunktbestimmung übliche Äquivalenzpunktbestimmung durch Messung physikalisch-chemischer Eigenschaften ist im folgenden Abschnitt dargestellt.

3.3.2. Untersuchungen mit elektrochemischen Methoden

Elektrochemische Methoden beruhen auf Vorgängen, die an der Oberfläche zweier in einen Elektrolyten eintauchenden Elektroden ablaufen. Unter *Elektrode* soll hier ganz allgemein ein elektronenleitender Körper verstanden werden. Diese Elektroden vermitteln den Ladungsaustausch mit dem Elektrolyten, indem an der einen Elektrode Elektronen in den Elektrolyten übergehen (*Katode*) und an der anderen Elektrode (*Anode*) Elektronen vom Elektrolyten aufgenommen werden. Dieser Übergang (*Durchtritt*) ist an stoffliche Veränderungen gebunden, die man als *elektrochemische Reaktion* bezeichnet. Der funktionale Zusammenhang zwischen Elektrolytkonzentration und mit Hilfe dieser Elektroden meßbaren elektrischen Größen ist die Grundlage elektrochemischer Methoden (Bild 3.4).
Die elektrische Leitfähigkeit eines Elektrolyten ist bei einer bestimmten Anordnung der Elektroden und konstanter Temperatur nur noch von der Elektrolytkonzentration abhängig. Da alle Ionen des Elektrolyten gleichermaßen zur Leitfähigkeit beitragen, kann mit *konduktometrischen* oder *oszillometrischen* (Verwendung hochfrequenter Wechselspannung) *Methoden* nicht zwischen einzelnen Ionenarten unterschieden werden. Die *Konduktometrie* wird deshalb hauptsächlich zur Endpunktsindikation volumetrischer Methoden eingesetzt. Potentiometrische Messungen beruhen auf einer praktisch stromlosen Messung von Gleichgewichtspotentialen (elektrochemisches Gleichgewicht) bei konstanter Temperatur zwischen zwei Elektroden. Man benötigt eine Arbeitselektrode und eine Bezugselektrode. Als Bezugselektrode wird eine Elektrode mit konstantem Potential (z. B. Kalomelelektrode) verwendet, während das Potential der Arbeitselektrode von der Elektrolytkonzentration abhängig sein muß. Dies setzt voraus, daß die Arbeitselektrode ionenspezifisch (z. B. Glaselektrode für Wasserstoffionen), aber mindestens ionenselektiv arbeiten muß. Die *Potentiometrie* kann zur Ermittlung der Konzentration eines Bestandteils der Elektrolytlösung (*Direktpotentiometrie*, z. B. pH-Wert-Bestimmung) oder zur Äquivalenzpunkterkennung von Titrationen (*potentiometrische Titration*) verwendet werden.
Voltammetrische Messungen beruhen auf der Auswertung von Strom-Spannungs-Kurven in Abhängigkeit von Elektrodenreaktion und Elektrolytkonzentration. Findet als Arbeitselektrode eine Quecksilbertropfelektrode Verwendung, spricht man ganz allgemein von *Polarographie*. Die registrierten Strom-Spannungs- bzw. Strom-Potential-Kurven (Bild 3.5) werden als *Polarogramme* bezeichnet. Der Wendepunkt des Polaro-

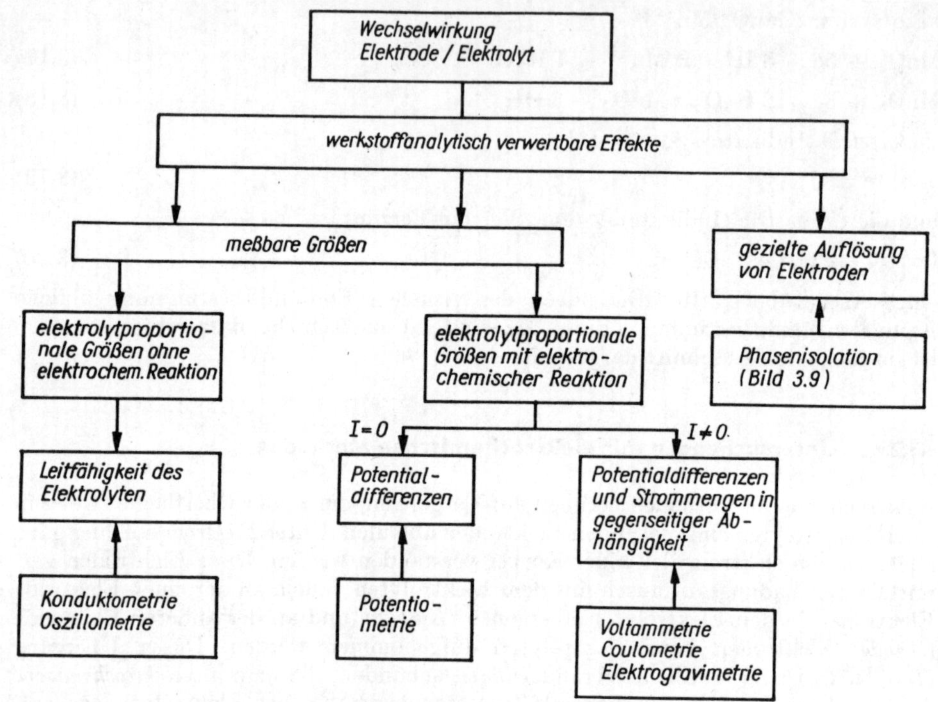

Bild 3.4. Elektrochemische Analysenverfahren

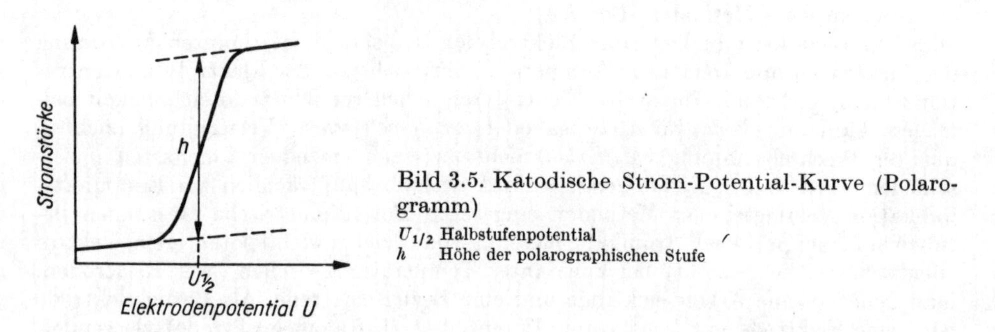

Bild 3.5. Katodische Strom-Potential-Kurve (Polarogramm)
$U_{1/2}$ Halbstufenpotential
h Höhe der polarographischen Stufe

gramms (*Halbstufenpotential* $U_{1/2}$) ist dabei für die Elektrodenreaktion (Art des Elektrolyten) und die Höhe der polarographischen Stufe h für die Elektrolytkonzentration charakteristisch.
Die *Coulometrie* und die *Elektrogravimetrie* lassen sich direkt aus den *Faradayschen Gesetzen* ableiten.

$$\frac{Q}{\mathrm{F}} = \frac{m_s n}{M} \tag{3.21}$$

Q Elektrizitätsmenge
F Faradaykonstante
m_s Masse
n Anzahl der elektrochemischen Äquivalente
M Mol- bzw. Atommasse

Ist die Elektrodenreaktion bekannt und läuft sie mit 100%iger Stromausbeute ab, d. h., es treten keine stromverbrauchenden Nebenreaktionen auf, kann durch Messen der für diese Reaktion benötigten Elektrizitätsmenge die umgesetzte Stoffmenge m_s mit Hilfe von Gl. (3.21) berechnet werden. Diese Methode nennt man Coulometrie. Die Coulometrie zeichnet sich durch eine sehr große Präzision aus. Bei der Elektrogravimetrie wird das in der Elektrolytlösung zu bestimmende Ion an einer Elektrode niedergeschlagen und die Massenzunahme gravimetrisch ermittelt. Neben quantitativen Untersuchungen (Tabelle 3.11) werden elektrochemische Reaktionen in der Werkstoffanalytik in besonderem Maße auch zur partiellen Auflösung, d. h. einer *Phasenisolierung* von Legierungen, verwendet (Bild 3.6). Die Anwendung elektrochemischer Methoden zur Korrosionsprüfung wird im Kapitel 5. behandelt.

Tabelle 3.11. Anwendungsbeispiele elektrochemischer Verfahren zur quantitativen Elementbestimmung

Werkstoff	Element	Verfahren	Bestimmbare Gehalte
Rein- und Reinsteisen	Kohlenstoff	Konduktometrie (Leitfähigkeitsdifferenzmessung) mit vorhergehender Verbrennung im O_2-Strom und CO_2-Absorption in NaOH	G < 0,1 m-%
Stähle	Mangan	Potentiometrie: $MnO_4^- + 4\,Mn^{2+} + 8\,H^+ \rightleftharpoons$ $\rightleftharpoons 5\,Mn^{3+} + 4\,H_2O$	G > 6 m-%
Reinstmetalle	spezielle Spurenelemente, Verunreinigungen	Polarographie	abhängig von der polarographischen Methode
Stähle	Kohlenstoff	Coulometrie vorhergehende Verbrennung im O_2-Strom, CO_2 in $Ba(OH)_2$ absorbiert, $Ba(OH)_2$ durch Elektrolyse aus $BaCl_2$ nachgebildet	G < 0,1 m-%
Kupferlegierungen	Kupfer	Elektrogravimetrie	G < 0,1 m-%

3.3.3. Untersuchungen mit spektroskopischen Methoden

Spektroskopische Methoden gestatten die Untersuchung der Wechselwirkungserscheinungen von elektromagnetischer Strahlung und/oder Teilchenstrahlung mit der Probe. Registriert man die Intensität der infolge dieser Wechselwirkung auftretenden Signale, geordnet nach ihrer Energie, erhält man ein *Spektrum*. Je nach der Energie der auf die Probe einwirkenden Strahlung werden die verschiedensten Bereiche der Atome (Moleküle) der Probe (Bild 3.2) angeregt. Bei Molekülen können zusätzlich noch Schwingungen und Rotationen der sie aufbauenden Atome oder Atomgruppen bzw. bei Kristallen Schwingungen eines Elektronenkollektivs relativ zum Gitter der Atomrümpfe, die *Plasmonen*, angeregt werden.

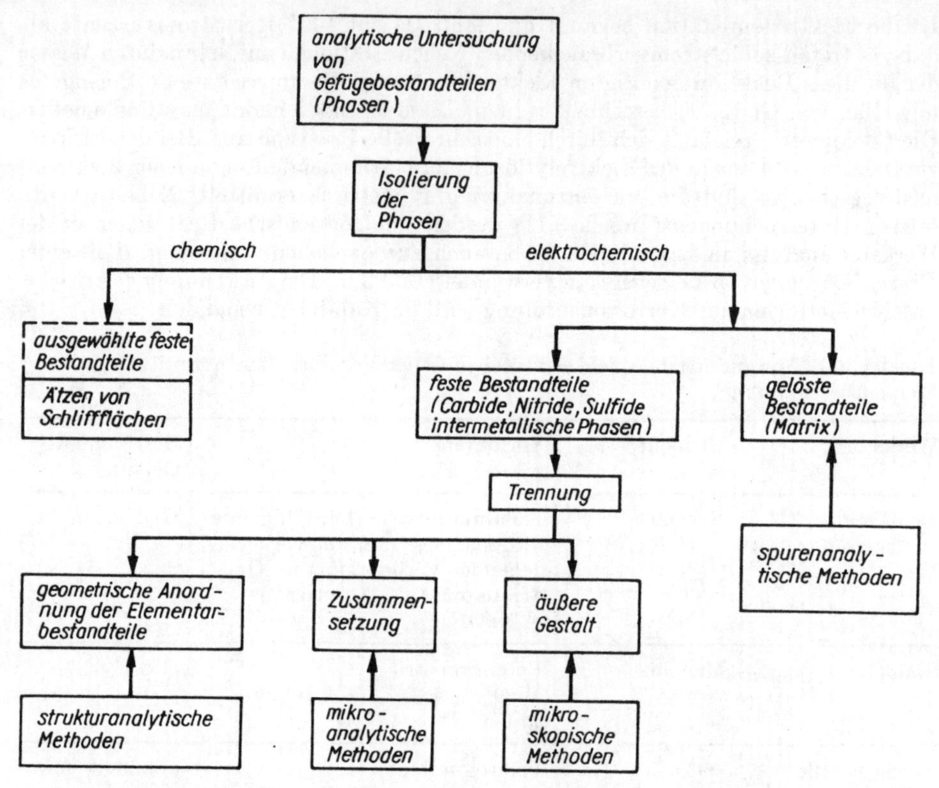

Bild 3.6. Phasenisolation mit Hilfe chemischer und elektrochemischer Methoden

Entsprechend dem Aufbau der Elektronenhülle der Atome (Moleküle) kann Energie nur in Form diskreter Energiebeträge ΔE aufgenommen bzw. wieder abgegeben werden. Die Intensität der ausgetauschten Energiebeträge wird hauptsächlich als Funktion der *Wellenlänge* λ, der *Wellenzahl* $\tilde{\nu} = 1/\lambda$, der *Frequenz* ν und der *kinetischen Energie* E_{kin} registriert. Die Meßgrößen sind untereinander durch Gl. (3.22) verknüpft und können so auch ineinander umgerechnet werden:

$$\Delta E = \mathrm{h}\nu = \frac{\mathrm{h}c}{\lambda} = \frac{1}{2} mv^2 \qquad (3.22)$$

h Plancksches Wirkungsquantum
c Lichtgeschwindigkeit
m (Elektronen-) Masse
v Geschwindigkeit ($v \ll c$)

Die Lage der erhaltenen Signale ergibt sich nach Gl. (3.23), sofern der registrierte Energiebereich ausschließlich Elektronenübergänge umfaßt, die das höchstmögliche Energieniveau eines Atoms nicht überschreiten:

$$\tilde{\nu} = \frac{E_{\mathrm{nach}} - E_{\mathrm{vor}}}{\mathrm{h}c} \qquad (3.23)$$

E_{vor} repräsentiert den Energieinhalt der Elektronen vor der Energieaufnahme (vor dem Elektronenübergang) und E_{nach} den Energieinhalt nach der Energieabgabe (nach dem Elektronenübergang). Gilt $E_{nach} > E_{vor}$, erhält man ein *Absorptionsspektrum*, unabhängig davon, ob die Energieaufnahme oder -abgabe in Form elektromagnetischer oder Teilchenstrahlung erfolgte. Gilt dagegen $E_{nach} < E_{vor}$, erhält man ein *Emissionsspektrum*. Der kleinste absorbierbare Energiebetrag, insbesondere bei Anregung von Elektronen, wird *Resonanzenergie*, der Vorgang selbst *Resonanzabsorption* genannt. Erfolgt die Anregung durch elektromagnetische Strahlung und werden die angeregten Zustände durch sofortige Rückkehr in den Grundzustand unter Emission von Strahlung wieder aufgehoben, spricht man von *Fluoreszenz*. Der absolute Betrag von ΔE [Gl. (3.22)] entscheidet darüber, ob sich die Emissions- oder Absorptionsprozesse im Bereich der Valenzelektronen (kernferne Elektronen, vielfach auch als *UV-VIS-IR-* oder *optischer Bereich* bezeichnet; $\lambda = 200$ bis 1400 nm) oder im Bereich der kernnahen Elektronen ($\lambda = 0{,}01$ bis 10 nm) abspielen.

3.3.3.1. Atomspektroskopische Methoden im optischen Spektralbereich

Die Unterteilung der spektroskopischen Methoden in einen optischen (Bereich der Valenzelektronen) und einen nichtoptischen Spektralbereich (Bereich kernnaher Elektronen) macht sich nicht nur aus energetischer, sondern auch aus analytischer

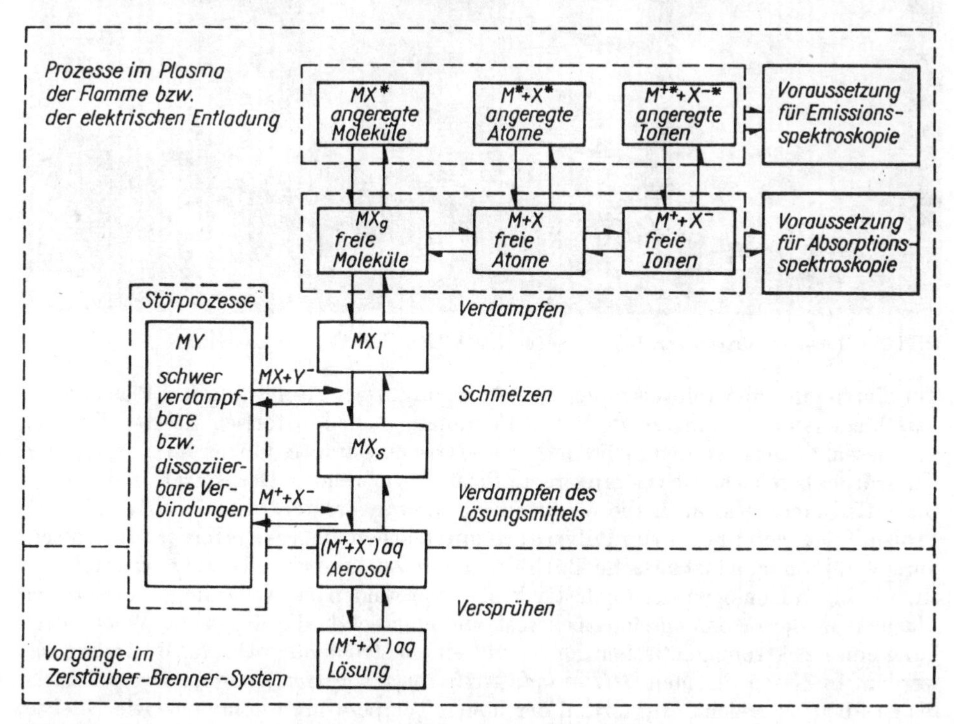

Bild 3.7. Anregungsvorgänge der optischen Atomspektroskopie

M Metallkation
X Anion
Y ionische oder radikalische Bestandteile des Plasmas, z. B. O oder OH
aq wäßrige Lösung
s fest
l flüssig (Schmelze)
g gasförmig

Sicht erforderlich. Die Anregung von Atomspektren im optischen Bereich (im Gegensatz zum kernnahen Bereich) muß in zwei Schritte unterteilt werden: die Erzeugung freier Atome und die Anregung dieser Atome (Bild 3.7). Die Erzeugung freier Atome (*zerstörende* oder *destruktive Verfahren*) ist für die Anregung der Valenzelektronen (im Festkörper bilden die Valenzelektronen Valenzbänder) erforderlich. Mit Hilfe spektroskopischer Methoden im optischen Spektralbereich sind deshalb, sofern man von einigen Ausnahmen absieht (z. B. Laser-Mikrospektralanalyse; Bild 3.8), nur Durchschnitts- (Volumen-) Analysen möglich.

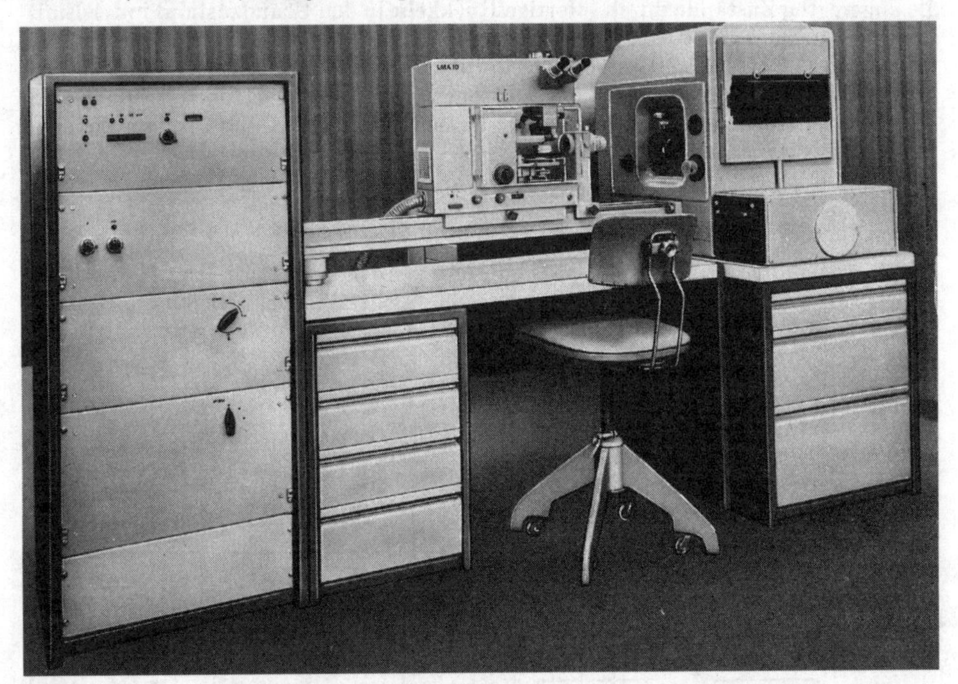

Bild 3.8. Laser-Mikrospektral-Analysator LMA 10 (VEB Carl Zeiss Jena)

Zur Erzeugung und teilweise auch zur Anregung freier Atome werden Plasmen der verschiedensten Art eingesetzt. Neben Flammen, als den historisch ältesten Plasmen auf diesem Gebiet, werden insbesondere elektrische Gasentladungen im Normal- und Unterdruckbereich sowie laserangeregte Plasmen verwendet. Der Einsatz elektrischer Gasentladungen wie auch die Verwendung laserangeregter Plasmen erlaubt, feste Proben (vielfach in Form von Pulvern) zu untersuchen, dagegen erfordert die Anwendung von Flammen fast ausschließlich Proben im Zustand einer Lösung, was stets mit einer völligen Homogenisierung fester Proben verbunden ist. Neuerdings werden auch Plasmen in der Atomemissionsspektroskopie eingesetzt, die durch die Wechselwirkung eines elektromagnetischen Feldes mit einem strömenden Gas (z. B. Ar) erzeugt werden. In diesen Plasmen (*ICP – inductively coupled plasma*) werden Temperaturen bis zu 9000 K erreicht. Auf Grund der hohen Temperaturen kommen viele Effekte, die in energieärmeren Plasmen als Störgrößen auftreten, nicht zur Wirkung, was dieses Verfahren ganz besonders für die anorganische *Spurenanalyse* geeignet macht.
In der *Flammenemissionsspektroskopie* übliche Flammen sind Leuchtgas- bzw. Ethin-Luft- oder Ethin-Lachgas-Flammen als *laminare Flammen* oder Ethin- bzw. Wasser-

stoff-Sauerstoff-Flammen als *turbulente Flammen*. Mit den laminaren Flammen werden maximal 3000 K (Lachgas-Ethin) bei Strömungsgeschwindigkeiten von 180 cm s^{-1} und bei den turbulenten Flammen werden maximal 3400 K (Sauerstoff-Ethin) bei Strömungsgeschwindigkeiten von 25 m s^{-1} erreicht.
Von den elektrischen Gasentladungen werden insbesondere die bei Normaldruck brennenden *Bogen- und Funkenentladungen* eingesetzt. Unterdruckentladungen (Arbeitsbereich $p \leqq 1300$ Pa) erfordern einen wesentlich höheren apparativen Aufwand. Dadurch werden aber gleichzeitig atmosphärische Störungen (unerwünschte Oxid-, Nitrid- oder Carbonitridbildungen; Bild 3.7) ausgeschlossen. Da die Probe in diesem Fall als Katode geschaltet wird, können auf diesem Wege feste Proben untersucht werden, wobei, bedingt durch das Zerstäuben der Probe (*Sputtereffekt*), teilweise verteilungsanalytische Aussagen möglich sind. Dagegen werden die Proben (meist in pulverähnlicher Konsistenz, seltener als Lösung) bei einer Funken- bzw. Bogenanregung vielfach zwischen zwei Kohleelektroden angeregt, wodurch das erhaltene Spektrum stets von Störungen, die von den Kohleelektroden bzw. von Reaktionsprodukten aus Kohlenstoff und Atmosphärilien stammen, überlagert ist.
Können mit Flammen (ausgenommen laminare Lachgas-Ethin-Flamme) hauptsächlich *Alkali- und Erdalkalielemente* sowie *Halogenide* zusammen mit Kupfer (*Beilstein-Effekt*) und Indium nebst Bor als Oxid (BO_2) nachgewiesen werden, indem man Lösungen dieser Elemente in die Flamme sprüht, so bestehen bei Bogen- und Funkenentladungen hinsichtlich der Palette der bestimmbaren Elemente nur dann Einschränkungen, wenn die Emissionslinie eine Wellenlänge von $\lambda < 200$ nm hat. Die Ursache dafür ist in der stark ansteigenden Absorption dieser Strahlung durch Luftsauerstoff und ab $\lambda = 180$ nm durch den Luftstickstoff zu suchen. Diese Nachteile können nur durch eine Verlegung des Strahlenganges ins Vakuum ausgeschlossen werden.
Da stets eine größere Anzahl von Elektronenübergängen gleichzeitig angeregt wird, ist es notwendig, die in Form elektromagnetischer Strahlung abgestrahlte Energie mit Hilfe *optischer Filter* (Farbfilter, Metallinterferenzfilter) oder mit *Prismen* bzw. *optischen Gittern* in die einzelnen Energieübergänge zu zerlegen. Die den einzelnen Elektronenübergängen entsprechenden Energiebeträge werden danach getrennt registriert (*Fotoplatte*, *Fotozelle*, *SEV*).
Das Prinzip der *qualitativen Spektralanalyse* beruht darauf, daß man aus dem Auftreten bestimmter, für jedes Element charakteristischer Linien im Spektrum (Bild 3.9) die chemische Zusammensetzung des Werkstoffs ermittelt. Auf Grund des Linienreichtums dieser Spektren (Eisen ist besonders linienreich) erfolgt die Zuordnung hauptsächlich durch Vergleiche mit *Spektralatlanten*. Der Linienreichtum kann zu

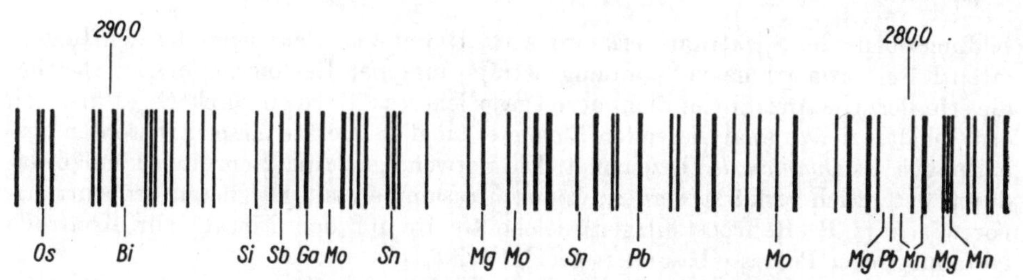

Bild 3.9. Eisenspektrum (Bogenspektrum) im Bereich $\lambda = 280$ bis 290 nm; die angeführten Elemente werden, sofern sie vorhanden sind, durch zusätzliche Linien an den bezeichneten Stellen nachgewiesen

Koinzidenzen führen, was bei der Auswertung unbedingt berücksichtigt werden muß. Als *Hauptnachweislinien* verwendet man die intensitätsstärksten Linien des Spektrums, d. h. die Linien, die mit abnehmender Konzentration zuletzt verschwinden und daher auch als *letzte Linien* oder *Restlinien* bezeichnet werden.
Die *quantitative Spektralanalyse* erfordert die Messung von Linienintensitäten. Zwischen der Konzentration c eines Elements i in der Probe und der emittierten Intensität I bei der jeweiligen Wellenlänge gilt unter identischen experimentellen Bedingungen die *Scheibe-Lomakinsche Gleichung*

$$I = \mathrm{a} c_i^{\mathrm{b}} \tag{3.24}$$

a, b von den experimentellen Bedingungen abhängige Konstanten

Da es unter praktischen experimentellen Bedingungen nicht immer möglich ist, die Verhältnisse konstant zu halten, wird die Intensität der Analysenlinie I_A auf die Linienintensität eines Bezugs- oder Standardelements I_B bezogen:

$$\frac{I_\mathrm{A}}{I_\mathrm{B}} = \mathrm{a}' \left(\frac{c_\mathrm{A}}{c_\mathrm{B}}\right)^{\mathrm{b}} \tag{3.25}$$

und der Zusammenhang zwischen I und c über eine Eichkurve ermittelt.
Die notwendige technische Einrichtung zur Aufnahme von optischen Spektren wird als *Spektralapparat* bezeichnet (Bild 3.10). Für automatisch arbeitende Geräte der optischen Spektralanalyse (*Spektrometer*) werden anstelle der Photoplatte Sekundärelektronenvervielfacher (SEV) eingesetzt. Damit ist eine elektronische Anzeige der Spektrallinienintensität möglich, während die Art der Elemente durch das Ansprechen des jeweiligen SEV auf Grund seiner geometrischen Lage in der *Fokalebene* (Ab-

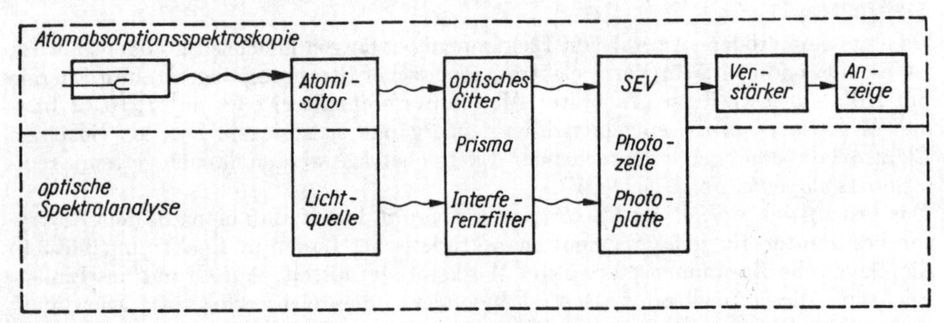

Bild 3.10. Schematische Darstellung von Spektralapparaten für die Atomspektroskopie
⇝ Lichtstrahlen; → elektrische Ströme

bildungsebene des Spektrums) erkannt wird. Durch das Übertragen der den Linienintensitäten proportionalen Spannungsbeträge auf einen Rechner, in dessen Speicher die erforderliche Anzahl von Eichkurven gespeichert ist, wird ein direktes Ausdrucken des Gehaltes der zu analysierenden Elemente möglich. Geräte dieser Art werden deshalb auch als *Quantometer* bezeichnet. Die notwendigen Analysenzeiten können dadurch wesentlich verkürzt werden, wodurch zusammen mit geeigneten Probentransportwegen (z. B. Rohrpostanlagen) solche Geräte für den Einsatz zur Kontrolle metallurgischer Prozesse besonders geeignet sind.
Wie aus Bild 3.10 hervorgeht, werden die in der optischen Atomemissionsspektroskopie eingesetzten spektroskopischen Lichtquellen (Plasmen der verschiedensten Art) in der *Atomabsorptionsspektroskopie* (AAS) nur zur Erzeugung freier Atome (*Atomisa-*

toren) verwendet. Als Lichtquellen (Energiequellen) werden fast ausschließlich *Hohlkatodenlampen* (HKL) eingesetzt, die eine elementspezifische Strahlung (in bezug auf das zu bestimmende Element) erzeugen, wodurch optische *Resonanzabsorption* gewährleistet ist. Im Gegensatz zur optischen Atomemissionsspektroskopie wird bei der Atomabsorptionsspektroskopie der durch das Atomdampfvolumen (Flammenvolumen) absorbierte Strahlungsanteil gemessen. Dieser Vorgang wird durch das *Lambert-Beersche Gesetz* beschrieben.

$$E_{\mathrm{A}} = \varepsilon_{\mathrm{A}} c l \tag{3.26}$$

E_{A} atomare Extinktion ($E = -\log I/I_0$; mit I_0 Strahlungsintensität vor der Flamme und I Strahlungsintensität nach der Flamme)
ε_{A} atomarer Extinktionskoeffizient
c Konzentration in der Probe (Lösung)
l Länge der absorbierenden Schicht

3.3.3.2. Atomspektroskopische Methoden im nichtoptischen Spektralbereich

Beim Übergang vom optischen zum nichtoptischen Spektralbereich sind wesentlich höhere Anregungsenergien erforderlich. Kann man im Bereich der kernfernen Elektronen (Valenzelektronen) mit Energien von $E \approx 2$ bis 7 eV auskommen, so sind im Bereich der kernnahen Elektronen Energien von $E \approx 10^2$ bis 10^5 eV erforderlich. Wurde in der UV-VIS-IR-Spektroskopie ausschließlich elektromagnetische Strahlung unter Normaldruck spektroskopiert, so werden im nichtoptischen Spektralbereich vielfach auch Teilchenstrahlungen (insbesondere Elektronen) untersucht. Dies hat zur Folge, daß die gesamte Meßapparatur, von der Probe bis zum Detektor, unter Vakuum stehen muß.
Die Anregung kann durch elektromagnetische (Röntgenstrahlung) und Teilchenstrahlung erfolgen. Da kernnahe Elektronenniveaus in Festkörpern nicht mit in die Bandstruktur der Valenzelektronen einbezogen werden, können die Proben in den meisten Fällen direkt als Festkörper und damit *zerstörungsfrei* untersucht werden. Die geringe Austrittstiefe von elektromagnetischer (µm-Bereich) und Elektronenstrahlung (nm-Bereich) aus den festen Proben, verbunden mit der Fokussierungsmöglichkeit elektrisch geladener Teilchen, macht es möglich, von der Durchschnitts- (Volumen-) Analyse zur Analyse ausgewählter Probenbezirke (Verteilungsanalyse) überzugehen. Dies ermöglicht mit Hilfe der emittierten Röntgenstrahlung die analytische Kontrolle einzelner Kristallite und damit den gezielten Nachweis von Phasenausscheidungen, Einschlüssen u. a.
Dagegen gestatten die emittierten Elektronen hauptsächlich die Analyse von Ober- und Grenzflächen und damit die Bearbeitung von solchen Problemkreisen, wie Bruch und Verschleiß, Schweiß- und Lötbarkeit, Klebbarkeit, Haftverhalten von Anstrichstoffen und Korrosionsschutzmitteln, Stabilität von Werkstoffverbunden (chemisch-thermische Behandlung), Sinterverhalten bei pulvermetallurgischen Prozessen u. a. In Verbindung mit geeigneten Probenpräparationstechniken (Querschliff, Schrägschliff, schrittweises mechanisches Abtragen, Sputtern usw.) ist es möglich, auch Konzentrationsverläufe (Gradienten) zu bestimmen.
Die auf die Probe einwirkende Strahlung (Photonen, Elektronen, Ionen) überträgt ihre (kinetische) Energie in Form von Stoßprozessen auf die Elektronen der Atomhülle. Diese als Primärprozesse bezeichneten Vorgänge führen in den meisten Fällen zur Emission von Elektronen der Atomhülle (allgemein Sekundärelektronen, bei Anregung durch Röntgenquanten als *Photoelektronen* bezeichnet) unter Entstehung

von Elektronenlücken (angeregtes Ion). In diese Lücken der hochangeregten Ionen können Elektronen kernfernerer Energieniveaus »springen«, was zur Emission von elektromagnetischer Strahlung führt, die bei inneren Energieniveaus im Röntgenbereich (strahlender Übergang) liegt. Diese hochangeregten Ionen können aber auch durch strahlungslose Übergänge wieder in nicht angeregte bzw. weniger angeregte Zustände übergehen (Bild 3.11). Die dabei emittierten Elektronen werden als *Auger-Elektronen* bezeichnet. Welcher von den beiden Vorgängen stattfindet, die Emission von Röntgenstrahlung oder die Emission von Auger-Elektronen, ist eine Funktion der Kernladungszahl.

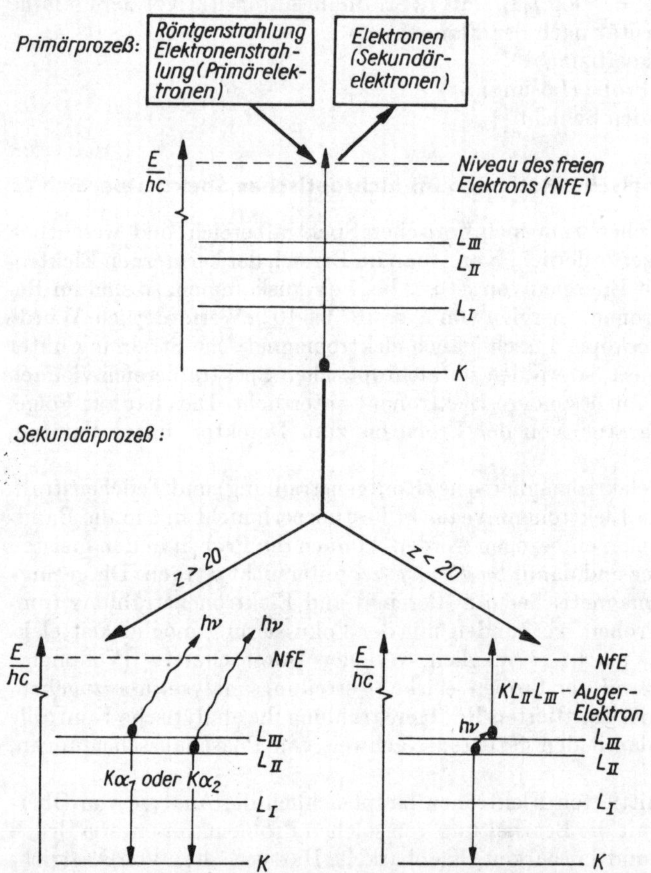

Bild 3.11. Wechselwirkung von Röntgen- und Elektronenstrahlung mit Materie
Primärprozeß: Anregung bzw. Emission von Photoelektronen
Sekundärprozeß: bevorzugte Emission von Röntgenstrahlen (Kernladungszahl $Z > 20$), bevorzugte Emission von Auger-Elektronen (Kernladungszahl $Z < 20$); ● symbolisiert eine Lücke

Alle drei Vorgänge (Emission von Röntgenquanten, Emission von Photoelektronen, Emission von Auger-Elektronen) werden für analytische Untersuchungen genutzt. Wirken Primärionen (z. B. Ar^+) auf feste Oberflächen ein, so kommt es neben der Emission von Elektronen und elektromagnetischer Strahlung auch zur Emission von

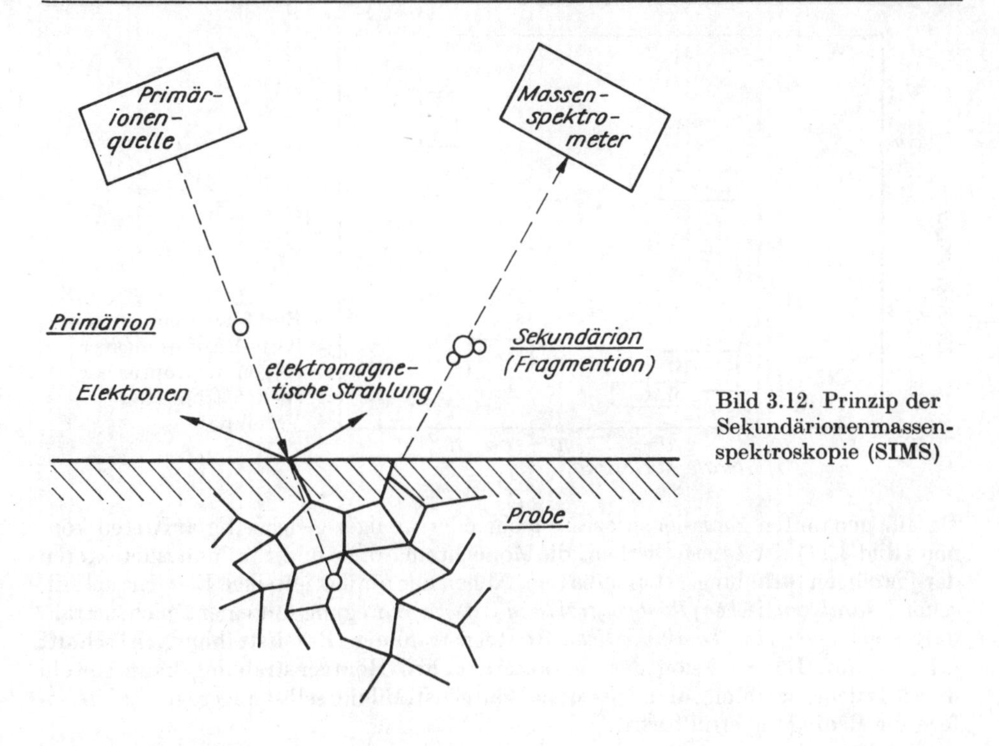

Bild 3.12. Prinzip der Sekundärionenmassenspektroskopie (SIMS)

Ionen (Sekundärionen), wie Bild 3.12 zeigt. Diese Sekundärionen sind charakteristisch für den chemischen und teilweise auch für den strukturellen Aufbau der untersuchten Oberflächen.

Die sich aus diesen Prozessen ergebenden Möglichkeiten haben zu einer großen Anzahl von spektroskopischen Verfahren geführt, von denen die für die Werkstoffanalytik bedeutendsten in Tabelle 3.12 zusammengestellt sind. Die genannten Verfahren können auf Grund der Austrittstiefe der untersuchten Strahlung in *oberflächen-* bzw. *grenzflächenspezifische Verfahren* (ESCA, AES, SIMS) und in Volumenverfahren (RFA, ESMA) eingeteilt werden. Dabei nimmt die ESMA eine gewisse Zwischenstellung ein, wie Bild 3.13 zeigt.

Tabelle 3.12. Ausgewählte spektroskopische Verfahren auf der Basis des Wechselwirkungsprozesses von elektromagnetischer und Teilchenstrahlung mit Festkörperoberflächen

Anregende Strahlung	Emittierte Strahlung		
	Photonen	Elektronen	Ionen
Photonen	Röntgenfluoreszenzspektroskopie RFA	Photoelektronenspektroskopie ESCA	–
Elektronen	Elektronenstrahlmikroanalyse ESMA	Auger-Elektronenspektroskopie AES	–
Ionen	–	–	Sekundärionenmassenspektroskopie SIMS

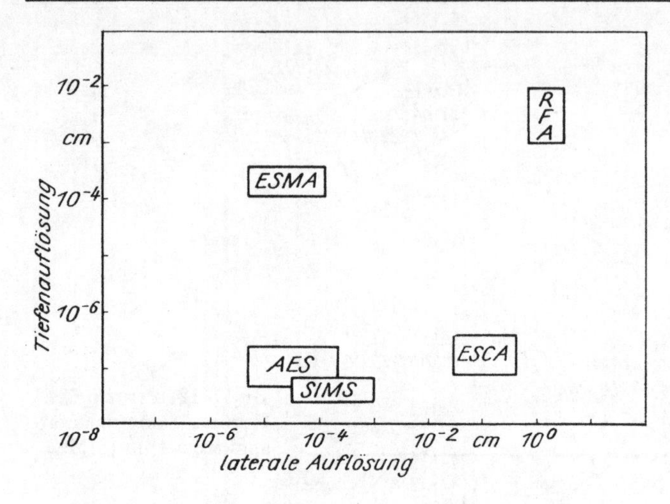

Bild 3.13. Geometrisches (Orts-) Auflösungsvermögen nichtoptischer spektroskopischer Verfahren

Da alle genannten Emissionsprozesse mehr oder weniger gleichzeitig auftreten können (Bild 3.11), ist es erforderlich, die Monochromatoren und Strahlungsdetektoren der jeweiligen Strahlungsart anzupassen. Neben der für das jeweilige Element spezifischen (*charakteristischen*) *Röntgenstrahlung* tritt bei Anregung mit einer Teilchenstrahlung stets noch eine *kontinuierliche* Röntgenstrahlung (Bremsstrahlung, Abschnitt 6.1.1.1.) auf. Die Emission der charakteristischen Röntgenstrahlung kann sowohl durch Teilchenstrahlung als auch durch Röntgenstrahlung selbst angeregt werden, sofern die Bedingung erfüllt wird:

$$E_{P} > E_{AK} > E_{ES}$$

E_{P} Energie der Primärstrahlung
E_{AK} Energie der Absorptionskante des anzuregenden Elements
E_{ES} Energie der emittierten Strahlung

Erfolgt die Anregung durch Teilchenstrahlung (insbesondere Elektronen), spricht man von *Primäranregung*, im Fall der Anregung mit Röntgenstrahlung von *Sekundäranregung*. Die Primäranregung erfordert die direkte Wechselwirkung der Teilchenstrahlung mit der Probe. Dies führt zu einer beträchtlichen Aufheizung der Probe, da etwa nur 1 % der Primärenergie in Röntgenstrahlung umgewandelt wird. Kombiniert man die Primäranregung mit einer Möglichkeit zur Fokussierung der anregenden Elektronenstrahlung (*elektromagnetische Linsen*), so wird der Brennfleckdurchmesser stark reduziert und auf Grund der geringen Ausdehnung des bestrahlten Probenbezirks im Vergleich zur Gesamtprobenausdehnung (bei einer guten Wärmeleitfähigkeit der Probe) die thermische Belastung unbedeutend. Vereinigt man diese Möglichkeit zur Fokussierung noch mit einem Ablenksystem zum zeilenförmigen Abrastern eines größeren Probenbezirks, so kann man mit Hilfe der ermittierten Sekundärelektronen auch ein topographisches Abbild der Probenoberfläche erhalten. Geräte dieser Art werden als *Rasterelektronenmikroskop* (REM) bezeichnet (Abschnitt 4.2.3.).
Der Einsatz von Teilchenstrahlung macht es erforderlich, die Probe ins Vakuum zu verlegen, wodurch die Probenabmessungen durch die Geometrie der Vakuumkammer festgelegt sind. Das Prinzip der Kombination zwischen Rasterelektronenmikroskop und Röntgenspektrometer wird hauptsächlich in Form der *Elektronenstrahlmikro-* und *Elektronenstrahlmakrosonde* genutzt und als *Elektronenstrahlmikroanalyse* (ESMA) bezeichnet (Bild 3.14). Mit Hilfe der ESMA ist eine gezielte visuelle Auswahl eines

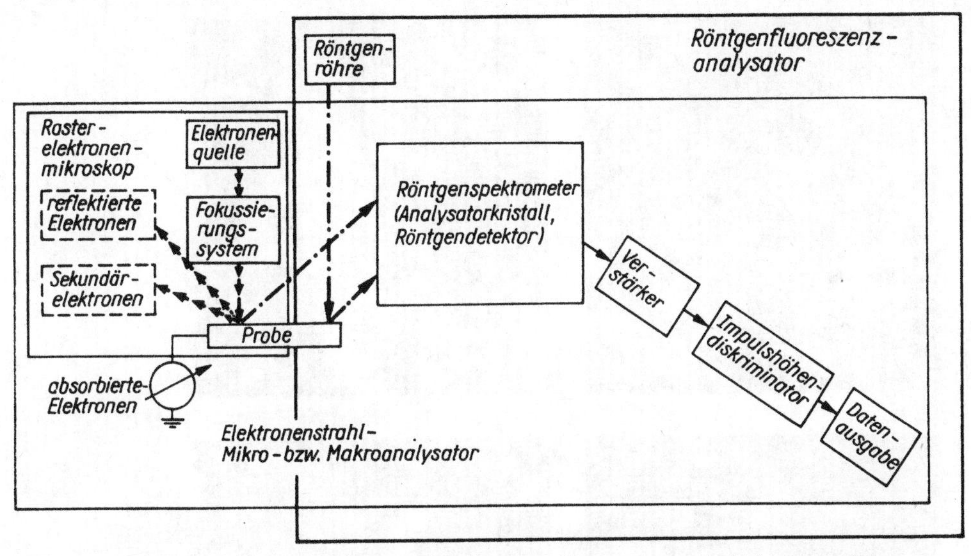

Bild 3.14. Schematische Darstellung von Röntgenspektrometern mit Primär- und Sekundäranregung

→ → → Elektronenstrahl; –·–·– Röntgenstrahlen; → elektrische Ströme

Probenbezirks, verbunden mit der dazugehörigen Analyse (qualitativ und quantitativ), möglich (*Mikroanalyse*). Hiermit wird der direkte Anschluß an die optische Lichtmikroskopie geschaffen. Es muß allerdings berücksichtigt werden, daß das optische Auflösungsvermögen der Sekundärelektronenbilder mindestens um den Faktor 10^2 größer ist als das analytische Auflösungsvermögen (Bestimmung der chemischen Zusammensetzung), bezogen auf die gleiche Flächeneinheit. In Bild 3.15 sind Sekundärelektronenbild (Topographieeffekt) und Röntgenrasterbild (charakteristische Röntgenstrahlung) gegenübergestellt. Mit scan-Verfahren (line oder step scan) wird die Intensität (Konzentration) über den Weg des Elektronenstrahls auf der Probe registriert.

Die Sekundäranregung wird bevorzugt in Form der *Röntgenfluoreszenzspektroskopie* genutzt. Hierbei befindet sich die Probe außerhalb der Röntgenröhre, und es tritt keine Bremsstrahlung und Wärmebelastung der Probe auf. Dafür ist aber keine Fokussierung der anregenden Strahlung möglich, wodurch in erster Linie nur Durchschnitts-(Volumen-)Analysen möglich sind. Die relative Linienarmut eines Röntgenspektrums (im Vergleich zu einem optischen Spektrum) hat es ermöglicht, neben *wellenlängendispersiven Spektrometern* (WDS) – die von der Probe emittierte sekundäre Strahlung wird vor ihrer Registrierung mit Hilfe von Analysatorkristallen spektral zerlegt – auch *energiedispersive Spektrometer* (EDS) zu entwickeln. Die energiedispersive Analyse der emittierten Strahlung setzt Detektoren mit einem hohen energetischen Auflösungsvermögen voraus, die in Form von Halbleiterdetektoren [z. B. Si(Li)] gefunden wurden und zusammen mit einem Vielkanalanalysator das gesamte von der Probe emittierte Spektrum zu registrieren gestatten. Bei einer energiedispersiven Spektrenregistrierung entfällt mit dem Goniometer auch jegliche mechanische Bewegung, wodurch eine wesentlich schnellere Spektrenregistrierung möglich wird. Aus diesem Grunde sind gegenwärtig viele Rasterelektronenmikroskope und Elektronenstrahlmikrosonden mit energiedispersiven Spektrometern ausgerüstet, die in Ver-

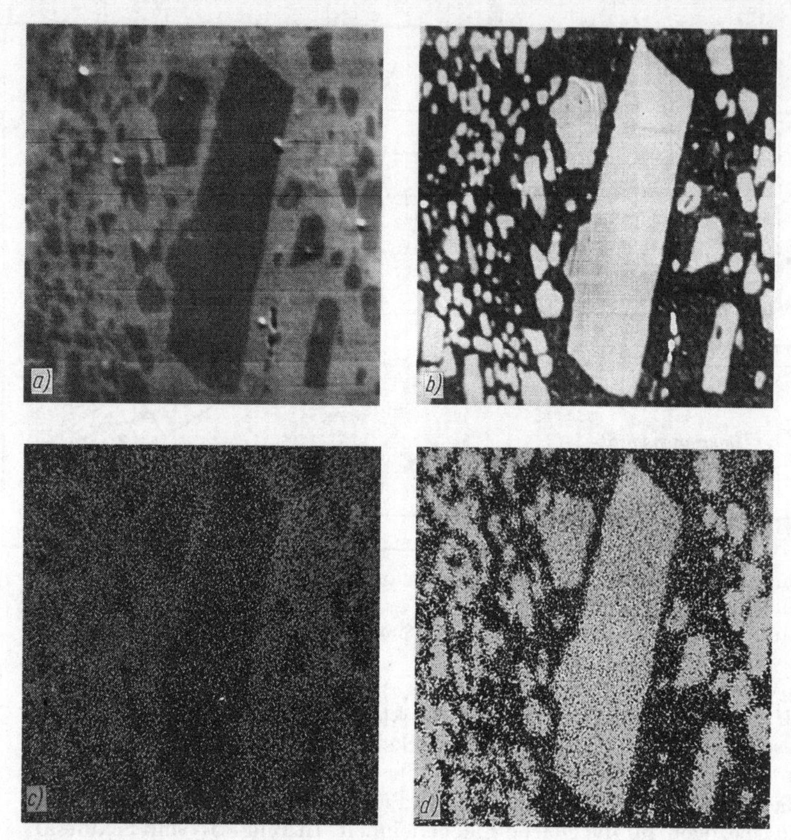

Bild 3.15. Elektronenstrahlmikroanalytische Rasteraufnahmen eines chromlegierten Werkzeugstahls

a) Sekundärelektronenbild (Probe geätzt)
b) Bild der absorbierten Elektronen (Probe ungeätzt)
c) Fe-Verteilung (Probe ungeätzt)
d) Cr-Verteilung (Probe ungeätzt)

Tabelle 3.13. Vergleich einiger technischer Parameter der Elektronenstrahlmikrosonden (ESMA), Elektronenstrahlmakrosonde und Röntgenfluoreszenzanalyse (RFA) (nach [3.23])

Parameter	Mikrosonde	Makrosonde		Röntgenfluoreszenzanalyse
		Punktmessung	bei rotierender Probe	
Strahldurchmesser	1 µm	0,2 ... 8 mm	0,2 ... 8 mm	8 ... 30 mm
angeregtes Flächenelement	1 µm²	0,03 ... 50 mm²	5 ... 200 mm²	50 ... 700 mm²
Anregungstiefe	0,1 ... 15 µm	0,1 ... 15 µm	0,1 ... 15 µm	10 ... 100 µm
angeregtes Volumenelement	0,1 ... 15 µm³	$3 \cdot 10^{-6}$ ... 0,8 mm³	$5 \cdot 10^{-3}$ ... 3 mm³	1 ... 70 mm³
analysierbarer Elementbereich	Be ... U	B ... U	B ... U	Na ... U

bindung mit einem Kleinrechner eine umfassende Spektrenauswertung gestatten. Es muß allerdings erwähnt werden, daß die energiedispersiven Spektrometer gegenüber den wellenlängendispersiven Spektrometern auch Nachteile haben, z. B. geringeres energetisches Auflösungsvermögen, schlechtere Erfassungsgrenze, und es können keine leichten Elemente (bis Ordnungszahl 10) bestimmt werden. Die technischen Parameter und analytischen Möglichkeiten der Elektronenstrahlmikro- und Elektronenstrahlmakroanalyse sowie der Röntgenfluoreszenzanalyse sind in Tabelle 3.13 und ihre Einsatzgebiete zusammen mit anderen spektroskopischen Methoden in Tabelle 3.14 zusammengestellt.
Sollen nicht die von der Probe emittierten Röntgenstrahlen, sondern die *Photo-* oder *Auger-Elektronen* spektroskopiert werden, so muß der gesamte Strahlengang nebst Probe wieder ins Vakuum verlegt werden. Die verwendeten Spektrometer müssen mit teilchenspezifischen Energiefiltern (elektrostatische Gegenfelder, magnetische, sphärische oder zylindrische Ablenkfelder) ausgerüstet sein, wie in Bild 3.16 dargestellt ist.

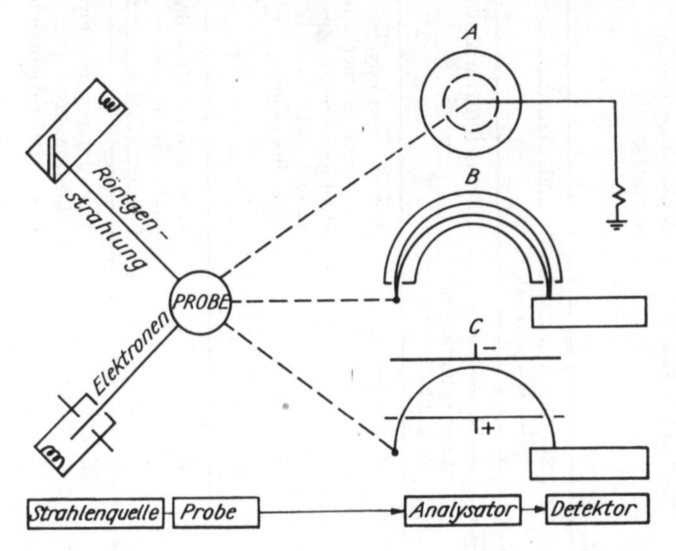

Bild 3.16. Schematische Darstellung von Elektronenspektrometern
A Analysator mit elektrostatischem Gegenfeld
B halbkreisförmiger Analysator mit magnetischem oder elektrostatischem Feld
C elektrostatischer Analysator mit parallelen Platten (nach [3.24])

Die Unterscheidung der verschiedenen Elektronenarten ist auf Grund einer Energiebilanz möglich. Die kinetische Energie der Auger-Elektronen wird durch die an ihrer Entstehung beteiligten Atomniveaus bestimmt. Für ein $KL_{II}L_{III}$-Auger-Elektron (Bedeutung der Symbolik Bild 3.11) gilt

$$E_{KL_{II}L_{III}} = E_K - (E_{L_{II}} + E_{L_{III}}) \tag{3.27}$$

Im Gegensatz zu den Auger-Elektronen ist die kinetische Energie der Photoelektronen E_{Pe} von der Energie der anregenden Strahlung ($h\nu$) abhängig:

$$E_{Pe} = h\nu - E_B \tag{3.28}$$

Die Energie des ionisierten Atomniveaus E_B (Elektronenbindungsenergie) ist elementspezifisch; deshalb kann auch bei unterschiedlichen, aber dem Betrag nach bekannten Anregungsenergien (Al K_α = 1486,6 eV, Mg K_α = 1253,6 eV) auf Art und Menge der emittierenden Atome geschlossen werden. Die Erfassungsgrenze der Photoelektronenspektroskopie (ESCA; electron spectroscopy for chemical analysis)

Tabelle 3.14. Anwendungsbeispiele für spektroskopische Methoden

Spektroskopische Methode	Werkstoff	Zu bestimmende Elemente	Analytische Problemstellung	Werkstofftechnische Problemstellung
Flammenspektrometrie	Gläser, keramische Werkstoffe, Gießereisande	Alkali- und Erdalkalielemente	Durchschnittsanalyse	Typenbestimmung Qualitätskontrolle
optische Spektralanalyse	Stähle, Nichteisenlegierungen	Spurenelemente, Eisenbegleiter	Spurenanalyse im Sinne einer Durchschnittsanalyse	Elementgehalte an Phasen- und Korngrenzen (Probenaufbereitung notwendig), Überwachung metallurgischer Prozesse
Atomabsorptionsspektroskopie	Stähle, Nichteisenlegierungen	Spuren- und Nebenbestandteile	Durchschnittsanalyse	Elementgehalte
Röntgenfluoreszenzanalyse	Stähle, Nichteisenlegierungen	Spurenelemente, Eisenbegleiter mit $Z \geqq 11$	Durchschnittsanalyse	Elementgehalte, Überwachung metallurgischer Prozesse
Elektronenstrahlmikroanalyse	intermetallische Phasen, Halbleiter, Stähle, Nichteisenlegierungen	$Z \geqq 4$	Verteilungsanalyse Homogenitätsbereiche stöchiometrische Zusammensetzung von Ausscheidungen	Charakterisierung von Ausscheidungen, Aufbau von Phasengrenzflächen und davon abgeleitete technologisch interessante Eigenschaften, Diffusionsprobleme (Wärmebehandlung, Kontaktierung)
Photoelektronenspektroskopie	Werkstoffe aller Art	$Z \geqq 2$	Durchsch.- u. Verteilungsanalyse im Oberflächenbereich, Bindungszustand	Oberflächen- (Grenzflächen-) beschaffenheit, Korrosionsprodukte
Auger-Elektronenspektroskopie	Werkstoffe aller Art	$Z \geqq 3$	Verteilungs- und Durchschnittsanalyse von Ober- und Bruchflächen	Kontamination, Versprödung, Segregation, Anlaßvorgänge

Mößbauer-Spektroskopie	hauptsächlich Fe enthaltende Werkstoffe	hauptsächlich ^{57}Fe, ^{119}Sn	Bindungszustand, Strukturanalyse, Oberflächenanalyse	Korrosion, Phasenanalyse, Ausscheidungen
IR-Spektroskopie	Einsatz bevorzugt bei nichtmetallischen und organischen Werkstoffen	Molekülschwingungen	Verbindungsanalytik, Oberflächenanalyse	Werkstoffcharakterisierung, Rückstandsanalytik von Be- und Verarbeitungshilfsstoffen, Korrosionsschutz
Spektralphotometrie	Einsatz bevorzugt bei Werkstoffen auf anorganischer Basis	Spurenelemente, Eisenbegleiter (Verbindungen)	Spurenanalyse im Sinne einer Durchschnittsanalyse	Elementgehalte, Werkstoffcharakterisierung

liegt bei etwa 1 bis 5 mol-% im Volumen oder 10% einer obersten Atomlage, was sie zum Nachweis von Spurengehalten ungeeignet macht. Die Emissionstiefe der Photoelektronen beträgt etwa 2 bis 4 nm, während das angeregte Flächenelement etwa 1 bis 0,5 cm² umfaßt.
Die ESCA kann noch weitergehende Informationen liefern, weil die den jeweiligen Energieniveaus entsprechende Energie nicht konstant, sondern vom Bindungszustand des betreffenden Elements abhängig ist. Die Veränderung der Lage dieser Energieniveaus (*chemische Verschiebung*), die sich teilweise in unterschiedlichen kinetischen Energien der emittierten Elektronen ausdrückt, gestattet Aussagen über den Bindungs- bzw. Ladungszustand der untersuchten Elemente (Bild 3.17).

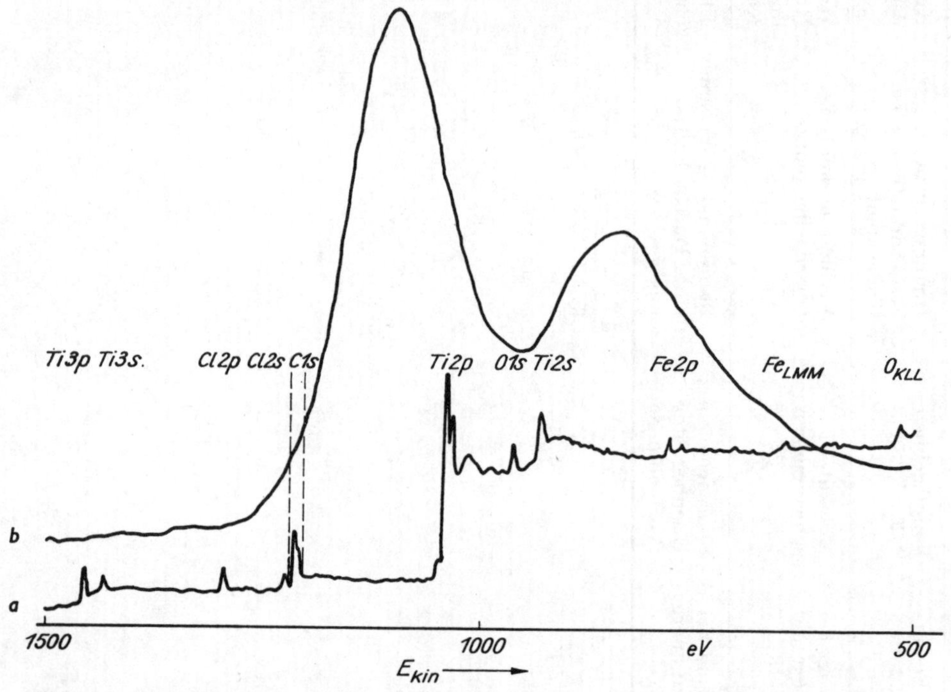

Bild 3.17. ESCA-Spektrum eines mit TiC beschichteten unlegierten Werkzeugstahls
(*a* Übersichtsspektrum und *b* 1s-Peak des Elementes C; der erste Peak entspricht dem carbidisch gebundenen C, der zweite Peak entspricht dem C, der als oberflächliche Verunreinigung (Kontamination) auf den meisten Proben vorhanden ist)

Im Gegensatz zur Photoelektronenspektroskopie erfolgt die Anregung der Auger-Spektren (*Auger-Elektronenspektroskopie; AES*) mit Elektronen. Dadurch ergibt sich die Möglichkeit der Fokussierung der anregenden Strahlung, und in Anlehnung an die ESMA werden solche Geräte oft als *Auger- (Mikro-) Sonden* bezeichnet. Im Routinebetrieb wird eine laterale Auflösung von $d \approx 1$ µm (maximale Auflösung $d \approx 50$ nm) erreicht, was bei einer mittleren Austrittstiefe der Auger-Elektronen von $l \approx 2$ nm einem angeregten Volumenelement (Probenbezirk) von $V \approx 2 \cdot 10^{-3}$ µm³ entspricht. Die erhaltenen Signale können qualitativ und quantitativ ausgewertet werden, wobei man berücksichtigen muß, daß die Auger-Elektronenausbeute für niedrige Ordnungszahlen wesentlich größer ist als für große Ordnungszahlen. Bei der Ordnungszahl

$Z = 32$ (Ge) beträgt die Wahrscheinlichkeit für die Emission eines Auger-Elektrons und die eines Röntgenquants 50%. Die Erfassungsgrenze der AES ist vergleichbar mit der ESCA (kein spurenanalytisches Verfahren) und liegt bei etwa 1 mol-% Volumenkonzentration oder 10% einer obersten Atomlage.
In Verbindung mit der Sputtertechnik werden Auger-Sonden vielfach zur Bestimmung von *Konzentrationsprofilen* genutzt, indem mit Hilfe eines Ionenstrahls ein Krater in die Probe bzw. den Grenzflächenbereich geätzt wird. Das Überfahren der Kraterkante in Form eines Linienscans (*Kraterkantenprofil*) liefert den Konzentrationsverlauf von einem oder mehreren Elementen.
Im Gegensatz zur ESCA wird bei den Auger-Spektren nicht die Energieverteilung $N(E)$ über der Anzahl der emittierten Elektronen, sondern deren erste Ableitung nach der Energie $dN(E)/dE$ registriert, wodurch sich die Auger-Elektronen deutlicher vom Untergrund absetzen. Dadurch erhalten die Peaks eine andere Gestalt als im ESCA-Spektrum und können zusätzlich noch hinsichtlich des Bindungszustands ausgewertet werden, wie Bild 3.18 zeigt.

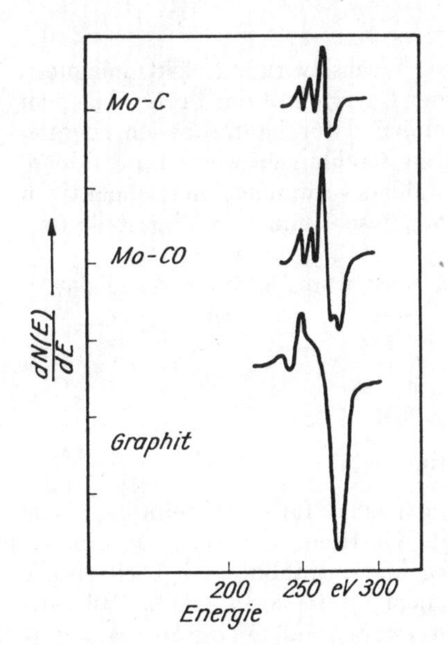

Bild 3.18. Augerspektren des Elements C in verschiedenen Bindungszuständen (nach [3.25])

Wurde bei Untersuchungen von Konzentrationsgradienten mit Hilfe der Auger-Elektronenspektroskopie der durch einen Ionenstrahl erreichbare Sputtereffekt (Materialabtrag) zur Schaffung neuer Oberflächen genutzt, die für die Zusammensetzung in der jeweiligen Tiefe charakteristisch sind, so ist es auch möglich, das abgesputterte Material direkt zu spektroskopieren. Von dieser Möglichkeit macht die *Sekundärionenmassenspektroskopie* (SIMS) Gebrauch. Die von den Primärionen des Ionenstroms (z. B. Ar^+) durch Impulsübertragung auf eine Festkörperoberfläche (Probe) übertragene Energie führt zu einer Emission von Ionen (positive und negative Molekül- und Fragmentionen) und Neutralteilchen der Probenoberfläche. Eine massenspektroskopische Analyse dieser Sekundärionen, d. h. eine Registrierung der emittierten Ionen auf Grund des Verhältnisses (m/e) (m Masse, e Ladung) als Funktion der Intensität informiert über die chemische Zusammensetzung der Oberfläche des beschossenen Festkörpers.

Bedingt durch die Fokussierungsmöglichkeit der Primärionen (analog zur ESMA) wird diese Möglichkeit der Materialanalyse auch in Form von *Ionen-* (*Mikro-*) *Sonden* zur Anwendung gebracht. Im Gegensatz zu den Elektronen- (Mikro-) Sonden ist es mit Ionen- (Mikro-) Sonden zusätzlich möglich, das Isotopenverhältnis und das Element Wasserstoff zu bestimmen. Verbindungen bzw. chemische Bindungen sind an charakteristischen Molekül- oder Fragmentionen erkennbar. Durch Verringerung des Primärionenstroms kann die Informationstiefe bis zu einer monomolekularen Schicht verringert werden. Analog den Sekundärelektronen sind auch Sekundärionen zur Bilderzeugung (*Rasterionenmikroskop*) nutzbar.
Die röntgenspektroskopischen Methoden (RFA und ESMA) haben sich bei der Werkstoffanalyse bereits unter Betriebsbedingungen bewährt; die elektronenspektroskopischen Verfahren sind auf dem Wege, sich als Routineverfahren nicht nur in der Halbleiterindustrie, sondern auch in der metallurgischen und metallverarbeitenden Industrie durchzusetzen.

3.3.3.3. Kernspektroskopische Methoden

Kernspektroskopische Methoden beruhen auf der Wechselwirkung elektromagnetischer oder korpuskularer Strahlung entsprechender Energie mit der Probe. Aus dem Bereich der elektromagnetischen Strahlung kommen dafür hauptsächlich energiereiche γ-Quanten in Frage. Von den korpuskularen Strahlungen werden β-Strahlen, α- und andere Ionenstrahlen sowie Neutronenstrahlen verwendet, die radioaktiven Quellen entstammen oder mit Hilfe entsprechender Beschleuniger bereitgestellt werden (Abschnitt 6.1.).
Wechselwirkungserscheinungen mit Atomkernen werden in folgender Weise dargestellt:

$A(a, b)\, B$

A Kern vor der Wechselwirkung
B Kern nach der Wechselwirkung
a absorbiertes, b emittiertes Teilchen bzw. Photon

Von den möglichen Wechselwirkungserscheinungen sind für werkstoffanalytische Untersuchungen die unelastische bzw. anomale elastische Streuung (Resonanzstreuung) $A(a, a')\, A$ und die Absorption der anregenden Strahlung bei gleichzeitiger Kernumwandlung $A(a, b)\, B$ von nicht unerheblichem Interesse. Im ersten Fall handelt es sich um die *Mößbauer-Spektroskopie* und im zweiten Fall um die autoradiographische Bestimmung von Elementverteilungen, ähnlich den auf chemischen Prinzipien beruhenden Abdruckverfahren der Metallographie.
Im Gegensatz zur Spektroskopie im optischen bzw. nichtoptischen Spektralbereich untersucht die Mößbauer-Spektroskopie Übergänge zwischen Kernniveaus (Schalenmodell). Bedingt durch die wesentlich größeren energetischen Abstände der Kernniveaus und der damit im Zusammenhang stehenden Größe der ausgetauschten Energiebeträge (absorbiert bzw. reemittiert) treten im Vergleich zur optischen Resonanzabsorption zwei charakteristische Unterschiede auf:

1. Die Wahrscheinlichkeit für das Auftreten der Kernresonanzabsorption wird durch die Rückstoßverschiebung von Emissions- und Absorptionslinie bestimmt.
2. Die experimentellen (gemessenen) Spektrallinienbreiten werden im Gegensatz zur Resonanzabsorption im optischen Bereich im wesentlichen nur durch die Wärmebewegung der Atome (*Doppler-Verbreiterung*) bestimmt.

Sind emittierendes und absorbierendes Atom in ein Kristallgitter eingebaut, so wird der Rückstoß nicht mehr von einem einzelnen Atom, sondern vom gesamten Kristall aufgenommen. Die nach

$$E_R = \frac{E_\gamma^2}{2mc^2} \tag{3.29}$$

E_R Rückstoßenergie
E_γ Energie des γ-Quants
m Masse des absorbierenden bzw. emittierenden Systems (Atom bzw. Kristall)
c Lichtgeschwindigkeit

berechenbare Rückstoßenergie sinkt damit auf sehr kleine Werte ab. Voraussetzung dafür ist, daß keine wesentliche Energieübertragung durch die γ-Quanten ($E_\gamma \leqq 150$ keV) stattfindet. Zur Vermeidung der Anregung von Gitterschwingungen (*Phononen*) werden die untersuchten Systeme vielfach noch gekühlt.
Die energetische Lage der Energieniveaus im Atomkern wird durch die Wechselwirkung zwischen dem Kernvolumen und der s-Elektronendichte am Kernort bestimmt. Da die s-Elektronendichte am Kernort durch die chemische Umgebung des betrachteten Kerns (s. auch chemische Verschiebung der Photo- und Auger-Elektronenspektroskopie) und das Kernvolumen durch das Verhältnis von Protonen zu Neutronen im Kern (Anzahl der Isotope eines Elementes) bestimmt wird, treten vielfach mehrere energetisch unterschiedliche Energieübergänge (*Isomerieeffekt*) auf. Ihre Energie wird zusätzlich durch alle die die s-Elektronendichte am Kernort beeinflussenden Parameter mehr oder weniger verändert (*Isomerieverschiebung*). Ein weiterer Grund für die Aufspaltung von Resonanzlinien (*Hyperfeinaufspaltung*) ist ein Abweichen des Atomkerns von einer sphärischen Symmetrie. Diese Erscheinung tritt hauptsächlich bei Kernen mit ungerader Massenzahl auf und hat ihre Ursache in dem sich daraus ergebenden Quadrupolmoment des Kerns (*Quadrupolaufspaltung*). Neben dem elektrischen Quadrupolmoment haben Atomkerne auch häufig noch ein magnetisches Moment, dessen Ursache in einem mechanischen Kernspin zu suchen ist. Die damit im Zusammenhang stehende Aufspaltung wird als *magnetische Aufspaltung* bezeichnet. Die mit den genannten drei Effekten verbundene Hyperfeinaufspaltung bzw. Isomerieverschiebung ist infolge der geringen experimentellen Linienbreiten meßtechnisch zugänglich. Im Fall der optischen Resonanzabsorption sind solche Messungen auf Grund der größeren Linienbreiten nur bedingt möglich.
Der prinzipielle Aufbau eines Mößbauer-Spektrometers (Bild 3.19) ist dem eines Atomabsorptions- bzw. Atomfluoreszenzspektrometers für den optischen Bereich sehr ähnlich, wenn man von der Spezifik der Primärenergiequelle (Quelle) und der Nachweiselektronik absieht. Die angeregten Kerne in der Quelle entstehen vielfach durch den Zerfall eines Ausgangsnuklids (z. B. ${}^{57}_{27}\mathrm{Co} \xrightarrow{K} {}^{57}_{26}\mathrm{Fe}^* \xrightarrow{\gamma} {}^{57}_{26}\mathrm{Fe}$). Die Probe (Absorber) kann sowohl in Durchstrahlungsgeometrie (*Absorptions-Mößbauer-Spektrometrie*) als auch in Reflexionsgeometrie angeordnet sein. Im ersten Fall mißt man bei auftretender Resonanz einen starken Abfall der Primärstrahlungsintensität, während im zweiten Fall eine Intensitätszunahme registriert wird. Durch eine relative Bewegung der γ-Quelle gegen die Probe können infolge Doppler-Verschiebungen gezielte Veränderungen der relativen Lage von Emissions- und Absorptionslinie erreicht werden. Die durch unterschiedliche Hyperfeinaufspaltung bzw. Isomerieverschiebung von Quelle und Absorber gestörte Resonanzbedingung wird damit wieder hergestellt, d. h., in einem Mößbauer-Spektrum (Bild 3.20) wird die Intensität der

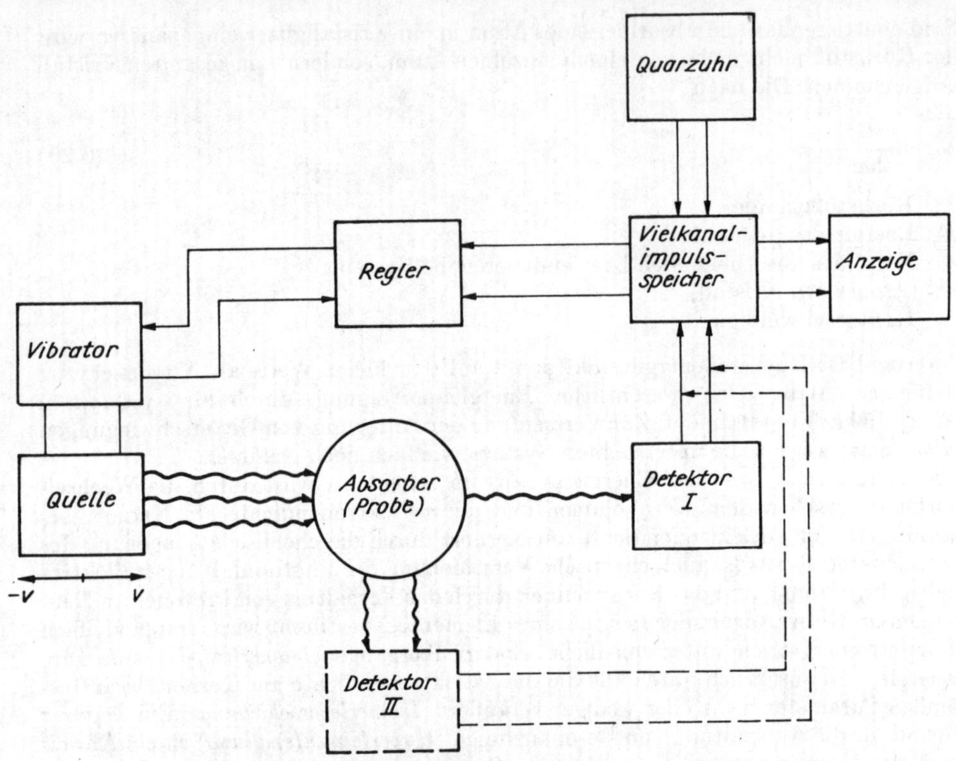

Bild 3.19. Blockschaltbild eines Mößbauer-Spektrometers

Detektor *I* (Absorptions-Mößbauer-Spektrometrie), Detektor *II* (Emissions-Mößbauer-Spektrometrie)

einzelnen Linien als Funktion der Relativgeschwindigkeit eines Standards (Quelle) registriert.

Die von der Probe absorbierten γ-Quanten können auf unterschiedlichen Wegen wieder reemittiert werden (Bild 3.21). Die Registrierung der Konversionselektronen (*Konversionselektronen-Mößbauer-Spektroskopie*) gestattet die gezielte Untersuchung von Oberflächenbereichen (s. auch Elektronenspektroskopie).

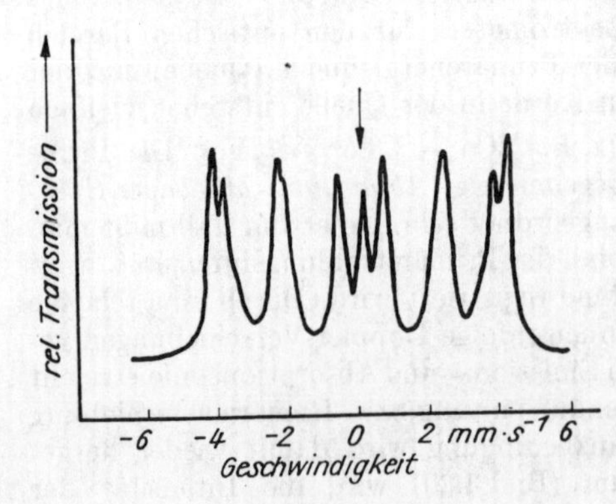

Bild 3.20. Emissions-Mößbauer-Spektrum eines hochlegierten Stahls bei Raumtemperatur (der Pfeil bezeichnet den für Austenit charakteristischen Peak) (nach [3.26])

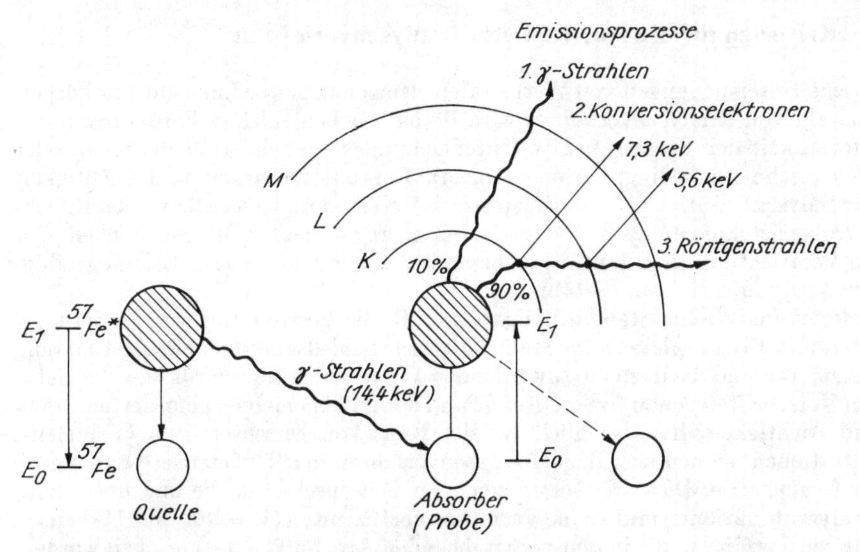

Bild 3.21. Prinzipdarstellung der Kernresonanzabsorption von γ-Quanten mit möglicher Konversion (Konversionselektronen-Mößbauer-Spektroskopie) der reemittierten γ-Strahlung am Beispiel von Fe

3.3.3.4. Molekülspektroskopische Methoden

Überwiegt bei der *Atomspektroskopie* die Emission, so dominiert bei der *Molekülspektroskopie* die Absorption. Durch Absorption von Strahlungsenergie im UV-VIS-Bereich und dem sich nach längeren Wellenlängen anschließenden infraroten Bereich (IR-Bereich: $\lambda = 0{,}8$ bis 500 µm) werden bei Molekülen *Elektronen-*, *Schwingungs- und Rotationsübergänge* angeregt. Im IR-Bereich werden Rotations- und Schwingungsübergänge gleichzeitig angeregt, während im VIS-Bereich, insbesondere im Grenzbereich IR-VIS-Gebiet, Schwingungs- und Elektronenübergänge gemeinsam auftreten. Analog zu den Elektronenübergängen ist auch die Anregung der Rotations- und Schwingungsübergänge nur durch diskontinuierliche Energieaufnahme möglich. Die aufgenommenen Energiebeträge sind molekülspezifisch und gestatten, insbesondere im Bereich der Rotations- und Schwingungsübergänge (*IR-Spektroskopie*), eine Identifizierung der Art der Moleküle.

Die gleichzeitige Anregung von Schwingungen und Elektronenübergängen (*Spektralphotometrie*) wird hauptsächlich zur Bestimmung der Menge von Bestandteilen anorganischer Werkstoffe genutzt. Der funktionale Zusammenhang zwischen eingestrahlter Energie und der Konzentration der zu untersuchenden Probe, in der Mehrzahl der Fälle sind es Lösungen, wird durch das *Lambert-Beersche Gesetz* [Gl. (3.26)] bestimmt, wobei der atomare durch den molekularen Extinktionskoeffizienten ersetzt werden muß. Für die technische Realisierung der Molekülabsorptionsspektroskopie werden Spektralapparate verwendet, die denen für die Atomabsorptionsspektroskopie im prinzipiellen Aufbau (Bild 3.10) vergleichbar sind. Anstatt des Atomisators benutzt man Gefäße (*Küvetten*) zur Aufnahme der transparenten Probe, während als Energiequelle Kontinuumsstrahler für das UV-VIS- bzw. IR-Gebiet eingesetzt werden.

3.4. Kriterien für die Auswahl von Analysenverfahren

Analytische Untersuchungen von Werkstoffen erfolgen in erster Linie am Festkörper. Die Auswahl von Analysenverfahren wird deshalb neben solchen Forderungen wie Unzerstörbarkeit der Proben, in-situ-Untersuchungen an sehr großen Proben oder Bauteilen (technisch bedingte Abmessungen), Reproduzierbarkeit und Richtigkeit (Schiedsanalysen), Zeitbedarf (Schmelzprozesse), Kosten und spezielle werkstofftechnische Problemstellungen (z. B. Nachweis von Segregationen in Mikrobereichen oder Be- und Verarbeitungsrückständen) insbesondere durch Güteziffern (Leistungsfähigkeit) der Analysenverfahren bestimmt.
Für werkstoffanalytische Standardaufgaben, z. B. die Bestimmung von Legierungselementen und Eisenbegleitern im Stahl, sowie für Schiedsanalysen zur Bestimmung dieser Elemente sind die dazu auszuwählenden Verfahren in Standards bzw. betriebsinternen Vorschriften genau fixiert. Auf Grund der im allgemeinen geforderten Präzision und Richtigkeit, hauptsächlich auf der Basis von Durchschnitts- (Volumen-) Konzentrationen, eignen sich dazu Analysenverfahren der Titrimetrie, Gravimetrie und der Coulometrie. Diese Verfahren zeichnen sich durch einfache und überschaubare Analysenfunktionen und kleine Variationskoeffizienten ($V = 10^{-3}$ bis 1%) aus.
Alle anderen Verfahren, die in den vorhergehenden Abschnitten beschrieben wurden, haben Variationskoeffizienten von $V = 1$ bis 20%; die Atomemissionsspektroskopie im optischen Spektralbereich erreicht sogar Werte von $V = 20$ bis 50%. Mit Hilfe elektronenspektroskopischer Verfahren sind teilweise nur halbquantitative Aussagen möglich.
Betrachtet man dagegen die mit den einzelnen Verfahren bestimmbaren Gehalte, so sind für Spurenanalysen die Atomabsorptionsspektroskopie (AAS), die Atomemissionsspektroskopie mit Bogen- und Funkenanregung bzw. in speziellen Fällen mit einer Anregung durch induktiv gekoppelte Plasmen (ICP) und die Spektralphotometrie mit bestimmbaren Gehalten von 10^{-4} m-% besonders geeignet, wogegen die ESMA nur 10^{-1} m-% zu bestimmen gestattet. Das absolute Nachweisvermögen der ESMA ist dagegen mit $m = 10^{-12}$ g besser als das der meisten anderen Verfahren.
Soll die Probe nicht verändert, d. h. nicht zerstört werden, so sind Verfahren auszuwählen, bei denen kernnahe Elektronenniveaus angeregt werden, da diese an den Wechselwirkungen der einzelnen Atome im Festkörper nicht direkt beteiligt sind und deren energetische Veränderung zu keiner Änderung der Bindungsverhältnisse führt. Allerdings sind mit solchen Verfahren in den meisten Fällen nur Informationen über Oberflächen bzw. oberflächennahe Bereiche geringer Ausdehnung zu erhalten. Die Eindringtiefe der Primärstrahlung und damit auch die Austrittstiefe der Sekundärstrahlung sind von dem Absorptionsverhalten (von Element zu Element verschieden) der Probe abhängig. Als zerstörungsfrei werden auch Verfahren bezeichnet, die mit vernachlässigbaren Probenveränderungen arbeiten. Zu solchen Verfahren zählen chemische Reaktionen (Tüpfelproben) und einfache Methoden der Atomemissionsspektroskopie (Schleiffunkenprobe, Handspektroskop), die man vor allem bei sehr großen Abmessungen der zu untersuchenden Objekte (Maschinenteile) sowie zur Verwechslungsprüfung anwendet.
Daneben spielt noch in den meisten Fällen die notwendige Probenpräparation eine nicht unerhebliche Rolle. Für Analysenverfahren, die im Bereich der Valenzelektronen arbeiten, müssen Lösungen vorliegen (ausgenommen davon ist nur die Atomemissionsspektroskopie mit Funken- und Bogenanregung), während die Verfahren der Röntgen- und Elektronenspektroskopie ebene, vielfach sogar geschliffene oder polierte Probenoberflächen erfordern. Deshalb muß zwischen der technischen Pro-

blemstellung, den Güteziffern des auszuwählenden Verfahrens und der in den meisten Fällen notwendigen Probenpräparation eine Optimierung vorgenommen werden, um bei vertretbarem technischem und ökonomischem Aufwand aussagekräftige Ergebnisse zu erhalten.

Literaturhinweise

[3.1] Praktikum Werkstoffprüfung. (Hrsg.: *Becker, E.; Michalzik, G.; Morgner, W.*). Leipzig: VEB Deutscher Verlag für Grundstoffindustrie 1980

[3.2] Mitteilungsblatt der chemischen Gesellschaft der DDR, Beiheft 42. Regeln für die Angabe von Analysenergebnissen. (Hrsg.: IUPAC)

[3.3] Mitteilungsblatt der chemischen Gesellschaft der DDR, Beiheft 44. Nomenklatur für die Arbeitsbereiche in der Analytik. (Hrsg.: IUPAC)

[3.4] *Doerffel, K.:* Statistik in der analytischen Chemie. Leipzig: VEB Deutscher Verlag für Grundstoffindustrie 1982

[3.5] *Danzer, K.; Than, E.; Molch, D.:* Analytik. Leipzig: Geest & Portig 1976

[3.6] Analytikum. 5. Aufl. Leipzig: VEB Deutscher Verlag für Grundstoffindustrie 1981

[3.7] Analytiker-Taschenbuch. Bd. 1, 2, 3. Berlin: Akademie Verlag 1980–1982

[3.8] *Fischer, W.; Förster, W.; Zimmermann, R.:* Gasbestimmung in Eisen und Stahl. Leipzig: VEB Deutscher Verlag für Grundstoffindustrie 1968

[3.9] *Müller, G. O.:* Lehrbuch der angewandten Chemie. Bd. 3. Quantitatives anorganisches Praktikum. Leipzig: Hirzel 1978

[3.10] Spurenanalyse in hochschmelzenden Metallen. Leipzig: VEB Deutscher Verlag für Grundstoffindustrie 1970

[3.11] *Schrön, W.; Rost, L.:* Atom-Spektralanalyse. Leipzig: VEB Deutscher Verlag für Grundstoffindustrie 1969

[3.12] *Kipsch, D.:* Lichtemissions-Spektrometrie. Leipzig: VEB Deutscher Verlag für Grundstoffindustrie 1974

[3.13] *Moenke, H.:* Atomspektroskopische Spurenanalyse. Leipzig: Geest & Portig 1974

[3.14] Röntgenfluoreszenzanalyse. Leipzig: VEB Deutscher Verlag für Grundstoffindustrie 1981

[3.15] Mikroanalyse mit Elektronen- und Ionensonden. 2. Aufl. Leipzig: VEB Deutscher Verlag für Grundstoffindustrie 1981

[3.16] Festkörperanalyse mit Elektronen, Ionen und Röntgenstrahlen. Berlin: VEB Deutscher Verlag der Wissenschaften 1980

[3.17] *Barb, D.:* Grundlagen und Anwendung der Mößbauer-Spektroskopie. Berlin, Bucuresti: Akademie-Verlag; Editura Academici 1980

[3.18] *Dragomirecký, A.*, u. a.: Photometrische Analyse anorganischer Roh- und Werkstoffe. Leipzig: VEB Deutscher Verlag für Grundstoffindustrie 1968

[3.19] *Dechant, J.:* Ultrarotspektroskopische Untersuchungen an Polymeren. Berlin: Akademie-Verlag 1972

[3.20] *Schröder, E.; Franz, J.; Hagen, E.:* Ausgewählte Methoden zur Plastprüfung. Berlin: Akademie-Verlag 1976

Quellennachweise

[3.21] *Saechtling, H.-J.; Zebrowski, W.:* Kunststofftaschenbuch. 14. Aufl. München: Hanser 1959

[3.22] *Hennig, H.:* Zerstörungsfreie Materialprüfung mit Tüpfelanalyse. Chem. Labor Betrieb 17 (1966) S. 435

[3.23] *Malissa, H.; Grasserbauer, M.:* Über die Möglichkeiten des Einsatzes eines Röntgenstrahlmikroanalysators mit Primäranregung (Makrosonde) in der analytischen Chemie. Mikrochim. Acta (1970) S. 914–927

[3.24] *Leonhardt, G.:* Z. Chem. 13 (1973) S. 81

[3.25] *Grant, J. T.; Haas, T. W.:* Auger Electron Spectroscopy Studies of Carbon Overlayers on Metal Surfaces. Surf. Sci. 24 (1971) S. 332–334

[3.26] *Wiesinger, G.; Haferl, R.; Kirchmayr, H. R.:* Mikrochim. Acta, Suppl. 9, S. 177–192

4. Verfahren zur Gefügeuntersuchung

Das Ziel der Gefügediagnostik besteht darin, aus dem Gefüge Aussagen über die Vorgeschichte (Herstellung), Eigenschaften bzw. das Verhalten der Werkstoffe zu treffen. Der Begriff *»Gefüge«* ist nach einer Definition von *Schatt* durch die Gesamtheit der Teilvolumina gekennzeichnet, die hinsichtlich der räumlichen Anordnung ihrer Bausteine in bezug auf ein in den Werkstoff gelegtes ortsfestes Achsenkreuz in erster Näherung homogen sind. In »erster Näherung« soll beinhalten, daß innerhalb der Teilvolumina (Gefügebestandteile) sowohl von der Zusammensetzung als auch von der Struktur her Abweichungen existieren, die jedoch gegenüber dem Gefügebestandteil in der Regel eine um Größenordnungen geringere Ausdehnung haben. Das Gefüge ist durch Art, Größe, Form, Verteilung und Orientierung der Gefügebestandteile charakterisiert.
Ist der Werkstoff aus nur einer Phase aufgebaut, dann ist sein *Gefüge homogen*. Demgegenüber liegt ein *heterogenes Gefüge* vor, wenn er mehrere Phasen enthält. Ist eine Phase nur mit einem geringen Volumenanteil in der Matrixphase dispers eingebettet, spricht man von einem *Einlagerungsgefüge*. Liegen dagegen beide Phasen in etwa gleichen Volumenanteilen vor, bilden sie ein *Durchdringungsgefüge*. Außerdem wird zwischen dem bei der Erstarrung einer Schmelze entstandenen *Primärgefüge* und dem sich im Verlauf von Verformungen und Wärmebehandlungen ausbildenden *Sekundärgefüge* unterschieden.
Die auf metallische Werkstoffe beschränkte Anwendung der Verfahren der Gefügeuntersuchung ist Gegenstand der *Metallographie*. Mit der Entwicklung der Werkstoffwissenschaft wurden diese Verfahren für polymere und keramische Werkstoffe erweitert und dafür die Bezeichnungen *Plastographie* bzw. *Keramographie* eingeführt.
Das Gefüge der Werkstoffe wird nach geeigneten chemischen, elektrochemischen oder physikalischen Behandlungen mit optischen Methoden sichtbar gemacht. In einzelnen Fällen sind Gefügebestandteile mit bloßem Auge oder einer Lupe erkennbar (*Makrogefüge*); im allgemeinen benötigt man ein Mikroskop (*Mikrogefüge*).

4.1. Lichtmikroskopische Verfahren

4.1.1. Herstellung metallographischer Schliffe

4.1.1.1. Probenahme

Für die Aussagekraft und Richtigkeit eines metallographischen Befundes ist eine geeignete Probenvorbereitung von entscheidender Bedeutung. Der erste wesentliche Schritt dazu ist die *Probenahme*. Bei der gezielten Probenahme muß die interessierende Stelle (z. B. ein Riß) vollständig in der Probe enthalten sein. Um einen Aufschluß über das in einem größeren Bereich eines Halbzeugs bzw. im gesamten Bauteil vorliegende Gefüge zu erhalten, ist eine systematische Probenahme erforderlich. Die Anzahl der an verschiedenen Stellen des Werkstücks entnommenen Proben sollte so groß sein, daß eine statistische Auswertung möglich ist. Die Probenahme kann mechanisch (Trennen, Bild 4.1, Sägen, Schneiden, Drehen), elektroerosiv oder elektrochemisch (Säuresäge, Säurestrahl) erfolgen.

Bild 4.1. Trennschleifmaschine metasecar (ROW Rathenow)

Für den weiteren Ablauf der Vorbereitung ist von Bedeutung, an welcher Stelle der Probe die *Schliffläche* anzubringen ist. Bei gewalzten Blechen ist grundsätzlich zwischen Längs-, Quer- und Flachschliffen zu unterscheiden. Enthalten die Proben dünne Oberflächenschichten, z. B. Nitrierschichten, empfiehlt es sich, einen Schrägschliff anzufertigen, weil dadurch die im Schliffbild sichtbare Fläche größer wird. Die Herstellung der für einen Schliff erforderlichen ebenen Fläche kann durch Drehen, Fräsen, Feilen oder Schleifen mit einer Flächenschleifmaschine erfolgen.

4.1.1.2. Schleifen und Polieren

Für die Herstellung eines metallographischen Schliffs werden üblicherweise Proben mit Abmessungen 10 mm × 10 mm × 20 mm verwendet. Steht ein derartiges Probenvolumen nicht zur Verfügung, ist es erforderlich, die Probe zu haltern, um eine genügend große Auflagefläche für einen Planschliff zu bekommen. Dazu werden Klammern benutzt.
Für sehr kleine Proben oder die Anfertigung von Schliffflächen in bestimmten Ebenen sind die Halterungen nicht mehr ausreichend, und die Proben müssen eingebettet werden. Die *Einbettmittel* sollen folgende Anforderungen erfüllen:

1. Die Einbettmasse muß den Schliff eng umschließen, damit das Ätzmittel nicht in die Fugen und Poren eindringen kann.
2. Die Härte soll der des einzubettenden Werkstoffs angepaßt sein.
3. Die Einbettmasse darf mit dem Ätzmittel nicht reagieren.

Es werden vorwiegend organische Werkstoffe, wie Acrylate und Epoxidharze, angewendet. Metallische Überzüge sind erforderlich, wenn eine Kantenabrundung unter allen Umständen vermieden werden muß. Sie lassen sich durch Gießen, Aufschrumpfen oder aus einer Elektrolytlösung mittels chemischer Abscheidung aufbringen.
Das metallographische *Schleifen* erfolgt von Hand oder mit Schleifmaschinen. Die zum Schleifen benutzten Schmirgelpapiere bestehen aus Pappe oder Leinwandbögen,

auf die die Schleifmittel (Korund, Al_2O_3, SiC) gleichmäßig aufgetragen bzw. geklebt sind. Die einzelnen Korngrößen werden durch Absieben gewonnen und die feinsten Kornfraktionen durch Schlämmen getrennt (Tabelle 4.1).

Tabelle 4.1. Korngrößen und Bezeichnungen für metallographische Schmirgelpapiere

Kurzzeichen der Korngröße Nummer	Abmessung des Nennkornes in µm	Korngruppe
315	3150 ... 2500	sehr grob
200	2000 ... 1600	
160	1600 ... 1250	grob
80	800 ... 630	
63	630 ... 500	mittel
32	315 ... 250	
25	250 ... 200	fein
10	100 ... 80	
8	80 ... 63	sehr fein
5	50 ... 40	

Beim Schleifen geht man schrittweise zu immer feineren Körnungen über.
Anschließend erfolgt das Polieren zur völligen Einebnung und Glättung der Schlifffläche. Als Poliermittel wird Poliertonerde in wäßriger Suspension in Abhängigkeit von der Härte des Werkstoffs in verschiedenen Korngrößen verwendet. Beim maschinellen Polieren wird die Probe kreisend oder schleifenförmig auf der mit einem Woll-, Seide- oder Samttuch bespannten Polierscheibe so lange bewegt, bis sie mikroskopisch kratzerfrei ist. Danach ist das Säubern der Schliffe in destilliertem Wasser, Abspülen in Alkohol und Trockenblasen erforderlich.
Beim Schleifen und Polieren wird durch das Schleif- bzw. Polierkorn die Probenoberfläche nicht nur abgespant, sondern es wird – begünstigt durch örtlich erhöhte Temperaturen – der Werkstoff plastisch verformt. Dabei entstehen Zonen unterschiedlicher Verformung bzw. erhöhter Versetzungsdichte, die das eigentliche Gefüge überdecken. Dieser als *Bearbeitungsschicht* (*Beilbyschicht*) bezeichnete Oberflächenbereich kann durch die Anwendung des chemischen bzw. elektrochemischen Polierens oder durch abwechselndes Ätzen und Polieren beseitigt werden.

4.1.1.3. Spezielle Methoden zur Schliffvorbereitung

Für Werkstoffe geringer Härte, insbesondere Polymerwerkstoffe, läßt sich zur Probenvorbereitung das *Mikrotom* verwenden. Mit Hilfe einer Hartmetall- bzw. Diamantschneide werden dünne Schichten von der Werkstoffoberfläche abgetragen, wodurch ein Eindringen von Schleifkörnern in die Probe ausgeschlossen wird. Bei metallischen Werkstoffen ist es in der Regel möglich, die Tiefe der Bearbeitungsschicht wesentlich zu reduzieren. Für ein Mikrotommesser mit einer Hartmetallschneide trifft dies beispielsweise zu, wenn die Härte des metallischen Werkstoffs unterhalb der des unlegierten Baustahls liegt. Eventuell vorhandene Materialfehler werden durch den Mikrotomschnitt nicht verschmiert.

Keramische Werkstoffe oder Hartstoffe können im allgemeinen nur mit Diamant geschliffen und poliert werden. Die Vorbereitung der Schliffe erfolgt mit entsprechend harten Schleifscheiben oder diamantbestückten Drehmeißeln. Für die Schliffherstellung (Schleifen und Polieren) wird fast ausschließlich Diamantstaub verschiedener Körnung, der entweder mit einem Bindemittel zu einem festen Schleifwerkzeug gebunden oder mit einem entsprechenden Stoff zu Paste verarbeitet ist, verwendet.
Beim Arbeiten mit Diamant-Pasten ist für die Qualität der Schlifffläche die Auswahl eines geeigneten Trägerkörpers, auf den die Paste aufgetragen wird, von großer Bedeutung. Es kommen Filz, Gußeisen und Messing in Frage.
Das *Vibrationsverfahren* hat den Vorteil, die manuelle Arbeit bei der Schliffherstellung zu reduzieren und damit die metallographische Routineprüfung zu erleichtern. Das Verfahren ist sowohl für das Schleifen als auch das Polieren anwendbar, wobei eine Vibration der Schleif- bzw. Polierscheibe die Schliffbewegung von Hand ersetzt. Nachteilig ist die vergleichsweise längere Schleif- bzw. Polierdauer; das wird jedoch durch eine größere Anzahl gleichzeitig zu bearbeitender Proben wieder ausgeglichen.
Zum Polieren kann man außer den genannten Verfahren auch elektrochemische Vorgänge anwenden, die ohne äußere Stromzufuhr als *chemisches* oder mit Stromzufuhr als *elektrolytisches Polieren* bezeichnet werden. Beide Verfahren sind nur mit speziellen Elektrolyten möglich, die in der Mehrzahl aus Säuren mit geringen Wassergehalten bestehen. Der Polierprozeß verläuft infolge eines chemischen Auflösungsmechanismus mit hoher Geschwindigkeit und baut bevorzugt die physikalischen Inhomogenitäten der Metalloberfläche ab. Dies führt einerseits zu einem vorrangigen Abtrag verformter Oberflächenbereiche (makro- und mikroskopische Spitzen, Gleitbänder usw.) und damit zu einer Glättung der Oberfläche, andererseits zu einem bevorzugten Abtrag höher indizierter Kornschnittflächen, wodurch vielfach ein Oberflächenrelief ausgebildet wird. Während die Geschwindigkeit des Abtrags beim chemischen Polieren von der Konzentration des Redoxmittels abhängt, ist beim elektrolytischen Polieren eine geeignete Außenschaltung notwendig. Dabei wird die im mechanisch polierten Zustand vorliegende Probe als Anode geschaltet und der Schlifffläche gegenüber die Katode (z. B. ein Pt-Blech) angeordnet. Verfolgt man den an der Anode ab-

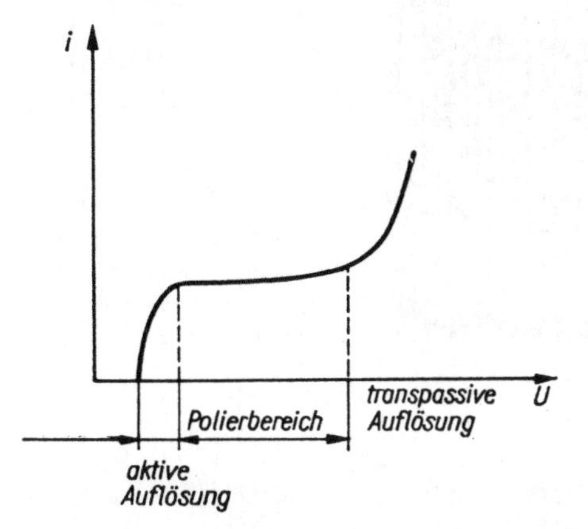

Bild 4.2. Stromdichte-Potential-Kurve beim Polieren von Metallen

laufenden Vorgang anhand einer *Stromdichte-Potential-Kurve* (Bild 4.2, s. auch Abschnitt 5.5.), so läßt sich feststellen, daß die Stromdichte nach einem Anstieg über einen großen Potentialbereich konstant bleibt. In diesem Bereich wird in der bereits beschriebenen Weise die Einebnung verursacht.

Das elektrolytische Polieren von Legierungen mit heterogenem Gefügeaufbau bereitet Schwierigkeiten, da sich die unedlere Phase mit relativ hoher Stromdichte auflöst, während die edlere Phase nicht oder nur wenig abgetragen wird. Für solche Legierungen hat sich das *Elektrowischpolieren*, eine Kombination von elektrolytischem und mechanischem Polieren, bewährt. Eine langsam rotierende, mit einem Poliertuch bespannte Scheibe aus rost- und säurebeständigem Stahl ist als Katode, die zu polierende Schlifffläche als Anode geschaltet (Bilder 4.3 und 4.4). Als Poliermittel wird ein geeigneter Elektrolyt verwendet, dem zur Intensivierung des Abtrags noch Poliertonerde zugesetzt werden kann.

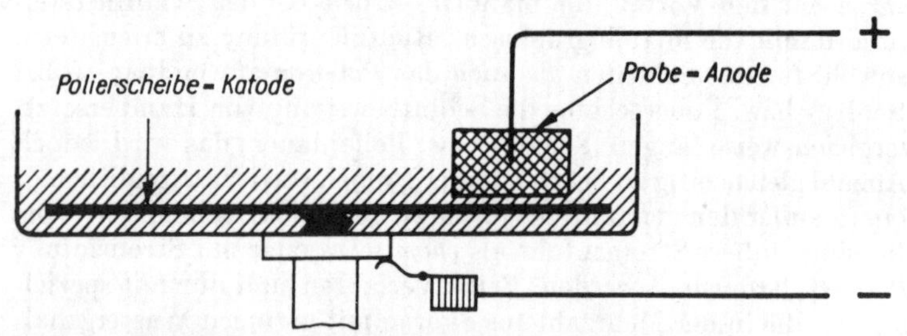

Bild 4.3. Anordnung zum Elektrowischpolieren

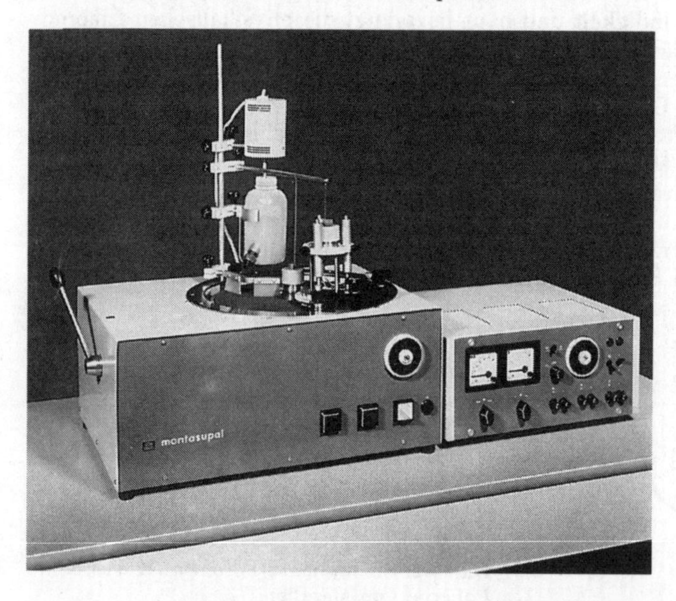

Bild 4.4. Elektrolytisch-mechanisches Rotationspoliergerät montasupal (ROW Rathenow)

4.1.2. Gefügeentwicklung

4.1.2.1. Gefügeentwicklung in Lösungen

An das Schleifen und Polieren schließt sich zur Sichtbarmachung der Gefügebestandteile im allgemeinen noch ein *Ätzvorgang* an, da nur in wenigen Fällen bereits am ungeätzten Schliff bestimmte Einzelheiten zu erkennen sind. Das am häufigsten angewandte Verfahren ist das Ätzen in Lösungen, das als ein elektrochemischer Korrosionsvorgang betrachtet werden kann. Die dabei ablaufenden Vorgänge stellen eine

Säure- oder Sauerstoffkorrosion (Kapitel 5.) dar bzw. verlaufen unter Reduktion eines Redoxmittels. Werden im Verlauf des Ätzvorgangs bevorzugt die Korngrenzenzone bzw. Kornschnittflächen unterschiedlicher Orientierung, Kristallstruktur oder Zusammensetzung mit verschiedener Geschwindigkeit abgetragen, so daß zwischen zwei benachbarten Kristalliten eine Stufe entsteht, spricht man von *Korngrenzenätzung*. Bei senkrecht einfallendem Licht erscheinen die Korngrenzen als dunkle Linien (Bild 4.5a). Wirkt das Ätzmittel dagegen so, daß die Kornschnittflächen kristallographisch definiert oder auch unregelmäßig angegriffen und dabei aufgerauht werden, spricht man von einer *Kornflächenätzung*. Die Kornschnittflächen reflektieren das einfallende Licht entsprechend der Aufrauhung und erscheinen deshalb in verschiedenen Hell-Dunkel-Tönen (Bild 4.5b). Zur Sichtbarmachung der Durchstoßpunkte von Versetzungen sowie der aus Versetzungsanordnungen gebildeten *Subkorngrenzen* müssen die Ätzlösungen in besonderer Weise selektiv wirken; es entstehen dabei an den Durchstoßstellen Ätzgrübchen bzw. Löcher (Bild 4.5c). Bei Polymerwerkstoffen ist ebenfalls eine Gefügeentwicklung durch Ätzen mit einem geeigneten Lösungsmittel (Benzin, Benzol, Xylol) möglich.
Die einfachste und gebräuchlichste Art des Ätzens ist die *Tauchätzung*, bei der die Schlifffläche in ein mit einer Ätzlösung gefülltes Gefäß eingetaucht wird. Um Konzentrationsunterschiede in der Lösung, vor allem aber an der Probenoberfläche, zu vermeiden, muß die Ätzlösung ständig bewegt werden. Soll das zu untersuchende Bauteil durch die Heraustrennung von Proben nicht zerstört werden oder liegen große

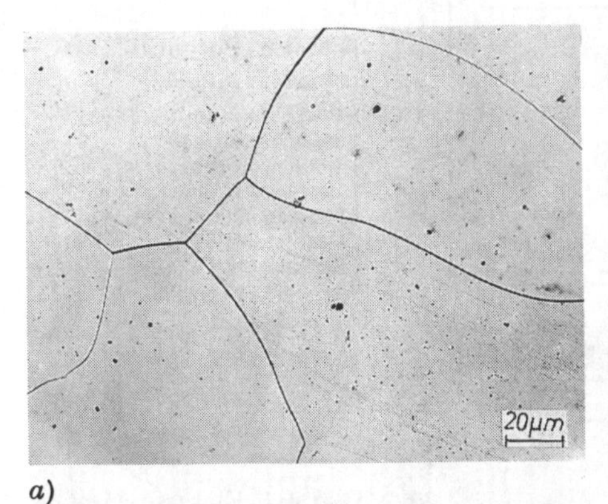

a)

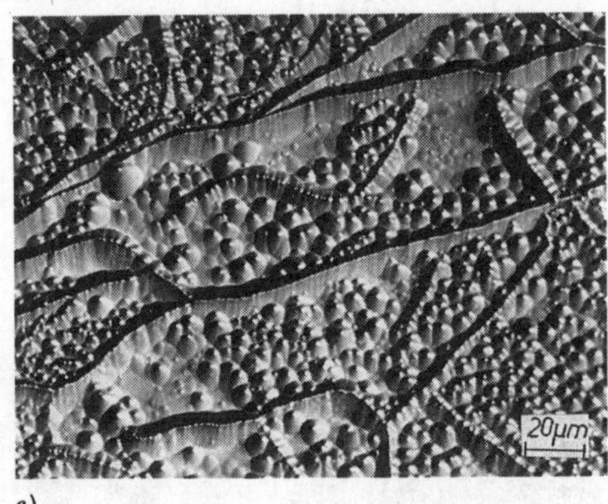

c)

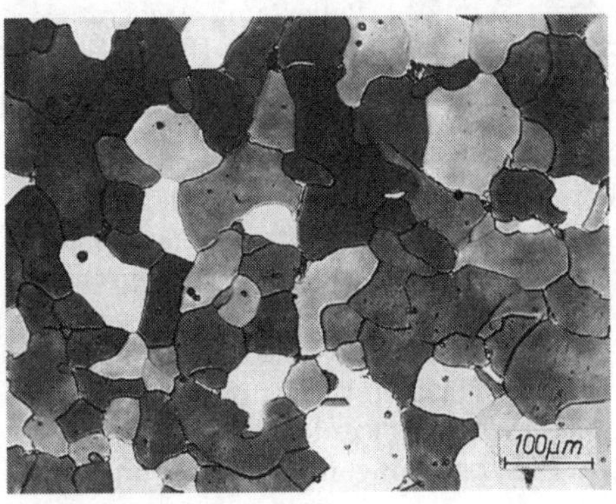

b)

Bild 4.5. Lichtmikroskopische Aufnahmen von

a) **Korngrenzenätzung durch Abhangbildung an Eisen**
b) **Kornflächenätzung an Eisen mit 0,1% C**
c) **Versetzungsätzung an einer (100)-Eiseneinkristallfläche**

Schliffflächen vor, wendet man die *Tropfenätzung* an. Dieses Ätzverfahren kommt wegen der schnellen Konzentrationsverarmung des Ätzmittels nur bei kurzer Ätzdauer in Betracht. Das *Ätzwaschen* wird angewendet, wenn die Probe für eine Tauchätzung zu groß ist und das Tropfätzen keine befriedigenden Ergebnisse liefert, z. B. beim Ätzen aufgeschnittener Gußblöcke. Auf der leicht geneigten Schlifffläche läßt man die Ätzlösung so lange von der oberen Kante nach unten fließen, bis der gewünschte Ätzgrad erreicht ist.

Auf Grund des elektrochemischen Charakters des Ätzens in Lösungen werden in immer stärkerem Umfang die zur Untersuchung von elektrochemischen Vorgängen entwickelten *Potentiostaten* auch zum Ätzen eingesetzt. Der Potentiostat (s. auch Abschnitt 5.5.) ist ein elektronischer Regler, der in der angeschlossenen Meßzelle (Bild 4.6) den Zellstrom zwischen der Probe und einer Gegenelektrode so regelt, daß

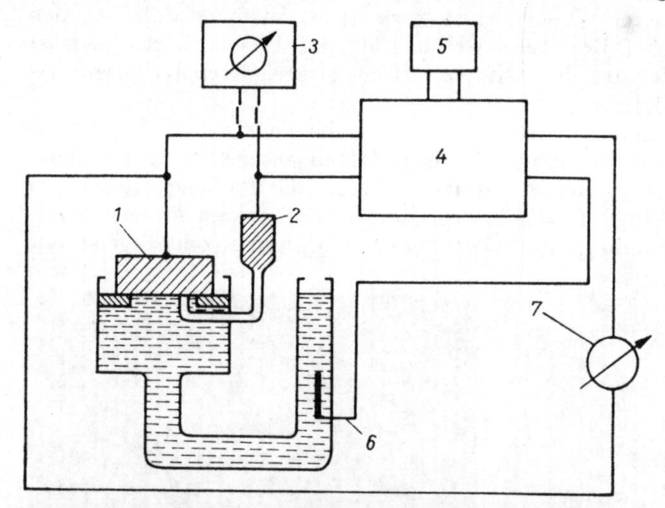

Bild 4.6. Potentiostatische Meßzelle

1 Probe mit Schlifffläche
2 Kalomelelektrode
3 Röhrenvoltmeter
4 Potentiostat
5 Sollspannung
6 Gegenelektrode
7 Strommeßgerät

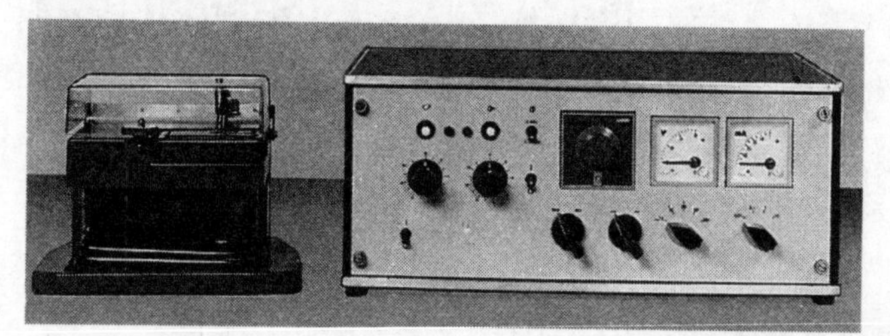

Bild 4.7. Elektrolytisches Polier- und Ätzgerät metapolyt (ROW Rathenow)

das Potential der Probe gegenüber einer Bezugselektrode stets einer vorgegebenen Sollspannung entspricht (Bild 4.7). Durch Vorgabe bestimmter Potentiale, die vom jeweilig untersuchten Werkstoff und dem verwendeten Elektrolyten abhängig sind, ist es möglich, im Aktiv- bzw. Transpassivgebiet Kornflächen- und Korngrenzenätzung durchzuführen. Gegenüber der herkömmlichen Tauch- oder Tropfenätzung sind die Ergebnisse beim *potentiostatischen Ätzen* besser reproduzierbar. Außerdem kann der Ätzvorgang so gelenkt werden, daß in mehrphasigen Werkstoffen bestimmte Phasen bei vorgegebenem Anodenpotential herausgelöst werden (*Phasenisolation*) und der Rückstand, das Isolat, für analytische Untersuchungen zur Verfügung steht (Abschnitt 3.3.2.).

4.1.2.2. Gefügeentwicklung bei hohen Temperaturen

Zur Aufklärung von Vorgängen, die durch eine Wärmebehandlung ausgelöst werden, ist es nützlich, das Gefüge bei hohen Temperaturen untersuchen zu können. In direkter Weise ist dies mit einem *Hochtemperaturmikroskop* möglich. Die geschliffene und polierte Probe wird dazu in einen hochevakuierten bzw. mit Schutzgas betriebenen Heiztisch eingesetzt und durch ein Heizleiterband auf hohe Temperaturen erhitzt (Bild 4.8). Die Temperaturmessung erfolgt mit Hilfe eines an der Probenoberfläche angepunkteten Thermoelements. Eine plangeschliffene Glas- oder Quarzplatte ermöglicht die direkte Beobachtung mit dem Mikroskop.

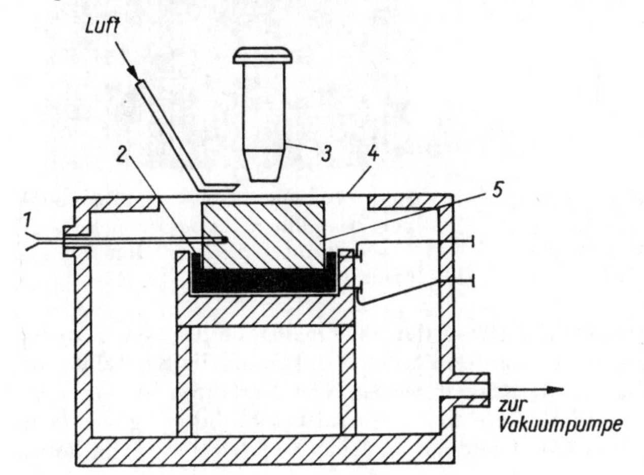

Bild 4.8. Aufbau eines Schliffheiztisches (nach [4.2])
1 Thermoelement
2 Heizleiterband
3 Objektiv
4 Glasplatte
5 Probe

Spezielle Gefügebestandteile werden durch *thermische Ätzung* sichtbar gemacht. Dabei ist die Entstehung eines Oberflächenreliefs in verschiedener Weise möglich. Oberhalb von $0{,}5T_S$ (T_S Schmelztemperatur) wandern Gitterbausteine infolge Oberflächendiffusion aus der Korngrenzenzone ab, so daß eine Einsenkung (Furche) entsteht und Korngrößenveränderungen unmittelbar beobachtet werden können. Weitere Ursachen für die Reliefbildung sind in unterschiedlichen thermischen Ausdehnungskoeffizienten oder spezifischen Volumina der in heterogenen Legierungen vorliegenden Phasen begründet.
Die Gefügeentwicklung bei hohen Temperaturen ist besonders zur Untersuchung von Rekristallisations- und Wachstumsvorgängen, Gefügeumwandlungen sowie von Ausscheidungs- und Lösungsvorgängen geeignet. Bei der Auswertung der Versuche darf jedoch nicht übersehen werden, daß noch nicht alle mit dieser Ätzung im Zusammenhang stehenden Fragen geklärt sind. So ist ungewiß, ob die auf der Schliffoberfläche sichtbaren Vorgänge auch im Inneren der Probe stattfinden.

4.1.2.3. Gefügeentwicklung durch Ionenbeschuß

Beim *Ionenätzen* wird in einer Vakuumanlage (Bild 4.9) die Oberfläche der als Katode geschalteten Probe mit Ionen hoher Energie beschossen. Die Ionen geben dabei einen Teil ihrer Energie an die Oberflächengitterbausteine ab und lösen Stoßkaskaden aus, in deren Folge die beauflagte Oberfläche abgetragen wird. Dabei kommt es zur Ausbildung eines Reliefs (Bild 4.10), das einerseits von der Art der einzelnen Gefügebestandteile sowie ihrer kristallographischen Orientierung und andererseits von der Energie der Ionen, ihrem Einstrahlwinkel und der Ionenstrahlrichtung abhängig ist.

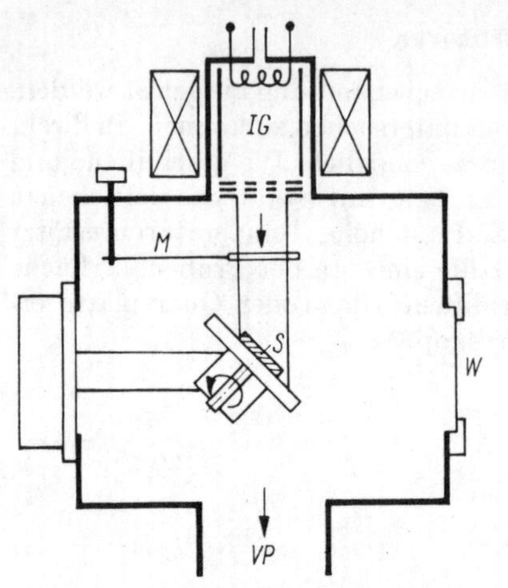

Bild 4.9. Ionenstrahlätzanlage (nach [4.8])

IG Ionenstrahler
S Probe
W Beobachtungsfenster
VP Vakuumpumpe
M Strahlmessung und Ausblendung

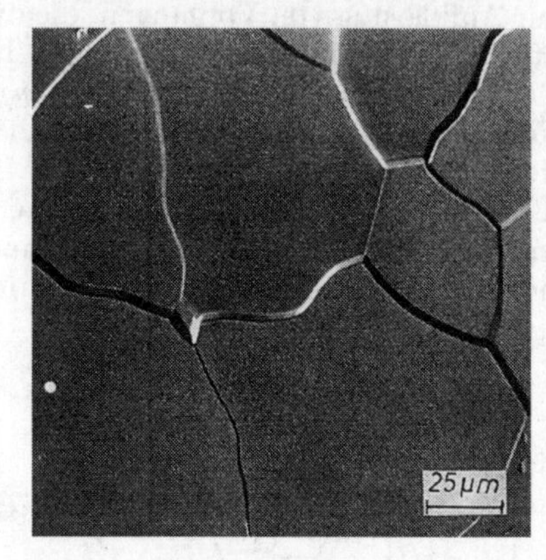

Bild 4.10. Selektiver Kornabbau einer polykristallinen Eisenoberfläche bei Beschuß mit 10 keV-Kr^+-Ionen (nach [4.9])

Die Zerstäubungsrate hängt demzufolge von der Energieabgabe der Ionen an die Oberflächenatome ab. Je nach den gewählten Parametern können die Kristallite mit unterschiedlicher Geschwindigkeit abgetragen werden. Das Verfahren ist besonders zur Untersuchung heterogener Werkstoffe und radioaktiver Stoffe geeignet, da es eine saubere und rückstandslose Oberfläche ermöglicht. Nachteilig sind die hohen apparativen Anforderungen.

4.1.2.4. Gefügeentwicklung durch Aufbringen dünner Schichten

Beim *Ätzanlassen* nutzt man die Tatsache, daß Metalle wie Co, Fe, Cr, Cu oder deren Legierungen bei höheren Temperaturen Anlaufschichten bilden, die im weißen Licht in verschiedenen Farben erscheinen. Diese Anlauffarben sind abhängig von der Schichtdicke und bleiben auch bei tiefen Temperaturen erhalten (Tabelle 4.2).
Werden sorgfältig polierte Metalloberflächen unter bestimmten Bedingungen chemisch behandelt, bildet sich auf ihnen ein undurchsichtiger Niederschlag, der beim nachfolgenden Trocknen unter der Wirku g von Schrumpfspannungen einreißt. Das sich dabei auf einzelnen Kornschnittflächen ausbildende Rißmuster, die Ätzschraffur,

Tabelle 4.2. Färbung von Gefügebestandteilen von Fe-C-Legierungen

Anlassen bei 550 K, Anlaßdauer in min	Perlit	Ferrit	Zementit	Eisenphosphid
1	braun	gelb	bräunlich gelb	weiß
4	braun	purpur	gelb	blaßgelb
15	hellblau	blau	braun	hellgelb
30	blaßblau	hellblau	purpur braun	heliotrop blau

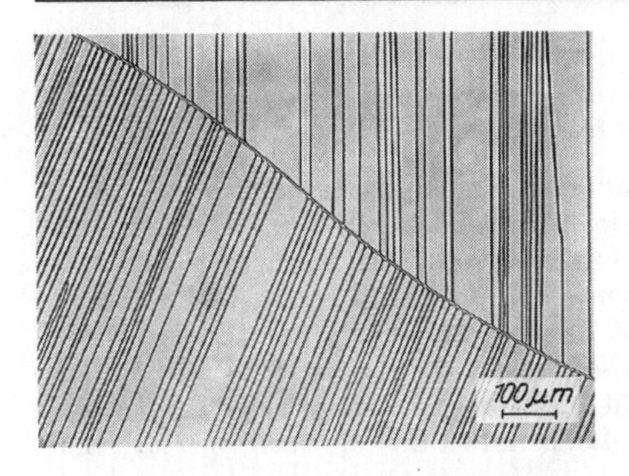

Bild 4.11. Schraffurätzung an einer Eisen-Silizium-Legierung

steht zur kristallographischen Orientierung der Kornschnittfläche in Beziehung. Mit dieser *Schraffurätzung* von Fe-Si-Blech (Bild 4.11) eröffnet sich die Möglichkeit, auf einfachem und schnellem Weg die Textur von Trafoblechen zu bestimmen.
Die einen metallischen Werkstoff kennzeichnenden Gefügebestandteile unterscheiden sich in der Mehrzahl in ihrem Reflexionsvermögen nicht wesentlich. Der Kontrast kann aber wesentlich gesteigert werden, wenn man Interferenzschichten von 30 bis 40 nm Dicke aufdampft oder eine Niederschlagätzung durchführt. Bei letzterem Verfahren wird durch chemische Zersetzung ein Salzfilm erzeugt, der nur einzelne Gefügebestandteile bedeckt. Eine Übersicht geeigneter Substanzen für das *Interferenzaufdampfverfahren* gibt Tabelle 4.3. Die Wirkung einer Interferenzschicht läßt sich an-

Tabelle 4.3. Schichtsubstanzen für das Interferenzaufdampfverfahren bei Stählen

Schichtsubstanz	Brechzahl	Verdampfungstemperatur in K
ZnS	2,4	1100 ... 1500
ZnSe	2,6	800 ... 1100
ZnTe	3,2	1100 ... 1500

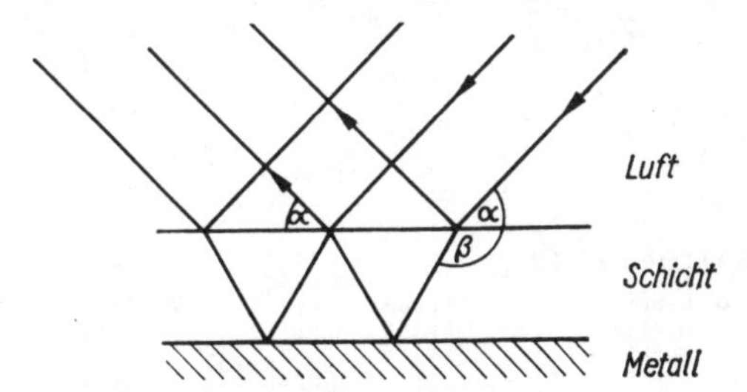

Bild 4.12. Wirkungsweise von Interferenzaufdampfschichten

hand des Schemas in Bild 4.12 erkennen. Das monochromatische Lichtbündel E der Wellenlänge λ fällt unter dem Einfallswinkel α auf die Interferenzschicht. Ein Teil des Lichts wird an der Grenzfläche Luft/Schicht reflektiert, ein anderer beim Auftreffen auf die Schicht unter dem Brechungswinkel β gebrochen und zum Teil an der Grenzfläche Schicht/Metall reflektiert. An der Grenzfläche Schicht/Luft wird wiederum ein Teil dieses Lichts reflektiert, der andere Teil tritt unter dem Winkel α aus und überlagert sich mit dem reflektierten Licht. Durch Mehrfachreflexionen innerhalb der Schicht kann der Kontrast so weit gesteigert werden, daß er für das Auge wahrnehmbar ist.

4.1.3. Gefügeuntersuchung

4.1.3.1. Aufbau und Wirkungsweise des Metallmikroskops

Zur Untersuchung des Mikrogefüges muß man sich optischer Hilfsmittel (Lupe, Mikroskop) bedienen. Bei den im allgemeinen verwendeten gestürzten Mikroskopen wird die auf dem Objekttisch liegende Schlifffläche von unten beleuchtet (Bild 4.13). Diese Anordnung wurde zuerst von *Le Chatelier* benutzt. Ein geeignetes System der Auflichtbetrachtung stellt das *Köhlersche Beleuchtungsprinzip* dar (Bild 4.14). Die Lichtquelle L wird durch eine Kollektorlinse in der verstellbaren Irisblende Ab abgebildet. Hiermit ist es möglich, aus dem Bild der Lichtquelle einen beliebigen Teil auszublenden, d. h. die Apertur einzustellen. Man nennt sie deshalb auch Aperturblende.

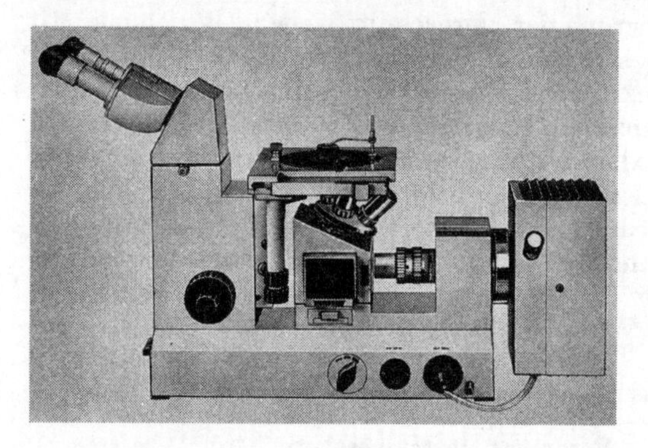

Bild 4.13. Auflichtmikroskop Metaval (VEB Carl Zeiss Jena)

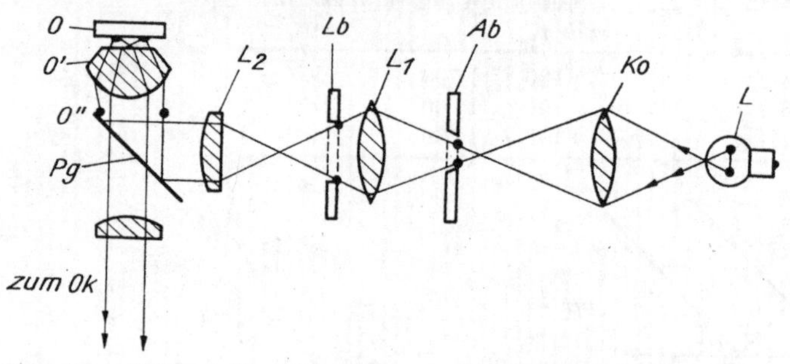

Bild 4.14. Köhlersches Beleuchtungsprinzip (nach [4.2])

L_1, L_2 Hilfslinse; *Lb* Leuchtfeldblende; *Ab* Aperturblende; *Ko* Kollektorlinse; *L* Lampe; *Ok* Okular; *Pg* Planglas; *O''* Objektivöffnung; *O'* Objektiv; *O* Objekt

Eine zweite, hinter der Kollektorlinse angebrachte Irisblende – die Leuchtfeldblende Lb – gestattet, die Größe des beleuchteten Feldes in der Präparatebene in Grenzen zu verändern. Die beiden Hilfslinsen L_1 und L_2 lenken das Licht über einen Illuminator ins Linsensystem des Mikroskops. Für die Beobachtung des Gefüges im weißen Licht bestehen hinsichtlich des Strahlengangs verschiedene Möglichkeiten. Lichtundurchlässige Schliffe werden bei senkrechtem Lichteinfall in der Mehrzahl im *Auflicht-Hellfeld* betrachtet. Am häufigsten wird mit Planglas (Bild 4.15a) gearbeitet. Ein seitlich einfallender Lichtstrahl wird vom Planglas auf das Objektiv und die Probe gelenkt und von dieser nur bei glatter Oberfläche über das Objektiv/Planglas und das Okular zum Betrachter nach oben zurückgeworfen. Da Plangläser mit einer halb-

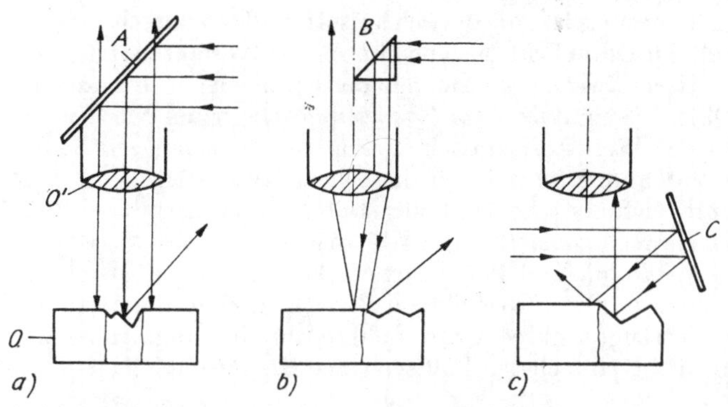

Bild 4.15. Strahlengang bei Auflichtmikroskopie

a) mit Planglas A (O' Objektiv; O Objekt)
b) mit totalreflektierendem Prisma B
c) Strahlengang bei Dunkelfeldbeleuchtung auf Spiegel C

durchlässigen Schicht belegt sind, kann nur 20 bis 25% der Intensität des einfallenden Lichts ausgenutzt werden. Die Lichtausbeute ist wesentlich besser, wenn statt des Planglases ein Prisma (Bild 4.15b) verwendet wird. Durch den teilweise verdeckten Strahlengang wird jedoch die Apertur und damit das Auflösungsvermögen verkleinert. Bei Proben, die das Licht vorwiegend diffus zurückwerfen, ist es vorteilhaft, eine Betrachtung des Schliffs im *Dunkelfeld* vorzunehmen. Dazu wird das seitlich einfallende Licht von einem Spiegel schräg auf die Probe geworfen und von dieser entsprechend dem Einfallwinkel reflektiert (Bild 4.15c). Nur einige von der Schlifffläche zurückgeworfene Strahlen werden vom Objektiv aufgenommen und gelangen in das Okular.

Dünne Schnitte von Polymeren oder Dünnschliffe von silikattechnischen Werkstoffen, die lichtdurchlässig sind, werden in der Regel im *Durchlicht* betrachtet. Häufig können dazu die Auflichtmikroskope, wie Bild 4.16 zeigt, auf das Arbeiten mit Durchlicht umgerüstet werden.

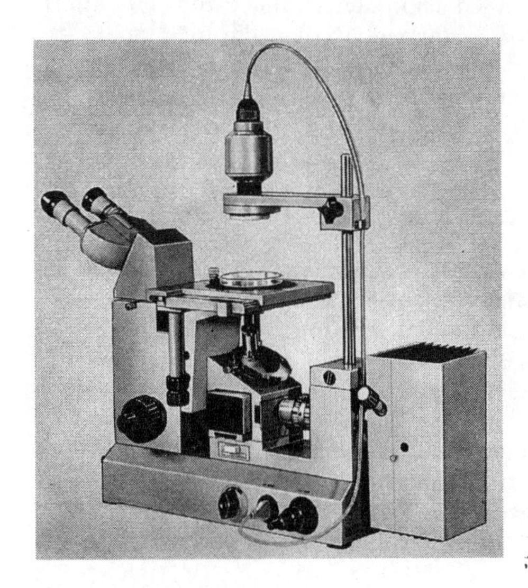

Bild 4.16. Durchlichteinrichtung des Mikroskops Metaval (VEB Carl Zeiss Jena)

Zum Erkennen von Gefügebestandteilen, die optisch anisotrop (doppelbrechend) sind, ist eine Betrachtung sowohl im Durchlicht- als auch im Auflichtverfahren mit *polarisiertem Licht* nützlich. Zu diesem Zweck bringt man in den Strahlengang vor und nach dem Auftreffen auf das Objekt je ein *Nicolsches Prisma*. Bei gekreuzten Nicols ist das Gesichtsfeld dunkel, falls der Werkstoff optisch isotrop ist. Sind dagegen doppelbrechende Gefügeanteile vorhanden, erscheinen diese hell bzw. farbig. Von dieser Möglichkeit der Gefügeuntersuchung wird bei teilkristallinen und kristallinen Polymerwerkstoffen vielfach Gebrauch gemacht. Bild 4.17 zeigt eine polarisationsmikroskopische Aufnahme von *Sphärolithen* in Polypropylen. Ein Sphärolith besteht aus einer Vielzahl von kristallinen und nichtkristallinen Bereichen. Man nimmt an, daß die kristallinen Bereiche bevorzugt senkrecht zum Sphärolithradius angeordnet sind, so daß im polarisierten Licht im einfachsten Fall schwarze Kreuze entstehen.

Bild 4.17. Sphärolithe von Polypropylen in linear polarisiertem Licht (nach *May*)

Unterschiedlich zusammengesetzte Phasen sowie verschieden orientierte Kristallite können auf Grund unterschiedlicher Härte verschieden stark abpoliert werden (*Reliefpolieren*). Diese Unterschiede machen sich in ihrem Reflexionsvermögen bei der üblichen mikroskopischen Betrachtung kaum bemerkbar, wenn die Niveauunterschiede unter $5 \cdot 10^{-1}$ µm liegen. Führt man jedoch in den Strahlengang eines Mikroskops eine Phasenplatte ein (*Phasenkontrastverfahren*), werden die im reflektierten Licht ausgelösten Phasenverschiebungen in einen Hell-Dunkel-Effekt umgesetzt und sichtbar. Damit ist es möglich, verschiedene Phasen auch im ungeätzten Zustand zu unterscheiden.

4.1.3.2. Quantitative Gefügeanalyse

Zum besseren Verständnis der Gefüge-Eigenschafts-Beziehungen ist eine quantitative Beschreibung des Gefüges eines Werkstoffs erforderlich. Dabei wird die Forderung gestellt, die Größe, Menge, Form, Anordnung und Verteilung von Gefügeelementen in einer Schliffläche durch Zählen, Messen und Klassifizieren zu charakterisieren. Zur Gewinnung von Meßdaten stehen drei Verfahren, die Punkt-, Linear- und Flächenanalyse, zur Verfügung.
Bei der *Punktanalyse* wird dem Gefügebild ein Punktraster überlagert (Bild 4.18) und die Anzahl von Punkten ermittelt, die auf die Flächen der einzelnen Phasen entfallen. Der *Volumenanteil* einer Phase – beispielsweise der Phase A – ergibt sich als Verhältnis der Anzahl der Punkte N_A eines Punktrasters, die auf die Phase A entfällt, zur

Gesamtpunktzahl des Rasters N:

$$V_A = \frac{N_A}{N} \tag{4.1}$$

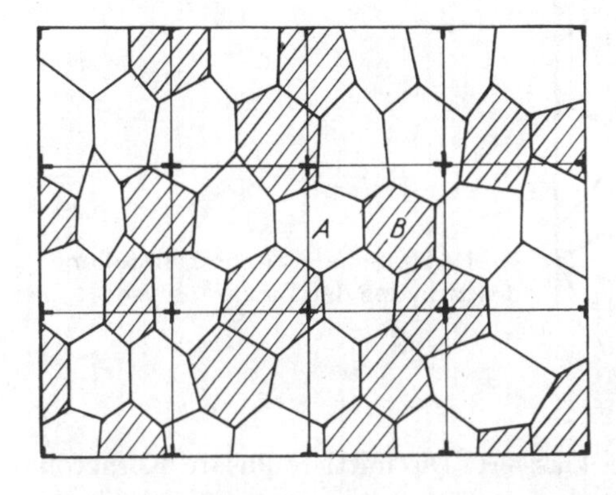

Bild 4.18. Schematische Darstellung des Prinzips der Punktanalyse

Die Punktanalyse wird bevorzugt bei mehrphasigen Gefügen, oder wenn Gefügebestandteile in besonders fein verteilter Form vorliegen, eingesetzt. Ein halbautomatisch arbeitendes elektrisches Integriergerät zeigt Bild 4.19. Auf dem Objekttisch eines Mikroskops befindet sich ein automatischer Objektführer, dessen Schrittgröße einstellbar ist. Während des Abrasterns der Schliffläche werden durch Handbedienung von einem angeschlossenen Zählgerät durch Betätigung von verschiedenen Drucktasten die Gefügemerkmale erfaßt und damit der Punkteanteil ermittelt. Bei der *Linearanalyse* wird das Gefügebild entlang einer in sie beliebig hineingelegten Meßlinie (*Rosiwal-Traverse*) mit einer Gesamtlänge L abgesucht (Bild 4.20). Die Meßlinie braucht nicht gerade zu verlaufen und kann aus mehreren Teilstücken bestehen. Die Schnittpunkte der Meßlinie mit Korn- und Phasengrenzen werden gezählt und die Sehnen der einzelnen Gefügebestandteile – im dargestellten Bild L_A und L_B – ge-

Bild 4.19. Elektrisches Integriergerät Eltinor 4 mit einem Durchlichtmikroskop

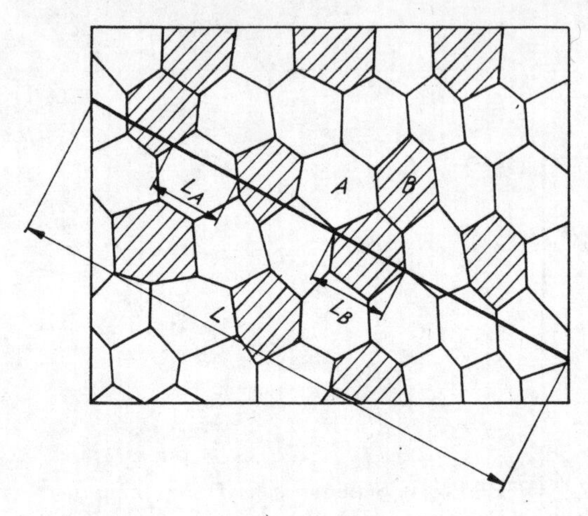

Bild 4.20. Schematische Darstellung des Prinzips der Linearanalyse

zählt, gemessen und nach Größengruppen klassiert. Die mittlere lineare Korngröße ist definiert als das arithmetische Mittel der Sehnenlängen. Sie errechnet sich für einphasige Gefüge aus dem Verhältnis der Gesamtlänge L zur Anzahl der Sehnen N:

$$\bar{L} = \frac{L}{N} \tag{4.2}$$

Bei mehrphasigen Gefügen gilt dementsprechend

$$\bar{L}_A = \frac{L_A}{N_A} \tag{4.3}$$

bzw.

$$\bar{L}_B = \frac{L_B}{N_B} \tag{4.4}$$

wobei L_A und L_B die Gesamtlänge der Sehnen der Meßlinie in den Phasen A und B und N_A, N_B die Anzahl der Sehnen, die auf die Phase A und B entfallen, bedeuten.
Da bei der Linearanalyse der *Volumenanteil* einer Phase ihrem Linearanteil entspricht, ergibt sich der Volumenanteil einer Phase (z. B. der der Phase A) am Gesamtvolumen aus dem Verhältnis der Gesamtlänge der Sehnen, die auf die Phase A entfallen, zur Gesamtlänge der Meßlinie

$$V_A = \frac{L_A}{L} \tag{4.5}$$

Mit Hilfe der Primärdaten, die aus der Linearanalyse gewonnen werden, kann auf eine große Zahl wichtiger, das Gefüge kennzeichnender Kennwerte geschlossen werden. So kann die *spezifische Korngrenzenfläche* S_{KG}, die als die Summe der Grenzflächen der Kristallite in mm^2 in einem mm^3 Werkstoffvolumen definiert ist, bei einphasigen Gefügen aus der Zahl der von L geschnittenen Korngrenzen N_{KG} bestimmt werden:

$$S_{KG} = \frac{2N_{KG}}{L} \tag{4.6}$$

Sie vermittelt eindeutige Aussagen über die räumliche Ausdehnung, d. h. den Dispersionsgrad der Gefügebestandteile.

Bei mehrphasigen Gefügen setzt sich die *spezifische Grenzfläche* S_G aus einem Korngrenzenanteil entsprechend Gl. (4.6) und einem Phasengrenzenanteil

$$S_{PG} = \frac{2N_{PG}}{L} \tag{4.7}$$

N_{PG} Zahl der Schnittpunkte der Meßlinie L mit Phasengrenzen

zusammen.

Zur Charakterisierung des räumlichen Zusammenhangs von heterogenen Phasen, z. B. Einlagerungs- und Durchdringungsgefügen, wurde von *Gurland* die *Kontinuität* C eingeführt. Sie wird definiert als das Verhältnis der spezifischen Korngrenzenfläche zur spezifischen Gesamtoberfläche einer Phase

$$C = \frac{2N_{KG}}{2N_{KG} + N_{PG}} \tag{4.8}$$

Über die *durchschnittliche Wandstärke* der sich gegenseitig durchsetzenden räumlichen Netzwerke in Durchdringungsgefügen gibt der *mittlere freie Weg* p Auskunft. Er errechnet sich zu

$$p = 2\,\frac{1 - L}{N_{PG}} \tag{4.9}$$

Die Größe p ist vor allem zur Gefügecharakterisierung von Hartmetallen und Verbundwerkstoffen von Bedeutung.

Soll eine Aussage über den Grad der Ausrichtung einzelner Gefügeanteile gemacht werden, ist dies durch Angabe des *Orientierungsgrades* möglich. Nach *Saltykov* kann er aus dem Verhältnis des orientierten Anteils der spezifischen Grenzfläche zur gesamten spezifischen Grenzfläche berechnet werden. Für ein linienhaft orientiertes Gefüge (Längsschliff) gilt

$$O_{lin} = \frac{\dfrac{N}{L_\perp} - \dfrac{N}{L_\parallel}}{\dfrac{N}{L_\perp} + 0{,}273\,\dfrac{N}{L_\parallel}} \tag{4.10}$$

und für ein flächenhaft orientiertes Gefüge (Querschliff)

$$O_{fl} = \frac{\dfrac{N}{L_\perp}\;\dfrac{N}{L_\parallel}}{\dfrac{N}{L_\perp} + \dfrac{N}{L_\parallel}} \tag{4.11}$$

Darin bedeuten $L_\perp$ und $L_\parallel$ die Gesamtlänge der senkrecht bzw. parallel der Gefügebildkante in den Körnern der Phasen ermittelten Sehnen.

Die Form von Gefügebestandteilen läßt sich mit Hilfe von *Formfaktoren* angeben. Aus der großen Zahl von Bestimmungsmöglichkeiten [4.15] soll hier als Beispiel der Formfaktor F für eine Phase A angegeben werden, der aus Bestimmungsgrößen der Linear- und der Flächenanalyse – im gegebenen Fall der Prüffläche A – ermittelt werden kann:

$$F_A = \frac{2}{3\pi} \cdot \frac{(N_{KG})^2 A}{N_A L L_A} \tag{4.12}$$

Das Prinzip der Linearanalyse findet auch bei modernen Zeilenabtastgeräten Anwendung. Anhand des vereinfachten Blockschaltbildes (Bild 4.21) sollen die grundsätzlichen Elemente eines automatischen Gefügeanalysators beschrieben werden. Als bilderzeugendes Gerät wird in der Mehrzahl ein Lichtmikroskop verwendet. Die optischen Signale des Mikroskops müssen mit Hilfe eines Signalwandlers, z. B. einer Fern-

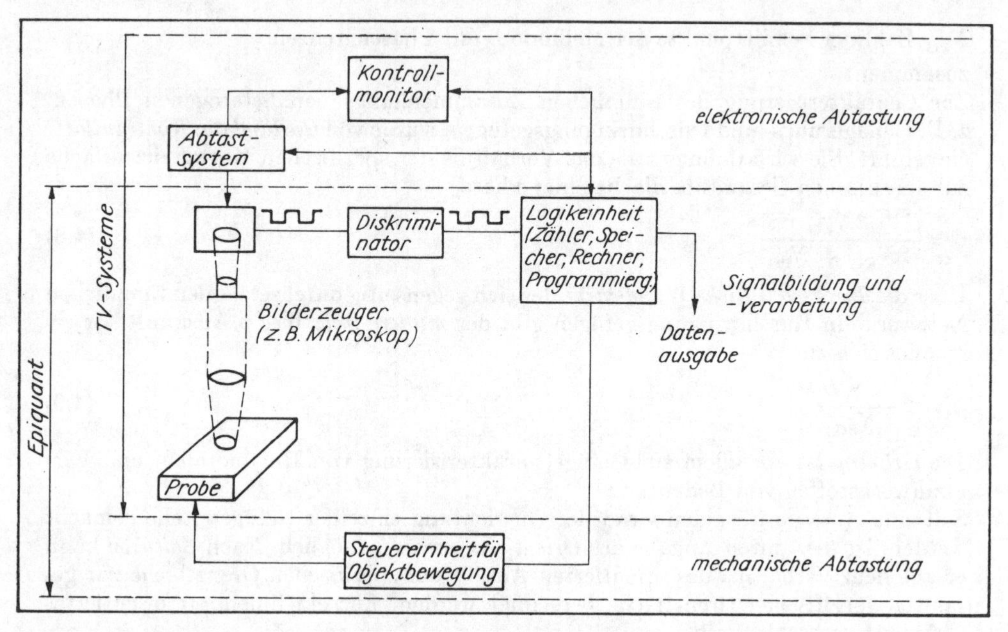

Bild 4.21. Vereinfachtes Blockschaltbild von Gefügeanalysatoren (nach [4.6])

sehkamera, in elektrische umgewandelt werden. Dabei wird das Bild in einzelne Rasterpunkte entweder auf elektronischem Wege (Fernsehprinzip, z. B. Quantimet) oder mechanisch (z. B. Epiquant) zerlegt. Die Signale werden an einen Diskriminator weitergeleitet, der anhand ihrer Impulshöhen eine Auswahl vornimmt und sie der Logikeinheit zuführt. Um der Logikeinheit eine richtige Zuordnung der Impulse zu den Gefügebestandteilen zu ermöglichen, müssen ihr außerdem die Ortskoordinaten der Gefügebestandteile zugeführt werden. Die Logikeinheit übernimmt dann die rechnergestützte Datenausgabe. In vielen Fällen ist bei Gefügeanalysatoren ein Monitor vorhanden, mit dessen Hilfe die einzelnen Einstellungen und Meßvorgänge kontrolliert und beobachtet werden können. Beim Gefügeanalysator *Epiquant* (Bild 4.22) werden die Meßdaten durch automatisches Abrastern der Proben gewonnen. Mit Hilfe einer stabilisierten Lichtquelle wird die Probe beleuchtet und das von ihr reflektierte Licht einem Fotovervielfacher zugeführt. Entlang der abgerasterten Linie erhält man von den einzelnen Gefügebestandteilen Analogsignale unterschiedlicher Amplitude und Dauer (Bild 4.23). Jeder Korn- bzw. Phasenübergang wird registriert, wobei die gemessenen Sehnenlängen auf 13 Größenklassen aufgeteilt werden können. Eine Erkennungslogik verhindert, daß Korngrenzen und Präparierfehler, z. B. Kratzer, als Kristallite einer anderen Phase gezählt werden.
Für die *automatische Bildanalyse* ist es in besonderem Maße erforderlich, daß die zu erfassenden Bildelemente Signale geben, die von dem Bildwandler als charakteristisch für ein Gefügebestandteil erkannt werden. Als Bildelemente werden solche Einzelheiten des Gefüges verstanden, die auch vom Auge getrennt erfaßt werden. Wesent-

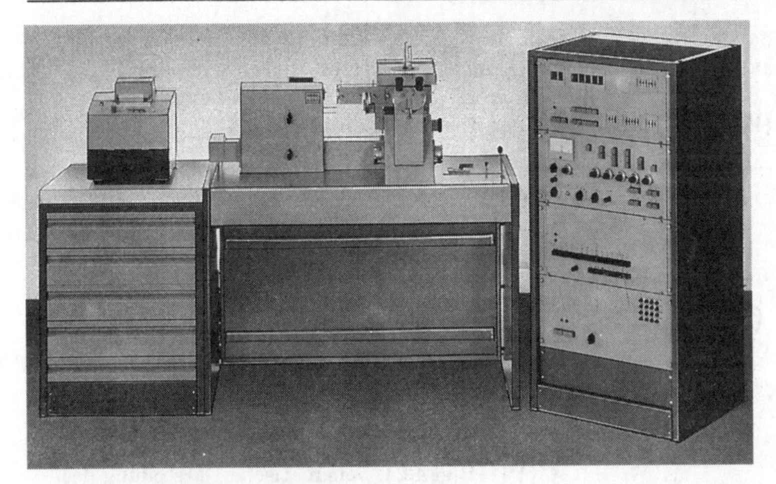

Bild 4.22. Geräteansicht Epiquant

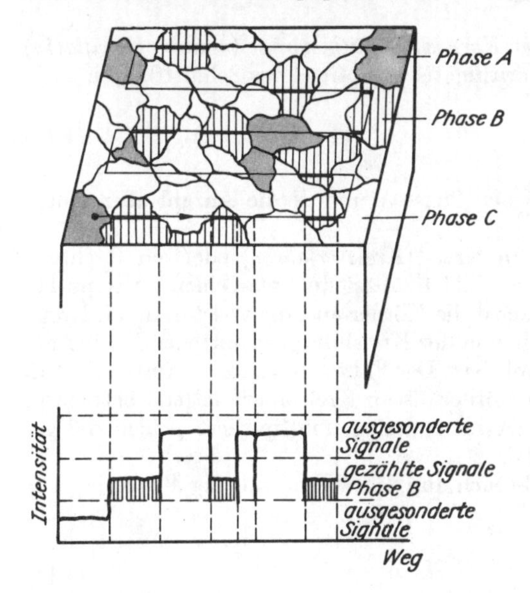

Bild 4.23. Meßprinzip des Epiquant (VEB Carl Zeiss Jena)

lich ist, daß sie sich in ihrer Helligkeit (Reflexions- und Transmissionsvermögen) vom Untergrund oder anderen Bildelementen unterscheiden, in der Helligkeit untereinander jedoch einheitlich sind.

Eine weitere Möglichkeit der quantitativen Gefügeanalyse ist durch die *Flächenanalyse* gegeben. Bei ihr werden die Schnittflächen der Gefügeelemente (z. B. der Phase A = A_A oder der Phase B = A_B) gezählt und gemessen. Die Messung der Schnittflächen ist mit Hilfe verschiedener Verfahren möglich. Häufig wird auf das Ausplanimetrieren zurückgegriffen. Man umrandet eine bestimmte Anzahl von Kristalliten längs der Korngrenze, bestimmt die umrandete Fläche mit Hilfe des Planimeters und zählt die Kristallite N innerhalb dieser Fläche aus. Bei mehrphasigen Gefügen wird vielfach vom Wägeverfahren Gebrauch gemacht. Die einzelnen Gefügebestandteile werden entlang den Phasengrenzen aus einem fotografischen Abzug ausgeschnitten und auf einer Analysenwaage gewogen. Bei gleicher Papierbeschaffenheit verhalten sich die Papiermassen wie die zugehörigen Gefügebestandteile. Schließlich ist eine Bestimmung der Schnittflächen auch über die Ermittlung flächengleicher Kreise des Durchmessers d (Bild 4.24) mit Hilfe einer über das Gefügebild geführten Vergleichs-

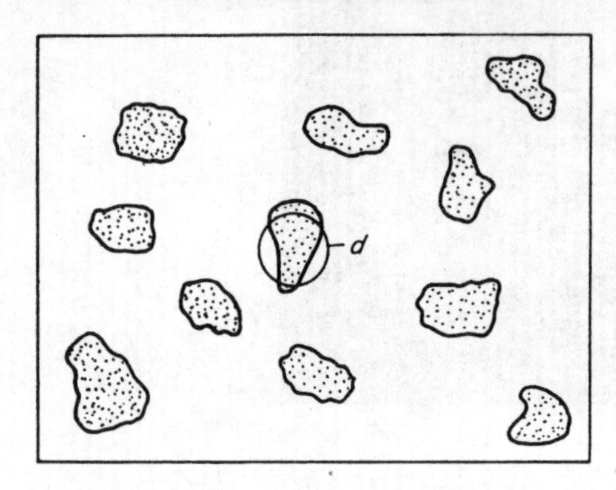

Bild 4.24. Schematische Darstellung des Meßprinzips bei der Flächenanalyse

schablone möglich. Die *durchschnittliche Kornschnittflächengröße* (*mittlere Kornfläche*) einer Phase A errechnet sich aus dem arithmetischen Mittel der Schnittflächen

$$\bar{A}_A = \frac{A_A}{N} \tag{4.13}$$

Darin bedeuten A_A die Gesamtfläche der Phase A und N die Anzahl aller Kornschnittflächen in der Prüffläche.
Die Form der Prüffläche ist häufig ein Kreis (*Kreisverfahren*) oder ein Rechteck (*Rechteckverfahren*). Beim Kreisverfahren (Bild 4.25) zeichnet man einen Kreis mit bekanntem Flächeninhalt und zählt zunächst die Körner aus, die vollständig im Kreisinnern liegen. Anschließend werden alle von der Kreislinie geschnittenen Körner gezählt und mit einem Faktor 0,67 multipliziert. Der Faktor bringt zum Ausdruck, daß ein Anteil von 67% der geschnittenen Körner als im Kreisinnern liegend betrachtet wird. Beim Rechteckverfahren verfährt man analog, multipliziert jedoch die geschnittenen Körner mit dem Faktor 0,5.
Der *Volumenanteil* einer Phase A ergibt sich aus dem Verhältnis der Fläche A_A zur Gesamtfläche.

$$V_A = \frac{A_A}{A} \tag{4.14}$$

Die Flächenanalyse hat gegenüber den beiden erstgenannten Verfahren den Nachteil, daß sie nur in begrenztem Maß mechanisiert oder automatisiert werden kann. Demzufolge ist der Zeitaufwand zur Gewinnung von Primärdaten relativ hoch.
Für Reihenuntersuchungen, wie sie in Betriebslaboratorien häufig durchzuführen sind, ist die Bestimmung von Korngröße und Volumenanteilen nach den aufgeführten Verfahren zu aufwendig und in vielen Fällen auch nicht notwendig. Hier bedient man sich der *Gefügerichtreihen*, wobei die Probe mit einer Anzahl ähnlicher, schematischer Gefügebilder verglichen wird. Diese Gefügebilder sind hinsichtlich bestimmter Gefügemerkmale, z. B. der Korngröße oder der Form von Einschlüssen, klassiert. Mittels einer Mikroskopzusatzeinrichtung, dem *Richtreihenansatz*, ist es möglich, die Richtreihe und das Gefüge der Probe gleichzeitig im Sehfeld des Okulars sichtbar zu

machen (Bild 4.26). Die mit Hilfe von Richtreihen mögliche Klassifikation ist subjektiv und setzt daher einen geübten Betrachter voraus.

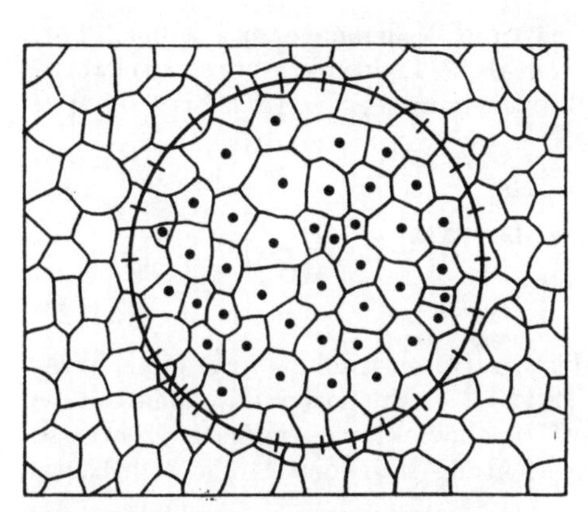

Bild 4.25. Bestimmung der mittleren Kornfläche nach dem Kreisverfahren

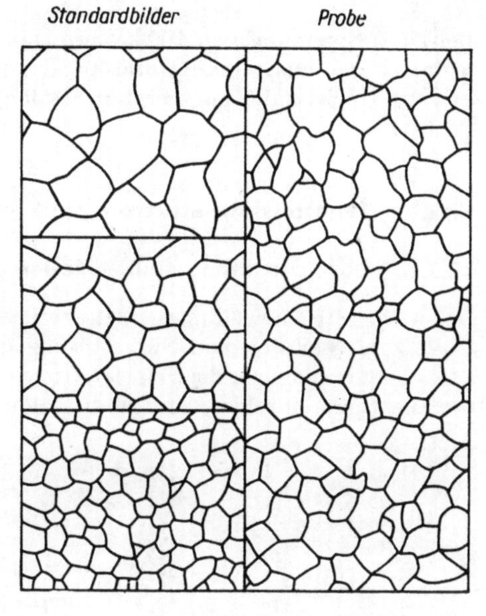

Bild 4.26. Korngrößenbestimmung mit Hilfe von Gefügerichtreihen

4.2. Elektronenmikroskopische Verfahren

4.2.1. Wirkungsweise von Elektronenmikroskopen

Das Auflösungsvermögen des Lichtmikroskops ist durch die Wellenlänge des sichtbaren Lichtes begrenzt. Eine wesentlich höhere Auflösung ist mit *Elektronenmikroskopen* zu erreichen, die für die Abbildung mikroskopischer und submikroskopischer Objekte die Wellennatur von schnell bewegten Elektronen ausnutzen.
Die Wellenlänge λ der Materiewelle läßt sich nach der Beziehung von *de Broglie* zu

$$\lambda = \frac{h}{mv} \tag{4.15}$$

h Plancksches Wirkungsquantum
m Masse des Teilchens
v Geschwindigkeit des Teilchens

errechnen. In ihrem prinzipiellen Aufbau haben das Licht- und das Elektronenmikroskop viele Gemeinsamkeiten. Den im Lichtmikroskop verwendeten Glaslinsen entsprechen im Elektronenmikroskop *elektrische* oder *magnetische* Linsen; der Mattscheibe entspricht ein Leuchtschirm. Die zur Abbildung erforderlichen Elektronen werden von einer Glühkatode emittiert und durch ein elektrisches Potential beschleunigt. Die Höhe der angelegten Spannung U (V) bestimmt die Geschwindigkeit und damit die Wellenlänge λ (nm) der Elektronen. Es gilt näherungsweise

$$\lambda = \left(\frac{150}{U}\right)^{1/2} \tag{4.16}$$

Bei einer Spannung von 100 kV errechnet sich die Wellenlänge zu $\lambda = 0{,}0039$ nm, so daß ein weitaus besseres Auflösungsvermögen als bei Lichtmikroskopen zu erwarten ist. Mit Höchstauflösungsgeräten werden Punkttrennungen von 0,2 bis 0,3 nm erreicht.

4.2.2. Transmissionselektronenmikroskopie (TEM)

4.2.2.1. Durchstrahlung dünner Folien

Das wichtigste Anwendungsgebiet der TEM ist die Durchstrahlung kristalliner Werkstoffe zum Nachweis von Gitterstörungen (Bild 4.27). Mit hochauflösenden Geräten ist es bereits möglich, die Feinstruktur von Kristalldefekten oder Phasengrenzen sowie die Spur einzelner, in Durchstrahlungsrichtung liegender Atome sichtbar zu

Bild 4.27. Elektronenoptische Abbildung von Versetzungen an einem zugverformten Molybdäneinkristall (nach [4.18])

machen. Wegen der starken Absorption der Elektronen in Festkörpern erfordert die direkte Durchstrahlung die Herstellung dünner Folien, deren Dicke von der Ordnungszahl des untersuchten Werkstoffs und von der Beschleunigungsspannung abhängig ist. Derartige Folien können als Niederschlag von Metallen aus der Gasphase oder aus kompakten Werkstoffen durch chemisches oder elektrochemisches Abdünnen und Polieren hergestellt werden. Wie bereits in Abschnitt 4.1.1.3. beschrieben, sind dazu spezielle Elektrolyte zu verwenden und optimale Stromdichte-Potential-Bedingungen einzuhalten.

Bei der *Folienpräparation* geht man von Proben mit einer Dicke von 0,1 bis 1 mm aus. Sie müssen so vorsichtig aus dem zu untersuchenden Werkstoff entnommen werden, daß keine Werkstoffveränderungen eintreten. Für harte Werkstoffe empfiehlt sich der Gebrauch einer Trennscheibe, bei weicheren müssen die Proben mit einer Säuresäge herauspräpariert werden. An die Probennahme schließt sich ein Vordünnen an. Häufig wird dies mit Hilfe von Schleifpapier vorgenommen, wobei aber, wie bereits erwähnt, eine Bearbeitungsschicht entsteht. Diese Schicht ist zu vermeiden, wenn das Abdünnen chemisch oder elektrochemisch geschieht. Angestrebt werden beiderseits muldenförmig gestaltete Proben, die durch dünne Elektrolytstrahlen zu erreichen sind.

Nach dem Vordünnen erfolgt das *Dünnpolieren*, wobei der Polierprozeß so gelenkt wird, daß die Folien mindestens an einer Stelle durchlöchert werden. Die in der Nähe der Löcher gelegenen, meist schwach keilförmigen Bereiche sind im allgemeinen ausreichend dünn und einer Durchstrahlung zugänglich. Ein einfaches und häufig angewendetes Dünnpolierverfahren ist die *Fenstermethode*. Ein an den Kanten und an der Anschlußklemme mit Isolierlack versehenes Blech wird als Anode geschaltet. Auf dieser vertikal angeordneten Anode entstehen während des Poliervorgangs Schichten, die unter der Einwirkung der Schwerkraft nach unten sinken, wodurch an der oberen Probenhälfte der Elektrolyt bevorzugt abtragen kann. Sobald Löcher entstehen, wird die Probe umgedreht, neu lackiert und die Behandlung fortgesetzt, bis dünne Stege oder Halbinseln entstehen.
Zur Präparation von Halbleitern sowie polymeren und keramischen Werkstoffen wird das chemische Dünnen angewendet. Aus einem erhöht angebrachten Vorratsgefäß tropft das Ätz- bzw. Poliermittel so auf die Probe, daß nur der zu polierende Teil benetzt wird. Folien aus polymeren teilkristallinen Werkstoffen lassen sich auch durch Auskristallisation aus einer flüssigen Lösung auf einer Trägerfolie herstellen.
Massive Objekte können durch Ionenbeschuß abgedünnt und perforiert werden. Dieses Verfahren wurde mit Erfolg bei Aluminium und Silizium benutzt; es ist aber recht zeitaufwendig. Spaltbare oder in Schichtstruktur vorkommende Kristalle (z. B. Graphit) lassen sich durch geeignetes Spalten oder Zerkleinern zu dünnen, durchstrahlbaren Folien präparieren.

4.2.2.2. Abdruckmethode

Das Anfertigen von *Oberflächenabdrucken* ist dann erforderlich, wenn eine Schicht wegen ihrer großen Dicke nicht durchstrahlbar ist oder Oberflächenstrukturen untersucht werden sollen, die bei direkter Durchstrahlung nur einen geringen Bildkontrast geben. Zur Abbildung der Oberfläche wird ein Schliff entsprechend Abschnitt 4.1.1. vorbereitet und ein Abdruck hergestellt, der das Oberflächenrelief hinreichend gut wiedergibt und ausreichend durchstrahlbar ist. Der Abdruckfilm soll selbst weitgehend strukturlos sein und sich zerstörungsfrei von der Oberfläche abheben lassen. Nach der Methode der Herstellung sind Oxid-, Lack- und Aufdampfabdrucke zu unterscheiden.
Die Methode der *Oxidabdrucke* läßt sich nur bei solchen Metallen anwenden, die geeignete Oxidschichten bilden (z. B. Aluminium). Die Oxidschicht kann sowohl durch anodische Oxydation als auch bei höheren Temperaturen in oxydierenden Medien (Ofenatmosphäre, Salzschmelzen) erzeugt werden. Die Ablösung des Oxidfilms geschieht mit geeigneten Lösungen, die zwischen Oxidschicht und Objektoberfläche eindringen. Die auf diese Weise hergestellten Abdrucke haben eine verhältnismäßig gleichmäßige Dicke (Bild 4.28a).
Mit Hilfe der *Lackabdruckmethode* wird von der zu untersuchenden Oberfläche ein Negativabdruck angefertigt. Lösungen organischer Substanzen, wie Zaponlack oder Movital, werden auf die Oberfläche aufgetragen. Nach dem Verdunsten des Lösungsmittels bleibt ein fester Abdruckfilm zurück, der das Oberflächenrelief nachbildet (Bild 4.28b). Obwohl in einigen Fällen die Ablösung des Abdrucks mechanisch vorgenommen werden kann, sind im allgemeinen physikalische Flotation, chemische oder elektrochemische Methoden erforderlich, um Probe und Präparat voneinander zu trennen. Dabei ist zu beachten, daß die Lackschicht vom verwendeten Elektrolyten nicht angegriffen werden darf. Um das Eindringen des Elektrolyten unter die Lackschicht zu erleichtern, ist es nützlich, die Schicht ritzend in Quadrate von der Größe

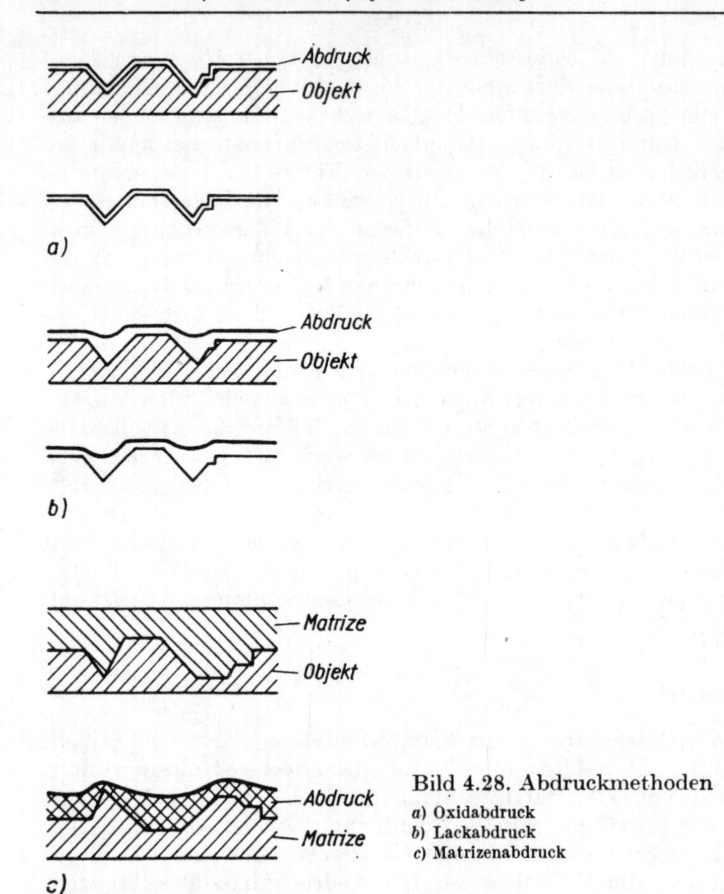

Bild 4.28. Abdruckmethoden
a) Oxidabdruck
b) Lackabdruck
c) Matrizenabdruck

der Objektträger (etwa 4 × 4 mm²) zu zerteilen. Die Abdruckfolien werden gewaschen und auf Objektträger aufgefangen.
Da die Präparatauflösung der Lackabdrucke relativ gering ist, sind sie zunehmend durch *Aufdampfabdrucke* verdrängt worden. Auf Grund der nicht zu vermeidenden Eigenstruktur der Metalle sowie ihrer nach dem Aufdampfen gegebenen Sprödigkeit werden Metall- oder Oxid-Aufdampfschichten nur noch selten zur Abdruckherstellung benutzt. Wesentlich geeigneter sind Kohlefilme in Kombination mit Schwermetallen (Platin). Eine sich durch Sammelrekristallisation ausbildende feine Eigenstruktur dieser Kohlenstoff-Platin-Schichten wirkt bereits kontrastbildend. Zur Steigerung des Bildkontrasts wird allgemein eine *Schrägbedampfung* unter geeignetem Winkel angewandt. Diese Abdruckherstellung ist unkompliziert, weil die Kohleschicht leicht durch Säuren von der Unterlage abgelöst werden kann.
Von rauhen und porösen Oberflächen ist die Herstellung eines Abdrucks schwieriger, da die Aufdampfschicht bei der Ablösung leicht zerreißt.
In solchen Fällen haben sich zwei- oder mehrstufige Abdruckverfahren (*Matrizentechnik*) bewährt. Im einfachsten Fall wird von der Probenoberfläche eine Matrize angefertigt, die ein Negativ des Oberflächenreliefs darstellt. Als Matrizenmaterial sind organische Substanzen, die als konzentrierte Lösung aufgebracht oder durch ein Lösungsmittel nur oberflächlich angelöst werden, geeignet.

Die Reliefseite der Matrize wird mit einem Abdruckfilm (Lack-, Aufdampfabdruck) versehen und anschließend die Matrizenschicht weggelöst (Bild 4.28c). Während mit Lackabdrucken ein laterales Präparatauflösungsvermögen von etwa 100 nm erreichbar ist, sind bei Kohle-Platin-Schichten Linientrennungen von weniger als 5 nm und eine Tiefenerkennbarkeit von etwa 1,5 nm möglich.

4.2.3. Rasterelektronenmikroskopie (REM)

Zur direkten mikroskopischen Untersuchung von Werkstoffoberflächen wird immer häufiger das *Rasterelektronenmikroskop* angewendet. Der Vorteil dieses Geräts besteht vor allem in der mit Lichtmikroskopen nicht zu erreichenden Schärfentiefe. In der Werkstoffprüfung wird das REM deshalb häufig zur Abbildung von Bruchflächen oder korrodierten Oberflächen eingesetzt. Weitere Anwendung findet es in der Mikroelektronik, da Ladungsverteilungen mit hoher Auflösung abgebildet und Schaltvorgänge mikroskopisch verfolgt werden können. Der Aufbau und die Wirkungsweise eines Rasterelektronenmikroskops sollen anhand des in Bild 4.29 dargestellten Blockschemas erläutert werden.

Von einer auf 2500 bis 3000 K aufgeheizten Haarnadelglühkatode werden Elektronen emittiert, in einem Potentialgefälle von 1 bis 50 keV beschleunigt und mit Hilfe von zwei elektromagnetischen Linsen auf einen Durchmesser von etwa 50 nm fokussiert. Mit Ablenkspulen wird der Strahl rasterförmig über die Probe geführt, wo er mit den Atomen in der Probe in Wechselwirkung tritt. Dabei werden die einfallenden Elek-

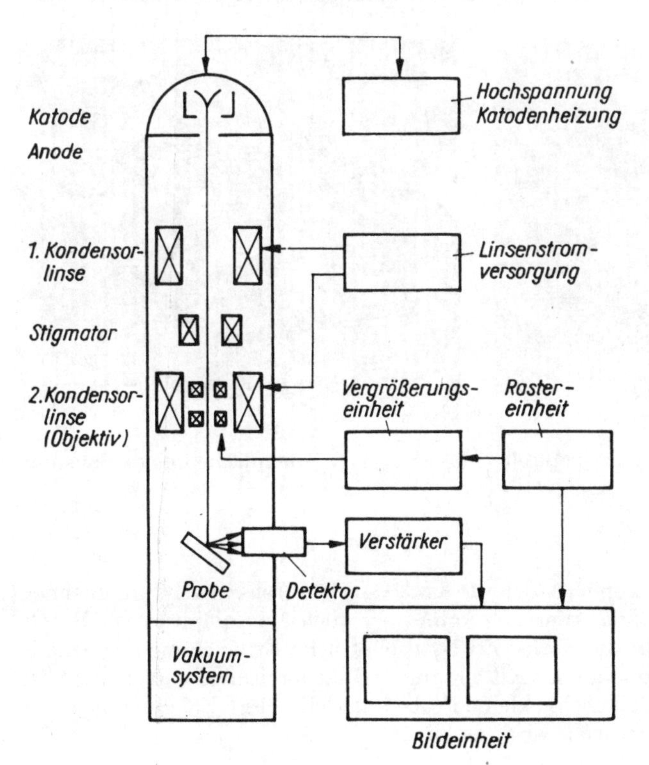

Bild 4.29. Blockschema eines Rasterelektronenmikroskops (nach [4.19])

tronen elastisch und inelastisch gestreut und erzeugen außerdem Röntgenstrahlen, Lichtstrahlen sowie Sekundärelektronen (s. Bild 3.14). Die durch Wechselwirkung zwischen Elektronen und Objekt entstehenden Signale und deren Intensität werden einem Detektor zugeführt und gelangen dann in einen Fotomultiplier, dessen verstärktes Ausgangssignal die Intensität eines Katodenstrahles steuert. Die Ablenkung auf dem Schirm der Katodenstrahlröhre ist mit der Abrasterung der Probe durch den Elektronenstrahl synchronisiert, so daß das aus 500 bis 1000 Zeilen bestehende Bild Punkt für Punkt der abgerasterten Probenoberfläche entspricht. Der Vergrößerungsmaßstab ergibt sich aus dem Verhältnis der Bildschirmgröße zur abgerasterten Fläche. Die kleinste Vergrößerung ist etwa 15fach, die höchste noch sinnvolle etwa 50000fach. Wegen ihrer geringen Energie (30 eV) werden die *Sekundärelektronen* im wesentlichen absorbiert. Sie kommen aus einem Bereich dicht unter der Oberfläche und führen zur höchsten Auflösung (bis 5 nm). Wichtige Informationen enthält auch das Signal der *Rückstreuelektronen*. Sie kommen bei massiven Werkstoffen aus Objekttiefen bis zu 10 μm und ermöglichen die Wiedergabe der Topographie sowie den Nachweis von Ordnungszahlunterschieden. Die Röntgensignale werden zur Analyse der chemischen Zusammensetzung in μm-Bereichen (Mikrosonde, s. Abschnitt 3.3.3.) benutzt.
Das REM ist das wichtigste Hilfsmittel für die Untersuchung von Werkstoffschädigungen (Bruch, Verschleiß, Korrosion) und die Aufklärung von Schadensfällen. Von besonderer Bedeutung ist dabei die rasterelektronenmikroskopische Bruchflächenanalyse.
Die als Fraktografie bezeichnete Betrachtung der Form und Lage, des Glanzes sowie weiterer Besonderheiten einer Bruchfläche wurde zuerst durch die Abdruckmethode (Abschnitt 4.2.2.2.) und danach durch den Einsatz des REM zur qualitativen Mikrofraktografie weiterentwickelt (Bild 4.30). In Verbindung mit einer Mikrosonde, der

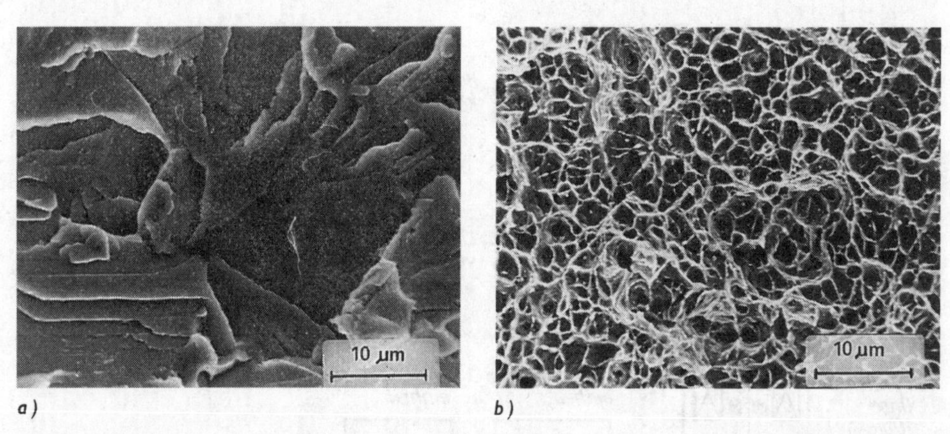

Bild 4.30. Rasterelektronenmikroskopische Aufnahme von Bruchflächen eines Baustahls
a) Spaltbruch
b) Wabenbruch

Auger-Elektronen-Spektroskopie (Abschnitt 3.3.3.) sowie durch Anwendung rechnergestützter Methoden zur Bildauswertung kann aber auch eine quantitative Bruchflächenanalyse erfolgen. Für die werkstoffwissenschaftliche Erforschung der Schädigungsmechanismen, insbesondere der Rißbildung und -ausbreitung, sind sog. in-situ-Verformungsversuche, bei denen eine kleine Probe innerhalb des REM einer mechanischen Beanspruchung unterworfen wird, möglich.

Literaturhinweise

[4.1] Einführung in die Werkstoffwissenschaft. (Hrsg.: *Schatt, W.*). 5. Aufl. Leipzig: VEB Deutscher Verlag für Grundstoffindustrie 1984
[4.2] *Schumann, H.:* Metallographie. 11. Aufl. Leipzig: VEB Deutscher Verlag für Grundstoffindustrie 1983
[4.3] *Jähnig, W.:* Metallographie der Gußlegierungen. Leipzig: VEB Deutscher Verlag für Grundstoffindustrie 1976
[4.4] *Beckert, M.; Klemm, H.:* Handbuch der metallographischen Ätzverfahren. 3. Aufl. Leipzig: VEB Deutscher Verlag für Grundstoffindustrie 1976
[4.5] Handbuch der Mikroskopie. (Hrsg.: *Beyer, H.*). Berlin: VEB Verlag Technik 1973
[4.6] *Saltykov, S. A.:* Stereometrische Metallographie. Leipzig: VEB Deutscher Verlag für Grundstoffindustrie 1974
[4.7] Pulvermetallurgie, Sinter- und Verbundwerkstoffe. (Hrsg.: *Schatt, W.*). Leipzig: VEB Deutscher Verlag für Grundstoffindustrie 1979

Quellennachweise

[4.8] *Hauffe, W.:* Ionenätzung – Grundlagen und Anwendung. Vortrag auf der Jahreshaupttagung der Physikalischen Gesellschaft der DDR, 1979
[4.9] *Hauffe, W.:* Development of the Surface Topography on Polycrystalline Metals by Ion Bombardement Investigated by Scanning Electron Microscopy. phys. stat. sol. (a) 4 (1971) 111
[4.10] *Beraha, E.:* Farbätzung von rostfreiem Stahl, korrosions- und hitzebeständigen Legierungen. Prakt. Metallographie 8 (1968) S. 443
[4.11] *Exner, H. E.:* Europeen Instruments for Quantitative Image Analysis in Stereologie and Quantitative Metallographie. ASTM STP 504 (1972) S. 95–107
[4.12] *Exner, H. E.:* Quantitative Metallographie – Statistische Grundlagen und Verteilungsanalyse. In: Neuere metallkundliche Untersuchungsverfahren. Düsseldorf: Verlag Stahleisen 1970
[4.13] *Ondracek, G.:* Quantitative microstructural analysis, stereologie and properties of materials. In: Sonderbände der Praktischen Metallographie. Bd. 8. Analyse Quantitative of Microstructures (1978) S. 103–115
[4.14] *Ondracek, G.:* Zum Zusammenhang zwischen Eigenschaften und Gefügestruktur mehrphasiger Werkstoffe. Z. Werkstofftechnik 8 (1977) S. 240–246; S. 280–287
[4.15] *Fischmeister, H.:* Characterization of porons structures by stereological measurements. Powder Metallurgy International 7 (1975) S. 178–188
[4.16] *Schaefer, K.:* Aufbau und Einsatz des Quantimet-Elektronenrechners in der quantitativen Bildanalyse. In: Praktische Metallographie, Sonderheft 1. Stuttgart: Riederer 1970, S. 6–13
[4.17] *Hornbogen, E.; Warlimont, W.; Ricker, T.:* Metallkunde. Berlin: Springer-Verlag 1967
[4.18] *Luft, A.*; *Brenner, B.*; *Ritschel, Ch.*: Kristall und Technik 14 (1979) S. 1293–1297
[4.19] *Engel, L.; Klingele, H.:* Rasterelektronenmikroskopische Untersuchungen von Metallschäden. Köln: Gerling Inst. für Schadenforschung und Schadenverhütung 1974
[4.20] De ferri Metallographia, V. Düsseldorf: Verlag Stahleisen 1979

Standards

TGL 12827 Prüfung metallischer Werkstoffe; Metallographische Bestimmung der Korngröße
TGL 12829 Metallographische Bestimmung der nichtmetallischen Einschlüsse im Wälzlagerstahl
TGL 15477 Prüfung metallischer Werkstoffe; Metallographische Bestimmung des Gefüges von Gußwerkstoffen auf Eisen-Kohlenstoff-Basis
TGL 39507 Prüfung von Stahl, Verfahren zur Prüfung und Beurteilung der Makrostruktur

5. Korrosionsprüfung

5.1. Korrosionserscheinungen und -vorgänge

Korrosion ist eine von der Oberfläche ausgehende, unbeabsichtigte Zerstörung von Werkstoffen durch chemische oder elektrochemische Reaktion mit der Umgebung. Außer durch die Beeinträchtigung der Funktion der korrodierten Anlage oder des Bauteils kann ein Korrosionsschaden auch durch Verunreinigung des Umgebungsmediums bzw. des in der Anlage hergestellten Erzeugnisses mit Korrosionsprodukten auftreten. Die Kosten des unmittelbaren Materialverlustes, die Folgeschäden (z. B. durch Produktionsausfälle) und die Aufwendungen für den Korrosionsschutz steigen in allen Industrieländern stark an, was auf die zunehmende Emission von Schadstoffen, wie Schwefeldioxid und aggressive Stäube, die Erhöhung der Prozeßtemperaturen und gegebenenfalls auch der mechanischen Beanspruchung zurückzuführen ist. Unter diesen Bedingungen kommt der *Korrosionsprüfung* eine ständig steigende Bedeutung zu.
Die wichtigsten *Erscheinungsformen der Korrosion* sind

- der *ebenmäßige Angriff* (»Flächenkorrosion«), der zu einem gleichförmigen Dickenverlust von Bauteilen führt
- der ungleichförmige Angriff in Form der *Lochkorrosion* (*Lochfraß*) oder der Narbenbildung
- die auf der Wirkung von Korrosionselementen beruhende *selektive Korrosion* (Herauslösung bestimmter Gefügebestandteile) und die *Kontaktkorrosion* (bevorzugter Angriff des unedleren Metalls bei Werkstoffpaarungen)
- die *interkristalline Korrosion* (*IK*), bei der der Angriff entlang den Korngrenzen in das Metallinnere eindringt

Bei gleichzeitigem Einwirken von einer Zugspannung und einem aggressiven Medium kann *Spannungsrißkorrosion* mit inter- oder transkristallinem Verlauf und bei Überlagerung der Korrosion durch eine schwingende Beanspruchung (Abschnitt 2.1.2.) *Schwingungsrißkorrosion* eintreten.
Die in den meisten praktisch vorkommenden Korrosionsmedien, wie natürlichen und technischen Wässern, Salzlösungen, Säuren und Basen, aber auch die an der Atmosphäre stattfindenden Korrosionsprozesse sind elektrolytische Vorgänge. Am wichtigsten ist die in neutralen bis alkalischen Lösungen sowie auch in den an der Atmosphäre auf Metalloberflächen gebildeten Flüssigkeitsfilmen bevorzugt ablaufende Korrosion unter Sauerstoffverbrauch (*Sauerstoffkorrosion*), die sich für Eisen folgendermaßen formulieren läßt:

$$Fe \rightarrow Fe^{++} + 2e \qquad (5.1)$$

anodische Teilreaktion, Metallauflösung

$$^1/_2\, O_2 + H_2O + 2e \rightarrow 2\,OH^- \qquad (5.2)$$

katodische Teilreaktion, Sauerstoffreduktion

$$Fe + {}^1/_2\, O_2 + H_2O \rightarrow Fe(OH)_2 \qquad (5.3)$$

Bruttoreaktion

Aus dem nach Gl. (5.3) gebildeten $Fe(OH)_2$ entsteht durch weitere Reaktion mit Sauerstoff und Wasserabspaltung FeOOH, das den Hauptbestandteil des *Rostes* darstellt. Rost enthält außerdem je nach dem Entstehungsort wechselnde Mengen von hydratisierten Eisenoxiden (Fe_3O_4, Fe_2O_3) sowie infolge Reaktion mit den Schadstoffen der Umgebung Sulfate und Chloride.
In sauren und sauerstofffreien Lösungen findet vorzugsweise Korrosion unter Wasserstoffentwicklung (*Säurekorrosion*) statt:

$$Fe \rightarrow Fe^{++} + 2e \qquad (5.1)$$

anodische Metallauflösung

$$2\,H^+ + 2e \rightarrow H_2 \qquad (5.4)$$

katodische Wasserstoffentwicklung

$$Fe + 2\,H^+ \rightarrow Fe^{++} + H_2 \qquad (5.5)$$

Bruttoreaktion

Voraussetzung für den Ablauf der eigentlichen Korrosionsreaktion nach Gl. (5.1) ist, daß die dabei freigesetzten Elektronen bei der katodischen Reduktion von Sauerstoff, von Wasserstoffionen oder anderen reduzierbaren Stoffen (Oxydationsmitteln) verbraucht werden. Während die Teilreaktionen gewöhnlich im außenstromlosen Zustand gleichzeitig an ein und derselben Metallprobe ablaufen, ist bei der Kontaktkorrosion sowie bei Vorgabe einer äußeren Spannung in einer geeigneten Elektrolysezelle auch ein örtlich getrennter Ablauf der Teilreaktionen möglich, was bei den elektrochemischen Prüfverfahren genutzt wird. In trockenen heißen Gasen, d. h. bei der *Hochtemperaturkorrosion*, laufen vorzugsweise chemische Reaktionen ab. Am bekanntesten ist die *Zunderung*, die in oxydierenden Gasen bei hohen Temperaturen zur Bildung fester, weitgehend porenfreier Oxidschichten führt.

5.2. Ziel und Aussage von Korrosionsprüfungen

Bei der Auswahl von *Korrosionsschutzverfahren* und der Optimierung des Werkstoffeinsatzes kommt der Korrosionsprüfung besondere Bedeutung zu. Ihr Ziel besteht außerdem in dem rechtzeitigen Erkennen von Schadensursachen und damit in der Verhinderung bzw. Einschränkung von Korrosionsschäden.
Bei der Werkstoffauswahl wird die Beständigkeit eines Werkstoffs in den für den praktischen Einsatz vorgesehenen Medien vorzugsweise unter Einsatzbedingungen (Abschnitt 5.4.) untersucht. Zur Qualitätsprüfung, d. h. zur Kontrolle des für den Einsatzzweck am besten geeigneten Werkstoffzustands, werden dagegen meist Korrosionsprüfungen in definierten bzw. standardisierten Prüfmedien durchgeführt.

Die Aufklärung eines Korrosionsschadensfalls erfordert neben der Untersuchung der am Werkstoff und/oder am Medium aufgetretenen Veränderungen bzw. Abweichungen von den vorgesehenen Eigenschaften häufig gezielte individuelle Korrosionsprüfungen zur Bestätigung der erarbeiteten Schadenshypothese. Darüber hinaus werden Korrosionsversuche zur Aufklärung der grundlegenden Mechanismen der Korrosion metallischer und nichtmetallischer Werkstoffe eingesetzt.
Die Art und Geschwindigkeit der Korrosionsvorgänge hängt von den Eigenschaften des Korrosionssystems ab, das vom Werkstoff und dem angreifenden Medium gebildet wird. Außer den Korrosionsbedingungen, wie Temperatur, Strömungsgeschwindigkeit, Druck, Strahlung usw., bestimmen vor allem die Werkstoffeigenschaften, wie chemische Zusammensetzung, Gefüge- und Oberflächenzustand, sowie die Eigenschaften des Korrosionsmediums (seine chemische Zusammensetzung einschließlich der Konzentration an gelösten Gasen oder besonderen Zusätzen) den Ablauf der Korrosionsvorgänge. Wegen der großen Zahl der Einflußgrößen kann es keine allgemeine und verbindliche Anwendbarkeit bestimmter Korrosionsprüfungen und noch weniger eine Universalmethode geben. Für alle Prüfarten ist jedoch zu fordern, daß die Prüfbedingungen denen des späteren Einsatzes möglichst nahe kommen. Da die Einflußfaktoren der Korrosion je nach der angewandten Prüf- bzw. Versuchsart ein unterschiedliches Gewicht erhalten können, wird auch das Versuchsergebnis und damit die Beurteilung des Korrosionsverhaltens dementsprechend unterschiedlich ausfallen. Zur gezielten und richtigen Anwendung der Korrosionsprüfung ist daher die Kenntnis der Anwendungsgrenzen und der Aussagefähigkeit der einzelnen Prüfungen erforderlich.

5.3. Prüfmethodik und Versuchsauswertung

5.3.1. Prüfungsarten

Bei der *Korrosionsprüfung unter Einsatzbedingungen* wird der Versuch unmittelbar im gegebenen Medium (z. B. im Einsatzklima, in Gewässern oder Produktionsanlagen) durchgeführt. Über die auf den Korrosionsvorgang einwirkenden Faktoren sowie über das Verhalten unter veränderten Bedingungen können jedoch dabei im allgemeinen keine Aussagen gemacht werden. Außerdem sind solche Prüfungen, besonders bei relativ korrosionsbeständigen Werkstoffen, sehr zeitaufwendig.
Bei der *Korrosionsprüfung unter Laboratoriumsbedingungen* wird der Korrosionsversuch unter definierten – meist künstlich geschaffenen – Bedingungen durchgeführt (z. B. im Prüfklima bzw. Prüfmedium).

5.3.2. Versuchsarten

Die Korrosionsprüfung besteht aus dem Korrosionsversuch und seiner Auswertung. Dabei ist die Anwendung von Versuchsarten mit unterschiedlichem Zeitaufwand möglich. Die Prüfung unter Einsatzbedingungen erfolgt im allgemeinen als *Langzeitkorrosionsversuch*. Darunter wird ein Versuch unter praxisnahen Bedingungen verstanden, dessen Dauer so bemessen ist, daß mit hoher Sicherheit z. B. die Dauer der Wirksamkeit eines Korrosionsschutzes vorausgesagt werden kann.

Unter Laboratoriumsbedingungen werden meist Kurzzeitkorrosionsversuche durchgeführt, bei denen die Versuchsbedingungen gegenüber der Praxis quantitativ verschärft sind. Damit kann die Beständigkeit verschiedener Werkstoffe oder Schutzschichten verglichen werden. Die quantitative Verschärfung besteht in einer Erhöhung der Temperatur oder der Konzentration des Korrosionsmediums bzw. seiner aggressiven Komponente. Außerdem ist eine anodische Polarisation der Probe möglich. Die Verschärfung darf jedoch nicht zu einer Änderung des Korrosionsmediums führen. Bei den vorzugsweise zur Qualitätsüberwachung eingesetzten *Schnellkorrosionsversuchen* wird statt des in der Praxis wirkenden Korrosionsmechanismus ein wesentlich schneller wirkendes Prüfmedium anderer Zusammensetzung verwendet. Damit ist im allgemeinen eine qualitative Änderung des Korrosionsvorgangs verbunden, die die Aussagefähigkeit der Schnellversuche stark einschränkt.
Bei Langzeit- und Kurzzeitversuchen sind die Bedingungen so zu wählen, daß die wesentlichen der im praktischen Einsatz zu erwartenden Beanspruchungen berücksichtigt werden. Im Laboratorium können auch verschiedene Kurzzeitversuche mit Teilbeanspruchungen oder zyklischen Kombinationen durchgeführt und damit die Aussagemöglichkeiten der Prüfung erweitert werden.
Zur Erfassung des zeitlichen Verlaufs des Angriffs sollen die Zeitpunkte der Auswertung vorzugsweise einer geometrischen Reihe, z. B. 1, 2, 4 und 8 Tagen, entsprechen. Für jeden Zeitpunkt sind von Versuchsbeginn an mindestens 3 Proben zu beanspruchen. Die Weiterverwendung von geprüften Proben ist nur dann zulässig, wenn durch die Versuchsunterbrechung und die Art der Auswertung mit Sicherheit keine Veränderung der Proben erfolgt. Sie ist nicht statthaft bei Prüfung in flüssigen Medien, wenn die Korrosionsreaktion mit der Zeit zur Ausbildung einer Schutzschicht führt.

5.3.3. Auswertung von Korrosionsversuchen

Die Versuchsauswertung richtet sich nach dem Ziel des Versuchs und der Art des Angriffs. Eine visuelle Prüfung der Oberflächenbeschaffenheit bzw. des Aussehens von Schutzschichten, gegebenenfalls unter Zuhilfenahme einer Lupe oder eines Mikroskops, erlaubt festzustellen, ob überhaupt eine Korrosion stattgefunden hat und in welcher Erscheinungsform sie auftritt. Bei Anstrichen ist eine visuelle Ermittlung des *Durchrostungsgrades* in Form der Abschätzung des rostbedeckten Flächenanteiles zweckmäßig. Zur Ermittlung und Charakterisierung einer Gefügeschädigung, die z. B. durch eine interkristalline oder selektive Korrosion hervorgerufen werden kann, ist meist eine mikroskopische Gefügeuntersuchung notwendig. Neben Strukturänderungen kann dabei die Tiefe des Angriffs ermittelt werden. Ein gleichförmiger Abtrag ist am einfachsten durch die Änderung der Masse bzw. der Abmessungen der Probe quantitativ zu erfassen. In manchen Fällen wird auch die Änderung der Zusammensetzung des Prüfmediums oder die nach Gl. (5.5) entstehende Menge Wasserstoff zur Auswertung verwendet.
Bei ebenmäßigem Angriff kann der *Masseverlust* $\Delta m = m_t - m_0$ (m_t Masse der Probe nach der Korrosionsdauer t, m_0 Masse vor Beginn des Versuches) entweder direkt durch Wägung oder indirekt durch eine chemisch-analytische Bestimmung der in Lösung gegangenen Metallmenge bestimmt werden. Eine direkte Bestimmung des *Dickenverlustes* Δh empfiehlt sich nur bei hohen Korrosionsgeschwindigkeiten oder langer Versuchsdauer. Bei der kontinuierlichen Überwachung korrosionsgefährdeter Anlagen (Abschnitt 5.4.1.) kann Δh indirekt aus der Änderung des elektrischen Widerstandes oder anderer geeigneter physikalischer Größen (Kapitel 7.) ermittelt werden.

Bei elektrolytischen Korrosionsvorgängen lassen sich aus den elektrischen Größen Potential U und Stromstärke I bzw. aus ihren gegenseitigen funktionellen Abhängigkeiten Rückschlüsse auf das Korrosionsverhalten ableiten. Aus den genannten Meßgrößen und der Oberfläche A (S), die korrodiert wird, sowie der Dichte des Metalls lassen sich die in Tabelle 5.1 zusammengestellten *Korrosionskenngrößen* ermitteln.

Tabelle 5.1. Kenngrößen bei ebenmäßiger Korrosion

Korrosionskenngrößen		Formelzeichen	Einheit
Art	Spezieller Begriff		
Korrosionsverlust	flächenbezogener Massenverlust	K_m	$g\,m^{-2}$
	Abtragung	K_L	mm oder μm
Korrosionsgeschwindigkeit	flächenbezogene Massenverlustrate	v_m	$g\,m^{-2}\,d^{-1}$ oder $g\,m^{-2}\,h^{-1}$
	Abtragungsrate	v_L	$mm\,a^{-1}$ oder $\mu m\,a^{-1}$
	Korrosionsstromdichte	i_{kor}	$A\,cm^{-2}$
Korrosionswiderstand	Korrosionswiderstand	W	mm^{-1}; μm^{-1}
	Polarisationswiderstand[1])	R_p	$\Omega\,cm^2$
Korrosionsbeständigkeit	Lebensdauer	B	$a\,mm^{-1}$

[1]) vgl. Abschnitt 5.5.1.2.

Die wichtigsten sind der *Korrosionsverlust* $K_m = \Delta m/A$ als flächenbezogener Massenverlust oder $K_L = \Delta h$[1]) $= K_m/\varrho$ und die *Korrosionsgeschwindigkeit* $v_m = dK_m/dt$ (flächenbezogene Massenverlustrate), $v_L = dK_L/dt$ (Abtragungsrate) und $i_{kor} = I/A$ (Korrosionsstromdichte). Die *Korrosionsstromdichte* ist die dem Korrosionsprozeß, d. h. der Metallauflösung [analog zu Gl. (5.1)] zuzuordnende Teilstromdichte. Zwischen den genannten Kenngrößen bestehen folgende Umrechnungsmöglichkeiten:

$$i_{kor} = \frac{zF}{M} v_m = \frac{zF}{M} \frac{\Delta m}{A \cdot t} \tag{5.6}$$

$$i_{kor} = \frac{zF}{M} v_L = \frac{zF\,\Delta h \varrho}{M\,t} \tag{5.7}$$

z elektrochemische Wertigkeit des Metalls
F Faraday-Konstante (96486 Coulomb)
M Atommasse des Metalls

Beim Eisen ergeben sich daraus angenähert die folgenden Relationen: $100\ \mu A/cm^{-2} \mathrel{\hat{=}} 1\ g/h \mathrel{\hat{=}} 1\ mm/a$.
Bei der Ermittlung von Korrosionsgeschwindigkeiten ist jedoch die Zeitabhängigkeit des Korrosionsverlustes (Bild 5.1) zu berücksichtigen. Nur bei linearer oder quasilinea-

[1]) Bei zweiseitigem Korrosionsangriff $K_L = {}^1/_2\,\Delta h$

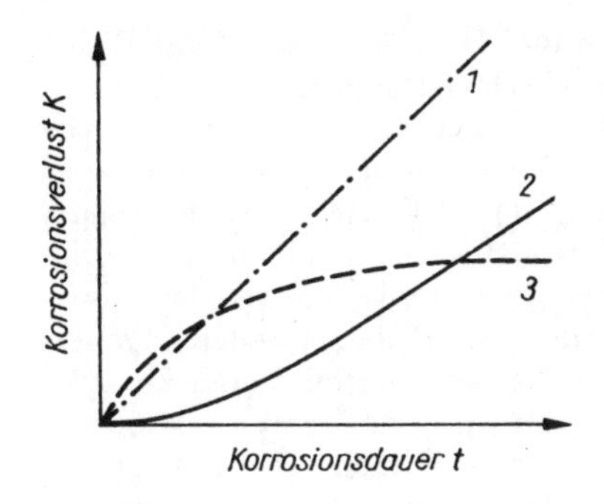

Bild 5.1. Korrosionsverlust in Abhängigkeit von der Korrosionsdauer

1 lineare Zeitabhängigkeit bei Korrosion ohne Schutzschichtbildung

2 wie (*1*) mit verzögerter Anfangsphase (z. B. bei Säurekorrosion unedler Metalle)

3 Korrosion bei Schutzschichtbildung

rer Abhängigkeit können die Differenzenquotienten $\Delta K_m/\Delta t$ bzw. $\Delta K_L/t$ herangezogen werden; im letztgenannten Fall ist die Aussage praktisch auf den Versuchszeitraum begrenzt. Bei anderen Zeitfunktionen ist zur exakten Bestimmung von v eine Regressionsanalyse erforderlich. Den Konstrukteur interessieren in erster Linie die Lebensdauer $B = 1/v_L$ und der Korrosionswiderstand $W = 1/K_L$ (Tabelle 5.1).
Bei ungleichförmigem Angriff ist der Masse- bzw. der durchschnittliche Dickenverlust im allgemeinen nicht zur quantitativen Charakterisierung der Korrosion geeignet. Statt dessen können wegen der mit der Korrosion verbundenen Veränderung der mechanischen Eigenschaften z. B. der Zugversuch oder andere mechanische Prüfverfahren angewendet werden. Bei Korrosionsversuchen unter gleichzeitiger mechanischer Beanspruchung, d. h. beim Auftreten von Spannungs- oder Schwingungsrißkorrosion, werden die *Standzeiten* (Versuchsdauer bis zum Bruch der Probe) bzw. spezielle bruchmechanische Kennwerte (Abschnitt 2.2.) ermittelt. Häufig tritt ein lokaler Angriff nur innerhalb eines bestimmten Bereichs des Metallpotentials U bzw. nach Überschreiten eines bestimmten kritischen Grenzpotentials auf, was mit Hilfe elektrochemischer Korrosionsversuche (Abschnitt 5.5.1.2.) feststellbar ist.

5.4. Korrosionsprüfung unter Einsatzbedingungen

5.4.1. Anlagenkontrolle und Betriebsüberwachung

Eine Korrosionsprüfung unter industriellen Einsatzbedingungen ist auf vielfältige Weise möglich. So kann man z. B. zur Klärung einer Werkstoffsubstitution durch zeitweisen Einbau von Proben in Rohrleitungen und Anlagen den erfolgten Angriff entweder anschließend direkt ermitteln oder die Korrosion mit Hilfe elektrischer bzw. elektrochemischer Methoden laufend verfolgen. Beide Möglichkeiten werden in zunehmendem Maße auch zur laufenden Kontrolle korrosionsgefährdeter Anlagen und unter Einbeziehung von automatisch arbeitenden Registriereinrichtungen oder auch von Warnsystemen zur Überwachung ganzer Betriebe genutzt (Chemie- und Kernkraftwerksanlagen, Ölraffinerien). Ölraffinerien z. B. arbeiten mehrere Jahre lang kontinuierlich ohne Abschaltung von Aggregaten, was eine Kontrolle der Korrosion an besonders gefährdeten Bereichen, den »hot spots«, erfordert. Dazu zählen Stellen mit Änderung der Fließrichtung (Rohrkrümmer, T-Stücke) oder fast Stillstand des Mediums (Blindrohre, Hindernisse), kontaktkorrosionsgefährdete Anschlußstücke

aus Werkstoffen mit unterschiedlichen Potentialen und Materialbereiche mit Eigenspannungen oder zyklischen Temperatur- oder Druckschwankungen.
Die Korrosionsprüfung erfolgt an den ausgewählten Meßstellen meist mit zwei oder drei verschiedenen, sich hinsichtlich ihrer Aussagefähigkeit ergänzenden Methoden. Neben dem Einsatz von *Coupons* wird die Messung des elektrischen Widerstandes (Kapitel 7.) oder des *Polarisationswiderstandes* (Abschnitt 5.5.1.2.) am häufigsten verwendet. Coupons sind streifen- oder zylinderförmige Proben aus dem gleichen Material wie das zu überwachende Anlagenteil. Sie werden mit Hilfe spezieller Zugangsstutzen in das Korrosionsmedium eingeführt und nach bestimmten Zeitabschnitten zur Bestimmung der Korrosionsgeschwindigkeit v_m oder zur metallographischen Kontrolle auf Lochfraß bzw. interkristalline Korrosion entnommen. Damit sind nur Durchschnittswerte von v_m für die jeweilige Korrosionsdauer erhältlich; kurzfristig auftretende hohe Korrosionsgeschwindigkeiten können nicht erkannt werden. Dagegen erlauben *elektrische Widerstandssonden* (Bild 5.2) bei kontinuierlicher Registrie-

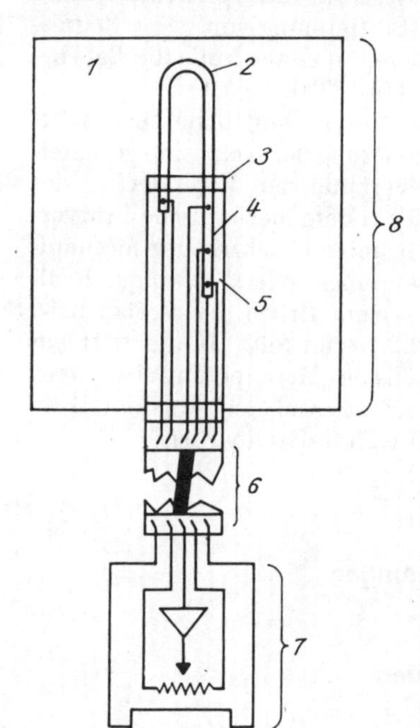

Bild 5.2. Elektrische Widerstandsmeßsonde zur Korrosionsüberwachung (Corrosometer)
1 korrosives Medium
2 der Korrosion ausgesetztes Meßelement
3 Sondenabdichtung
4 Referenzelement
5 Prüfelement
6 Anschlußkabel bis zu 300 m Länge für Fernmessungen
7 Meßinstrument
8 Sonde

rung der Sondensignale und entsprechender Eichung eine Ermittlung der Korrosionsgeschwindigkeit für beliebige Zeitabschnitte. Der Anstieg des elektrischen Widerstandes kann sowohl aus der korrosionsbedingten Querschnittsabnahme des aus dem Prüfmaterial bestehenden Drahtelements als auch aus der Ablagerung von Korrosionsprodukten resultieren, so daß eine Eichung des Geräts für das vorliegende System erforderlich ist. Störungen infolge Temperaturänderungen werden mit Hilfe einer zusätzlichen, vom Korrosionsmedium abgeschirmten Meßstrecke ausgeschaltet.
Die Messung des Polarisationswiderstandes kann z. B. mit Hilfe einer Brückenschaltung und Einführung eines Zwei-Elektroden-Systems in das Prüfmedium erfolgen. Diese auf der Proportionalität von i_{kor} und $1/R_p$ beruhende Methode liefert die momentane Korrosionsgeschwindigkeit. Sie ist besonders für Systeme mit normalerweise ge-

ringem Abtrag geeignet, z. B. zur Betriebsüberwachung und Steuerung der Inhibitorzugabe bei Kühlanlagen.

5.4.2. Prüfung unter natürlichen Einsatzbedingungen

Hierzu zählen Korrosionsversuche an der Atmosphäre, im Erdboden und in Gewässern. In den Industrieländern des gemäßigten Klimagebiets werden etwa 80% der Korrosionsverluste durch *atmosphärische Korrosion* verursacht. Sie ist wegen des starken Einflusses von Schwefeldioxid und aggressiven, insbesondere chloridhaltigen Stäuben eng mit den Problemen der Überwachung und Einschränkung der Schadstoffemission, d. h. des Umweltschutzes, verbunden.
Die Beständigkeit von Metallen und Polymerwerkstoffen mit und ohne Schutzschichten gegen atmosphärische Korrosion kann in *Bewitterungsversuchen* geprüft werden. Man unterscheidet dabei die *Aufstellungskategorien Freiluftklima* (unmittelbare Einwirkung aller atmosphärischen Einflüsse) und *Außenraumklima* (Ausschaltung der direkten Einwirkung von Niederschlägen, Ablagerungen und Sonnenbestrahlung durch Überdachung). Bei der Auslagerung im Freiluftklima werden die Proben auf Gestellen unter einem Winkel von 45° zur Senkrechten mit der Prüffläche nach Süden angebracht. Die Auslagerung im Außenraumklima erfolgt durch Einhängen der Proben in Schutzhütten mit jalousieartigen Seitenwänden bei ungehindertem Luftzutritt. Bei der nach *Klimagebiet* und *Atmosphärentyp* erfolgenden Auswahl der Bewitterungsstation ist der vorgesehene Standort des zu prüfenden Erzeugnisses zu berücksichtigen. Der Atmosphärentyp wird durch den Grad der Verunreinigung der Luft mit SO_2 und Chloriden bestimmt, der in Form der Beaufschlagung einer Fläche[1]) gemessen wird. Sie hängt von der geographischen Lage ab; deshalb enthalten *Meeres-* und *Küstenatmosphären* mehr Chloride als die *reine Atmosphäre*. Besiedelungs- und Industrieballungszentren (Stadt- und Industrieatmosphären) sind dagegen vorzugsweise durch erhöhte Schwefeldioxidgehalte charakterisiert. Beim Bewitterungsversuch sind die Verunreinigungsbeaufschlagungen und die *Befeuchtungsdauer* als Haupteinflußfaktoren der atmosphärischen Korrosion unmittelbar am Bewitterungsstand kontinuierlich zu messen. Die Versuchsauswertung erfolgt bei gleichförmigem Abtrag durch Bestimmung der Korrosionsverluste K_m oder K_L. Die K_m-Werte von unlegiertem Stahl nach einjähriger Bewitterung werden zur Kennzeichnung der *Aggressivität der Atmosphäre* herangezogen. Diese fünfstufigen *Korrosionsaggressivitätsgrade* sollen dem Konstrukteur einen ersten Anhaltspunkt zur Werkstoffauswahl bieten.
Um für langlebige Werkstoffe oder korrosionsschützende Überzüge schon nach einem vergleichsweise kurzen Prüfzeitraum von einigen Jahren praxisrelevante Beständigkeiten abschätzen zu können, werden Bewitterungsversuche auch zur Ermittlung von Zeitgesetzen der Korrosion genutzt. Nach einem Ansatz von *Satake* gilt für den Korrosionsverlust

$$K = \mathrm{k}t^{\mathrm{n}}, \tag{5.8}$$

darin sind k und n vom Stahltyp, der Befeuchtungsdauer und den Schadstoffkonzentrationen abhängige Konstanten. Damit ist durch graphische Extrapolation von Regressionsgraden im doppeltlogarithmischen System eine Berechnung des nach 15 oder 20 Jahren zu erwartenden Abtrags aus Bewitterungsversuchen mit 6- bis

[1]) Die Flächenbeaufschlagung ist nicht identisch mit dem für hygienische Zwecke bestimmten Immissionswert, kann aber gegebenenfalls daraus berechnet werden, z. B. bei kleinen SO_2-Gehalten: 0,1 mg m^{-3} SO_2 (*Immission*) ≙ 85 mg m^{-2} d^{-1}

8jähriger Dauer möglich. Die Sicherheit solcher Vorhersagen nimmt in dem Maße ab, wie die Schadstoffkonzentration in der Atmosphäre ansteigt. Deshalb werden gegenwärtig mathematische Modelle entwickelt, die dem Einfluß höherer Schadstoffkonzentrationen auf den zeitlichen Verlauf der Korrosion besser Rechnung tragen sollen. Aus diesen Betrachtungen wird deutlich, daß der Vorhersage von Beständigkeiten auch bei der Korrosionsprüfung unter Einsatzbedingungen Grenzen gesetzt sind. Führt die atmosphärische Korrosion zu ungleichförmigem Angriff, so werden Häufigkeit, Tiefe und Erscheinungsbild oder der betroffene Flächenanteil bewertet. In ähnlicher Weise wird die *Haltbarkeitsdauer von Anstrichen* im Freiluftklima bestimmt, wobei neben dem dekorativen Aussehen die Änderung der Schutzeigenschaften durch Abtragen oder Abblättern, Reißen, Blasenbildung oder die Korrosion des Grundwerkstoffs in Form des *Durchrostungsgrades* berücksichtigt wird. – Die unter dem Einfluß der Bewitterung im Freiluftklima erfolgende *Alterung* polymerer Konstruktionswerkstoffe läßt sich am besten durch die Prüfung mechanischer Eigenschaften (Kapitel 2.) ermitteln.
Das Korrosionsverhalten von Werkstoffen und Anlagen im Boden (»*Bodenkorrosion*«) bzw. die Korrosionsaggressivität verschiedener Böden wird durch Einschlämmen von Proben in Erdlöcher unter möglichst guter Erhaltung der gegebenen Bodenschichtung bestimmt. Dabei kann die Verlegetiefe zwischen ständig grundwasserführenden und -freien Schichten variiert werden. Außer der Bodenart und Schichtung sind *p*H-Wert, spezifischer elektrischer Widerstand sowie die Wasser- und Salzgehalte der Böden zu berücksichtigen.

5.5. Korrosionsprüfung unter Laboratoriumsbedingungen

Laborversuche sind zwar in der Grundrichtung dem vorgesehenen Einsatzzweck des Werkstoffs in flüssigen Medien, bestimmten Atmosphären oder heißen Gasen angepaßt, aber das Medium und/oder die Korrosionsbedingungen werden, wie schon erwähnt, in gezielter Weise normiert oder verschärft. Zu beachten ist, daß dadurch der Grad der Übertragbarkeit der Versuchsergebnisse auf die Praxis im allgemeinen eingeschränkt wird, was besonders für Kurzzeitversuche zutrifft. Schnellversuche dienen in erster Linie der vergleichenden Qualitätskontrolle und der Produktionsüberwachung.

5.5.1. Versuche in wäßrigen Medien

Es wird zwischen *chemischen* und den nur in Medien mit Elektrolytcharakter durchführbaren *elektrochemisch kontrollierten Korrosionsversuchen* unterschieden. Die letzteren erfordern im allgemeinen einen höheren Aufwand an Prüfgeräten und eine bessere Ausbildung des Prüfpersonals, ihre Ergebnisse können jedoch über eine Kennwertermittlung hinaus zur Aufklärung von Korrosionsmechanismen genutzt werden. Beide Versuchsarten sind auch kombiniert einsetzbar.

5.5.1.1. Chemische Prüfmethoden

Zur Prüfung der Beständigkeit in ruhenden flüssigen Korrosionsmedien ist der *Dauertauchversuch* anzuwenden. Dabei werden die Proben so in geeignete Gefäße eingehängt, daß sich ihre obere Kante 30 mm unter dem Flüssigkeitsspiegel befindet. Es dürfen nur gleichartige Proben bei 20 mm Mindestabstand in ein gemeinsames Gefäß getaucht werden. Als Versuchstemperatur ist im allgemeinen 293 ± 5 K vorgesehen. Durch Einsatz von Thermostaten können die Temperaturschwankungen stark eingeschränkt und damit die Reproduzierbarkeit verbessert werden. Wenn erforderlich, kann das Prüfmedium begast werden. Die während des Versuchs verdunstende Komponente der Flüssigkeit ist zu ersetzen. Die Nichteinhaltung dieser Vorschriften führt besonders bei Korrosionsvorgängen, die unter Sauerstoffverbrauch verlaufen, zu einer schlechten Reproduzierbarkeit der Ergebnisse. Um den Einfluß der Strömungsgeschwindigkeit des Mediums auf das Korrosionsverhalten zu ermitteln, kann eine Apparatur mit Umlauf des Korrosionsmediums verwendet werden. Das Anströmen des Werkstoffs mit einer bestimmten konstanten Geschwindigkeit läßt sich besser durch scheiben- oder zylinderförmige Proben erreichen, die auf ein konisches Glasrohr gesteckt und mit einem Laborrührwerk im Korrosionsmedium in Rotation versetzt werden. Die Geschwindigkeit der turbulenten Strömung ist dabei der Drehzahl proportional.

Ist ein besonders starker Angriff an der Phasengrenze Probe/Flüssigkeit/Gas zu erwarten (*Wasserlinienkorrosion*), so ist ein gesonderter Versuch mit halbeingetauchten Proben erforderlich.

Der *Siedeversuch* ist in erster Linie zum Vergleich des Korrosionsverhaltens mit dem eines bekannten Vergleichswerkstoffes unter schärferen Bedingungen gedacht, d. h. in stark aggressiven siedenden Medien. Das Verdampfen des Mediums muß durch einen auf den Prüfkolben aufgesetzten Kugelkühler verhindert werden. Die Auswertung kann durch Ermittlung des Masseverlustes oder z. B. bei interkristalliner Korrosion durch Gefügeuntersuchung bzw. Prüfung der mechanischen Eigenschaften erfolgen.

Im *Druckgefäßversuch* wird in einem Autoklaven die Beständigkeit bei höheren Temperaturen und Drücken ermittelt. Da der Werkstoff vom Korrosionsmedium und seinen Dämpfen (Brüden) verschieden stark angegriffen wird, sind die Proben sowohl voll- als auch halbeingetaucht sowie nur im Dampfraum hängend zu prüfen.

Die Beständigkeit von Werkstoffen oder Schutzschichten bei abwechselndem Naß- und Trockenwerden interessiert für die Werkstoffauswahl bei nur zeitweise mit Flüssigkeit gefüllten Anlagen sowie als Analogieversuch zur atmosphärischen Korrosion. Sie wird mit Hilfe des *Wechseltauchversuchs* geprüft, bei dem die Proben nach einem festgelegten Zyklus in das Prüfmedium getaucht werden oder an der Luft trocknen. Für die Eintauchphase gelten die dem Dauertauchversuch entsprechenden Bedingungen. Es wird vorzugsweise bei 293 K geprüft. Während der Austauchperiode soll die relative Luftfeuchte in der Umgebung der Proben nicht mehr als 75% betragen, was mit einem Hygrometer kontrolliert werden kann. Je nach dem Ziel der Prüfung ist ein Verhältnis der Eintauch- zur Austauchdauer von 5/25; 5/55 oder 30/30 bzw. 480/960 min zu wählen. Die letzten Varianten werden wegen der langen quellungsbegünstigenden Eintauchphasen zur Prüfung von Anstrichen vorgezogen.

5.5.1.2. Elektrochemisch kontrollierte Korrosionsversuche

In einem Korrosionsmedium mit Elektrolytcharakter nimmt ein Metall ein bestimmtes *Elektrodenpotential* U an, das bei den bisher besprochenen chemischen Korrosionsversuchen zeitlichen Änderungen unterliegen kann. Es wird für ein gegebenes Metall weitgehend von dem im Angriffsmittel befindlichen Redoxsystem (z. B. gelöstem Sauerstoff) bestimmt und kann als Meßgröße erfaßt werden. Andererseits ist das

Potential eine Einflußgröße und bestimmt die elektrolytischen Teilreaktionen wie eine unabhängige Veränderliche. Elektrochemisch kontrollierte Versuche erlauben eine Erfassung der Potentialabhängigkeit der Korrosion oder eine Ermittlung der Veränderlichen, die das Potential beeinflussen. Sie vermitteln deshalb Aussagen über die Eigenschaften des gesamten Korrosionssystems. Andererseits können besonders bei stark zeitabhängigen Korrosionsvorgängen aus den elektrochemischen Prüfungen keine direkten Schlüsse auf das Langzeitverhalten korrodierender Werkstoffe gezogen werden. Das trifft besonders auf elektrochemische Schnellprüfungen zu, die deshalb wie die chemischen Schnellversuche nur für betriebliche Untersuchungen unter Heranziehung gleichartiger Werkstoffe mit bekanntem Korrosionsverhalten verwendet werden.

Versuche mit potentiostatischer Außenschaltung

Bei Versuchen mit potentiostatischer Außenschaltung wird das Potential mit Hilfe eines elektronischen Potentiostaten unabhängig von Stromstärke und Zeit konstant gehalten. Das im Kapitel 4 beschriebene Schema einer Versuchsanordnung für das potentiostatische Ätzen ist auch für die Korrosionsprüfung verwendbar. Bild 5.3 zeigt einen Potentiostaten mit angeschlossener Meßzelle.

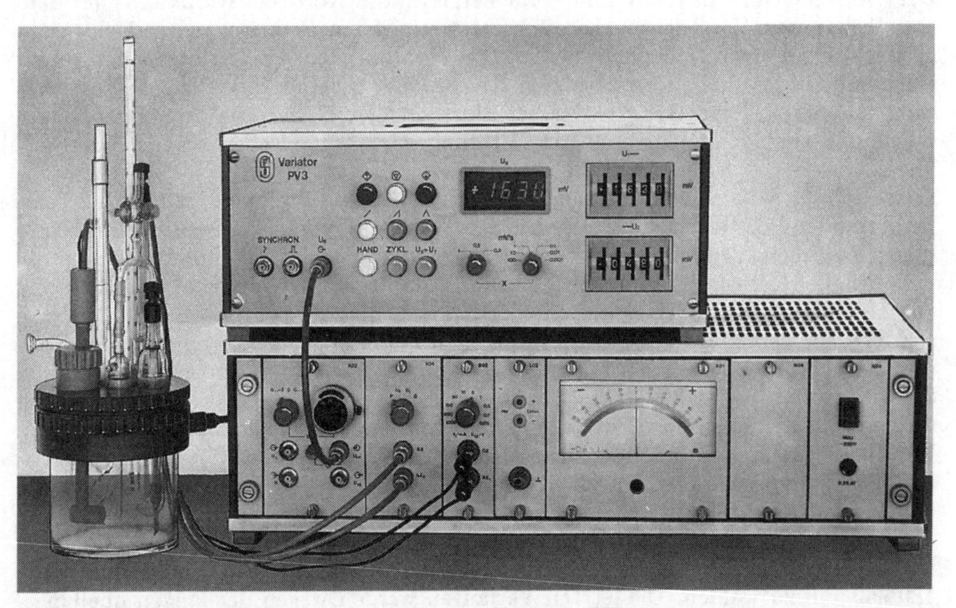

Bild 5.3. Meßzelle mit Potentiostat PS 4 und Variator PV 3 (Forschungsinstitut Meinsberg)

Für *potentiostatische Halteversuche* wird je Meßpunkt, d. h. je Potential, eine Probe benötigt. Die gemessene Stromdichte entspricht der Korrosionsgeschwindigkeit, wenn an der Probe (»Arbeitselektrode«) allein die anodische Metallauflösung, z. B. bei Eisen nach Gl. (5.1), abläuft (vgl. auch Abschnitt 5.3.3.). Zur Kontrolle kann die Korrosionsgeschwindigkeit analytisch-chemisch aus dem Masseverlust oder bei örtlichem Angriff mikroskopisch bestimmt werden.

Weniger zeitaufwendig sind *potentiostatische Wechselversuche* (auch als »potentiostatische Versuche mit stufenweiser Potentialsteigerung« bezeichnet), bei denen alle Meßpunkte nacheinander unter Einhaltung bestimmter Wartezeiten bzw. unter Benutzung eines Zeitschaltgerätes mit der gleichen Probe durchfahren werden. Sie dienen zur Ermittlung des Stromdichte-Zeit-Verlaufs und von Stromdichte-Potential-Kurven, die zur Untersuchung der Passivierung sowie des Verhaltens in der Nähe bestimmter Grenzpotentiale verwendet werden.
Bei *potentiodynamischen* (potentiokinetischen) *Versuchen* wird die Potentialänderung mit Hilfe eines Variators kontinuierlich, d. h. mit konstanter Geschwindigkeit vorgenommen, und die Stromdichte wird laufend gemessen bzw. von einem Schreiber aufgezeichnet. Das Ergebnis ist von der Geschwindigkeit der Potentialänderung abhängig, die nicht größer als etwa 1 V/h sein soll. Das Verfahren ist besonders für orientierende Voruntersuchungen sowie für Reihen- und Kurzzeitprüfungen bekannter Systeme anwendbar. Alle Versuche mit potentiostatischer Außenschaltung eignen sich zur Erfassung N-förmiger Stromdichte-Potential-Kurven, wie sie z. B. bei passivierbaren Metallen in Säure auftreten (Bild 5.4).

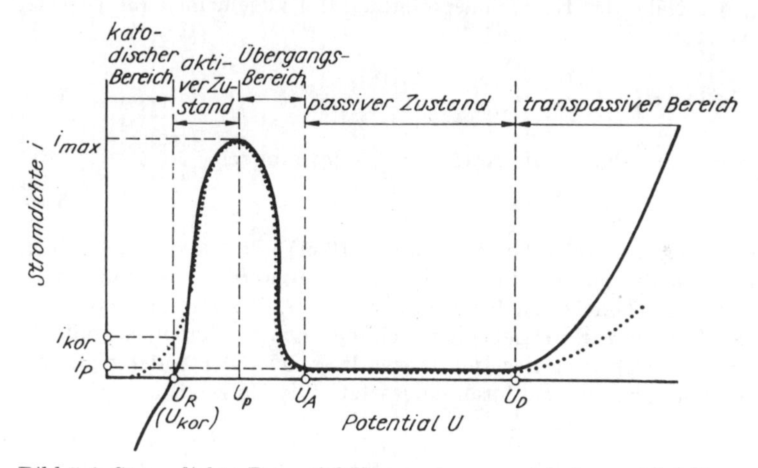

Bild 5.4. Stromdichte-Potential-Kurve eines passivierbaren Metalls (schematisch, in Anlehnung an [5.5])

——— Summenstromdichte
······ anodische Teilstromdichte (Geschwindigkeit der Metallauflösung)
U_R Ruhepotential
U_p Passivierungspotential
U_A Aktivierungspotential
U_D Durchbruchspotential
i_{max} Passivierungsstromdichte
i_p Passivstromdichte
i_{kor} Korrosionsstromdichte

Versuche mit galvanostatischer Außenschaltung

Galvanostatische Versuche liefern den Potential-Zeit-Verlauf bei vorgegebener Stromstärke (*galvanostatischer Halteversuch*). Analog zur potentiostatischen Polarisation ist außerdem die Durchführung *galvanostatischer Wechselversuche* und *galvanodynamischer* (galvanokinetischer) *Versuche* möglich.
Galvanostatische Halte- und Wechselversuche können im Prinzip mit sehr einfachen Hilfsmitteln durchgeführt werden, weil sich die erforderliche Stromkonstanz durch eine hohe Gleichspannung und entsprechend hohe regelbare Widerstände realisieren läßt. Galvanodynamische Versuche erfordern jedoch einen höheren gerätetechnischen Aufwand. Moderne Potentiostaten ermöglichen auch eine elektronische Regelung der

Stromstärke und sind deshalb für das gesamte galvanostatische Versuchsprogramm mit einsetzbar. Halteversuche werden häufig zur Ermittlung von Potentialänderungen durch Passivierung, Inhibitorzugabe, allgemeine oder lokale Aktivierung (Lochfraß) eingesetzt. Galvanodynamische und Wechselversuche dienen vorzugsweise der Ermittlung von Stromdichte-Potential-Kurven im katodischen und anodisch-aktiven Bereich und damit zur Bestimmung von Korrosionsstromdichten bzw. -geschwindigkeiten (vgl. Bild 5.6). Sie sind dagegen nicht geeignet zur durchgehenden Aufnahme von Stromdichte-Potential-Kurven passivierbarer Metalle, weil der Übergangs- und der Passivbereich infolge der Zwangskonstanz der Stromdichte nicht erfaßbar sind.

Anwendungen elektrochemisch kontrollierter Versuche

Bei gleichförmigem Abtrag läßt sich die Korrosionsgeschwindigkeit aus dem Verlauf der Stromdichte-Potential-Kurven bestimmen. Dazu dienen einerseits der in der unmittelbaren Umgebung des Korrosionspotentials erfaßbare Polarisationswiderstand oder die »Tafelgeraden« des katodischen und des anodisch-aktiven Bereichs.
Der Polarisationswiderstand entspricht der Anfangsneigung der Stromdichte-Potential-Kurve, die in der Nähe des Korrosionspotentials (im allgemeinen für $U - U_R \leqq 10$ mV) linear verläuft:

$$R_p = \left(\frac{dU}{di}\right)_{i \to 0} \quad \text{bzw.} \quad R_p = \frac{\Delta U}{i} \tag{5.9}$$

Nach *Stern* und *Geary* kann daraus die Korrosionsgeschwindigkeit

$$i_{kor} = B \cdot 1/R_p \tag{5.10}$$

bestimmt werden. Die Konstante B (Größenordnung 10 mV) kann experimentell ermittelt bzw. für bekannte Systeme der Literatur entnommen werden; sie ist aber auch aus anderen elektrochemischen Daten berechenbar. Die R_p-Bestimmung mit Hilfe spezieller Geräte wird außer zur Betriebsüberwachung auch zur Qualitätskontrolle von Rohrstählen, zur Überprüfung der Inhibitorwirksamkeit oder anderer auf das Korrosionsverhalten einwirkender Faktoren eingesetzt. Bild 5.5 zeigt den zeitlichen

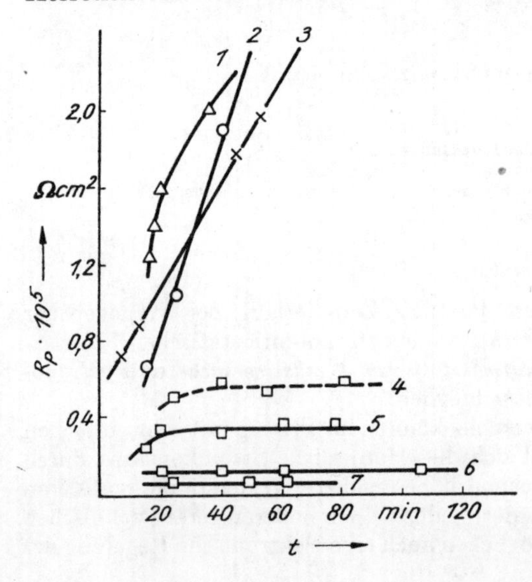

Bild 5.5. Polarisationswiderstands-Zeit-Kurven in 1 n NaCl, 40 °C (nach [5.9])

1 X5CrNiMoTi18.13
2 X1CrMo26.1
3 X0,1CrMo26.1
4 bis *7* X5Cr25
4, *5* mit abgearbeitetem Schleifpapier; 25 °C
6, *7* mit frischem Schleifpapier

Verlauf des Polarisationswiderstands hochlegierter Stähle. Dabei signalisiert der schnelle Anstieg von R_p (Kurve *1* bis *3*) den Abfall der Korrosionsgeschwindigkeit durch Passivierung, während sich am Stahl X5Cr25 nach einiger Zeit dem aktiven Zustand entsprechende, von Temperatur und Vorbehandlung abhängige konstante Werte ergeben.
Als Tafelgeraden werden die bei halblogarithmischer Darstellung der Stromdichte-Potential-Kurve (Bild 5.6) erkennbaren linearen Bereiche bezeichnet, deren Verlängerungen im Schnittpunkt die Koordinaten U_{kor} und lg i_{kor} aufweisen.

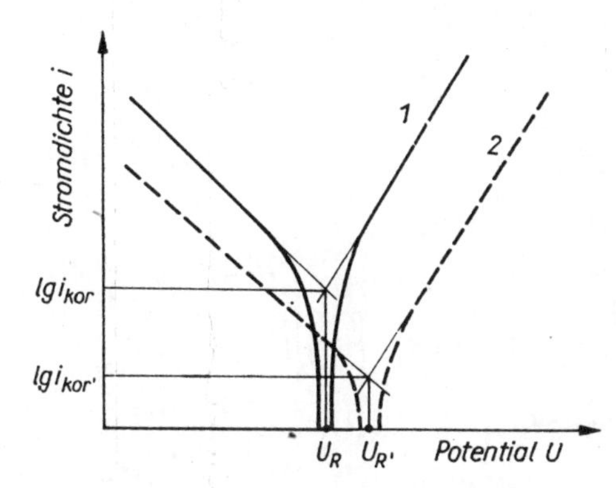

Bild 5.6. Zur Bestimmung der Korrosionsstromdichte aus den katodischen und anodischen Tafelgeraden

1 Stromdichte-Potential-Kurve ohne Inhibitor (mit U_R und log i_{kor})
2 Stromdichte-Potential-Kurve mit Inhibitor mit $U_{R'}$ und log $i_{kor'}$)

Für unbekannte Systeme empfiehlt sich eine Überprüfung der Korrosionsgeschwindigkeit z. B. aus dem Masseverlust der Probe. Wie Bild 5.6 zeigt, sind aus solchen Diagrammen auch Aussagen über die Wirkungsweise (Verschiebung der anodischen und/oder katodischen Teilkurven) und den Schutzwert eines dem System zugesetzten Inhibitors möglich. Der Inhibitorschutzwert S_I wird durch die relative Änderung der Korrosionsstromdichte charakterisiert:

$$S_I = \frac{i_{kor} - i'_{kor}}{i_{kor}} \cdot 100 \quad \text{in } \% \tag{5.11}$$

i'_{kor} Korrosionsstromdichte in Gegenwart des Inhibitors

Für den *elektrochemischen Schutz* lassen sich die erforderlichen Kennwerte praktisch unmittelbar aus der i-U-Charakteristik des Systems entnehmen, z. B. für den *anodischen Schutz* entsprechend der für das Schutzpotential geltenden Bedingung $U_S > U_A$ und für die Stromdichten des Anfangs- und des Dauerschutzes $i_{S(Anf)} \geqq i_{max}$ bzw. $i_S \geqq i_p$. In ähnlicher Weise kann auch das Schutzpotential für den *katodischen Korrosionsschutz* aus elektrochemischen Versuchen gewonnen werden.
Stromdichte-Potential-Kurven werden auch zur Beurteilung der Beeinflussung des Korrosions- oder Passivierungsverhaltens durch Legierungszusätze, Wärmebehandlungen, verschiedene Oberflächenvorbehandlungen und spezielle Bestandteile des Korrosionsmediums eingesetzt. Bild 5.7 zeigt die Wirkung von Legierungselementen auf das Passivierungsverhalten von Stahl.
Für die Kontaktkorrosion bzw. allgemein für die Bildung von Korrosionselementen sind die Korrosions- oder *Ruhepotentiale* der Proben in dem jeweiligen Medium (praktische Spannungsreihe) und die Polarisationswiderstände elektrochemisch meßbar.

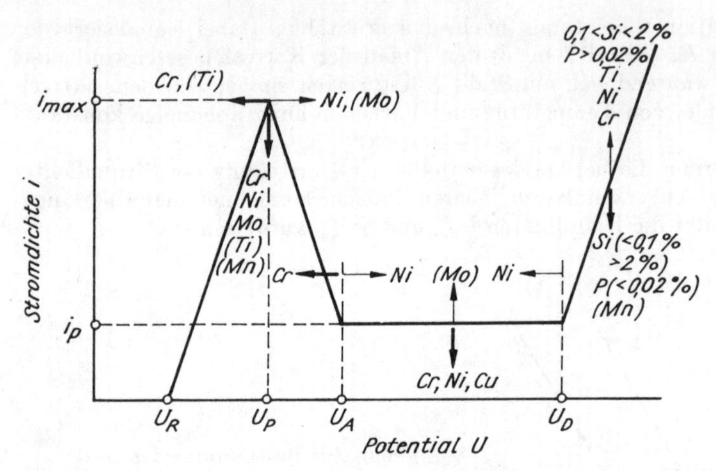

Bild 5.7. Wirkung von Legierungs- und Begleitelementen auf das Passivierungsverhalten von nichtrostendem Stahl in Säure (nach [5.10])

→ ungünstige Beeinflussung; ➞ günstige Beeinflussung; ( ) schwacher Einfluß

5.5.1.3. Versuche für Sonderbeanspruchungen

Prüfung der Lochkorrosionsanfälligkeit

Von besonderem Interesse ist die Ermittlung kritischer Grenzpotentiale für das Auftreten von Lochfraß, die von den Konzentrationen eines Aktivators, z. B. Chloridionen, und der im Korrosionsmedium enthaltenen passivierend (OH^-) oder inhibierend, z.B. NO_3^-, wirkenden Substanzen abhängen. Für ein gegebenes System kann z.B. die Beständigkeit des Werkstoffs daran gemessen werden, wie weit sein Ruhepotential vom kritischen Potential entfernt ist. Als Maß dafür gilt die Differenz zwischen dem Lochbildungspotential und dem Ruhepotential $U_L - U_R$ (Bild 5.8). Bei Systemen mit

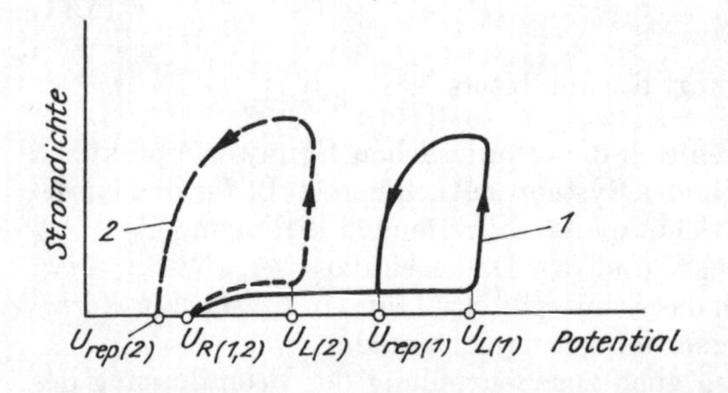

Bild 5.8. Beurteilung der Lochfraßbeständigkeit mit Hilfe zyklischer potentiodynamischer Stromdichte-Potential-Kurven (schematisch); (U_R, U_L, U_{rep}: Ruhe-, Lochbildungs- und Repassivierungspotential)

System 1: beständig
System 2: Lochfraß nicht mit Sicherheit auszuschließen

instabilen Zustandsbereichen (gleichzeitig verlaufende Bildung und Passivierung bzw. Repassivierung einzelner Löcher), die bei chemisch beständigen Stählen nicht selten auftreten, wird sicherheitshalber anstelle von U_L das *Repassivierungspotential* U_{rep} zur Charakterisierung herangezogen. U_L wird bei potentiostatischer oder -dynamischer Polarisation durch einen bleibenden Anstieg der Stromdichte infolge lokaler Aktivierung und Wachstum der Löcher angezeigt. Wechselt man nach dem Beginn des Stromanstiegs die Polarisationsrichtung, so hört das Lochwachstum bei Unterschreiten von U_L auf, und die aktiven Wandflächen werden repassivier . Mit dem Abfall der Strom-

dichte auf i_p ist dieser Vorgang bei U_{rep} abgeschlossen. Theoretisch müßte als Beständigkeitskriterium die Bedingung $U_R < U_L$ bzw. $U_R < U_{rep}$ ausreichen. Die in der Praxis bevorzugte Sicherheitsdifferenz von 100 bis 200 mV trägt der Möglichkeit Rechnung, daß sich die kritischen Potentiale durch kleine Änderungen des Systems (Chloridkonzentration, *p*H-Wert, Temperatur) etwas verschieben können.
Insgesamt wird diese elektrochemische Messung als sichere Methode der Schadensverhütung angesehen. Auch galvanostatische Versuche können in manchen Fällen zur Bestimmung der kritischen Grenzpotentiale herangezogen werden. Dagegen sind chemische Versuche, z. B. Dauertauchversuche in aktivierend wirkenden redoxsystemhaltigen Lösungen wie $FeCl_3$- oder chloridhaltiger Kaliumhexacyanoferratlösung (Turnbullblau-Indikator) nur als vergleichende Schnelltests geeignet.
Die Intensität der Lochkorrosion läßt sich an Hand der mikroskopisch bestimmbaren *Lochtiefe* und der häufig potentialabhängigen *Lochdichte* beurteilen. Bei hohen Lochdichten ist der Einsatz moderner Verfahren der quantitativen metallographischen Gefügeanalyse (Kapitel 4.) vorteilhaft.

Prüfung der Neigung zu interkristalliner Korrosion

Die Neigung zu interkristalliner Korrosion kann mit dem *Strauß-Test*, einem 24stündigen Kochversuch in einer 10% H_2SO_4 und 10% $CuSO_4$ enthaltenden Lösung, geprüft werden. Die Proben aus hochlegiertem Stahl werden sowohl im Anlieferungszustand als auch nach Glühen bei 920 K (Sensibilisierung) oder nach dem Schweißen eingesetzt. Zur Einstellung eines bestimmten Probenpotentials werden sie im Kochkolben in Kupferspäne eingebettet. Die Auswertung kann durch eine mechanisch-technologische Prüfung, z. B. bei Flachproben mit dem Biegeversuch, erfolgen.
Der *Huey-Test* ist ein Kochversuch in konzentrierter Salpetersäure, der bei hochchromhaltigen Stählen auch die durch Ausscheidung intermetallischer Phasen verursachte Anfälligkeit mit erfaßt. Die Versuchsauswertung erfolgt über den Masseverlust unter Bezugnahme auf einen nichtanfälligen Vergleichsstahl. Diese chemischen Prüfungen haben den Nachteil, daß sie nur bei einem einzigen Potential, dem Ruhepotential des Stahls in der jeweiligen redoxsystemhaltigen Lösung, erfolgen und in ihrer Aussagefähigkeit dementsprechend begrenzt sind. Bei der *elektrochemischen IK-Prüfung* ist statt dessen der gesamte interessierende Bereich zwischen Passivierung und transpassivem Stromanstieg abprüfbar. So kann z. B. die auf der Chromverarmung basierende Erhöhung des *Aktivierungspotentials* U_A (vgl. Bild 5.4) bei potentiodynamischer Polarisation in anodisch-katodischer Richtung unter Verwendung geeigneter Vergleichsproben herangezogen werden. Für genaue Untersuchungen können die so ermittelten günstigen Prüfpotentiale potentiostatisch vorgegeben und z. B. mit einer mikroskopischen Prüfung der Eindringrate kombiniert werden. Bild 5.9 zeigt den Zusammenhang zwischen Stromdichte-Potential-Kurven und Angriffsart bei interkristalliner Korrosion.

Prüfung der Spannungs- und Schwingungsrißkorrosion

Die Prüfung auf Anfälligkeit gegenüber Spannungsrißkorrosion (SRK) kann, abhängig von der zu prüfenden Werkstoff- und Probenart sowie der unter praktischen Einsatzbedingungen zu erwartenden Belastung, in sehr unterschiedlicher Weise erfolgen. Hinsichtlich der Belastung wird zwischen *Versuchen mit konstanter Gesamtdehnung* (konstanter Verformung als Simulation fertigungsbedingter, z. B. durch Schweißen verursachter Spannungen), *Versuchen mit konstanter Belastung* (für Anwendungs- und Belastungsspannungen wie z. B. bei Druckkesseln) und *Versuchen mit*

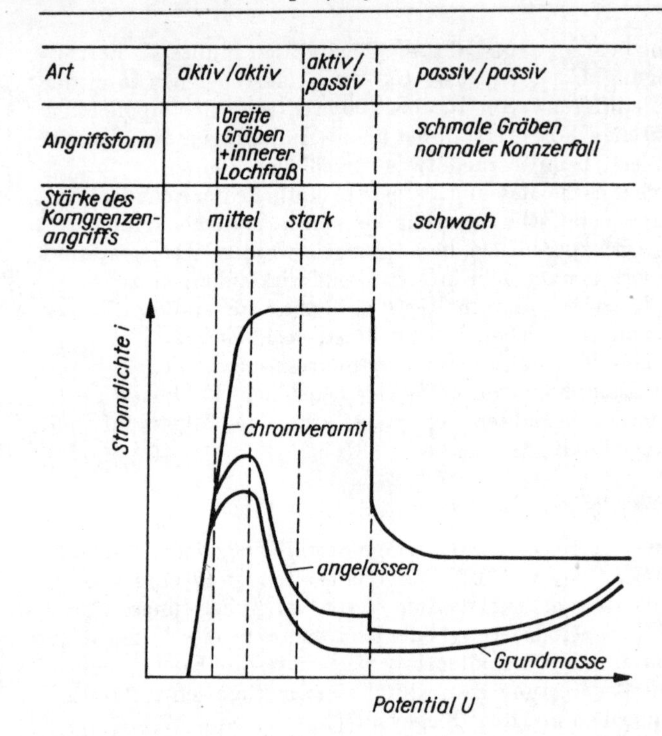

Bild 5.9. Zusammenhang zwischen Stromdichte-Potential-Kurven und Angriffsart bei interkristalliner Korrosion eines rost- und säurebeständigen Stahles (schematisch nach [5.12])

konstanter Dehngeschwindigkeit unterschieden. Die Schärfe der Prüfung nimmt in der angegebenen Reihenfolge zu.
Ein Beispiel für die z. Z. in der Praxis noch am häufigsten verwendete Prüfung bei konstanter Verformung stellt die *Jones-Probe* dar. Mit der in Bild 5.10a gezeigten Vorrichtung werden legierte und unlegierte Stähle in siedende Kalziumnitratlösung eingesetzt. Dünne Bleche lassen sich durch Biegen zu Schlaufen einer starken Verformung aussetzen. Derartige Versuche sind einfach durchzuführen, aber im allgemeinen schlecht reproduzierbar, da wegen der auftretenden Spannungsrelaxation ein schon begonnenes Rißwachstum wieder zum Stillstand kommen und den Bruch der Probe verhindern kann. Ein Beispiel für eine konventionelle Prüfung bei konstanter Belastung ist der *Hebelversuch* (Bild 5.10b), mit dem die Standzeit von Leichtmetallen in Kochsalzlösung oder von Messing in Ammoniumhydroxid bestimmt werden kann. Für grundlegende Untersuchungen zum Mechanismus der Spannungsrißkorrosion ist eine Belastung der Proben bei einachsigem Spannungszustand analog zum Zugversuch wünschenswert. Dazu kann eine Apparatur ähnlich wie beim Zeitstandversuch (Abschnitt 2.1.1.) verwendet werden, bei der sich der Probestab in einem Glasbehälter mit dem Prüfmedium befindet (Bild 5.10c).
Auch die Prüfung mit konstanter Dehngeschwindigkeit, bei der die Wahrscheinlichkeit des Auftretens von Rissen erhöht ist, wird vorzugsweise zur Untersuchung von Mechanismen der Spannungsrißkorrosion angewendet.
In der Standzeit ist bei Proben mit glatten Oberflächen eine relativ lange Induktionszeit bis zur Rißeinleitung enthalten. Sie wird durch definiert vorgegebene Kerben reduziert. Für hochfeste Werkstoffe ist die mikroskopisch zu beobachtende Geschwindigkeit des stabilen Rißwachstums gekerbter und mit einem Ermüdungsriß versehener Proben in einem Korrosionsmedium von Bedeutung (Abschnitt 2.2.).

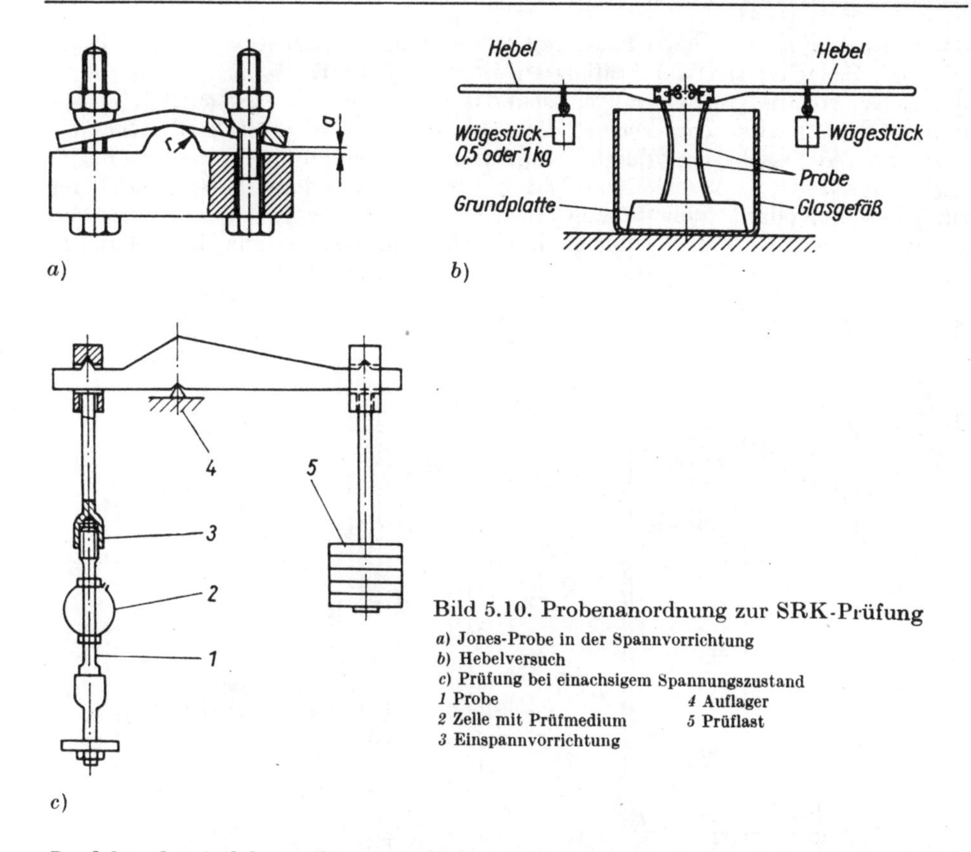

Bild 5.10. Probenanordnung zur SRK-Prüfung

a) Jones-Probe in der Spannvorrichtung
b) Hebelversuch
c) Prüfung bei einachsigem Spannungszustand
1 Probe
2 Zelle mit Prüfmedium
3 Einspannvorrichtung
4 Auflager
5 Prüflast

In *elektrochemisch kontrollierten SRK-Versuchen* kann die Standzeit der Proben in Abhängigkeit von ihrem Potential ermittelt werden. Auf diese Weise lassen sich kritische Potentialbereiche bzw. Grenzpotentiale für das Auftreten bzw. die Vermeidung von Spannungsrißkorrosion in dem betreffenden System (und natürlich unter den herrschenden Belastungsverhältnissen) festlegen.
Bei der Prüfung auf Schwingungsrißkorrosion kann in chemischen oder elektrochemischen Versuchen bei gleichzeitiger dynamischer Belastung und Einwirkung eines korrosiven Mediums anstelle der im Wöhler-Versuch ermittelten Dauerfestigkeit die *Korrosionszeitfestigkeit* bestimmt werden (Abschnitt 2.1.2.2.). Hierzu sind spezielle, der jeweiligen mechanischen Prüfeinheit angepaßte Apparaturen erforderlich (Bild 2.44).

5.5.2. Versuche in künstlichen Atmosphären

Zur Prüfung der Benetzung durch salzhaltige Flüssigkeitströpfchen dient die *Beanspruchung in neutralem Salznebel*. Dabei sind die Proben in einem speziellen Prüfgerät so zu lagern, daß sie von dem durch Druckluft mittels einer Düse versprühten Korrosionsmedium, im allgemeinen einer verdünnten Kochsalzlösung, nicht direkt getroffen werden. Die Versuchsdurchführung kann in Analogie zu den in der Praxis auftretenden Bedingungen in einem durchgehenden Sprühen bei 308 K und einer Luftfeuchtigkeit von 93% oder in zyklischen Beanspruchungen bestehen, wobei nach

8 h Sprühen eine 16stündige Pause mit 293 K, relative Feuchte ≦75%, eingelegt wird. Als Schnellversuch zur Prüfung anodisch erzeugter Oxidschichten auf Aluminium sowie von Cu-Ni-Cr-Überzügen dient das Versprühen von essigsaurer Kochsalzlösung (*p*H 3,2) bei gleicher Versuchsdurchführung. Im »*Cass-Test*« liegt außer einer quantitativen Verschärfung durch Temperaturerhöhung auf 323 K eine qualitative durch Zugabe von Kupferchlorid als Redoxsystem vor, was durch Potentialerhöhung zur Verstärkung der Metallauflösung führt. Auch die Säurezugabe bedeutet im Vergleich zur neutralen Prüfung eine qualitative Veränderung, da nun eine zusätzliche Säurekorrosion nach Gl. (5.5) auftritt.

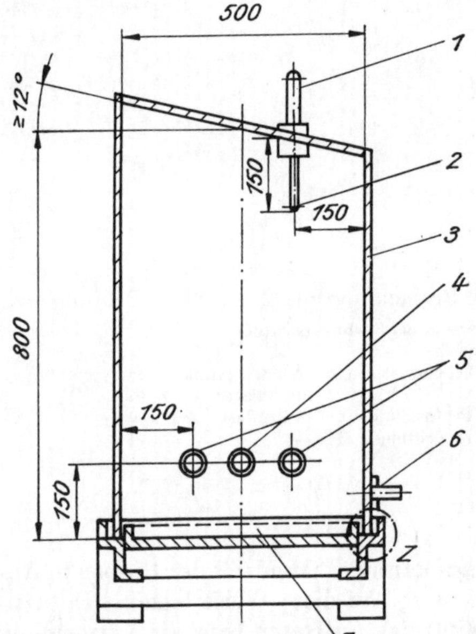

Bild 5.11. Haubengerät für den Schwitzwasserversuch

1 Thermometer
2 Meßstelle (40 °C ± 2 K)
3 Haube
4 Anschluß für Überdruckventil
5 Öffnung für Kontaktthermometer
6 Gaseinleitungsstutzen
7 Bodenwanne

Für den *Schwitzwasserversuch* werden Haubengeräte (Bild 5.11) mit einer temperierbaren Bodenwanne und einem Einleitungsstutzen für aggressive Gase verwendet. Bei der Schwitzwasserkonstantprüfung werden die Proben ein- oder mehrtägig 313 K und einer relativen Feuchtigkeit von 100% ausgesetzt. Die Schwitzwasserwechselprüfung besteht aus einer zyklischen Beanspruchung. Bei der auch als *Kesternichversuch* bezeichneten Schwitzwasserprüfung mit SO_2-Zusatz wird eine künstliche Industrieatmosphäre erzeugt, indem beim Erreichen von 313 K eine bestimmte Menge Schwefeldioxid in den Prüfraum eingeleitet wird. Wegen der dabei am Anfang auftretenden sehr hohen SO_2-Konzentrationen stellt der Kesternichversuch eine gegenüber der Industrieatmosphäre stark verschärfte Prüfung dar.
Feuchtlagerversuche gehören zu den *Umgebungsprüfverfahren*, die für bestimmte technische Erzeugnisse standardisiert sind. Sie können zur Prüfung von Werkstoffen oder Korrosionsschutzmitteln unter hohen relativen Luftfeuchtigkeiten, die tropischen Bedingungen entsprechen, eingesetzt werden. Mit Hilfe industriell hergestellter *Klimaprüfgeräte* lassen sich Beanspruchungen durch feuchte Wärme bei konstanter Temperatur oder bei zyklischem Temperaturwechsel vorgeben.

5.5.3. Zunderprüfung

Einheitliche Vereinbarungen über die Prüfung des Zunderverhaltens gibt es z. Z. nicht. Die übliche Definition der *Zunderbeständigkeit* lautet: »Ein Stahl gilt als hitze- und zunderbeständig, wenn die Masse der verzunderten Metallmenge bei der empfohlenen Anwendungstemperatur im Durchschnitt 1 g/m² h für eine Beanspruchungsdauer von 120 h bei 4 Zwischenabkühlungen nicht überschreitet.« Als Maß der Verzunderung gilt meist die Massenzunahme bzw. der nach dem Entzundern ermittelte Massenverlust. Weiterhin kann die Änderung des elektrischen Widerstandes verwendet werden. Wie bei allen Korrosionsvorgängen ist auch bei der Zunderung die Kenntnis des zeitlichen Ablaufs wichtig, den man z. B. durch Aufnahme von Massezunahme-Zeit-Kurven mittels einer *Thermowaage* erhält.

Literaturhinweise

[5.1] *Uhlig, H. H.:* Korrosion und Korrosionsschutz. Berlin: Akademie-Verlag 1970

[5.2] Einführung in die Werkstoffwissenschaft. (Hrsg.: *Schatt, W.*). 5. Aufl. Kap. 8: Korrosion. Leipzig: VEB Deutscher Verlag für Grundstoffindustrie 1984

[5.3] *Schwabe, K.:* Korrosion und Umweltschutz. In: Freiberger Forschungshefte, B 189. Leipzig: VEB Deutscher Verlag für Grundstoffindustrie 1976

Quellennachweise

[5.4] Prüfung und Untersuchung der Korrosionsbeständigkeit von Stählen. (Hrsg.: Verein Deutscher Eisenhüttenleute). Düsseldorf: Verlag Stahleisen 1973

[5.5] *Kaesche, H.:* Die Korrosion der Metalle. Berlin, Heidelberg, New York: Springer-Verlag 1979

[5.6] *Rahmel, A.; Schwenk, W.:* Korrosion und Korrosionsschutz von Stählen. Weinheim, New York: Verlag Chemie 1977

[5.7] *Reutler, H.; Scharf, H.:* Die Aggressivität von Mikroklimaten in der DDR unter besonderer Berücksichtigung des Einsatzes korrosionsträger Stähle. In: Freiberger Forschungshefte, B 189. Leipzig: VEB Deutscher Verlag für Grundstoffindustrie 1976

[5.8] *Satake, J.; Moroiskiri, T.:* Internat. Congr. Met. Corr. Tokyo, Mai 1972. Ext. Abstracts S. A-42,317

[5.9] *Gerassimenko, Ju. J.; Garz, I.:* Neue Hütte 23 (1978) 431

[5.10] *Herbsleb, G.:* VDI-Z 123 (1981) 505

[5.11] Elektrochemische Korrosionsprüfung (KDT-Empfehlung). T. 1. Allgemeines, Meßtechniken, ebenmäßige Korrosion. T. 2. Interkristalline Korrosion, Lochfraßkorrosion. Eigenverlag der KDT, 1977–1979

[5.12] *Schüller, H. J.; Schwaab, P.; Schwenk, W.:* Arch. Eisenhüttenwes. 33 (1962) 853

[5.13] *Freiman, L.; Makarov, V. A.; Bryksin, J. E.:* Potentiostatische Methoden bei Korrosionsuntersuchungen und elektrochemischen Schutzverfahren (russ.). Leningrad: Verlag Chimija 1972

Standards (Auswahl)

Spindler, H.: Verzeichnis der Staatlichen Standards der DDR auf dem Gebiet der Korrosion und des Korrosionsschutzes. Aus der Zentralstelle für Korrosionsschutz, 12. Dresden: 1981

Spindler, H.: TGL-Taschenbuch Korrosionsschutz. (Hrsg.: Zentralstelle für Korrosionsschutz Dresden). Leipzig: VEB Deutscher Verlag für Grundstoffindustrie 1981

TGL 18701 Korrosion der Metalle; Begriffe

TGL 18751 Korrosion und Korrosionsschutz; Korrosionsprüfung; Allgemeine Festlegungen

TGL 18752 Korrosion und Korrosionsschutz; Korrosionsprüfung; Auswertung von Korrosionsversuchen
TGL 18753 Korrosion und Korrosionsschutz; Prüfmedien für Laborkorrosionsprüfungen
TGL 18754 Korrosion und Korrosionsschutz; Prüfung der Korrosionsbeständigkeit
TGL 18754/01 Dauertauchversuch; Siedeversuch; Druckgefäßversuch
TGL 18754/02 Wechseltauchversuch
TGL 18754/03 Beanspruchung im neutralen Salznebel
TGL 18754/04 Schwitzwasserversuch
TGL 18754/06 Beanspruchung in saurem Salznebel
TGL 18754/07 Beanspruchung im Salznebel mit Zusatz von Essigsäure und Kupferchlorid (Cass-Test)
TGL 18704 Korrosion und Korrosionsschutz; Korrosionsaggressivität der Atmosphäre; Klassifizierung
TGL 18755 Korrosion und Korrosionsschutz; Korrosionsprüfung; Bewitterungsversuche
TGL 18785 Korrosion und Korrosionsschutz; Bestimmung des Durchrostungsgrades von Schutzschichten auf Eisen- und Stahloberflächen
TGL 18794/01 Korrosion und Korrosionsschutz; Korrosionsaggressivität von Böden; Prüfung im Erdboden
TGL 11765 Stahl in Wässern und Erdstoffen; Prüfung und Beurteilung der Erdstoffe; Korrosionsschutzmaßnahmen
TGL 9206/01 Umgebungseinflüsse auf elektrotechnische und elektronische Erzeugnisse; Prüfung bei feuchter Wärme, konstante Bedingungen. Methode 2031 (Prüfung Ca)
TGL 9206/02 Prüfung mit feuchter Wärme, zyklische Bedingungen. Methode 2032 (Prüfung Db)
TGL 12780 Prüfung von Stahl; Prüfung rost- und säurebeständiger Stähle auf Beständigkeit gegen interkristalline Korrosion
TGL 12781 Prüfung von Stahl; Prüfung von unlegierten und niedriglegierten Stählen auf Anfälligkeit für interkristalline Spannungsrißkorrosion
TGL 7061 Hitze- und zunderbeständige Stähle; Technische Lieferbedingungen

6. Zerstörungsfreie Prüfverfahren

6.1. Radiographische Prüfverfahren

Die *radiographischen Prüfverfahren* haben einen hohen Informationsgehalt, da sie ein anschauliches Bild der Dicken- und Dichteverteilung eines Werkstückes geben. Sie basieren vornehmlich auf der Durchstrahlung des Prüfobjektes mit Hilfe von *Röntgen-* und *Gammastrahlung* und dienen in erster Linie der Aufdeckung und Analyse von inneren Inhomogenitäten. Dazu kommen spezielle Durchstrahlungsprüfungen mit Hilfe von geladenen Partikeln und Neutronen sowie eine Reihe mehr meßtechnischer Anwendungen der genannten Strahlenarten, die ebenfalls zu den radiographischen Prüfverfahren gerechnet werden können.

6.1.1. Theorie der Durchstrahlung

Zur Einführung in die physikalischen Grundlagen der Durchstrahlungsprüfung ist es erforderlich, folgende Teilprozesse des Abbildungsvorganges zu betrachten: die Strahlungsquellen, die Wechselwirkungsvorgänge beim Materiedurchgang, die Entstehung des Durchstrahlungsbildes und die Aufzeichnung der Intensitätsverteilung. Auf Grund der vorrangigen industriellen Bedeutung werden diese Ausführungen auf die Anwendung von Röntgen- und Gammastrahlen beschränkt.

6.1.1.1. Erzeugung und Entstehung von Röntgen- und Gammastrahlung

Röntgenstrahlung

Treffen energiereiche Elektronen, die z. B. durch die Beschleunigung im elektrischen Feld einer *Röntgenröhre* erzeugt werden können, auf die Materie des Targets, werden sie im Coulombschen Feld der Atomkerne unter Wirkung der Feldkräfte aus ihrer ursprünglichen Bewegungsrichtung ausgelenkt und erfahren damit eine Abbremsung. Der dabei auftretende Verlust an kinetischer Energie wird zu über 99% in Wärmeenergie und der Rest in *Röntgenquanten* umgesetzt, die emittiert werden. Der Anteil kann nach

$$\eta \approx 10^{-9} UZ \qquad (6.1)$$

U Beschleunigungsspannung in V
Z Kernladungszahl

abgeschätzt werden. Da die Ablenkung und damit der Vorgang der Abbremsung sehr verschieden erfolgt – im äußersten Fall werden die Elektronen vollständig abgebremst –, hat die auf diese Weise emittierte elektromagnetische Strahlung ein kontinuierliches Spektrum, dessen kurzwellige Grenze durch die bei völliger Abbremsung zur Verfügung stehende kinetische Energie bestimmt wird. Das Spektrum dieser *Röntgenbremsstrahlung* ist im Bild 6.1 dargestellt. Die kinetische Energie der emittierten Röntgenquanten ergibt sich zu

$$h\nu = {}^1/_2 m(v_1^2 - v_2^2) \tag{6.2}$$

v_1 Geschwindigkeit der auftreffenden Elektronen
v_2 Geschwindigkeit der abgebremsten Elektronen
ν Frequenz der Röntgenstrahlung
h Plancksches Wirkungsquantum ($6{,}625 \cdot 10^{-27} \cdot 10^{-7}$ Js)

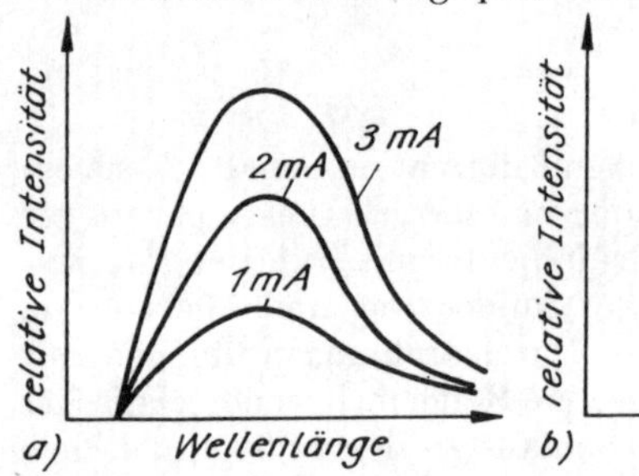

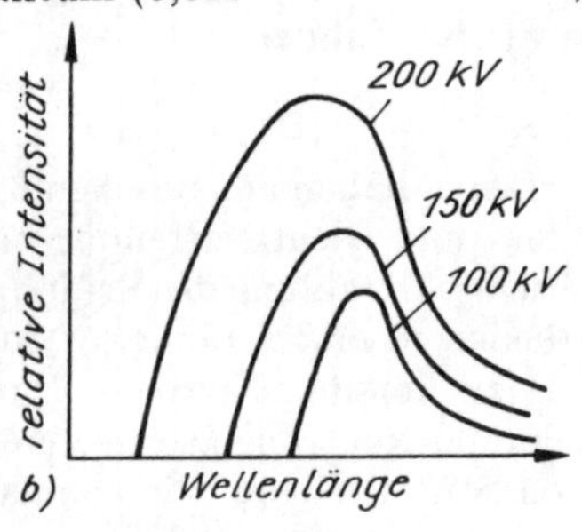

Bild 6.1. Spektrum der Röntgenbremsstrahlung
a) in Abhängigkeit vom Röhrenstrom
b) bei verschiedenen Röhrenspannungen

Die kürzeste Wellenlänge entspricht dem Fall $v_2 = 0$. Da die kinetische Energie der Elektronen proportional der Beschleunigungsspannung U_{max} ist, gilt

$${}^1/_2 m v_1^2 = eU_{max} \tag{6.3}$$

Die kurzwellige Grenze des Röntgenbremsspektrums kann damit nach *Duane-Hunt* angegeben werden durch

$$\lambda_G = \frac{hc}{eU_{max}} = \frac{1{,}24 \cdot 10^{-9}}{U_{max}\,(\text{in kV})} \quad \text{in m} \tag{6.4}$$

c Lichtgeschwindigkeit ($2{,}9979 \cdot 10^8$ m s^{-1})
e Elementarladung ($1{,}60 \cdot 10^{-19}$ C)

Das Intensitätsmaximum tritt etwa bei $\lambda_{max} = 1{,}5\lambda_G$ auf. Die integrale Intensität, bezogen auf das gesamte Spektrum, ist abhängig vom Elektronenstrom i, von der Ordnungszahl Z des Targets sowie von der Beschleunigungsspannung U_{max} und kann durch

$$I = \text{const}\; i\, Z U_{max}^2 \tag{6.5}$$

berechnet werden.

Neben dieser kontinuierlichen Röntgenbremsstrahlung entsteht beim Aufprall energiereicher Elektronen auf ein Element hoher Kernladungszahl noch eine zweite Art von Röntgenstrahlung, die sog. *charakteristische Röntgenstrahlung,* die dem kontinuierlichen Spektrum überlagert ist. Diese charakteristische Röntgenstrahlung ist die Grundlage analytischer Untersuchungen (Abschnitt 3.3.3.) bzw. der röntgenographischen Spannungsmessung (Abschnitt 8.3.).

Die zur Durchstrahlungsprüfung erforderlichen Beschleunigungsspannungen liegen zwischen 20 kV und 35 MV, was einem Wellenlängenbereich von $6 \cdot 10^{-11}$ bis $3 \cdot 10^{-14}$ m entspricht. Der Anwendungsbereich von Röntgenanlagen umfaßt im allgemeinen 100 bis 300 kV. Die Beschleunigungsspannungen im MV-Bereich werden durch Industriebetatrone, Resonanztransformatoren, van-de-Graaf-Generatoren und andere Beschleunigertypen erzielt. Für die industrielle Durchstrahlungsprüfung werden jedoch vornehmlich transportable Röntgenanlagen im kV-Bereich und nur vereinzelt Industriebetatrone oder andere kleinere Beschleuniger eingesetzt. Im Bild 6.2 ist der schematische Aufbau einer Röntgenanlage wiedergegeben. Handelsüblich sind wassergekühlte *Einpolröhren*, bei denen nur die Katode unter Spannung steht und die als Kurz- oder *Hohlanodenröhre* mit einseitiger, tellerförmiger und halbkugeliger Abstrahlung ausgeführt sind. Bei höheren Beschleunigungsspannungen werden vornehmlich öl- oder gasgekühlte *Zweipolröhren* verwendet, bei denen Anode und Katode unter Spannung stehen und die in Panoramaausführung einen Strahlenaustritt von nahezu 360° ermöglichen.

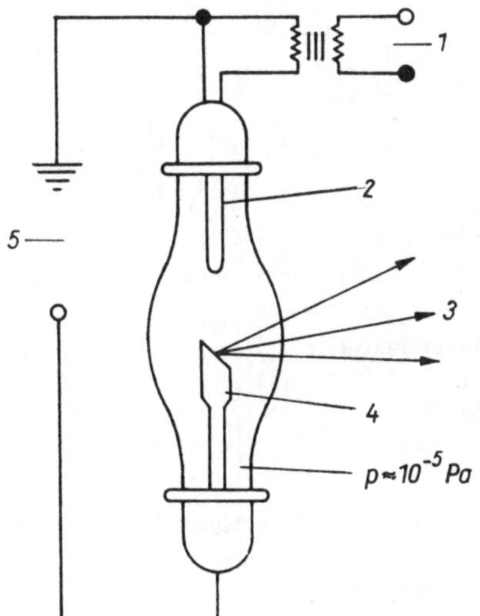

Bild 6.2. Arbeitsprinzip einer Röntgenröhre

1 Heizspannung 8 bis 12 V
2 Katode
3 Röntgenstrahlung
4 gekühlte Anode (Target)
5 Hochspannungsgenerator

Von der Betriebsart her kommen vorwiegend öl- und gasgekühlte Einkessel-Halbwellengeneratoren oder ölgekühlte Hochleistungs-Gleichspannungsgeneratoren zum Einsatz.

Gammastrahlung

Die *Gammastrahlung* entsteht zum Unterschied von der Röntgenstrahlung nicht in der Elektronenhülle, sondern geht vom Atomkern aus. Zum Verständnis ihrer Entstehung ist es erforderlich, das Schalenmodell des Atomkerns heranzuziehen. Nach dieser Modellvorstellung befinden sich die Nukleonen analog zu den Elektronen der Atomhülle auf diskreten, gequantelten Energieniveaus. Erfolgt nun von außen eine Energiezuführung in den Kern, so können Nukleonen auf energiehöhere Bahnen gehoben werden. Der Atomkern befindet sich dann in einem angeregten Zustand. Die »angehobenen« Nukleonen werden bestrebt sein, wieder in den tiefstmöglichen Energiezustand überzugehen. Die freiwerdende Energie äußert sich in einer Emission von *Gammaquanten*, die vom Kern ausgeht. Es handelt sich dabei um diskrete Energiebeträge, die nach außen abgegeben werden. Das Zurückspringen der Nukleonen kann stufenförmig geschehen, oder es können auch mehrere Bahnen übersprungen werden. Die auf diese Weise entstehende Gammastrahlung hat deshalb ein *Linienspektrum* (Bild 6.3).

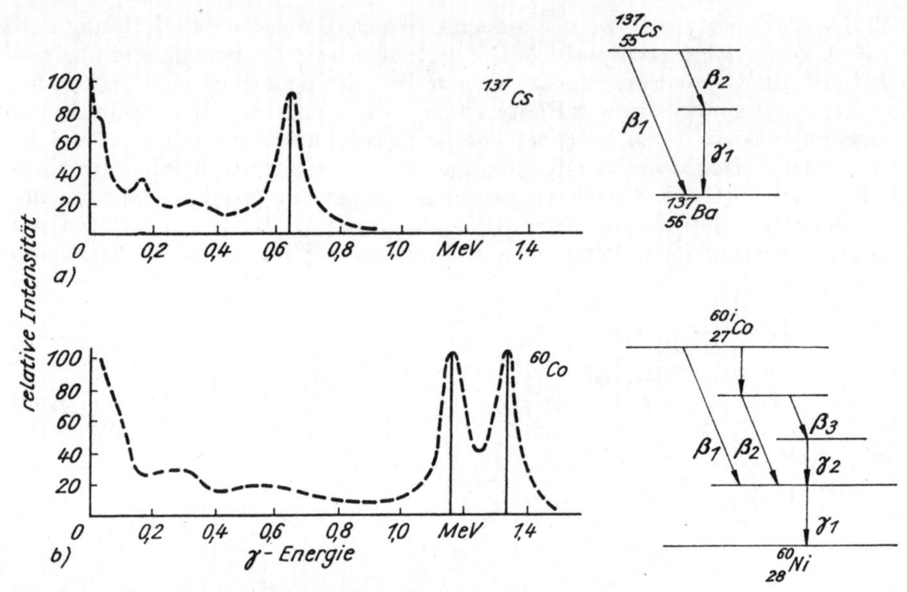

Bild 6.3. Spektrale Intensitätsverteilung und Zerfallsschemata bei verschiedenen Gammastrahlungsquellen

——— wichtigste Energielinien; - - - - - überlagertes Compton-Kontinuum
a) ^{137}Cs-Quelle
b) ^{60}Co-Quelle

Auf Grund der Wechselwirkungsvorgänge innerhalb einer derartigen Strahlungsquelle erscheint meßtechnisch meist ein verwaschenes Linienspektrum, das von einem *Compton-Kontinuum* überlagert ist (Abschnitt 6.1.1.2.).
Abgesehen davon, daß die Gammastrahlung im allgemeinen als Begleiterscheinung bei der Entstehung von α-, β^--, β^+-Strahlung oder bei K-Einfang auftritt, sind noch weitere Emissionen mit der Entstehung von Gammastrahlung verbunden. Die vom Atomkern ausgehenden Gammaquanten können auf ihrem Weg durch die Atomhülle Elektronen herausschlagen. Diese Energieübertragung vom Kern auf die Hüllenelektronen kann auch strahlungslos erfolgen. Man nennt diesen Vorgang *Konversion* oder innere Umwandlung. Die freiwerdenden Konversionselektronen leisten einen Beitrag zum Spektrum. Die auf diese Weise besonders in den kernnahen Bahnen entstandenen Elektronenlücken werden durch Elektronen höherer Bahnen sofort wieder aufgefüllt. Die dabei freiwerdende charakteristische Röntgenstrahlung wird auch als sekundäre Gammastrahlung bezeichnet. Für die Durchstrahlungsprüfung wichtige *Gammastrahlungsquellen*, wie ^{60}Co, ^{192}Ir, ^{169}Yb und ^{170}Tm, werden durch eine Neutronenbestrahlung im Kernreaktor hergestellt. Das ^{137}Cs gewinnt man aus Spaltprodukten mit Hilfe spezifischer Fällungsreaktionen. Durch Beschuß der stabilen Isotope mit langsamen Neutronen entstehen *radioaktive Isotope*, welche die gewünschte Gammastrahlung aussenden. Es handelt sich dabei um folgende (n, γ)-Reaktionen:

^{59}Co (n, γ) ^{60} Co

^{191}Ir (n, γ) ^{192}Ir

^{168}Yb (n, γ) ^{169}Yb

^{169}Tm (n, γ) ^{170}Tm

Die entstandenen radioaktiven Isotope unterliegen dann folgender Umwandlung:

$$^{60}_{27}\text{Co} \rightarrow {}^{60}_{28}\text{Ni} + {}^{0}_{-1}\beta + {}^{0}_{0}\gamma$$

$$^{192}_{77}\text{Ir} \rightarrow {}^{192}_{78}\text{Pt} + {}^{0}_{-1}\beta + {}^{0}_{0}\gamma$$

$$^{170}_{69}\text{Tm} \rightarrow {}^{170}_{70}\text{Yb} + {}^{0}_{-1}\beta + {}^{0}_{0}\gamma$$

$$^{169}_{70}\text{Yb} \rightarrow {}^{169}_{71}\text{Lu} + {}^{0}_{-1}\beta + {}^{0}_{0}\gamma$$

$$^{137}_{55}\text{Cs} \rightarrow {}^{137}_{56}\text{Ba} + {}^{0}_{-1}\beta + {}^{0}_{0}\gamma$$

Die neben der Gammastrahlung gleichzeitig emittierte Betakomponente spielt auf Grund der geringen Durchdringungsfähigkeit in der Durchstrahlungsprüfung metallischer Objekte keine Rolle. Analysiert man die Energiespektren der erzeugten Gammastrahlungsquellen, so ist festzustellen:

^{60}Co emittiert Gammaquanten der Energien $E_1 = 1{,}17$ MeV (1 MeV = 1,60210 $\times 10^{-13}$ J) und $E_2 = 1{,}33$ MeV mit gleicher Häufigkeit; ^{192}Ir dagegen sendet Gammaquanten mit 18 verschiedenen Energien im Bereich von $E_1 = 0{,}137$ MeV bis $E_{18} = 1{,}06$ MeV aus. Da über die Hälfte der insgesamt emittierten Gammaquanten im Energiebereich von 0,29 bis 0,47 MeV liegt, kann im allgemeinen mit einer mittleren, wirksamen Energie von $E = 0{,}4$ MeV gerechnet werden. ^{170}Tm und ^{137}Cs sind monoenergetische Gammastrahler mit $E(^{170}\text{Tm}) = 0{,}084$ MeV bzw. $E(^{137}\text{Cs}) = 0{,}667$ MeV.

^{169}Yb wird erst seit kurzem zur Durchstrahlungsprüfung eingesetzt. Von den 9 verschiedenen Energien liegt nahezu die Hälfte der emittierten Gammaquanten im Energiebereich von 0,1 bis 0,2 MeV.

Die Anzahl der je Zeiteinheit emittierten Gammaquanten verringert sich exponentiell mit der Zeit nach

$$N = N_0 \exp\left[-0{,}692 \cdot t/t_{\mathrm{H}}\right] \tag{6.6}$$

wobei t_{H} die *Halbwertszeit* darstellt, nach deren Verlauf die Zahl der emittierten Teilchen auf die Hälfte abgesunken ist. Die Ursache dafür liegt darin begründet, daß die Anzahl der Kerne mit angeregten Niveaus sich exponentell mit der Zeit vermindert. Meist liegt die Lebensdauer der sich im angeregten Zustand befindenden Kerne nur bei 10^{-12} bis 10^{-13} s. Tabelle 6.1 enthält die Halbwertszeiten und weitere Angaben der wichtigsten Gammastrahlungsquellen. Besonders bei den Strahlungsquellen mit relativ kurzer Halbwertszeit, z. B. ^{170}Tm und ^{192}Ir, strebt man nach höheren Aktivitäten, um die Strahlungsquellen ökonomisch auf längere Dauer einsetzen zu können.

Tabelle 6.1. Parameter der wichtigsten industriellen Gammastrahlungsquellen

Isotop	Halbwertszeit	γ-Energie in MeV	Spezif. Aktivität in $\cdot 10^3$ GBq $\cdot$ g^{-1}
^{170}Tm	127 d	0,084	37
^{169}Yb	32 d	0,06 ... 0,3[1])	
^{192}Ir	74,5 d	0,3 ... 0,5[2])	12,9
^{137}Cs	30 a	0,66	0,9
^{60}Co	5,3 a	1,17/1,33	1,8

[1]) insgesamt 9 Linien

[2]) höchste Anteile am Zerfall; insgesamt 18 Linien zwischen 0,1 und 1,0 MeV

Die durch Neutronenbeschuß erreichbare *spezifische Aktivität* wird berechnet nach

$$A = \frac{N_0 \sigma \Phi \cdot 10^6}{V} \left[1 - \exp\left(-0{,}693 \frac{t}{t_H}\right)\right] \quad \text{in Bq m}^{-3} \tag{6.7}$$

N_0 Zahl der vorhandenen Kerne
σ Wirkungsquerschnitt in barn (1 barn = 10^{-28} m^2)
Φ Neutronenfluß in n cm^{-2} s^{-1}
V bestrahltes Volumen in m^3
t, t_H Dauer der Bestrahlung bzw. Halbwertszeit (gleiche Dimensionen)

Der Sättigungsaktivität ($t \to \infty$) kommt man schon bei Bestrahlungszeiten von 3 bis 4 Halbwertszeiten sehr nahe. Die technische Grenze wird durch den Neutronenfluß Φ bestimmt, der bei Kernreaktoren in der Größenordnung von $\Phi \approx 10^{12}$ bis 10^{14} n cm^{-2} s^{-1} liegt. Die wirksame Aktivität einer Gammastrahlungsquelle ist jedoch nicht nur von den Aktivierungsparametern, sondern auch von geometrischen Faktoren abhängig. Sie kann nach *Dixon* berechnet werden durch

$$A = \frac{q A_s}{\mu_E} [1 - \exp(-\mu_E a)] \cdot 3{,}7 \cdot 10^{10} \tag{6.8}$$

q Querschnitt der zylindrischen Strahlungsquelle in cm^2
A_s spezifische Aktivität in Bq cm^{-3}
a Länge der Quelle in cm
μ_E Eigenabsorptionskoeffizient in cm^{-1}; $\mu_E(^{60}\text{Co}) = 0{,}35\,\text{cm}^{-1}$; $\mu_E(^{192}\text{Ir}) = 5{,}0\,\text{cm}^{-1}$

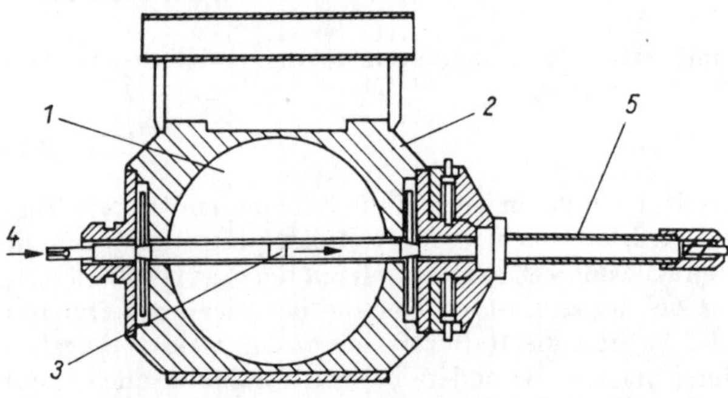

a)

b)

Bild 6.4. Gammadefektoskopiegerät (Entwicklung des VEB SKET Magdeburg)
a) Aufbau
1 Schwermetallkugel (U, W)
2 Grundkörper
3 Durchgangsöffnung zur Aufnahme des Präparatehalters
4 Befestigung für das Bedienungskabel
5 Arbeitskopf
b) Gesamtansicht

Der Zusammenhang zwischen Wellenlänge λ und Energie E ergibt sich bei Gammastrahlung analog Gl. (6.4) aus

$$\lambda_i = \frac{hc}{E_i} = \frac{12{,}4 \cdot 10^{-13}}{E_i \text{ (in MeV)}} \quad \text{in m} \tag{6.9}$$

Die kürzeste Wellenlänge, die bisher industriell bei Gammastrahlung zur Verfügung steht, gehört zum ^{60}Co und liegt bei $\lambda = 9 \cdot 10^{-13}$ m. Die Handhabung der Gammastrahlungsquellen erfolgt in speziellen *Isotopenarbeitsbehältern* (Bild 6.4) mit Pb-, U-, W- und Stahlabschirmungen. Das Ein- und Ausfahren des radioaktiven Quellenbolzens erfolgt durch eine Fernbedienung. Das Beschicken des Arbeitsbehälters mit neuen Quellenbolzen wird unter entsprechenden Sicherheitsvorkehrungen mit Hilfe einer Manipulatorstange vorgenommen.

6.1.1.2. Wechselwirkungsvorgänge beim Materiedurchgang

Grundlage der Durchstrahlungsprüfung sind die Wechselwirkungsvorgänge, die zwischen der Röntgen- oder Gammastrahlung und der durchstrahlten Materie stattfinden. Sie äußern sich in ihrer Summe in einer Intensitätsminderung bzw. in einer Schwächung der Strahlung. Die nach dem Durchgang durch eine Werkstoffschicht der Dicke x, der Dichte ϱ und der Kernladungszahl Z vorhandene Strahlungsintensität I ist von folgenden Faktoren abhängig (Bild 6.5):

$I = f(x, \varrho, Z, I_0$, Energiespektrum, Geometrie)

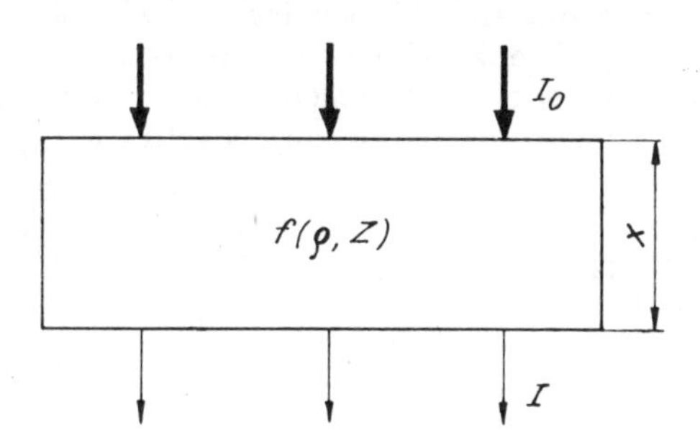

Bild 6.5. Durchstrahlungsmodell

Für Gammastrahlung gilt das *Schwächungsgesetz*

$$I = \sum_{i=1}^{n} I_{i0}[\exp(-\mu_i x)]\, B_i \tag{6.10}$$

i Nummer der Energielinie
I_{i0} Intensität der i-ten Linie
μ_i linearer Schwächungskoeffizient der i-ten Linie
n Zahl der vorhandenen Energielinien
B_i $f(Z, x, \mu_i, E_i$, Geometrie) = Aufbaufaktor der i-ten Linie

Zwischen I_0 und der Ausgangsfluenz I_A am Strahlenaustrittspunkt besteht die Beziehung:

$$I_0 = I_A \frac{k}{(a + b)^2} \tag{6.11}$$

wobei k und b Konstanten sind und a den Abstand »Strahlenquelle – Absorberoberfläche« darstellt. Für ^{137}Cs und ^{170}Tm vereinfacht sich das Schwächungsgesetz aus Gl. (6.10) zu

$$I = I_0[\exp(-\mu x)]\, B \tag{6.12}$$

da nur eine Energielinie vorhanden ist. Für die praktische Anwendung genügt es oft, auch bei ^{60}Co von einer mittleren Energie $\bar{E} = 1{,}25$ MeV und bei ^{192}Ir von einer mittleren effektiven Energie $\bar{E} = 0{,}4$ MeV auszugehen und die vereinfachte Form des Schwächungsgesetzes nach Gl. (6.12) zu benutzen.

Der *Aufbau-Faktor* B stellt eine vorrangig geometrische Korrekturfunktion dar, die berücksichtigen soll, daß bei breitem Strahlenbündel noch zusätzliche Intensitätsanteile in das auswertende Detektorvolumen gestreut werden, welche von Randstrahlen stammen, die normalerweise den Detektor nicht mehr erreichen. Bei schmalem Strahlenbündel kann $B = 1$ angenommen werden (Bild 6.6). Der Aufbaufaktor läßt sich näherungsweise durch

$$B(\mu x) = A_1 \exp(-\alpha_1 \mu x) + (1 - A_1) \exp(-\alpha_2 \mu x) \tag{6.13}$$

berechnen, wobei A_1, α_1 und α_2 aus Tabellen entnommen werden. Um jedoch den jeweils vorhandenen geometrischen Bedingungen wirklich Rechnung zu tragen, empfiehlt sich eine experimentelle Bestimmung der Korrekturfunktion B oder besser der gesamten Schwächungsfunktion $f(x, \mu, B)$. Anstelle des Aufbaufaktors kann auch eine additive Korrekturfunktion benutzt werden. Weiterhin ist es möglich, eine Korrektur direkt am μ-Wert vorzunehmen.

Für Röntgenstrahlung gilt gleichfalls das vereinfachte Schwächungsgesetz nach Gl. (6.12). Der lineare *Schwächungskoeffizient* μ stellt dabei einen mittleren Wert für das kontinuierliche Spektrum dar. Die Schwächung der Strahlenintensität wird charakterisiert durch die Materialdicke x und den linearen Schwächungskoeffizienten

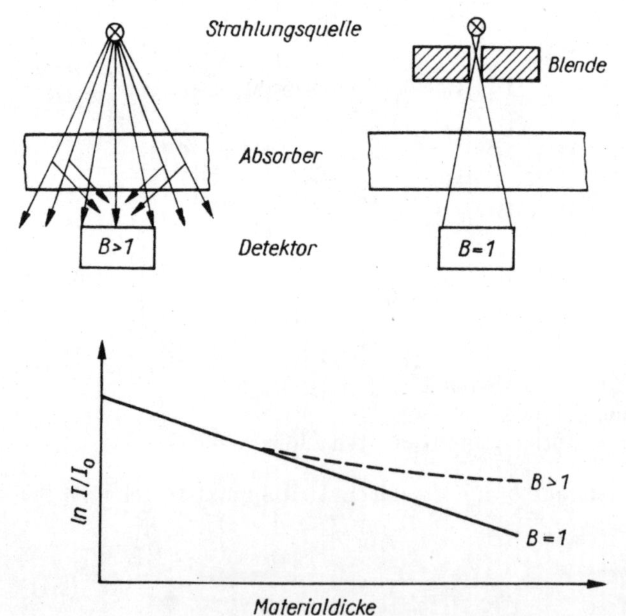

Bild 6.6. Wirkung des Aufbaufaktors B

$\mu = f(E, Z, \varrho)$, der vom Energiespektrum und von den Werkstoffeigenschaften abhängig ist. In der Tabelle 6.2 sind einige wichtige μ-Werte zusammengestellt.

Tabelle 6.2. Lineare Schwächungskoeffizienten für Röntgen- und Gammastrahlung (bei schmalen Strahlenbündeln)

Energie/ Isotop	μ-Wert in cm^{-1}						
	Fe	Al	Pb	Cu	W	U	Beton
500 kV	0,66	0,22	1,7	0,70	1,9	2,8	0,20 ... 0,37
1 000 kV	0,47	0,16	0,8	0,50	1,2	1,3	0,15 ... 0,29
^{192}Ir	0,71	0,24	1,8	0,79	2,9	3,8	0,22 ... 0,39
^{137}Cs	0,60	0,20	1,3	0,64	1,5	2,3	0,19 ... 0,35
^{60}Co	0,41	0,15	0,7	0,45	0,9	1,1	0,13 ... 0,26

In dem linearen Schwächungskoeffizienten sind die ablaufenden Wechselwirkungsvorgänge zwischen Strahlung und Materie enthalten nach

$$\mu = \mu_F + \mu_c + \mu_p + \mu_K \quad \text{in cm}^{-1} \tag{6.14}$$

μ_F Fotoabsorptionskoeffizient
μ_c Comptonstreukoeffizient
μ_p Paarbildungskoeffizient
μ_K klassischer Streukoeffizient

Beim *Fotoeffekt* wird die Energie des auf ein Hüllenelektron treffenden Photons vollständig zum Herausschlagen des Hüllenelektrons verbraucht nach

$$E_\gamma = h\nu = E_{e-} + E_J \tag{6.15}$$

E_γ kinetische Energie des γ-Quants
E_{e-} kinetische Energie des Fotoelektrons nach dem Stoß
E_J Ablöseenergie des Fotoelektrons aus dem Atomverband (Ionisierungsenergie)

Die Voraussetzung für diesen Vorgang ist $E_\gamma > E_J$. Der mikroskopische Wirkungsquerschnitt für den Fotoeffekt wächst stark mit der Ordnungszahl Z nach

$$\sigma \approx Z^5/E \quad \text{(in MeV) in barn} \qquad 0{,}3\ \text{MeV} < E < 2\ \text{MeV} \tag{6.16}$$

Die Energieabhängigkeit des Fotoeffektes kann beschrieben werden durch

$$\mu = \varrho \frac{1}{E^{a_1}} \frac{a_2}{a_3 + E} \tag{6.17}$$

wobei a_1, a_2 und a_3 werkstoffabhängige Konstanten darstellen.
Beim *Comptoneffekt* wird das auftreffende Photon am Hüllenelektron unelastisch gestreut, d. h., es wird aus seiner Richtung um den Winkel Θ ausgelenkt und fliegt mit verminderter Energie weiter. Die beim Stoß auf das Hüllenelektron übertragene Energie reicht noch aus, um dieses aus dem Hüllenverband zu stoßen. Die Energiebilanz läßt sich leicht aus Energie- und Impulserhaltungssatz berechnen zu

$$E_{\gamma'} = \frac{0{,}51 E\gamma}{0{,}51 + E\gamma(1 - \cos \Theta)} \quad \text{in MeV} \tag{6.18}$$

Der Wirkungsquerschnitt für den Comptoneffekt kann berechnet werden aus

$$\sigma \approx \frac{3}{8E\ (\text{in MeV})} [\ln (2{,}92E) + 0{,}5] \quad \text{in barn} \tag{6.19}$$

und ist damit unabhängig von der Kernladungszahl. Beim Foto- und Comptoneffekt kommt es zur zeitweisen Ionisierung der Atome, wobei die quasifreien Elektronen jedoch nach kurzer Zeit wieder rekombinieren.
Unter dem *Paarbildungseffekt* versteht man die Erscheinung, daß sich ein energiereiches Photon im Feld eines schweren Atomkerns in ein Elektronenpaar verwandelt nach

$$E\gamma = E_{e-} + E_{e+} = 2m_0c^2 = 1{,}02\ \text{MeV} \tag{6.20}$$

Dieser Vorgang kann nur in Kernnähe stattfinden, da der Kern einen Impuls aufnehmen muß, und ist nach Gl. (6.20) erst ab $E_\gamma > 1{,}02$ MeV möglich. Der Wirkungsquerschnitt des Paarbildungseffekts ist wieder von der Kernladungszahl abhängig und kann beschrieben werden durch

$$\sigma \approx 1{,}8 \cdot 10^{-3} Z^2 \frac{E\ (\text{in MeV}) - 1{,}02}{0{,}51} \quad \text{in barn} \tag{6.21}$$

Die Energieabhängigkeit der Schwächung durch Paarbildung verläuft etwa nach

$$\mu_p = kZ^2\,[E\ (\text{in MeV}) - 1{,}02] \tag{6.22}$$

wobei k eine werkstoffabhängige Konstante ist. Das beim Paarbildungseffekt gebildete Elektronen-Positronenpaar verschwindet nach kurzer Zeit wieder unter Aussendung einer Vernichtungsstrahlung von 2 Photonen zu 0,51 MeV.
Bei der klassischen Streuung kommt es zu Stoßprozessen ohne Ionisationserscheinungen. Die geringen Energieverluste haben nur einen geringen Einfluß auf die Schwächung, so daß die klassische Streuung bei der Gesamteinschätzung vernachlässigt werden kann. Die Wirkung dieser Effekte auf die Gesamtschwächung ist stark von der Energie der verwendeten Strahlenquelle abhängig (Bild 6.7). Da der Arbeitsbereich der industriellen Durchstrahlungsprüfung im allgemeinen unter $E = 1{,}33$ MeV liegt, ist der stetige Abfall des linearen Schwächungskoeffizienten mit steigender

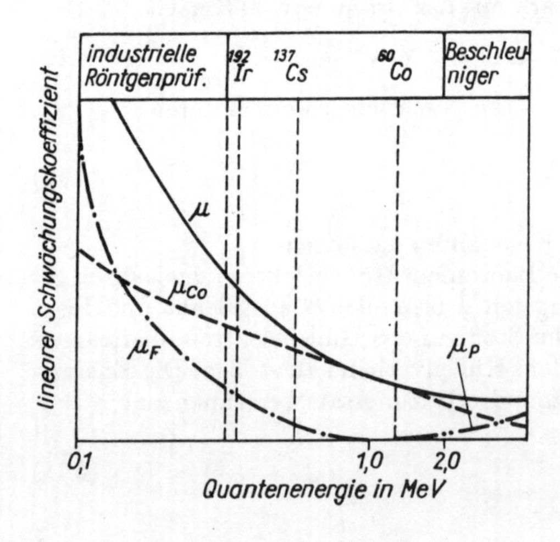

Bild 6.7. Abhängigkeit des linearen Schwächungskoeffizienten von der Quantenenergie

——— Summenkoeffizient
– – – – Comptoneffekt
–.–.–.– Fotoeffekt
–..–..–..– Paarbildungseffekt

Strahlungsenergie von ausschlaggebender Bedeutung. Außerdem sind die relativen Anteile der einzelnen Wechselwirkungsprozesse stark von der Kernladungszahl des durchstrahlten Werkstoffes abhängig (Bild 6.8). Für die industrielle Durchstrahlung von Werkstücken aus Stahl, Leichtmetallen oder Polymerwerkstoffen ist demnach die Wirkung des Comptoneffekts dominierend; bei Anwendung von Betatronen über 10 MeV wird die Paarbildung vorherrschend sein. Die Wechselwirkung mit Pb-Schichten dagegen vollzieht sich mit Ausnahme der ^{60}Co-Strahlung auf der Grundlage des Fotoeffekts.

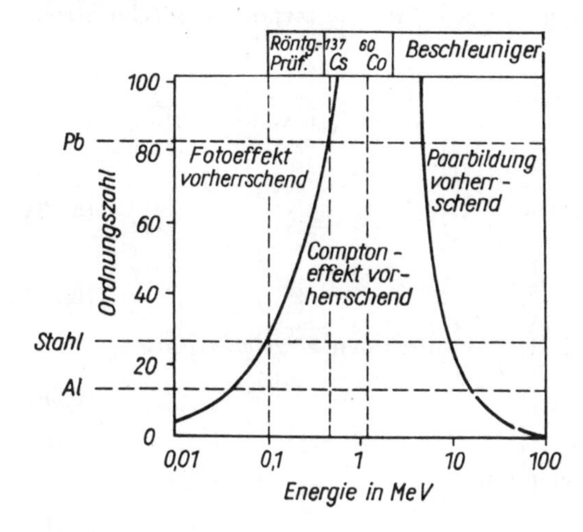

Bild 6.8. Anteile der Wechselwirkungsprozesse in Abhängigkeit von der Kernladungszahl des durchstrahlten Werkstoffs und der Quantenenergie

Zum Vergleich verschiedener Werkstoffe bezieht man μ auf die Dichte ϱ und ermittelt den *Massenschwächungskoeffizienten* $\frac{\mu}{\varrho}$ in cm^2 g^{-1}. Besteht ein Werkstoff aus mehreren Elementen mit a_n verschiedenen Anteilen, so ergibt sich der resultierende Massenschwächungskoeffizient aus

$$\frac{\mu}{\varrho} = \sum_{i=1}^{n} \left(\frac{\mu}{\varrho}\right)_i a_i \quad \text{mit} \quad \sum_{i=1}^{n} a_i = 1 \tag{6.23}$$

Die Ermittlung der zugehörigen Wechselwirkungskoeffizienten für ein vorgegebenes Element kann erfolgen nach

$$\frac{\mu_j}{\varrho} = \frac{18{,}32(\mu_j)_{Pb}}{A} \left(\frac{Z}{82}\right)^n \tag{6.24}$$

Fotoeffekt $n = 4$
Comptoneffekt $n = 1$
Paarbildungseffekt $n = 2$
A relative Atommasse
Z Kernladungszahl

Die Schwächungswerte für Pb können für die jeweilige Energie direkt aus Tabellen entnommen werden. Auf diese Weise ist es möglich, den Schwächungskoeffizienten einer Legierung rechnerisch abzuschätzen.
Die Wechselwirkungsprozesse verlaufen nach statistischen Gesetzmäßigkeiten und sind in Wirklichkeit als Vielfachstoßprozeß zu betrachten. Eine mathematische

Behandlung wird dadurch sehr erschwert und nur über die Monte-Carlo-Methode möglich. Daher ist die besonders bei niedrigen Ordnungszahlen merklich zunehmende Streustrahlung an der Oberfläche des durchstrahlten Werkstückes noch wenig erforscht.

6.1.1.3. Entstehung des Durchstrahlungsbildes

Die Durchstrahlung eines Werkstückes ist im Bild 6.9 schematisch dargestellt. Bei Vernachlässigung des Aufbaufaktors ergeben sich für eine monoenergetische Strahlung folgende Zusammenhänge:
Aus

$$I = I_{10}[\exp(-\mu_1 x)]\, B_1 + I_{20}[\exp(-\mu_2 x)]\, \mathrm{B}_2 + \ldots + I_{n0}[\exp(-\mu_n x)]\, \mathrm{B}_n \qquad (6.25)$$

wird für eine Energielinie

$$I = I_0 \exp(-\mu x) \qquad (6.26)$$

und

$$I_\mathrm{F} = I_0 \exp(-\mu(x - \Delta x) - \mu_\mathrm{F} \Delta x) \qquad (6.27)$$

Die Nachweisbarkeit einer Inhomogenität kann durch den *Strahlenkontrast*

$$K = I_\mathrm{F}/I \qquad (6.28)$$

charakterisiert werden.
Aus den Gln. (6.26) und (6.27) ergibt sich dann

$$K = \exp[\Delta x(\mu - \mu_\mathrm{F})] \qquad (6.29)$$

oder bei n sich überlagernden Inhomogenitäten

$$K^{(n)} = \exp\left[\sum_{i=1}^{n} \mu\, \Delta x_i - \sum_{i=1}^{n} \mu_{\mathrm{F}i}\, \Delta x_i\right] \qquad (6.30)$$

Die hinter dem Prüfkörper entstehende Intensitätsverteilung ist demnach von 2 Größen abhängig: von der Ausdehnung der Inhomogenität Δx und von der Diffe-

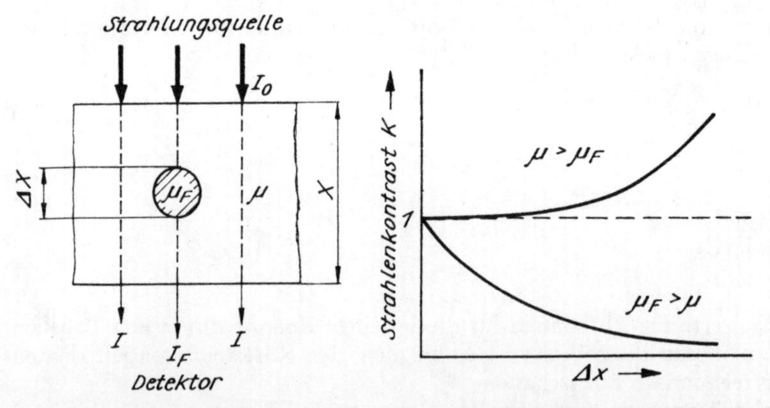

Bild 6.9. Durchstrahlungsschema und Strahlenkontrast für ein Werkstück mit sphärischer Inhomogenität

renz der linearen Schwächungskoeffizienten $\Delta\mu = \mu - \mu_F$. Hieraus leiten sich die im Bild 6.10 dargestellten praktischen Fälle ab.
Im Fall a) handelt es sich um Lunker, Gasblasen, Poren oder Risse. Hier tritt die höchste Strahlungsintensität hinter der Inhomogenität auf. Das relative Intensitätsmaximum wird ausschließlich durch die Ausdehnung der Inhomogenität in Durchstrahlungsrichtung bestimmt. Rißartige Inhomogenitäten beeinflussen den Intensitätsverlauf nur dann, wenn sie parallel zur Strahlungsrichtung liegen bzw. einen merklichen Beitrag zu Δx leisten.

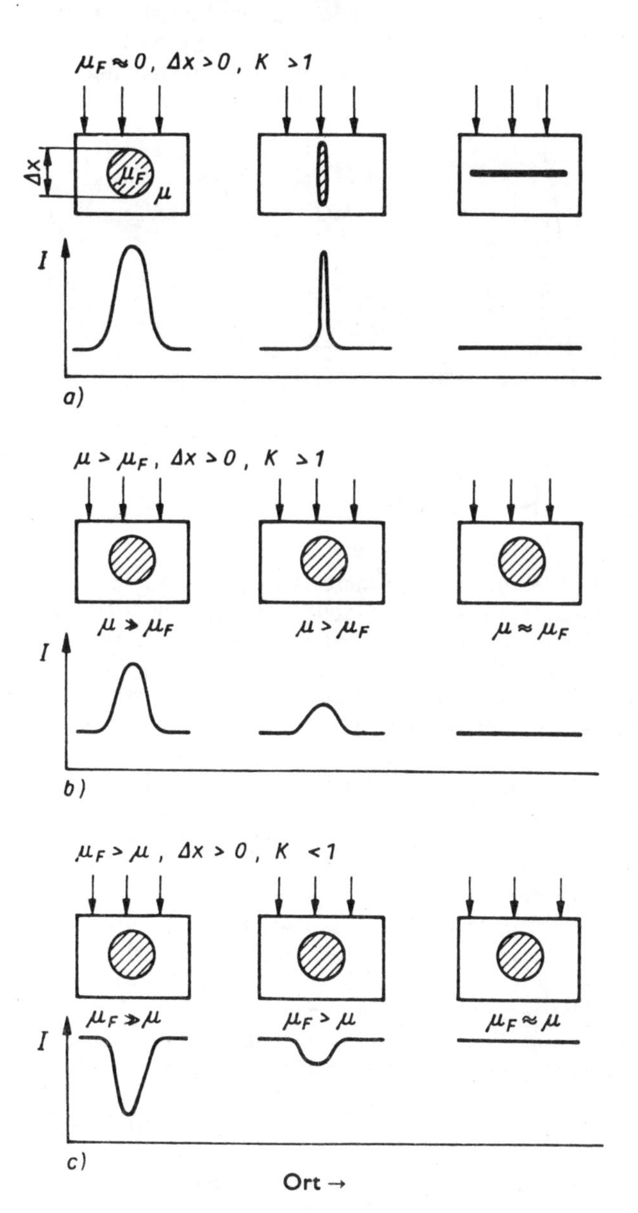

Bild 6.10. Intensitätsverteilungen bei der Durchstrahlung von Modellkörpern mit Inhomogenitäten

a) Hohlräume (Poren, Lunker, Risse)
b) Einschlüsse mit $0 < \mu_F < \mu$
c) Einschlüsse mit $\mu_F > \mu (Z_F > Z)$

Der Fall b) beschreibt die Wirkung nichtmetallischer Einschlüsse und Seigerungen im Stahl. Derartige Inhomogenitäten zeichnen sich ebenfalls durch eine erhöhte Intensität ab. Der Intensitätskontrast wird dabei wesentlich durch die Differenz der μ-Werte mitbestimmt. Der auftretende Strahlenkontrast ist bei gleicher Ausdehnung der Inhomogenität in Durchstrahlungsrichtung in der Regel kleiner als im Fall a).
Der Fall c) trifft z. B. bei Schwermetalleinschlüssen in Leichtmetall-Legierungen zu. Hier verursachen die Inhomogenitäten einen Intensitätsabfall, welcher wieder vorrangig durch die μ-Wert-Differenzen bestimmt wird.
Um eine eindeutige Information über die Tiefenausdehnung der Inhomogenität zu erhalten, ist der Vergleich mit einer zweiten Einstrahlungsrichtung erforderlich.
Die Intensitätsverteilung ist außerdem noch von den geometrischen Bedingungen der Durchstrahlung abhängig (Bild 6.11). Der Abstand der Strahlenquelle von der In-

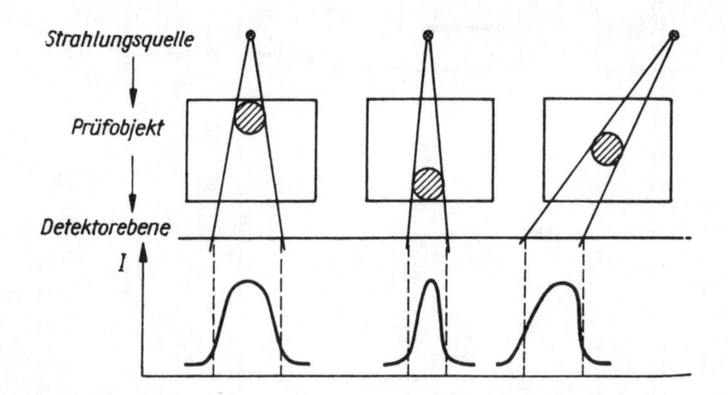

Bild 6.11. Einfluß der geometrischen Parameter auf die Intensitätsverteilung

homogenität bzw. vom Prüfobjekt beeinflußt demnach die Intensitätsverteilung senkrecht zur Durchstrahlungsrichtung. Ist die Strahlenquelle sehr nahe am Werkstück angeordnet, so zeigt die entstehende Intensitätsverteilung eine stark vergrößerte Breitenausdehnung der Inhomogenität. Die Abbildung der Inhomogenität wird um so wirklichkeitsgetreuer, je mehr man sich dem Zustand eines parallelen Strahlenbündels annähert, d. h., je größer die Entfernung zwischen Strahlenquelle und Inhomogenität ist. Da das jedoch nach Gl. (6.11) mit einem erheblichen Intensitätsverlust verbunden ist, muß ein Kompromiß gefunden werden, auf den im Abschnitt 6.1.2.3. genauer eingegangen wird. In besonders kritischen Fällen muß die wahre Breitenausdehnung der Inhomogenität durch geometrische Korrekturen ermittelt werden. Wie aus Bild 6.11 weiterhin sichtbar wird, tritt diese geometrische Verzeichnung auch schon auf Grund der verschiedenen Tiefenlage der Inhomogenität auf. Um eine Aussage über die Tiefenlage zu erhalten, sind zusätzlich Arbeitsschritte erforderlich, die im Abschnitt 6.1.3.2. beschrieben werden. Schließlich wird deutlich, daß die seitliche Lage der Inhomogenität im Strahlenkegel sowohl die Form der Intensitätsverteilung als auch die Art des Intensitätsmaximums bestimmt. Falls eine exakte örtliche Zuordnung des Intensitätspeaks zur Lage der Inhomogenität im Prüfkörper erforderlich ist, muß eine entsprechende Rückprojektion vorgenommen werden.
Diese Hinweise zeigen, daß die nach der Durchstrahlung entstehende räumliche Intensitätsverteilung nicht nur von den Gesetzmäßigkeiten der Strahlungsschwächung und -streuung, sondern ebenso von geometrischen Faktoren bestimmt wird.

6.1.1.4. Aufzeichnung der Intensitätsverteilung

Die nach der Durchstrahlung eines Prüfobjektes entstandene Intensitätsverteilung wird in der Regel mit Hilfe von *Röntgenfilmen* aufgezeichnet, die an der Rückseite des durchstrahlten Werkstückes angeordnet werden und nach einer entsprechenden fotochemischen Behandlung den Intensitätsverlauf als Schwärzungsverteilung wiedergeben. Die Übertragung des Intensitätsverlaufs in ein Schwärzungsbild erfolgt auf der Grundlage des *Bunsen-Roscoeschen Gesetzes*

$$S = kIt^{\mathrm{p}} + S_0 \tag{6.31}$$

S Schwärzung des Films (auch als optische Dichte D bezeichnet)
I Strahlungsintensität
t Belichtungszeit, Expositionszeit
p Schwarzschildkonstante
$k = f$ (Energiespektrum, Filmmaterial)
S_0 Untergrundschwärzung

Für Röntgen- und Gammastrahlen und folienlose Filme, ebenso bei Röntgenfilmen mit Metallfolie, ist für Schwärzung $S \leqq 2$ die Schwarzschildkonstante $\mathrm{p} \approx 1$. Damit wird die *Schwärzung* S direkt der *Belichtungsgröße* $B = It$ proportional. In halblogarithmischer Darstellung ergibt sich so die *Gradationskurve* einer Filmemulsion (Bild 6.12). Der allgemeine Arbeitsbereich der Durchstrahlungsprüfung liegt im an-

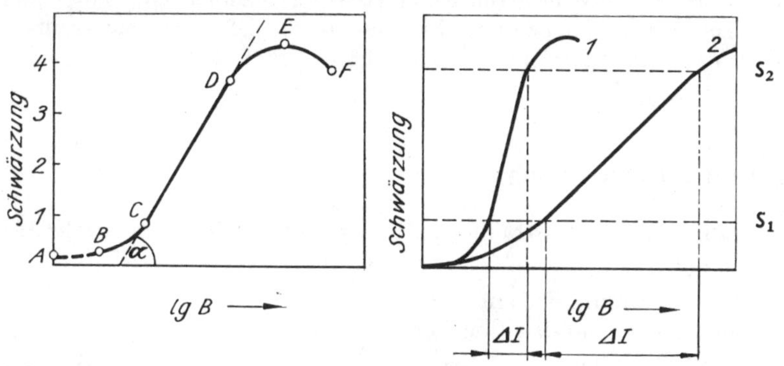

Bild 6.12. Gradationskurve eines Röntgenfilms

A – B Schleier
B – C Unterexposition
C – D geradliniger Teil (Arbeitsbereich)
D – E Überexposition
E Maximalschwärzung
F Solarisation
Kurve 1: steile Gradation
Kurve 2: flache Gradation

nähernd geradlinigen Teil der Gradationskurve im Schwärzungsintervall $S = 1{,}0$ bis 3,0. Hier wird auch der *Kontrastkoeffizient* γ (auch γ-Wert genannt) ermittelt nach

$$\gamma = \tan\alpha = \frac{S_2 - S_1}{\lg B_2 - \lg B_1} \tag{6.32}$$

Der γ-Wert wird häufig zur Charakterisierung des Filmmaterials herangezogen. Die Gradationskurve bestimmt die jeweilige Kontrastübertragung bei der Abbildung der Intensitätsverteilung. Im Bereich unterhalb von S_1, wo der Grundschleier des Films beginnt, und oberhalb von S_2, wo man sich der Sättigungsschwärzung und dem Solarisationspunkt nähert, würden sich erhebliche Kontrastverluste ergeben. Die Messung der Schwärzung S kann über eine optische Durchlässigkeitsmessung des geschwärzten

Films im diffusen oder parallelen Licht auf der Grundlage von

$$S = \lg \frac{L_0}{L} = \lg \frac{1}{T} \tag{6.33}$$

L_0 auffallende Lichtmenge
L hindurchgetretene Lichtmenge
T Transparenz

erfolgen.
Als Meßeinrichtung dienen *Fotometer* oder *Densitometer* mit Fotosekundärelektronenvervielfachern.
Anstelle des Films können auch Leuchtschirme sowie *elektroradiographische Aufnahmeelemente* (Abschnitt 6.1.4.2.) verwendet werden. Von den elektronischen Abbildungsverfahren kommen Bildverstärker mit und ohne TV-System, direkt ansprechende Fernsehkameras (TVX-System), Festkörperbildverstärker oder Szintillationskristallfernsehsysteme zur Aufzeichnung des Durchstrahlbildes in Frage. Allerdings sind der Abbildungsgüte hierbei eindeutige Grenzen gesetzt. In vielen Fällen entspricht sie nicht den gestellten Anforderungen.
Eine linienförmige Abtastung der Intensitätsverteilung kann mit Hilfe von Ionisationskammern, Zählrohren und Szintillationsmeßköpfen geschehen. Die Intensitätsreliefs können mit Hilfe von Schreibern aufgezeichnet werden, oder das gesamte Durchstrahlungsbild kann im Scanning-System auf speziellen Speicheroszillographen sichtbar gemacht werden. Diese elektronischen Detektoren haben eine besondere Bedeutung bei der Durchstrahlung bewegter Prüfobjekte. Sie liefern eine elektronisch verwertbare Sofortinformation, erreichen jedoch nicht die Erkennbarkeitsschwelle des Films.

6.1.2. Technik der Durchstrahlung

Mit der Durchführung einer Durchstrahlungsprüfung sind im allgemeinen folgende Arbeitsschritte verbunden:

- Festlegung der Durchstrahlungsenergie
- Auswahl des Röntgenfilms und der Film-Folie-Kombination
- Festlegung der Durchstrahlungsanordnung
- Auswahl und Anbringen der Bildgütetests
- Ermittlung der Belichtungszeit
- Festlegung der Strahlenschutzmaßnahmen
- Behandlung des Films nach der Exposition

Die dabei zu berücksichtigenden Gesichtspunkte sollen kurz erläutert werden.

6.1.2.1. Festlegung der Durchstrahlungsenergie

Im Abschnitt 6.1.1.2. wurde gezeigt, daß der Strahlenkontrast mit zunehmender Quantenenergie sinkt, wenn man die nicht allgemein übliche Hochenergiedurchstrahlung mit Hilfe von Beschleunigern ausklammert. Für die Auswahl der günstigsten *Durchstrahlungsenergie* muß deshalb der Grundsatz gelten, die Energie so niedrig wie möglich zu wählen, um eine möglichst hohe Detailerkennbarkeit zu erreichen. Die untere Grenze der zu verwendenden Quantenenergie wird erreicht, wenn die Durchstrahlbarkeit nicht mehr ausreichend gewährleistet ist bzw. eine ökonomisch vertretbare Grenze unterschreitet. Der zweite Gesichtspunkt für die Wahl der Durchstrahlungsenergie ist die Durchstrahlungsfähigkeit, die mit zunehmender Quantenenergie exponentiell anwächst und über die erforderliche Belichtungsgröße eine unmittelbare Verknüpfung zur Ausgangsintensität der Strahlungsquelle hat. Es ist deshalb erforderlich, den Dickenbereich des Prüfkörpers zu bestimmen und auf Grund bisheriger Erfahrungswerte aus entsprechenden Tabellen die Strahlungsenergie auszuwählen, die in diesem Dickenbereich ein optimales Arbeiten gestattet (Tabelle 6.3).

Tabelle 6.3. Anwendungsbereiche verschiedener Energien bei der Durchstrahlungsprüfung von Werkstücken aus Stahl

Energie/ Isotop	Anwendungsbereich in mm	
	insgesamt	optimal
100 kV	< 30	< 20
200 kV	10 ... 70	20 ... 60
300 kV	30 ... 110	40 ... 100
400 kV	60 ... 130	80 ... 120
1 MeV	80 ... 200	100 ... 180
5 MeV	110 ... 320	130 ... 280
15 MeV	120 ... 400	150 ... 350
31 MeV	120 ... 500	150 ... 450
^{170}Tm	< 10	< 8
^{169}Yb	< 20	5 ... 10
^{192}Ir	6 ... 100	30 ... 80
^{137}Cs	15 ... 110	50 ... 90
^{60}Co	40 ... 160	60 ... 130

Als wichtigstes Kriterium für die Wahl der Durchstrahlungsenergie ist immer das Erreichen einer möglichst hohen *Detailerkennbarkeit* anzusehen. Sollte es hierbei noch Reserven geben, so können ökonomische Gesichtspunkte Berücksichtigung finden, die besonders bei ^{192}Ir, ^{169}Yb und ^{170}Tm eine Rolle spielen. Auf Grund der relativ geringen Halbwertszeit von 74 Tagen muß z. B. eine ^{192}Ir-Quelle je nach Ausgangsaktivität und Dickenbereich bis 4mal im Jahr erneuert werden, um ökonomisch belichten zu können. Deshalb wählt man anstelle des ^{192}Ir häufig eine ^{137}Cs-Quelle, die mit einer Halbwertszeit von 33 Jahren nahezu unbegrenzt zur Verfügung steht. Außerdem kann es für die Entscheidung über die Wahl der Strahlenquelle noch rein betriebstechnische Gründe geben. So wird man unter Umständen leicht transportable radioaktive Strahlenquellen auf Baustellen den Röntgenanlagen vorziehen, wenn die Bildgüteanforderungen erfüllt werden können.
Aus praktischen Erwägungen kann bei kontinuierlich regelbaren Röntgenanlagen auch die ökonomisch gewünschte Expositionszeit als Ausgangspunkt für die Festlegung der Strahlungsenergie genommen werden, was dann anhand der Belichtungdiagramme erfolgt. Voraussetzung ist in jedem Fall die Erfüllung des Bildgütekriteriums.

6.1.2.2. Auswahl der Röntgenfilme

Bei der Auswahl der Röntgenfilme gilt es – abgesehen vom Filmformat – folgendes zu beachten: Wählt man einen Filmtyp mit einer besonders steilen Gradation (Bild 6.12), dann ist eine gute Kontrastübertragung zu erwarten. Der auswertbare Dickenumfang ist jedoch relativ klein, und das *Radiogramm* wird unter Umständen in den unteren und oberen Dickenbereichen nicht auswertbar sein, so daß für diese Bereiche zusätz-

liche Aufnahmen erforderlich sind. Grundsätzlich sind nur die Schwärzungsbereiche auf dem Radiogramm als auswertbar zu betrachten, die den aufgelegten *Bildgütetest* erfüllen (Abschnitt 6.1.2.4.). Wählt man dagegen einen Filmtyp mit flacher Gradation, so erweitert sich der mit einer einzigen Aufnahme erfaßbare auswertbare Dickenbereich, allerdings auf Kosten des Kontrastes. Es ist in jedem Fall erforderlich, einen entsprechenden Kompromiß für das jeweilige Durchstrahlungsproblem zu finden. Eine günstige Lösung ist die Verwendung von zwei hintereinander angeordneten Röntgenfilmen, die eine steile, jedoch in Richtung auf größere Belichtungsgrößen zueinander verschobene Gradation aufzuweisen haben. Bei hoher Kontrastempfindlichkeit würden die auswertbaren Dickenbereiche direkt aneinander grenzen.
Um die erforderliche Belichtungszeit herabzusetzen, verwendet man die Röntgenfilme häufig in Verbindung mit *Verstärkerfolien*. Hierbei handelt es sich entweder um dünne *Metallfolien* aus Pb, Ta, Au oder Stahl, aus denen zusätzlich Foto- oder Comptonelektronen herausgeschlagen werden, oder um *Salzverstärkerfolien* auf der Basis von lumineszierenden Substanzen, die durch ihre Leuchterscheinung eine zusätzliche, der Intensitätsverteilung äquivalente Belichtung des Röntgenfilms bewirken. Diese Verstärkerfolien werden in direktem Kontakt mit der Filmemulsion gehandhabt, d. h. bei doppelbeschichteten Filmen als Vorder- und Hinterfolie. Metallfolien erreichen Verstärkungsfaktoren um das 1,5- bis 7fache, während bei Salzverstärkerfolien eine bis zu 200fache Verkürzung der Belichtungszeit möglich ist (Tabelle 6.4). Der Anwendung von Verstärkerfolien sind jedoch Grenzen gesetzt, da besonders die Salzverstärkerfolien die Detailerkennbarkeit erheblich verschlechtern, so daß hier nur Verstärkungsfaktoren von 1,1 bis 4,5 genutzt werden können.
Bei der Filmauswahl muß man darauf achten, daß Verstärkerfolie und Filmtyp aufeinander abgestimmt sind. Die mit Salzverstärkerfolien zu handhabenden Filmtypen sind z. B. in ihrer Empfindlichkeit auf den Spektralbereich der Leuchterscheinung ausgerichtet, der im nahen UV-Bereich liegt. Eine analoge Überlegung gilt für Röntgenfilme, die mit Metallfolien verwendet werden können. Die Auswahl des Röntgenfilms bzw. der geeigneten Film-Folie-Kombination wird in erster Linie durch das Bildgütekriterium bestimmt. Um alle Bildgütereserven voll auszuschöpfen, wird zunehmend ohne Verstärkerfolien gearbeitet.

Tabelle 6.4
Verstärkungsfaktoren

	Verstärkungsfaktoren		
	Pb-Folien	Salzverstärkerfolien	
		Maximalwerte	anwendbar
150 kV	1,8 ... 2,5	60	1,1 ... 1,8
300 kV	2,0 ... 3,0	100	1,8 ... 1,9
1000 kV	1,5 ... 3,5	30	2,5 ... 4,4
^{192}Ir	2,0 ... 3,1	80 ... 100	2,0 ... 3,0
^{137}Cs	1,8 ... 3,5	60 ... 110	2,5 ... 4,4
^{60}Co	1,5 ... 3,8	10 ... 40	3,0 ... 4,5
22 MeV (Betatron)	2,3 ... 7,0	10 ... 20	3,0 ... 4,5

6.1.2.3. Festlegung der Durchstrahlungsanordnung

Die Durchstrahlungsrichtung soll so gewählt werden, daß die größte Ausdehnung der im Werkstück zu erwartenden Inhomogenitäten möglichst parallel dazu liegt. Die prinzipielle Durchstrahlungsanordnung ist im Bild 6.13 dargestellt. Der Film wird in unmittelbaren Kontakt mit dem zu prüfenden Werkstück gebracht. Die im Prüfobjekt, in der Unterlage oder in der Umgebung entstehende Streustrahlung wirkt bildverschleiernd und muß deshalb durch geeignete Pb-Abdeckungen auf der Werkstückoberfläche und hinter dem Film absorbiert werden. Eine besonders aktive Streustrahlung geht dabei von allen Stoffen niedriger Ordnungszahl aus.

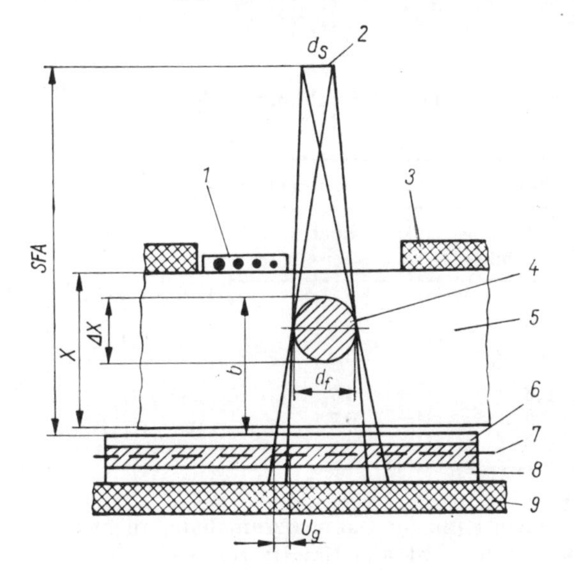

Bild 6.13. Anordnung zur Durchstrahlungsprüfung

1 **Drahtsteg**
2 **Strahlungsquelle**
3 **Pb-Abschirmung**
4 **Ungänze**
5 **Werkstück**
6 **Vorderfolie**
7 **Röntgenfilm**
8 **Hinterfolie**
9 **Pb-Abdeckung**

Die *geometrische Unschärfe* U_g ergibt sich aus rein geometrischen Betrachtungen zu

$$U_g = \frac{b d_s}{\mathrm{SFA} - b} \tag{6.34a}$$

Da sich U_g mit zunehmendem *Strahler-Film-Abstand* verkleinert, wird als Mindestabstand eine Entfernung gewählt, bei der die geometrische Unschärfe U_g in der Größenordnung der nicht unterschreitbaren inneren Unschärfe U_i der Film-Folie-Kombination liegt. Bezug nehmend auf Abschnitt 6.1.1.3., soll der Mindestabstand SFA_{min} der Strahlungsquelle vom Detektor auf der Grundlage der Bedingung $U_g \approx U_i$ berechnet werden aus

$$\mathrm{SFA}_{min} = \frac{b(d_s + U_i)}{U_i} \tag{6.34b}$$

b Ungänzen-Film-Abstand
U_i innere Unschärfe
d_s wirksamer Durchmesser der Strahlungsquelle (Fokus)
SFA Strahler-Film-Abstand (Film-Fokus-Abstand)

Eine größere Entfernung bringt praktisch keine Verbesserung der Schärfe und erhöht dafür die Expositionszeit merklich, was auf die quadratische Abhängigkeit der Strahlungsintensität vom Abstand zurückzuführen ist.
Die Werte für die *innere Unschärfe* sind aus Tabelle 6.5 zu entnehmen. Der wirksame Durchmesser der Strahlenquellen liegt bei radioaktiven Präparaten in der Regel zwi-

schen 1 und 4 mm. Starke ^{60}Co-Quellen haben sogar Durchmesser über 10 mm. Bei Röntgenröhren werden folgende Brennfleck- (Fokus-) Durchmesser erreicht:

normaler Rundfokus	$d_s = 4$ bis 5 mm
Feinfokus	$d_s = 1$ mm
Götze-Strichfokus	$F = 10 \times 0{,}1$ mm
Feinstfokus	$d_s = 10$ bis 30 µm
Betatron	$F = 0{,}1 \cdot 0{,}3$ mm

Tabelle 6.5. Innere Unschärfen in mm für verschiedene Strahlungen und Film-Folie-Kombinationen

Aufnahmeart	Feinkornfilm mit Metallfolie, ohne Folie	Feinkornfilm mit Salzfolien	
		scharf-zeichnende	hoch-verstärkende
Röntgenstrahlung			
E < 80 kV	0,1	0,3	0,4
E > 80 kV	0,2	0,3	0,4
^{192}Ir	0,2	0,6	0,7
^{137}Cs	0,3	0,6	0,7
^{60}Co	0,4	0,6	0,7

Die Anwendung von Salzverstärkerfolien kann für Gamma-Aufnahmen nicht empfohlen werden, da der Bildgüteverlust zu hoch ist. Der Einsatz von hochverstärkenden Salzverstärkerfolien bei Röntgenaufnahmen ist praktisch erst ab 40 mm Stahldicke in Erwägung zu ziehen.

Der Ungänzen-Film-Abstand b kann mit der Dicke x gleichgesetzt werden, wenn es sich um einwandige Prüfkörper handelt, da die Ungänze an der Oberfläche beginnen kann.

In der industriellen Durchstrahlungspraxis arbeitet man meistens in Abständen SFA = 70 bis 100 cm und nur in speziellen Fällen, besonders bei sehr kleinen Quellendurchmessern, bei SFA = 30 bis 50 cm. Selbstverständlich können auch die Ausleuchtung der Filmfläche und die Begrenzung des Strahlenkegels die Wahl des *Strahler-Film-Abstandes* beeinflussen. Im Bild 6.14 sind eine Reihe wichtiger Durchstrahlungsanordnungen zusammengestellt.

Treten im Prüfobjekt sehr große Dickenunterschiede auf, muß man entweder mehrere Aufnahmen mit verschiedener Belichtungsgröße machen und diese partiell auswerten, die Zweifilmtechnik oder die Methode des Dickenausgleichs anwenden.

Letztere beruht darauf, daß man die Dickenunterschiede des Prüfobjekts mit einer Paste, geeigneten Pulvern oder Flüssigkeiten, die etwa den gleichen Schwächungskoeffizienten wie das Prüfkörpermaterial haben sollen, ausgleicht. Es ist auch möglich, spezielle Dickenausgleichskörper anzufertigen. Der Anwendung von Röntgenfilmen mit entsprechend flacherer Gradation und größerem auswertbarem Objektumfang sind im allgemeinen Grenzen gesetzt. Bei radioaktiven Strahlenquellen und auch bei Röntgenrundstrahlanlagen sind *Panoramaaufnahmen* möglich, d. h., es können gleichzeitig mehrere im Kreise um die Strahlenquelle angeordnete Werkstücke durchstrahlt werden. Diese Technik erhöht besonders bei Serienprüfungen die Produktivität der Durchstrahlungsprüfung erheblich.

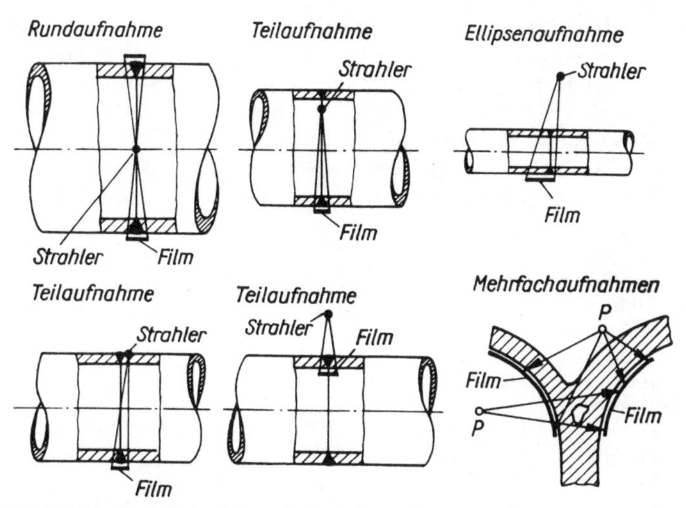

Bild 6.14. Durchstrahlungsbeispiele

6.1.2.4. Bildgütetest

Zur Kontrolle der *Bildgüte* einer Durchstrahlungsaufnahme werden auf das Werkstück spezielle Testkörper aufgelegt, die auf dem Radiogramm mit abgebildet werden. Sie sollen dazu dienen, den kleinsten noch erkennbaren Dickenunterschied oder die Erkennbarkeitsschwelle eines bestimmten Details zu ermitteln bzw. die Abbildungsgüte zu klassifizieren.

International sind hierzu die verschiedensten Testkörper in Gebrauch: Plattenpenetrameter, Drahtstege, AFNOR-Prüfstege und andere. Besonders verbreitet sind die *Drahtstege*, die eine einheitliche Bildgütebewertung sichern (Bild 6.15). Es handelt sich hierbei um in eine durchsichtige Plasthülle eingearbeitete verschieden dünne Drähte, deren Durchmesser nach einer geometrischen Reihe mit dem Quotienten $\frac{1}{\sqrt[10]{10}}$

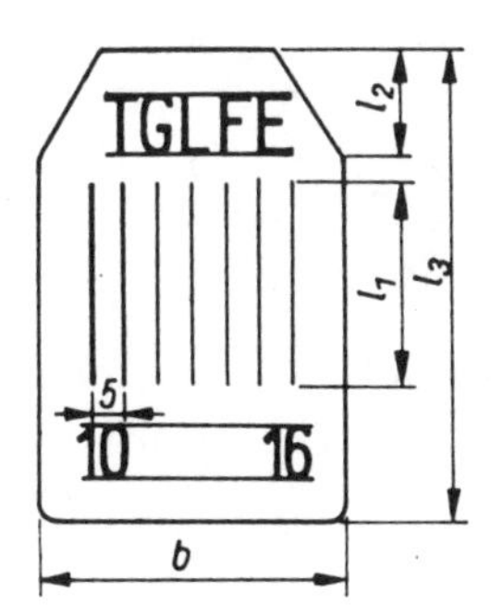

Bild 6.15. Drahtsteg (nach TGL 10646)

Bildgütezahl	1	2 ... 14	15	16
Drahtdurchmesser in mm	3,20	2,50 ... 0,16	0,125	0,100

Tabelle 6.6 Zuordnung der Bildgütezahl zum Drahtdurchmesser (nach TGL 10646)

abgestuft und die bestimmten *Bildgütezahlen* zugeordnet sind (Tabelle 6.6). Der dünnste, auf dem Radiogramm gerade noch erkennbare Draht entspricht der erreichten Bildgütezahl. Die für eine Durchstrahlungsaufnahme geforderten Mindestbildgütezahlen sind von der durchstrahlten Materialdicke abhängig und können aus Tabelle 6.7 entnommen werden. Die Auswertung erfolgt dabei in 2 *Bildgüteklassen.* Eine Durchstrahlungsaufnahme kann erst dann voll ausgewertet werden, wenn die dem vorhandenen Dickenbereich entsprechende Bildgütezahl in der geforderten Bildgüteklasse erreicht wird.

Tabelle 6.7. Bildgüteklassen (nach TGL 10646/04)

Durchstrahlte Werkstückdicke in mm		Bildgütezahl	
über	bis	Bildgüteklasse 1	Bildgüteklasse 2
0	6	16	14
6	8	15	13
8	10	14	12
10	16	13	11
16	25	12	10
25	32	11	9
32	40	10	8
40	50	9	7
50	80	8	6
80	120	7	5
120	140	7	4
140	160	7	3
160	180	7	2
180	200	7	1

Eine grobe Abschätzung der erreichbaren Detailerkennbarkeit bei Gammastrahlaufnahmen ist möglich nach

$$\left(\frac{\Delta x}{x}\right) \text{in } \% = 0{,}5\,(2/x + 1) \exp\left(\frac{E^{\mathrm{p}}}{\mathrm{k}}\right) \tag{6.35}$$

x Materialdicke in cm
E Quantenenergie in MeV
k, p Werkstoffkonstanten
Stahl: p = 0,8; k = 1,35 Al: p = 0,33; k = 0,52

Um die Erkennbarkeit von Lufteinschlüssen einzuschätzen, kann Gl. (6.36) benutzt werden.

$$\frac{\Delta x}{x} \text{in } \% = \frac{2{,}3}{\gamma \cdot 0{,}075}\left(\frac{1}{\mu x} + \frac{K}{\mu}\right)(U_{\mathrm{g}}^{3} + U_{\mathrm{i}}^{3})^{1/3} \tag{6.36}$$

γ Kontrastkoeffizient des Filmmaterials
x Materialdicke in cm
μ linearer Schwächungskoeffizient in cm^{-1}
K Streufaktor in cm^{-1}
U_{i}, U_{g} innere bzw. geometrische Unschärfe

Der *Streufaktor K* gibt das Verhältnis der gestreuten zur primären Strahlung an (Bild 6.16). Aus den Gln. (6.29) und (6.32) läßt sich die Detailerkennbarkeit abschätzen zu

$$\frac{\Delta x}{x} = \frac{1}{\Delta \mu} \frac{\Delta S}{\gamma \cdot 0{,}43 x} \tag{6.37}$$

ΔS kleinste erkennbare Schwärzungsdifferenz (nach *Neef* $\Delta S = 0{,}02$)
γ Gradationswert des Films
$\Delta \mu$ Differenz der linearen Schwächungskoeffizienten
x Werkstückdicke

Die Bildgütevergleiche mit verschiedenartigen Testkörpern sind nicht identisch, da die Abbildungsbedingungen unterschiedlich sind. Eine einheitliche Bewertung des gesamten Abbildungsvorganges kann mit Hilfe der Informationstheorie über die Ermittlung einer *Modulationsübertragungsfunktion* erfolgen. Hierzu werden die Linienverbreiterungsfunktion, spezielle Vielfachsinusspalt-Mikrodensitometer und geeignete Testkörper verwendet.

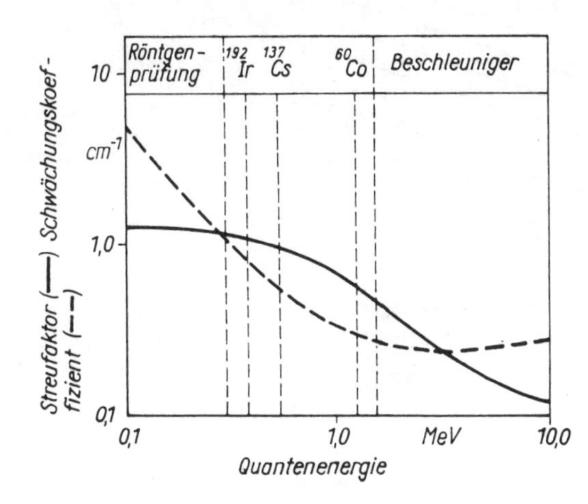

Bild 6.16. Abhängigkeit des Streufaktors und des Schwächungskoeffizienten von der Quantenenergie bei Stahl

6.1.2.5. Ermittlung der Belichtungszeit

Die Belichtungszeit muß so gewählt werden, daß bei Röntgenstrahlaufnahmen der auszuwertende Dickenbereich etwa die Schwärzung $S = 1{,}5$ und bei Gammastrahlaufnahmen die Schwärzung $S = 2{,}0$ erreicht. Über das zulässige Schwärzungsintervall gibt es noch keine völlige Klarheit, da hierbei neben anderen Faktoren die Lichtstärke des zur Auswertung verwendeten Filmbetrachtungsgerätes eine große Rolle spielt, dessen Leuchtdichte im Bereich von 10^6 bis 10^8 cdm^{-2} liegen sollte. Als Kriterium für die noch zulässige Schwärzungsschwankung ist allein das Erreichen der geforderten Bildgüte anzusehen. Theoretisch liegt der Bereich mit dem höchsten Kontrast in der oberen Hälfte des nahezu »linearen« Teiles der Gradationskurve und verringert sich mit dem Abknicken der Gradationskurve zur Maximalschwärzung (Abschnitt 6.1.1.4.). Da der »lineare« Teil der Gradationskurve im allgemeinen den Schwärzungsgrad $S = 3$ noch überschreitet, sind in der Verwendung extrem lichtstarker Betrachtungskästen Informationsreserven vorhanden. Wegen der Überstrahlung der niederen Schwärzungsbereiche müßte dann eine partielle Auswertung des Radiogramms erfolgen. Eine rechnerische Abschätzung der für eine bestimmte Durchstrahlungsprüfung erforderlichen Belichtungszeit ist praktisch nicht möglich, da besonders die Empfindlichkeit des Aufnahmematerials und die geometrischen Bedingungen nicht explizit berücksichtigt werden können. Deshalb ist es notwendig, mit Hilfe von *Stufenkeilen* oder andersartigen Testkörpern Belichtungsdiagramme aufzustellen, die es gestatten, bei gleicher Durchstrahlungsanordnung die für eine bestimmte vorliegende Materialdicke erforderliche Belichtungsgröße zu entnehmen. Derartige *Belichtungsdiagramme* sind im Bild 6.17 schematisch dargestellt. Aus diesen Diagrammen kann für eine vorgegebene Materialdicke die erforderliche Belichtungsgröße in mA min bzw. GBq h abgelesen werden und unter Berücksichtigung des zur Verfügung stehenden Röhrenstromes (mA) bzw. der vorhandenen Aktivität der radioaktiven Quelle (Bq) die notwendige Belichtungszeit berechnet werden (1 Ci $= 3{,}7 \cdot 10^{10}\ \mathrm{s}^{-1} = 37$ GBq).

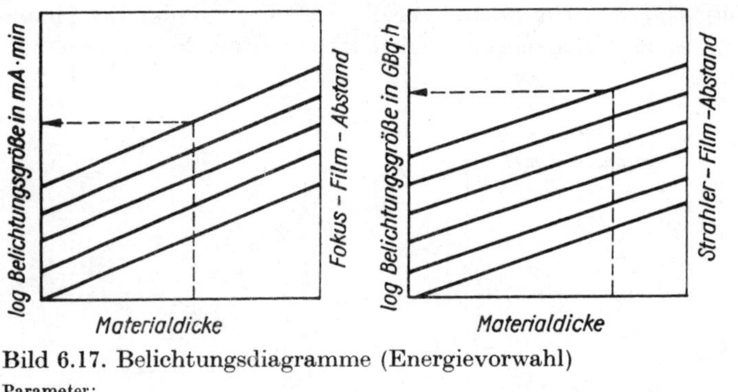

Bild 6.17. Belichtungsdiagramme (Energievorwahl)

Parameter:
Strahlenquelle bzw. Energie — Werkstoff — Filmtyp — Folienkombination — Schwärzung — Entwicklungsprozeß

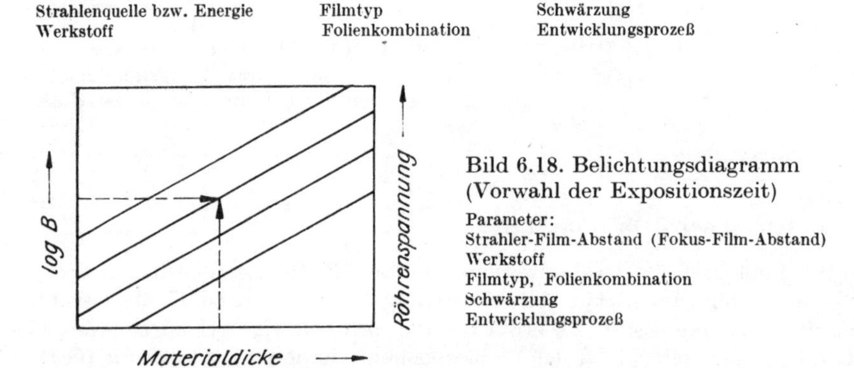

Bild 6.18. Belichtungsdiagramm (Vorwahl der Expositionszeit)

Parameter:
Strahler-Film-Abstand (Fokus-Film-Abstand)
Werkstoff
Filmtyp, Folienkombination
Schwärzung
Entwicklungsprozeß

Bei einer Röntgendurchstrahlung kann auch die aus ökonomischen Gründen erwünschte Expositionszeit als Ausgangspunkt gewählt und aus dem Diagramm die erforderliche Röhrenspannung ermittelt werden, was im Bild 6.18 angedeutet ist. Das Bildgütekriterium muß jedoch dabei in dem gewünschten Dickenintervall erfüllt sein.

Es ist auch möglich, die Belichtungszeit mit Hilfe von entsprechend geeichten *Dosimetern* automatisch zu regeln. Derartige Belichtungsautomaten basieren vornehmlich auf integrierenden Ionisationskammern. Die Strahlungsquelle wird nach Erreichen der für die Schwärzung erforderlichen Dosis automatisch abgeschaltet bzw. eingefahren.

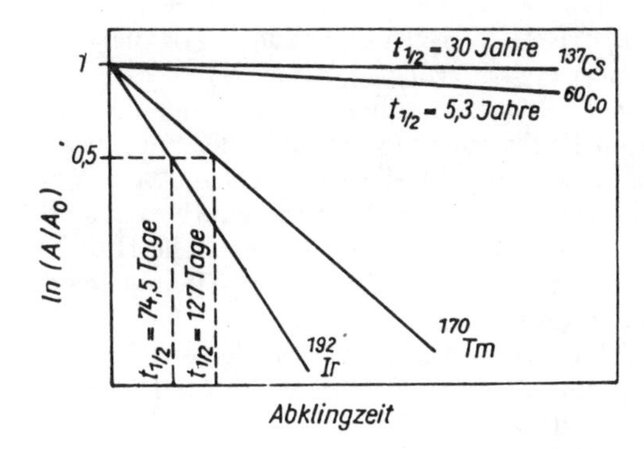

Bild 6.19. Abklingkurven zur Überwachung des Aktivitätsabfalls von Gammastrahlungsquellen

Da die radioaktiven Strahlenquellen auf Grund des Zerfallsgesetzes nach Gl. (6.6) ständig an Aktivität verlieren, muß die Belichtungszeit für ein vorgegebenes Prüfobjekt in bestimmten Zeitabschnitten erhöht werden. Es ist deshalb erforderlich, den Aktivitätsabfall rechnerisch nach Gl. (6.6) oder mit Hilfe einer halblogarithmischen graphischen Darstellung (Bild 6.19) zu ermitteln. Eine derartige Darstellung wird bei der Verwendung von ^{192}Ir- und ^{170}Tm-Quellen wegen der relativ geringen Halbwertszeit unbedingt benötigt. Die meßtechnische Überprüfung der jeweils vorhandenen Aktivität kann näherungsweise mit Hilfe eines geeigneten *Dosisleistungsmeßgerätes* am freistrahlenden Präparat erfolgen nach

$$A = \frac{DLa^2}{D_K} \tag{6.38}$$

A Aktivität in MBq
DL Dosisleistung in μGy h^{-1}
a Abstand DL-Meßgerät-Strahlenquelle in m
D_K *Dosiskonstante* in μGy h^{-1} m^2 MBq^{-1}
D_K (^{192}Ir) = 0,12
D_K (^{60}Co) = 0,35
D_K (^{137}Cs) = 0,08

6.1.2.6. Festlegung der Strahlenschutzmaßnahmen

Beim Arbeiten mit ionisierender Strahlung ist es erforderlich, entsprechende Schutzmaßnahmen zu treffen.)[1] Die Nichtbeachtung solcher Maßnahmen kann zu erheblichen somatischen und genetischen Schädigungen führen. Bei stationären Durchstrahlungsanlagen in geschlossenen Räumen werden die Strahlenschutzmaßnahmen in Verbindung mit dem Abnahme- und Genehmigungsverfahren festgelegt. Probleme gibt es dann, wenn mobile Anlagen ortsveränderlich im freien Gelände oder in Werkhallen eingesetzt werden. Bei Röntgenanlagen ist die Ausgangsintensität im allgemeinen unbekannt, so daß die Strahlenbelastung der Umgebung vorher nicht eingeschätzt werden kann. Sie muß mit einem Dosisleistungsmesser kontrolliert werden, um gemäß Strahlenschutzverordnung den *Kontrollbereich* vom *Überwachungsbereich* zu trennen und entsprechende Hinweisschilder anzubringen. Auf Grund der relativ niedrigen Energie der verwendeten Röntgenstrahlung kann im allgemeinen der

[1]) In der DDR geschieht das auf der Grundlage der Strahlenschutzverordnung und ihrer Durchführungsbestimmungen.

Durchstrahlungsort mit Hilfe von Absorbern so abgesichert werden, daß die Umgebung keiner nennenswerten Strahlenbelastung unterliegt.
Kritischer sind die Verhältnisse bei den energiehärteren radioaktiven Strahlenquellen und besonders bei ^{60}Co. Wegen der hohen Durchdringungsfähigkeit der von diesen Quellen ausgehenden Gammastrahlung ist es angebracht, die erforderlichen Strahlenschutzmaßnahmen vorher abzuschätzen. Dazu kommt, daß ein radioaktives Präparat ständig strahlt und aus dem Arbeitsbehälter oft eine nicht unerhebliche Hüllenausfallstrahlung registriert wird. Das Vorhandensein einer Gammastrahlenquelle erfordert daher ständige Strahlenschutzmaßnahmen.
Diese müssen auf eine Ganzkörperbestrahlung von 3 verschiedenen Personenkreisen ausgerichtet werden, deren Strahlenbelastung folgende Toleranzwerte für Röntgen- und Gammastrahlung nicht überschreiten soll:

Gruppe 1: beruflich strahlenexponierte Personen
Energiedosis: 25 µGy/h = 4 mGy/Monat
Äquivalentdosis: 25 µSv/h = 4 mSv/Monat
Gruppe 2: unbeteiligte, überwachte Einzelpersonen oder kleine Gruppen
Energiedosis: 2,5 µGy/h = 400 µGy/Monat
Äquivalentdosis: 2,5 µSv/h = 400 µSv/Monat
Gruppe 3: unbeteiligte große Gruppen der Bevölkerung
Energiedosis: 0,25 µGy/h = 40 µGy/Monat
Äquivalentdosis: 0,25 µSv/h = 40 µSv/Monat

Bei Röntgen- und Gammastrahlung gilt für Luft und weiches Gewebe näherungsweise die Umrechnung (Abschnitt 9.2.7.):

1 R (alte Einheit der Expositionsdosis) ≙
1 rem (alte Einheit der Äquivalentdosis) ≙
10 mGy (SI-Einheit der Energiedosis) ≙
10 mSv (SI-Einheit der Äquivalentdosis)

Die erforderlichen Absperrmaßnahmen für beruflich strahlenexponierte Personen können näherungsweise berechnet werden nach

$$a_{ex} \geqq \left(\frac{D_K A t}{200} \cdot 2^{-\frac{x}{x_{1/2}}} B \right)^{1/2} \qquad (6.39)$$

a Absperrung in m
D_K Dosiskonstante in µGy m² h⁻¹ MBq⁻
A Aktivität in MBq
x Absorberdicke in mm
$x_{1/2}$ Halbwertsdicke des vorhandenen Absorbers, bezogen auf das vorliegende Präparat in mm
B Aufbaufaktor
t tägliche Aufenthaltszeit in h d⁻¹

In der Tabelle 6.8 sind die Halbwertsdicken für einige wichtige Materialien zusammengestellt. Aus Gl. (6.39) geht hervor, daß die Absperrung für die unbeteiligten Einzelpersonen um den Faktor $\sqrt{10}$ und für die Bevölkerung um den Faktor 10mal größer sein muß als bei den beruflich strahlenexponierten Personen. Dabei ist es wichtig zu beachten, daß der Fall freistrahlend ($x = 0$) häufiger auftritt, als man im allgemeinen annimmt.

Energie/ Isotop	Halbwertsschichtdicke in cm				
	Fe	Pb	U	W	Beton
100 kV	0,7	0,1	0,03	0,07	4,7
200 kV	1,2	0,2	0,05	0,14	7,6
300 kV	1,7	0,3	0,08	0,25	9,9
400 kV	2,2	0,4	0,15	0,40	11,3
500 kV	2,5	0,5	0,22	0,36	12,3
1 MeV	3,3	1,3	0,67	0,93	12,9
5 MeV	4,5	1,8	1,1	1,2	17,6
10 MeV	3,4	1,35	0,8	0,85	18,8
^{192}Ir	1,9	0,35	0,11	0,32	10,6
^{137}Cs	2,8	0,75	0,36	0,50	12,4
^{60}Co	3,4	1,5	0,8	1,1	13,3

Tabelle 6.8. Halbwertsschichtdicken für Röntgen- und Gammastrahlung bei breiten Strahlenbündeln

Eine weitere Strahlenschutzmaßnahme ist das Anbringen von Abschirmungen, um die Strahlenbelastung herabzusetzen bzw. um z. B. die Absperrmaßnahmen entsprechend zurücknehmen zu können. Die für beruflich strahlenexponierte Personen erforderlichen Abschirmmaßnahmen können berechnet werden nach

$$x_{ex} = k x_{1/2} \tag{6.40}$$

$$k = \frac{1}{\ln 2} (\ln D_K + \ln A + \ln t - 2 \ln a - \ln 200 + \ln B)$$

Ohne sich von vornherein auf ein bestimmtes Abschirmmaterial festzulegen, kann mit Gl. (6.40) berechnet werden, wieviel Halbwertsdicken – ausgedrückt durch den Faktor k – eines beliebigen Materials zur Abschirmung erforderlich sind. Als Abschirmmaterial sollten für Röntgen- und Gammastrahlen vornehmlich Stoffe hoher Ordnungszahl eingesetzt werden (Pb, W, U usw.); nicht zuletzt auch, um die Streustrahlenaktivität in Grenzen zu halten.
Für unbeteiligte Einzelpersonen ergibt sich dann die erforderliche Abschirmdicke x aus Gl. (6.40) durch

$$x = x_{ex} + \frac{\ln 10}{\ln 2} x_{1/2} \tag{6.41}$$

Der zeitliche Aktivitätsabfall während des gesamten Arbeitszeitraumes kann durch Einfügen des Termes $A_t = A_0 \cdot 2^{-\frac{\Delta t}{t_{1/2}}}$ in die Gln. (6.39) und (6.40) Berücksichtigung finden. Für die näherungsweise Bemessung eines provisorischen Bunkers oder Ruhebehälters kann die Gl. (6.42) benutzt werden:

$$x \approx \frac{\ln\left(\frac{D_K A}{DL_H}\right) + 2}{\frac{\ln 2}{x_{1/2}} + 2} \quad \text{in m} \tag{6.42}$$

DL_H zulässige Hüllenausfalldosisleistung in μGy h^{-1}
$x_{1/2}$ Halbwertsdicke in m

Als weitere Strahlenschutzmaßnahme ist die Begrenzung der Aufenthaltszeit in den strahlenbelasteten Zonen in Betracht zu ziehen. Die für beruflich strahlenexponierte Personen zulässige tägliche Aufenthaltszeit kann abgeschätzt werden nach

$$t_{ex} = \frac{200a^2 \cdot 2^{\frac{x}{x_{1/2}}}}{D_K A B} \quad \text{in h d}^{-1} \tag{6.43}$$

Oft ist es wichtig, den genauen Verlauf der Ortsdosis zu kennen, um entsprechende Schutzmaßnahmen ergreifen zu können. Eine rechnerische Abschätzung kann erfolgen durch

$$DL = D_K \frac{A}{a^2} \cdot 2^{-\frac{x}{x_{1/2}}} B \tag{6.44}$$

Günstiger erscheint jedoch die meßtechnische Aufnahme von *Isodosenkurven* (Bild 6.20).

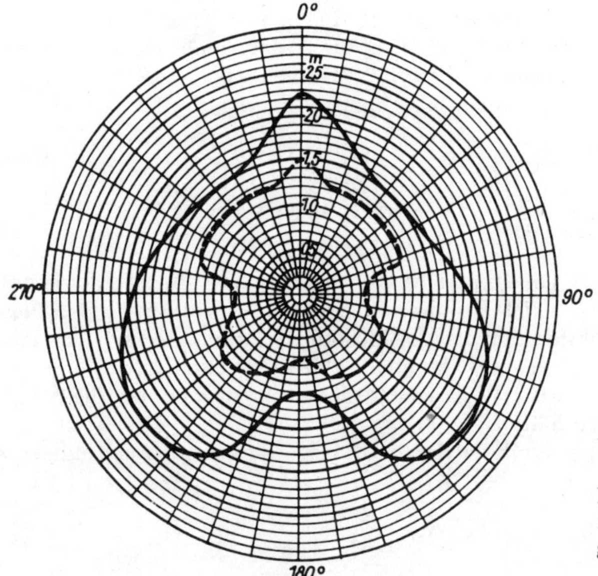

Bild 6.20. Isodosenkurven für 2 Co-60-Gammadefektoskopiegeräte

Alle angegebenen Beziehungen gelten nur für ideal punktförmige Strahlenquellen und stellen deshalb Näherungslösungen dar, die jedoch für den praktischen Fall meist ausreichen.

Die personendosimetrische Überwachung erfolgt auf der Basis von *Filmdosimetern*, die in speziellen Plaketten oder Fingerringen getragen werden, oder durch integrierende Ionisationskammern in Form von Füllhalterdosimetern. Die tragbaren Dosisleistungsmeßgeräte enthalten Ionisationskammern, Auslösezählrohre, Szintillationsmeßköpfe oder auch Halbleiterdetektoren.

6.1.2.7. Filmbehandlung

Nach der Belichtung des Röntgenfilms erfolgt in der Dunkelkammer oder in Tageslichtautomaten die weitere Behandlung des Films, die sich in folgende Arbeits-

schritte gliedert:
- Entwicklung (Röntgenentwickler)
- Unterbrechung (Stoppbad)
- Fixage (Schnellfixierbad)
- Wässerung
- Trocknung

Die Behandlung wird wegen des großen Formats in speziellen großvolumigen Tanks durchgeführt. Die Entwicklung der Röntgenfilme muß unter gleichbleibenden, den Vorschriften entsprechenden Bedingungen erfolgen, ansonsten kann die Bildgüte darunter leiden.
Man muß bedenken, daß z. B. gefährliche rißartige Fehlstellen oft an der Erkennbarkeitsschwelle liegen, so daß jede Verminderung der Abbildungsqualität erhebliche Folgen haben kann. Es ist deshalb unbedingt erforderlich, nach einer bestimmten Anzahl von Behandlungen die Wirksamkeit der Bäder zu überprüfen und gegebenenfalls zu regenerieren.

6.1.3. Auswertung des Radiogramms

Durchstrahlungsaufnahmen werden mit Hilfe eines Lichtkastens ausgewertet. Derartige Betrachtungskästen sollten eine regelbare hohe Leuchtkraft und die Möglichkeit einer partiellen Ausblendung haben. Die Filmauswertung erfordert eine langjährige Erfahrung, besondere Kenntnisse bezüglich der Herstellungstechnologie des Werkstückes und der zu erwartenden Inhomogenitäten und ist von subjektiven Einschätzungen nicht zu befreien. Sie wird durch Standards und innerbetriebliche Richtlinien weitgehend datenverarbeitungsgerecht aufbereitet.

6.1.3.1. Ermittlung des auswertbaren Objektumfangs

Die Entscheidung über die Auswertefähigkeit des Radiogrammes wird auf der Grundlage des Bildgütekriteriums getroffen (s. Tabelle 6.7). Der Auswerter stellt am Lichtkasten fest, ob die für die Prüfung des entsprechenden Teils geforderte Bildgüteklasse erreicht wurde, indem er die Bildgütezahl aus dem dünnsten, gerade noch erkennbaren Draht ermittelt. Anhand der Tabelle 6.7 und der Materialdicke wird dann die Bildgüteklasse eingeschätzt. Auch wenn die Bildgüteanforderungen erfüllt sind, muß berücksichtigt werden, daß sich das exakt nur auf die Wanddicke bzw. Schwärzung bezieht, die an der Stelle des aufgelegten Drahttestes vorhanden war. Besonders bei Prüfobjekten mit großen Wanddickenunterschieden wird im Bereich niedriger und sehr hoher Schwärzungswerte die Erkennbarkeit wesentlich geringer sein.
Der Auswerter muß den *auswertbaren Objektumfang* des Radiogramms kennen, d. h. die Dicken- oder Schwärzungsbereiche, die der Bildgüte noch entsprechen bzw. noch eine für den betreffenden Fall ausreichende Erkennbarkeit gewährleisten.
Im Bild 6.21 wird der Begriff des auswertbaren Objektumfangs noch einmal verdeutlicht. Er ist von einer Vielzahl verschiedener Faktoren abhängig, so daß eine verallgemeinerungsfähige Vorschrift zu seiner Ermittlung nicht gegeben werden kann. Im Zweifelsfall müssen auch auf die unteren und oberen Dickenbereiche des Prüfkörpers entsprechende Drahtteste aufgelegt werden.
Um den auswertbaren Objektumfang zu erhöhen, können verschiedene Wege beschritten werden. Neben der Mehrfilmtechnik können fotografische Sonderbehandlungen durchgeführt werden, auf die im Abschnitt 6.1.4.1. eingegangen wird.

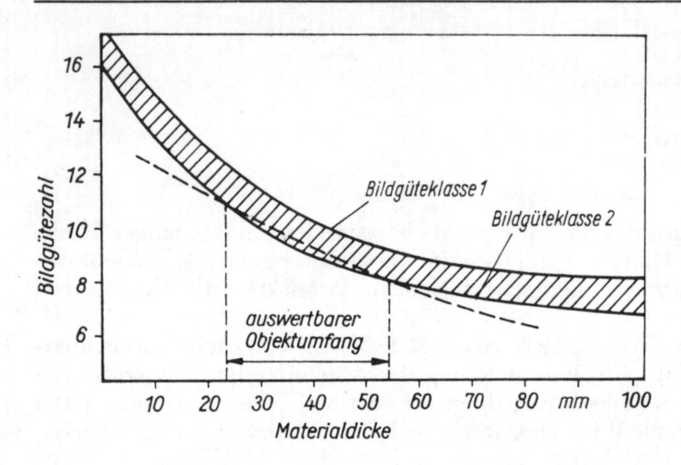

Bild 6.21. Darstellung des auswertbaren Objektumfangs (bezogen auf TGL 10646)

6.1.3.2. Bestimmung der Art, Größe und Lage der Inhomogenitäten

Die Bestimmung der Art einer Inhomogenität im Werkstück erfordert Kenntnisse über den Fertigungsprozeß und kann nur im Zusammenhang mit den geometrischen Parametern vorgenommen werden.
Am weitesten entwickelt ist die Bestimmung von Inhomogenitäten in der Schweißnaht (Bild 6.22, s. S. 276). Bezogen auf eine einwandfreie Schweißnaht spricht der Praktiker von *Schweißnahtfehlern*. Es ist jedoch empfehlenswert, nur dann von Fehlstellen zu sprechen, wenn eine Verringerung der Gebrauchsfähigkeit durch die jeweiligen Inhomogenitäten oder *Ungänzen* zu verzeichnen ist. Die wichtigsten in Gußteilen auftretenden Inhomogenitäten sind in der Tabelle 6.9 einer Klassifikation unterzogen worden.

Tabelle 6.9. Klassifikation von Gußteilfehlern

Klasse	1. Ziffer Fehlerart	2. Ziffer Größe in %[1])	3. Ziffer Häufigkeit in %[2])
1	Lunker mit glatter Kontur	< 5	< 5
2	Lunker mit rauher Kontur	5 ... 10	5 ... 10
3	Einschlüsse	10 ... 20	10 ... 20
4	Risse, Trennungen	20 ... 40	20 ... 40
5	Oberflächenfehler	> 40	> 40

[1]) bezogen auf mittlere Werkstückdicke
[2]) bezogen auf prozentualen Querschnittsanteil

Das Bild 6.23 zeigt das Radiogramm eines Gußteils im Vergleich mit dem metallographischen Befund. Aus der Schwärzungsverteilung ist es bedingt möglich, eine Aussage über die Art der Inhomogenität zu machen.
Ein weiterer wichtiger Parameter ist die Größe und Tiefenausdehnung der Inhomogenität. Die Ausdehnung in der Filmebene kann leicht vermessen werden. Bezug nehmend auf die Erläuterungen im Abschnitt 6.1.2.3., genügt es für die praktischen Belange, mit Hilfe des Strahlensatzes die geometrische Vergrößerung grob abzuschätzen.

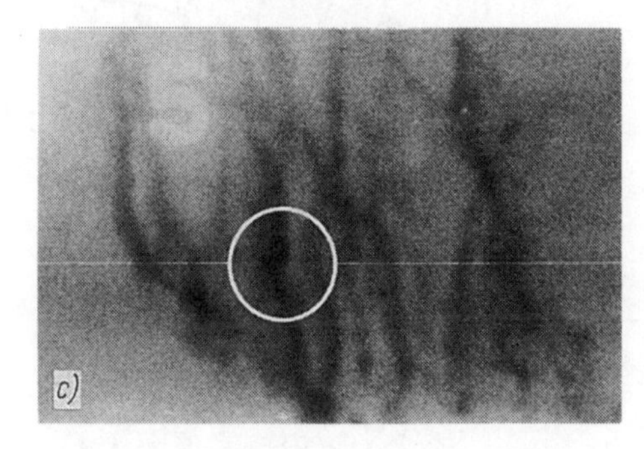

Bild 6.23. Radiogramm eines Gußteiles (VEB MAW Magdeburg)
a) Prüfteil mit Prüffläche
b) metallographischer Befund
c) Radiogramm

Die Tiefenausdehnung der Inhomogenität kann aus dem Schwärzungswert abgeschätzt werden. Aus dem Strahlenkontrast nach Gl. (6.28) und der Gültigkeit des Bunsen-Roscoeschen Gesetzes nach Gl. (6.31) kann die Gl. (6.45) abgeleitet werden:

$$\Delta x = \frac{\ln\left(\frac{\Delta S}{S - S_0} + 1\right)}{\mu - \mu_F} \tag{6.45}$$

$\Delta S = S_F - S$

S_0 Grundschleierschwärzung

Die Gl. (6.45) gilt jedoch nur bei senkrechtem Strahleneinfall. Liegt die Inhomogenität am Ende des Strahlenkegels, so ist der Einfallswinkel α zu berücksichtigen. Die bei schrägem Einfall gemessenen Schwärzungswerte müssen korrigiert werden nach

$$\Delta S^* = \Delta S\left[1 - \cos^2 \alpha \exp \mu x\left(1 - \frac{1}{\cos \alpha}\right)\right] \tag{6.46}$$

Die Gleichungen stellen nur Näherungslösungen für eine punktförmige monoenergetische Strahlenquelle ohne Berücksichtigung der Streustrahlenwirkung dar. Die auf diese Weise abgeschätzte Tiefenausdehnung der Inhomogenität wird in ihrer Genauigkeit $\pm 10\%$ nicht wesentlich unterschreiten. Eine exakte Bestimmung der Tiefenausdehnung anhand des Radiogrammes ist nur mit Hilfe eines adäquaten Modellkörpers möglich. Diesem Gedanken entspricht die Methode der Vergleichskörperdurchstrahlung bei gleichbleibenden Aufnahmeparametern. Es handelt sich in der Regel um Stufenkeile oder auch um Testkörper mit verschiedenen künstlichen Fehlern unterschiedlicher Größe und Lage. Auf diese Weise entsteht ein experimenteller Zusammenhang zwischen Tiefenausdehnung und Schwärzung. Die erreichbare

Teil 1

Kurzzeichen	Bezeichnung	schematische Darstellung
A	Gaseinschlüsse	
Aa	Gasporen	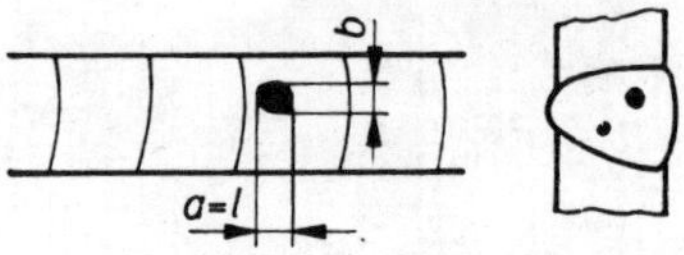
Ab	schlauchförmige Gasporen	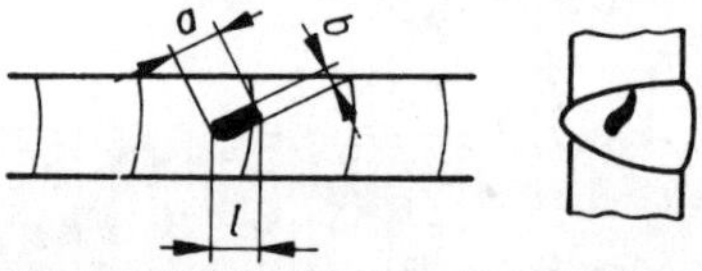
Ac	Gasporenkette in der Wurzel	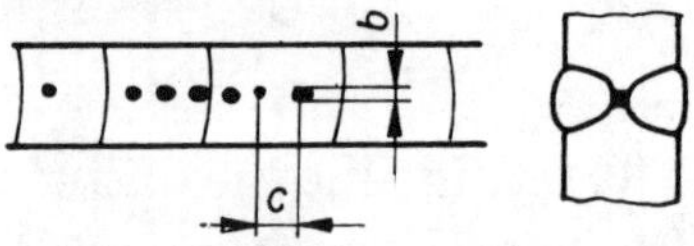
B	Schlackeneinschlüsse und metallische Einschlüsse	
Ba	Schlackeneinschlüsse verschiedener Form und Richtung	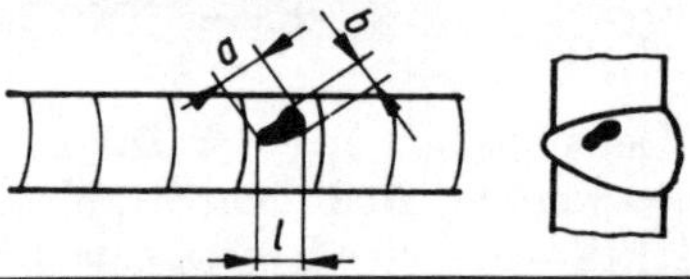
Bb	Schlackenzeilen	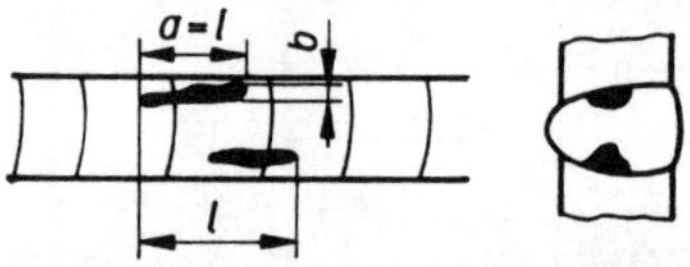
Bc	linsenförmige Schlackeneinschlüsse	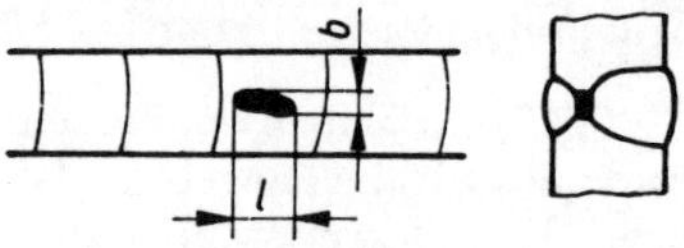
Bd	metallische Einschlüsse	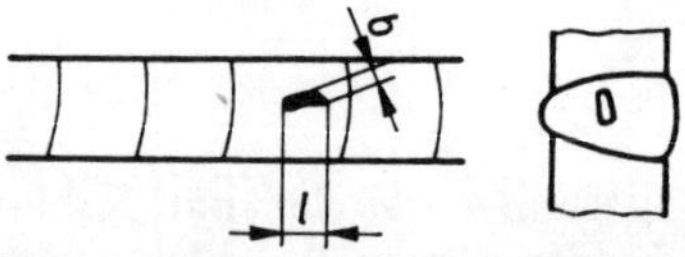
C	Bindefehler	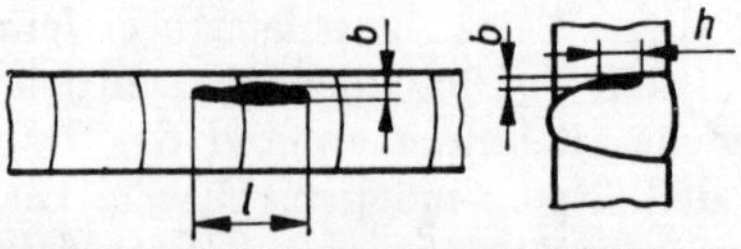

Bild 6.22. Schweißnahtfehler (nach TGL 10646/01)

Teil 1: Gaseinschlüsse, Schlackeneinschlüsse, metallische Einschlüsse und Bindefehler
Teil 2: Wurzelfehler, Risse, Oberflächenfehler

Kurzzeichen	Bezeichnung	schematische Darstellung
D	Wurzelfehler	
Da	konkave Nahtwurzel ohne Kerben, einseitig geschweißt	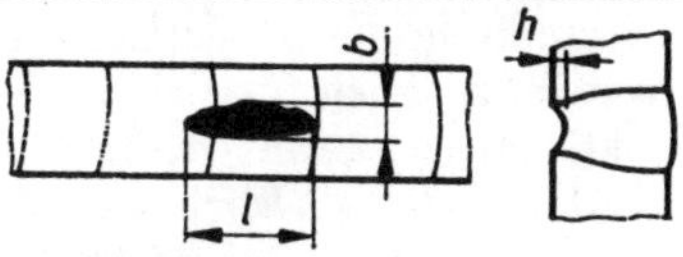 b, h, l
Db	Wurzelfehler mit Kerbwirkung, einseitig geschweißt	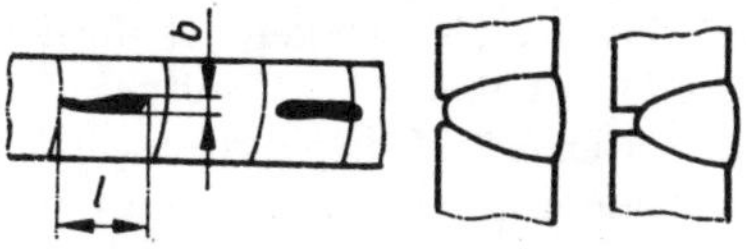 b, l
Dc	Wurzelfehler mit Kerbwirkung, beidseitig geschweißt, auch Überschneidungsfehler	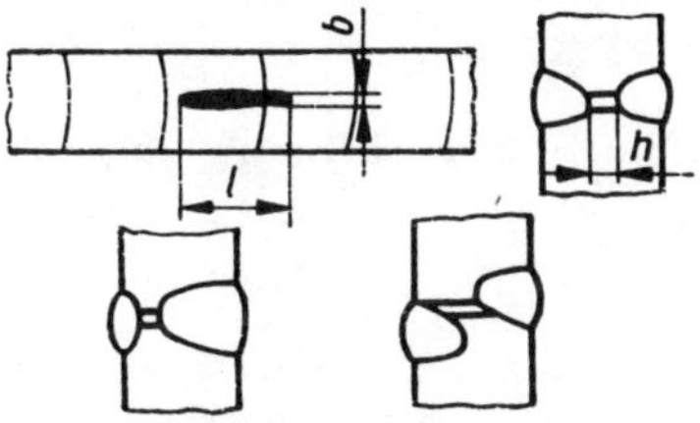 b, h, l
E	Risse	
Ea	Längsrisse	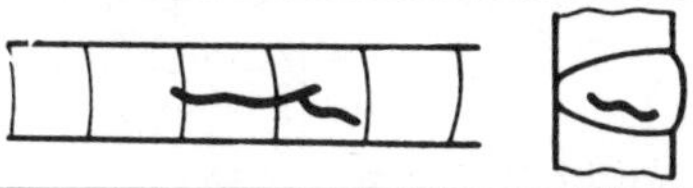
Eb	Querrisse	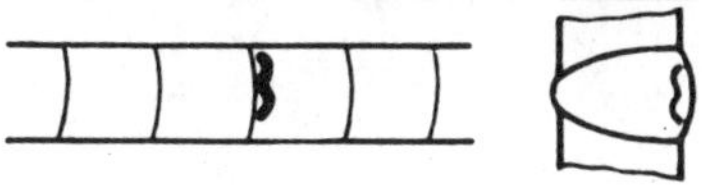
Ec	strahlenförmige Risse	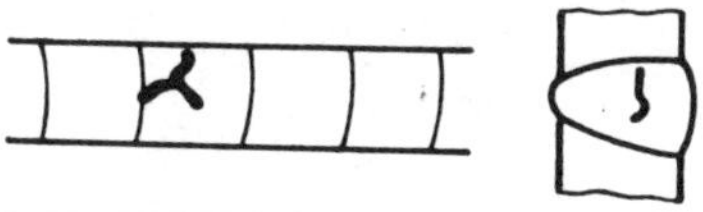
F	Oberflächenfehler	
Fa	durchgelaufenes Schweißgut	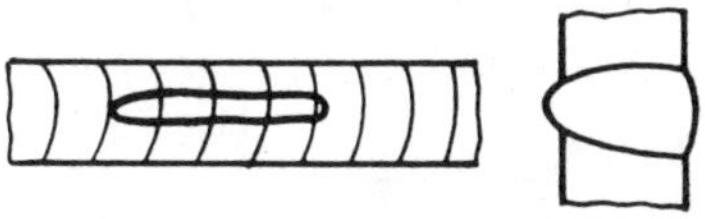
Fb	unregelmäßige Nahtoberfläche	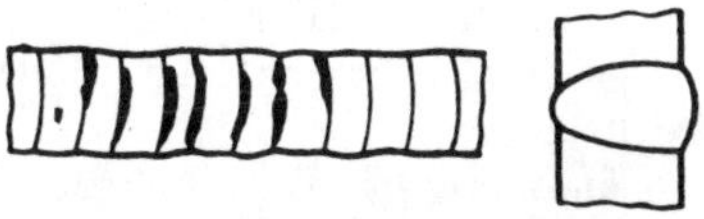
Fc	Einbrandkerben	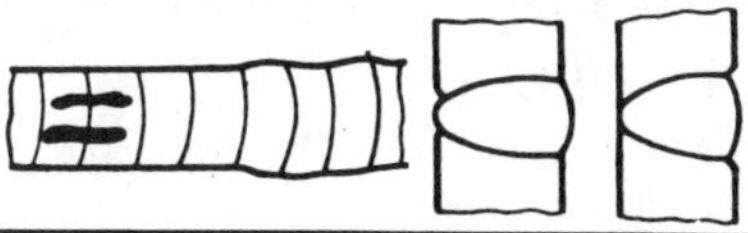

Genauigkeit der Bestimmung der Tiefenausdehnung auf der Grundlage eines derartigen Vergleichsdiagrammes wird auf $\pm 7\%$ geschätzt.
Es ist bekannt, daß die Anwendung von Farbfilmen zu einer verbesserten Information über die Tiefenausdehnung führen kann.
Die Bestimmung der *Tiefenlage* einer Inhomogenität ist aus dem einfachen Radiogramm nicht möglich. Lediglich über die *geometrische Unschärfe*, die von der Tiefenlage abhängig ist, kann versucht werden, bestimmte Zusammenhänge herzustellen [Bild 6.25, Gl. (6.47)]. Doch selbst bei idealen Modellfällen sind diese Korrelationen auf Grund verschiedener anderer Einflußfaktoren nicht eindeutig bestimmbar.
Eine bessere Möglichkeit ist die Durchstrahlung unter verschiedenen Einstrahlwinkeln. Meistens werden 2 Aufnahmen auf einem Film mit seitlich versetzter Strahlenquelle angefertigt. Eine derartige Anordnung ist im Bild 6.24 dargestellt.
Die Tiefenlage ergibt sich dann aus

$$h = \frac{s l_2}{l_1 + l_2} \tag{6.47}$$

und die Tiefenausdehnung kann abgeschätzt werden nach

$$\Delta x \approx \frac{s - h}{s} l_3 \tag{6.48}$$

Nur in wenigen Fällen ist es möglich, aus 2 senkrecht zueinander ausgerichteten Durchstrahlungen die Tiefenlage direkt zu bestimmen.
Durch Auflegen von Bleimarken auf die Prüfkörperoberfläche kann die Auswertungsgenauigkeit noch erhöht werden (Bild 6.25).
Die Tiefenlage kann dann ermittelt werden aus

$$x = \frac{f + f'}{f} \frac{mh}{m + h} - C \tag{6.49}$$

während sich die Tiefenausdehnung ergibt aus

$$\varphi = \frac{\varphi' f}{(m + f) \sqrt{\left[\frac{a + f}{h} - \frac{D}{hD'} (e' + f)\right]^2 + 1}} \tag{6.50}$$

mit $g = D - e$

Nach *Bumiller* kann man auf der filmfernen Seite einen Draht senkrecht zum Zentralstrahl anordnen und die Strahlenquelle senkrecht zur Drahtachse verschieben. Dann läßt sich ohne Kenntnis der Strahlenquellenverschiebung und des Strahler-Film-Abstandes die Tiefenlage einer Inhomogenität bestimmen aus

$$h = \frac{xR\delta}{r(\Delta - \delta) + R\delta} \tag{6.51}$$

x Abstand Draht–Film
R Länge des Drahtschattens in der Filmebene
r Drahtlänge
δ Verschiebung des Detailschattens
Δ Verschiebung eines der Endpunkte des Drahts

Da die Übereinanderbelichtung zweier »verschobener« Aufnahmen eine erhebliche Minderung der Detailerkennbarkeit mit sich bringt, kann man die Bildebene auch so weit hinter dem Objekt anordnen, daß keine störenden Überlappungen mehr stattfin-

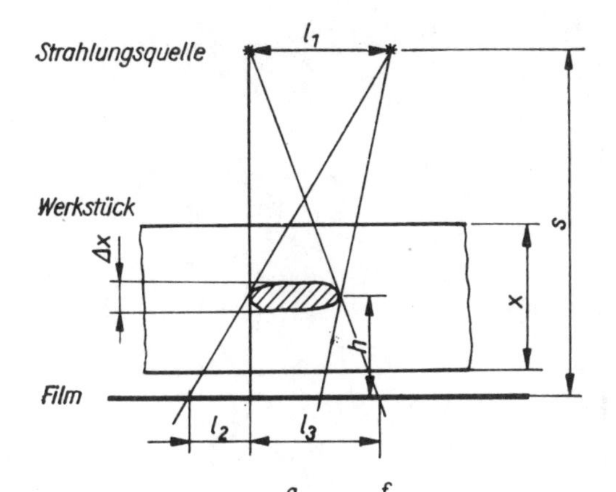

Bild 6.24. Durchstrahlung mit seitlich versetzter Strahlungsquelle (Einfilmtechnik)

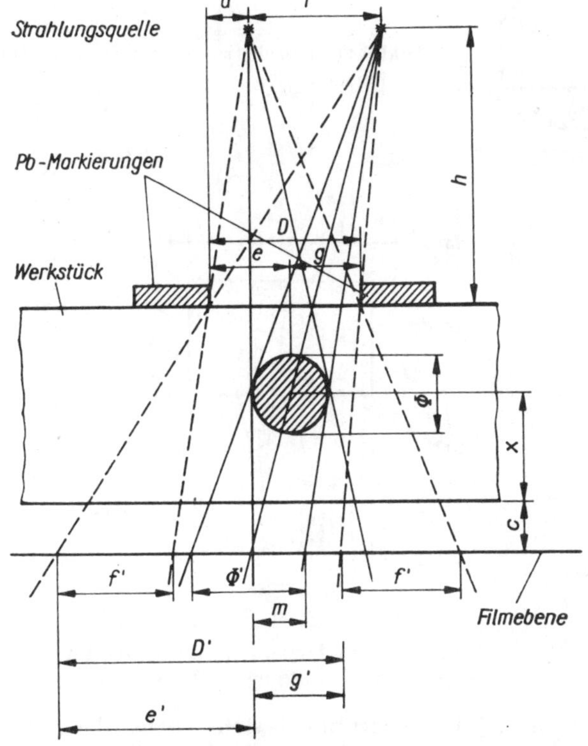

Bild 6.25. Durchstrahlung mit seitlich versetzter Strahlungsquelle (Einfilmtechnik) und Markierungshilfe

den (Bild 6.26). Diese Methode arbeitet mit einer Bezugsmarke und konnte bei Betatronen erfolgreich angewendet werden, bei denen der vergrößerte Filmabstand keine wesentliche Verschlechterung der Fehlererkennbarkeit bringt. Die Tiefenlage der Inhomogenität ergibt sich dann aus

$$h^* = \frac{(C_1 - C_2)\, b}{a\left(1 + \frac{d}{b}\right) + (C_1 - C_2)} \approx \frac{(C_1 - C_2)\, b}{a\left(1 + \frac{d}{b}\right)} \qquad (6.52)$$

mit einer Genauigkeit von $\pm 5\%$.

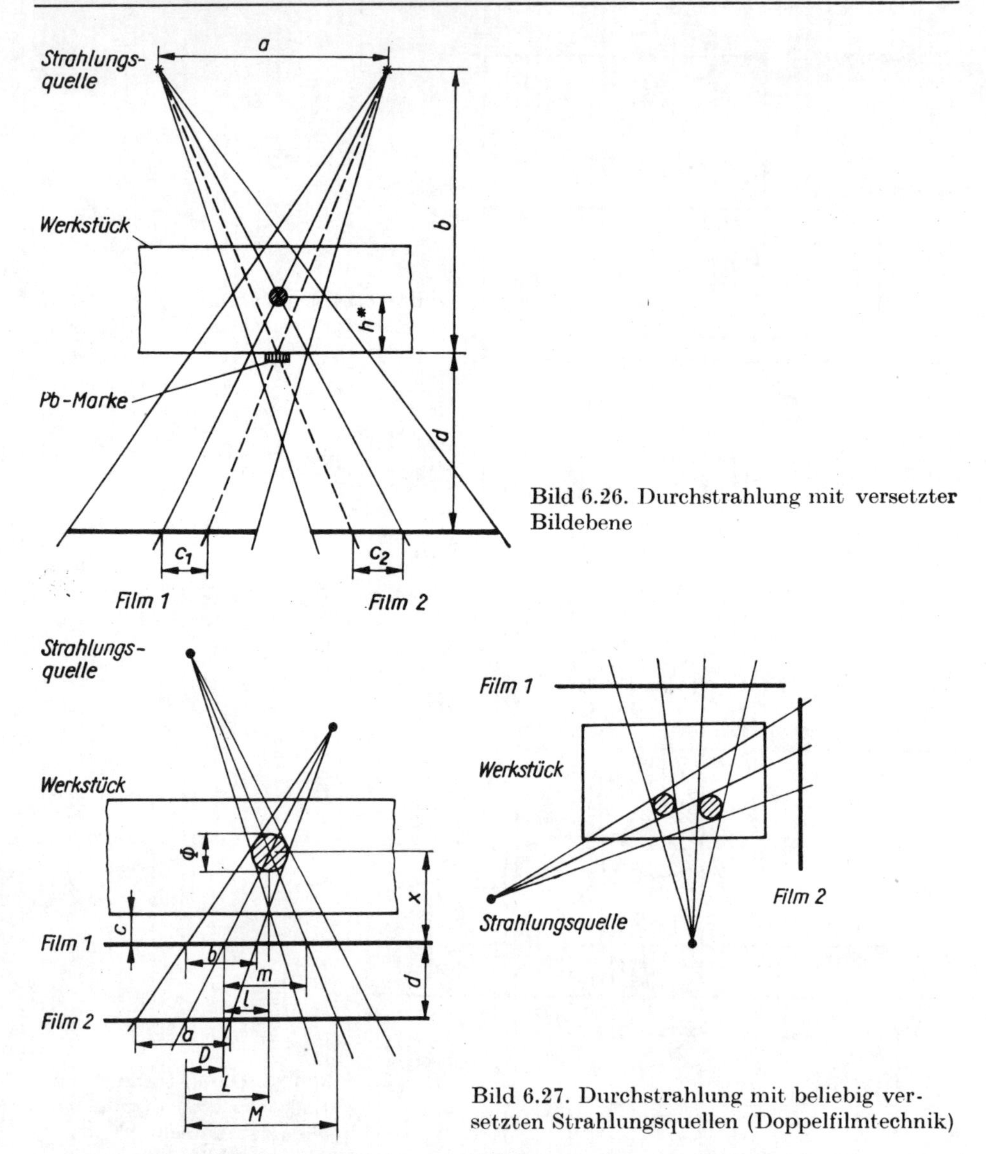

Bild 6.26. Durchstrahlung mit versetzter Bildebene

Bild 6.27. Durchstrahlung mit beliebig versetzten Strahlungsquellen (Doppelfilmtechnik)

Da bei einem Film immer die Gefahr einer Überbelichtung besteht, können die beiden Aufnahmen auch auf getrennten Filmen gemacht werden, wobei allerdings für eine exakte Zuordnung gesorgt werden muß. Interessant erscheint die Lösung, mit 2 beliebig versetzten Strahlenquellen in Doppelfilmtechnik zu arbeiten (Bild 6.27). Die Tiefenlage und die Ausdehnung der Inhomogenität können dann bestimmt werden aus

$$x = \frac{m}{M - m} d \quad (6.53) \qquad \text{und} \qquad \Phi = \frac{Mb - Ma}{M - m} \left(\frac{d^2}{d^2 + D^2} \right)^{1/2} \quad (6.54)$$

Außer dem Filmabstand werden nur Größen benötigt, die unmittelbar aus dem Radiogramm ablesbar sind.

Eine andere Möglichkeit wäre die Durchstrahlung mit um 20° bzw. 40° oder 45° bzw. 90° versetzter Strahlerstellung auf jeweils senkrecht zueinander angebrachte Filme. Durch Rekonstruktion des Strahlenganges läßt sich aus dem Radiogramm die Tiefenlage auch übereinander liegender Inhomogenitäten bestimmen. Diese Methode kann noch mit einer geometrischen Vergrößerungstechnik kombiniert werden. Sie wird im Bauwesen zur Ortung von Eisenarmierungen in Beton eingesetzt.
Die in den Bildern 6.24 bis 6.27 skizzierten Anordnungen können ebenso mit 2 gleichartigen Strahlenquellen in fester Geometrie realisiert werden, so daß eine Art Stereoaufnahme zustande kommt.
Ein weiteres Verfahren zur Bestimmung der Tiefenlage einer Inhomogenität ist die *Tomographie*, auch *Planigraphie* genannt. Durch eine pendelnde Relativbewegung von Strahlenquelle und Film wird erreicht, daß nur bestimmte Durchstrahlungsebenen scharf abgebildet werden. Durch diese Schichtaufnahmetechnik kann ein räumliches Bild der Verteilung der Inhomogenität erhalten werden.

6.1.3.3. Klassifikation und Dokumentation

Die Klassifikation und Dokumentation der Inhomogenitäten ist eine wichtige Voraussetzung für die betriebliche Informationsverarbeitung und die nachfolgende Einschätzung der Auswirkung auf das Gebrauchsverhalten des durchstrahlten Werkstückes. Man verwendet in der Regel eine Buchstaben- und Ziffernfolge, die in einem definierten Auswertungsbereich die Art, Größe, Häufigkeit und Lage der Inhomogenitäten in kodierter Form enthält. Diese Kodierung wird zusammen mit den Durchstrahlungsparametern in Prüfprotokolle eingetragen und zusammen mit den Radiogrammen dem für die Bewertung Verantwortlichen vorgelegt, der den Beurteilungsvermerk macht. Am weitesten fortgeschritten ist diese Handhabung bei der Schweißnahtprüfung. Hier kann eine einheitliche Klassifikation der Schweißnahtungänzen erfolgen, die zur Festlegung einer bestimmten »*Röntgennote*« führt. Die noch als »brauchbar« einzuschätzende Mindestnote ist mit der Angabe der Ausführungsklasse entsprechend den für Bauteile geltenden Vorschriften und Richtlinien festgelegt. Auf diese Weise mündet die Klassifikation unmittelbar in die Beurteilung des Prüfbefundes ein.
Wesentlich komplizierter ist die Klassifikation von Gußteilinhomogenitäten. Hier sind noch weitgehend innerbetriebliche Regelungen im Gebrauch. Eine einigermaßen befriedigende Klassifikation dieser Inhomogenitäten kann nur über Bildatlanten geschehen.
Die Dokumentation der Prüfbefunde erfolgt am besten über ein einfaches Lochkartensystem oder mit Hilfe der EDV. Damit sind statistische Ermittlungen jederzeit möglich. Der Prüfbefund sollte auch die Ergebnisse der anderen zerstörungsfreien Prüfungen ausweisen, um eine komplexe Beurteilung zu ermöglichen.

6.1.3.4. Erkennbarkeitsgrenzen und Beurteilungskriterien

Feine flächenhafte Trennungen lassen sich mit Hilfe der Durchstrahlungstechnik nur dann nachweisen, wenn sie nahezu parallel zur Durchstrahlungsrichtung verlaufen. Eine verallgemeinerte Aussage darüber, wie groß der Winkel zwischen der Trennungsebene und der Strahlungsrichtung sein kann, damit die Trennung gerade noch nachweisbar ist, kann nicht erwartet werden, da die Erkennbarkeitsgrenze von einer Vielzahl verschiedener Größen beeinflußt wird. Im Bild 6.28 sind Grenzwerte für die Erkennbarkeit von Drähten, Bohrlöchern, zylinder- und kugelförmigen Hohlräumen

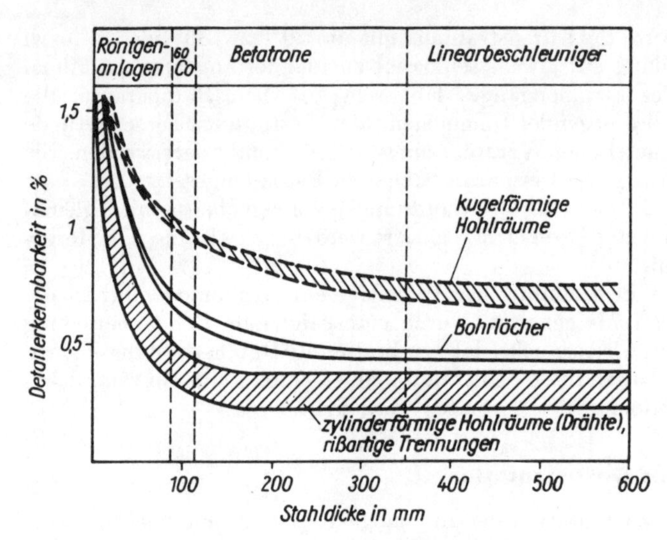

Bild 6.28. Erkennbarkeitsgrenzen bei Drähten, Bohrlöchern, zylinder- und kugelförmigen Hohlräumen in Abhängigkeit von der durchstrahlten Stahldicke

aufgetragen. Mit Röntgenstrahlen bis 400 kV sind bei 10 mm Stahldicke etwa 1,0% und ab 50 mm 0,4% Drahterkennbarkeit erreichbar. Für ^{60}Co werden bei 100 mm Stahl etwa 0,45%, mit Betatronen bei 300 mm um 0,3% und mit Linearbeschleunigern bei 500 mm Stahl sogar 0,23% Drahterkennbarkeit als erzielbar angegeben. Energiereiche Strahlung zwischen 10 und 30 MeV hat trotz des relativ kleinen Schwächungskoeffizienten einen höheren Strahlenkontrast aufzuweisen als z. B. ^{60}Co-Strahlung, da der Anteil der Sekundärstrahlung fast um eine Größenordnung kleiner ist als bei ^{60}Co. *Wideröe* hat aus vereinfachten theoretischen Überlegungen abgeleitet, daß unter optimalen Bedingungen im Stahldickenbereich von 10 bis 500 mm eine Erkennbarkeit bei 0,4% der Materialdicke erreichbar sein müßte. Die Erkennbarkeitsgrenzen sind wesentlich von den unübersichtlichen Streustrahlenverhältnissen, vom Formfaktor, von der Sehschärfe, dem Auflösungsvermögen und der Höhe der für das menschliche Auge wahrnehmbaren Unterschiedsschwelle sowie von den Auswertungsbedingungen abhängig.

6.1.3.5. Einsatzgebiete der Durchstrahlungstechnik

Die Einsatzgebiete der Durchstrahlungstechnik erweitern sich ständig. Ein Hauptanwendungsgebiet, besonders für die Durchstrahlung mit Röntgenstrahlen, ist die Schweißnahtprüfung, die im Schiffbau, Kessel- und Behälterbau, Stahlhoch- und Brückenbau, im Transport- und Verkehrswesen, im Rohrleitungsbau und im Instandsetzungswesen eine große Bedeutung hat.
Eine zweite wichtige Kategorie sind die Gußteilprüfungen, die vorrangig mit ^{192}Ir-, ^{137}Cs- und ^{60}Co-Quellen durchgeführt werden. Bei der Prüfung von Leichtmetallguß werden zusätzlich noch ^{170}Tm-Quellen verwendet.
Die Durchstrahlungsprüfung von Schmiedeteilen ist nur auf spezielle Anwendungsfälle und Kleinteile beschränkt. Bei größeren Wanddicken müssen Hochenergiebeschleuniger und Industrie-Betatrone eingesetzt werden.
In der Bauindustrie und im Montagebau wird die Durchstrahlungsprüfung z. B. zur Feststellung der Lage von Bewehrungen, von Rißbildungen, des Füllzustands von Spanndraht-Kanälen oder zur Dichtekontrolle des Betons angewendet. Hierzu werden vorrangig die genannten Gammastrahlungsquellen benutzt.

Für die Prüfung von Halbzeugen und Fertigteilen aus nichtmetallischen Werkstoffen oder aus metallischen Sonderwerkstoffen bietet die Durchstrahlungsprüfung ebenfalls vielfältige Anwendungsmöglichkeiten. Weitere spezielle Anwendungsgebiete sind die Bestimmung der geometrischen Form und der Größe unzugänglicher Maschinenteile, die Untersuchung von geschlossenen elektronischen und elektrischen Bauelementen sowie die Untersuchung von Strömungs- und Transportvorgängen in Rohren, Füllstandsmessungen, Dicken- und Schichtdickenmessungen.

6.1.4. Sonderverfahren

6.1.4.1. Erhöhung des Informationsgehalts der Durchstrahlungsprüfung

Es gibt verschiedene Möglichkeiten, um die Detailerkennbarkeit und den auswertbaren Objektumfang zu erhöhen. Die älteste Methode zur Sichtbarmachung unterschwelliger Details ist das Umkopieren unter Verwendung harten Kopiermaterials. Mittels Hilfskopien oder auch mit fernsehtechnischen Mitteln kann eine unterschiedliche Kontrastverstärkung bzw. Harmonisierung des Radiogrammes erreicht werden, z. B. durch Additionseffekte beim Kopieren mit einem unscharfen Negativ des Originals (*Masken-Kopier-Verfahren*), durch Kopieren mit einem seitlich verschobenen Negativ zu einem »Pseudorelief-Röntgenbild«, über eine Schwärzungsplastik, durch Anfertigung von Äquidensiten oder durch die Holokopie. Auch die partielle Helligkeitsvariation des Betrachtungskastens kann zu einer Kontraststeuerung benutzt werden, ganz abgesehen von dem Bestreben, durch extrem hohe Lichtstärken auch die oberen Schwärzungsbereiche der Gradationskurve der Auswertung zugänglich zu machen. Silberreiche Emulsionen haben einen Schwärzungsumfang bis $S = 7$.
Beim *Log-Etronic-Verfahren* erfolgt eine punktweise Belichtung des Negativs durch das Originalradiogramm hindurch. Dabei kann bei $S \leqq 2{,}2$ die Lichtstärke des Lichtpunktes so gesteuert werden, daß eine Kontrastverstärkung oder eine Harmonisierung erreicht wird.
Eine andere Möglichkeit der Kontrastverstärkung und der Gradationssteuerung besteht in der *fotochemischen Nachbehandlung* des Radiogramms. Durch geeignete chemische Nachverstärkung ist es möglich, sowohl die Detailerkennbarkeit als auch den auswertbaren Objektumfang zu erhöhen und außerdem eine Dosiseinsparung zu erzielen. Die chemische Abschwächung des Radiogramms kann hohe Schwärzungsbereiche noch der Auswertung zugängig machen und damit den auswertbaren Dickenbereich nachträglich vergrößern. Auch mit Hilfe der chemischen Bildumkehrung wird sowohl die Detailerkennbarkeit als auch der auswertbare Objektumfang in bestimmten Fällen verbessert. Dazu kommen Methoden der Buntentwicklung, des Anfärbens und der Verwendung von Farbfilmen mit und ohne spezielle Nachbelichtung, welche die Aussagefähigkeit des Radiogrammes verbessern können. Farbige Radiogramme haben als zusätzliche Auswerteparameter Farbton und Farbsättigung. Besondere Vorteile bietet die Colorradiographie z. B. bei der Durchstrahlungsprüfung von elektronischen Miniaturbausteinen im Energiebereich $E < 100$ kV.
Eine dreidimensionale Radiographie konnte durch Anwendung des Prinzips der *Holographie* realisiert werden. Voraussetzung ist jedoch die Entwicklung eines leistungsstarken *Röntgenlasers*.
In jüngster Zeit hat die optoelektronische Bildverarbeitung mit Mikroprozessoreinsatz neue Möglichkeiten eröffnet, den Informationsgehalt der Radiogramme noch

weiter auszuschöpfen. Auch mit Hilfe der Fernsehtechnik gibt es hierzu interessante Ansatzpunkte, aus dem Radiogramm noch weitere Informationen zu erschließen.

6.1.4.2. Elektroradiographie

Bei der *Elektroradiographie* handelt es sich um eine Abbildungsmethode, bei der anstelle des Röntgenfilms eine aufgeladene, halbleiterbeschichtete Metallplatte verwendet wird. Ein solches Aufnahmeelement ist im Bild 6.29 dargestellt. Die Arbeitsschritte des Verfahrens sind im Bild 6.30 schematisch angegeben. Das Aufladen der Plattenelemente auf Oberflächenladungen zwischen 500 und 1 200 V erfolgt elektrisch nach dem Prinzip einer Koronaentladung. Die nachfolgende Exposition verläuft unter ähnlichen Bedingungen wie bei der Filmmethode. Das so auf der Plattenoberfläche gebildete latente Ladungsbild wird im nächsten Arbeitsgang mit Hilfe einer Pulverwolken-, Kaskaden- oder Flüssigkeitsentwicklung sichtbar gemacht, indem ein feines Tonerpulver mit geeigneten elektrischen Eigenschaften auf die Platte gebracht wird. Das Pulverbild wird mit Hilfe einer erneuten Koronaentladung auf saugfähiges Papier übertragen und anschließend durch Aufschmelzen, chemische Reaktionen oder Besprühen mit Lack fixiert. Die Auswertung ist sowohl am Original als auch am Übertragungsbild möglich. Bei sorgfältiger Behandlung kann eine solche Platte einige tausendmal verwendet werden und eine Lebensdauer von mehreren Jahren erreichen.
Die Vorteile der Elektroradiographie liegen vor allem in den niedrigen Aufnahmekosten und der erhöhten Produktivität des Prüfvorgangs. Dazu kommen eine Reihe von aufnahmetechnischen Vorzügen. Dem stehen noch Nachteile in der Empfindlichkeit der Aufnahmeelemente, der Homogenität der Abbildung, der Störanfälligkeit des Abbildungsvorganges, der Reproduzierbarkeit und Konstanz der elektroradiographischen Parameter sowie in der Handhabung gegenüber. Als Einsatzgebiete der Elektroradiographie wurden bisher bekannt:
Schweißnahtprüfung, Prüfung von Leichtmetallgußstücken, Bauteilen aus Polymerwerkstoffen, Auto- oder Flugzeugreifen, Waben- und Sandwichkonstruktionen sowie elektronischen Baueinheiten aller Art.

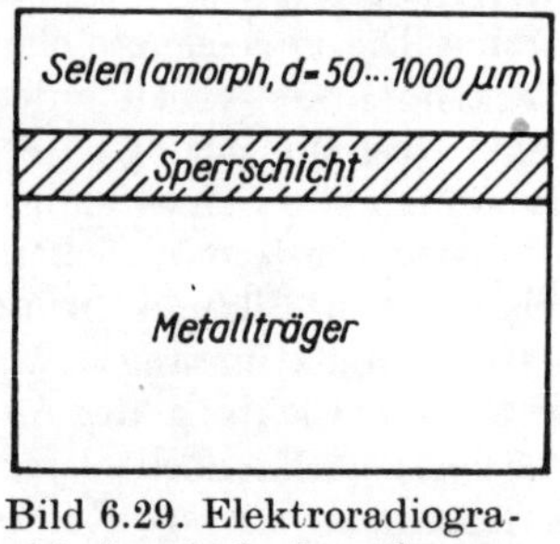

Selen (amorph, $d = 50 \ldots 1000\ \mu m$)
Sperrschicht
Metallträger

Bild 6.29. Elektroradiographisches Aufnahmeelement

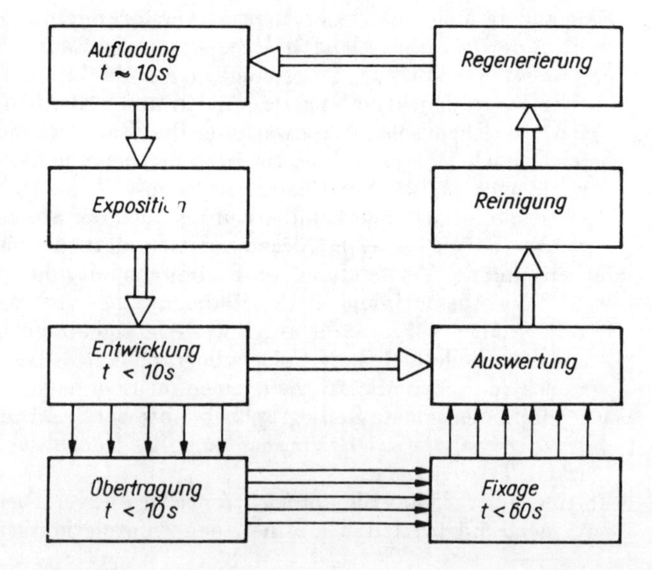

Bild 6.30 Arbeitsschritte der Elektroradiographie.

6.1.4.3. Neutronenradiographie

Die Durchstrahlungsprüfung mit Neutronen basiert auf der Wechselwirkung mit den Atomkernen der durchstrahlten Materie. Neutronen durchdringen schweratomige Stoffe mit äußerst geringer Schwächung, werden an C-, N-, O- und H-Kernen stark gestreut und durch Li, B, Cd und seltene Erden stark absorbiert. Als Strahlenquelle kommen z.B. radioaktive ^{252}Cf-, Ra-Be-, Ac-Be-, Sb-Be- oder Po-Be-Quellen, spezielle Deuterium-Neutronengeneratoren oder Kernreaktoren in Frage. Während die Quellstärken der radioaktiven Neutronenquellen in der Regel bei 10^4 bis 10^6 n cm^{-2} s^{-1} liegen, erreichen die Deuteronen-Neutronen-Generatoren bis zu 10^{10} n s^{-1} cm^{-2} und die Kernreaktoren bis 10^{15} n cm^{-2} s^{-1}. Um die photographische Emulsion gegenüber Neutronen empfindlich zu machen, können 3 Wege beschritten werden:

a) Sensibilisierung der Emulsion mit Stoffen, die bei einer Reaktion mit Neutronen ionisierende Teilchen aussenden, z. B. $(n, \alpha$-), (n, γ)-Reaktionen.
b) Auflegen von Konverterfolien (als Vorder- und Hinterfolie) auf die Filmemulsion, die einen hohen Einfangsquerschnitt für Neutronen haben. Diese Folien emittieren bei Neutroneneinfall ionisierende Strahlung, z. B. nach ^{10}B (n, α) ^{7}Li, ^{6}Li (n, α) ^{3}H, ^{113}Cd (n, γ) ^{114}Cd, ^{155}Gd (n, γ) ^{156}Gd. Dieses Verfahren ist sehr verbreitet und wird als Direktverfahren bezeichnet.
c) Aktivierung einer speziellen Folie durch Neutronenbestrahlung, die danach in Kontakt mit einem Film gebracht wird. Die Intensitätsverteilung wird in Form einer Autoradiographie auf den Film übertragen. Bei dieser Transfermethode werden folgende Reaktionen des Konverters ausgenutzt: ^{109}Ag (n, γ) ^{110}Ag, ^{115}In (n, γ) ^{116}In, ^{164}Dy (n, γ) ^{165}Dy. Die entstandenen radioaktiven Nuklide senden β- und γ-Strahlung aus.

Für die *Neutronenradiographie* können subthermische, thermische und epithermische Neutronen zur Anwendung kommen. Schnelle Neutronen haben nur im Zusammenhang mit der Neutronenblitzradiographie eine gewisse Bedeutung erlangt. Nach den bisherigen Erkenntnissen bietet dieses Verfahren bei der Durchstrahlung dicker Prüfobjekte aus U, Pb und Bi im Dickenbereich von 50 bis 150 mm in bezug auf die Belichtungszeit und die Detailerkennbarkeit ökonomische Vorteile gegenüber den herkömmlichen Verfahren. Die erkennbaren Dickenunterschiede liegen zwischen 2 und 3% der Materialdicke. Dazu kommen Vorteile bei der Untersuchung wasserstoffhaltiger Materialien bzw. überhaupt von Stoffen mit niedriger Kernladungszahl. Die *Neutronen-Bildwandler* mit Fernsehkette erreichen eine maximale Detailerkennbarkeit von 4 bis 5%.
Bisher sind folgende Anwendungen bekannt geworden: Prüfung von Konstruktionselementen in der Kerntechnik, Raketentechnik und Flugzeugindustrie, von Klebverbindungen und Sandwich-Konstruktionen sowie von stark radioaktiven Materialien.

6.1.4.4. Röntgenblitztechnik

In *Röntgenblitzgeräten* werden kurzzeitig Stromstärken bis zu 10000 A erreicht; die Blitzdauer liegt bei 10^{-7} bis 10^{-8} s. Die realisierbaren Spannungswerte reichen bis weit in den Megavoltbereich, wobei Impulsraten bis zu 50 Röntgenblitze/s erzielt werden können. Die relativ hohe, kurzzeitige Strahlungsintensität gestattet die Durchstrahlungsprüfung von bewegten Objekten und die Aufzeichnung von schnell ablaufenden Vorgängen. Bisher sind folgende Einsatzgebiete bekannt geworden: Überwachung von Elektronenstrahlschweißungen an Aluminium während des Schweißprozesses, Aufzeichnung der Vorgänge beim Punktschweißen, Explosivum-

formen und Gießen, Abbildung von Stoßwellen im Inneren von Metallen, Prüfung von radioaktiven Spaltstoffelementen.
Eine Aneinanderreihung der Röntgenblitzaufnahmen gestattet besonders bei Mehrkanaltechnik die Herstellung röntgenkinematographischer Filme.
Die Entwicklung der Röntgenblitztechnik ist noch nicht abgeschlossen. Der Möglichkeit von Momentaufnahmen stehen gegenwärtig noch Nachteile in der Durchstrahlbarkeit, Bildgüte und der Betriebsdauer gegenüber.

6.1.4.5. Mikrowellenprüftechnik

Mikrowellen sind elektromagnetische Wellen im Frequenzbereich von 10^8 bis 10^{12} Hz mit Wellenlängen von 1 m bis 0,1 mm. Sie werden in Spezialgeneratoren erzeugt und auf Grund der hohen Frequenzen an metallischen Oberflächen fast vollständig reflektiert. Die Durchdringungsfähigkeit nichtleitender Untersuchungsobjekte hängt von der *Dielektrizitätskonstante* ε_r, dem *Verlustwinkel* $\tan \delta$ und der Dicke x des Materials ab. In bestimmter Analogie zur Röntgenstrahlung kann daher mit Hilfe von Mikrowellen eine Durchstrahlungsprüfung dielektrischer nichtmetallischer Objekte durchgeführt werden. Die Absorption der Mikrowellen beim Materialdurchgang ergibt sich aus

$$S(x) = S_0 \exp\left[-k\varepsilon_r^{+1/2} \cdot (\tan \delta) \cdot x\right] \tag{6.55}$$

Eine Anwendung erfolgt zur Bestimmung von Hohlräumen, Poren und Gasblasen, zur Kontrolle von Materialveränderungen bzw. -abweichungen sowie zur Dickenmessung in polymeren und keramischen Werkstoffen. Auf Grund der extrem hohen Energieabsorption von Wasser kann die Wassermenge im Prüfobjekt (Feuchtemessung) ermittelt werden.
Gemessen werden in Abhängigkeit von der Frequenz die Amplitude und die Phase der Mikrowellen, wobei neben der Transmission auch Reflexions- und Streuungsmethoden zur Anwendung kommen.

6.1.4.6. Sonstige Methoden

Für die Durchstrahlungsprüfung extrem dünner Objekte können α-Strahlen eingesetzt werden. Das betrifft besonders Prüfkörper aus Polymeren, Papier und Textilien. Die mit Hilfe von ^{210}Po-Quellen erreichbaren Detailerkennbarkeiten sind relativ hoch.
Polymere und keramische Werkstoffe sowie dünne metallische Prüfkörper können mit Hilfe von *Betastrahlen* oder *Positronenstrahlen* durchstrahlt werden. Auch eine Durchstrahlungsprüfung mit Protonen und anderen schweren geladenen Teilchen ist möglich. Selbst für das UV-Gebiet und den angrenzenden sichtbaren Wellenlängenbereich gibt es spezielle Anwendungsfälle von Durchstrahlungsprüfungen, z. B. bei polymeren Werkstoffen.
Eng verwandt mit der Durchstrahlungsprüfung ist die *Autoradiographie*. Natürlich radioaktive, im Reaktor aktivierte oder radioaktiv markierte Objekte werden in Kontakt mit speziellen Filmemulsionen gebracht, auf denen dann nach dem Entwicklungsprozeß die Aktivitätsverteilung im Objekt als Schwärzungsverteilung sichtbar wird. Die erzeugten Autoradiogramme können die Verteilung nahezu beliebiger radioaktiver Elemente ausweisen, z. B. auch die Anreicherung bestimmter Verunreinigungen im Stahl.
Interessant sind die Versuche, mit Hilfe der *Gamma-*, *Elektronen-* und *Röntgenstrahlungsrückstreuung* innere Fehlstellen im Werkstück abzubilden. Diese Untersuchungen

gehen auf die herkömmlichen Verfahren zur Dicken- und Schichtdickenkontrolle zurück. Der γ-Rückstreudickenmesser mit Szintillationsmeßkopf und Impulshöhenanalysator, der β-Rückstreuschichtdickenmesser mit Glockenzählrohr und einige röntgenoptische Verfahren werden erfolgreich angewendet.
Abschließend soll noch auf die Möglichkeit verwiesen werden, Inhomogenitäten im metallischen Gefüge mit Hilfe der *Mößbauer-Spektroskopie* oder der *Exoelektronen-Emissionstechnik* nachzuweisen.
Zur schnellen Verfahrensüberwachung im Gießereibetrieb, zur Bewehrungsuntersuchung im Bauwesen oder zur Kontrolle von Sandwich-Elementen werden in neuester Zeit spezielle Fotopapiere eingesetzt, die in wenigen Sekunden nach der Exposition ein auswertbares Bild liefern. Allerdings müssen hierbei Bildgüteverluste in Kauf genommen werden.

6.2. Akustische Prüfverfahren

Die *akustische Prüfung* ist neben der *Sichtprüfung* das älteste Verfahren der zerstörungsfreien Werkstoffprüfung. Die *Klangprüfung*, die häufig bei Glas- und Keramikgegenständen angewendet wird, beruht auf der Anregung von Schallwellen im Bereich des Hörschalls. Seit über drei Jahrzehnten hat die Prüfung mittels *Ultraschalls* in ständig wachsendem Umfang Anwendung in der Defektoskopie gefunden. Dabei entwickelte sich die Ultraschallprüfung mehr und mehr zu einem Verfahren der Meßtechnik, da die genaue Bestimmung der Parameter der Inhomogenitäten, wie Größe, Form, Lage und Häufigkeit, immer wichtiger für die Beurteilung des Bauteils wird. Insbesondere aus der Anwendung der Bruchmechanik (Abschnitt 2.2.) als Dimensionierungsmethode haben sich höhere Anforderungen an den quantitativen Nachweis von Rissen bzw. rißartigen Fehlstellen ergeben.
Weiterhin erlaubt die Messung solcher akustischer Kenngrößen wie Ultraschallgeschwindigkeit und -schwächung Rückschlüsse auf den Werkstoffzustand (Gefüge) auf zerstörungsfreiem Wege. Dieses Anwendungsgebiet erlangt für die Qualitätsprüfung im Fertigungsprozeß immer größere Bedeutung.
Zunehmend werden die akustischen Verfahren auch zur laufenden Überwachung von Maschinen und Anlagen während des Betriebs eingesetzt. Dabei wird vor allem die Erscheinung ausgenutzt, daß das Prüfobjekt selbst als Schall- bzw. Ultraschallquelle wirken kann.
Ein rotierendes Bauteil sendet im Betrieb Schallsignale aus, die nach Frequenz und Amplitude analysiert werden (*Körperschallmessung*). In ähnlicher Weise bestimmt man die bei mechanischer Beanspruchung auftretende Emission von Ultraschall (*Schallemission*) und gewinnt daraus Aussagen über Rißbildung, Rißausbreitung oder plastische Verformung des Bauteils.

6.2.1. Physikalische Grundlagen

6.2.1.1. Schall- und Ultraschallwellen

Schallschwingungen sind mechanische Schwingungen und damit im Gegensatz zu den elektromagnetischen Wellen an ein elastisches Medium gebunden.
Vom Menschen werden mechanische Schwingungen im Frequenzbereich von 16 bis 16000 Hz wahrgenommen (*Hörschall*). Als *Ultraschall* wird Schall mit einer Frequenz

oberhalb 20 kHz bezeichnet. Mechanische Schwingungen im Bereich oberhalb 10^9 Hz nennt man Hyperschall. Schall unterhalb der Hörgrenze (*Infraschall*) tritt z. B. bei Erdbeben auf.

Eine Schwingung in einem deformierbaren Medium bleibt nicht auf das Erregungszentrum beschränkt, da die schwingenden Teilchen ihre Energie auf benachbarte Teilchen übertragen, d. h., die Schwingung pflanzt sich im Raum als Welle fort. Den Abstand zweier benachbarter Teilchen, die sich im gleichen Bewegungszustand bzw. in gleicher Phase befinden, bezeichnet man als *Wellenlänge* λ. Die Schwingungsphase wird durch den Betrag und die Richtung des Schwingungsausschlages a_s zur Zeit t gekennzeichnet. Der Zusammenhang zwischen Bewegung und Zeit ist meist sinusförmig (Bild 6.31). Der größtmögliche Ausschlag der Schwingung ist die Amplitude A_s.

Betrachtet man eine Schallquelle (*Schwinger*) im Innern eines unbegrenzten Mediums, so breiten sich die hiervon ausgehenden Wellen im Raum aus. Die phasengleich schwingenden Teilchen werden als Wellenflächen oder Wellenfronten beschrieben. Sie stehen senkrecht zur Fortpflanzungsrichtung der Wellen. Nach der Form der Wellenflächen kann man ebene und Kugelwellen unterscheiden (Bild 6.32). Bei einer ebenen Welle besteht die Schallquelle aus einer ebenen Fläche, die im Vergleich zur Wellenlänge groß ist. Die Wellenflächen liegen parallel zur Erregerfläche. Eine Kugelwelle entsteht bei einem kleinen Erregerzentrum im Vergleich zur Wellenlänge, d. h. einer punktförmigen Schallquelle. Die Wellenflächen sind konzentrische Kugelschalen. Bei sehr großer (unendlicher) Entfernung von der Schallquelle können die Kugelwellen abschnittsweise in ebene Wellen übergehen, da die Kugelschalen dort durch parallele gerade Wellenflächen zu beschreiben sind.

Je nach Art und Abmessungen des schalleitenden Materials, bezogen auf die Wellenlänge, können sich verschiedene Wellenarten ausbreiten. In unbegrenzten Medien (Abmessungen viel größer als die Wellenlänge) pflanzen sich Longitudinal- und Transversalwellen fort. Bei einer *Longitudinalwelle* wechseln Zonen der Verdünnung und Verdichtung ab, d. h. Bereiche mit Über- und Unterdruck, so daß sie auch als Druck-

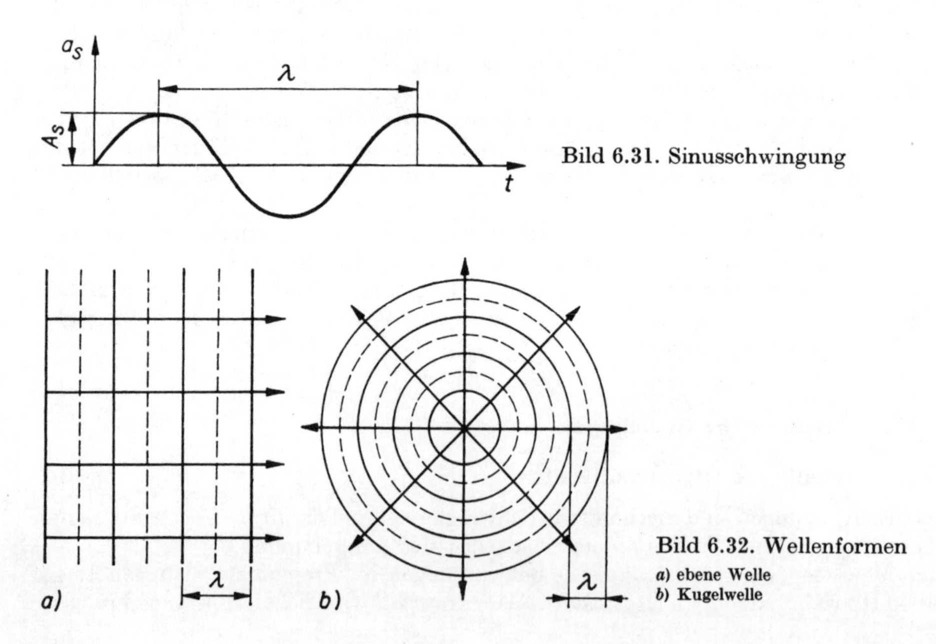

Bild 6.31. Sinusschwingung

Bild 6.32. Wellenformen
a) ebene Welle
b) Kugelwelle

bzw. Kompressionswelle bezeichnet wird (Bild 6.33a). Diese Wellenart, bei der Ausbreitungs- und Schwingungsrichtung identisch sind, tritt in festen, flüssigen und gasförmigen Medien auf (Hörschall in Luft). Bei einer *Transversalwelle* liegt die Schwingungsrichtung senkrecht zur Ausbreitungsrichtung (Bild 6.33b). Sie beansprucht das Medium auf Schub, so daß sie auch als Schub- oder Scherwelle bezeichnet wird. Da Gase und ideale Flüssigkeiten schubspannungsfrei sind, breiten sie sich nur in festen Medien aus.

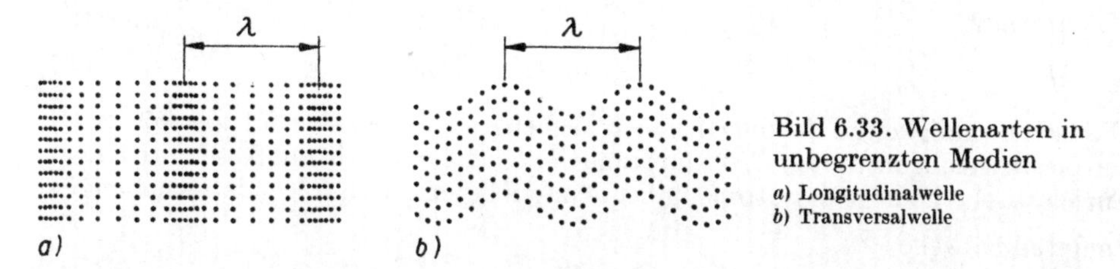

Bild 6.33. Wellenarten in unbegrenzten Medien
a) Longitudinalwelle
b) Transversalwelle

Entlang einer Grenzfläche fester ungeschichteter halbunendlicher Medien an Gasen oder Flüssigkeiten breiten sich im festen Medium Oberflächenwellen aus, die man in homogenen Festkörpern, die an gasförmige Medien grenzen, als *Rayleighwellen* bezeichnet. Die Bewegung der Mediumteilchen ist eine Überlagerung longitudinaler und transversaler Komponenten. Die Amplitude der Oberflächenwellen nimmt mit wachsender Entfernung senkrecht zur Oberfläche exponentiell ab. Diese Wellen folgen den Oberflächenkrümmungen und werden an Ecken und Kanten reflektiert.
In Platten, deren Dicke kleiner oder etwa gleich der Wellenlänge ist, breiten sich *Platten*- oder *Lambwellen* aus (Bild 6.34). Man unterscheidet bei diesen Wellen zwei Grundtypen:

a) symmetrische oder *Dehnwellen*, bei denen Stauchungen und Dehnungen in der Plattenebene abwechseln. Die neutrale Faser führt reine Longitudinalschwingungen aus.
b) asymmetrische oder *Biegewellen*, die aufeinanderfolgende Biegungen der Platte darstellen. Die neutrale Faser führt reine Transversalschwingungen aus.

Bei jedem Lambwellentyp gibt es Oberwellen, deren Ordnung durch die Anzahl der neutralen Fasern in der Platte charakterisiert ist.

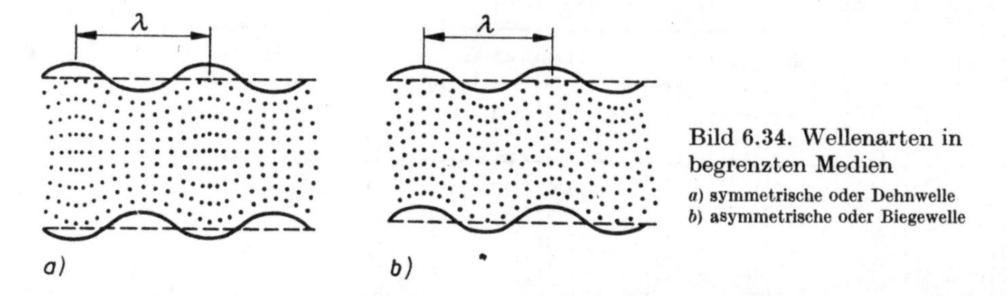

Bild 6.34. Wellenarten in begrenzten Medien
a) symmetrische oder Dehnwelle
b) asymmetrische oder Biegewelle

6.2.1.2. Schallausbreitung

Die Schallwellen pflanzen sich in einem Medium mit einer charakteristischen *Schallgeschwindigkeit* fort. Die Geschwindigkeit reiner Longitudinal- oder Transversalwellen ist in unbegrenzten homogenen Medien frequenzunabhängig.

Breitet sich eine Schallwelle mit der Schallgeschwindigkeit v aus, so entspricht der während der Schwingungsdauer T

$$T = \frac{1}{f} \tag{6.56}$$

f Frequenz

zurückgelegte Weg der Wellenlänge λ, da beide Grenzen in gleicher Phase schwingen. Es gilt somit

$$v = \lambda f \tag{6.57}$$

Die Geschwindigkeiten für die einzelnen Wellenarten lassen sich für Festkörper aus den elastischen Konstanten E, G und μ und der Dichte ϱ berechnen (Abschnitt 7.1.). Für elastische homogene isotrope unbegrenzte Körper gelten folgende Beziehungen:

Longitudinalwelle

$$v_L = \left(\frac{E(1-\mu)}{\varrho(1+\mu)(1-2\mu)}\right)^{1/2} \tag{6.58}$$

Transversalwelle

$$v_T = \left(\frac{E}{2\varrho(1+\mu)}\right)^{1/2} \tag{6.59}$$

bzw.

$$v_T = \left(\frac{G}{\varrho}\right)^{1/2} \tag{6.60}$$

Die Longitudinal- und Transversalwellengeschwindigkeiten verschiedener Medien sind in Tabelle 6.10 zusammengestellt. Die Temperaturabhängigkeit der Schallgeschwindigkeit der Festkörper kann im allgemeinen im Bereich der Raumtemperatur vernachlässigt werden, nicht aber bei Flüssigkeiten. Für Wasser ändert sich die Schallgeschwindigkeit im Schwankungsbereich der Raumtemperatur um $3{,}3\,\mathrm{m\,s^{-1}\,K^{-1}}$. Bei anisotropen Medien, wie Einkristallen und texturbehafteten Werkstoffen, ist die

Tabelle 6.10. Longitudinal-, Transversalwellengeschwindigkeit und Schallwellenwiderstand Z verschiedener Stoffe

Stoff	Longitudinalwellengeschwindigkeit v_L in $\mathrm{m\,s^{-1}}$	Transversalwellengeschwindigkeit v_T in $\mathrm{m\,s^{-1}}$	Schallwellenwiderstand Z in $10^6\,\mathrm{N\,s\,m^{-3}}$
Aluminium	6320	3130	17
Blei	2160	700	24
Eisen	5900	3230	45
Kupfer	4730	2300	42
Nickel	5894	3219	52
Zink	4120	2350	29
Quarzglas	5570	3520	14
Piacryl	2730	1430	3,2
Wasser (293 K)	1481	–	1,5
Luft	330	–	–

Schallgeschwindigkeit richtungsabhängig. Die Longitudinalwellengeschwindigkeit ist nach Tabelle 6.10 etwa doppelt so groß wie die Transversalwellengeschwindigkeit. Nach Gl. (6.57) beträgt die Wellenlänge für Longitudinalwellen im Eisen bei 1 MHz etwa 6 mm, bei 6 MHz etwa 1 mm.
Für Oberflächenwellen gilt die Näherungsformel (bei $\mu \approx 0{,}3$)

$$v_0 = \frac{0{,}87 + 1{,}12\mu}{1 - \mu} \left(\frac{E}{\varrho} \frac{1}{2(1 + \mu)} \right)^{1/2} \approx 0{,}9 v_T \tag{6.61}$$

Plattenwellen zeigen eine *Dispersion*, d. h. eine Abhängigkeit der Schallgeschwindigkeit von der Frequenz. Ihre Geschwindigkeit ist eine Funktion des Produkts aus Frequenz und Plattendicke. Für feste Werte des Produkts sind bestimmte Typen der Plattenwellen anregbar.
Durch Kombination der Gln. (6.58) und (6.59) lassen sich die *elastischen Konstanten* aus der Longitudinal- und Transversalwellengeschwindigkeit ermitteln:

$$E = 4 \cdot 10^{-3} \varrho \frac{\frac{3}{4} v_L^2 - v_T^2}{\frac{v_L^2}{v_T^2} - 1} \quad \text{in MPa} \tag{6.62}$$

$$\mu = \frac{\frac{1}{2} v_L^2 - v_T^2}{v_L^2 - v_T^2} \tag{6.63}$$

$$G = 10^{-3} v_T^2 \varrho \quad \text{in MPa} \tag{6.64}$$

In diesen Gleichungen ist die Schallgeschwindigkeit in ms^{-1} und die Dichte ϱ in g cm^{-3} einzusetzen. Nach diesen Beziehungen erhält man die adiabatischen elastischen Konstanten (Abschnitt 7.1.2.).
Für die Ultraschallprüfung ist der *Schallwechseldruck* (auch Schalldruck genannt) eine wichtige Kenngröße. Er charakterisiert die Druckunterschiede, die an Stellen erhöhten und geringen Drucks gegenüber normalem Druck bei der Ausbreitung der Schallwellen auftreten. Die Amplitude des Schalldrucks ergibt sich zu

$$P = \omega A_s \varrho v \quad \text{in Pa} \tag{6.65}$$

ϱ Dichte in kg m^{-3}
ω Kreisfrequenz, $\omega = 2\pi f$ in s^{-1}
A_s Amplitude der Schwingung in m

Das Produkt ϱv wird unter Vernachlässigung der Schwächung (Abschnitt 6.2.1.4.) als *Schallwellenwiderstand* oder *Schallkennimpedanz* Z bezeichnet.

$$Z = \varrho v \quad \text{in N s m}^{-3} \tag{6.66}$$

Einige Werte sind in Tabelle 6.10 zusammengestellt. Medien mit großen Werten von Z bezeichnet man als schallhart (z. B. Eisen, Kupfer, Nickel), Medien mit kleinen Werten von Z als schallweich (z. B. Wasser und Piacryl).
Für die Intensität der Ultraschallwelle gilt

$$I = \frac{1}{2} \varrho v \omega^2 A_s^2 \quad \text{in Wm}^{-2} \tag{6.67}$$

Die Intensität ist folglich dem Quadrat der Schalldruckamplitude proportional. Trifft eine Schallwelle auf eine Grenzfläche zwischen zwei verschiedenen Medien, kann es je nach dem Einfallswinkel der Schallstrahlen zur Grenzfläche und der Art der aneinander grenzenden Medien zur Brechung und Reflexion kommen. Als Besonderheit kann auch noch eine Umwandlung der Wellenarten auftreten. Bild 6.35 zeigt die

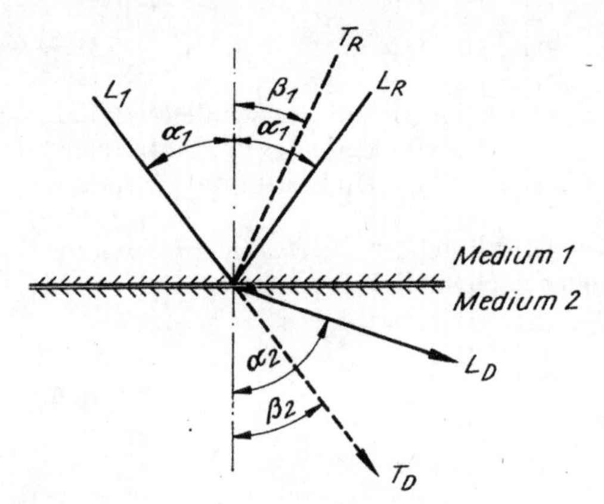

Bild 6.35. Reflexion, Brechung und Aufspaltung an der ebenen Grenzfläche zwischen zwei festen Medien

Grenzfläche zweier fester Medien, auf die eine Longitudinalwelle L_1 des Mediums *1* trifft. Es treten eine *Reflexion* (L_R) und eine *Brechung* (L_D) auf. Da es sich um zwei feste Medien handelt, spaltet sowohl im Medium *1* als auch im Medium *2* jeweils die Longitudinalwelle noch eine Transversalwelle ab (T_R und T_D). Für gleiche Wellenarten gilt bei der Reflexion das Reflexionsgesetz der Optik, d. h., der Einfallswinkel ist gleich dem Reflexionswinkel. Für die im Medium *2* gebrochene Longitudinalwelle (L_D) gilt das *Snelliussche Brechungsgesetz*:

$$\frac{\sin \alpha_1}{\sin \alpha_2} = \frac{v_{1L}}{v_{2L}} \tag{6.68}$$

Die Abspaltung der Transversalwelle (T_D) unter dem Winkel β_2 im Medium *2* erfolgt nach

$$\frac{\sin \alpha_2}{\sin \beta_2} = \frac{v_{2L}}{v_{2T}} \tag{6.69}$$

Analog läßt sich die Beziehung auch für die Abspaltung der Transversalwelle (T_R) im Medium *1* unter dem Winkel β_1 angeben. Da die Transversalwelle eine kleinere Geschwindigkeit hat als die Longitudinalwelle, liegt sie zwischen der Grenzflächennormalen und der Longitudinalwelle.

Für den Fall, daß Medium *1* ein schubspannungsfreies Medium ist (Gas oder Flüssigkeit), in dem sich folglich keine Transversalwelle ausbreiten kann, tritt auch keine Abspaltung einer Transversalwelle in diesem Medium auf.

Durch entsprechende Wahl des Einfallswinkels α_1 kann erreicht werden, daß die Longitudinalwelle im Medium *2* total reflektiert wird ($\alpha_2 \geqq 90°$), so daß sich nur die durch Abspaltung entstandene Transversalwelle im Medium *2* ausbreitet. Diese Erscheinung wird bei *Winkelprüfköpfen* genutzt, um ein durch eine Ultraschallwelle erzeugtes Signal auch eindeutig angeben zu können. Bei einem Winkelprüfkopf erfolgt eine Schrägeinschallung über einen Keil aus organischem Glas (Bild 6.36). Für Piacryl

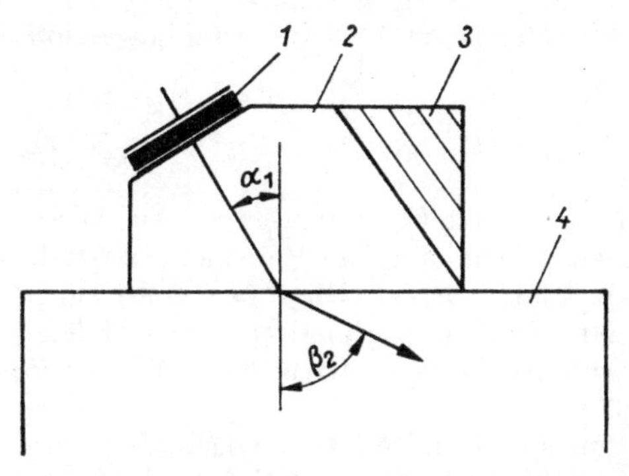

Bild 6.36. Winkelprüfkopf

1 Schwinger
2 Keil aus organischem Glas
3 Dämpfungsmasse (Absorption der reflektierten Wellen)
4 Prüfling

wird bei dem Grenzwinkel $\alpha_2 = 90°$ der Einfallswinkel $\alpha_1 = 27°$ und der Winkel der abgespalteten Transversalwelle $\beta_2 = 33°$, wie sich aus den Gln. (6.68) und (6.69) ergibt. Die Totalreflexion von Longitudinal- bzw. Transversalwellen nutzt man zur Schallgeschwindigkeitsmessung im Medium *2* mit Hilfe von *Ultraschall-Goniometern* aus. Aus der Größe des Winkels α_1 in einer Flüssigkeit kann über das Snelliussche Brechungsgesetz die Geschwindigkeit der jeweils total reflektierten Welle bzw. der dadurch angeregten Oberflächenwelle ermittelt werden. Erforderlich ist eine genaue Ermittlung des Winkels α_1 und die Kenntnis der Schallgeschwindigkeit der Flüssigkeit im Goniometer. Der Grenzwinkel der Totalreflexion ist dadurch zu erkennen, daß ein Maximum des Schalldrucks der an der Oberfläche zum Prüfling reflektierten Schallwellen auftritt. Das Schema der Meßanordnung ist in Bild 6.37 dargestellt.

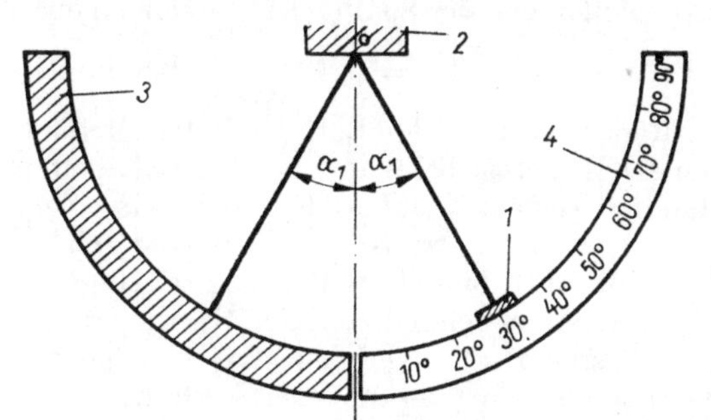

Bild 6.37. Schematische Darstellung des Ultraschall-Goniometers

1 Prüfkopf
2 Prüfling
3 Reflexionskörper
4 Prüfkopfführung mit Gradeinteilung

Für die Errechnung der Schalldruckamplituden der reflektierten und gebrochenen Wellen sind auch die Schallwellenwiderstände der angrenzenden Medien von Bedeutung. Der *Reflexionsfaktor R* und der *Durchlaßfaktor D* ergeben sich nach Bild 6.38 zu

$$R = \frac{P_R}{P_E} \quad \text{und} \quad D = \frac{P_D}{P_E} \tag{6.70}$$

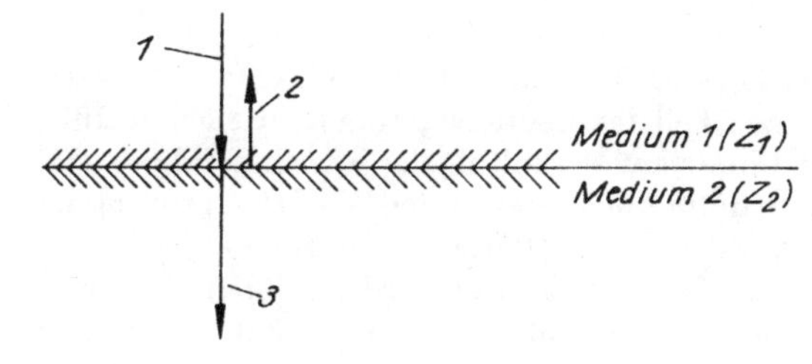

Bild 6.38. Reflexion und Durchgang einer Schallwelle an einer ebenen Grenzfläche

1 einfallende Schallwelle mit P_E
2 reflektierte Schallwelle mit P_R
3 durchtretende Schallwelle mit P_D

Beim senkrechten Auffall auf die Grenzfläche treten keine Wellenumwandlungen auf, und es wird

$$R = \frac{Z_2 - Z_1}{Z_2 + Z_1} \quad \text{bzw.} \quad D = \frac{2Z_2}{Z_2 + Z_1} \tag{6.71}$$

Ein negatives Vorzeichen des Reflexionsfaktors bedeutet eine Phasenumkehr. Dieser Fall tritt bei einer Reflexion am schallweichen Medium auf. Der Reflexionsfaktor für einen festen Körper, z. B. Stahl, an Luft beträgt $R \approx -1$. Diese fast vollständige Reflexion nutzt man in der zerstörungsfreien Werkstoffprüfung aus, um sehr feine Materialtrennungen, z. B. Risse, nachzuweisen. An der Grenzfläche Stahl/Wasser ergibt sich ein Reflexionsfaktor von $R = 0{,}935$.
Für die Festlegung der Nachweisgrenze von spaltförmigen Inhomogenitäten, wie Risse und Dopplungen, ist das Reflexionsverhalten in Abhängigkeit von der Spaltdicke d zu errechnen:

$$R = \left(\frac{\frac{1}{4}\left(m - \frac{1}{m}\right)^2 \sin^2 \frac{2\pi d}{\lambda}}{1 + \frac{1}{4}\left(m - \frac{1}{m}\right)^2 \sin^2 \frac{2\pi d}{\lambda}} \right)^{1/2} \tag{6.72}$$

mit

$$m = \frac{Z_1}{Z_2}$$

Die Werte für R in Gl. (6.72) schwanken periodisch zwischen bestimmten Grenzwerten, d. h. für eine konstante Frequenz abhängig von der Spaltdicke. Minima ergeben sich bei $d = n\frac{\lambda}{2}$ und Maxima bei $d = (2\text{n} + 1)\frac{\lambda}{4}$ mit n = 0, 1, 2, 3 ... Bei dünnen Luftschichten tritt infolge der großen Unterschiede für Z von Luft und festem Medium (z. B. Stahl) für eine Prüffrequenz von 1 MHz schon bei planparallelen Luftspalten von 10^{-5} mm Dicke eine fast vollständige Reflexion auf, d. h., Spaltdicken von 10^{-3} mm sind unter ungünstigen Bedingungen in der Praxis (mit Flüssigkeit gefüllt) bei der Ultraschallprüfung theoretisch nachweisbar, falls ein Reflexionsgrad von 10% meßbar ist. Aus diesem Grund ist es aber auch notwendig, zwischen Schwinger und Prüfling ein *Ankoppelungsmedium* (Öl, Wasser o. ä.) zu bringen, da bei fehlender Koppelschicht bereits eine hohe Reflexion an der sonst vorhandenen Luftschicht eintreten würde. Ungünstig ist eine Koppelschichtdicke von $(2\text{n} + 1)\frac{\lambda}{4}$, bei der die Durchlässigkeit ein Minimum erreicht. Schwinger, die unmittelbar Transversalwellen erzeugen, dürfen nicht mit schubspannungsfreien Medien angekoppelt werden, sondern mit zähen Pasten, Kitt, Graphit oder Gips.

6.2.1.3. Schallfeld

Die Ausbreitung des Schalls wurde bisher nur in Strahlenform betrachtet. Tatsächlich aber entsteht ein *Schallfeld*, das einen Teil des Mediums mit Schallwellen ausfüllt. Die Form des Schallfelds ist in erster Linie vom Verhältnis der Schwingerabmessung zur Wellenlänge der Schallwellen im Medium abhängig. In der Werkstoffprüfung benutzt man als Ultraschallquellen oft zylindrische Festkörper mit ebenen Deckflächen, die idealisiert als schwingende Kolbenmembran betrachtet werden können. In homogenen isotropen Werkstoffen bildet sich ein Schallfeld, wie es für einen kreisförmigen

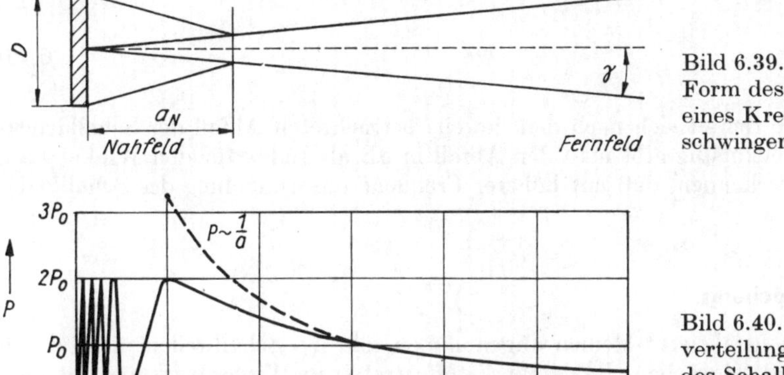

Bild 6.39. Schematische Form des Schallfeldes eines Kreiskolbenschwingers

Bild 6.40. Schalldruckverteilung auf der Achse des Schallfeldes eines Kreiskolbenschwingers

Schwinger in Bild 6.39 dargestellt ist. Man kann zwei charakteristische Felder unterscheiden. Der Teil, der sich direkt dem Schwinger anschließt und bis a_N erstreckt, wird als *Nahfeld* bezeichnet. Typisch für das Nahfeld ist das Auftreten von Interferenzen. Bild 6.40 zeigt den Schalldruckverlauf auf der Schallfeldachse in Abhängigkeit von der Entfernung a vom Schwinger für eine Dauerschallanregung. Innerhalb des Nahfeldes werden die Interferenzen mit Schalldruckamplituden zwischen 0 und $2P_0$ deutlich, wobei P_0 die Anfangsschalldruckamplitude ist. Bei der in der Materialprüfung üblichen Impulsanregung treten die Interferenzen nur als Maxima und Minima auf, nicht als Auslöschungen. Das letzte Maximum mit wachsender Entfernung gibt die Nahfeldlänge a_N an:

$$a_N \approx \frac{D^2}{4\lambda} \tag{6.73}$$

D Schwingerdurchmesser

Der Schalldruck und damit die Prüfempfindlichkeit sind an dieser Stelle erhöht. Durch experimentelle Bestimmung der Lage dieses Schalldruckmaximums kann nach Gl. (6.73) der effektiv wirksame Schwingerdurchmesser D_{eff} berechnet werden, der durch die Prüfkopfkonstruktion nicht immer identisch mit dem geometrischen Durchmesser D ist ($D_{eff} \approx 0{,}97D$). Die Schwingerdurchmesser betragen meist 6 bis 24 mm. Im Nahfeld können die Schallwellen in ihrer Gesamtheit als quasiebene Wellen aufgefaßt werden.

Dem Nahfeld schließt sich in Ausbreitungsrichtung ein Feld der divergenten Schallausbreitung an. Die Schalldruckamplitude fällt proportional $\frac{1}{a}$ $\left(\text{die Intensität proportional } \frac{1}{a^2}\right)$ von etwa der dreifachen Nahfeldlänge an ab (Bild 6.40). In diesem Bereich liegt das *Fernfeld* vor, in dem die Schallwellen als Kugelwellen zu betrachten sind und der Beziehung

$$P = P_0 \pi \frac{a_N}{a} \tag{6.74}$$

gehorchen. Zwischen Nah- und Fernfeld liegt eine Übergangszone ($\approx 3a_N$).

Für den Öffnungswinkel γ des Fernfeldes (Bild 6.39) gilt

$$\sin \gamma = c \frac{\lambda}{D} \tag{6.75}$$

Der Wert für c richtet sich nach dem jeweils betrachteten Abfall der Schalldruckamplitude. Zweckmäßig gibt man den Abfall in dB als Index für den Winkel γ an. Gl. (6.75) läßt erkennen, daß mit höherer Frequenz die Bündelung des Schallfeldes stärker wird.

6.2.1.4. Schwächung

Bisher wurden idealisierte Medien angenommen, die die Schallwellen nicht durch Wechselwirkung schwächen. Reale Werkstoffe treten in Wechselwirkung mit dem Schallbündel, so daß eine mehr oder weniger ausgeprägte Verringerung der Schalldruckamplitude entsteht. Die Ultraschallwellen erfahren durch den Werkstoffeinfluß eine *Schwächung* oder *Extinktion*.
Fällt eine ebene Schallwelle mit der Schalldruckamplitude P_0 auf einen Körper mit der Dicke d, so kann die Schalldruckamplitude P nach Verlassen des Körpers durch das Schwächungsgesetz

$$P = P_0 \exp(-\alpha d) \tag{6.76}$$

angegeben werden, mit dem *Schwächungskoeffizient* α in mm^{-1}, wenn d in mm gemessen wird.
Durch Kombination mit Gl. (6.74) ergibt sich das Schwächungsgesetz für Kugelwellen

$$P = P_0 \pi \frac{a_N}{a} \exp(-\alpha d) \tag{6.77}$$

d Entfernung vom Schwinger

Die Schwächung wird meist in Dezibel je Millimeter angegeben. *Dezibel* (dB) ist ein Verstärkungsmaß, das zu Ehren des Physikers *Bell* (abgekürzt Bel) definiert wurde (1 Bel = 10 Dezibel).
Dieses Verstärkungsmaß V ist ursprünglich als zehnfacher Logarithmus des Verhältnisses der Intensitäten definiert:

$$V = 10 \lg \frac{I_0}{I} \quad \text{in dB} \tag{6.78}$$

Da die Intensität dem Quadrat des Schalldrucks proportional ist, gilt

$$V = 20 \lg \frac{P_0}{P} \quad \text{in dB} \tag{6.79}$$

Der Schwächungskoeffizient errechnet sich aus

$$\alpha = \frac{20}{d} \lg \frac{P_0}{P} \quad \text{in dB mm}^{-1} \tag{6.80}$$

Die Echohöhen, die man beim Impuls-Laufzeit-Verfahren (Abschnitt 6.3.2.2.) ermittelt, sind den Schalldruckamplituden proportional, so daß man

$$\frac{P_0}{P} = \frac{H_0}{H} \tag{6.81}$$

setzen kann.
In Tabelle 6.11 sind die wichtigsten Echohöhenverhältnisse in dB umgerechnet. Für die Angabe der Schwächung bei den meist verwendeten Ultraschallfrequenzen von 1 bis 15 MHz wird die Einheit 10^{-3} dB mm^{-1} gewählt.

Tabelle 6.11. Umrechnung der Echohöhenverhältnisse in Dezibel

$\frac{H_0}{H}$	dB	$\frac{H_0}{H}$	dB
1,00	0,0	2,00	6,0
1,06	0,5	2,24	7,0
1,12	1,0	2,51	8,0
1,19	1,5	2,82	9,0
1,26	2,0	3,16	10,0
1,33	2,5	3,98	12,0
1,41	3,0	5,01	14,0
1,50	3,5	6,31	16,0
1,59	4,0	7,94	18,0
1,68	4,5	10,00	20,0
1,78	5,0	31,62	30,0
		1000,00	40,0

Die Schwächung der Ultraschallwellen erfolgt durch Absorption und Streuung. Bei der Absorption tritt vor allem die Umwandlung von Schwingungsenergie in Wärme auf.
Der Anteil der *Absorption* an der Schwächung ist proportional der Frequenz

$$\alpha_a = c_1 f \tag{6.82}$$

Die *Streuung* spielt in polykristallinen Werkstoffen eine große Rolle, vor allem dann, wenn für den mittleren Korndurchmesser $\bar{L} \ll \lambda$ gilt. In diesem Fall ist der Anteil der Streuung an der Schwächung zu beschreiben durch

$$\alpha_s = c_2 f^4 \qquad c_2 \sim \bar{L}^3 \tag{6.83}$$

Die gesamte Schwächung ist

$$\alpha = \alpha_a + \alpha_s \tag{6.84}$$

Eine hohe Prüffrequenz bedeutet eine gute Schallbündelung und damit eine gute Nachweisbarkeit von Inhomogenitäten. Die Inhomogenität muß senkrecht zur Einschallrichtung größer als etwa die halbe Wellenlänge sein, da sie bei kleineren Abmessungen nicht mehr ausreichend reflektiert, sondern sich mit abnehmendem Durchmesser durch Beugung der Ultraschallwellen einem Nachweis entzieht (1 MHz in Stahl $\lambda_L \approx 6$ mm; 6 MHz in Stahl $\lambda_L \approx 1$ mm). Andererseits bedeutet eine hohe Prüffrequenz insbesondere in grobkörnigen Werkstoffen eine hohe Streuung, so daß damit ebenfalls der Nachweis der an der Inhomogenität reflektierten Schallwellen mit hoher Frequenz schwieriger oder unmöglich wird. Die Wahl der Prüffrequenz ist ein Kompromiß zwischen diesen Einflüssen. Transversalwellen zeigen bei gleicher Prüffrequenz durch ihre kleinere Wellenlänge und durch besondere Schwächungsmecha-

nismen eine höhere Schwächung. Die Schwächung nimmt im allgemeinen mit höherer Temperatur zu.
Da die Schwächung stark von der mittleren Korngröße $\bar{L}$ abhängig ist, wird sie auch zur Korngrößenbestimmung bzw. zur Ermittlung von mechanischen Kennwerten herangezogen, die mit der Korngröße im unmittelbaren Zusammenhang stehen, z. B. die *NDT-Temperatur* (Abschnitt 2.1.3.).

6.2.1.5. Erzeugung und Nachweis des Ultraschalls

Für die Erzeugung der in der Werkstoffprüfung üblichen Frequenzen werden der magnetostriktive und insbesondere der piezoelektrische Effekt herangezogen. Der piezoelektrische Effekt dient auch zum Nachweis der Schallemission.

Piezoelektrische Ultraschallerzeugung

Der *piezoelektrische Effekt* (Abschnitt 7.6.4.) äußert sich darin, daß bei bestimmten Kristallen, die gut isolieren und polare Achsen haben, nach einer Druck- oder Zugbeanspruchung in Richtung der polaren Achsen auf den Kristalloberflächen elektrische Ladungen auftreten. Ihre Größe ist der mechanischen Beanspruchung proportional. Die Vorzeichen der Ladungen wechseln bei der Änderung des Beanspruchungsbeginns der Kristalle, d. h. z. B. beim Übergang von Kompression zu Dilation. Der piezoelektrische Effekt ist umkehrbar. Bringt man diese Kristalle zwischen zwei Elektroden, so reagieren sie auf die angelegte Spannung mit einer Formänderung. Der direkte piezoelektrische Effekt wird bei dem Nachweis der Ultraschallwellen, der reziproke piezoelektrische Effekt (*Elektrostriktion*) für die Erzeugung des Ultraschalls angewendet. Man legt eine Wechselspannung an zwei Kondensatorplatten, die auf den Kristall aufgedampft werden. Der zwischen den Platten befindliche Kristall schwingt im Takt der Wechselspannungsfrequenz. Die Schalldruckamplitude ist proportional der Spannung an den Kondensatorplatten.
Schwingerwerkstoffe sind Quarz, Lithiumsulfat, Bariumtitanat, Bleimetaniobat und Bleizirkontitanat. Moderne Schwingerwerkstoffe haben kompliziertere Zusammensetzungen. Sie werden als gesinterte keramische Werkstoffe hergestellt und als Piezokeramik bezeichnet. Sie erhalten ihre piezoelektrischen Eigenschaften erst durch Polarisation, d. h. durch Ausrichtung der Dipole in einem starken elektrischen Feld. Der Schwingerwerkstoff wird dabei bis oberhalb der Curietemperatur erwärmt. Bei der Abkühlung frieren die ausgerichteten Dipole ein. Die Curietemperatur beträgt für Bariumtitanat 391 K.

Magnetostriktive Ultraschallerzeugung

Ultraschall kann auch unter Ausnutzung des *magnetostriktiven Effekts* erzeugt werden. Dieser Effekt besteht darin, daß ein ferromagnetischer Körper bei Einbringen in ein Magnetfeld deformiert, d. h. in Richtung der Kraftlinien des Magnetfeldes verkürzt oder verlängert wird. Man spricht in diesem Fall auch von einer Längsmagnetostriktion (Abschnitt 7.6.2.). Die relativen Längenänderungen betragen 10^{-6} bis 10^{-5}. Ob eine Verkürzung oder Verlängerung des Stabs eintritt, ist abhängig von der Vorbehandlung und Temperatur des Stabs sowie von der Magnetisierungsstärke. Bringt man einen ferromagnetischen Stab in ein Wechselfeld, so schwingt der Stab ohne Vormagnetisierung mit der doppelten Frequenz, da die Längenänderungen unabhängig von der Richtung des Magnetfeldes sind. Mit steigender Temperatur nimmt der Effekt ab, um schließlich am Curiepunkt zu verschwinden. Der magnetostriktive Effekt ist umkehrbar, was zum Nachweis des Ultraschalls ausgenutzt wird.

Als Schwingerwerkstoffe verwendet man z. B. Nickel, Nickel-Eisen- und Nickel-Kupfer-Legierungen. Die höchsten Frequenzen, die sich noch mit ausreichender Intensität anregen lassen, liegen für diese Werkstoffe bei etwa 60 kHz. Ferrite als Schwingerwerkstoffe erlauben Frequenzen bis zu 300 kHz. Magnetostriktive Schwinger wendet man infolge ihrer im Vergleich zu Piezoschwingern niedrigen Frequenzen meist für die Prüfung grob-heterogener Werkstoffe an.
Anstelle des ferromagnetischen Kerns in einer von Wechselstrom durchflossenen Spule läßt sich auch der ferromagnetische Werkstoff in Stangen- oder Drahtform selbst einführen, so daß die Ultraschallwellen im Prüfkörper direkt erzeugt werden. Eine über die Stange oder den Draht geschobene zweite Spule empfängt die durch die Stange gelaufenen Ultraschallimpulse unter Ausnutzung des umgekehrten magnetostriktiven Effekts. Eine solche Anlage ist z. B. zur Drahtprüfung einsetzbar.

Elektrodynamische Ultraschallerzeugung

Bei dieser Methode wird der Ultraschall direkt im Prüfling angeregt, so daß ein Koppelmedium entfällt. Die Entstehung mechanischer Schwingungen ist durch die Kombination von hochfrequenten Wirbelströmen mit einem Magnetfeld bedingt. Die Wirbelströme werden durch eine Spule erzeugt, die in die Nähe der Prüflingsoberfläche gebracht wird (Abschnitt 6.3.3.). Durch ein gleichzeitig wirkendes Magnetfeld entstehen *Lorentzkräfte*, die die Schallwelle erzeugen. Bild 6.41 zeigt das Entstehen der Lorentzkräfte K durch die Stromrichtung I und das Magnetfeld H. Zur Erzeugung von Longitudinalwellen liegen die Feldlinien parallel zur Oberfläche des Prüflings (Bild 6.41 a). Stehen diese senkrecht zur Oberfläche, werden Transversalwellen angeregt (Bild 6.41 b). Der Effekt ist umkehrbar, so daß nach diesem Prinzip auch Ultraschallwellen empfangen werden können. Derartige Prüfköpfe sind relativ schwer.

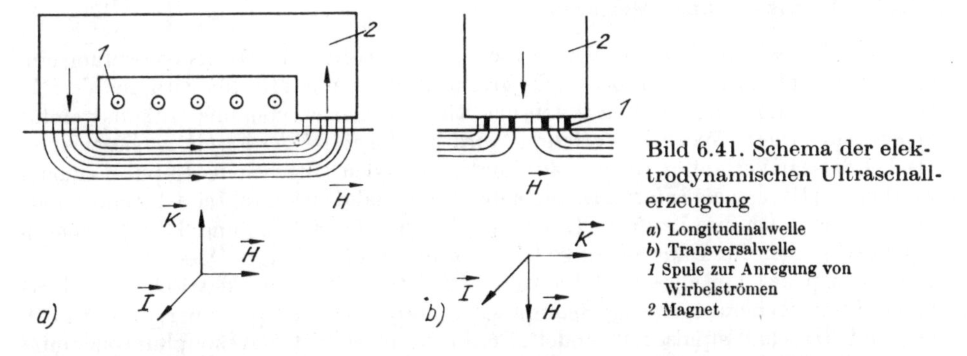

Bild 6.41. Schema der elektrodynamischen Ultraschallerzeugung
a) Longitudinalwelle
b) Transversalwelle
1 Spule zur Anregung von Wirbelströmen
2 Magnet

Durch die Beeinflussung der Wirbelstromausbildung und des Magnetfeldes kann die Schwingungsrichtung der Transversalwelle geändert werden, was für den Fehlernachweis und die Prüfung anisotroper Materialien neue Möglichkeiten eröffnet. Wegen des Fortfalls der Bedingung des direkten Kontakts von Prüfkopf und Prüfling sind Prüfungen bei höheren Temperaturen (bis etwa 750 K) möglich.
Anstelle der beschriebenen US-Empfänger kann auch ein *Bildwandler* verwendet werden, der die Energiedichte des Schallfeldes hinter dem Werkstück aufzeichnet bzw. die Grenzen des Schallfeldes abbildet, z. B. durch Deformation einer Flüssigkeitsoberfläche. Neue Entwicklungen gehen von der Darstellung von *Hologrammen* aus. Dazu wird das Ultraschallfeld parallel zur Prüflingsoberfläche nach Amplituden- und

Phaseninformation abgetastet. Die Rekonstruktion kann mittels Referenzschwingungen optisch oder durch einen Rechner numerisch erfolgen.

6.2.2. Verfahren der Ultraschall-Werkstoffprüfung

6.2.2.1. Resonanzverfahren

Beim *Resonanzverfahren* strahlt der Schwinger kontinuierlich Ultraschallwellen in den zu untersuchenden plattenförmigen Werkstoff ab. Die Wellen werden von der freien Rückseite des Prüflings reflektiert und gelangen zum Wandler zurück. Erfüllt die Dicke d des Prüflings die Resonanzbedingung, bilden sich stehende Wellen aus. In diesem Fall tritt eine charakteristische Rückwirkung auf den Schwinger ein, die zur Anzeige gelangt. Das Verfahren wird in erster Linie zur Dickenmessung eingesetzt.
Eine Variante des Resonanzverfahrens ist die *Impedanzprüfung*. Die Eigenschaften des Prüflings hinsichtlich Fehler und Gefüge lassen sich über die Änderung der Schallimpedanz ermitteln. Die Prüffrequenzen betragen etwa 1 bis 12,5 kHz. Die Impedanzänderungen im Prüfling können als Änderung der Schalldruckamplitude, als Änderung der Phase bzw. als deren Kombination gemessen werden. Eine Variante stellt die Messung der Frequenz dar, die das System Prüfkopf–Prüfling aufweist. Meist wird jedoch die Amplitudenänderung gemessen, die sich beim Ankoppeln an den Prüfling ergibt. Bei einer durch Impulse induzierten Resonanz erfolgt eine Ausmessung der Amplituden der höheren Harmonischen. Vielfach werden mit diesen Methoden Klebeverbindungen und Verbundwerkstoffe untersucht. Eine wichtige Besonderheit dieses Verfahrens ist der trockene Kontakt des Prüfkopfs zum geprüften Erzeugnis in einer Zone mit geringer Fläche (0,01 bis 0,5 mm^2).

6.2.2.2. Impuls-Laufzeit-Verfahren

Das *Impuls-Laufzeit-Verfahren* wurde von *Firestone* 1940 in die Werkstoffprüfung eingeführt. Es spielt in der Prüfpraxis die größte Rolle. Am häufigsten wird das Verfahren unter Ausnutzung des Echos von der Rückwand bzw. von einer Inhomogenität angewandt. Dieses spezielle Verfahren wird als *Impuls-Echo-Verfahren* bezeichnet. Da bei diesem Verfahren anstelle des kontinuierlichen Ultraschalls Impulse erzeugt werden, erhält man als Informationen neben der Schalldruckamplitude der empfangenen Impulse auch ihre Laufzeit. Die in den Abschnitten 6.2.1.2. und 6.2.1.3. genannten Beziehungen für Dauerschall gelten auch für Impulse langer Dauer.
Das Prinzip des Verfahrens ist im Bild 6.42 dargestellt. Ein elektrischer Hochfrequenz-Impulsgenerator erzeugt Spannungsimpulse von etwa 2 μs Dauer, die der Prüfkopf in Ultraschallimpulse umwandelt. Der Prüfkopf ist mittels Ankopplungsmediums auf der Prüffläche angekoppelt, so daß die Ultraschallimpulse das Werkstück durchlaufen und am Fehler bzw. an der Rückwand reflektiert werden. Die zurückkommenden Impulse treffen auf den Prüfkopf, der inzwischen auf die Funktion eines Empfängers geschaltet wurde, werden in elektrische Impulse umgewandelt und über einen Verstärker den vertikalen Ablenkplatten eines Katodenstrahlrohrs zugeführt. Durch einen Kippgenerator wird eine Nullinie auf dem Katodenstrahlrohr geschrieben. Die den vertikalen Ablenkplatten zugeführten Impulse rufen eine Auslenkung der Nulllinie in Zackenform hervor. Der Fehler markiert sich so als *Fehlerecho* (FE), die Rückwand als *Rückwandecho* (RE). Da die Impulse vorher noch eine Gleichrichterstufe passieren, erfolgt die Auslenkung nur nach einer Richtung. Der *Sendeimpuls* (SI) links

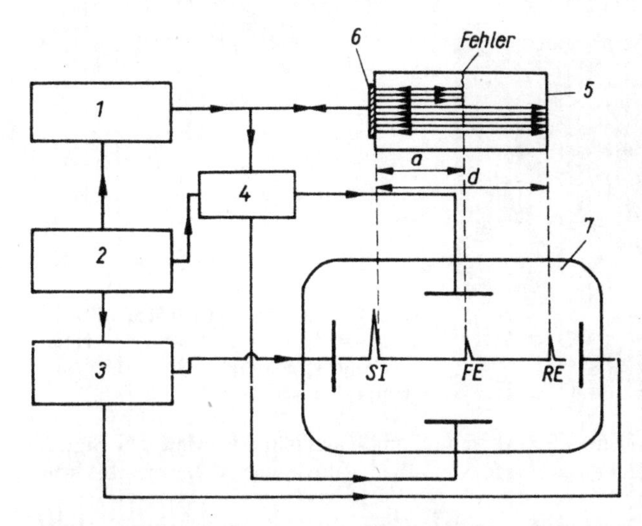

Bild 6.42. Impuls-Laufzeit-Verfahren
1 Hochfrequenz-Impuls-Generator
2 Synchronisierung
3 Kippgenerator
4 Verstärker
5 Prüfstück
6 Prüfkopf (Sender und Empfänger)
7 Leuchtschirm

auf der Nullinie entsteht dadurch, daß auch der elektrische Spannungsimpuls des Generators den vertikalen Ablenkplatten zugeführt wird. Er ist auch ohne Anschluß des Prüfkopfs auf dem Leuchtschirm zu sehen. Die bildliche Wiedergabe der Anzeige auf dem Katodenstrahlrohr wird als *Reflektogramm* bezeichnet. Da die horizontale Auslenkung des Elektronenstrahls als Nullinie mit konstanter Geschwindigkeit erfolgt, ist der Abstand zwischen Fehler- und Rückwandecho dem Abstand zwischen Fehler und Rückwand proportional. Durch eine entsprechende Justierung der Horizontalauslenkung kann die Fehlertiefe sofort auf einer dem Katodenstrahlrohr vorgesetzten Skale abgelesen werden. Der Sendeimpuls steht etwas links vom Nullpunkt, da der Ultraschallimpuls erst nach einer Einschwingzeit des Schwingers abgestrahlt wird. Dieser systematische Fehler ist zu beachten, wenn man ohne Justierung die Abstände SI–FE und SI–RE ins Verhältnis zu den Strecken Fehlertiefe a und Werkstückdicke d setzt.

Die Einstellung am Kippgenerator erfolgt in Stufen, um die Kippfrequenz dem zu prüfenden Bereich anzupassen, und stufenlos, um einen festen Maßstab vor dem Bildschirm mittels entsprechender *Kontrollkörper* auf eine bestimmte Schallgeschwindigkeit zu justieren. Durch die Synchronisierung werden alle elektrischen Vorgänge miteinander abgestimmt, z. B. die Anregung des Sendeimpulses und der Beginn der Horizontalauslenkung des Elektronenstrahls. Dadurch erscheint ein stabiles Bild auf dem Leuchtschirm. Bild 6.43 zeigt ein Ultraschall-Prüfgerät, das nach dem Impuls-Laufzeit-Verfahren arbeitet.

Das Verfahren erlaubt auch die Messung der Wanddicke bei einseitig zugängigen Werkstücken. Ein wesentlicher Vorteil des Verfahrens ist die unmittelbare Angabe der Fehlertiefe, die für die Abschätzung der Fehlerart und des Fehlereinflusses auf die Festigkeit von großem Einfluß ist. Die Fehlerechohöhe ist ein Maß für die Fehlergröße, die aber noch von einer Reihe weiterer Faktoren, vor allem von der Form und Lage des Fehlers, abhängig ist. Von großem Einfluß beim Auswerten der Echohöhe ist die Charakteristik des Verstärkers. Logarithmische Kennlinien verstärken kleine Echos relativ höher als große Echos, was für das prinzipielle Auffinden von Fehlstellen erwünscht ist.

Durch einen Monitor kann ein in der Breite und Länge wählbarer Bereich der Nullinie elektronisch überwacht werden, so daß bei Überschreiten einer vorgebbaren Echo-

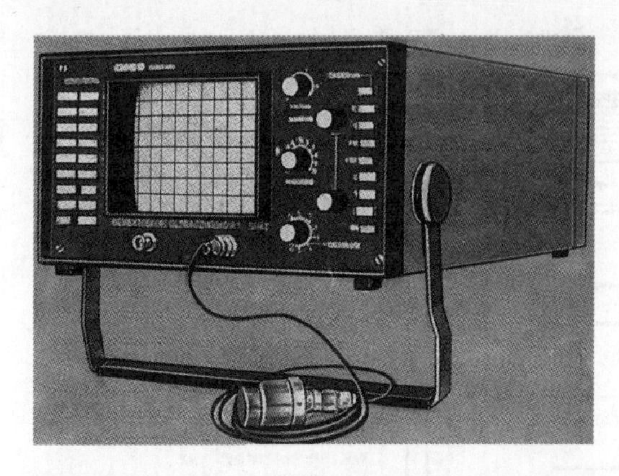

Bild 6.43. Tragbares Ultraschallprüfgerät für Netz- und Batteriebetrieb mit angeschlossenem Normalprüfkopf (Hersteller INCO, VR Polen)

höhe in diesem Bereich akustische oder optische Signale ausgelöst werden. Die Signale können z. B. auch Sortierweichen steuern oder über Mikrorechner verarbeitet werden.

Wichtiges Zubehör zu den Geräten des Impuls-Laufzeit-Verfahrens sind die Prüfköpfe. Bei den Normalprüfköpfen steht die Schallfeldachse senkrecht zur Prüffläche. Bild 6.44 zeigt einen *Normalprüfkopf* mit Schutzschicht. Der Dämpfungskörper soll die rückwärts abgestrahlten Impulse so dämpfen, daß sie keine Störeinflüsse hervorrufen. Außerdem soll er bewirken, daß die Impulse nur von kurzer Dauer sind. Der Dämpfungskörper (Hartgummi, Gießharz mit Füllstoff) begrenzt stark die thermische Belastbarkeit der Prüfköpfe. In einigen Prüfkopftypen befindet sich noch eine Spule im Prüfkopf, wenn der Sender bei der Änderung der Prüffrequenz nicht umgeschaltet werden soll. Der Winkelprüfkopf wurde bereits im Abschnitt 6.2.1.2. (Bild 6.36) erläutert. Bisher ist es in der Werkstoffprüfung üblich, den Sender breitbandig anzuregen, während die Wahl einer definierten Frequenz bzw. eines mehr oder weniger engen Frequenzbereichs durch die Auswahl des Prüfkopfs erfolgt. Der Prüfkopf wird im Gebiet seiner Resonanz, d. h. in der Grundschwingung oder bei höheren

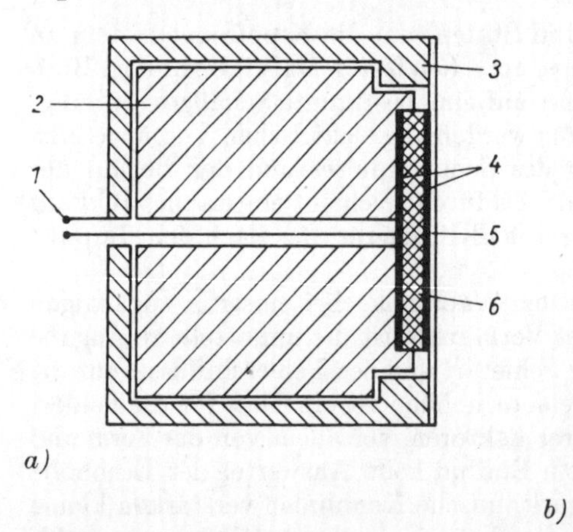

Bild 6.44. Normalprüfkopf

a) schematischer Aufbau
1 Zuleitung *3* Gehäuse *5* Schutzschicht
2 Dämpfungskörper *4* Elektroden *6* Schwinger
b) Prüfkopf 4 MHz, 20 mm Schwingerdurchmesser (VEB Ultraschalltechnik Halle)

Frequenzen in den Oberwellen, angeregt. Dadurch steigt aber die Breite des Sendeimpulses an, die wiederum durch eine Dämpfung gering gehalten werden muß. Die Energie, die in den Prüfling abgegeben wird, ist dadurch erheblich vermindert.
Bei der *CS-Technik* (controled signals) erfolgt die Umkehr des bisherigen Konzepts. Ein schmalbandiger elektrischer Impuls regt einen breitbandigen Prüfkopf an, etwas unterhalb der Resonanzfrequenz des Prüfkopfs. Der Vorteil besteht in der exakten Frequenzeinstellung des abgestrahlten kurzen Impulses. Dadurch sind auch gute Möglichkeiten einer *Mehrfrequenzprüfung*, z. B. in der Spektrometrie, gegeben. Bei der Fehlergrößenabschätzung (Abschnitt 6.2.3.1.) ergeben sich durch die veränderte spektrale Zusammensetzung der Impulse Unterschiede. Andererseits lassen sich durch die Frequenzvariation in der CS-Technik definiert unterschiedliche Typen von Plattenwellen anregen.
Bei der Funktion eines Schwingers als Sender und Empfänger im zeitlichen Wechsel treffen Echos von Fehlerstellen dicht unter der Oberfläche den Prüfkopf, wenn dieser noch als Sender arbeitet oder ausschwingt, so daß derartige Fehler dann nicht nachweisbar sind. Aus diesem Grund trennt man Sender und Empfänger bei den sog. SE-Prüfköpfen (Sende- und Empfangsprüfkopf) durch eine gute Schallisolation und neigt die Schwinger etwas zueinander durch entsprechende Vorlaufstrecken (Bild 6.45a).

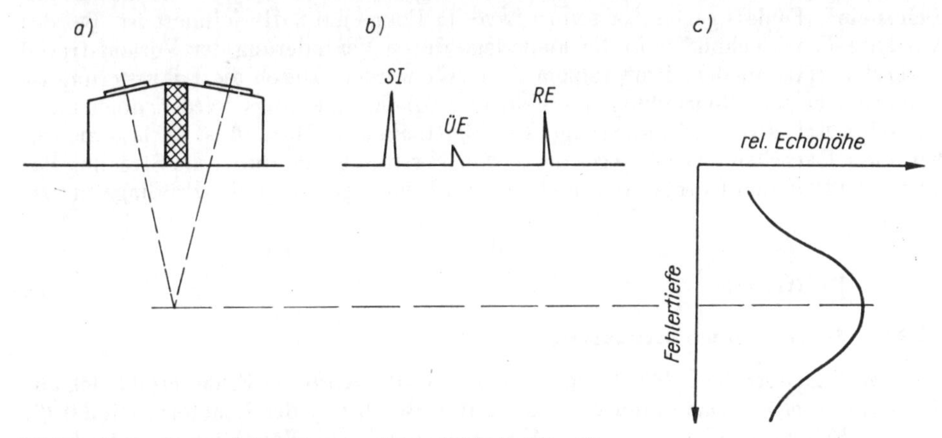

Bild 6.45. Sende- und Empfangsprüfkopf (SE-Prüfkopf)

a) schematischer Aufbau
b) Reflektogramm ($Ü_E$ Überkopplungsecho von der Oberfläche des Prüfstücks)
c) Empfindlichkeitsverlauf

Durch geeignete Wahl der Neigungswinkel erhält man Zonen besonderer Empfindlichkeit. Die SE-Prüfköpfe verwendet man auch zur Wanddickenmessung, wenn nur schwer ein Echo von der Rückwand (z. B. bei ungleichmäßigem Korrosionsangriff) zu erhalten ist, bzw. bei der Dickenmessung dünner Bleche. Bei analog oder digital arbeitenden Dickenmeßgeräten nach dem Impuls-Laufzeit-Prinzip und mit SE-Prüfköpfen wird durch ein Überkopplungsecho (ÜE) der Oberfläche (Bild 6.45b) einen Schalter geschlossen und durch das nachfolgende Rückwandecho geöffnet. Der durch den Schalter laufende Strom wird integriert. Er ist proportional der Laufzeit des Schalls und kann digital oder analog dargestellt werden.
Durch Prüfköpfe mit fokussiertem Schallfeld werden das geprüfte Volumen in axialer Richtung eingeschränkt und das Nahfeldende verkürzt. Zur Erzeugung eines fokussierten Feldes wird meist ein Kreisschwinger mit einer sphärischen Linse gekoppelt.

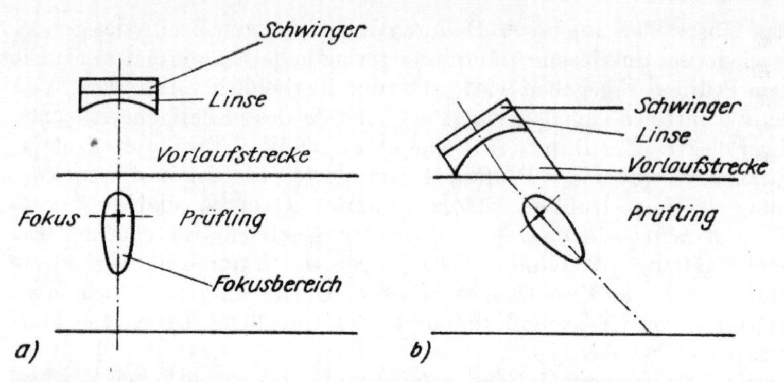

Bild 6.46. Möglichkeiten zur Fokussierung des Schallfeldes
a) Tauchtechnik
b) direkter Kontakt

Bild 6.46 zeigt die beiden Möglichkeiten der Fokussierung durch die Vorlaufstrecke (flüssig) in Tauchtechnik bzw. Vorlaufstrecke (fest) bei einem Winkelprüfkopf. Um den Fokus herum erstreckt sich ein Fokussierungsbereich, der durch die Abnahme des Echos eines Fehlers gegenüber seiner Lage im Fokus um 6 dB definiert ist. Bei der Variante Tauchtechnik kann die Fehlerlage durch Veränderung der Vorlaufstrecke variiert und damit dem Prüfproblem angepaßt werden. Durch die Fokussierung ist z. B. eine bessere Beurteilung des Fehlers möglich. Allerdings werden auch unerwünschte Echos verstärkt angezeigt. Der Signal-Rausch-Abstand ist verbessert, wobei unter Rauschen der Störpegel durch den Verstärker und durch die Streuung des Ultraschalls an den Korngrenzen und anderen Inhomogenitäten des Prüflings zu verstehen ist.

6.2.3. Prüftechnik

6.2.3.1. Fehlergrößenabschätzung

Eine Aussage über die Größe der mittels Ultraschalls georteten Fehler ergibt sich aus der *Fehlerechohöhe*. Dazu muß man sich durch Beachtung der Echoform (Bild 6.47) bzw. der Echohöhe bei verschiedenen Einschallwinkeln eine Vorstellung von der Form

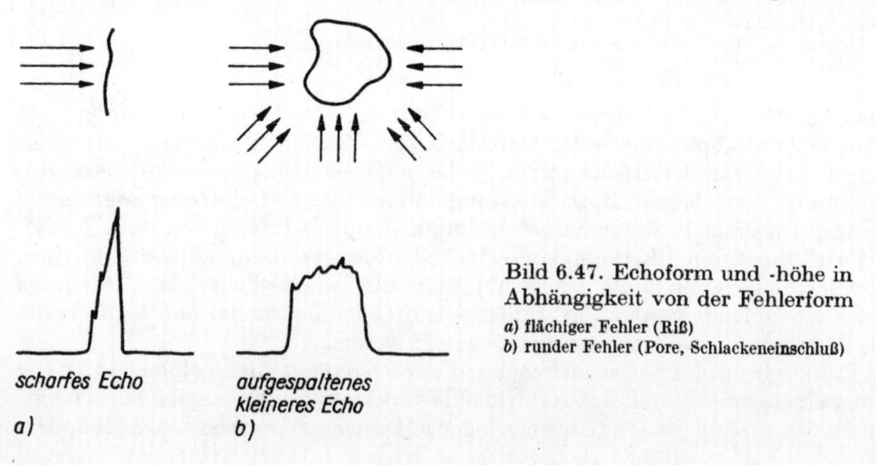

Bild 6.47. Echoform und -höhe in Abhängigkeit von der Fehlerform
a) flächiger Fehler (Riß)
b) runder Fehler (Pore, Schlackeneinschluß)

und Orientierung des Fehlers zur Schallfeldachse machen. Ein runder Fehler ruft bei gleicher Entfernung aus verschiedenen Einschallrichtungen etwa die gleiche Echohöhe hervor. Als deutlich scharfes Echo markiert sich ein flächiger Fehler (Riß), wenn er senkrecht vom Ultraschall getroffen wird. Die »Goldene Regel« der Ultraschallprüfung lautet deshalb: Fehler immer senkrecht anschallen, da nur so eine Aussage über die Fehlergröße möglich ist. Hat man einen Fehler durch ein Fehlerecho aufgefunden, »züchtet« man das Echo durch Wahl verschiedener Einschallrichtungen so lange, bis es eine maximale Höhe aufweist. Senkrecht zur Einschallrichtung liegt dann die größte Fehlerausdehnung. Die charakteristischen Änderungen des Fehlerechos bei der Prüfkopfbewegung bezeichnet man als Echodynamik. Neuerdings gewinnt man Angaben über die Größe, Lage und Form der Fehler durch Analyse der Fehlerechoimpulse nach Frequenz und Amplitude (*Spektrometrie*).
Da auch der Prüfkopfdurchmesser, die Prüffrequenz und damit die Divergenz des Schallfeldes die Fehlergrößenbestimmung beeinflussen, wurde ein *AVG-Diagramm* entwickelt, bei dem das Fehlerecho mit dem Echo einer ebenen Kreisscheibe (Sacklochbohrung) verglichen wird, deren Durchmesser aus dem Diagramm zu ermitteln ist (Bild 6.48). Das AVG-Diagramm drückt für Kreisscheiben den funktionellen Zusammenhang zwischen normierter Fehlertiefe A, normierter Fehlerechohöhe V und normiertem Fehlerdurchmesser G aus.

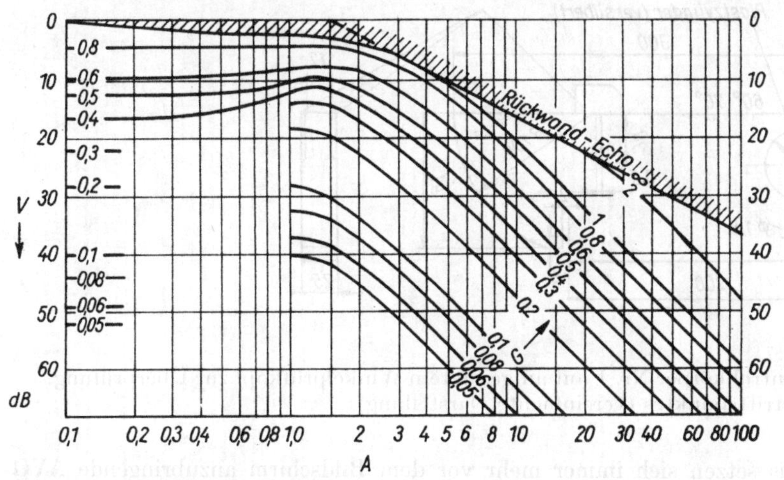

Bild 6.48. AVG-Diagramm

Ihm liegt im reinen Fernfeld die Beziehung zugrunde:

$$G = \frac{A}{\pi} \left(\frac{H_{\mathrm{FE}}}{H_0} \right)^{1/2} \tag{6.85}$$

wobei die Fehlertiefe a auf die Nahfeldlänge a_{N}

$$A = \frac{a}{a_{\mathrm{N}}} \tag{6.86}$$

und der Kreisscheibendurchmesser d auf den Schwingerdurchmesser D

$$G = \frac{d}{D} \tag{6.87}$$

bezogen werden. Da die Schwinger bei Winkelprüfköpfen meist Rechteckquerschnitt haben, rechnet man sie in äquivalente Kreisscheibendurchmesser um. Im Gebiet des Nahfelds und im Übergang zum reinen Fernfeld (etwa $3a_N$) ist der Kurvenverlauf experimentell ermittelt worden. Das Echohöhenverhältnis wird nach der Tabelle 6.11 als Verstärkungsmaß V in Dezibel angegeben. Die der Amplitude des Anfangsschalldrucks proportionale Echohöhe H_0 mißt man an einer dünnen Platte, z. B. auf der Strecke von 25 mm bei dem Kontrollkörper *1* nach Bild 6.49. Die Prüfgeräte haben meist einen in dB kalibrierten Verstärkungssteller, so daß man H_0 auf eine beliebige Bezugslinie (z. B. halbe Bildschirmhöhe) bringt, den dB-Wert am Steller abliest, das Fehlerecho H_{FE} auf die gleiche Bezugslinie bringt und wieder den entsprechenden dB-Wert abliest. Die Differenz der Werte ist V. Beträgt z. B. $V = 22$ dB für einen Fehler in der Tiefe $a = 3a_N$, d. h. $A = 3$, so ergibt sich $G = 0{,}3$; bei einem Schwingerdurchmesser von 24 mm ist der Durchmesser des Kreisscheibenersatzfehlers 7,2 mm. Der reale Fehler hat also mindestens diese Größe. Für einen fehler- und schwächungsfreien Prüfling fällt V für das Verhältnis H_0/H_R (H_R Rückwandecho) auf die Kurve $G = \infty$. Liegt V darunter, so kann daraus die Schwächung des Prüflings ermittelt werden.

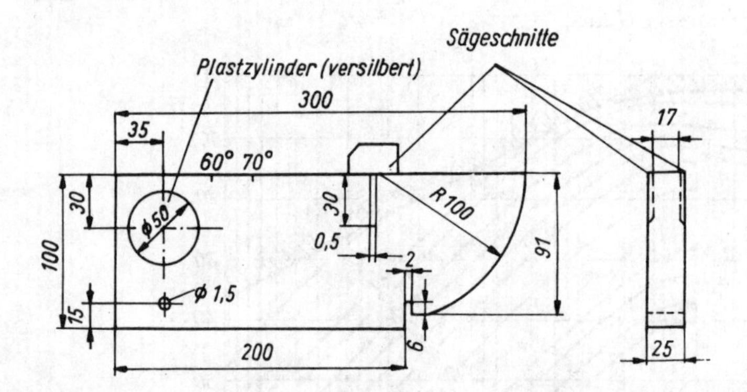

Bild 6.49. Kontrollkörper Nr. 1 mit aufgesetztem Winkelprüfkopf zur Überprüfung des Schallaustrittspunktes (vereinfachte Darstellung)

In der Praxis setzen sich immer mehr vor dem Bildschirm anzubringende AVG-Skalen durch, die eine empirische Aufnahme von AVG-Diagrammen für die betreffenden Prüfbedingungen darstellen. Bei der Anwendung der CS-Technik ergeben sich Unterschiede in den AVG-Diagrammen, da bei herkömmlicher Anregung die Frequenzfilterung des Gefüges durch das breitere Frequenzspektrum größer ist.

6.2.3.2. Schweißnahtprüfung

Die Kontrolle von Schweißnähten ist eines der wichtigsten Anwendungsgebiete der Ultraschallprüfung. Man verwendet dabei Winkelprüfköpfe, da die unebene Oberfläche einer Schweißnaht keine Ankopplung von Normalprüfköpfen zuläßt. Auch liegen die Inhomogenitäten der Schweißnaht (Risse und Bindefehler) meist so, daß sie nur bei Schrägeinschallung gut reflektieren. Wichtige Größe bei der Prüfung mittels Winkelprüfköpfen ist der *Sprungabstand S*, der sich aus der Blechdicke d und dem

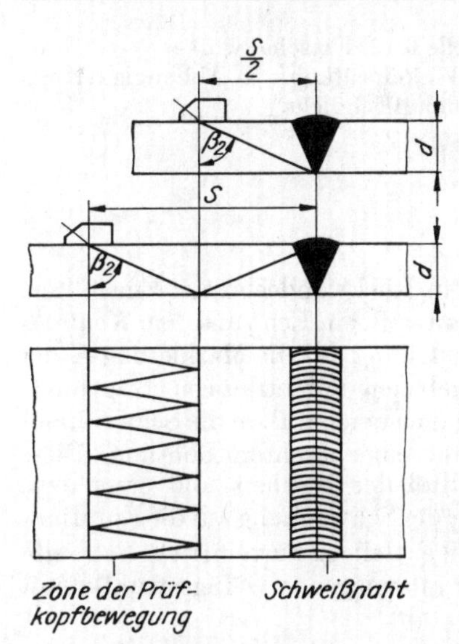

Bild 6.50. Schweißnahtprüfung mit Winkelprüfkopf

Einschallwinkel β_2 nach Bild 6.50 wie folgt ergibt:

$$S = 2d \tan \beta_2 \tag{6.88}$$

Befindet sich der Prüfkopf S von der Schweißnaht entfernt, wird die Decklage der Naht geprüft, in der Entfernung $S/2$ hingegen die Wurzel der V-Naht. Um die ganze Schweißnaht zu prüfen, ist neben der Naht eine Zone mit den Grenzen S und $S/2$ parallel zur Naht anzureißen, in der der Prüfkopf zickzackförmig und unter leichtem Schwenken geführt wird, um beliebig orientierte Fehler zu finden. Zur Fehlerortung dient der verkürzte Projektierungsabstand P_v. Darunter versteht man entsprechend Bild 6.51 den Abstand zwischen der Vorderkante des Winkelprüfkopfes und dem Punkt der Oberfläche des Prüflings, unter dem der geortete Reflektor liegt. Die Justierung der Entfernungsanzeige auf dem Bildschirm erfolgt im verkürzten Projektierungsabstand P_v, z. B. durch Anschallen einer Blechkante in den Abständen P_{vo} und P_{vu}. Bei Querrissen muß unter einem möglichst spitzen Winkel zur Naht geprüft werden. Die Prüffrequenzen betragen bei Blechdicken unter 8 mm mindestens 4 MHz, bei Blechdicken ab 8 mm mindestens 2 MHz.

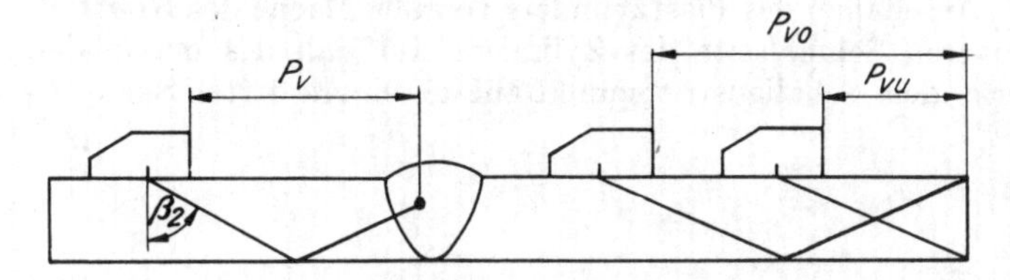

Bild 6.51. Definition des verkürzten Projektionsabstandes P

In der Prüfpraxis sind die in Tabelle 6.12 zusammengestellten Einschallwinkel bei den verschiedenen Blechdicken üblich, um den Weg der Schallwellen im Prüfling und damit die Schwächung nicht zu groß werden zu lassen. Bei Einschallwinkeln von 80° besteht die Gefahr, daß infolge der Schallfelddivergenz Oberflächenwellen, d. h. Wellen unter $\beta_2 = 90°$, abgestrahlt werden, die Unregelmäßigkeiten der Oberfläche als Störechos anzeigen. Störechos, die Fehlerechos vortäuschen können, entstehen auch

Blechdicke in mm	Einschallwinkel β_2 in Grad
bis 30	70
über 30 ... 60	60
über 60	45

Tabelle 6.12. Einschallwinkel für Winkelprüfköpfe in Abhängigkeit von der Blechdicke

bei Nahtübergängen. Da beim Winkelprüfkopf kein Rückwandecho zur Einstellung der Empfindlichkeit zur Verfügung steht, wählt man z. B. ein Echo aus dem *Kontrollkörper 2* (Bild 6.52), bringt es durch Verstärkereinstellung auf die Markierung K der Vorsatzskale und gibt einen auf der Skale angegebenen Verstärkungsbetrag hinzu (z. B. 30 dB). Andere Möglichkeiten sind das Anschallen einer z. B. in die Schweißnaht eingeschlagenen Kerbe oder einer neben der Naht eingebrachten Bohrung. Diese Methoden haben den Vorteil, daß sie den Einfluß der Rauheit und einer evtl. Krümmung der Prüffläche (Transferverluste) sowie der Schwächung auf die Empfindlichkeit mit erfassen, so daß besondere Korrekturen entfallen. Austenitische Schweißnähte werden wegen ihres groben Korns und der inhomogenen Gefügestruktur mit fokussierenden Prüfköpfen geprüft.

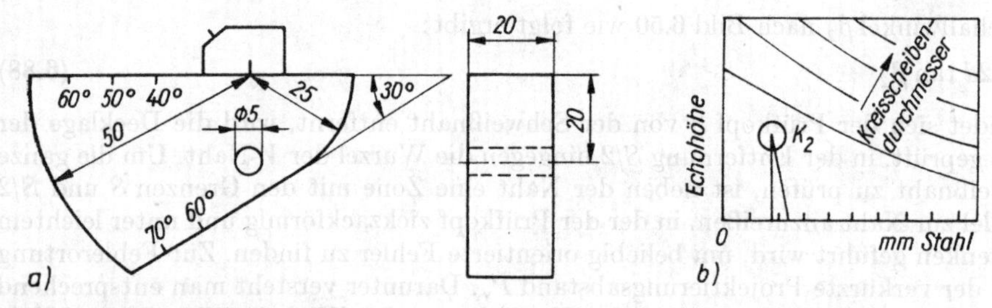

Bild 6.52. Kontrollkörper Nr. 2
a) Form des Kontrollkörpers
b) Vorsatzskale mit Referenzpunkt K_2

Bei Winkelprüfköpfen müssen infolge der Verschleißbeanspruchung des Plastkeils der Schallaustrittspunkt und der Einschallwinkel β_2 von Zeit zu Zeit überprüft werden. Dazu schallt man den Kreisbogen des *Kontrollkörpers 1* (Bild 6.49) an. Bei maximalem Echo befindet sich der Schallaustrittspunkt über dem Sägeschnitt. Der Winkel wird ermittelt durch Anschallen des Plastzylinders von der Fläche des Kontrollkörpers oberhalb der oberen Schmalseite des Zylinders. Im Fall des maximalen Echos ist der Winkel unter dem Schallaustrittspunkt auf der eingravierten Skale abzulesen.

6.2.3.3. Blechprüfung

Die Prüfung von Blechen auf *Dopplungen* stellt ein ideales Anwendungsgebiet der Ultraschallprüfung dar, da es sich um Inhomogenitäten handelt, die eine große Ausdehnung senkrecht zur Einschallrichtung aufweisen. Bild 6.53a zeigt das Reflektogramm eines Blechs ohne Fehlstellen. Man erkennt bei Einstellung eines entsprechenden Prüfbereichs am Prüfgerät eine Mehrfachechofolge mit abnehmender Echohöhe. Die Mehrfachechofolge entsteht dadurch, daß der Ultraschall an der Rückwand vollständig, an der Grenzfläche Blech/Schwinger aber nur z. T. reflektiert bzw. durch-

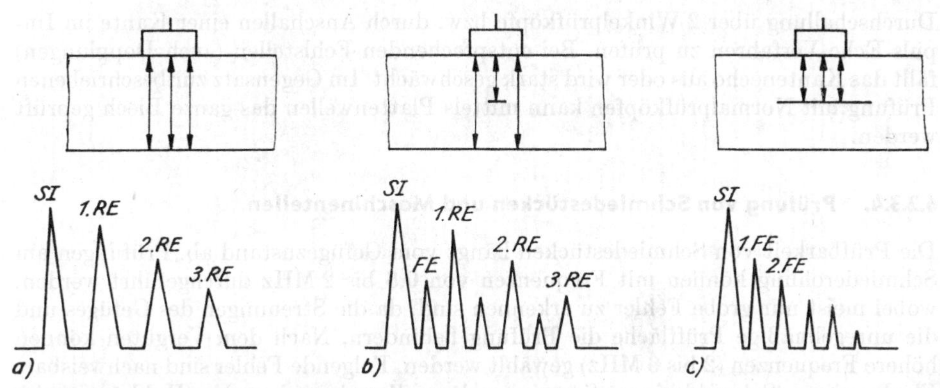

Bild 6.53. Leuchtschirmanzeige bei der Prüfung von Blechen mit verschieden großen Fehlern

a) Blech ohne Fehler
b) Blech mit kleinem Fehler
c) Blech mit großer Dopplung

gelassen wird und wieder in das Blech zurückläuft. Die Mehrfachechofolge wird auch zur Verringerung der Meßunsicherheit bei der Wanddickenmessung herangezogen. Befindet sich ein kleiner Fehler im Blech (Bild 6.53b), d. h., der Durchmesser des Fehlers ist kleiner als der Durchmesser des Schwingers bzw. Schallfeldes, entsteht in bekannter Weise ein Fehlerecho, das zur Fehlergrößenabschätzung nach dem AVG-Diagramm ausgewertet werden kann. Hat die Dopplung eine solche Abmessung, daß sie größer als der Schallfelddurchmesser wird (großer Fehler), so entsteht keine Rückwandechofolge, sondern eine Fehlerechofolge mit kurzen Abständen zwischen den Echos (Bild 6.53c). Die Größe eines solchen Fehlers wird durch Prüfkopfverschiebung ermittelt. Praktisch wird die Grenze zwischen kleiner und großer Fehlstelle, d. h. punkt- und flächenförmigem Reflektor bei einem Kreisscheibenreflektor von 10 mm Durchmesser, gezogen. Die Ausdehnung des flächenhaften Fehlers wird je nach Blechdicke so ermittelt, daß bei der Prüfkopfverschiebung das Echo verschwindet bzw. auf den Kurvenzug des 10-mm-Kreisscheibenfehlers einer entsprechenden Vorsatzskale abfällt. Die Prüffrequenzen betragen 2 bis 6 MHz. Bleche von etwa 4 bis 12 mm Dicke werden im Impuls-Echo-Verfahren mit einem Sende-Empfangs-Prüfkopf geprüft, bei Dicken über 12 mm mit dem Normalprüfkopf. In der Praxis werden die Bleche in Streifen- bzw. Rasterform mit einem Streifenabstand von meist 50 bis 200 mm, Zonen neben den Schnittkanten oder fiktiven Schweißfasen dagegen vollständig, d. h. flächenhaft, geprüft. Der Prüfkopf kann manuell im direkten Kontakt oder mittels Blechrollers geführt werden, wobei beim Blechroller die Ankopplung durch Federdruck konstant bleibt und das Ankoppelmittel aus einem am Roller mitgeführten Behälter kontinuierlich nachfließt. Bei automatischen Prüfanlagen wird das Blech durch einen Kamm von Prüfköpfen geführt. Die Prüfköpfe sind zu beiden Seiten des Blechs angeordnet (Impuls-Durchschallung). Die Ankopplung erfolgt über einen Wasserstrahl zwischen Prüfkopf und Blech (Fließwasserankopplung). Die Bleche müssen für die einwandfreie Prüfung frei von losem Zunder sein. Durch die Wasserankopplung sind die Bleche bis zu Temperaturen von etwa 700 K prüfbar. Feinbleche und Bänder prüft man mittels Plattenwellen über einen Winkelprüfkopf mit kontinuierlich veränderlichem Winkel, da die Plattenwellen in Abhängigkeit von Frequenz und Plattendicke nur bei bestimmten Winkeln angeregt werden. Es ist möglich, in

Durchschallung über 2 Winkelprüfköpfe bzw. durch Anschallen einer Kante im Impuls-Echo-Verfahren zu prüfen. Bei entsprechenden Fehlstellen (auch Dopplungen) fällt das Kantenecho aus oder wird stark geschwächt. Im Gegensatz zur beschriebenen Prüfung mit Normalprüfköpfen kann mittels Plattenwellen das ganze Blech geprüft werden.

6.2.3.4. Prüfung von Schmiedestücken und Maschinenteilen

Die Prüfbarkeit von Schmiedestücken hängt vom Gefügezustand ab. Prüfungen am Schmiederohling können mit Frequenzen von 0,5 bis 2 MHz durchgeführt werden, wobei meist nur grobe Fehler zu erkennen sind, da die Streuungen des Gefüges und die unregelmäßige Prüffläche die Prüfung behindern. Nach dem Vergüten können höhere Frequenzen (2 bis 6 MHz) gewählt werden. Folgende Fehler sind nachweisbar: Flockenrisse, Schmiederisse, Spannungsrisse, Zerschmiedungen (Hohlräume im Innern), Fremdkörper (z. B. Stücke der Ausmauerung des Schmelzofens, nicht verschweißte Kernstutzen) sowie Risse in Verbindung mit Schlacken bzw. Seigerungen. Nichtmetallische Einschlüsse sind je nach Art der Einschlüsse unterschiedlich nachweisbar (Sulfide z. B. kaum oder gar nicht). Bei Einschlüssen ergeben sich aus der Zone, die viele Einschlüsse verschiedener Abmessungen enthält, direkt zusammenhängende Echos unterschiedlicher Größe. Zonen mit Flockenrissen rufen Echos unterschiedlicher Tiefe in ausgeprägter Form hervor.
Die Prüfung der Schmiedestücke erfolgt meist von der Mantelfläche und von der Stirnfläche mittels Normalprüfkopfs, ggf. von der Mantelfläche mit Winkelprüfkopf. Ziel ist wieder die senkrechte Anschallung der Fehler, deren Lage aus der Fertigungstechnologie abgeschätzt werden kann. Die Hauptprüfung der Schmiedestücke soll möglichst im unbearbeiteten Zustand erfolgen, da hier die besten Prüfbedingungen vorliegen und keine Kantenechos im Reflektogramm die Auswertung erschweren. Außerdem besteht die Möglichkeit, bei Vorhandensein von Fehlern die Bearbeitung so zu wählen, daß fehlerhafte Zonen in zu spanenden Bereichen liegen.
Bei Maschinenteilen ist insbesondere auf Störechos durch Kanten zu achten. Als Beispiel sei ein Gewindestück einer großen Schraube (Bild 6.54) genannt, das auf Anrisse, die vom Gewindegrund ausgehen, geprüft werden soll. Zweckmäßig ist die Prüfung mittels Normalprüfkopfs, da beim Winkelprüfkopf Störechos aus dem Gewindegrund hervortreten. Häufig sind Achsen und Wellen auf Dauerrisse zu prüfen. Bild 6.55 zeigt eine derartige Prüfung einer außengelagerten Achswelle, bei der mit einem 45°-Winkelprüfkopf alle möglichen Schwingungsrisse in der Lage *1* bis *4* gut zu orten sind. Bei der Prüfung schlanker Stäbe von der Stirnseite ist darauf zu achten, daß durch die Aufspaltung der reflektierten Wellen (Abschnitt 6.2.1.2.) *Nebenechos* (NE) entstehen, die infolge der längeren Laufzeit der abgespaltenen Transversalwellen hinter

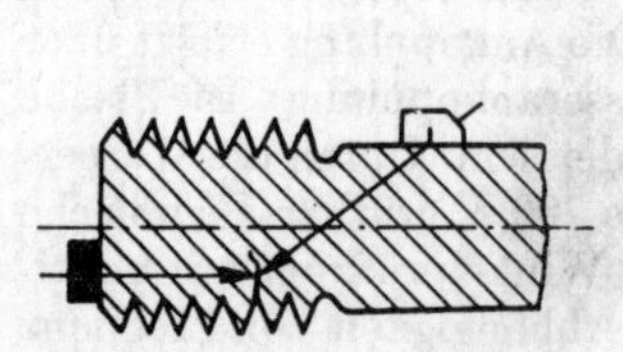

Bild 6.54. Prüfung eines Gewindestücks

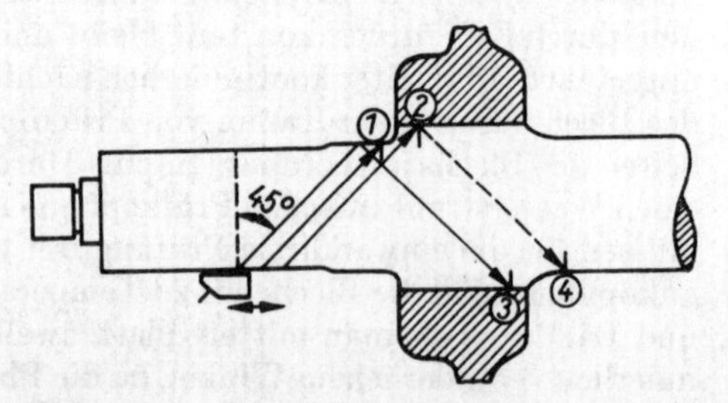

Bild 6.55. Prüfung einer Achswelle

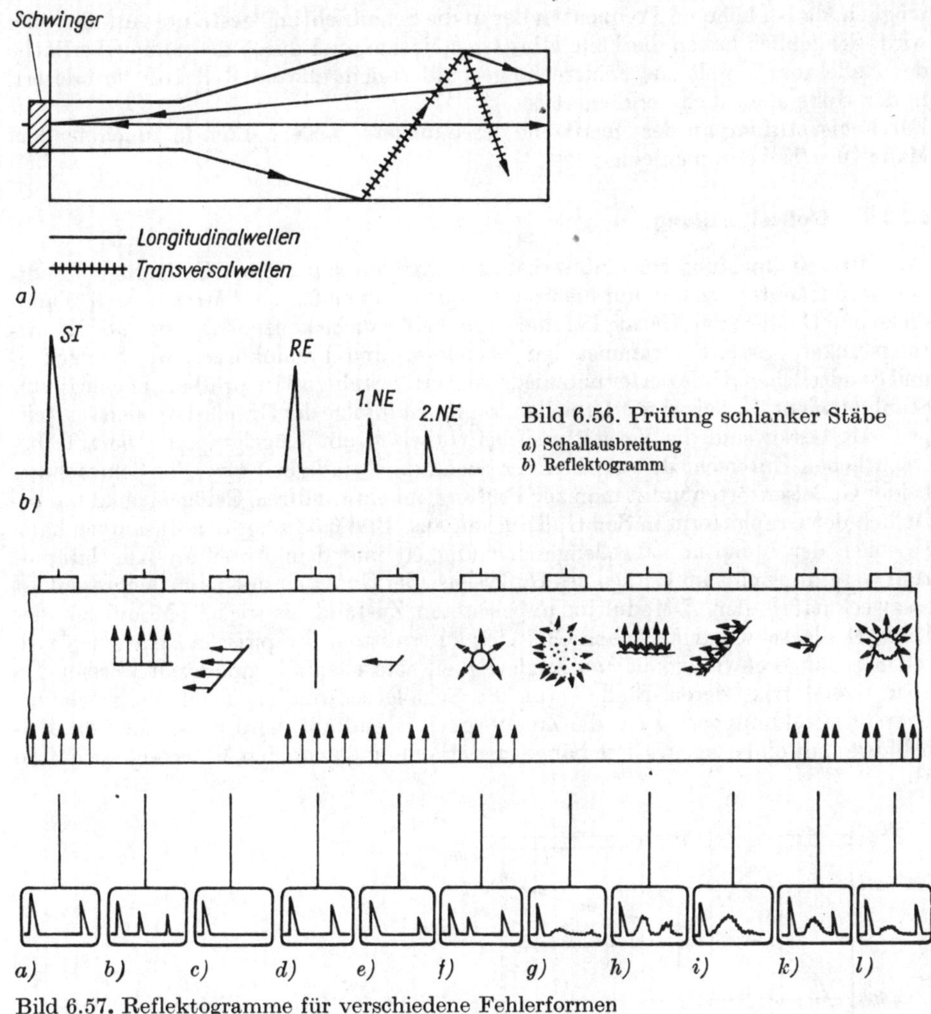

Bild 6.56. Prüfung schlanker Stäbe
a) Schallausbreitung
b) Reflektogramm

Bild 6.57. Reflektogramme für verschiedene Fehlerformen

dem Rückwandecho (RE) erscheinen (Bild 6.56). Bild 6.57 enthält eine Zusammenstellung der Reflektogramme bei verschiedenen Fehlern, wie sie in Schmiedestücken bzw. Maschinenteilen erwartet werden können. Die Fälle *a* und *b* entsprechen einer Echofolge, deren Ursache in den Bildern 6.53a und 6.53b bei der Blechprüfung erläutert wurde. Im Fall *c* treten wegen der Schräglage eines großen glatten Fehlers weder ein Rückwand- noch ein Fehlerecho auf. Im Fall *d* ist der Fehler senkrecht zur Schallausbreitung zu gering, um ein Echo hervorzurufen, so daß ein ungestörtes Rückwandecho zu verzeichnen ist. Der kleine glatte Fehler im Fall *e* entzieht sich wegen der Schräglage und der damit verbundenen Reflexion ebenfalls einem Nachweis. Die Pore (Kugel) als Reflektor im Fall *f* würde aus verschiedenen Prüfrichtungen ein gleiches Fehlerecho liefern. Die Gefügeauflockerung, Grobkornzone o. ä. im Fall *g* ergibt nur den Streuanteil des Gefüges auf dem Bildschirm, der auch als Reverberation bezeichnet wird. Durch Frequenzvariation sind Aussagen über die Größe der Streuzentren

möglich, da bei höheren Frequenzen der in die Schallrichtung gestreute Anteil größer wird. Schließlich haben die Fälle *h* bis *l* gemeinsam, daß durch die rauhe Oberfläche des Reflektors jeweils das Fehlerecho gegenüber dem glatten Reflektor verbreitert, in der Höhe aber auch verkleinert ist.
Zur Fehlerprüfung an der Oberfläche geschmiedeter Teile werden in zunehmendem Maße Oberflächenwellen eingesetzt.

6.2.3.5. Gußteilprüfung

Die Ultraschallprüfung von Gußwerkstoffen wird durch das grobe Gußgefüge wesentlich beeinträchtigt, so daß nur niedrige Frequenzen von 0,5 bis 2 MHz je nach Wanddicke und Gefüge zum Einsatz kommen. Die Fehlersuche konzentriert sich auf Erstarrungslunker, -risse, Schwammstellen, Gasblasen und Fremdkörper, wie Schlacken- und Sandteilchen. Unlegierter und niedriglegierter Stahlguß ist prüfbar, hochlegierter Stahlguß nicht. Gußeisen mit Lamellengraphit ist infolge der Graphitlamellen schlecht prüfbar; besser sind die Verhältnisse bei Gußeisen mit Kugelgraphit. Die z.T. beträchtlichen Unterschiede zwischen der Schallgeschwindigkeit bzw. der Schwächung beider Gußeisensorten nutzt man zur Prüfung auf einwandfreie Gefügeausbildung bezüglich der Graphitform in den Gußstücken aus. Bild 6.58 zeigt den Zusammenhang zwischen der Longitudinalwellengeschwindigkeit und dem Anteil an Kugelgraphit zum Gesamtgraphit im Gefüge des Gußeisens. Bei Gußeisen mit Lamellengraphit ist es zweckmäßig, den *E*-Modul im unbelasteten Zustand als sog. E_0-Modul aus der Ultraschallgeschwindigkeit nach Gl. (6.62) zu ermitteln. Empirische Relationen zwischen Schallgeschwindigkeit und Zugfestigkeit sind ebenfalls aufgestellt worden. Da aber die Matrix, deren Einfluß auf die Schallgeschwindigkeit im Vergleich zur Graphitausbildung gering ist, die Zugfestigkeit beeinflußt, wird meist noch die Brinellhärte mit einbezogen. Diese hängt in starkem Maße von den Matrixeigenschaften ab.

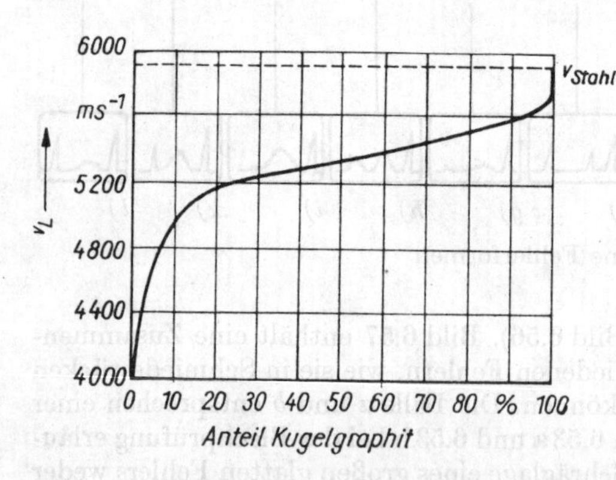

Bild 6.58. Zusammenhang zwischen der Longitudinalwellengeschwindigkeit und dem Anteil an Kugelgraphit zum Gesamtgraphit, Sättigungsgrad S_c = 1,10 bis 1,18

6.2.3.6. Prüfung von polymeren und keramischen Werkstoffen

Polymerwerkstoffe haben einen hohen Absorptionsanteil der Schwächung, so daß bei Frequenzen von 1 bis 2 MHz die Prüflängen maximal 100 mm betragen. Bei Füllstoffzusätzen ist die Prüfbarkeit oft stark beeinträchtigt. Gummi ist je nach Füllstoffzusatz mit Frequenzen von 1 bis 2 MHz einige Zentimeter tief prüfbar. Autoreifen prüft man in Durchschallung, wobei die Prüffrequenz wegen der eingelagerten Gewebeschichten nur 100 kHz beträgt. Porzellan wird meist in Form von Isolatoren auf Anrisse geprüft. Dazu dienen Spezialprüfköpfe, die der Isolatorenoberfläche angepaßt sind. Die Ermittlung der Porosität zur Einschätzung der Brennbehandlung erfolgt über Schallgeschwindigkeits- oder Schwächungsmessungen. Für die Prüfung von Beton verwendet man wegen der groben heterogenen Struktur Frequenzen von 20 bis 100 kHz, denen Wellenlängen von 5 bis 40 mm entsprechen. Die Prüflängen betragen etwa 1 m. Die Schallwellen werden bei den niedrigen Frequenzen nicht gerichtet abgestrahlt. Risse, Lunker, Fremdkörper und die Betongüte (Druckfestigkeit) werden durch Schallgeschwindigkeitsmessung in Impuls-Durchschallung ermittelt.

6.2.4. Messung des Körperschalls und der Schallemission

Messungen des *Körperschalls* von Bauteilen erhalten für die Abnahmeprüfung und vor allem für die laufende Betriebsüberwachung zur Ermittlung des Bauteilzustands als sog. *vibroakustische Maschinendiagnose* eine zunehmende Bedeutung. Die dabei auftretenden Frequenzen reichen vom Bereich des Hörschalls bis weit in das Ultraschallgebiet hinein. Zur Grundausrüstung der Messung im Hörschallbereich gehören ein Mikrofon (meist ein Kondensatormikrofon), ein Schallpegelmesser und eine Schallanzeige. Die Frequenzbewertung des Schallpegels erfolgt durch die im Schallpegelmesser intern vorhandenen umschaltbaren Filter für international vereinbarte Bewertungskurven. Für die frequenzabhängige Bewertung wird meist die A-Kurve zugrunde gelegt. Der gewichtete Geräuschpegel wird dann mit dB(A) angegeben. Ein Schallpegelschreiber dient zum Aufzeichnen von Schallpegelverläufen und Frequenzspektren, vor allem dann, wenn diese schnell schwanken. Die Auswertung erfolgt über Magnetbandspeicher, so daß vor allem kurz verlaufende Vorgänge gut analysiert werden können. Wesentlich ist die Amplituden- und Frequenztreue des verwendeten Magnetbandgeräts. Schließlich muß zwischen Nutz- und Störsignal ein ausreichend großer Abstand sein.
Durch eine derartige Analyse des Geräuschs in bestimmten zeitlichen Abständen, z. B. bei Getrieben, kann der Verschleiß der Zahnräder abgeschätzt werden. Erheblich störend wirkt dabei meist der Geräuschpegel der Umgebung, z. B. von strömenden Medien, Motoren usw.
Ebenfalls durch Körperschallmessungen können Leckverluste eines Mediums aus Räumen mit Überdruck, Undichtheiten bei vakuumdichten Verbindungen sowie Koronaentladungen in elektrischen Feldern erkannt werden.
Bei niedrigen Frequenzen (etwa 100 bis 150 Hz) sind anstelle der Geräuschmessung *Schwingungsmessungen* vorteilhaft durchzuführen, indem das Mikrofon gegen einen Schwingungsaufnehmer ausgetauscht wird. Der Meßfühler kann jeweils an der Stelle des Prüfkörpers angebracht werden, wo Schwingungen, z. B. in kritischen Drehzahlbereichen, am stärksten wahrgenommen werden können. Bei höheren Frequenzen mit einer großen Anzahl von Schwingungsbäuchen und -knoten werden Schwingungsmessungen durch Unsicherheiten in der Befestigung und Rückkopplung des Meßfühlers unzuverlässig.
Eine besondere Form des Körperschalls, der durch die Freisetzung elastischer Energie entsteht, ist die *Schallemission* (SE) mit Frequenzen von Hörschall bis etwa 30 MHz. Ursache von Schallemissionen ist die Freisetzung gespeicherter elastischer Energie bei Versetzungsbewegungen, Phasenumwandlungen, Rißbildung und -wachstum sowie infolge der Reibgeräusche von Rißufern bei schwingender Beanspruchung oder Ausströmen von Flüssigkeiten bzw. Gasen. Einordnen lassen sich auch solche Erscheinungsformen wie Delamination und Faserbruch in Verbundwerkstoffen oder die Ablösung von Deckschichten. Die ersten Untersuchungen zur Schallemission wurden An-

fang der 50er Jahre von *Kaiser* durchgeführt. Er fand auch den nach ihm benannten *Kaiser-Effekt*, der dadurch gekennzeichnet ist, daß bei wiederholter Belastung erst dann eine Schallemission auftritt, wenn das vorher erreichte Belastungsniveau überschritten wird.

Man unterscheidet bei der Schallemission zwei Signalformen, nämlich einerseits Signale großer Amplitude und kurzer Zeitdauer (sog. *Burstsignale*), die mit Einzelereignissen, wie Rißbildung oder Schichtablösung, verbunden sind, und andererseits Signale in so dichter Folge, daß sie mit den derzeit üblichen Meßsystemen nicht aufzulösen sind (sog. *kontinuierliche Emission*). Die kontinuierliche Emission ist vor allem ein Kennzeichen plastischer Verformung; sie tritt aber auch bei Undichtheiten an Druckgefäßen oder Rohrleitungen auf.

Zwischen beiden Signalformen gibt es Übergänge. Die Anrißbildung in spröden Phasen heterogener Werkstoffe kann z. B. so dichte Impulsfolgen auslösen, daß sie wie eine kontinuierliche Emission erscheinen.

Somit sind die Frequenz und Form der aufgenommenen Schallemissionsimpulse in erster Linie durch das Gefüge und die Geometrie des Prüflings bestimmt. Durch Ausbreitung der Emission über verschiedene Wellenarten, wie sie im Abschnitt 6.2.1.1. beschrieben sind, und deren Überlagerung nach unterschiedlicher Schwächung und Laufzeit durch Reflexionen bzw. Resonanzen werden am Empfänger breite Signale empfangen.

Im Bild 6.59a ist das Spannungs-Dehnungs-Diagramm für einen Werkstoff mit ausgeprägter Streckgrenze der Schallemission gegenübergestellt. Die mittlere Amplitude der Schallemission steigt bis in die Nähe der Streckgrenze, wo ein Maximum auftritt. Bei Werkstoffen ohne ausgeprägte Streckgrenze markiert sich der Übergang zur stärkeren plastischen Verformung ebenfalls durch ein Maximum der Schallemission (Bild 6.59b). Hochfeste oder stark kaltverfestigte Stähle zeigen dagegen eine merkliche Schallemission erst unmittelbar vor dem Bruch.

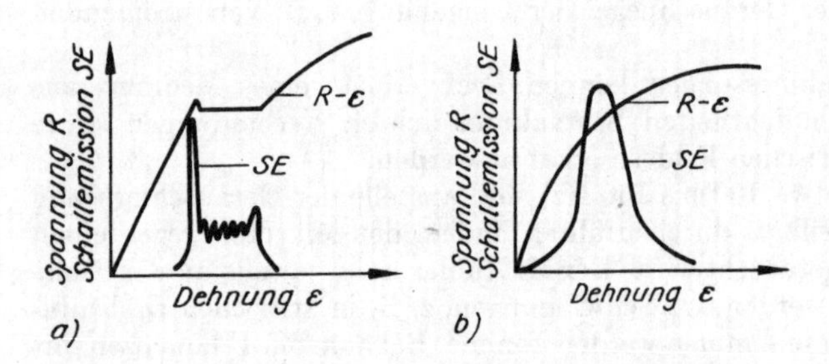

Bild 6.59. Schallemission bei plastischer Dehnung von Metallen

a) Werkstoff mit ausgeprägter Streckgrenze
b) Werkstoff ohne ausgeprägte Streckgrenze

Ein einfaches Blockschaltbild der für die *Schallemissionsanalyse* (SEA) gebräuchlichen Meßanordnung zeigt Bild 6.60. Die vom piezoelektrischen Aufnehmer registrierten und umgewandelten Signale werden verstärkt, gezählt und zur Anzeige gebracht. Nach einer anschließenden Digital-Analog-Wandlung stehen die *Impulssumme* (Summe aller Signale, die eine festgelegte Ansprechschwelle überschreiten) oder *Ereig-*

nissumme (Summe der Impulse, die einen Schwingungszug bilden) als Gleichspannung zur Registrierung zur Verfügung. Der Zähler läßt sich durch einen Zeitgeber steuern, so daß auch die *Impulsrate* (d. h. Impulse je vorgewählter Zeit) gemessen werden kann.

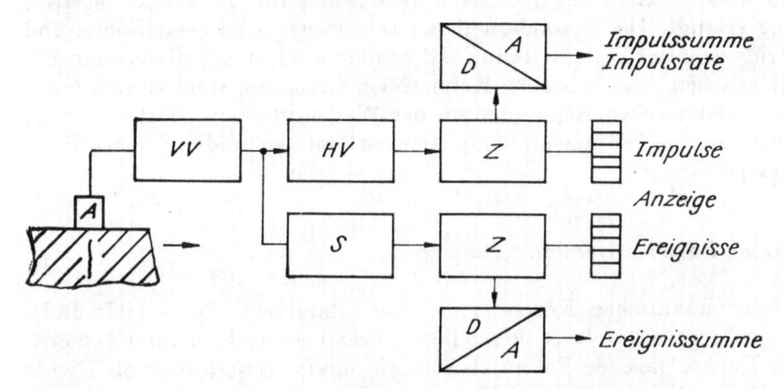

Bild 6.60. Blockschaltbild zur Schallemissionsanalyse (SEA)

A Aufnehmer; *HV* Hauptverstärker; *D/A* Digital-/Analog-Wandler; *VV* Vorverstärker mit Filter; *Z* Zähler; *S* Schwellwertstufe zur Amplitudendiskriminierung

Bei Anwendung eines weiteren Kanals kann in jedem Kanal mit unterschiedlicher Verstärkung gearbeitet werden. Diese Arbeitsweise ist günstig, wenn Schallemissionsquellen mit unterschiedlicher Amplitude getrennt aufgezeichnet werden sollen. Außerdem ist im Zweikanalbetrieb die gleichzeitige Messung von Impulsraten und Impulssummen möglich. Bei der Prüfung größerer Bauteile bietet eine Zweikanalanlage ebenfalls Vorteile. Durch Verwendung eines *Amplitudendetektors* können Signale unterschiedlicher Amplituden getrennt registriert werden. Damit ist die Aufzeichnung einer Häufigkeitsverteilung möglich.
Praktisch wertet man die im Bereich von 50 kHz bis 1,5 MHz liegenden Signale aus. Bei höheren Frequenzen wird die Schwächung der Schallwellen im Werkstoff zu groß (s. Abschnitt 6.2.1.4.). Die untere Grenzfrequenz für die Auswertung ergibt sich durch den Einfluß von Fremdgeräuschen.
Zur Fehlerortung aus Laufzeitdifferenzen der Signale sind mindestens 3 Schallaufnehmer nötig. Ähnlich dem Feststellen von Erdbebenzentren bezeichnet man dieses Verfahren auch als *Triangulation*. Da aber bei hohen Frequenzen (günstiges Signal-Rausch-Verhältnis) die Schwächung der Schallwellen zunimmt, sind mehrere Detektoren nötig, um nahe an der Schallquelle, d. h. am Riß, zu liegen. Die Zahl der Aufnehmer kann dann bis zu 30 betragen. Störquellen stellen neben der Verzerrung der Impulse durch die Werkstoffschwächung vor allem auch Anisotropieeffekte im Werkstoff dar, da durch sie die Laufzeit der Schallwellen ebenfalls beeinflußt wird.
Die Schallemissionsanalyse wird angewendet, um Anrisse oder Leckagen von Druckbehältern und Rohren bei Beanspruchung unter Innendruck bzw. bei der Innendruckprüfung festzustellen. Die genaue Ortung des Risses erfolgt durch nachfolgende zerstörungsfreie Prüfverfahren wie Ultraschallprüfung. Gute Erfahrungen liegen auch bei der Prozeßkontrolle während des Schweißens hinsichtlich entstehender Schweißrisse vor. Weitere Anwendungsgebiete der Schallemission in der Werkstoffprüfung sind die Prüfung auf Spannungsrißkorrosion und Wasserstoffversprödung.

6.3. Elektrische und magnetische Prüfverfahren

Von den im Kapitel 7. erläuterten physikalischen Eigenschaften haben besonders die elektrischen und magnetischen Eigenschaften Bedeutung für die zerstörungsfreie Werkstoffprüfung erlangt. Die Besonderheit der *zerstörungsfreien* elektrischen und magnetischen Prüfverfahren besteht darin, daß es hier weniger auf die genaue Bestimmung der klassischen physikalischen Kenngrößen ankommt, sondern daß unter Ausnutzung der physikalischen Eigenschaften der Werkstoffe neue Wirkprinzipien entwickelt wurden, die eine Prüfung an komplizierten Bauteilen und mit hohen Prüfgeschwindigkeiten gestatten.

6.3.1. Elektrische Potentialsondenverfahren

Legt man an einen metallischen Körper, z. B. eine zylindrische Probe (Bild 6.61), eine elektrische Spannung an, so baut sich in ihm ein elektrisches Feld auf. Geometrischer Ort für alle Punkte gleichen Potentials sind die *Äquipotentiallinien*; die Dichte der dazu senkrecht, in Richtung des größten Potentialgefälles verlaufenden elektrischen Stromfäden oder Stromlinien hängt von der Größe des Potentialgefälles ab. Das Potentialgefälle wird in genügender Entfernung von den Strompolen hauptsächlich durch drei Faktoren beeinflußt: die elektrische Leitfähigkeit, die Geometrie (z. B. Durchmesser, Dicke) des durchströmten Leiters und vorhandene Risse, besonders wenn sie von der Oberfläche ausgehen.
Das Prinzip des elektrischen Potentialsondenverfahrens beruht darauf, diese Einflußgrößen bei der *Leitfähigkeitsmessung*, *Dickenmessung* und *Rißtiefenbestimmung* auszunutzen. Dazu wird durch geeignet angebrachte Strompole längs der Meßstrecke ein gleichmäßiger Stromfluß erzeugt und mittels Spannungspolen der Spannungsabfall über diese Strecke auf der Oberfläche gemessen. Er läßt sich bei gleichmäßiger Durchströmung nach dem Ohmschen Gesetz (Abschnitt 7.3.) berechnen zu

$$U = RI = \frac{l_0 I}{A\gamma} \qquad (6.89)$$

l_0 Länge der Stromfäden zwischen den beiden Spannungspolen
A von den Stromlinien eingenommener Querschnitt
I Stromstärke
γ elektrische Leitfähigkeit

Die zerstörungsfreie Bestimmung der elektrischen Leitfähigkeit mittels Gleichstrom-Potentialsondenverfahren wird auch bei der *Gefüge-* und *Legierungsprüfung* ferromagnetischer Werkstoffe angewendet, da die für NE-Metalle gebräuchlichen *Wirbelstromtastspulen* gemäß Abschnitt 6.3.3. wegen der zusätzlich wirkenden magnetischen Permeabilität bei ferromagnetischen Werkstoffen kaum verwendbar sind. Hier hat sich das sogenannte *Vierspitzenverfahren* (Bild 6.62) bewährt (vgl. Abschnitt 7.3.1.). Bei Anwendung dieser Methode kommt es darauf an, die Werkstoffdicke genau zu kennen bzw. konstant zu halten sowie für einen konstanten Abstand der Spannungspole und durch scharfe Polspitzen für einen geringen Kontaktwiderstand zu sorgen. Am besten ist für den Nachweis der geringen Gleichspannungen (etwa 10 µV) die stromlose Messung mittels Kompensators oder eine Strom-Spannungsmessung mit einem Digitalvoltmeter, das einen großen Innenwiderstand aufweist, geeignet.

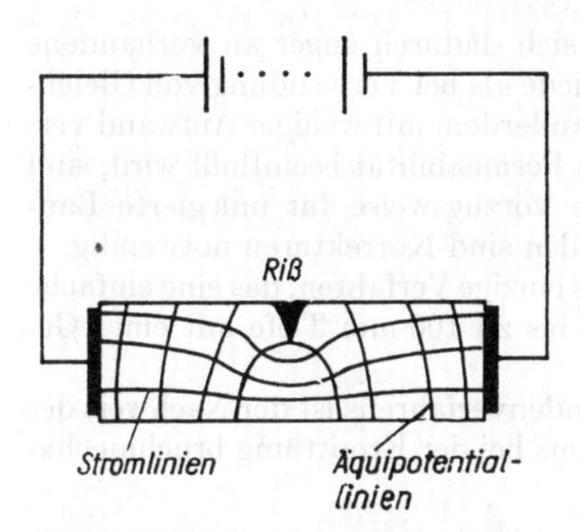

Bild 6.61. Verlauf der Stromlinien und Äquipotentiallinien in einer stromdurchflossenen Probe mit Oberflächenriß

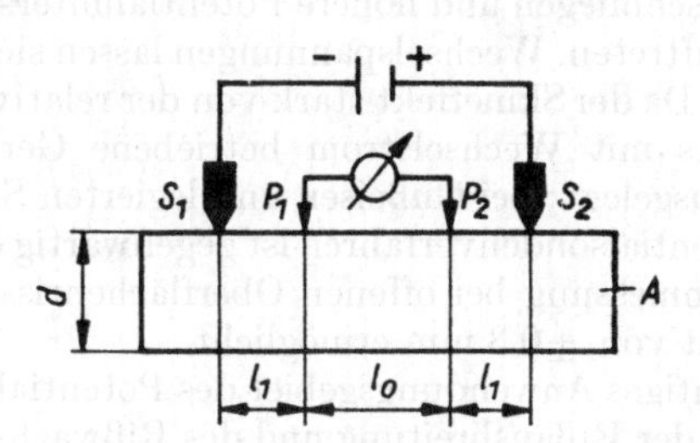

Bild 6.62. Vierspitzenverfahren

S_1, S_2 Strompole
P_1, P_2 Spannungspole
A Querschnittsfläche
d Probendicke
l_1 Abstand zwischen Strompolen und Spannungspolen
l_0 Abstand zwischen den Spannungspolen

Aus Gl. (6.89) folgt, daß das Oberflächenpotential auch noch vom Werkstückquerschnitt abhängig ist. Für eine lineare Anordnung und für Dicken, bei denen noch eine nahezu ebene Stromlinienverteilung vorliegt, läßt sich bei teilweiser Durchströmung der Spannungsabfall U_0 zwischen den Spannungspolen näherungsweise bestimmen zu

$$U_0 = \frac{I}{d\gamma} \lg \left(1 + \frac{l_0}{l_1}\right) \tag{6.90}$$

Das elektrische Potentialsondenverfahren ermöglicht somit eine Dickenmessung bei einseitigem Zugang zum Prüfkörper. Der Abstand der Spannungs- und Strompole richtet sich dabei nach der Dicke. Für mittlere Dicken zwischen 1 und 20 mm wird ein *Spannungspolabstand* $l_0 = 10$ mm empfohlen.

Bei den elektrischen Dickenmessungen können bereits kleine Oberflächenrisse die Messung stark beeinträchtigen, da durch die elektrische Umströmung der Risse die Länge der Stromfäden um l_R und damit auch der Spannungsabfall über der Meßstrecke um U_R vergrößert wird. Der auftretende Potentialsprung

$$U = (U_R - U_0) = \frac{I}{\gamma A} (l_R - l_0) \tag{6.91}$$

ist in einem großen Bereich der Feldstärke und Rißtiefe direkt proportional. Systematische Untersuchungen haben ergeben, daß es bei der Rißtiefenmessung günstig ist, mit einem Abstand der Spannungspole von etwa 2 mm zu arbeiten. Da für genaue Messungen ein möglichst punktförmiger Stromeintritt erwünscht ist, muß die Stromstärke auf etwa 6 A beschränkt werden, um eine Erwärmung der Kontaktspitzen zu vermeiden. Um den Dicken- und Leitfähigkeitseinfluß weitgehend zu kompensieren, werden neuerdings Rißtiefenmeßgeräte auf Änderungen des Quotienten U_R/U kalibriert, oder man verwendet 3 Spannungspole, wobei die Potentialdifferenz zwischen dem rißfreien und dem rißbehafteten Polzwischenraum bestimmt wird.

Bei Stangen und Wellen hat sich mitunter eine *Gesamtstromdurchflutung* bewährt, indem die Strompole an den Probenenden angeschraubt oder angeschweißt und nur die Spannungspole über die Probe geführt werden.

Mit wesentlich geringeren Stromstärken (0,5 A) kann man bei Wechselstrom von etwa 1500 Hz arbeiten, da die Stromfäden infolge des *Skineffekts* besonders bei Fe-

Metallen dicht unter der Oberfläche verlaufen, sich dadurch enger an vorhandene Risse anschmiegen und höhere Potentialunterschiede als bei Verwendung von Gleichstrom auftreten. Wechselspannungen lassen sich außerdem mit weniger Aufwand verstärken. Da der Skineffekt stark von der relativen Permeabilität beeinflußt wird, sind allerdings mit Wechselstrom betriebene Geräte vorzugsweise für unlegierte Baustähle ausgelegt; bei Gußeisen und legierten Stählen sind Korrekturen notwendig.
Das Potentialsondenverfahren ist gegenwärtig das einzige Verfahren, das eine einfache Rißtiefenmessung bei offenen Oberflächenrissen bis zu 100 mm Tiefe mit einer Genauigkeit von $\pm 0{,}3$ mm ermöglicht.
Ein wichtiges Anwendungsgebiet des Potentialsondenverfahrens ist der Nachweis des Beginns der Rißausbreitung und des Rißwachstums bei der Ermittlung bruchmechanischer Kennwerte (Abschnitt 2.2.).

6.3.2. Magnetische Prüfverfahren

Die magnetischen Prüfverfahren bezeichnet man zur besseren Unterscheidung gegenüber den magnetinduktiven Verfahren auch als *Verfahren mit magnetischer Kraftlinienwirkung*, weil bei dieser Art der Prüfung Flußänderungen von Magneten sowie Magnetfelder bzw. deren Kraftwirkungen nachgewiesen oder gemessen werden.

6.3.2.1. Physikalische Grundlagen

Zum Verständnis der magnetischen Prüfverfahren ist die Kenntnis der im Abschnitt 7.5. behandelten magnetischen Eigenschaften und darüber hinaus des *Entmagnetisierungsfaktors*, des *magnetischen Widerstands* und der *Brechung magnetischer Kraftlinien* notwendig. Bei der Auswahl eines Prüfverfahrens ist es immer zweckmäßig, von den klassischen magnetischen Kenngrößen *relative Permeabilität* μ_r (feldstärkeabhängig), *Koerzitivfeldstärke* H_c, *Restinduktion* B_r, *Sättigungsmagnetisierung* M_s und ihrer Beeinflussung durch geometrische und strukturelle Faktoren auszugehen.

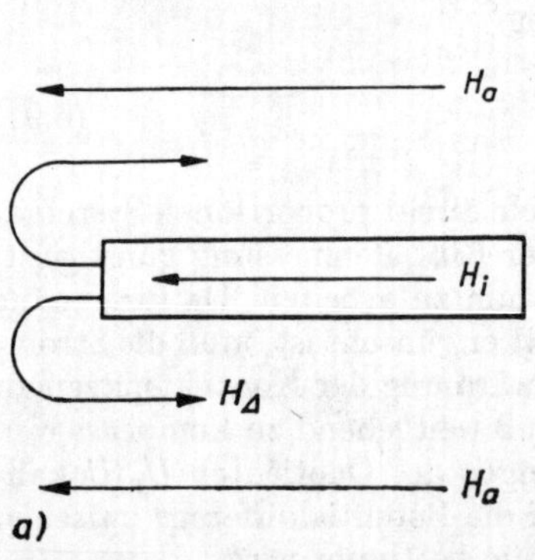

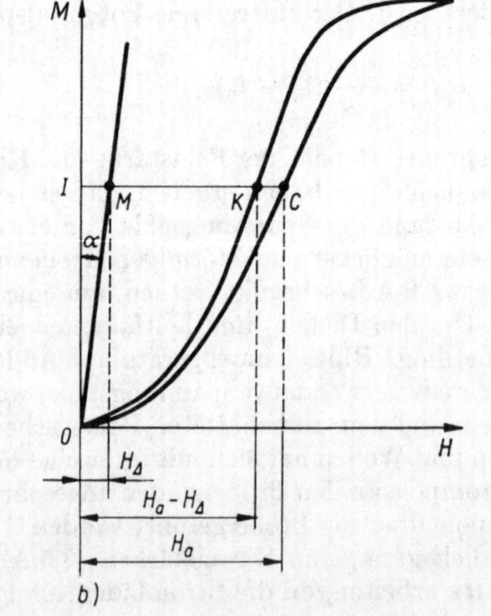

Bild 6.63. Geöffneter magnetischer Kreis
a) Entmagnetisierung bei einem geöffneten magnetischen Kreis
b) Scherung der Magnetisierungskurve

In der Literatur enthaltene magnetische Kenngrößen und *Magnetisierungskurven* gelten nur für geschlossene magnetische Kreise. In einem geöffneten magnetischen Kreis bilden sich an den Probenenden *freie Pole* aus (Bild 6.63), die dazu führen, daß die außerhalb der Probe verlaufenden Kraftlinien des Probenfeldes entgegengesetzt zum äußeren Feld H_a gerichtet sind, wobei ein scheinbar entmagnetisierendes Feld

$$H_\Delta = H_a - H_i \tag{6.92}$$

auftritt. Das entmagnetisierende Feld H_Δ wirkt dem äußeren Feld entgegen und ist bis etwa 0,7 M_s der magnetischen Polarisation direkt proportional:

$$H_\Delta = NM \tag{6.93}$$

Den Proportionalitätsfaktor N bezeichnet man als *Entmagnetisierungsfaktor*. Er hängt hauptsächlich von der geometrischen Form der Probe und in geringem Maße auch von deren Permeabilität ab. Da sich der Faktor N nur für homogen magnetisierte Körper berechnen läßt, muß er im allgemeinen experimentell bestimmt werden. Mit Kenntnis von N wird die an einer ringförmigen Probe ermittelte *ideale Magnetisierungskurve* »geschert«. Eine solche Scherung kann auf graphischem Wege ausgeführt werden, wenn man in das M-H-Diagramm vom Ursprung aus eine Gerade mit der Neigung $\tan\alpha = N$ gegenüber der y-Achse einträgt (Bild 6.63). Dann ist der Abschnitt $\overline{\mathrm{IM}}$ für jeden Wert von M gleich dem Entmagnetisierungsfeld, d. h.

$$H_\Delta = NM = M \tan\alpha \tag{6.94}$$

Die Scherung der Magnetisierungskurve ist die Grundlage des *Restfeld-* und *Restpunktpolverfahrens* (Abschnitt 6.3.2.3.). Eine weitere für die magnetischen Prüfverfahren wichtige physikalische Kenngröße eines magnetischen Kreises ist sein magnetischer Widerstand. Der Gesamtwiderstand eines magnetischen Kreises berechnet sich zu

$$R_m = \sum \frac{l_i}{\mu_{r_i} \mu_0 A_i} \tag{6.95}$$

R_m magnetischer Widerstand
l Länge
A Fläche
μ_0 *magnetische Feldkonstante*
μ_r *relative Permeabilität*

Fast alle Verfahren der magnetischen Dicken- und Schichtdickenmessung beruhen darauf, daß der magnetische Widerstand Dicken- bzw. Schichtdickenänderungen direkt proportional ist. Darüber hinaus zeigt Gl. (6.95), welche große Bedeutung Luftspalte in einem magnetischen Kreis haben. Da sich die relativen Permeabilitäten von Luft und Eisen etwa wie 1:1000 verhalten, haben Luftspalte eine bedeutende Erhöhung des magnetischen Widerstands zur Folge.
Grenzt an ein ferromagnetisches Medium ein anderes Medium, z. B. Luft, so tritt eine Brechung der magnetischen Kraftlinien auf. Das *Brechungsgesetz für magnetische Kraftlinien* lautet

$$\frac{\tan\alpha_1}{\tan\alpha_2} = \frac{\mu_{r_1}}{\mu_{r_2}} \tag{6.96}$$

α_1 Einfallswinkel (Winkel zwischen magnetischer Kraftlinie und Oberflächenlot)
α_2 Ausfallswinkel (Winkel zwischen magnetischer Kraftlinie und Oberflächenlot)
μ_{r_1} relative Permeabilität des Mediums *1*
μ_{r_2} relative Permeabilität des Mediums *2*

Setzt man in diese Gleichung die relative Permeabilität für Luft ($\mu_{r_L} = 1$) und Eisen ($\mu_{r_{Fe}} = 1000$) ein, erkennt man leicht, daß die aus einem ferromagnetischen Stoff auf einen Luftspalt auftreffenden magnetischen Kraftlinien fast senkrecht in Luft austreten müssen und umgekehrt die magnetischen Kraftlinien in der Umgebung eines ferromagnetischen Körpers in diesen hineingesaugt werden. Damit läßt sich die Ausbildung eines magnetischen Streuflusses über einem Oberflächenriß in ferromagnetischen Werkstoffen erklären.

6.3.2.2. Magnetfeldmessung

Bei der magnetischen Prüfung ist es häufig erforderlich, die Magnetfeldstärke zu messen. Für die Auswahl der Feldmeßsonde ist zu beachten, ob es sich um ein magnetisches Gleich-, Wechsel- oder Impulsfeld handelt, in welchem Feldstärkeintervall gemessen werden soll, welche Meßgeschwindigkeit gefordert wird und ob eine punktförmige Messung nach Richtung und Größe möglich ist. Von den vielen prinzipiellen Möglichkeiten kommen bei den magnetischen Prüfverfahren die *Induktionsspule*, die *Ferrosonde*, die *Hallsonde* und die *Magnetdiode* in Betracht. Die Induktionsspule ist die älteste, einfachste und billigste Meßsonde zur Ausmessung von Magnetfeldern. In einer Induktionsspule wird bei einer zeitlichen Änderung des die Windungsfläche der Spule (Windungszahl n) durchsetzenden Magnetflusses Φ eine Spannung U induziert, die der *Flußänderung* und damit auch der Änderung der magnetischen Feldstärke gemäß

$$U_{\mathrm{ind}} = -n\mu_0\mu_r A \frac{dH}{dt} \tag{6.97}$$

proportional ist. Am einfachsten läßt sich hiermit die Messung magnetischer Wechselfelder realisieren. Bei magnetischen Gleichfeldern muß die Meßspule in geeigneter Weise in Bewegung versetzt werden, um eine Flußänderung zu erzielen. Das kann durch eine schnelle Translationsbewegung (*Abziehmethode*) oder durch *Schwing-* und *Rotationsspulen* verwirklicht werden. In jedem Fall muß dafür gesorgt werden, daß der Geschwindigkeitseinfluß bei allen Messungen bekannt ist und konstant gehalten wird. Da dies bei einer örtlichen Messung schwer zu realisieren ist, werden heute fast nur noch die Ferrosonde, die Hallsonde und Magnetdioden für die zerstörungsfreie Werkstoffprüfung verwendet.
Förster entdeckte 1939 bei einer dynamischen Abbildung von Hystereseschleifen auf einem Oszillographen, daß das dem Wechselfeld der Meßspule überlagerte Gleichfeld der Erde zu einer Verschiebung der Hystereseschleife führt, wenn man gleichzeitig das Magnetisierungsverhalten von zwei Eisenkernen in einer Differentialschaltung untersucht (Abschnitt 7.5.3.). Diese in Bild 6.64 enthaltene Schaltung stellte später die Grundlage einer empfindlichen Meßsonde, der sogenannten Ferrosonde (auch als *Saturations-* oder *Förstersonde* bezeichnet), dar. Diese Sonden, die nur wenige Millimeter Größe aufweisen können, sind in Form der sogenannten *Absolutsonde* zur Messung kleinster Gleichfelder und in Form der *Differenz-* oder *Gradientensonde* zur Messung kleinster Gleichfelddifferenzen geeignet.
Die Sonden bestehen jeweils aus zwei Spulenpaaren, die auf einem hochpermeablen Kern eine Primär- und eine Sekundärwicklung aufweisen. Bei der Absolutsonde sind die Primärwicklungen und bei der Differenzsonde die Sekundärwicklungen gegeneinandergeschaltet. Die Primärwicklungen werden mit Wechselstrom gespeist. Infolge der bei beiden Sonden entgegengesetzt verlaufenden Induktionskurven der Kerne K_1

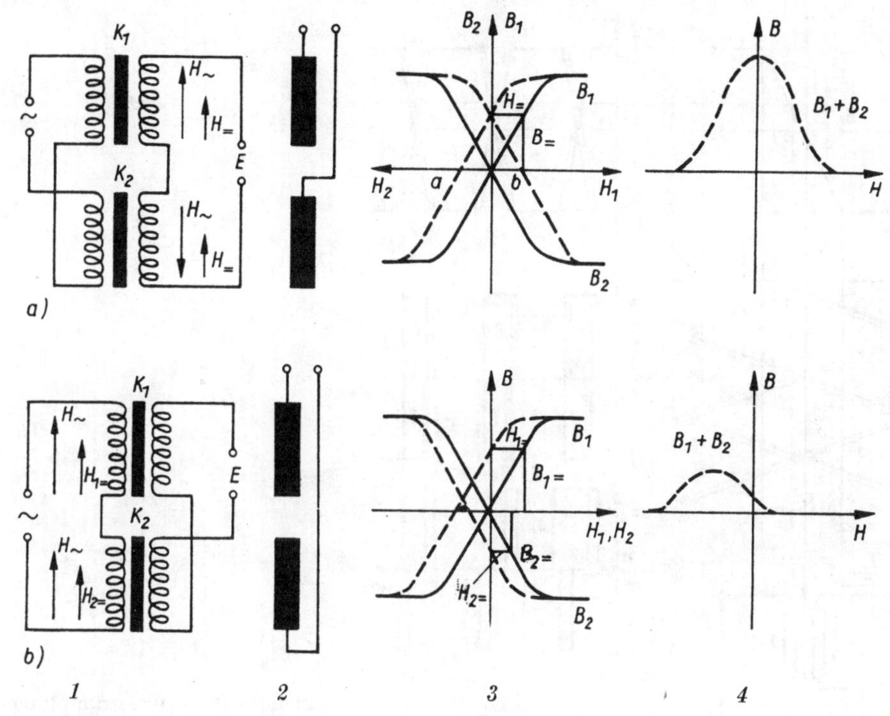

Bild 6.64. Ferrosonde

a) Absolutsonde
b) Differenzsonde
1 Prinzipschaltung
2 Symbol
3 Magnetisierungskurven der Kerne
4 Induktionskurve

und K_2 ergeben sich bei einer Förstersonde in einem feldfreien Raum keine Sekundär spannungen, da eine Addition der Momentanwerte der Induktion stets Null ergibt. Bringt man die Sonden dagegen in ein Magnetfeld, werden die Induktionskurven dergestalt verschoben, daß sich die Momentanwerte der Induktionen nicht mehr gegenseitig aufheben. Durch die Überlagerung der Induktionskurven der beiden Kerne entstehen bei der Absolutsonde Wechselspannungen mit einer Amplitude der zweiten *Harmonischen*, die der Feldstärke des äußeren Feldes direkt proportional ist, und bei der Differenzsonde entstehen Wechselspannungen mit einer Amplitude der zweiten Harmonischen, die dem *Feldgradienten* direkt proportional ist.
Die Wirkungsweise der Sonden soll am Beispiel der Absolutsonde erläutert werden. Im Bild 6.65b ist der zeitliche Verlauf der Feldstärke mit und ohne überlagertes Gleichfeld enthalten. Bild 6.65c zeigt den infolge der Sättigung entstehenden trapezförmigen magnetischen Flußverlauf und Bild 6.65d als Differentialquotient in Form von Rechteckimpulsen den zeitlichen Verlauf der induzierten Spannung. Man erkennt, daß in der Sonde eine Spannung induziert wird, die gegenüber der Magnetisierung die doppelte Frequenz (2. Harmonische) aufweist. Auch bei sinusförmigem Wechselstrom ergibt eine *Fourieranalyse* des Meßsignals, daß die Amplitude der 2. Harmonischen dem Absolutwert des anliegenden Gleichfeldes und bei der Differenzsonde der Differenz der an den beiden Spulenpaaren anliegenden Gleichfelder proportional ist. Deshalb wird für diese Sonden mitunter auch die Bezeichnung Detektor bzw.

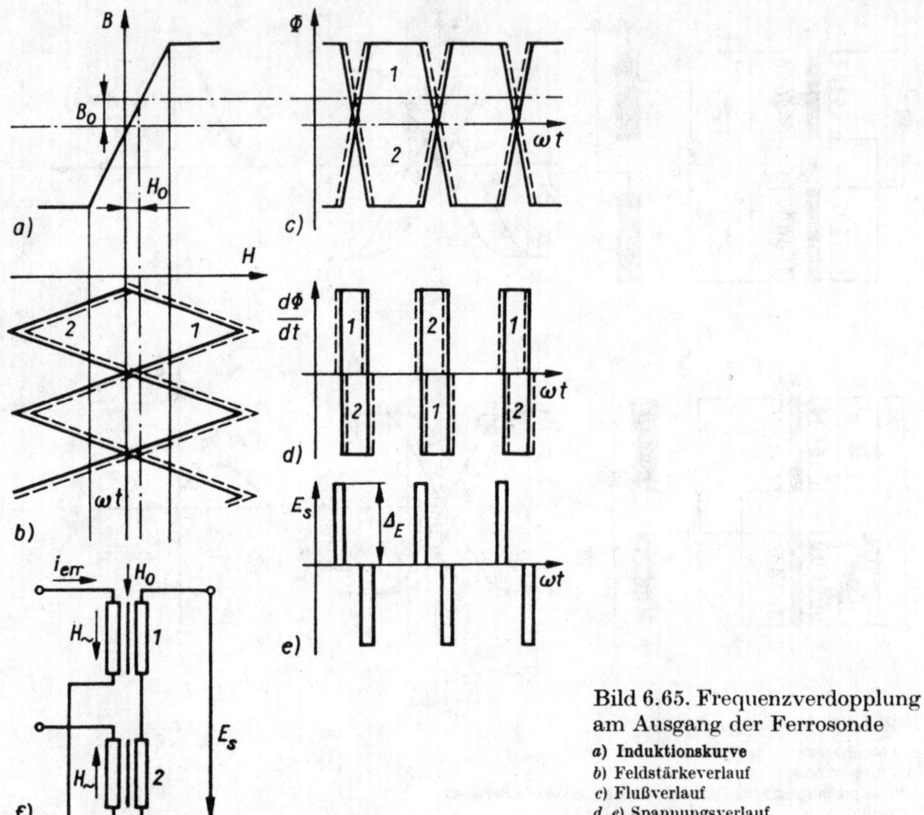

Bild 6.65. Frequenzverdopplung am Ausgang der Ferrosonde
a) **Induktionskurve**
b) Feldstärkeverlauf
c) Flußverlauf
d, e) Spannungsverlauf

Magnetometer der 2. Harmonischen benutzt. Ferrosonden sind außerordentlich empfindlich und deshalb besonders für die Ausmessung verhältnismäßig geringer Feldstärken zwischen 10^{-3} und 10^4 A m^{-1} geeignet. Für größere Feldstärken verwendet man die Hallsonde. Ihre Wirkungsweise beruht auf dem in Abschnitt 7.6.3. erläuterten Halleffekt.
Die meist aus InAs oder ähnlichen Halbleiterwerkstoffen mit hohem *Hallkoeffizienten* bestehenden Hallplättchen können ebenfalls sehr klein gehalten werden. Ihre Empfindlichkeit ist zwar wesentlich geringer als die der Ferrosonden, sie arbeiten aber in einem großen Feldstärkebereich nahezu linear. Ebenfalls in einem großen Feldstärkebereich bei etwa 10^2mal höherer Empfindlichkeit sind die Magnetdioden anwendbar. Das Wirkprinzip der nur etwa 1 mm × 3 mm großen Halbleiterbausteine besteht darin, daß ihr elektrischer Widerstand der Magnetfeldstärke direkt proportional ist. Die magnetfeldabhängige Widerstandsänderung wird durch eine Spannungsmessung erfaßt.

6.3.2.3. Gefüge- und Legierungsprüfung

Mit Gefügeänderungen oder Änderungen der chemischen Zusammensetzung nach dem Gießen, Schmieden, Walzen, Wärmebehandeln, Beschichten usw. ändern sich auch die physikalischen Eigenschaften. Am Beispiel des Kugellagerstahls 100Cr6 (Bild 6.66)

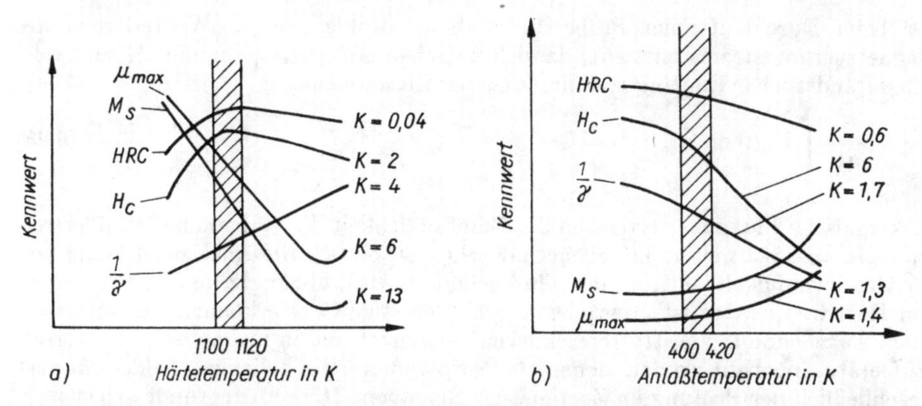

Bild 6.66. Eigenschaftsänderungen von Kugellagerstahl bei der Wärmebehandlung
a) in Abhängigkeit von der Härtetemperatur
b) in Abhängigkeit von der Anlaßtemperatur

erkennt man, daß je nach Wärmebehandlung eine andere physikalische Kenngröße am empfindlichsten auf Gefügeveränderungen reagiert. Das wird durch das Verhältnis (Koeffizient K) der prozentualen Änderung der elektrischen und magnetischen Kennwerte im Intervall der zu erwartenden technologischen Schwankungen zur Meßungenauigkeit ausgedrückt. Hiernach sind im Intervall der Härtetemperaturen von 1 100 bis 1 120 K die Sättigungsmagnetisierung mit $K = 13$ und im Intervall der Anlaßtemperaturen von 400 bis 420 K die Koerzitivfeldstärke mit $K = 6$ für eine zerstörungsfreie Prüfung anzuwenden.
Die klassischen magnetischen Eigenschaften sind jedoch wenig für eine zerstörungsfreie Prüfung geeignet, da sie an bestimmte Probeformen gebunden sind und einen hohen Zeitaufwand erfordern. Nachfolgend werden daher die wichtigsten zerstörungsfreien Verfahren auf der Basis geeigneter magnetischer Kenngrößen erklärt.

Flußmessung

Die im Abschnitt 6.3.2.2. erläuterte Induktionsspule stellt das einfachste Mittel zur Gefüge- und Legierungsprüfung dar. Voraussetzung für die Anwendung bei der magnetischen Prüfung, d. h. im magnetischen Gleichfeld, ist, daß während der Prüfung eine Kraftflußänderung $\mathrm{d}\Phi/\mathrm{d}t$ erfolgt. Das kann durch Änderung der Magnetisierungsstromstärke oder durch eine Bewegung der Probe bzw. der Magnetisierungsspule realisiert werden. Der Nachteil aller bisher bekannten Prüfverfahren mittels Flußmessers bestand darin, daß es schwer zu verwirklichen war, die Flußänderung $\mathrm{d}\Phi/\mathrm{d}t$ konstant zu halten. In neuerer Zeit werden daher *elektronische Fluxmeter* eingesetzt, deren Kernstück Operationsverstärker mit RC-Rückkopplung sind (Bild 6.67). Derartige elektronische Fluxmeter integrieren automatisch über den Spannungsstoß,

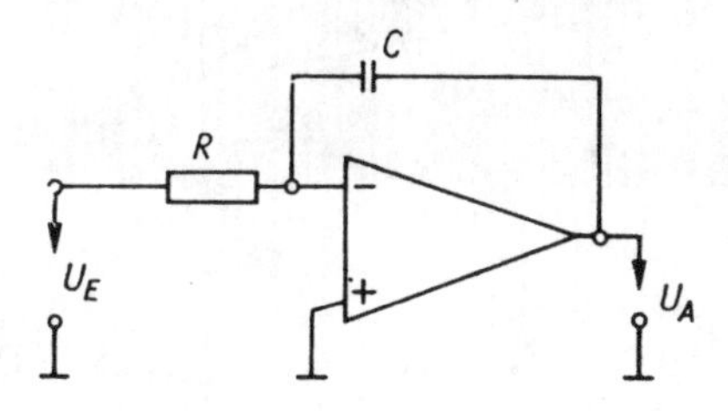

Bild 6.67. Magnetflußmessung mittels Operationsverstärker und RC-Rückkopplung

der beim Durchlauf einer Probe durch die Meßspule oder bei Veränderung des Magnetisierungsstroms entsteht, da sich zwischen Ausgangsspannung U_A und zeitlich veränderlicher Eingangsspannung U_E der Zusammenhang

$$U_A = \frac{1}{RC} \int U_E(t)\, dt \tag{6.98}$$

ergibt.

Elektronische Fluxmeter erreichen die Empfindlichkeit der Galvanometer, übertreffen diese aber bei weitem in der mechanischen Stabilität. Die Anzeige ist kaum von der Geschwindigkeit, mit der der Fluß geändert wird, abhängig, und der Anschluß von Registriergeräten ist unproblematisch. Derartige Geräte können zur automatischen Aufzeichnung von Hysteresekurven verwendet und in magnetische Universalprüfgeräte eingebaut werden, denen als Prüfparameter ein beliebiger Feldstärkewert einschließlich der Prüfung im Zustand der Remanenz ($H = 0$) zugrunde gelegt werden kann.

Koerzitimeterverfahren

Die direkte Messung der Koerzitivfeldstärke (Abschnitt 7.5.) ist nur bedingt für die zerstörungsfreie Werkstoffprüfung anwendbar, da sie immer eine zeitaufwendige Prüfung in drei Etappen voraussetzt, nämlich Magnetisierung bis zur Sättigung, Abschalten des Magnetfeldes, Ermittlung der zur völligen Beseitigung des Restmagnetismus notwendigen Gegenfeldstärke mittels Induktionsspule, Ferro- oder Hallsonden.
Bei der Prüfung an großen Teilen, wo es nicht auf eine hohe Prüfgeschwindigkeit ankommt, haben sich *Aufsatzjoche* unter der Bezeichnung *»Aufsatzkoerzitimeter«* (Bild 6.68) bewährt. Sie werden je nach Jochabmessung zur Prüfung der *Oberflächenhärte* oder der *Einhärtetiefe* benutzt. Als Meßfühler zur Messung der Gegenfeldstärke dienen vorzugsweise Ferrosonden. Um eine Überbelastung der Wicklungen zu vermeiden, wird durch Magnetisierungsimpulse aufmagnetisiert.

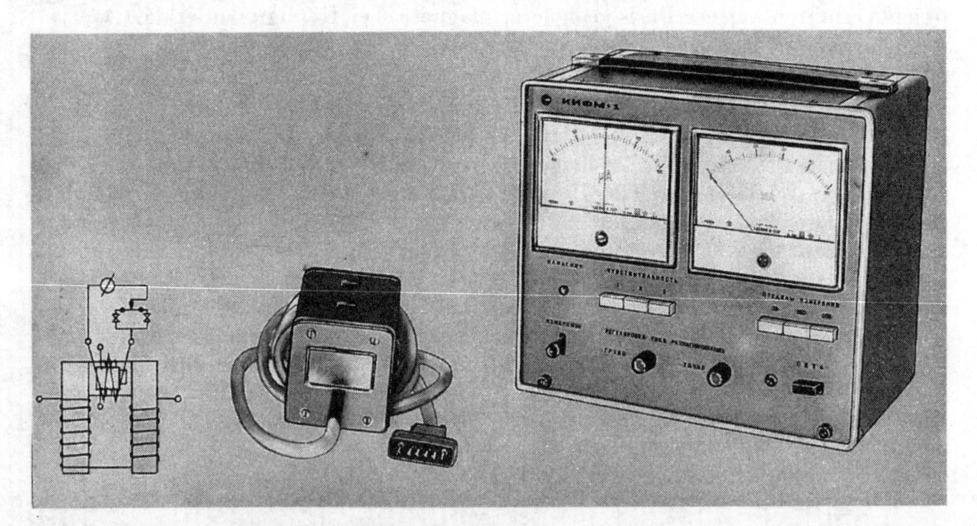

Bild 6.68. Aufsatzkoerzitimeter KIFM-1 (UdSSR)

a) Aufsatzjoch mit Ferrosonde (schematisch)
b) Aufsatzjoch mit Ferrosonde
c) Gesamtansicht des Geräts

Eine vereinfachte Variante stellen Aufsatzkoerzitimeter dar, bei denen sowohl die Sättigungsfeldstärke als auch die aufgebrachte Gegenfeldstärke vorwählbar sind. Als Maß für die Gefügeabweichungen dient hier die nach der Ummagnetisierung noch vorhandene Restinduktion.

Restinduktions- und Restfeldverfahren

Hierbei nutzt man die Tatsache aus, daß bei einer Scherung der Hystereseschleife unter Einfluß des Entmagnetisierungsfaktors die Koerzitivfeldstärke im Gegensatz zu anderen Kenngrößen unverändert bleibt. Bei kurzen dicken Teilen ($1 \leqq l/d \leqq 10$) ist die scheinbare *Werkstoffpermeabilität*

$$\mu_s \approx \frac{1}{\frac{1}{\mu_r} + \frac{N}{4\pi}} \tag{6.99}$$

infolge des hohen Entmagnetisierungsfaktors hauptsächlich formabhängig. Bei gleichem l/d-Verhältnis führen deshalb Werkstoffunterschiede lediglich zu einer Parallelverschiebung der Begrenzungskurven (Bild 6.69), d. h.

$$\mu_s = \tan \varphi = B_r/H_c = \text{const}$$

und

$$H_c = \frac{1}{\mu_s} B. \tag{6.100}$$

Daraus ist zu entnehmen, daß man die H_c- durch eine B_r-Messung ersetzen kann (*Restinduktionsverfahren*). Andererseits wird durch die Restinduktion ein ihr propor-

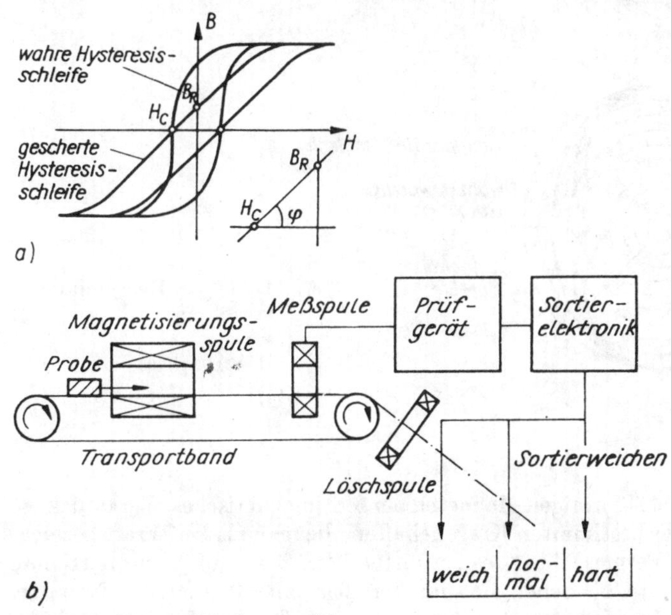

Bild 6.69. Restinduktionsverfahren

a) Prinzip
b) Schema einer Prüfanlage

tionales *Restfeld* erzeugt (*Restfeldverfahren*). Mithin kann man aus Restinduktions- bzw. Restfeldänderungen auf Änderungen der Koerzitivfeldstärke schließen. Die beiden Verfahren geben damit die Möglichkeit, die zeitaufwendige H_c-Messung vollwertig durch eine Restinduktionsmessung mittels elektronischen Fluxmeters oder durch eine Restfeldmessung mittels Magnetfeldsonden zu ersetzen. In beiden Fällen können über eine Auswerteelektronik Sortierweichen gesteuert werden.

Restpunktpolverfahren

Da bei einer örtlichen Aufmagnetisierung der Werkstückoberfläche ebenfalls ein großer Teil der Feldlinien in der Luft verläuft, weist ein solcher magnetischer Punktpol einen hohen Entmagnetisierungsfaktor auf, auf den sich das gleiche Wirkprinzip wie bei dem Restfeldverfahren anwenden läßt. Die punktförmige Sättigungsmagnetisierung erfolgt mit Feldstärkeimpulsen von etwa 1500 A cm^{-1} und die Restfeldmessung mittels Ferrosonden (Bild 6.70a). Da der Feldstärkeverlauf um einen Punktpol von magnetischen Anisotropieerscheinungen beeinflußt wird, können derartige Geräte für *Texturprüfungen* benutzt werden (Bild 6.70b).

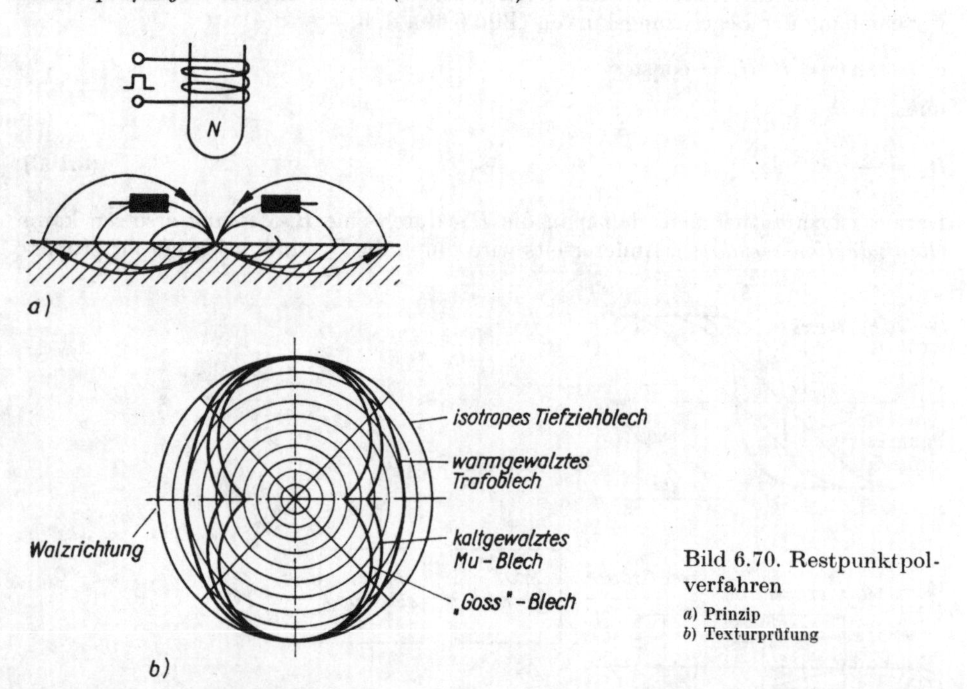

Bild 6.70. Restpunktpolverfahren
a) Prinzip
b) Texturprüfung

Haftkraftmessung

Berührt man mit einem stabförmigen Magneten ein ferromagnetisches Werkstück, so wird der Magnet mit einer bestimmten Kraft gehalten, die man als Haftkraft bezeichnet. Sie ist der relativen Permeabilität des berührten Werkstoffs direkt proportional. Daher können solche Geräte, bei denen die zum Abreißen eines Magneten notwendige Kraft (Bild 6.71) gemessen wird, zur Sortentrennung von Werkstoffen unterschiedlicher Permeabilitäten benutzt werden. Da die Meßungenauigkeit etwa 10% beträgt müssen die Permeabilitätsunterschiede genügend groß sein.

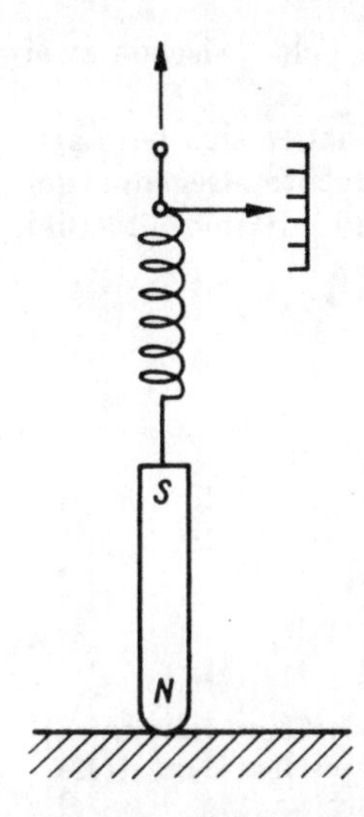

Bild 6.71. Haftkraftmessung

6.3.2.4. Dicken- und Schichtdickenmessung

Der magnetischen Dickenmessung liegt bei ferromagnetischen Werkstoffen die Tatsache zugrunde, daß sich der magnetische Widerstand R_m bei gleichbleibender Aufsatzfläche A und relativer Permeabilität μ_r mit der Kraftlinienlänge l ändert. Diese ist bei einem Joch, das man auf ein ferromagnetisches Blech aufsetzt, mit konstantem Abstand zwischen den Schenkeln und bei gleicher Permeabilität nur noch von der Werkstückdicke abhängig. Um den Permeabilitätseinfluß gering zu halten, muß das Werkstück im Bereich zwischen den Polen bis zur Sättigung magnetisiert werden, weil dann Werkstoffunterschiede ($\mu_r \to 1$) eine geringe Rolle spielen. Wegen der begrenzten Eindringtiefe der durch *Aufsatzmagnete* erzeugten Felder können Dicken ferromagnetischer Bleche bis 10 mm gemessen werden.
Die dem magnetischen Widerstand bzw. der Blechdicke direkt proportionale Änderung der Magnetfeldstärke kann mit allen in Abschnitt 6.3.2.2. beschriebenen Verfahren der Magnetfeldmessung erfaßt werden. Bild 6.72 zeigt den prinzipiellen Aufbau magnetischer *Dickenmeßgeräte* auf der Grundlage einer Flußmessung. Nichtferromagnetische Werkstoffe wirken mit $\mu_r \approx 1$ in einem magnetischen Kreis wie ein *Luftspalt*, dessen magnetischer Widerstand gemäß Gl. (6.95) der Dicke des Luftspalts direkt proportional ist. Meist genügt es, die Abnahme der Feldstärke über einem

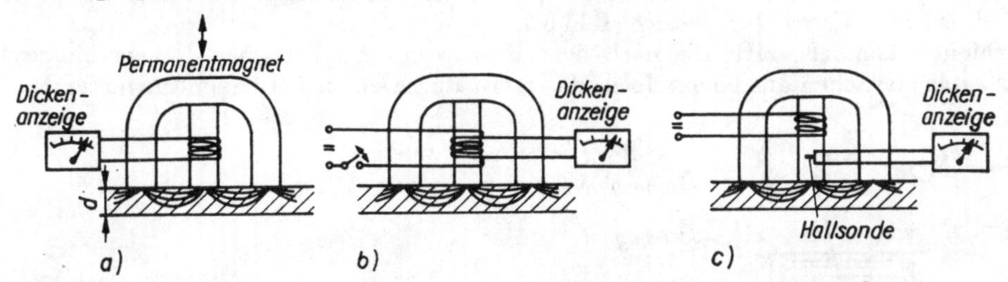

Bild 6.72. Dickenmessung ferromagnetischer Werkstoffe mittels Aufsatzjochs und Flußmessung durch

a) Aufsetzen oder Abheben eines Permanentmagneten
b) Ein- und Ausschalten eines Elektromagneten
c) integrierte Hallsonde

Punktpol wie in Bild 6.73a zu messen. Mitunter kann auch das Feld zwischen zwei Magnetpolen unterschiedlicher Polarität gemessen werden.
Bei der kontinuierlichen Messung der Wandstärke von Rohren hat es sich bewährt, einen der Pole als Kugel auszubilden, die von einem außen angebrachten Gegenpol gehalten wird und während der Fertigung in der Rohrinnenwand entlangrollt (Bild 6.73b).

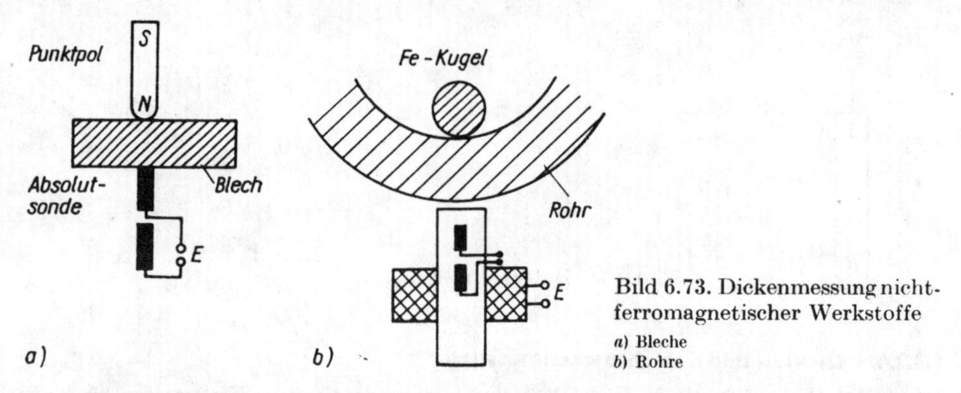

Bild 6.73. Dickenmessung nichtferromagnetischer Werkstoffe
a) Bleche
b) Rohre

Die größte Meßgenauigkeit liegt für die magnetische Dickenmessung nichtferromagnetischer Materialien bei 10 mm; maximal sind Dicken bis 100 mm meßbar.
Bei jeder Art von Schichtdickenmessung sind solche Meßprinzipien anzuwenden, die auf großen Unterschieden in bestimmten physikalischen Eigenschaften von Grund- und Schichtwerkstoff beruhen. Bei den magnetischen Verfahren nutzt man die relative Permeabilität, in der sich die beteiligten Werkstoffe am meisten unterscheiden, als bestimmende Eigenschaft aus. Daher lassen sich mit diesem Verfahren grundsätzlich Fe- auf NE-Metallen und umgekehrt sowie Fe auf Nichtmetallen und umgekehrt messen. Bei Fe-Fe-Kombinationen läßt sich eine Schichtdickenmessung bedingt durchführen, wenn große Permeabilitätsunterschiede vorliegen. Im wesentlichen verfährt man bei der magnetischen Schichtdickenmessung nach denselben Prinzipien wie bei der Dickenmessung, da auch hier sowohl die Dicke einer ferromagnetischen als auch einer nichtferromagnetischen Schicht den magnetischen Widerstand beeinflussen. Da wegen der relativ geringen Schichtdicken die Verfahren eine besonders hohe Meßempfindlichkeit aufweisen müssen, haben sich über die bereits beschriebenen Verfahren hinaus zwei einfache, aber sehr empfindliche Prinzipien besonders bewährt, und zwar das Prinzip des *magnetischen Nebenschlusses* (Bild 6.74) und das *Feld-Verzerrungsprinzip* (Bild 6.75).
Schichtdickenmeßgeräte, die nach dem Prinzip des magnetischen Nebenschlusses arbeiten, bestehen aus einem Joch, das meist durch einen Permanentmagneten ge-

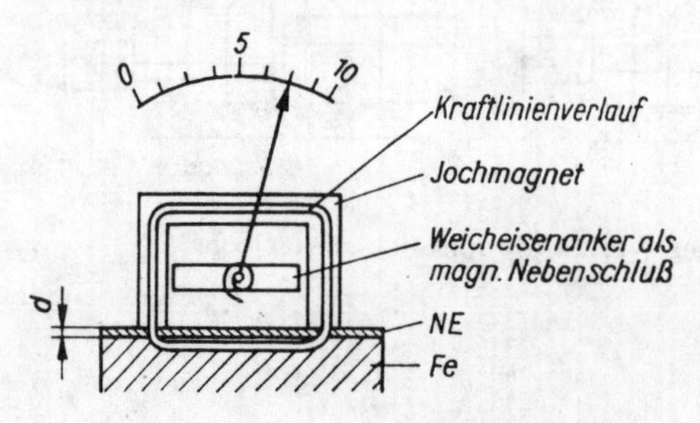

Bild 6.74. Schichtdickenmessung nach dem Prinzip des magnetischen Nebenschlusses

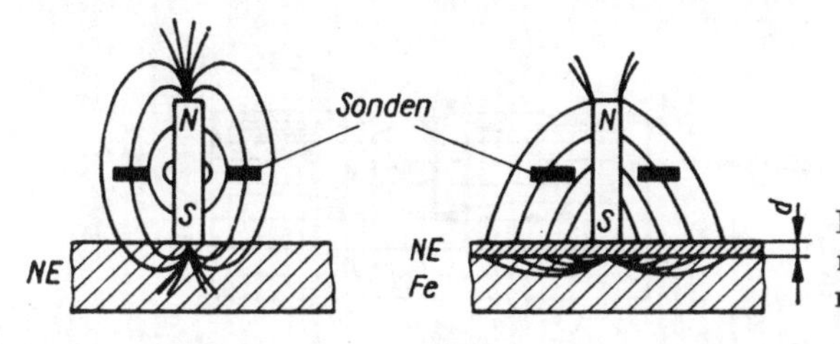

Bild 6.75. Schichtdickenmessung nach dem Prinzip der Feldverzerrung eines magnetischen Dipols

bildet wird, und einem drehbaren oder verschiebbaren Anker, über den im Leerlauffall 90% des magnetischen Flusses verlaufen. Beim Aufsetzen auf ferromagnetische Teile mit nichtferromagnetischer Deckschicht erhöht sich der Flußanteil über das Werkstück um so mehr, je geringer die Deckschichtdicke, d. h. der magnetische Widerstand, ist. Diese Flußänderung kann entweder über Sonden oder völlig stromlos auf mechanischem Wege angezeigt werden, indem man an dem drehbar gelagerten Anker mittels Spiralfeder einen Meßwertzeiger anbringt, dessen Rückstellkraft dem magnetischen Moment entgegenwirkt.

Beim Feldverzerrungsprinzip wird im einfachsten Fall die Feldverzerrung eines *Dipols* infolge Annäherung an ein Ferromagnetikum ausgewertet, wobei die zur Sondenlängsachse parallel verlaufende Feldkomponente angezeigt wird.

Ebenfalls nach dem Feldverzerrungsprinzip, aber völlig ohne Sonden, arbeitet ein netzunabhängiges Taschengerät (Bild 6.76), das einen magnetischen *Quadrupol* aufweist. Zwischen zwei parallel angeordneten Dauerstabmagneten befindet sich ein drehbar gelagerter Dipol, der je nach Justierung quer verschoben werden kann und immer in Feldrichtung zeigt.

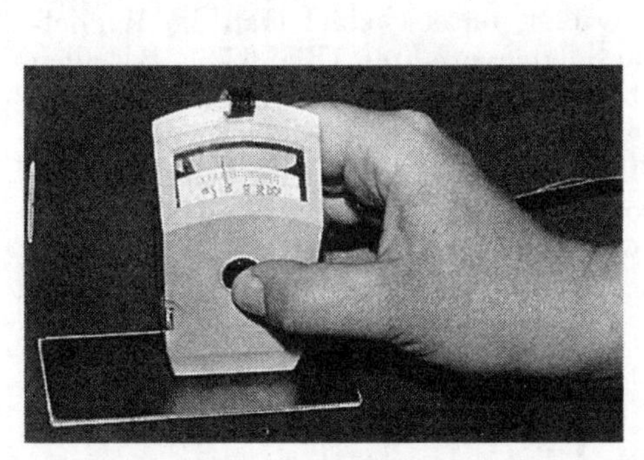

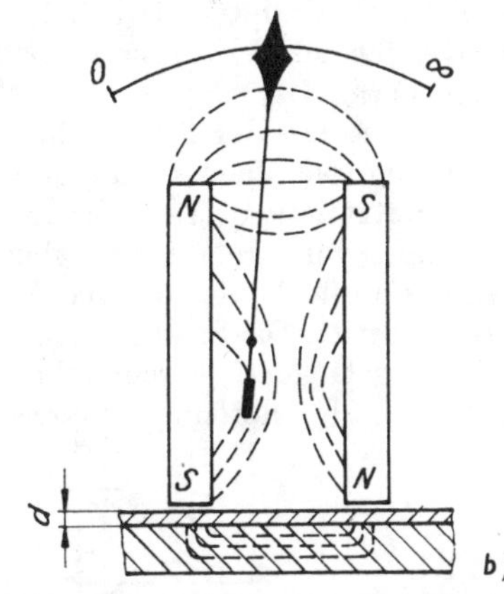

Bild 6.76. Ansicht (*a*) und Prinzip (*b*) des netzunabhängigen magnetischen Schichtdickenmessers MSM1 (VEB Kombinat Meß- und Regelungstechnik)

6.3.2.5. Defektoskopie

Alle Verfahren der magnetischen Defektoskopie beruhen darauf, daß sich über einem Oberflächenriß in einem ferromagnetischen Werkstoff auf Grund des in Abschnitt 6.3.2.1. besprochenen erhöhten magnetischen Widerstands und der Brechung magnetischer Kraftlinien ein *Streufeld* ausbildet (Bild 6.77). Da sich die Normalkomponente der Induktion B an den Grenzflächen nur stetig ändern kann, muß es wegen $H = B/\mu$

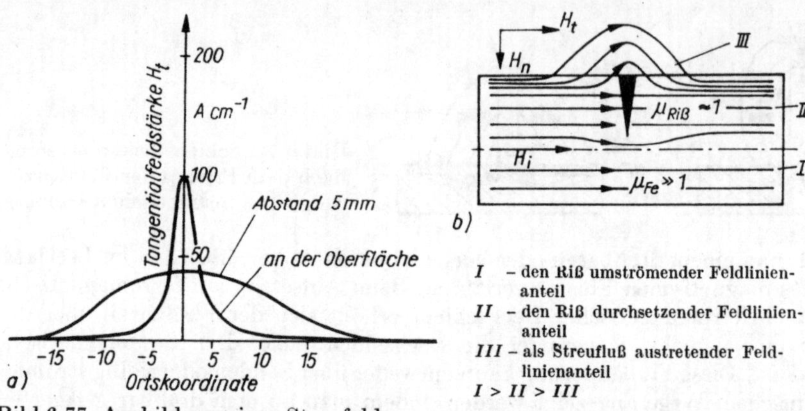

Bild 6.77. Ausbildung eines Streufelds

a) Verlauf der Tangentialfeldstärke über einem 10 mm tiefen und 3 mm breiten Oberflächenriß bei $H_i = 200\ \mathrm{A\ cm^{-1}}$
b) Aufteilung der Feldlinien in einem Werkstück mit Oberflächenriß

zu einem starken Anstieg der Tangentialfeldstärke über dem Riß kommen. Damit ergibt sich, daß der Permeabilitätsunterschied $\mu_{Fe} - \mu_{Riß}$ für die Ausbildung des Streufeldes bestimmend ist. Das Streufeld wird darüber hinaus von der Lage und Geometrie der Fehlstellen beeinflußt.

Da für die Fehlererkennbarkeit der *Feldstärkekontrast* $\dfrac{H_{Fe} - H_{Riß}}{H_{Fe}}$ maßgebend ist, nimmt die Erkennbarkeit zu, je näher der Riß an der Oberfläche liegt, je größer das Verhältnis Rißtiefe zu Rißbreite ist, je weniger der Riß von der Senkrechten zum Kraftlinienverlauf abweicht (Schräglage des Risses), je mehr sich die Magnetisierungsfeldstärke der Feldstärke zur Erzielung einer maximalen Werkstoffpermeabilität annähert ($\mu_r \to \mu_{r_{max}}$).

Je nachdem, womit der Streufeldnachweis erfolgt, unterscheidet man die Magnetpulverprüfung, die Magnetographie und die Sondenverfahren (Bild 6.78). Bei allen Verfahren nutzt man die Tatsache aus, daß bei Vorhandensein eines Oberflächenrisses die Kraftlinien von ihrem ursprünglichen Verlauf abgelenkt werden, wobei der größte Teil den Riß umfließt, ein geringer Teil den Riß überbrückt bzw. an die Oberfläche als Streufluß austritt. Die Sichtbarmachung von Rissen wird dadurch möglich, daß die zur Anzeige gelangende Streufeldbreite F wesentlich größer ist als die tatsächliche Rißbreite a. Dadurch können Haarrisse bis zu 1 µm erkannt werden.

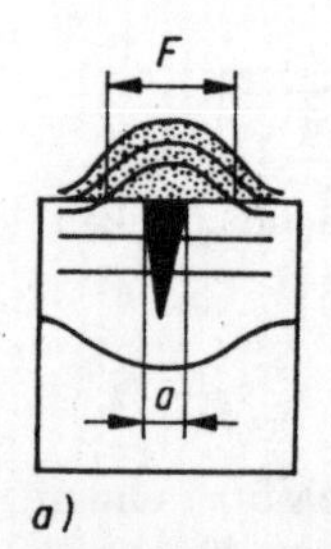

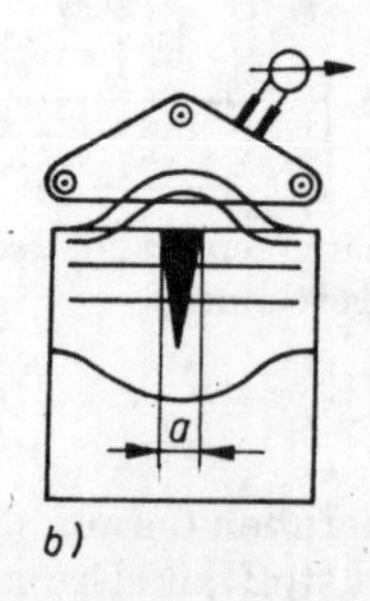

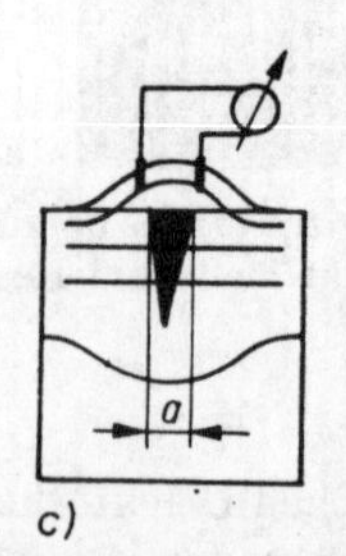

Bild 6.78. Streufeldnachweis

a) Magnetpulver
b) Magnetband
c) Ferrosonde

Voraussetzung für die magnetische Defektoskopie ist, daß durch geeignete Magnetisierung senkrecht zum vermuteten Riß auf der Oberfläche ein Streufeld erzeugt wird. Diese Magnetisierung kann durch ein magnetisches Längsfeld mittels *Polmagnetisie-*

rung, durch ein zirkulares Magnetfeld mittels *Stromdurchflutung* oder durch eine Kombination von beiden erfolgen (Tabelle 6.13).

Tabelle 6.13. Magnetisierungsmethoden zur Erzeugung eines Streufeldes bei verschieden orientierten Oberflächenrissen

Magnetisierungsmethode		Prinzip	Stromart	nachgewiesener Fehler
Längsmagnetisierung	Jochmagnetisierung	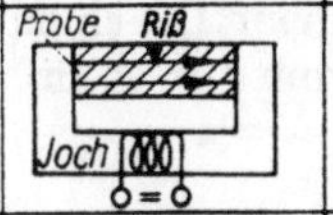 Probe, Riß, Joch	=	Querfehler
	Spulenmagnetisierung	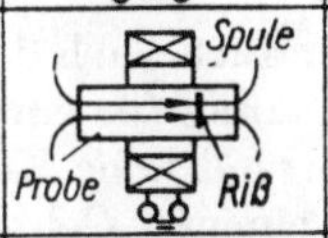 Spule, Probe, Riß	≂	Querfehler
Kreismagnetisierung	Selbstdurchflutung	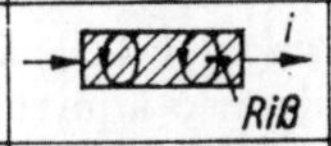 i, Riß	≂	Längsfehler
	Hilfsdurchflutung	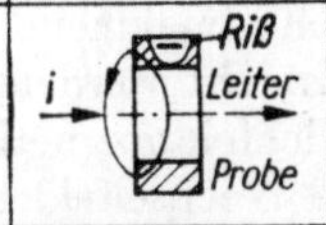 Riß, i, Leiter, Probe	≂	Längsfehler
	Induktionsdurchflutung	 Riß, Probe, Leiter (Fe), Joch	~	Querfehler
Kombinierte Methode	Jochmagnetisierung und Selbstdurchflutung	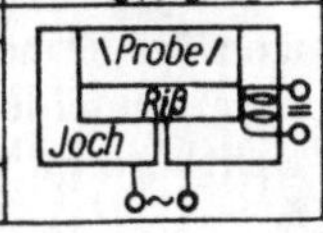 Probe, Riß, Joch	=	Quer- und Längsfehler

Zur Felderzeugung können Permanentmagnete sowie Gleich-, Wechsel- und Stoßspannungsquellen verwendet werden. Wegen der geringen Eindringtiefe sind Wechselfelder nicht für tieferliegende Felder geeignet, während mit Gleichfeldern noch Fehler bis 4 mm unter der Oberfläche nachgewiesen werden können. Die *Stoßmagnetisierung* wendet man bei automatischen Magnetisierungseinrichtungen an.
Bei der Polmagnetisierung dient das Fremdfeld einer Spule, eines Permanent- oder Elektromagneten zur Felderzeugung. Der magnetische Fluß wird durch das Werkstück hindurchgeleitet. Eine Stromdurchflutung erreicht man entweder durch

- eine *Selbstdurchflutung*, wenn der Strom durch das Werkstück selbst geleitet wird
- eine *Hilfsdurchflutung*, indem man einen nichtferromagnetischen elektrischen Leiter durch eine Öffnung des Werkstücks führt
- eine *Induktionsdurchflutung*, bei der ringförmige Teile als Sekundärwicklung eines Transformators wirken, wenn durch eine Öffnung ein ferromagnetischer Leiter geführt wird, der das Wechselstrommagnetjoch des Prüfgeräts kurzschließt

Bei der kombinierten Magnetisierung, die zum Nachweis von Rissen beliebiger Lage dient, muß wenigstens eine der senkrecht zueinander orientierten Magnetisierungsrichtungen die eines magnetischen Wechselfeldes sein. Eine Überlagerung eines Wechselfeldes mit einem senkrecht dazu verlaufenden Gleichfeld oder einem phasenverschobenen Wechselfeld führt zu schraubenförmigen Feldern, deren resultierender Magnetisierungsvektor ständig die Richtung ändert und dabei alle möglichen Rißrichtungen überstreicht.

Die Magnetisierungsfeldstärke ist so zu wählen, daß die maximale Permeabilität erreicht wird, bei der die Streufeldstärke etwa 100 A cm^{-1} bzw. die magnetische Feldstärke an der fehlerfreien Werkstückoberfläche 15 bis 25 A cm^{-1} beträgt. Bei der Selbstdurchflutung zylindrischer Teile mit einem Durchmesser d in mm errechnet sich aus diesen Vorgaben der erforderliche Strom I in A zu

$$I = 10d \tag{6.101}$$

Die eigentliche Rißprüfung kann während oder auch nach der Magnetisierung, d. h. im Zustand der Remanenz, erfolgen. Voraussetzung für eine getrennte Magnetisierung und Prüfung ist, daß die Teile eine genügend hohe Koerzitivfeldstärke (etwa 10 A cm^{-1}) aufweisen. Das ist bei Stählen mit einem C-Gehalt $> 0{,}2\,\%$ im allgemeinen der Fall. Die abschließende *Entmagnetisierung* der Teile kann durch eine Gleichfeldabmagnetisierung mit einer der Koerzitivfeldstärke äquivalenten Gegenfeldstärke, ein niederfrequentes Wechselfeld mit allmählich abnehmender Amplitude oder eine Erwärmung der Teile über den Curiepunkt erreicht werden. Problematisch ist die Entmagnetisierung großer Teile nach einer Gleichfeldmagnetisierung. Hier läßt man Gleichfeldimpulse oder extrem niederfrequente Wechselfelder nach einem bestimmten Programm einwirken. Bei Kleinteilen genügt es meist, die Teile langsam durch eine wechselstromdurchflossene Spule hindurchzuführen.

Das *Magnetpulverfahren* ist die bekannteste Methode zum Nachweis magnetischer Streufelder. Die Bezeichnung rührt daher, daß die Prüfmittel aus schwarzen, silbrig-glänzenden, farbigen oder fluoreszierenden ferromagnetischen Teilchen von etwa 10 μm Größe und einem flüssigen oder gasförmigen Trägermedium bestehen. Infolge des großen Feldgradienten in der Nähe von Oberflächenfehlern wird das Magnetpulver angezogen, und es bildet sich eine deutlich sichtbare Pulverraupe (Bild 6.79).

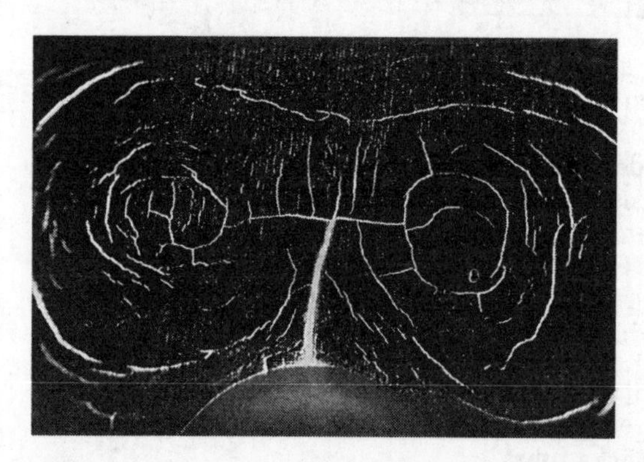

Bild 6.79. Nachweis von Oberflächenrissen mit fluoreszierendem Magnetpulver

Der Magnetpulverprüfung sind bei der Automatisierung hinsichtlich der Fehlerbeurteilung trotz mannigfaltiger Versuche mittels Fotozellen und Fernsehübertragung gewisse Grenzen gesetzt, so daß man bei Anlagen mit hohem Automatisierungsgrad die Magnetographie oder die Sondenverfahren vorzieht (Bild 6.78b).

Die *Magnetographie* ist im Prinzip auch eine Magnetpulverprüfung, wobei jedoch die ferromagnetischen Teilchen in ein Magnetband eingebettet sind. Durch Streufelder wird das Magnetband örtlich magnetisiert und mittels Ferrosonden nachfolgend auf Streuflußmarkierungen abgetastet.

Die Anwendung von *Magnetfeldsonden* zum Nachweis magnetischer Streufelder hat sich wegen des komplizierten Abtastmechanismus vor allem bei der Prüfung von Rohren, Stangen, Knüppeln, Schienen und Seilen bewährt. Es ermöglicht einen quantitativen Streufeldnachweis mit wesentlich größerer Tiefenwirkung als bei der Magnetpulverprüfung. Als Sonden werden Differenz-Ferrosonden oder Hallsonden verwendet.

6.3.3. Verfahren mit Induktionswirkung

Betrachtet man die zerstörungsfreien Prüfverfahren unter dem Aspekt der Automatisierbarkeit, so nehmen die Verfahren mit Induktionswirkung (*Wirbelstromverfahren*) eine bevorzugte Stellung ein. Sie ermöglichen eine schnelle und berührungsfreie Prüfung der Gefüge- und Legierungszusammensetzung, der Dicke und Schichtdicke sowie eine Prüfung auf Fehler, insbesondere Oberflächenfehler.

6.3.3.1. Physikalische Grundlagen

Das Prinzip der *Verfahren mit Induktionswirkung* besteht darin, daß das Wechselfeld einer wechselstromdurchflossenen Spule verändert wird, wenn man eine metallische Probe in seinen Wirkungsbereich bringt (Bild 6.80). Durch das Primärfeld der

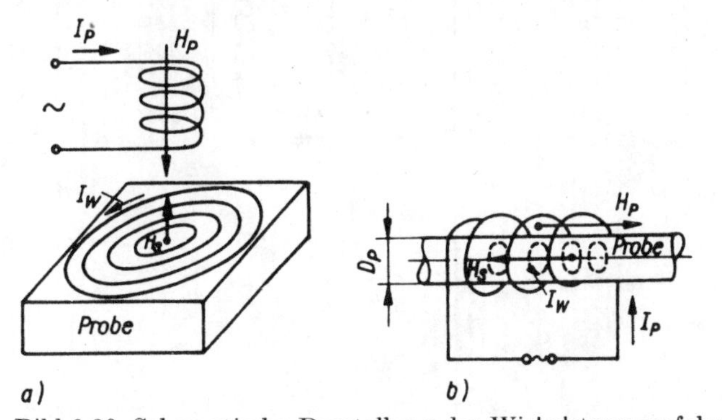

Bild 6.80. Schematische Darstellung des Wirbelstromverfahrens

a) Tastspule
b) Durchlaufspule
I_p Stromstärke in der wechselstromdurchflossenen Spule ohne Probe
H_p Magnetische Feldstärke in der wechselstromdurchflossenen Spule ohne Probe
I_w Stromstärke des sekundär in der Probe induzierten Wirbelstroms
H_s Magnetische Feldstärke des sekundär durch die Wirbelströme entstehenden Magnetfeldes
D_p Probendurchmesser

Spule H_p wird in der Probe eine Wechselspannung induziert, unter deren Einfluß ein Wirbelstrom fließt, der wiederum den Aufbau eines magnetischen Wechselfeldes zur Folge hat. Dieses sekundäre Wechselfeld H_s wirkt dem Primärfeld H_p entgegen und verändert seine Parameter. Dies läßt sich meßtechnisch erfassen, wenn man die Sekundärspannung E bei Spulen mit Primär- und Sekundärwicklung mißt (transformatorisches Prinzip) oder bei Spulen mit nur einer Wicklung deren Scheinwiderstand ermittelt (parametrisches Prinzip). Gemäß den in einem Wechselstromkreis geltenden Gesetzen wird durch die Induktion in der Spule und in der Probe bei der parametrischen Anordnung außer dem Ohmschen Widerstand noch ein induktiver Widerstand und bei der transformatorischen Anordnung außer der realen Meßspannung noch eine imaginäre Meßspannung erzeugt (Bild 6.81). Beide Anteile lassen sich in komplexer Form in der Scheinwiderstandsebene bzw. der komplexen Spannungsebene darstellen. In beiden Fällen macht sich die zerstörungsfreie Werkstoffprüfung den Effekt zunutze, daß die Veränderungen des Primärfeldes von den physikalischen und geometrischen Probeneigenschaften sowie von den Geräteeigenschaften abhängen. Geräteeigenschaften sind die Frequenz, die Stromstärke, die Spannung, die Windungszahl

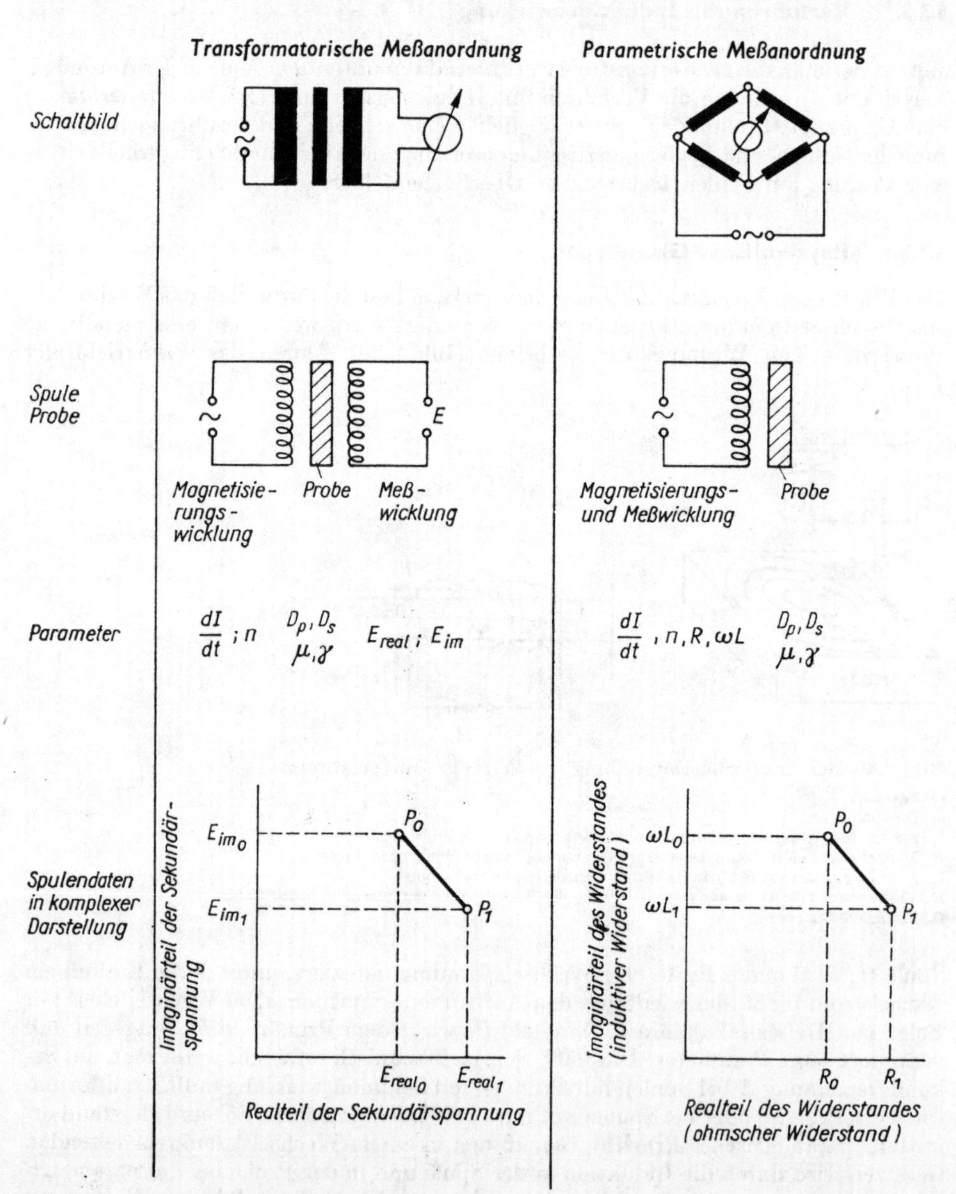

Bild 6.81. Grundlagen der Wirbelstromprüfung

der Spule. Probeneigenschaften sind elektrische Leitfähigkeit, Permeabilität, Probenform, Probenabmessung, Werkstoffinhomogenitäten im Bereich der Wirbelströme. Je nach dem Prüfproblem wurden spezielle Spulenformen entwickelt. Die wichtigsten Prüfspulen sind die *Durchlaufspule* und die *Tastspule*. Daneben haben sich für Rohre die Innenspule und für Bänder die *Gabelspule* bewährt (Bild 6.82).

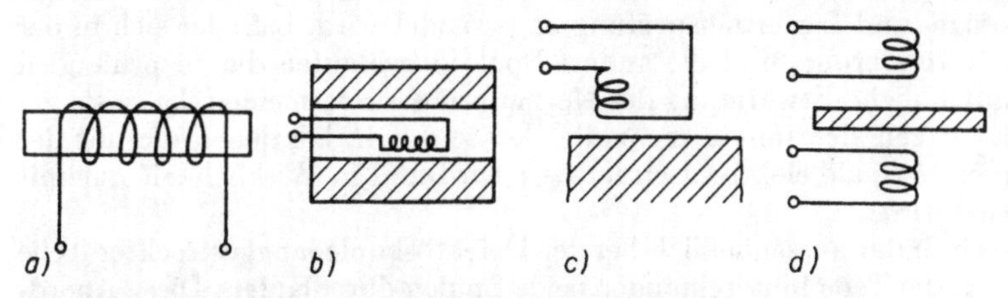

Bild 6.82. Prüfspulenarten (parametrisches Prinzip)

a) Durchlaufspule
b) Innenspule
c) Tastspule
d) Gabelspule

Bei jeder dieser Prüfspulenarten ist es möglich, die Meßgröße absolut zu erfassen (Absolutverfahren) oder die Differenzspannung zu einer Vergleichsspule zu messen (Vergleichsverfahren). Bild 6.83 enthält die Spulenanordnungen und die dazugehörigen Meßeffekte, dargestellt in der komplexen Spannungsebene.

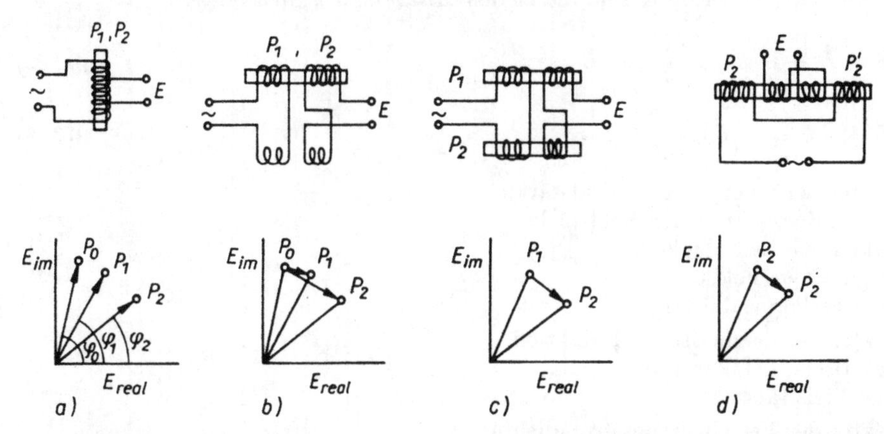

Bild 6.83. Prüfspulenanordnungen und komplexe Signalspannungsdarstellung (transformatorisches Prinzip)

a) Absolutverfahren
b) Absolutverfahren mit Vergleichsspule
c) Fremdvergleich
d) Selbstvergleich

Das *Absolutverfahren* kann man sowohl mit einer einzelnen Absolutspule als auch im Vergleich mit einer Leerspule realisieren. Der Vorteil des Absolutverfahrens mit unbesetzter Vergleichsspule besteht darin, daß der Leerwert der Spule bei der Messung eliminiert wird. In beiden Fällen der Absolutverfahren kommt jedoch der volle Absolutwert der zu prüfenden Proben zur Anzeige, wodurch nur ein Teil der Skala für Qualitätsabweichungen ausgenutzt werden kann. Die *Vergleichsverfahren* können als Fremdvergleichsverfahren oder Selbstvergleichsverfahren eingesetzt werden.

Typisch für beide Varianten ist, daß die Spulen so gegeneinandergeschaltet sind, daß sich im Normalfall die Meßeffekte in beiden Spulen gegenseitig aufheben.
Unterscheidet sich das Probenmaterial jedoch in den gegeneinandergeschalteten Prüfspulen, kommt nur der Unterschied zur Anzeige, der dem Vektor $\overline{\boldsymbol{P}_1\boldsymbol{P}_2}$ in der komplexen Darstellung entspricht. Dadurch wird das Meßinstrument nur für die interessierenden Werkstoffunterschiede ausgenutzt. Beim Fremdvergleich, der vorzugsweise bei der Gefüge- und Legierungsprüfung angewendet wird, befindet sich in der einen Spule die Normalprobe, und die andere Spule durchlaufen die zu prüfenden Teile. Um eine allmähliche Erwärmung der Normalprobe zu vermeiden, kann sie gekühlt werden. Es setzen sich immer mehr die Geräte durch, bei denen die mit der Normalprobe besetzte Spule elektronisch imitiert wird und in Wirklichkeit nur mit einer Spule geprüft wird.
Der Selbstvergleich findet ausschließlich bei der Defektoskopie langgestreckter Teile Anwendung, indem die Teile hintereinander beide Spulen durchlaufen. Diese Anordnung, bei der beide Prüfspulen ein und dasselbe Teil umschließen, verhindert, daß Permeabilitätsunterschiede sich den Fehlereffekten überlagern können. Die Abhängigkeit der Anzeige bei der magnetinduktiven Prüfung von den Probeneigenschaften wurde für einfache Fälle (Zylinder, Rohr, Kugel, Rotationsellipsoid in einer Durchlaufspule; Metallfolien im Bereich einer Tast- und Gabelspule) rechnerisch und für komplizierte Fälle (fehlerbehaftete Teile im Wirkungsbereich von Prüfspulen; kompakte Proben im Bereich einer Tastspule) experimentell gelöst. Grundlage aller theoretischen Abschätzungen über den Einfluß der Proben- und Geräteparameter bei der magnetinduktiven Prüfung sind die beiden *Maxwellschen Gleichungen*

$$\operatorname{rot} \boldsymbol{H} = \dot{\boldsymbol{D}} + \boldsymbol{j} = \varepsilon_r \varepsilon_0 \frac{\partial \boldsymbol{E}}{\partial t} + \gamma \boldsymbol{E} \tag{6.102}$$

$$\operatorname{rot} \boldsymbol{E} = -\dot{\boldsymbol{B}} = -\mu_r \mu_0 \frac{\partial \boldsymbol{H}}{\partial t} \tag{6.103}$$

$\boldsymbol{H}$ Vektor der magnetischen Feldstärke
$\boldsymbol{E}$ Vektor der elektrischen Feldstärke
γ elektrische Leitfähigkeit
μ_0 magnetische Feldkonstante
μ_r relative Permeabilität
$\dot{\boldsymbol{B}}$ Vektor der magnetischen Induktion
ε_0 elektrische Feldkonstante
ε_r Dielektrizitätszahl
$\dot{\boldsymbol{D}}$ Vektor der Verschiebungsstromdichte
$\boldsymbol{j}$ Vektor der Leitungsstromdichte

Die Maxwellschen Gleichungen sind die quantitative Formulierung der Tatsache, daß jeder Strom und jedes zeitlich veränderliche elektrische Feld von geschlossenen magnetischen Feldlinien und ein zeitlich veränderliches Magnetfeld von geschlossenen Feldlinien, dem sogenannten Wirbelfeld, umgeben ist.
Durch die Anwendung der Maxwellschen Gleichungen auf Leiter, die sich im Wirkungsbereich wechselstromdurchflossener Spulen befinden, ist es möglich, zwei Erscheinungen rechnerisch zu erfassen: die als *Skineffekt* bekannte Stromverdrängung und die magnetische Feldlinienverdrängung.
Die Lösung der auf Polarkoordinaten transformierten Maxwellschen Gleichungen wird näherungsweise durch Überführen in *Besselsche Differentialgleichungen* herbei-

geführt. Aus ihnen erhält man die orts- und zeitabhängige magnetische Feldstärke

$$H(r,t) = H_0(t) \frac{I_0(kr)}{I_0(kr_0)} \tag{6.104}$$

Dabei ist $I_0(kr_0)$ die Bessel-Funktion 1. Art und 0. Ordnung mit dem komplexen Argument (kr_0).

$$k = (-j \cdot 2\pi f \gamma \mu_r \mu_0)^{1/2} \tag{6.105}$$

$2r_0 = D_p$ Probendurchmesser
r Aufpunktradius
f Meßfrequenz

Für eine bestimmte Frequenz wird der Betrag des Arguments $kr_0 = 1$. Diese Frequenz bezeichnet man als *Grenzfrequenz* f_g; sie berechnet sich mit γ in m/Ω mm², D_p in cm und $\mu_0 = 4\pi \cdot 10^{-9}$ Vs/A cm zu

$$f_g = \frac{2}{\pi D_p^2 \gamma \mu_0 \mu_r} = \frac{5066}{D_p^2 \gamma \mu_r} \tag{6.106}$$

Damit ist

$$f/f_g = \frac{f \gamma \mu_r D_p^2}{5066} \tag{6.107}$$

Alle Abweichungen der Meßfrequenz von der Grenzfrequenz lassen sich durch das f/f_g-Verhältnis ausdrücken.
Wie aus Gl. (6.104) hervorgeht, ändert sich die Feldstärke in Abhängigkeit vom Aufpunktradius r; sie nimmt zum Probeninneren hin ab.
Entsprechendes gilt für die magnetische Induktion B_i im Innern der Probe

$$B_i(r) = \mu_0 \mu_r H(r) \tag{6.108}$$

Da das in der Probe sich einstellende magnetische Feld nach außen nicht in seiner Verteilung, sondern in seiner Gesamtheit wirksam wird, gibt man den Effektivwert der Feldstärke $\mu_{eff} H_0$ an. Dabei sind H_0 die Randfeldstärke, d. h. die am Probenrand maximal wirksame Feldstärke und μ_{eff} der Mittelwert der Permeabilität, der effektiv über dem Probenquerschnitt in Erscheinung tritt. Der Betrag dieser komplexen effektiven Permeabilität ist stets kleiner 1.
Die Rechnung und das Experiment ergeben, daß die Feldstärke- und Wirbelstromverteilung sowie die effektive Permeabilität nur vom f/f_g-Verhältnis abhängig sind. Bild 6.84 enthält die komplexe Darstellung von μ_{eff} als Funktion des f/f_g-Verhältnisses und Bild 6.85 die in Abhängigkeit vom Frequenzverhältnis experimentell und rechnerisch ermittelte Feldstärke- und Wirbelstromverteilung über den Querschnitt einer zylindrischen Probe in einer Durchlaufspule. Die näherungsweise Berechnung der Eindringtiefe δ erfolgte nach der Beziehung

$$\delta \approx \frac{500}{(f \gamma \mu_r)^{1/2}} \tag{6.109}$$

Man erkennt, daß diese Beziehung nur für $f/f_g > 20$ bei der Feldstärkeverteilung und für $f/f_g > 4$ bei der Wirbelstromverteilung verwendet werden kann. Aus den experimentell ermittelten Kurven ist zu entnehmen, daß erst ab $f/f_g < 13$ die Probe vollständig von den magnetischen Kraftlinien durchsetzt wird. Die Wirbelströme erfassen

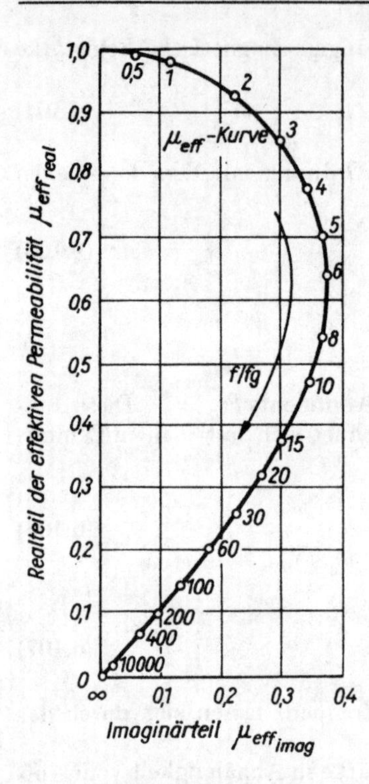

Bild 6.84. Komplexe Darstellung der effektiven Permeabilität

zwar ab $f/f_g < 7$ etwa 60% des Probenradius; für eine Prüfung auf Kernfehler sind die Wirbelstromverfahren jedoch ungeeignet, da die Wirbelstromdichte im Kern theoretisch stets gegen 0 geht.

Die in den Bildern 6.84 und 6.85 enthaltenen Ergebnisse führten zur Formulierung des sogenannten Ähnlichkeitsgesetzes der Wirbelstromprüfung. Es besagt, daß die Feldstärke- und Wirbelstromverteilung sowie die effektive Permeabilität von verschiedenen Proben gleich ist, wenn bei dem gleichen Vielfachen der Grenzfrequenz (f/f_g-Wert) gearbeitet wird.

Wie schon erwähnt, wird bei der Wirbelstromprüfung das zu untersuchende Werkstück in den Wirkungsbereich eines magnetischen Wechselfeldes einer Prüfspule gebracht. Der Prüfkörper mit seinen elektrischen und magnetischen Eigenschaften, Abmessungen und Materialfehlern verändert das ursprüngliche Prüfspulenfeld durch den Aufbau eines eigenen Feldes. Die Rückwirkung des vom Prüfkörper erzeugten Feldes auf das Prüfspulenfeld läßt sich in der Scheinwiderstands- oder Scheinspannungsebene darstellen. Bei Anwendung von Spulen mit einer Wicklung mißt man die Änderung des Scheinwiderstands, bei Spulen mit Primär- und Sekundärwicklung wird die in der Sekundärwicklung induzierte komplexe Spannung gemessen. Die in der Sekundärwicklung induzierte Spannung ist bei besetzter Spule

$$E = E_0(1 - \eta + \eta\mu_r\mu_{eff}) \tag{6.110}$$

E_0 ist die an der leeren Sekundärwicklung ermittelte Spannung. Sie ergibt sich aus dem Induktionsgesetz zu

$$E_0 = 2\pi f n \frac{\pi D_s^2}{4} \mu_0 H_0 \cdot 10^{-8} \quad \text{in V} \tag{6.111}$$

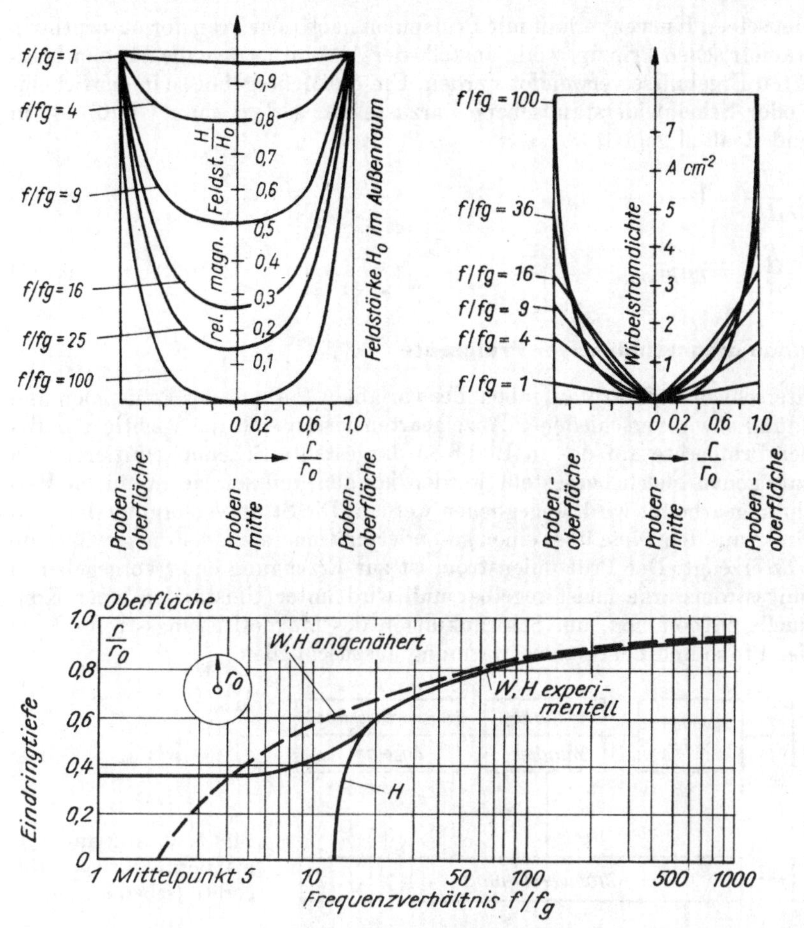

Bild 6.85. Verlauf der magnetischen Feldstärke H und der Wirbelstromdichte W über dem Querschnitt einer Probe im Wirkungsbereich einer Durchlaufspule bei verschiedenem f/f_g-Verhältnis

Der Füllgrad η ist das Verhältnis der Querschnitte von Probe und Spulenhohlraum

$$\eta = \left(\frac{D_p}{D_s}\right)^2 \tag{6.112}$$

D_p Probendurchmesser
D_s Durchmesser der Sekundärspule

Bei Normierung der komplexen Sekundärspannung E und des komplexen Scheinwiderstandes Z von besetzten Prüfspulen auf die Leerwerte dieser Spulen E_0 und Z_0 zeigt sich, daß die Sekundärspannungsänderungen den Scheinwiderstandsänderungen proportional sind, wodurch eine Überführung der Scheinspannungen in Scheinwiderstände und umgekehrt möglich ist:

$$\frac{E}{E_0} = \frac{Z}{Z_0} = 1 - \eta + \eta\mu_r\mu_{eff} \tag{6.113}$$

Man erhält denselben Kurvenverlauf mit Prüfspulen nach dem Transformatorprinzip und dem parametrischen Prinzip, wenn anstelle der Absolutbeträge die auf den Leerwert normierten Ergebnisse verwendet werden. Um die Meßergebnisse in der Scheinspannungs- oder Scheinwiderstandsebene darzustellen, zerlegt man Gl. (6.113) in Imaginär- und Realteil gemäß

$$\left(\frac{E}{E_0}\right)_{\text{im}} = \frac{\omega L}{\omega L_0} = 1 - \eta + \eta \mu_r \mu_{\text{eff}_{\text{real}}} \tag{6.114}$$

$$\left(\frac{E}{E_0}\right)_{\text{real}} = \frac{R}{\omega L_0} = \eta \mu_r \mu_{\text{eff}_{\text{im}}} \tag{6.115}$$

6.3.3.2. Aufbau magnetinduktiver Prüfgeräte

Trotz der unterschiedlichen Prüfaufgaben, des variablen Aufbaus der Prüfspulen und ihrer Anordnung sowie verschiedener Anzeigearten lassen sich die wichtigsten Bestandteile der Prüfgeräte auf das in Bild 6.86 dargestellte Schema reduzieren. Da Prüfspulen nie genau gleich hergestellt werden können, müssen sie, wenn im Vergleichsverfahren gearbeitet wird, abgeglichen werden. Die Stromversorgung der Spulen erfolgt direkt aus dem Netz über einen gesonderten Generator, der die gewünschte Stromfrequenz erzeugt. Der Prüfspulenstrom ist zur Erzeugung einer vorgegebenen Magnetisierungsstromstärke meist regelbar und wird unter Umständen einer Konstantstromquelle entnommen, um Schwankungen des Magnetisierungsstroms beim Einführen der Probe und bei Spulenerwärmung auszuschließen.

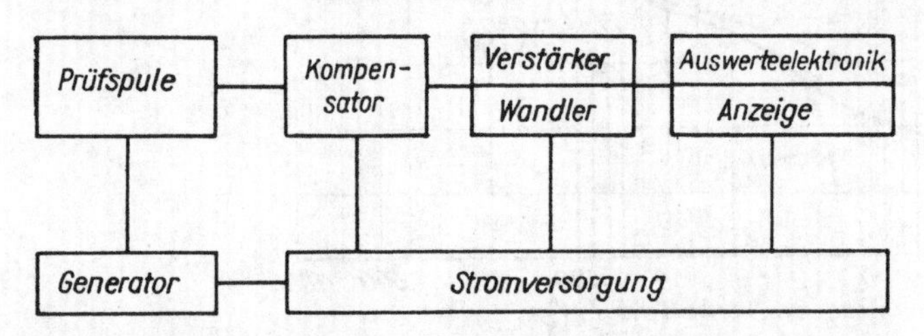

Bild 6.86. Aufbau magnetinduktiver Prüfgeräte (schematisch)

Die bei besetzten Prüfspulen erhaltene Signalspannung wird in geeigneter Weise umgewandelt, verstärkt und zur Anzeige gebracht. Der Anzeige kann noch eine *Auswerteelektronik* parallel geschaltet werden, die bei Überschreiten vorgegebener Schwellen zum Ansprechen akustischer oder optischer Signalgeber führt oder über die Sortierweichen betätigt wird. Um eine möglichst hohe Meßauflösung zu bekommen, kann die Prüfspule in die in Bild 6.87 zusammengestellten Meßprinzipien einbezogen werden.

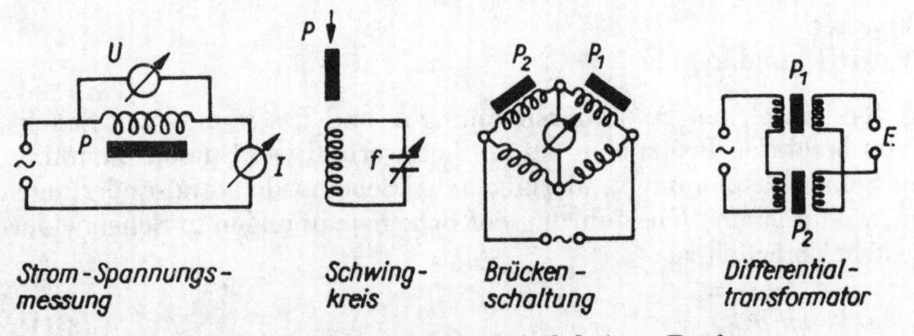

Bild 6.87. Meßprinzipien bei der magnetinduktiven Prüfung

Die Strom-Spannungs-Messung und die Einbeziehung der Prüfspule in einen Schwingkreis oder in eine Brückenschaltung wird bei den Spulen mit nur einer Wicklung (*parametrisches Prinzip*) angewendet. Bei der Strom-Spannungs-Messung wird der Scheinwiderstand der Spule unter Einfluß der Probe direkt ermittelt. Ist die Prüfspule als Induktivität Bestandteil eines Schwingkreises, werden unter Einfluß des Probenmaterials die Resonanzfrequenz des Schwingkreises und der Rückkopplungsfaktor verändert. Geräte nach diesem Prinzip gestatten nur, die Änderung des Blindwiderstands oder des Verhältnisses von Blindwiderstand zu Wirkwiderstand zu messen.

Mit einer Brückenschaltung erhält man die größte Meßauflösung bei Prüfspulen mit nur einer Wicklung, wenn mit zwei Prüfspulen im Vergleichsverfahren gearbeitet wird und Potentiometer zum Amplituden- bzw. Phasenabgleich dienen. Meist wird die bei Verstimmung der Brücke auftretende Spannung nach einer zusätzlichen Verstärkung den vertikalen Ablenkplatten eines Katodenstrahloszillographen zugeführt, wobei eine ellipsenförmige Anzeige entsteht, wenn für die Zeitablenkung die sinusförmige Netzspannung benutzt wird.

Bei Prüfspulen mit Primär- und Sekundärwicklung liegt im einfachsten Fall das *Transformatorprinzip* zugrunde, wobei die Probe als Kern des Transformators dient, dessen Übertragungseigenschaften ganz wesentlich von der Permeabilität des Werkstoffs, aber auch von seiner Leitfähigkeit und dem Füllfaktor beeinflußt werden. Eine erhebliche Empfindlichkeitssteigerung erhält man, wenn das Transformatorprinzip mit einer Anordnung der Prüfspulen nach dem Vergleichsverfahren gekoppelt ist. Man spricht dann von einem *Differentialtransformator* (Bild 6.88). Er ist das tragende Prinzip der

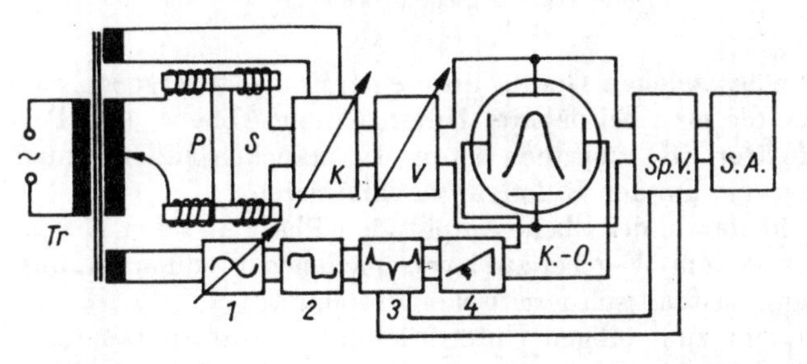

Bild 6.88. Magnetinduktives Prüfgerät auf der Grundlage des Differentialtransformators (zeitlineare Anzeige)

P Primärwicklung
S Sekundärwicklung
K Kompensation
V Verstärker
Sp.V. Spaltverstärker
S.A. Sortierautomatik
1 Phasenschieber
2 Verzerrer
3 Differentiator
4 Sägezahngenerator

meisten magnetinduktiven Geräte für die Gefüge- und Legierungsprüfung ferromagnetischer Werkstoffe. Die Signalspannungen enthalten als wesentliche Informationen die Spannungsamplitude, die durch die Induktivität erzeugte Phasenverschiebung zwischen Signalspannung und angelegter Speisespannung und den sogenannten Oberwellengehalt, der durch die Nichtlinearität der Magnetisierungskurve hervorgerufen wird.

Häufig begnügt man sich mit der Amplitude der Meßspannungen. Eine Einbeziehung der *Phasenverschiebung* ist vor allem dann notwendig, wenn es zu einer Überlagerung von Leitfähigkeits-, Permeabilitäts-, Durchmesser- und Rißeffekten kommt. Man kann sie voneinander trennen, wenn sich ihr Einfluß in der komplexen Ebene unter einem verschiedenen Phasenwinkel auswirkt. Das ist besonders wichtig bei magnetisch heterogenen Werkstoffen, z. B. bei der Rißprüfung austenitischer Werkstoffe mit δ-Ferritzeilen, die zu örtlich sprunghaften Permeabilitätsänderungen führen und ohne besondere Maßnahmen das Vorhandensein von Rissen vortäuschen. Deshalb ist es von Vorteil, bei der Rißprüfung die Impedanzwerte getrennt nach Amplitude und Phase messen zu können. Bild 6.89 zeigt das Blockschaltbild eines Geräts, das es gestattet, die Sekundärspannungen der transformatorisch gewickelten Tastspule als Endpunkt des Summenvektors aus Amplitude und Phase in einer Ebene darzustellen.

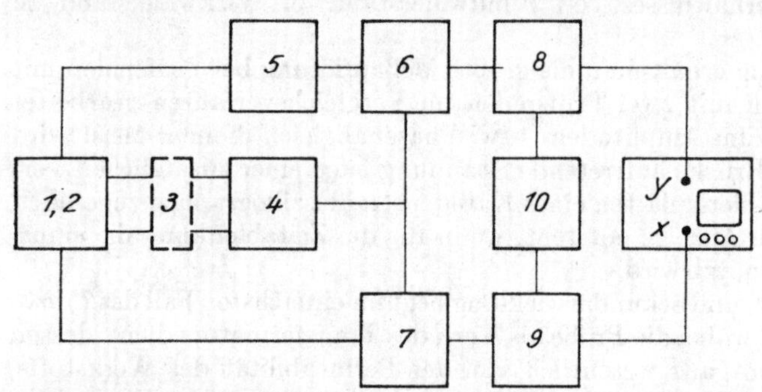

Bild 6.89. Blockschaltbild eines magnetinduktiven Prüfgeräts mit getrennter Amplituden- und Phasenregistrierung

1 amplitudenstabiler Generator 20 bis 100 kHz
2 Leistungsverstärker
3 Prüfspulen
4 schaltbare Eingangsstufe
5 Phasenschieber
6 und *7* phasenempfindlicher Gleichrichter
8 und *9* Gleichspannungsverstärker
10 Nullpunktkompensation

Bewegt man die Tastspule eines solchen Geräts über eine Probe, so ergeben sich Dynamikschleifen mit peaks, die man bei näherer Untersuchung Abhebe- (A), Permeabilitäts- (P) und Rißeffekten (R) zuordnen kann. In manchen Fällen genügt bereits eine Frequenzoptimierung, um den Rißeffekt zu eliminieren.
Bild 6.90 enthält Dynamikschleifen in der Ebene Amplitude – Phase und den Verlauf der Amplitude in Abhängigkeit vom Weg bei zwei verschiedenen Frequenzen, aufgenommen bei der Rißprüfung austenitisch-ferritischer Proben.
Gibt es keine optimale Frequenz zur völligen Unterdrückung von Störparametern, muß eine Parameterselektion durch *Mehrfrequenzverfahren* herbeigeführt werden. Sollen n Störparameter unterdrückt werden, so gilt

$$n = 2m - 1 \tag{6.116}$$

n Anzahl der unterdrückbaren Störparameter
m Anzahl der verwendeten Frequenzen

Zur Unterdrückung von Leitfähigkeits- und Permeabilitätsschwankungen sowie Abhebeeffekten benötigt man also zwei Prüffrequenzen (gleichzeitig oder nacheinander) und erhält dabei am Ausgang des Prüfgerätes vier voneinander unabhängige Größen. Die Anwendung der Mehrfrequenzverfahren wird durch den Einsatz der Mikrorechentechnik erheblich erleichtert. Bild 6.91 a zeigt das Blockschema eines mikroprozessorgesteuerten Wirbelstromprüfgerätes und Bild 6.91 b den dazugehörigen Algorithmus zum Abgleich des Gerätes.
Einer Auswertung des *Oberwellengehalts* wird in der jüngsten Zeit große Aufmerksamkeit geschenkt, da sie eine *Mehrparameterprüfung* ermöglicht. Beispielsweise wurde festgestellt, daß sich tiefenabhängige Effekte, z. B. Einsatzhärtetiefe und Nitriertiefe,

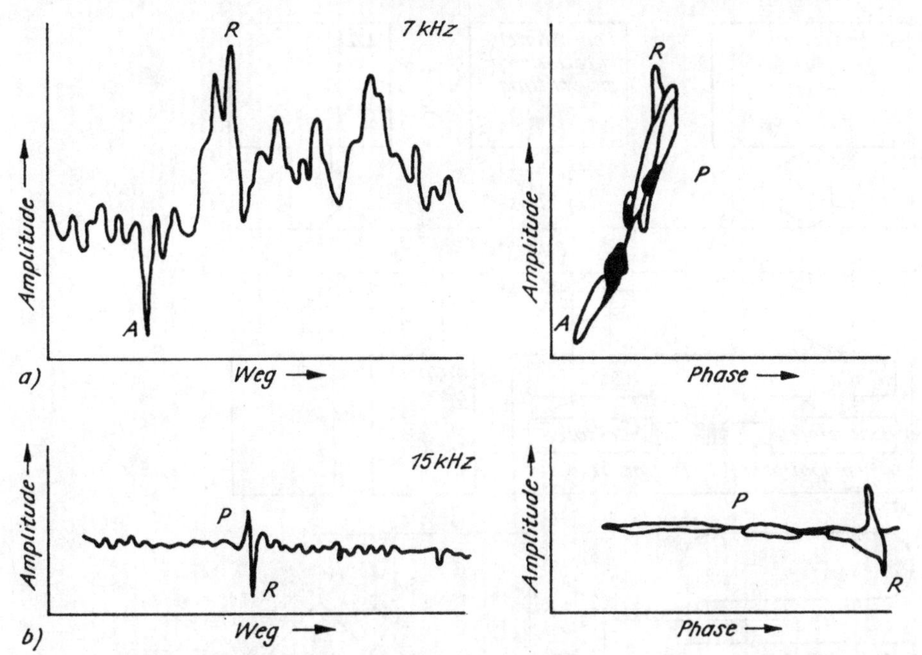

Bild 6.90. Frequenzeinfluß bei der Wirbelstromrißprüfung austenitisch-ferritischer Teile
a) Ortskurve und Dynamikschleife bei 7 kHz
b) Ortskurve und Dynamikschleife bei 15 kHz (optimale Frequenz)

besonders in den höheren ungradzahligen Harmonischen widerspiegeln, während andere Kennwerte, wie Härte, chemische Zusammensetzung usw., ihren Niederschlag in der Grundwelle (1. Harmonische) finden. Bei einer *Fourieranalyse* der Magnetisierungskurve erkennt man, daß besonders die 1., 3. und 5. Harmonische für die magnetinduktive Prüfung von Bedeutung sind. Die 2. Harmonische tritt erst bei zusätzlicher Gleichfeldmagnetisierung auf und dient in den Ferrosonden (Abschnitt 6.3.2.2.) zum Nachweis der Gleichfeldstärke.
Das Vorhandensein der Oberwellen läßt sich qualitativ auf dem Oszillographenbildschirm nachweisen. Für eine quantitative Auswertung werden Filter benötigt, die es gestatten, den Oberwellengehalt summarisch oder in seinen einzelnen Anteilen zu messen. Serienmäßig hergestellte Geräte gestatten aus Zweckmäßigkeitsgründen nur die Auswertung der 1. und 3. Harmonischen sowie die Summe aller Oberwellen.
Bei der Anzeige des Meßwerts einer magnetinduktiven Prüfung geht man unterschiedliche Wege (Bild 6.92). Häufig genügt eine einfache *Instrumentenanzeige* mit mechanischem Zeiger oder Lichtmarken, Ziffernanzeige oder Signalgebung. Meist wird aber die Anzeige über Katodenstrahloszillographen realisiert. In allen Fällen wird dabei die Meßspule an die vertikalen Ablenkplatten gelegt. Die Zeitablenkung kann entweder über den sinusförmigen Meßstrom (*Ellipsenanzeige*) oder mit einem Sägezahnimpuls (*zeitlineare Anzeige*) erfolgen.
Alle vorgenannten Anzeigearten gestatten eine unmittelbare Anzeige der Spannungsamplitude. Die Ermittlung der Phase erfolgt direkt oder durch Betätigung eines Phasenschiebers. Aus Amplitude und Phase können bei Kenntnis der Geräteparameter die Meßwerte in ihrer Lage in der komplexen Spannungsebene bzw. in der Schein-

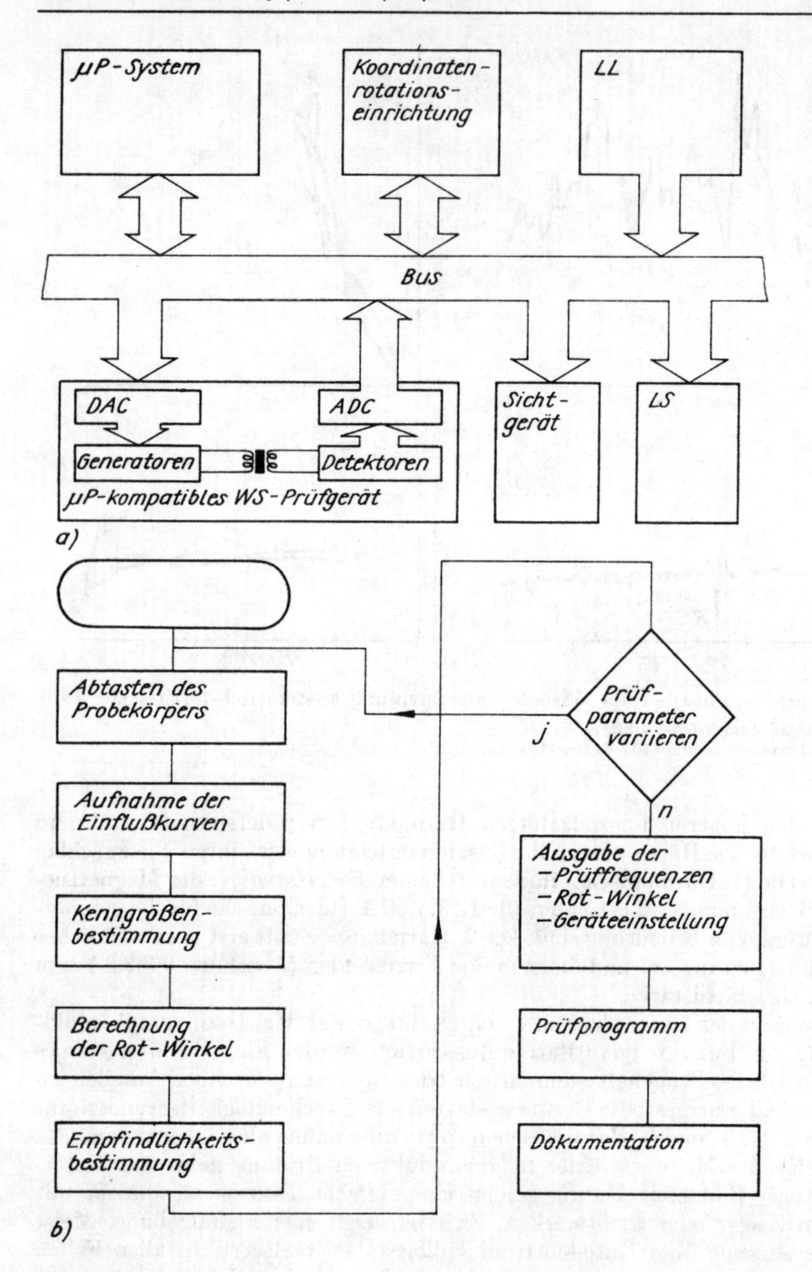

Bild 6.91

a) **Blockschaltbild eines mikroprozessorgesteuerten Rißprüfgerätes**

LL – Lochbandleser
LS – Lochbandstanzer

b) **Aktionsablauf zum Abgleich**

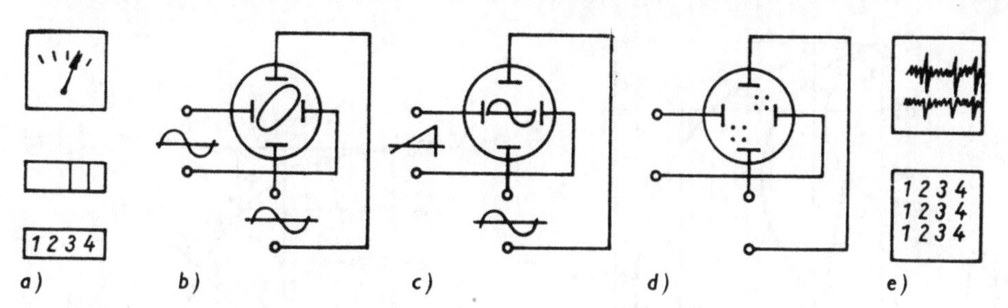

Bild 6.92. Anzeige und Registrierung bei magnetinduktiven Prüfgeräten

a) Instrumentenanzeige
b) Ellipsenanzeige
c) zeitlineare Anzeige
d) Punktdarstellung in der Impedanzebene
e) Schrieb, Zahlenausdruck

widerstandsebene berechnet werden. Eine Anzeige auf dem Katodenstrahlrohr läßt sich jedoch auch derart erzielen, daß die Ergebnisse direkt als Punkte in der auf dem Bildschirm abgebildeten komplexen Ebene erscheinen.
In automatischen Prüfanlagen werden Vielfachschreiber eingesetzt, die eine Zuordnung der Signalspannung zur Lage an dem geprüften Material gestatten. Darüber hinaus gibt es vielfältige Vorrichtungen zur Fehlermarkierung und Fehlerzählung.

6.3.3.3. Gefüge- und Legierungsprüfung

Das Wesen der Gefüge- und Legierungsprüfung soll am Beispiel der Prüfung mittels Durchlaufspulen erörtert werden. Geht man von Gl. (6.110) aus, erkennt man einen deutlichen Unterschied zwischen nichtferromagnetischen und ferromagnetischen Stoffen. Da sich bei nichtferromagnetischen Proben das Glied $(1 - \eta)$ besonders stark auswirkt, wird bei der Darstellung der Lage eines Punktes in der komplexen Ebene bei Änderung des Durchmessers, der Leitfähigkeit und des f/f_g-Verhältnisses der Füllfaktor η als Parameter gewählt (Bild 6.93). Bei ferromagnetischen Proben ist das mit der relativen Permeabilität μ_r behaftete Glied $\eta\mu_r\mu_{eff}$ entscheidend. Deshalb wählt man bei der Darstellung der Spulendaten in der komplexen Ebene bei Änderung von η, μ_r, γ und f/f_g die Permeabilität μ_r als Parameter und nimmt unter Vernachlässigung von $(1 - \eta)$ an, daß alle Kurven ihren Ausgang im Koordinatenursprung haben (Bild 6.94).
Die Permeabilität μ_r ferromagnetischer Proben führt dazu, daß bei einer ferromagnetischen Probe wegen

$$(E/E_0) \text{ ferromagnetisch} > 1 \quad \text{und} \quad (E/E_0) \text{ nichtferromagnetisch} < 1 \tag{6.117}$$

stets eine Erhöhung der Sekundärspannung bzw. der Induktivität und bei einer nichtferromagnetischen Probe eine Erniedrigung auftritt.
Die elektrische Leitfähigkeit γ und die relative Permeabilität μ_r gehen nur in μ_{eff} ein, während der Probendurchmesser in den Gliedern $(1 - \eta)$ und $\eta\mu_r\mu_{eff}$ enthalten ist. Dadurch können Durchmesser- und Leitfähigkeitseffekte sowie Permeabilitäts- und Leitfähigkeitseffekte voneinander getrennt werden, wenn man ein günstiges f/f_g-Verhältnis wählt und den Phasenwinkel so einrichtet, daß die maximale Bemerkbarkeit des Effekts in dieser Richtung keine Komponente aufweist. In Bild 6.95 wird beispielsweise der *Durchmessereffekt* völlig unterdrückt, wenn man die Leitfähigkeitsmessung in Richtung der Komponente $\Delta\gamma \sin \varphi$ vornimmt.

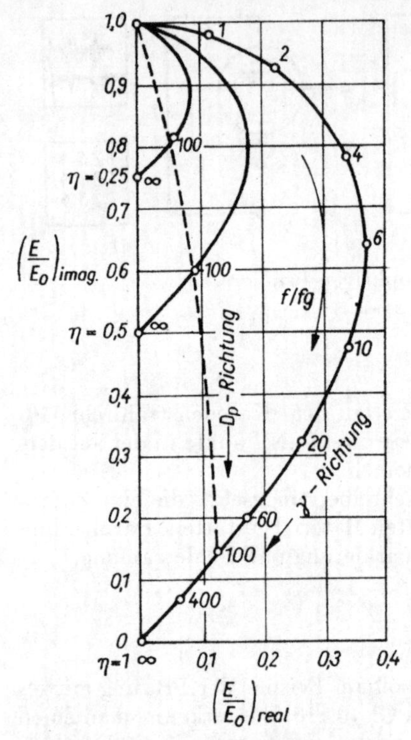

Bild 6.93. Veränderung der komplexen Sekundärspannung einer Spule bei Änderung des f/f_g-Verhältnisses, des Probendurchmessers D_p und der elektrischen Leitfähigkeit für NE-Metalle

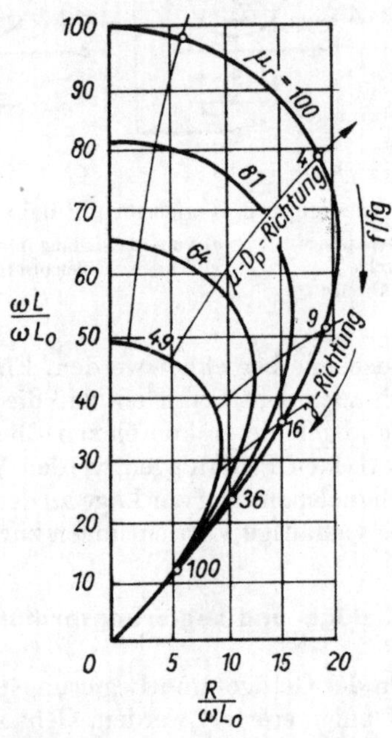

Bild 6.94. Veränderung der Scheinwiderstandswerte bei Änderung des f/f_g-Verhältnisses, der Permeabilität, des Probendurchmessers D_p und der elektrischen Leitfähigkeit für Fe-Metalle

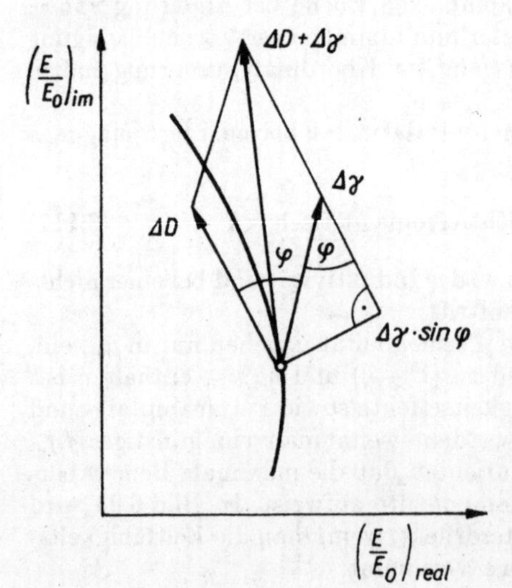

Bild 6.95. Unterdrückung des Durchmessereinflusses bei der Leitfähigkeitsmessung durch günstige Wahl des Phasenwinkels

Der Durchmesser- und Permeabilitätseinfluß wirken bei ferromagnetischen Werkstoffen in derselben Richtung und sind nur zu trennen, indem man die Probe z. B. durch eine hohe Vormagnetisierung ($\mu_r \to 1$) nahezu paramagnetisch macht.
Physikalisch gesehen kann der Durchmessereinfluß bei der Durchlaufspule mit dem Abhebeeffekt bei der Tastspule verglichen werden. Tatsächlich überlagern sich bei ferromagnetischen Stoffen Abhebeeffekt und Permeabilitätseinfluß derart, daß es bis heute noch keine brauchbare Lösung einer Wirbelstromtastspule für die Gefüge- und Legierungsprüfung ferromagnetischer Werkstoffe gibt. Die Bereiche der größten Meßempfindlichkeit und der besten Trennbarkeit der γ- von D-μ_r-Einflüssen liegen bei etwa $f/f_g = 10$. Daher muß man im allgemeinen bei der Prüfung ferromagnetischer Proben mit Rücksicht auf ihre hohe Permeabilität eine etwa 10^3mal niedrigere Prüffrequenz wählen als für nichtferromagnetische Werkstoffe.
Für die Gefüge- und Legierungsprüfungen ferromagnetischer Werkstoffe ist die Anwendung des Differentialtransformators mit zeitlinearer Anzeige am weitesten verbreitet. Bild 6.96 zeigt als Beispiel die Streubänder der Anzeigen für zwei verschiedene Stahlmarken, die bei einer Prüfung auf *Materialverwechslung* getrennt werden.

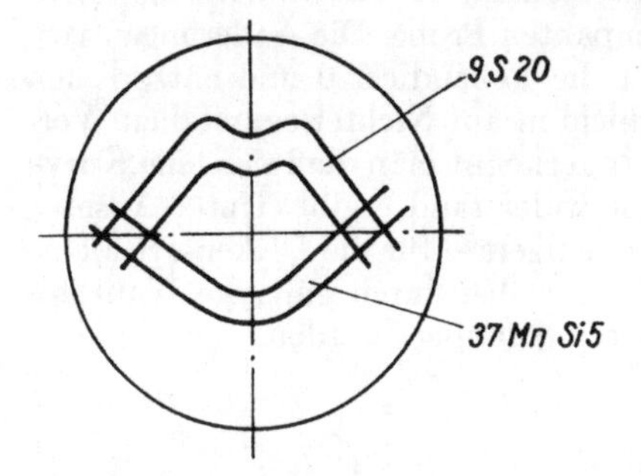

Bild 6.96. Streubänder bei der magnetinduktiven Sortentrennung

Da der Prüfung mit dem Differentialtransformator eine Permeabilitätsmessung zugrunde liegt, sind die bereits in Abschnitt 6.3.2.3. erörterten Einflüsse (Gefüge, Kaltverfestigung, innere Spannungen, Magnetisierungsfeldstärke, Vormagnetisierung, Entmagnetisierungsfaktor) zu berücksichtigen. Darüber hinaus ist die Eindringtiefe zu beachten, die bei 50 Hz nur etwa 5 mm beträgt, so daß Oberflächenschichten einen beachtlichen Einfluß haben können.
Für die Gefüge- und Legierungsprüfung von NE-Metallen haben die Wirbelstromverfahren eine große Verbreitung gefunden. Die der Anzeige zugrunde liegende physikalische Eigenschaft ist hier die elektrische Leitfähigkeit. Sie unterliegt nicht den genannten Einflüssen und ändert sich nur bei Schwankungen des Legierungsgehalts und der Phasenzusammensetzung.

6.3.3.4. Dicken- und Schichtdickenmessung

Die Wirbelstromverfahren haben sich vor allem für die Dicken- und Schichtdickenmessung bei nichtferromagnetischen Werkstoffen bewährt. Als Beispiel ist in Bild 6.97a die Änderung des Scheinwiderstands einer Tastspule beim Aufsetzen auf Al-Folien unterschiedlicher Dicke dargestellt. Mit zunehmender Foliendicke werden die Änderungen immer geringer, und bei $d = 0{,}3$ mm treten fast keine Änderungen mehr auf. Mit einer *Wirbelstromtastspule* können daher nur Folien verhältnismäßig geringer Dicke gemessen werden. Beachtenswert ist, daß zwei übereinanderliegende Folien der

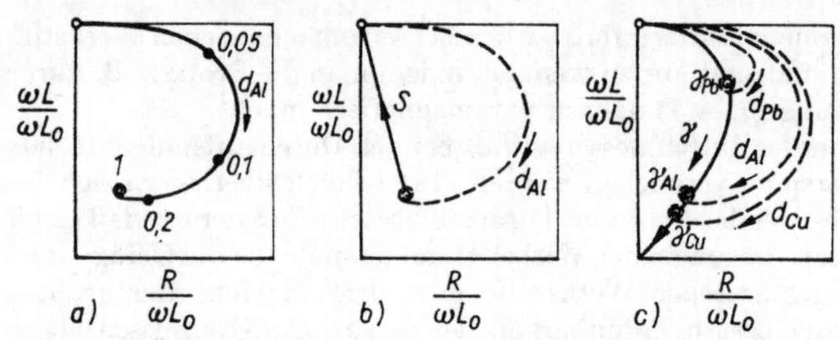

Bild 6.97. Änderung des Scheinwiderstands einer Tastspule

a) beim Aufsetzen auf Metallfolien (z. B. aus Al) unterschiedlicher Dicke *d* in mm
b) beim Abheben (*S*) von einer kompakten Probe (z. B. aus Al)
c) beim Aufsetzen auf kompakte Proben mit unterschiedlicher elektrischer Leitfähigkeit γ

Dicke 2 × 50 μm denselben Scheinwiderstand ergeben wie eine Folie von 100 μm Dicke. Das hat Bedeutung für die Defektoskopie, da es zeigt, daß man mit einer Tastspule keine Dopplungen in Blechen finden kann.
Bild 6.97 b enthält die Änderung der Scheinwiderstandswerte bei allmählichem Abheben einer Wirbelstromtastspule von einer kompakten Probe. Die Änderungen verlaufen in Richtung auf den Ausgangspunkt für die Foliendicke 0 und entsprechen dem Schichtdickeneinfluß nichtmetallischer Schichten auf Nichteisenmetallen. Verbindet man alle Werte für die Schichtdicke $d \to \infty$, erkennt man, daß sich eine Kurve für den Einfluß der Leitfähigkeit auf den Scheinwiderstand ergibt. Unter Ausnutzung dieser Abhängigkeit hat man spezielle Tastspulgeräte für die Dicken-, Schichtdicken- und Leitfähigkeitsbestimmung entwickelt, wobei durch günstige Wahl des Arbeitspunktes die unerwünschten Einflußfaktoren eliminiert werden.

6.3.3.5. Defektoskopie

Mittels Wirbelstromverfahren lassen sich besonders gut an bzw. dicht unter der Oberfläche liegende Risse nachweisen. Modelluntersuchungen zeigten, daß das Ähnlichkeitsgesetz, auf die Rißprüfung angewendet, lauten muß:
Geometrisch ähnliche Fehler (Risse mit einer bestimmten Tiefe, Breite und Überdeckung, gemessen in % des Probendurchmessers) bewirken gleiche Wirbelstromeffekte und die gleiche Änderung der effektiven Permeabilität μ_{eff}, wenn bei dem gleichen Frequenzverhältnis f/f_g gearbeitet wird.
Beispielsweise enthält Bild 6.98 den Einfluß von Rissen verschiedener Form, Tiefe und Lage auf die Sekundärspannung einer Durchlaufspule für ferromagnetische Werkstoffe. Diese Darstellungen zeigen einen großen Vorteil der Rißtiefenmessung mit Wirbelstromverfahren: Der Einfluß der Rißeffekte wirkt sich in der komplexen Ebene in anderen Richtungen aus als Leitfähigkeits-, Permeabilitäts- und Durchmesseränderungen. Dadurch ist es bei geeigneter Wahl des Arbeitspunktes und der Phasenlage möglich, Prüfgeräte mit Durchlauf- oder Tastspulen zu bauen, die fast ausschließlich Risse anzeigen. Insbesondere wurden Tastspulen entwickelt, die in einem großen Bereich abstandsunempfindlich sind. Beste Rißerkennung erreicht man, wenn die Phase so gewählt wird, daß ein großer Winkel zu den Rißeffekten entsteht (Bemerkbarkeit *B*).
Sehr groß ist der Einfluß einer Rißüberdeckung. Das Anwachsen eines Oberflächenrisses um 20% in die Tiefe des Probendurchmessers ruft denselben Effekt hervor wie das Durchbrechen eines ursprünglich 1% unter der Oberfläche gelegenen Risses zur Oberfläche. Risse, die nur um 5% des Durchmessers unter der Oberfläche liegen,

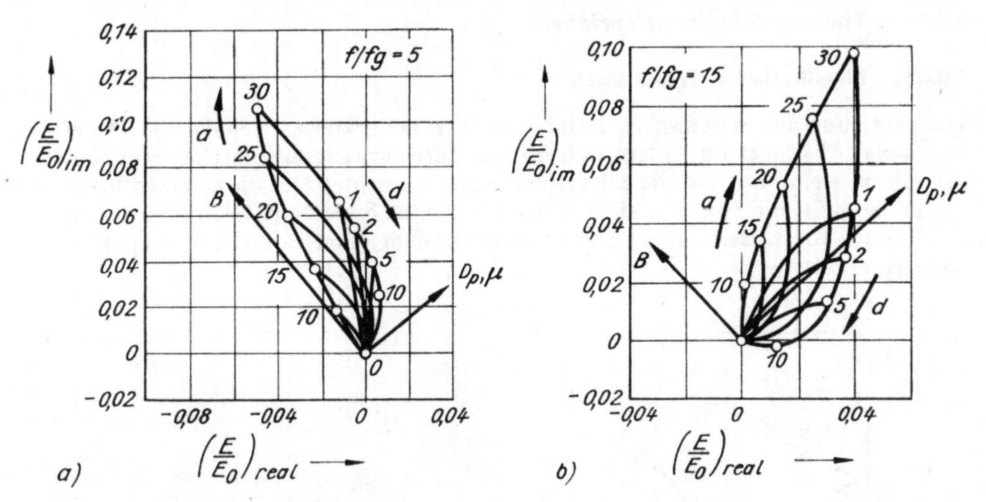

Bild 6.98. Sekundärspannung einer Durchlaufspule bei Vorhandensein von Rissen in Eisen-Werkstoffen mit verschiedener Tiefe a in % (Oberflächenrisse) und verschiedenem Abstand d in % von der Oberfläche (Innenrisse)

a) $f/f_g = 5$
b) $f/f_g = 15$

können kaum noch angezeigt werden. Untersucht man die durch Rißabstand und Rißtiefe begrenzte lanzettenförmige Fläche bei verschiedenen f/f_g-Verhältnissen, ergibt sich bei nichtferromagnetischen Proben (Bild 6.99) eine maximale Rißempfindlichkeit für $f/f_g \approx 5$. In diesem Bereich sind die größten Signale zu erwarten (E/E_0 erreicht maximale Werte); die sich durch unterschiedliche Rißparameter ergebende Lanzette hat in diesem Bereich die größte Ausdehnung, und der Winkel zum Durchmessereinfluß ist maximal. Etwa in demselben f/f_g-Bereich liegt auch die maximale Rißerkennbarkeit B für ferromagnetische Werkstoffe (vgl. Bild 6.98).

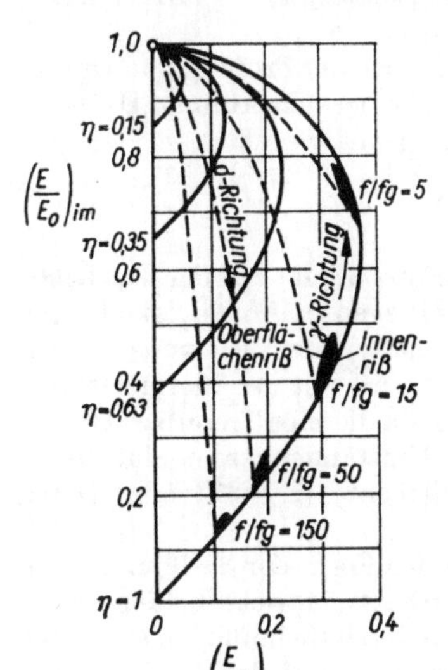

Bild 6.99. Änderung der Nachweisempfindlichkeit für Oberflächenrisse in NE-Metallen bei verschiedenem f/f_g-Verhältnis

6.3.4. Thermoelektrische Verfahren

6.3.4.1. Physikalische Grundlagen

Die auf Grund des *Seebeckeffekts* in inhomogenen Leiterkreisen entstehende *Thermospannung* (Abschnitt 7.6.1.) läßt sich für die Untersuchung metallischer Werkstoffe ausnutzen, wenn man auf die Lötverbindungen verzichtet und die Kontaktthermospannung mißt, die zwischen einer spitzen beheizten Sonde mit bekannten thermoelektrischen Eigenschaften und dem zu untersuchenden kontaktierten Werkstoff entsteht (Bild 6.100).

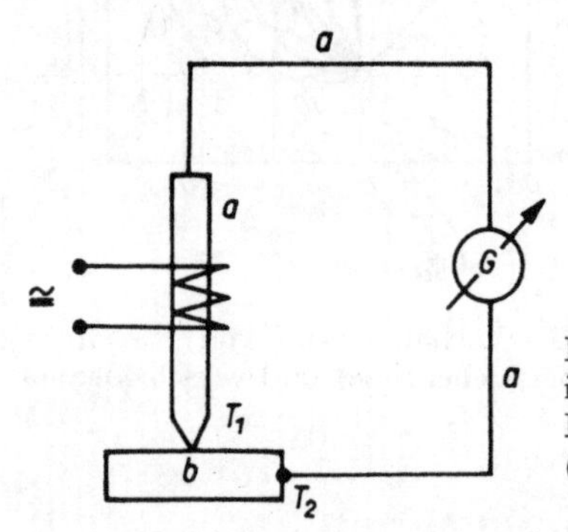

Bild 6.100. Entstehung einer Thermospannung in einem aus zwei Metallen (*a*, *b*) bestehenden Leiterkreis bei unterschiedlicher Temperatur (T_1, T_2) an den Kontaktstellen

Dabei können einige unerwünschte zusätzliche Einflüsse, wie Oberflächeneffekte, Temperaturabweichungen an den Kontaktstellen, Magnetfelder und sekundäre Thermoelemente, wirksam werden. Ihr möglicher Einfluß läßt sich jedoch abschätzen und ohne großen technischen Aufwand unter Kontrolle bringen. Als physikalische Kenngröße liegt diesem Verfahren die *absolute differentielle Thermospannung* e in $V\,K^{-1}$ und deren Abhängigkeit von der Meßtemperatur, der Legierungs- und Phasenzusammensetzung zugrunde. Mitunter wird das Meßergebnis auch als *relative differentielle Thermospannung* e_{12} oder als *relative integrale Thermospannung* E_{12} zwischen den Metallen 1 und 2 angegeben.
Die Kontaktthermospannung läßt sich für folgende Aufgaben der Prüfung und Untersuchung metallischer Werkstoffe einsetzen: Gefüge- und Legierungsprüfung, Defektoskopie, Schichtdickenmessung und mikroskopische Gefügeanalyse.

6.3.4.2. Gefüge- und Legierungsprüfung

Die Möglichkeit der thermoelektrischen Legierungsprüfung beruht auf der Tatsache, daß sich sowohl die reinen Metalle als auch die Legierungen in Abhängigkeit vom Legierungsgehalt in ihren thermoelektrischen Eigenschaften deutlich voneinander unterscheiden. Auf dem Gebiet der Legierungsprüfung wird mit der thermoelektrischen Methode bei Stählen und Nichteisenlegierungen etwa dieselbe Trennbarkeit wie mit dem Wirbelstromverfahren erreicht, und unter Umständen kann eine halbquantitative Schnellanalyse bestimmter Legierungselemente (z. B. Si oder C im Stahl) durchgeführt werden.
Das thermoelektrische Verfahren ist unabhängig von der Form der Teile und wird kaum durch innere und äußere Spannungen sowie durch magnetische Felder beeinflußt. Der geringe Einfluß von Kaltverformungen und inneren Spannungen sowie die Möglichkeit einer örtlichen Messung wirken sich vorteilhaft bei der Prüfung von

Walz- und Schmiedematerial aus. Für die Gefüge- und Legierungsprüfung werden Handtaster benutzt (Bild 6.101). Das Anzeigegerät sollte eine Empfindlichkeit von 10^{-6} V/Skalenteil aufweisen, oder es müssen geeignete Gleichspannungsverstärker verwendet werden.

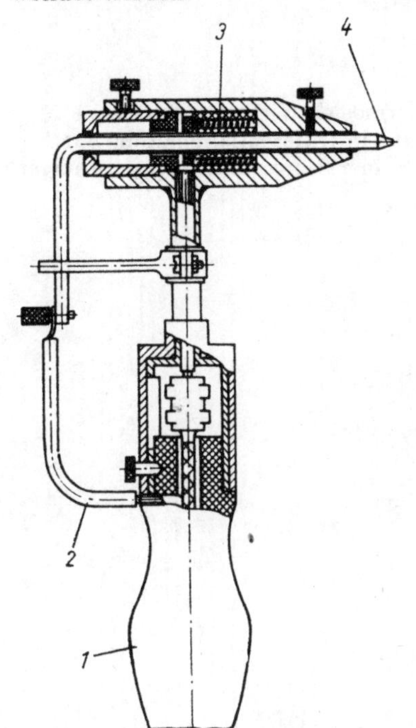

Bild 6.101. Handtaster für die thermoelektrische Werkstoffprüfung

1 Griff
2 Zuleitung zum Gerät
3 Heizwicklung
4 Sonde

Bei Stählen und Legierungen kann man mit Hilfe der thermoelektrischen Qualitätsprüfung den Wärmebehandlungszustand (Härte-, Anlaß-, Glühgefüge, Lösungs- und Ausscheidungsprozesse) beurteilen, da sich durch die Wärmebehandlung die Phasenzusammensetzung ändert und die am Gefüge beteiligten Phasen Unterschiede in den thermoelektrischen Eigenschaften aufweisen.

6.3.4.3. Defektoskopie und Schichtdickenmessung

Das Verfahren der thermoelektrischen Defektoskopie dient zum Nachweis von Seigerungen und solchen makroskopischen Inhomogenitäten (Weichfleckigkeit, Entkohlung), die mit anderen zerstörungsfreien Verfahren bisher nur begrenzt zu untersuchen waren. Das Prinzip besteht darin, daß man Stellen anderer chemischer oder anderer Phasenzusammensetzung mit dem normalen Werkstoff vergleicht (Bild 6.102). Bei der *Schichtdickenmessung* findet die Methode besonders bei Nickelschichten auf Stahl Anwendung. Beim Kontakt der beheizten Sonde mit der vernickelten Stahloberfläche (Bild 6.103) entsteht außer der Thermospannung zwischen Sonde und Überzug E_{23} unter der Kontaktstelle an der Grenzfläche zwischen Nickel und Basismetall eine zusätzliche Thermospannung E_{12}, die vor allem von der Nickelschichtdicke abhängig ist, weil mit zunehmender Schichtdicke die *Grenzflächentemperatur* sinkt. Die näherungsweise Lösung der Differentialgleichung für die Wärme-Übergangsverhältnisse unter der Sonde ergibt folgende Beziehung zwischen Grenzflächen-

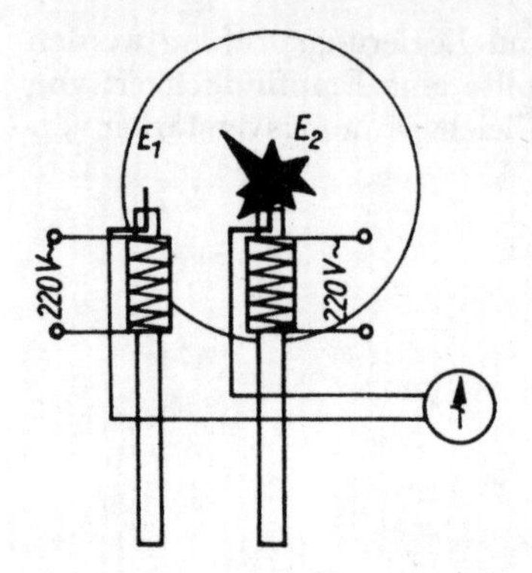

Bild 6.102. Thermoelektrische Defektoskopie (beheizte Sonden in Differentialschaltung auf der Stirnfläche einer Stange mit Kernseigerungen)

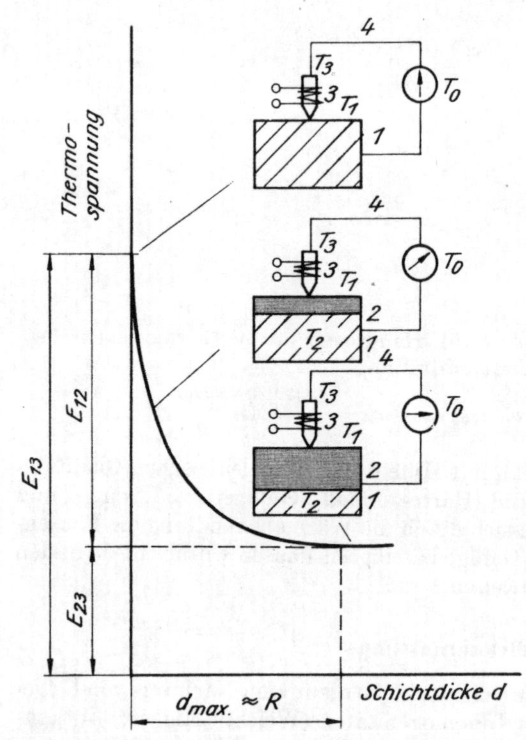

Bild 6.103. Thermoelektrische Schichtdickenmessung

1 Grundmetall
2 Deckschicht
3 Sonde
4 Zuleitung zum Meßgerät

temperatur T_2, Kontakttemperatur T_1, Spitzenradius r und Schichtdicke d:

$$T_2 = \frac{T_1}{1 + (3d/2r)} \tag{6.118}$$

Beachtet man noch den thermoelektrischen Stromfluß in der näheren Umgebung der Kontaktstelle, ergibt sich folgende Endformel zur Berechnung der Gesamtthermospannung:

$$E = E_{12}\left(1 - \frac{1}{1 + \frac{1r^2}{2d^2}\ln\frac{R}{r}}\right) + E_{23} \tag{6.119}$$

Neben den in der ersten Gleichung genannten Größen bedeuten E_{12} relative integrale Thermospannung zwischen Basismetall und Nickelüberzug, E_{23} relative integrale Thermospannung zwischen Sonde und Nickelüberzug, R Radius der erwärmten Zone. Experimentelle Ergebnisse und theoretische Überlegungen führen zu dem Schluß, daß sich jede Eichkurve für die thermoelektrische Schichtdickenmessung zwischen den Werten E_{13} $(d = 0)$ und E_{23} $(d \rightarrow R)$ ausbildet. In Übereinstimmung mit der Gl. 6.119 kann man experimentell und theoretisch nachweisen, daß der Kurvenverlauf (Bild 6.103) und damit die Schichtdickenanzeige bei einer vorgegebenen Eichung von den thermoelektrischen und thermischen Eigenschaften des Elektrodenmaterials, dem Durchmesser der Elektrodenspitze, der Proben- und Elektrodentemperatur, den thermoelektrischen Eigenschaften des Grundmaterials und den galvanotechnologisch bedingten thermoelektrischen Eigenschaften der Nickelschicht abhängt.
Thermoelektrische Schichtdickenmeßgeräte ermöglichen es, die Dicke von Nickelschichten auf ± 1 µm genau zu messen.

6.3.4.4. Mikroskopische Gefügeanalyse

Setzt man eine beheizte Wolframnadel mit einer Spitze von 5 µm Durchmesser in die Zielvorrichtung eines Mikrohärteprüfgeräts ein, so kann man die thermoelektrischen Eigenschaften von Gefügebestandteilen messen.

Tabelle 6.14. Thermoelektrische Spannungsreihe der Gefügebestandteile von Stahl bzw. Gußeisen in $\mu V\ K^{-1}$

Graphit	Rest-austenit	Zementit	Martensit	Perlit	Ferrit
−1,55	−1,5	+1,6	−0,6 ... +6,6, je nach C-Gehalt	4,7	5,5 ... 9, je nach C-Gehalt

Neben den in Tabelle 6.14 dargestellten thermoelektrischen Eigenschaften der Gefügebestandteile von Stahl und Gußeisen kann man dieses Verfahren auch zur *Phasenidentifizierung* anderer Legierungen und von chemothermisch erzeugten Oberflächenschichten verwenden. Für die Untersuchungen von Einschlüssen ist es wenig geeignet, da die Einschlüsse entweder Isolatoren oder Halbleiter sind, deren thermoelektrische Eigenschaften sich durch Verunreinigungen stark ändern können. Besonders geeignet ist das Verfahren für die Untersuchung chemischer Inhomogenitäten. Bei Zonen erstarrungsbedingter *Mikroseigerungen* kann durch Aufnahme von *Isothermokraftkurven* das Konzentrationsprofil abgebildet werden.

6.4. Penetrationsverfahren

Die *Penetrationsverfahren*, auch als *Eindring-*, *Diffusions-* oder *Kapillarverfahren* bezeichnet, gehören zu den einfachsten Verfahren der zerstörungsfreien Werkstoffprüfung. Sie beruhen darauf, daß in Fehler, die von der Oberfläche der Werkstücke ausgehen oder mit ihr unmittelbar in Verbindung stehen, Flüssigkeiten eindringen und dadurch diese Fehler sichtbar werden. Die Fehlererkennbarkeit wird noch verstärkt, indem das *Penetrationsmittel* durch kontrastreiche *Entwickler* wieder herausgesaugt wird und dadurch Spuren entstehen, die wesentlich breiter sind als die wirklichen Fehler (Bild 6.104). Wichtige physikalische Grundlagen des Verfahrens sind die Kapillarwirkung der Oberflächenfehler, die Kapillarwirkung zwischen den Pulverteilchen des Entwicklers und der optische Kontrast zwischen Penetrationsmittel und Entwickler.

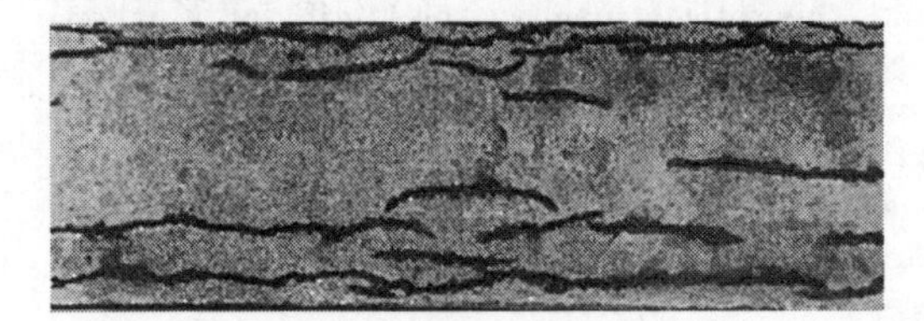

Bild 6.104. Nachweis von Oberflächenrissen mit dem Farbeindringverfahren

Für einen Riß mit der Rißbreite W, ein Eindringmittel mit der Oberflächenspannung S und einen Gleichgewichtskontaktwinkel ϑ der Lösung mit der Oberfläche des Risses ergibt sich für den Kapillardruck folgende Proportionalität:

$$P \sim \frac{2S \cos \vartheta}{W} \qquad (6.120)$$

Daher ist es möglich, die Kapillarsteighöhe, die Oberflächenspannung und das Benetzungsvermögen für die Beurteilung solcher Prüfmedien heranzuziehen, wobei aber auch der Viskosität und dem Kriechvermögen eine bestimmte Bedeutung zukommt. Rasterelektronenmikroskopische Untersuchungen haben gezeigt, daß die ebenfalls auf einer Kapillarwirkung beruhende Saugfähigkeit der porösen Entwicklerschicht durch eine optimale Körnung erreicht wird. Da nur eine extrem kleine Menge Eindringmittel in die Oberflächenfehler eindringen kann und eine noch kleinere Menge aus den Fehlern wieder herausgesaugt wird, muß dafür gesorgt werden, daß eine maximal mögliche Farbstoff- oder Fluoreszenzstoffmenge in der *Trägerflüssigkeit* enthalten ist. Das theoretisch erreichbare *Kontrastverhältnis* zwischen einer reinen weißen Oberfläche und einer schwarzen matten Oberfläche beträgt 33:1. In der Praxis wird aber nur etwa ein Verhältnis von 9:1 bei schwarzer Zeichnung und 6:1 bei roter Zeichnung auf weißem Untergrund erreicht. Im allgemeinen nimmt man trotzdem die rote oder orange Farbe bei den Farbkontrastverfahren, da hierfür das Auge die höchste *Kontrastempfindlichkeit* aufweist, oder die gelblich grüne Farbe bei den Fluoreszenzeindringverfahren, da sich hier das Gebiet der größten *Augenempfindlichkeit* befindet. Außerdem heben sich diese Farben besser von Öl- oder Schmutzflecken ab.
Je nach dem Prüfmittel unterscheidet man die *Ölkochprobe*, das *Farbeindringverfahren*, das *Fluoreszenzeindringverfahren* und die *Filterpulverprüfung*. Mit den Penetrationsverfahren sind offene Risse, Poren, Bindefehler, Falten und Überlappungen bis zu 1 µm Breite nachweisbar. Die Anwendbarkeit der Verfahren erstreckt sich auf eine sehr breite Palette von Werkstoffen, da sie nicht auf elektrischen oder magnetischen Eigenschaften der Werkstoffe beruhen. Schmiedestücke und Preßteile, Schweißnähte und Gußstücke sämtlicher Metalle und Legierungen, aber auch Plastteile, Glas und Keramik lassen sich prüfen.
Mit Ausnahme der Filterpulverprüfung werden bei allen Eindringverfahren die Arbeitsgänge: Reinigen der Prüfstücke, Penetration, Entfernung des überschüssigen Eindringmittels und Entwickeln durchlaufen.
Die eigentliche Penetration erfolgt durch Eintauchen, Aufstreichen oder Aufsprühen, so daß sich die Eindringflüssigkeit als dünner Film auf der Oberfläche ausbreiten

kann. Nach dem Auftragen muß eine bestimmte Eindringzeit abgewartet werden, um es dem Penetriermittel zu ermöglichen, vollständig in die Oberflächenfehler einzudringen. Diese Zeiten, die zwischen 1 bis 30 min liegen, hängen vom Prüfmittel, dem Werkstoff und der Art der Oberflächenfehler ab. Nach Verstreichen der notwendigen Eindringzeit muß das überschüssige Eindringmittel von der Oberfläche entfernt werden, um einen guten Kontrast zwischen dem später aus den Oberflächenfehlern austretenden Farbstoff und der Umgebung zu erzeugen.
Ein für die Fehlererkennbarkeit nicht zu unterschätzender Arbeitsgang ist die Sichtbarmachung der Fehler durch meist weiß gefärbte Kontrastmittel (Entwickler), die in Pulverform aufgestäubt oder in Form einer Suspension mit einer leicht flüchtigen Flüssigkeit durch Eintauchen, Aufpinseln oder Sprühen aufgebracht werden. Der im Endzustand trockene Entwickler saugt das Eindringmittel aus den Fehlern heraus und ruft dabei gleichzeitig einen Verstärkungseffekt hervor, indem er die Fehlerbreite im Verhältnis zu ihren wirklichen Abmessungen mehrfach vergrößert wiedergibt. Die Entwicklungszeit ist dem Fehlervolumen umgekehrt proportional und beträgt 2 bis 60 min.
Bei der *Ölkoch-* oder *Kalkmilchprobe* wird das zu untersuchende Teil ohne vorheriges Entfetten in warmes Öl getaucht, wobei die eingeschlossene Luft entweicht und das dünnflüssige Öl in Risse oder Poren einzieht. Nach der Entfernung des überschüssigen Öls wird als Entwickler auf das Werkstück eine Kalk-Wasser-Aufschlämmung aufgebracht. Beim Wiedererwärmen des Teils trocknet der Kalkanstrich, und aus Oberflächenfehlern austretendes Öl hinterläßt dunkle Spuren.
Beim *Farbeindringverfahren* werden als Penetrationsmittel meist intensiv rot gefärbte Eindringmittel verwendet. Als Lösungsmittel dienen im einfachsten Fall Benzol, Benzin und Transformatorenöle oder Gemische aus Tetralin, Xylol und Alkohol. Als Farbstoff kann z. B. Sudan III, Sudan IV oder Ceres Rot verwendet werden. Die Entwickler enthalten in verschiedenen flüchtigen Lösungsmitteln Zinkweiß oder Talkumpuder. Handelsübliche Prüfmittel sind *Prüfrot ZIS* und *Prüfweiß ZIS*.

6.5. Infrarotthermographie

Es ist bekannt, daß sich Bauteile sowohl beim Aufheizen und Abkühlen als auch hinsichtlich der Wärmestrahlung verschieden verhalten und dadurch zu einer gegebenen Zeit unterschiedliche Oberflächentemperaturprofile aufweisen können. Von den verschiedenen Verfahren zur Abbildung solcher Oberflächentemperaturprofile hat im Rahmen der zerstörungsfreien Prüfung besonders die *Infrarotfernsehthermographie* Bedeutung erlangt. Mit ihr ist es möglich, von Material- und Funktionsfehlern hervorgerufene Abweichungen in der inneren Wärmeleitung und unzulässige innere Wärmequellen oder Wärmesenken festzustellen.
Anwendung finden diese Verfahren z. B. zur Überprüfung überhitzter Abschnitte an Starkstromleitungen, Motoren, Schaltanlagen, Elektrolysebädern; zur Kontrolle von Wärmeisolationen, feuerfesten Ausmauerungen; zur Feststellung von Wärmeverlustquellen an Gebäuden sowie in Form der Infrarotmikroskopie zur Kontrolle von mikroelektronischen Bausteinen. Durch künstliche Erzeugung eines Temperaturgefälles findet die Thermographie für die Defektoskopie von Verbunden, Schweißnähten, in metallischen und polymeren Werkstoffen sowie von gewalztem Material Anwendung.

Prinzipiell sendet jeder Stoff oberhalb des absoluten Nullpunktes Wärmestrahlung aus. Für die Fernsehthermographie ist besonders der Wellenlängenbereich von 0,8 bis 12 µm von Bedeutung, um Temperaturen von 240 bis über 2000 K messen zu können. Die in den Abschnitten 7.2.3. und 7.2.4. behandelten Kenngrößen der Wärmeleitung und Wärmestrahlung sind die physikalischen Grundlagen der thermischen Verfahren.
IR-Fernsehkameras können entsprechend der Art der Bilderzeugung in Kameras mit mechanisch-optischer und Kameras mit elektronischer Bilderzeugung unterteilt werden. Der größte Teil der angebotenen Wärmebildkameras arbeitet mit mechanisch-optischer Bilderzeugung, bei denen die IR-Strahlung des Objekts über ein mechanisch-optisches Abtastsystem aus Kippspiegeln, rotierenden Spiegelpolygonen oder Prismen zeilenweise abgetastet und auf einen stickstoffgekühlten Einelementdetektor (z. B. InSb) zur Umwandlung der IR-Strahlung in ein elektrisches Signal geleitet wird. Dieses Signal dient zur Helligkeitssteuerung eines Elektronenstrahls, der synchron zur Bewegung des Abtastsystems in einer Katodenstrahlröhre abgelenkt wird. Dadurch entsteht auf dem Bildschirm ein Grauwertbild, das *Thermogramm*. Farbäquidensitengeneratoren sind in der Lage, bestimmte Grauwertintervalle in Farben umzusetzen, so daß ein »*Falschfarbenbild*« des Oberflächentemperaturprofils entsteht.
Der Vorteil dieser Geräte besteht darin, daß sie bereits ab 240 K einsetzbar sind und bis zu hohen Temperaturen eine Temperaturauflösung bis zu 0,5 K ermöglichen.
Mit rein elektronischer Bildabtastung arbeiten modifizierte Fernsehkameras nach dem Prinzip des Siliziummultidiodenvidikons (Bild 6.105). Der eigentliche Strahlungs-

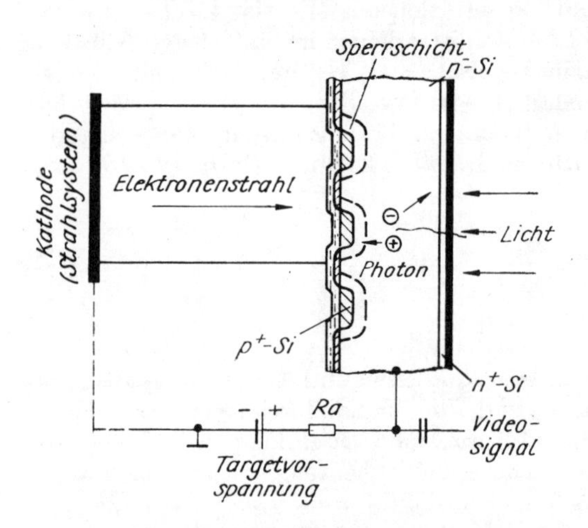

Bild 6.105. Siliziummultidiodenvidikon

detektor ist hier eine Si-Einkristallscheibe, die durch einen chemischen Ätzvorgang auf etwa 15 µm Dicke abgeätzt wird. Auf der dem Elektronenstrahl zugewandten Seite sind in das *n*-leitende Grundmaterial etwa 10^6 *p*-leitende Inseln von etwa 5 µm Durchmesser in etwa 10 µm Abstand eindiffundiert. Die in das Target eindringende Strahlung setzt Ladungsträger frei, die in die Sperrgebiete der gegenüberliegenden Dioden wandern und diese teilweise entladen.
Die abgeflossene Ladung wird beim Abrastern durch den Elektronenstrahl wieder ergänzt. Dabei entsteht ein Impuls, der als Videosignal verstärkt wird und zur Fernsehbilderzeugung dient. Diese Art der Infrarotfernsehkameras wird vorwiegend für Temperaturen oberhalb 500 K eingesetzt (Bild 6.106).

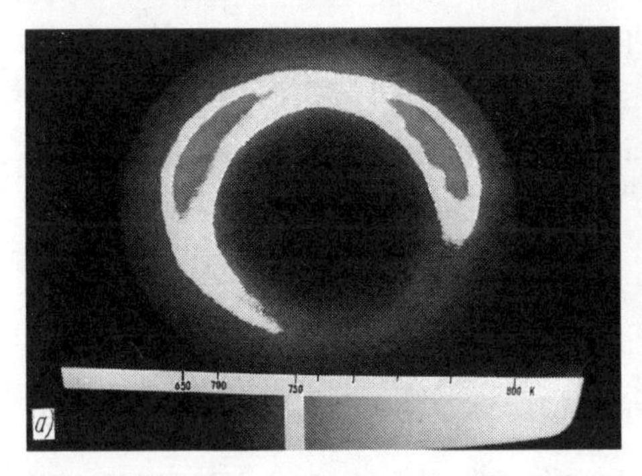

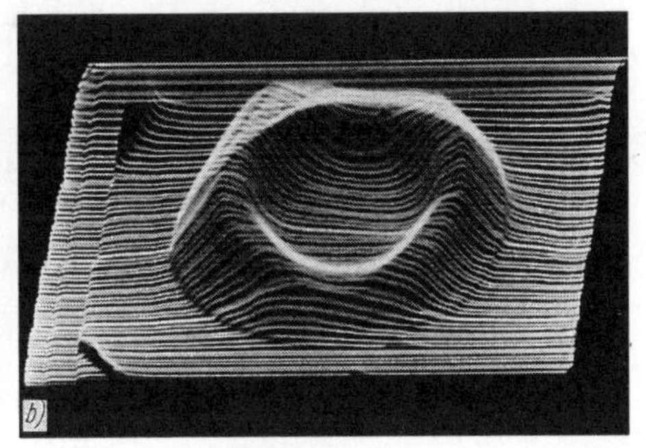

Bild 6.106. Thermogramm einer Heizplatte
a) als Grauwertbild mit eingeblendeter 750-K-Isotherme
b) in Reliefdarstellung

6.6. Oberflächenprüfung mit optischen Methoden

6.6.1. Oberflächenprüfung mit sichtbarem Licht

Die in der Praxis zuerst durchgeführte zerstörungsfreie Werkstoffprüfung ist im allgemeinen das Betrachten. Dabei lassen sich bereits Oberflächenfehler wie größere Risse, Einbrandkerben, Korrosionserscheinungen u. ä. feststellen.
Zur Betrachtung unzugänglicher Stellen dienen *Endoskope*. Während früher ausschließlich starre Endoskope (Stäbe oder Rohre mit Spiegeln, Linsen und einer Lichtquelle) benutzt wurden, stehen heute flexible Endoskope mit Lichtleitern oder Minifernsehkameras zur Verfügung. Um besonders bei Serienprüfungen die hohe Belastung des Prüfers zu verringern, wird die Sichtprüfung durch den Einsatz rechnergestützter Bildanalysegeräte zunehmend automatisiert. Diese Geräte können auch genutzt werden, um andere Oberflächenrißprüfverfahren, z. B. die magnetische Rißprüfung und das Penetrationsverfahren oder die Prüfung mittels Röntgenfernsehkameras, zu automatisieren.

6.6.2. Faseroptische Rißprüfung

Klebt man Lichtwellenleiter in Form von Glasfasern auf rißgefährdete Oberflächen von Bauteilen auf, werden diese Lichtwellenleiter beschädigt, sobald sich in der Bauteiloberfläche ein Riß auszubreiten beginnt. Das läßt sich sowohl optoelektronisch durch die abfallende Ausgangsleistung als auch visuell nachweisen.

6.6.3. Holographische Interferometrie

Mit der Bereitstellung leistungsstarker Laser hat sich die holographische Interferometrie als spezielles Gebiet der Oberflächenprüfung entwickelt. Mit den in Abschnitt 8.4.3. erläuterten Verfahren ist es möglich, in den bei geringsten Verformungen auf-

tretenden Streifenstrukturen Unregelmäßigkeiten in der Oberfläche, wie sie z. B. durch elastische Verzerrungen in der Umgebung eines Risses oder durch Bindefehler in beschichteten Bauteilen hervorgerufen werden, sichtbar zu machen.
Die Vorteile bestehen in der berührungslosen und großflächigen Prüfung, ein Nachteil ist der noch relativ hohe experimentelle Aufwand.

Literaturhinweise

[6.1] *Becker, E.:* Grobstrukturprüfung mittels Röntgenstrahlung und Gammastrahlung. Leipzig: VEB Deutscher Verlag für Grundstoffindustrie 1984
[6.2] *Samojlovič, G. S.:* Nerazrusajsčij kontrol' metallov i izdelij. Spravočnik. Moskva: Mašinostrojenie 1976
[6.3] *Rumjanzev, S. V.:* Radiacionnaja Defektoskopija. Moskva: Atomizdat 1974
[6.4] *Klujev, V. V.* (Red.): Pribori dla nerasruschajuschtschevo kontrolja materialov i isdelij. Spravočnik. Moskva: Mašinostrojenie 1976
[6.5] *Biehl, H.; Zier, W.:* Röntgenstrahlen – ihre Anwendung in Medizin und Technik. Leipzig: Teubner 1980
[6.6] *Tietz, H.-D.:* Ultraschall-Meßtechnik. 2. Aufl. Berlin: VEB Verlag Technik 1974
[6.7] *Ermolov, I. N.:* Teorija i praktika ul'trazvukovogo kontrolja. Moskva: Mašinostrojenie 1981
[6.8] *Heptner, H.; Stroppe, H.:* Magnetische und magnetinduktive Werkstoffprüfung. 3. Aufl. Leipzig: VEB Deutscher Verlag für Grundstoffindustrie 1973
[6.9] *Nitzsche, K.:* Schichtmeßtechnik. Leipzig: VEB Deutscher Verlag für Grundstoffindustrie 1975
[6.10] *Walter, L.; Gerber, D.:* Infrarotmeßtechnik, Berlin: VEB Verlag Technik 1981

Quellennachweise

[6.11] *Müller, E. A. W.:* Handbuch der zerstörungsfreien Materialprüfung. Lfg. 1–10. München: Oldenbourg 1959–1975
[6.12] *Glocker, R.:* Materialprüfung mit Röntgenstrahlen. Berlin, New York, Heidelberg: Springer-Verlag 1970
[6.13] *Angerstein, W.:* Lexikon der radiologischen Technik. Leipzig 1979
[6.14] *Krautkrämer, J.* u. *H.:* Werkstoffprüfung mit Ultraschall. 4. Aufl. Berlin, Heidelberg, New York: Springer-Verlag 1980
[6.15] Acoustic Emission. Tagung Bad Nauheim 1979. Deutsche Gesellschaft für Metallkunde 1980
[6.16] *Schlebeck, E.:* Schallmeßtechnik. ZIS-Mitteilungen (1980) 10, S. 1111
[6.17] *Morgner, W.; Heyse, H.; Theis, K.:* Erfahrungen bei der Anwendung der Schallemissionsanalyse in Druck- und Berstversuchen. Maschinenbautechnik 30 (1981) 2, S. 84
[6.18] Nondestructive Testing Standards – A Review ASTM STP 624. (Hrsg.: *Berger, H.*). American Society for Testing and Materials 1977
[6.19] *McMaster, R. C.:* Non-Destructive Testing Handbook. New York: Ronald Press 1959
[6.20] *Förster, F.:* Theoretische und experimentelle Ergebnisse des magnetischen Streuflußverfahrens. Materialprüf. 23 (1981) 11, S. 372
[6.21] *Förster, F.:* Theoretische und experimentelle Grundlagen der zerstörungsfreien Werkstoffprüfung mit Wirbelstromverfahren. Z. Metallkde. 43 (1952) S. 163
[6.22] *Förster, F.:* Induktive Verfahren, Abschnitt D. In: Handbuch der Werkstoffprüfung. I. 2. Aufl. Berlin, Göttingen, Heidelberg: Springer-Verlag 1958
[6.23] *May, W.:* Untersuchungen zur Rißerkennung in metallischen Bauteilen mit Hilfe der Doppelimpuls-Holographie. Hannover: Universität, Diss., 1978

Standards (Auswahl)

TGL 10646	Zerstörungsfreie Prüfung
	01 Bewertung und Klassifikation von Schweißfehlern an Hand von Radiogrammen
	03 Prüfung von Schweißverbindungen metallischer Werkstoffe mit Röntgen- und Gammastrahlen
	04 Kontrolle der Bildgüte von Röntgen- und Gammafilmaufnahmen an metallischen Werkstoffen
TGL 13897	Zerstörungsfreie Prüfung von Gußstücken
	01 Verfahren und Anwendungen
	02 Auswertung von Radiogrammen
TGL 143-102	Röntgenfilm-Aufnahmematerialien; Röntgen-Blattfilm; Abmessungen
TGL 143-408/05	Empfindlichkeitsbestimmung von Fotomaterial
TGL 143-408/06	
TGL 200-1548	Radiologische Technik
RS 772-66	Gamma-Defektoskopie
RS 773-66	
RS 774-66	
RS 1697-69	Gamma-Defektoskopie
TGL 15003, Bl. 1	Zerstörungsfreie Werkstoffprüfung; Ultraschallprüfung; Begriffe der Ultraschall-Materialprüfung
TGL 15003, Bl. 2	Kontrollkörper Nr. 1 und seine Verwendung zur Justierung und Kontrolle von Ultraschall-Impuls-Echo-Geräten
TGL 15003, Bl. 3	Kontrollkörper Nr. 2 und seine Verwendung zur Justierung und Kontrolle von Ultraschall-Impuls-Echo-Geräten
TGL 15003, Bl. 4	AVG-Diagramm
TGL 15003, Bl. 10	Zerstörungsfreie Prüfung; Ultraschallprüfung; Prüfung von Blechen und Bändern
TGL 15003, Bl. 11	Zerstörungsfreie Prüfung; Ultraschallprüfung; Schweißnahtprüfung
TGL 31891/01	Zerstörungsfreie Werkstoffprüfung; Magnetpulververfahren; Grundlagen
TGL 18780/06	Korrosionsschutz; Bestimmung der Dicke von Schichten; Magnetische und magnetinduktive Werkstoffprüfung
TGL 29111/02	Zerstörungsfreie Werkstoffprüfung; Schichtdickenmessung; Thermoelektrische Verfahren

7. Physikalische Prüfverfahren

Physikalische Prüfverfahren dienen der Ermittlung von Kennwerten physikalischer Werkstoffeigenschaften bezüglich ihrer Größe und Abhängigkeit von verschiedenen Einflußfaktoren, wie Temperatur, Druck, Zusammensetzung u. a. Daneben finden die Verfahren der messenden Physik zunehmend Anwendung, um die Gebrauchseigenschaften der Werkstoffe zu bestimmen bzw. eine zerstörungsfreie Qualitäts- und Fehlerprüfung vorzunehmen (s. Kapitel 6.).

7.1. Messung mechanischer Eigenschaften

7.1.1. Dichte

Mit der Bestimmung der Dichte ist mit einfachen Mitteln eine Vorentscheidung zur Identifizierung des Werkstoffes möglich. Die Dichte eines Stoffes ist der Quotient aus der Masse m und dem Volumen V:

$$\varrho = \frac{m}{V} \quad \text{in g cm}^{-3} \text{ bzw. kg dm}^{-3} \tag{7.1}$$

An fasrigen, porösen und körnigen Stoffen wird zwischen der *Reindichte* und der *Rohdichte* (Schüttdichte) unterschieden. Die Reindichte wird auf das Volumen des Feststoffes allein, die Rohdichte auf das Volumen der ganzen Stoffmenge einschließlich der Zwischenräume (z. B. Poren) bezogen.
Die *relative Dichte* d ist das Verhältnis der Dichte eines Stoffes ϱ zu der Dichte eines Bezugsstoffes ϱ_0 unter Bedingungen, die gesondert anzugeben sind:

$$d = \frac{\varrho}{\varrho_0} \tag{7.2}$$

Mit der nach Gl. (7.1) gegebenen Begriffsbestimmung erfordert die Dichtemessung die Kenntnis des Volumens und der Masse. Die Massebestimmung erfolgt dazu durch Wägung mittels Schnell- und Analysenwaagen. Die einfachste Methode zur Volumenbestimmung ist das Ausmessen mittels Meßstabs. Das ist aber nur bei einfacher Gestalt der Probe möglich. Bei unregelmäßiger Gestalt und bei zerkleinerten Substanzen kann das Volumen indirekt bestimmt werden, indem man den Prüfkörper in ein mit Flüssigkeit gefülltes kalibriertes Gefäß eintaucht und den scheinbaren Volumenzuwachs der Flüssigkeit mit einem Meßzylinder, Meßkolben oder durch Wägung mit einem Pyknometer feststellt. Die erreichte Genauigkeit ist dabei gering. Als Flüssigkeiten werden meist Alkohol, Benzol oder Toluol verwendet, da sie viele Stoffe gut benetzen und nicht lösen.

Die *Auftriebsverfahren* benutzen das Archimedessche Prinzip, nach dem ein in Flüssigkeit eingetauchter Körper so viel von seiner Masse verliert, wie die verdrängte Flüssigkeit wiegt.
Mit einer hydrostatischen Waage (*Mohrsche Waage*, Bild 7.1) wägt man zunächst den Prüfkörper in Luft (m_1), dann auf der Waagschale unter Wasser (m_2). Für die gewünschte Dichte ergibt sich

$$\varrho = \frac{m_1}{m_1 - m_2} \varrho_W \tag{7.3}$$

wobei ϱ_w die Dichte des Wassers ist. Wird das Verhältnis der Waagebalken 10:1 gewählt, kann die Meßgenauigkeit gegen eine gleichartige Waage verzehnfacht werden. Ein ähnlicher Meßvorgang ist bei Benutzung der *Jollyschen Federwaage* gegeben, bei der die Balkenwaage in Bild 7.1 durch eine Federwaage ersetzt ist. Die *Nicholsonsche Senkwaage* dient zur Bestimmung von Masse und Volumen. Sie besteht aus einem spindelförmigen, hohen Schwimmer, der oben und unten Waagschalen trägt. Die Probe wird einmal in Wasser und einmal in Luft gewogen, indem sie auf die entsprechende Waagschale gelegt und der Schwimmer durch Zufügen von Massestücken bis zu einer bestimmten Marke eingetaucht wird. Der Masseunterschied Waage leer gegen Probe oben ergibt die Masse; der Masseunterschied oben gegen unten das Volumen.

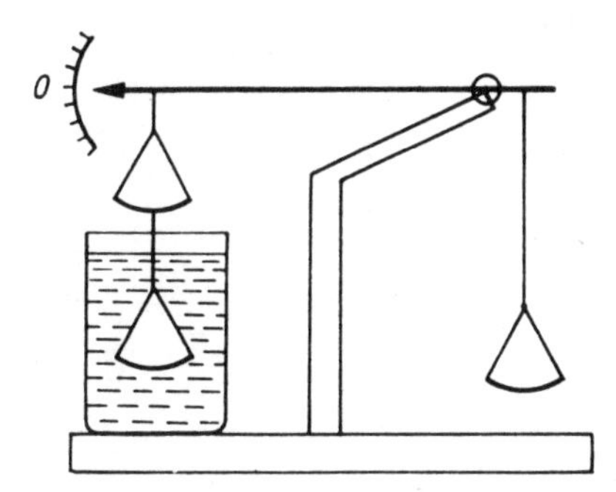

Bild 7.1. Hydrostatische Waage

Bei den beschriebenen Auftriebsverfahren wird der Auftrieb des Prüfkörpers in Luft vernachlässigt. Für genaue Messungen (Richtigkeit in der 3. und 4. Dezimale) ist die Dichte deshalb auf den leeren Raum zu reduzieren:

$$\varrho = \frac{m_1}{m_1 - m_2} (\varrho_W - \varrho_L) + \varrho_L \tag{7.4}$$

ϱ_L Dichte der Luft

Mit hohem experimentellem Aufwand und geeigneten Flüssigkeiten sind mit Auftriebsverfahren Gesamtfehler kleiner 10^{-5} möglich, so daß über eine Dichtebestimmung Strukturdefekte nachweisbar sind. Leerstellen, Frenkelpaare, Versetzungen, Großwinkelkorngrenzen, Poren und Risse setzen die Dichte herab, während Zwischengitteratome die Dichte im allgemeinen erhöhen.
Schwebemethoden werden angewendet, wenn die Stoffe in kleinen Stücken oder in Pulverform vorliegen. Die zu untersuchende Substanz wird in einer mit ihr nicht reagierenden Flüssigkeit zum Schweben gebracht. Dies gelingt durch Mischung zweier Flüssigkeiten, von denen die eine schwerer, die andere leichter als der zu prüfende Stoff ist. Dieses Verfahren ist z. B. für die Unterscheidung von Aluminiumlegierungen

geeignet, wenn als Flüssigkeit Acetylentetrabromid ($\varrho = 2{,}97$ bis $3{,}00\ \mathrm{g\,cm^{-3}}$) mit einigen Tropfen Benzol ($\varrho = 0{,}879\ \mathrm{g cm^{-3}}$) verwendet wird. Es lassen sich hierdurch folgende Aluminiumlegierungen unterscheiden:

AlCuMg ($\varrho = 2{,}80\ \mathrm{g\,cm^{-3}}$), AlMn ($\varrho = 2{,}75\ \mathrm{g\,cm^{-3}}$), AlMgSi, AlMgMn ($\varrho = 2{,}70\ \mathrm{g\,cm^{-3}}$), AlMg3 ($\varrho = 2{,}67\ \mathrm{g\,cm^{-3}}$), AlMg5 ($\varrho = 2{,}63\ \mathrm{g\,cm^{-3}}$), AlMg7 ($\varrho = 2{,}60\ \mathrm{g\,cm^{-3}}$).

Weitere geeignete Flüssigkeitsgemische bestehen aus Chloroform, Äthyljodid, Bromoform oder Methylenjodid mit Benzol, Toluol, Xylol oder auch wäßrigen Lösungen von Kaliumquecksilberjodid (*Thouletsche Lösung*, bis $\varrho = 3{,}2\ \mathrm{g\,cm^{-3}}$).

Bei dem *volumenometrischen Verfahren* wird die zu untersuchende Substanz in ein mit Gas gefülltes Volumen V_1 beim Druck p_1 gebracht. Danach wird mit einem Druck p_2 auf das Volumen V_2 komprimiert.

Für das Volumen des Stoffes folgt:

$$V = \frac{V_2 p_2 - V_1 p_1}{p_2 - p_1} \tag{7.5}$$

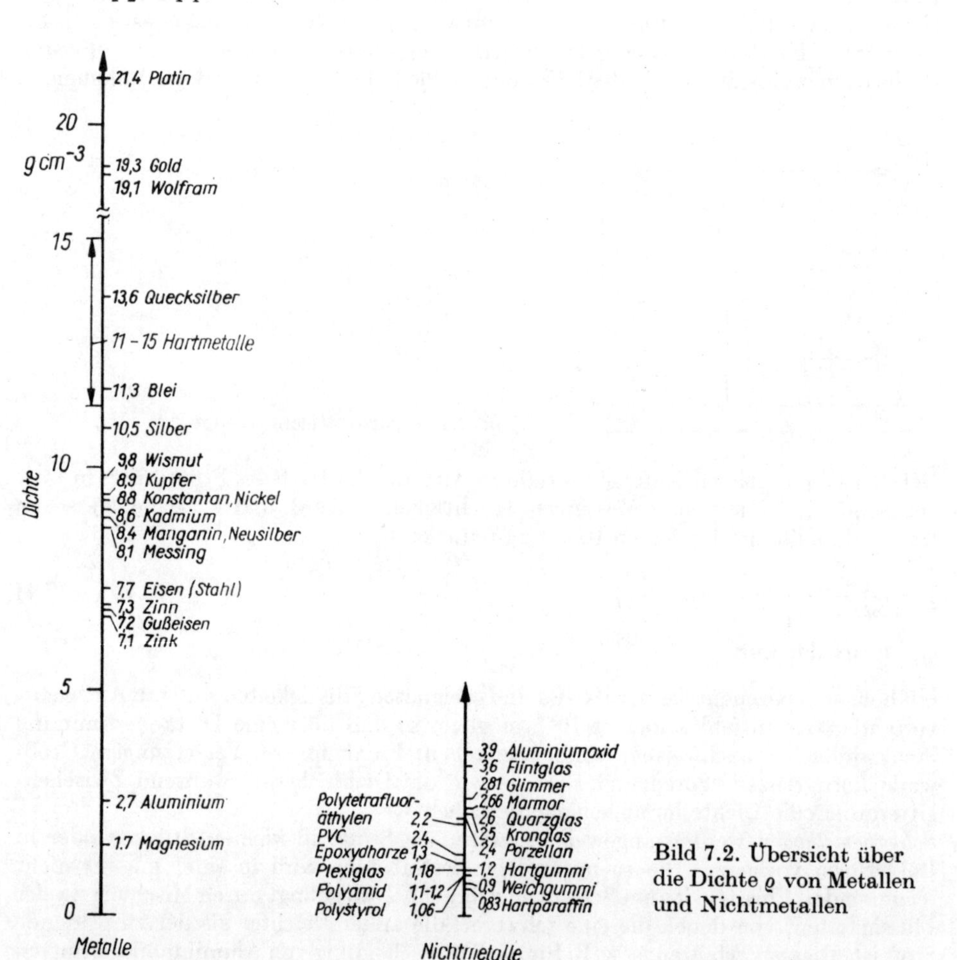

Bild 7.2. Übersicht über die Dichte ϱ von Metallen und Nichtmetallen

Diese Methode hat sich vorwiegend für solche Stoffe wie Kokspulver, Papier u. ä. bewährt, die nicht mit Flüssigkeit in Berührung kommen dürfen. Sie ist auch für verflüssigte und feste Gase geeignet.
Für die Bestimmung der Dichte von Flüssigkeiten sind die Wäge- und Auftriebsverfahren sinngemäß anzuwenden. Am bequemsten und schnellsten ist aber die Verwendung von *Skalenaräometern* (Senkspindeln), bei denen man in den meisten Fällen genügend genau aus der Eintauchtiefe auf die Dichte schließen kann.
In Bild 7.2 sind die Dichten der wichtigsten metallischen und nichtmetallischen Werkstoffe dargestellt. Daran wird deutlich, welche Stoffe durch Dichtebestimmung identifiziert werden können. Beispielsweise ist Polyamid von Polystyrol zu unterscheiden, nicht aber von Piacryl (Plexiglas).

7.1.2. Elastische Konstanten

Eine Verformung, die ein Körper unter Einwirkung äußerer Kräfte erfährt, heißt elastisch, wenn er nach Abschluß der Krafteinwirkung vollständig und verzögerungsfrei in seine Ausgangsform zurückkehrt. Sind die elastischen Verformungen hinreichend klein, dann besteht Proportionalität zwischen den wirkenden Spannungen und den relativen Formänderungen (*Hookesches Gesetz*, vgl. Abschnitt 2.1.1.1.).
In der allgemeinen Form mit sechs Spannungs- bzw. Dehnungskomponenten lautet diese Beziehung:

$$[\sigma] = [C]\,[\varepsilon] \tag{7.6}$$

wobei die Steifigkeitsmatrix [C] 21 unabhängige Elemente, die *elastischen Konstanten*, enthält. Durch die Symmetrieeigenschaften der Kristalle wird die Anzahl dieser Elemente reduziert, und für einen völlig isotropen Werkstoff sind zwei voneinander unabhängige Konstanten zur Kennzeichnung des elastischen Zustandes ausreichend.
Bei einem einachsigen Spannungszustand, der in einem zylindrischen Stab bei Dehnung in seiner Längsrichtung vorliegt (Zugversuch), nimmt das Hookesche Gesetz folgende spezielle Form an:

$$\sigma = E\varepsilon \tag{7.7}$$

E Elastizitätsmodul

Für diese Beanspruchung der Probe ist die relative Längenänderung ε mit der relativen Änderung ihrer Querdimension ε_q verbunden. Ihr Verhältnis ergibt die *Poissonsche Querkontraktionszahl*

$$\mu = \frac{\varepsilon_q}{\varepsilon} \tag{7.8}$$

Der Wert für μ ist bei isotropen Festkörpern $0 < \mu < 0{,}5$.

Wird die Querkontraktion durch außen an die Mantelfläche des Stabes angreifende Kräfte verhindert, d. h., ist $\varepsilon_q = 0$, folgt

$$\sigma = L\varepsilon \tag{7.9}$$

Der damit eingeführte *Longitudinalwellenmodul* (Plattenmodul) $L \geqq E$ hat besondere Bedeutung für die Ausbreitung von Longitudinalwellen in Festkörpern.
Beim standardisierten Zugversuch (Abschnitt 2.1.1.1.) ist anstelle σ R zu schreiben.

Durch Wirkung einer reinen Schubspannung τ tritt eine Winkelverzerrung γ (Schiebung, Scherung) auf. Es gilt dann als Hookesches Gesetz

$$\tau = G\gamma \tag{7.10}$$

G Gleitmodul (Schub-, Scherungs- oder Torsionsmodul)

Ein allseitig auf einen Prüfkörper wirkender Druck p hat eine relative Volumenänderung $\Delta V/V$ zur Folge. Dafür gilt

$$p = -K\frac{\Delta V}{V} \tag{7.11}$$

K Kompressionsmodul

Die Beziehungen zwischen diesen elastischen Konstanten sind in Tabelle 7.1 dargestellt.

Tabelle 7.1. Zusammenhang zwischen den elastischen Konstanten

Elastische Konstante	ausgedrückt durch			
	E, G	E, μ	G, μ	G, K
E =	E	E	$2G(1+\mu)$	$\frac{9KG}{3K+G}$
G =	G	$\frac{E}{2(1+\mu)}$	G	G
K =	$\frac{EG}{3(3G-E)}$	$\frac{E}{3(1-2\mu)}$	$\frac{2G(1+\mu)}{3(1-2\mu)}$	K
μ =	$\frac{E}{2G}-1$	μ	μ	$\frac{3K-2G}{2(3K+G)}$
L =	$\frac{4G-E}{3-\frac{E}{G}}$	$\frac{E(1-\mu)}{(1+\mu)(1-2\mu)}$	$\frac{2G(1-\mu)}{1-2\mu}$	$K+\frac{4}{3}G$

Je nachdem, ob die Verformung isotherm oder adiabatisch abläuft, werden verschiedene Werte der elastischen Konstanten erhalten:

$$\frac{1}{E_{ad}} = \frac{1}{E_{is}} - \frac{\alpha^2 T}{\varrho c_p} \tag{7.12}$$

$$\frac{1}{K_{ad}} = \frac{1}{K_{is}} - \frac{\beta^2 T}{\varrho c_p} \tag{7.13}$$

T absolute Temperatur
α und β linearer bzw. kubischer thermischer Ausdehnungskoeffizient
ϱ Dichte
c_p spezifische Wärmekapazität bei konstantem Druck

Der Longitudinalwellenmodul L ist definitionsgemäß identisch mit dem adiabatischen Elastizitätsmodul E_{ad}. Der Unterschied zwischen E_{ad} und E_{is} ist kleiner als 0,5%; bei $\mu = 0{,}5$ verschwindet er völlig.

Für anisotrope Stoffe gelten die einfachen Zusammenhänge nach Tabelle 7.1 nicht. In diesem Fall ist durch eine Orientierungsuntersuchung zu sichern, daß die Beanspruchungsrichtung mit der Richtung der vorgegebenen kristallographischen Achse übereinstimmt (s. auch Abschnitt 8.3.2.).
Bei der Messung der elastischen Konstanten ist eine Unterscheidung in statische und dynamische Verfahren zweckmäßig, da die zugrunde liegenden Methoden grundsätzlich verschieden sind. Der Vorteil der dynamischen Verfahren liegt insbesondere in der Vermeidung einer überelastischen Beanspruchung des Werkstoffes.
Das bekannteste statische Verfahren zur Bestimmung des Elastizitätsmoduls ist der Zugversuch (Abschnitt 2.1.1.1.). Der Elastizitätsmodul kann nach Gl. (7.7) ermittelt werden, wenn Spannungs- und Dehnungswerte unterhalb der Elastizitätsgrenze R_p benutzt werden. Liegt als Ergebnis dieses Versuches die Spannungs-Dehnungs-Kurve eines Werkstoffes vor, läßt sich der Elastizitätsmodul aus dem Anstieg der Hookeschen Gerade ermitteln. Dazu sind Feindehnungsmessungen unter Verwendung des Martensschen Spiegelgerätes, Dehnungsmeßstreifen oder elektrische Wegaufnehmer (Kapitel 8) erforderlich.
In vielen Fällen sind die Verfahren der Dehnungsmessung nicht anwendbar. Beispielsweise können kleine Kriställchen nicht fest eingespannt werden. Der Elastizitätsmodul läßt sich dann oft aus Biegeversuchen hinreichend genau ermitteln.
Zur statischen Bestimmung des Schubmoduls haben nur solche Methoden Bedeutung erlangt, die die Torsion stabförmiger Proben benutzen (Abschnitt 2.1.1.4.). Der Prüfkörper wird dazu an einem Ende fest eingespannt. Das andere Ende erfährt durch ein angreifendes Drehmoment M_t eine Winkelverdrehung ψ. Für einen kreiszylindrischen Stab mit dem Durchmesser d und der freien Länge L folgt der Schubmodul

$$G = \frac{32 M_t L}{\pi d^4 \psi} \tag{7.14}$$

Die Winkelverdrehung ψ über die Meßlänge L kann mit zwei aufgesetzten Spiegeln optisch gemessen werden.
Die Poissonsche Querkontraktionszahl μ kann ebenfalls im Zugversuch ermittelt werden, wenn die Längsdehnung ε und die Querverformung ε_q eines Probestabes gemessen wird. Im allgemeinen sind wegen der relativ kleinen Querdimensionen empfindliche Methoden notwendig, z. B. Spiegelablesung hoher Übersetzung, elektrische Feindehnungsmesser oder interferometrische Methoden.
Mit *dynamischen Methoden* werden die elastischen Moduln aus zeitlich veränderlichen, meist sinusförmigen Vorgängen abgeleitet. Es werden verschiedene Methoden angewendet, die sich in der Prüffrequenz unterscheiden. *Niederfrequenzmethoden* benutzen Wellenlängen, die groß sind gegen die Abmessungen des Prüfkörpers. Die Probe stellt eine Feder dar, die zeitlich sinusförmig verformt wird. Mit einer zusätzlichen Masse entsteht ein System, dessen Eigen- und Resonanzschwingungsverhalten untersucht wird (Pendelverfahren). Für *mittelfrequente Verfahren* wird die Wellenlänge vergleichbar mit den Abmessungen des Prüfkörpers, der in Form von Stäben und Platten vorliegen kann. Wird die Schwingung nur gering gedämpft, werden Resonanzfrequenzen und Dämpfungsgrößen gemessen. Bei großer Dämpfung untersucht man fortschreitende Wellen auf Stäben oder Platten. *Hochfrequenzmethoden* verwenden Wellenlängen, die klein sind gegenüber sämtlichen Probenabmessungen. Im folgenden werden die wichtigsten Verfahren dazu näher beschrieben.
Unter den Niederfrequenzgeräten hat das Torsionspendel nach *Kê* (direktes Pendel) besondere Bedeutung erlangt. Es kann darüber hinaus auch zur Untersuchung des anelastischen Verhaltens der Werkstoffe benutzt werden. Wie Bild 7.3 zeigt, ist die

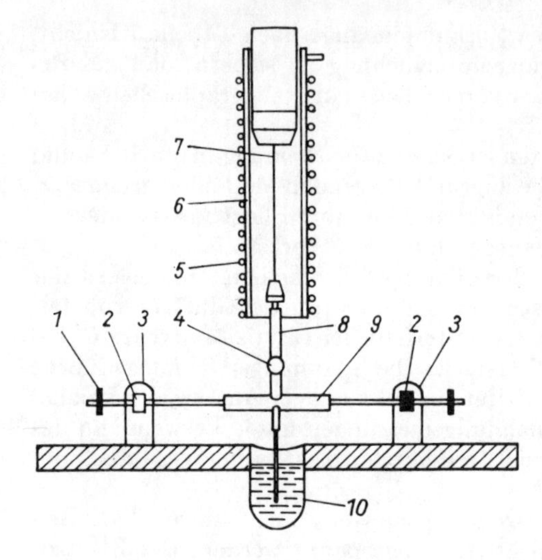

Bild 7.3. Aufbau eines Torsionspendels nach *Kê*

1 Zusatzmassestück
2 Weicheisenplättchen
3 Elektromagnet
4 Spiegel
5 Heizwicklung
6 Kühlmantel
7 Probe
8 Pendel
9 Torsionsstab
10 Ölbad

zu untersuchende Drahtprobe (*7*) das elastische Element des Pendels (*8*). Zur Untersuchung der Temperaturabhängigkeit ist die Probe von einem Kühlmantel (*6*) aus einem doppelwandigen Kupferrohr und einem Ofen (*5*) umgeben. Die Temperatur kann mit einem Thermoelement bestimmt werden. Das untere Ende des Pendels taucht in ein Ölbad (*10*), um Torkelschwingungen zu vermeiden. Die Verdrehung des Pendels wird über den Spiegel (*4*) an einer Skala beobachtet. An dem Torsionsstab (*9*) sind Zusatzmassestücke (*1*) zur Änderung des Trägheitsmomentes und zwei Weicheisenplättchen (*2*) angebracht. Ein kurzer Stromstoß durch die Elektromagnete (*3*) bewirkt eine kurzzeitige Anziehung der Weicheisenplättchen (*2*), wodurch Torsionsschwingungen erzeugt werden.

Die Frequenz f des Torsionspendels wird bestimmt durch

$$f = \frac{1}{2\pi} \frac{D}{J_a} \tag{7.15}$$

wobei J_a das axiale Trägheitsmoment des Pendels und D die Direktionskraft des Drahtes ist. Die Direktionskraft ist durch das verursachte Drehmoment und die Winkelverdrehung ψ gegeben:

$$D = \frac{M}{\psi} \tag{7.16}$$

Damit folgt der Schubmodul G für einen Draht mit dem Durchmesser d und der Länge l zu

$$G = \frac{128\,\pi l J_a f^2}{d^4} \tag{7.17}$$

Die hauptsächlichen Nachteile des Torsionspendels nach *Kê* werden durch den Aufbau eines indirekten Pendels aufgehoben. Eine äußere Dämpfung der Schwingung durch Luftreibung wird durch Einbau der Probe in eine Vakuumkammer ausgeschlossen. Die Belastung der Drahtprobe durch die Torsionsmasse entfällt, wenn diese zwischen zwei Hilfsdrähte gespannt und die aus zwei Spiralen gebildete Probe dadurch völlig entlastet wird.

Das Pendelelastizimeter nach *Sorin* ist besonders brauchbar zur Prüfung von Polymeren, da diese infolge ihres großen Fließvermögens und der starken Dämpfung die Anwendung von dynamischen Verfahren nur zum Teil gestatten. Die Probe wird als elastisches Koppelglied zwischen zwei identischen Schwerependeln angebracht, deren Frequenz gut übereinstimmen muß. Die entstehende Schwebung wird beobachtet und daraus der Elastizitätsmodul abgeleitet.

Hochfrequenzgeräte bestimmen die elastischen Moduln durch Messung der Schallausbreitungsgeschwindigkeit v in festen Körpern. Zwischen der Schallgeschwindigkeit v und den Moduln M eines Werkstoffs der Dichte ϱ besteht der allgemeine Zusammenhang

$$M = \varrho v^2 \tag{7.18}$$

Für die Geschwindigkeit von Dehnwellen $v = v_D$ in Stäben ergibt sich $M = E$, für die Geschwindigkeit von Transversalwellen $v = v_T$ in ausgedehnten Körpern oder von Torsionswellen längs kreiszylindrischer Proben $M = G$, für die Geschwindigkeit von Longitudinalwellen $v = v_L$ in ausgedehnten Körpern $M = L$. Die Geschwindigkeit von Biegewellen $v = v_B$ längs eines Stabes ist frequenzabhängig und gehorcht Gl. (7.18) nicht. Durch Messung der Geschwindigkeiten $v = v_L$ und $v = v_T$ kann der Elastizitätsmodul E bestimmt werden, wenn die Dichte ϱ des Werkstoffs bekannt ist (Abschnitt 6.2.1.2.).

Für die Anregung und die Aufnahme der mechanischen Schwingung eines Prüfkörpers werden folgende Möglichkeiten genutzt:

a) Elektrostatisch: Die Ankopplung ist kapazitiv.
b) Magnetisch: Ein wechselstromgespeister Elektromagnet regt die ferromagnetische Probe an. Nichtferromagnetische Proben können mit ferromagnetischen Enden beklebt werden.
c) Elektrodynamisch: Eine Schwingspule wirkt mechanisch auf die Probe.
d) Durch Wirbelstrom: Eine erregende Wechselstromspule sitzt über dem Ende der metallischen Probe.
e) Piezoelektrisch: Ein Piezokristall kann auf die Probenenden aufgeklebt werden, oder die Übertragung von Schwingungen erfolgt mechanisch mittels eines Drähtchens zwischen Probe und Kristall. Der Kristall wird durch ein elektrisches Wechselfeld angeregt.
f) Magnetostriktiv: Die Anregung erfolgt bei ferromagnetischen Proben bzw. Probenenden durch ein magnetisches Wechselfeld. Dabei kann die Längen- oder Volumen-Magnetostriktion ausgenutzt werden.

Für Sender und Empfänger können verschiedene Ankopplungssysteme gewählt werden. Zur Ermittlung der Schallgeschwindigkeiten sind zwei Methoden gegeben:

- Laufzeitmessungen mit Ultraschallwellen oder -impulsen
- Eigenschwingungen von Stäben bzw. Platten

Bei bekannter Länge der Probe reduziert sich die Geschwindigkeitsmessung auf eine Zeitmessung. Mit dem Impuls-Laufzeit-Verfahren (Abschnitt 6.2.2.2.) kann die Laufzeit auf einem Oszillographen zur Anzeige gebracht werden.

Zu Ultraschallschwingungen erregte durchsichtige isotrope Prüfkörper können mit einem konvergierenden Strahlenbündel durchstrahlt werden. Auf einem Beobachtungsschirm erhält man anstelle eines einzigen Lichtflecks ein Beugungsbild aus zwei konzentrischen Ringen (*Elastogramm*). Bild 7.4 zeigt die dazu benutzte Versuchsanordnung. Das Licht einer Bogenlampe (*1*) wird über den Monochromator (*2*), das

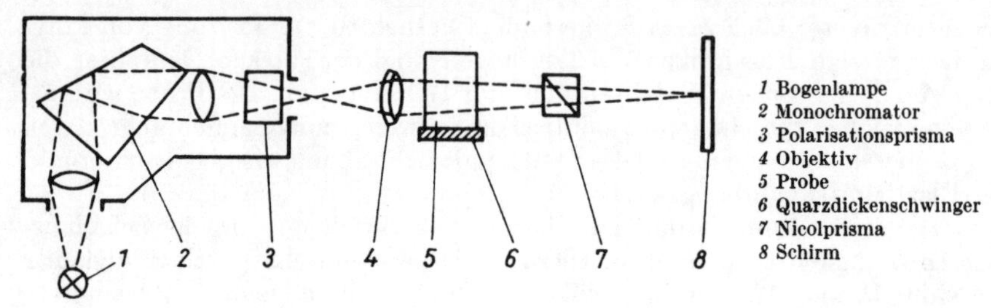

Bild 7.4. Messung der elastischen Konstanten durch Lichtbeugung (nach [7.1.])

Polarisationsprisma (*3*) und das Objektiv (*4*) auf dem Schirm (*8*) abgebildet. In den Strahlengang werden die Probe (*5*) und das Nicolprisma (*7*) als Analysator eingebracht. Die Probe ist direkt auf dem Quarzdickenschwinger (*6*) aufgesetzt, dessen Eigenfrequenzen zwischen 3 und 15 MHz liegen. Sind r_1 und $r_2 < r_1$ die beiden Beugungsradien, dann ergibt sich für die Poissonsche Querkontraktionszahl

$$\mu = \frac{1 - 2(r_2/r_1)^2}{2 - 2(r_2/r_1)^2} \tag{7.19}$$

und für den Schubmodul

$$G = \frac{f^2 \lambda_L l_a^2 \varrho}{r_1} \tag{7.20}$$

f Ultraschallfrequenz
λ_L benutzte Lichtwellenlänge
l_a Abstand Probe–Schirm
ϱ Dichte

Die besonderen Vorteile dieses Verfahrens sind die gleichzeitige Messung der elastischen Konstanten μ und G sowie die Nachwirkungsfreiheit. Es wird hauptsächlich zur Untersuchung optischer Gläser angewendet.
Ein an den Enden eingespannter und zu Eigenschwingungen angeregter Stab der Länge l schwingt so, daß in der Mitte ein Schwingungsbauch entsteht. Für die Grundschwingung der Eigenfrequenz f gilt für die Ausbreitungsgeschwindigkeit einer Dehnwelle

$$v_D = 2lf \tag{7.21}$$

und für die n-te Oberschwingung

$$v_{D_n} = \frac{2lf_n}{n} \quad (n = 2, 3, 4 \ldots) \tag{7.22}$$

Daraus folgt für den Elastizitätsmodul mit Gl. (7.18)

$$E = \frac{4l^2 \varrho f_n^2}{n^2} \tag{7.23}$$

Der Einfluß der Querkontraktion kann vernachlässigt werden, wenn die Stablänge sehr viel größer als sein Durchmesser ist.
Dieses Meßprinzip wird in dem »*Elastomat*« nach *Förster* verwirklicht (Bild 7.5). Die zylindrische Probe P ist dämpfungsarm aufgehängt. Die Schwingungen des elektrodynamischen oder piezoelektrischen Erregersystems G werden über einen dünnen

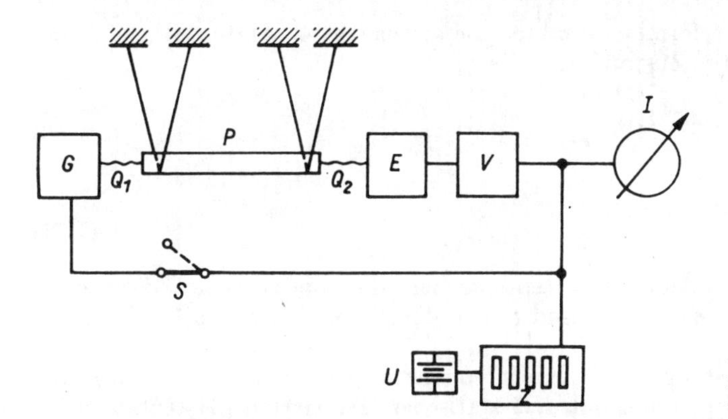

Bild 7.5. Prinzip des Elastomat

federnden Quarzfaden Q_1 zugeführt und an der anderen Stirnseite über den Quarzfaden Q_2 zum Empfängersystem E abgeleitet, das über den Verstärker V mit dem Oszillator G rückgekoppelt wird. Dadurch erhält sich die Schwingung von selbst aufrecht. Die Eigenfrequenz f wird durch ein elektronisches Zählgerät Z gezählt. Die Quarzuhr U stoppt den Zählvorgang nach vorgegebener Zeit. Die Genauigkeit des Verfahrens ist 10^{-4} bis 10^{-5}. Durch exzentrisches Ankoppeln von Erreger- und Empfangssystem an den Enden senkrecht zur Stabachse wird der Stab zu Torsionsschwingungen angestoßen, woraus sich der Schubmodul G berechnen läßt. In einem zugehörigen Röhrenofen kann die Probe bis auf 1300 K erhitzt werden. Außer den Eigenfrequenzen kann mit dem »Elastomat« auch die innere Dämpfung gemessen werden, die das anelastische Verhalten beschreibt.

7.1.3. Anelastische Eigenschaften

Bei der Bestimmung des Elastizitätsmoduls können sich Unterschiede ergeben, je nachdem, ob die Messung mit statischen oder dynamischen Methoden erfolgt. Das gilt auch, wenn bei den Schwingungsvorgängen die äußere Reibung, z. B. mit dem umgebenden Gas, durch experimentelle Vorkehrungen ausreichend klein gehalten wurde. Die innere Reibung infolge von Bewegungsvorgängen im Material selbst bedingt einerseits eine Zeitabhängigkeit der elastischen Deformation (elastische Nachwirkung), andererseits einen Unterschied der Gleichgewichtsdeformationen bei Be- und Entlastung (mechanische Hysterese). Diese Erscheinungen werden als anelastisches Verhalten der Werkstoffe bezeichnet und sind von dem plastischen Verhalten zu unterscheiden, bei dem Formänderungen nach der Krafteinwirkung verbleiben.
Bei unendlich langsamer Verformung kann sich zu jeder Spannung der Gleichgewichtszustand einstellen. Unterhalb der Elastizitätsgrenze gilt das Hookesche Gesetz, aus dem der *relaxierte Elastizitätsmodul* folgt:

$$\left(\frac{\sigma}{\varepsilon}\right)_{\mathrm{r}} = E_{\mathrm{r}} \tag{7.24}$$

Für das Verhältnis σ/ε bei unendlich schneller Verformung wird der *unrelaxierte Elastizitätsmodul* eingeführt:

$$\left(\frac{\sigma}{\varepsilon}\right)_{\mathrm{u}} = E_{\mathrm{u}} \tag{7.25}$$

Für beliebige endliche Verformung erfahren die unrelaxierten Werte zeitliche Änderungen, die den relaxierten Zustand anstreben:

$$\Delta\sigma = \Delta\sigma_\infty \left(1 - e^{-\frac{t}{\tau_\sigma}}\right) \tag{7.26}$$

und

$$\Delta\varepsilon = \Delta\varepsilon_\infty \left(1 - e^{-\frac{t}{\tau_\varepsilon}}\right) \tag{7.27}$$

wobei $\Delta\sigma_\infty$ und $\Delta\varepsilon_\infty$ den Änderungen entsprechen, die zum Erreichen des Gleichgewichtszustands notwendig sind. τ_σ und τ_ε sind die Relaxationszeiten für die Spannung und Deformation.

Mit sinusförmigen Belastungen der Kreisfrequenz ω kann man einen *komplexen Elastizitätsmodul* E^* festlegen, der mit dem statischen, relaxierten Elastizitätsmodul in folgendem Zusammenhang steht:

$$E^* = E_\omega + iE_\delta = E_r \left[\frac{1 + \omega^2\tau_\sigma\tau_\varepsilon}{1 + \omega^2\tau_\sigma^2} + i\,\frac{\omega(\tau_\varepsilon - \tau_\sigma)}{1 + \omega^2\tau_\sigma^2}\right] \tag{7.28}$$

Dabei wird E_ω als *dynamischer* oder *Speichermodul* und E_δ als *Verlustmodul* bezeichnet.

Als Maß für die *Dämpfung* wird der Tangens des Phasenwinkels δ benutzt, um den die Spannung der Dehnung vorauseilt. Es gilt

$$\tan\delta = \frac{E_\delta}{E_\omega} = \frac{\omega(\tau_\varepsilon - \tau_\sigma)}{1 + \omega^2\tau_\varepsilon\tau_\sigma} \tag{7.29}$$

Für $\tan\delta$ ist auch die Bezeichnung Q^{-1} gebräuchlich.

Bildet man das geometrische Mittel der Relaxationszeiten

$$\tau_r = (\tau_\varepsilon\tau_\sigma)^{1/2} \tag{7.30}$$

so folgt für den dynamischen Elastizitätsmodul in Abhängigkeit von der Frequenz

$$E_\omega = E_u - \frac{E_u - E_r}{1 + (\omega\tau_r)^2} \tag{7.31}$$

In Bild 7.6 ist die Frequenzabhängigkeit der Dämpfung und des dynamischen Elastizitätsmoduls dargestellt. Für den Elastizitätsmodul lassen sich danach zwei Grenzwerte angeben: Sehr hohe Frequenzen ($\omega\tau_r \gg 1$) ergeben $E_\omega = E_u$ und sehr niedrige Frequenzen ($\omega\tau_r \ll 1$) $E_\omega = E_r$.

Außer der beschriebenen Frequenzabhängigkeit bedingt der mit der inneren Reibung verbundene Phasenunterschied zwischen Spannung und Dehnung eine *mechanische*

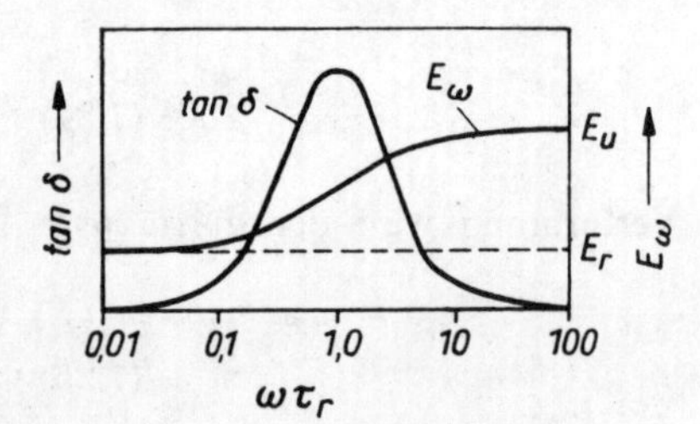

Bild 7.6. Dämpfung $\tan\delta$ und dynamischer Elastizitätsmodul E_ω in Abhängigkeit vom Produkt $\omega\tau_r$

Hysterese. Die Entstehung einer Dämpfungsschleife (Hystereseschleife) zeigt Bild 7.7. Als Maß für die Dämpfung kann die Bestimmung des *logarithmischen Dekrements* oder die *Halbwertsbreite* der Dämpfungskurve (Resonanzkurve) benutzt werden.

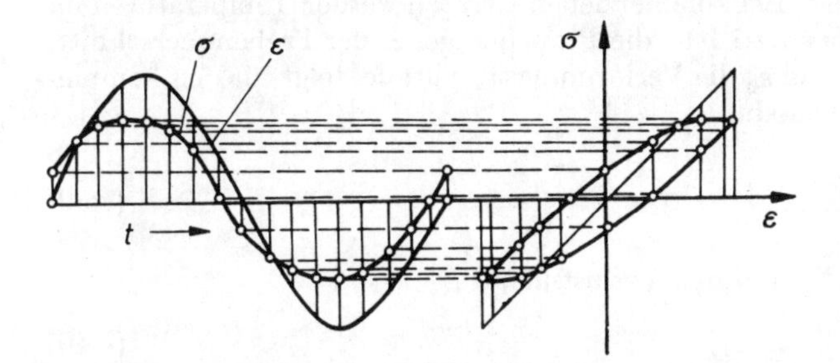

Bild 7.7. Phasenverschiebung zwischen Spannung σ und Dehnung ε und mechanische Hystereseschleife

Das logarithmische Dekrement ϑ beschreibt die Abnahme der Schwingungsamplituden a nach n Schwingungen:

$$\vartheta = \frac{1}{n} \ln \frac{a_0}{a_n} \tag{7.32}$$

Ist t_n die Zeit, in der n Schwingungen mit der Frequenz f erfolgen, dann folgt für Gl. (7.32)

$$\vartheta = \frac{1}{t_n f} \ln \frac{a_0}{a_n}. \tag{7.33}$$

Mit Gl. (7.33) ist die Dämpfungsmessung auf eine Zeitmessung zurückgeführt. Dabei ist es üblich, die Relaxationszeit $t = \tau_R$ bei $\frac{a_0}{a_n} = e$ oder die Halbwertszeit $t = \tau_H$ bei $\frac{a_0}{a_n} = 2$ zu messen.

Das logarithmische Dekrement ist nur dann amplitudenunabhängig, wenn die Dämpfungsschleife genau eine Ellipse ist. Dann besteht zwischen der Dämpfung und dem logarithmischen Dekrement der Zusammenhang

$$\tan \delta = \frac{\vartheta}{\pi} \tag{7.34}$$

Gelegentlich werden die Bezeichnungen *Neper* (np), *Bel* (b) und *Dezibel* (db) als logarithmische Dämpfungswerte benutzt. Die Bezeichnung gibt unmittelbar an, nach welcher Beziehung die Dämpfung ermittelt worden ist:

$$\vartheta = \ln \frac{a_1}{a_2} \quad \text{in np} \tag{7.35}$$

$$\vartheta' = \log \frac{a_1}{a_2} \quad \text{in b} \tag{7.36}$$

$$\vartheta'' = 10 \log \frac{a_1}{a_2} \quad \text{in db} \tag{7.37}$$

Dabei ist die Angabe des logarithmischen Dekrements als dimensionslose Zahl mit der Bezeichnung Neper identisch. Eine formale Umrechnung in die anderen Bezeichnungen ist möglich:

$$1 \text{ np} = 0{,}86859 \text{ b} = 8{,}6859 \text{ db} \tag{7.38}$$

Zur Bestimmung des komplexen dynamischen Elastizitätsmoduls nach dem *Rheovibronprinzip* kommen die zeitliche Phasenverschiebung zwischen Spannung und Verformung sowie die Integration der sich aus beiden ergebenden mechanischen Hystereseschleifen in Betracht. Bei kommerziellen Geräten werden Temperaturen im Bereich von 120 bis 600 K benutzt. Ist l die Probenlänge, A der Probenquerschnitt, σ_0 die Spannungsamplitude und ε_0 die Verformungsamplitude, folgt für den komplexen dynamischen Elastizitätsmodul

$$|E^*| = \frac{\sigma_0}{\varepsilon_0} \frac{l}{A} \tag{7.39}$$

und für den Speichermodul E_ω und den Verlustmodul E_δ

$$E_\omega = |E^*| \cos \delta \tag{7.40}$$

$$E_\delta = |E^*| \sin \delta \tag{7.41}$$

Der Vorteil dieses Verfahrens ist die Möglichkeit der Messung hoher Dämpfung, z. B. im Erweichungsbereich von Plasten und Elasten.
Die Dämpfung kann auch aus der Resonanzkurve bestimmt werden. Dazu werden die Resonanzfrequenz f_R, d. h. die Frequenz, bei der die Amplitude der Schwingung und damit die Dämpfung ein Maximum hat bzw. die anregende Frequenz mit der Eigenfrequenz übereinstimmt, und die Halbwertsbreite Δf_H, d. h. die Breite der Resonanzkurve in der Höhe der halben Maximalamplitude, bestimmt. Als Dämpfungswert wird definiert:

$$\tan \delta = \frac{\Delta f_H}{\sqrt{3} f_R} \tag{7.42}$$

Dämpfungsmessungen können mit den in Abschnitt 7.1.2. beschriebenen dynamischen Prüfmethoden durchgeführt werden.
Bild 7.8 zeigt mit dem Elastomat gemessene Resonanzkurven für Stahl (*1*). Messing(*2*) und PVC-hart (*3*). Mit Gl. (7.39) erhält man für die Dämpfung

$$\tan \delta_1 = 1{,}82 \cdot 10^{-4}$$
$$\tan \delta_2 = 3{,}04 \cdot 10^{-3}$$
$$\tan \delta_3 = 1{,}84 \cdot 10^{-2}$$

Wird die Dämpfung durch atomare Platzwechsel- und Diffusionsvorgänge bewirkt, dann ist die Relaxationszeit entsprechend der Arrhenius-Gleichung temperaturabhängig:

$$\tau = \tau_0 \exp\left(-\frac{A}{\mathrm{R}T}\right) \tag{7.43}$$

Dabei bedeuten τ_0 die reziproke Debye-Frequenz, A die Aktivierungsenergie, R die allgemeine Gaskonstante und T die absolute Temperatur.
Der Einfluß struktureller Parameter, wie innere Spannungen, Verunreinigungen, Korngröße, Ordnungsvorgänge, Legierungselemente, Kaltverformung sowie Phasenumwandlungen und Rekristallisationsvorgänge, auf die innere Dämpfung ist so groß, daß diese Einflußgrößen mit der Dämpfungsmessung zerstörungsfrei geprüft werden können.

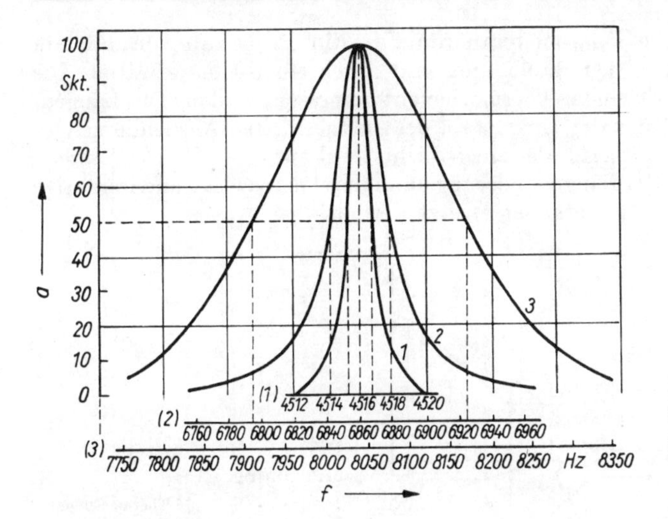

Bild 7.8. Dämpfungskurven für Stahl (*1*), Messing (*2*) und PVC-hart (*3*)

7.2. Messung thermischer Eigenschaften

7.2.1. Thermischer Ausdehnungskoeffizient

Bei Flüssigkeiten und Gasen kann infolge der großen Molekülbeweglichkeit nur eine Volumenausdehnung gemessen werden. Bei Festkörpern hängt die thermische Ausdehnung für Einkristalle von der kristallographischen Orientierung ab. Entlang einer Länge l in bestimmter Achsrichtung definiert man einen *linearen Ausdehnungskoeffizient*

$$\alpha = \frac{1}{l_0} \frac{dl}{dT} \quad \text{in K}^{-1} \tag{7.44}$$

wobei l_0 die Ausgangslänge ist.
Für isotrope Körper folgt aus Gl. (7.41) der *kubische Ausdehnungskoeffizient* zu

$$\beta = 3\alpha \tag{7.45}$$

wenn Glieder höherer Ordnung vernachlässigt werden.
Technisch ist der mittlere lineare Ausdehnungskoeffizient interessant, der sich aus der Längenänderung Δl bei der Änderung der Temperatur ΔT ergibt:

$$\bar{\alpha} = \frac{1}{l_0} \frac{\Delta l}{\Delta T} \tag{7.46}$$

Je kleiner die Temperaturdifferenz ist, um so besser stimmt $\bar{\alpha}$ mit α überein. Zur *dilatometrischen Bestimmung* des linearen thermischen Ausdehnungskoeffizienten benutzt man Gl. (7.46).
Bei den *Komparatorverfahren* wird die mit zwei Marken versehene Probe meist in einem Rohr durch ein Flüssigkeitsbad oder einen Röhrenofen erhitzt. Dabei wird die Verschiebung der Marken durch zwei Meßmikroskope beobachtet. Die Temperaturbestimmung erfolgt durch Thermoelemente bzw. Widerstandsthermometer.
Bei der *Hebel-* oder *Spiegelmethode* wird ein Ende der Probe festgelegt. Das andere drückt gegen einen kurzen Hebel, an dem ein Zeiger oder Spiegel befestigt ist.

Bild 7.9 zeigt eine einfache Dilatometeranordnung: Ein Probestab von 100 mm Länge befindet sich in einem Quarzrohr und wird durch einen Ofen erwärmt. Die Probentemperatur kann mit einem Thermoelement gemessen werden. Die Längenänderung der Probe überträgt der Quarzstab, dessen thermische Ausdehnung vernachlässigbar ist, auf einen Spiegel, der einen Lichtstrahl auf eine Skala reflektiert. Die optische Aufzeichnung der Längenänderung kann durch kapazitive und induktive Geber sowie interferometrische Methoden ersetzt werden.

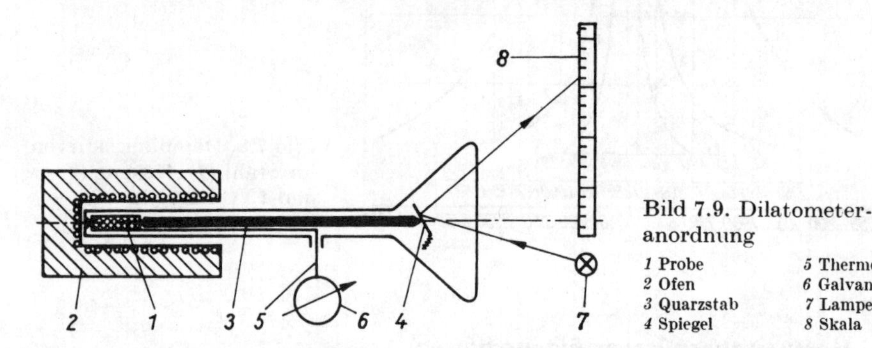

Bild 7.9. Dilatometeranordnung

1 Probe
2 Ofen
3 Quarzstab
4 Spiegel
5 Thermoelement
6 Galvanometer
7 Lampe
8 Skala

Diese absolute Methode wird zu einer relativen, wenn das feste Stabende und der Hebeldrehpunkt durch einen Werkstoff mit bekanntem Ausdehnungskoeffizienten verbunden sind, der die gleiche Temperatur wie die Probe aufweist. Als Vergleichswerkstoffe werden Invar, Jenaer Glas oder Quarzglas benutzt.
In Tabelle 7.2 sind Zahlenwerte für den linearen thermischen Ausdehnungskoeffizienten enthalten.

Tabelle 7.2. Thermische Kennwerte chemischer Elemente (linearer thermischer Ausdehnungskoeffizient α, spezifische Wärmekapazität c_p bei 293 K, spezifische Schmelzwärme l, spezifische Verdampfungswärme r, Wärmeleitfähigkeit λ bei 293 K)

Element	α in 10^{-6} K^{-1}	c_p in J g^{-1} K^{-1}	l in J g^{-1}	r in J g^{-1}	λ in W m^{-1} K^{-1}
Aluminium	23,8	0,896	397	10900	239
Beryllium	12,3	1,59	1390	32600	165
Blei	31,3	0,129	23,0	8600	34,8
Eisen	12	0,450	277	6340	80
Germanium	6	0,322	410	4600	63
Gold	14,3	0,129	2700	1650	312
Kupfer	16,8	0,383	205	4790	395
Magnesium	26	1,017	368	5420	171
Molybdän	5	0,251	290	5610	132
Nickel	12,8	0,448	303	6480	81
Platin	9,0	0,133	111	2290	70,1
Silber	19,7	0,235	104,5	2350	428
Silizium	7,6	0,703	164	14050	82
Tantal	6,5	0,138	174	4160	56
Titan	9	0,520	324	8980	22
Wolfram	4,3	0,134	192	4350	177
Zink	26,3	0,385	111	1755	112
Zinn	27	0,227	56,6	2450	65

7.2.2. Spezifische Wärmekapazität

Führt man einem materiellen System eine infinitesimale Wärmemenge dQ zu und erhöht sich dessen Temperatur um dT, so ist $\frac{dQ}{dT} = C$ die *Wärmekapazität* des Systems. Bezieht man diese auf die Masse m, dann erhält man die *spezifische Wärmekapazität*, die näherungsweise aus endlichen Wärmemengen ΔQ und Temperaturänderungen ΔT ermittelt werden kann:

$$c = \frac{\Delta Q}{m \, \Delta T} \quad \text{in J g}^{-1}\,\text{K}^{-1} \tag{7.47}$$

Leistet dieses System nur mechanische Arbeit $da = p \, dV$, so ergeben sich zwei Werte für die spezifische Wärmekapazität, je nachdem, ob der Druck p oder das Volumen V während der Wärmezufuhr konstant gehalten wird. Ihr Zusammenhang zu den thermodynamischen Zustandsgrößen ist durch folgende Beziehungen gegeben:
Für isobare Zustandsänderung (p = const):

$$c_p = \left(\frac{\partial h}{\partial T}\right) p \tag{7.48}$$

Für isochore Zustandsänderung (V = const):

$$c_V = \left(\frac{\partial u}{\partial T}\right) V \tag{7.49}$$

Dabei sind h die spezifische Enthalpie und u die spezifische innere Energie.
Bei festen Körpern wird fast ausschließlich c_p gemessen. Der allgemeine Zusammenhang zu c_V ist durch folgende Gleichung gegeben:

$$c_p = c_V + \beta^2 \frac{TK}{\varrho} \tag{7.50}$$

β kubischer Ausdehnungskoeffizient
K Kompressionsmodul
ϱ Dichte

Multipliziert man die spezifische Wärmekapazität mit der Atommasse m_A, erhält man die *Atomwärme*. Diese hat für kristalline Festkörper annähernd den Wert 25 J K^{-1} Mol^{-1} (Regel von *Dulong-Petit*):

$$C_{V\text{krist.}} = c_V m_\text{A} = 3\text{R} \approx 25 \frac{\text{J}}{\text{K Mol}} \tag{7.51}$$

$$C_{p\text{krist.}} = c_p m_\text{A} \approx 25 \frac{\text{J}}{\text{K Mol}} \tag{7.52}$$

Die Dulong-Petitsche Regel wird jedoch bei tiefen Temperaturen erheblich verletzt, da die spezifische Wärmekapazität beim absoluten Nullpunkt gegen Null strebt.
Zur Bestimmung der spezifischen Wärmekapazität werden *kalorische Methoden* benutzt. Der zu untersuchende Prüfkörper der Masse m wird in einem Vorwärmer auf die Temperatur T_2 erhitzt. Danach läßt man den Körper in ein *Flüssigkeitskalorimeter* fallen und mißt die Wärmemenge $\Delta Q = (\Delta T + \varepsilon)\, C$, die der Körper an die

Kalorimeterflüssigkeit abgibt, bis beide die Temperatur T_1 angenommen haben. Dabei bedeutet ΔT die Temperaturerhöhung der Kalorimeterflüssigkeit, C die Wärmekapazität des Kalorimeters und ε eine Temperaturkorrektion, die die Wärmeübertragung während des Meßvorgangs aus der Umgebung berücksichtigt. Danach folgt für die mittlere spezifische Wärmekapazität

$$\bar{c}p = \frac{(\Delta T + \varepsilon)\, C}{m(T_2 - T_1)} \tag{7.53}$$

Das Vorwärmen des Prüfkörpers kann auch durch Heizung im Kalorimeter ersetzt werden.

Für Metalle, insbesondere im Bereich höherer Temperaturen, ist das Verfahren der *Stoßheizung* geeignet. Ein Prüfkörper wird durch einen Stromimpuls kurzzeitig beheizt. Gleichzeitig wird die Temperaturzunahme im Meßabschnitt des Leiters bestimmt, z. B. mittels Thermoelementen oder aus der Änderung des elektrischen Widerstands. Die Wärmeleitverluste an den Enden des Prüfkörpers werden experimentell unterbunden und die Konvektions- und Strahlungsverluste eliminiert. Es gilt folgende Beziehung:

$$UI = mc_p \frac{dT}{dt} + Q_c + Q_r \tag{7.54}$$

UI elektrische Leistung
m Masse des Prüfkörpers
$\frac{dT}{dt}$ zeitliche Temperaturänderung
Q_c Wärmeverlust durch Konvektion und Leitung
Q_r Wärmeverlust durch Strahlung
c_p gesuchte spezifische Wärmekapazität

Für den Phasenübergang fest–flüssig wird die *spezifische Schmelzwärme l* definiert als Quotient aus der latenten Wärmemenge ΔQ_l und der Masse m. Die spezifische Schmelzwärme läßt sich auch mit einem *Kalorimeter* bestimmen, dessen Temperatur etwa gleich der Schmelztemperatur T_s der Probe ist. Wählt man die Anfangstemperatur der Probe $T_2 < T_s$, die Endtemperatur $T_1 > T_s$, dann ergibt sich

$$l = \frac{\Delta Q_l}{m} - \bar{c}_{fl}(T_1 - T_s) - \bar{c}_f(T_s - T_2) \quad \text{in J g}^{-1} \tag{7.55}$$

mit $\bar{c}_{fl}$ und $\bar{c}_f$ als mittlere spezifische Wärmekapazitäten im flüssigen und festen Zustand; $\bar{c}_{fl}$ und $\bar{c}_f$ sind gesondert zu bestimmen.

Die spezifische Schmelzwärme kann für reine Stoffe mit der Methode der *thermischen Analyse* (Abschnitt 7.2.5.) ermittelt werden, da sie proportional der Zeitdauer des Haltepunktes Δt ist. Erhitzt man die Probenmasse m mit konstanter Heizleistung UI, so folgt für die spezifische Schmelzwärme

$$l = UI \frac{\Delta t}{m} \tag{7.56}$$

Analog wird für den Phasenübergang flüssig–gasförmig die *spezifische Verdampfungswärme r* definiert. Wenn sich beim Übergang in den gasförmigen Zustand die relative Molekülmasse M_r nicht ändert, gilt die *Troutonsche Regel*

$$r = 88 \frac{T}{M_r} \tag{7.57}$$

In diese Zahlenwertgleichung sind r in $\mathrm{J\,g^{-1}}$ und T in K einzusetzen.
Für ausgewählte chemische Elemente sind in Tabelle 7.2 die spezifische Wärmekapazität c_p bei 293 K, die spezifische Schmelzwärme l und die spezifische Verdampfungswärme r am normalen Siedepunkt angegeben.

7.2.3. Wärmeleitfähigkeit

Die Wärmeleitfähigkeit λ wird durch die Differentialgleichung der Wärmeleitung für einen homogenen isotropen Körper festgelegt:

$$dQ = -\lambda\, dA \operatorname{grad} T\, dt \tag{7.58}$$

Danach fließt die Wärmemenge dQ in der Zeit dt durch die Fläche dA entlang den grad T von der höheren zur tieferen Temperatur.
Für die Bestimmung der Wärmeleitfähigkeit werden überwiegend stationäre Meßverfahren benutzt. Die Wärmeleitungsgleichung reduziert sich dann auf

$$\Delta T = 0 \tag{7.59}$$

(Δ ist der Laplace-Operator), deren spezielle Lösungen Grundlage für die verschiedenen Methoden sind.
Die am häufigsten benutzte *Absolutmethode* verwendet Prüfkörper in Form von Platten oder Stäben. Eine endlich ausgedehnte planparallele Platte der Fläche A und der Dicke d hat an ihren Oberflächen die konstanten Temperaturen T_1 und T_2. Ein Wärmestrom tritt nur in Richtung der Flächennormalen auf. Die Wärmeleitfähigkeit ergibt sich dann zu

$$\lambda = \frac{\dot{Q}}{A} \frac{d}{T_2 - T_1} \quad \text{in } \mathrm{W m^{-1} K^{-1}} \tag{7.60}$$

Die Heizleistung $\dot{Q}$ kann als elektrische Leistung UI aufgebracht und bestimmt werden. Wegen der im allgemeinen hohen Wärmeleitfähigkeit der Metalle werden für die Messung von λ zweckmäßig stabförmige Proben verwendet. Eine Meßanordnung, bestehend aus Probe und Heizer, wird von einem eng passenden Dewar-Gefäß umgeben, damit Wärmeverluste durch Strahlung und Konvektion verringert werden.
Andere Methoden benutzen einen Wärmestrom durch koaxiale Zylindermantelflächen (*Zylindermethode*) bzw. Kugeloberflächen (*Kugelverfahren*). Entsprechend der Geometrie sind die speziellen Lösungen der Gl. (7.59) zu ermitteln.
Die Ermittlung der Heizleistung $\dot{Q}$ kann entfallen, wenn eine Vergleichsmethode verwendet wird (Bild 7.10). Zur Bestimmung der Wärmeleitfähigkeit des Probestabes λ_P wird der Stab bekannter Wärmeleitfähigkeit (Normal) zwischen der Wärmequelle und dem Probestab mit gutem thermischem Kontakt angeordnet. Das freie Ende der Probe ragt in ein Kühlbad. Gemessen werden 4 Temperaturen mit Thermoelementen im Abstand d_N bzw. d_P, und man erhält

$$\lambda_\mathrm{P} = \lambda_\mathrm{N} \frac{d_\mathrm{P}}{d_\mathrm{N}} \frac{T_\mathrm{N1} - T_\mathrm{N2}}{T_\mathrm{P1} - T_\mathrm{P2}} \tag{7.61}$$

Die Wärmeleitfähigkeit λ kann auch aus dem Vergleich mit der elektrischen Leitfähigkeit γ bestimmt werden. Dazu wird ein stab- oder drahtförmiger elektrischer Leiter an seinen Enden A und B auf gleicher Temperatur gehalten und von einem

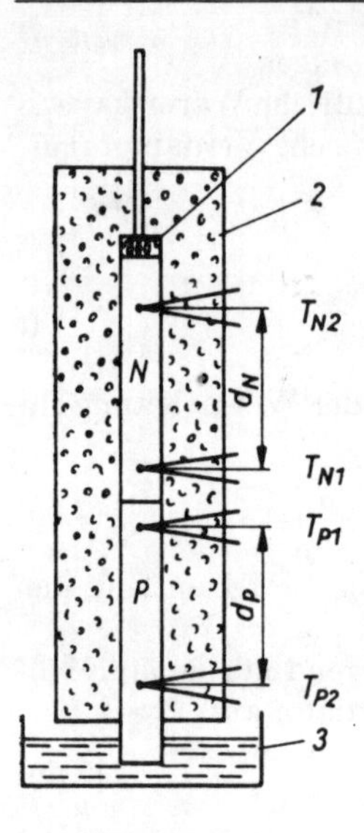

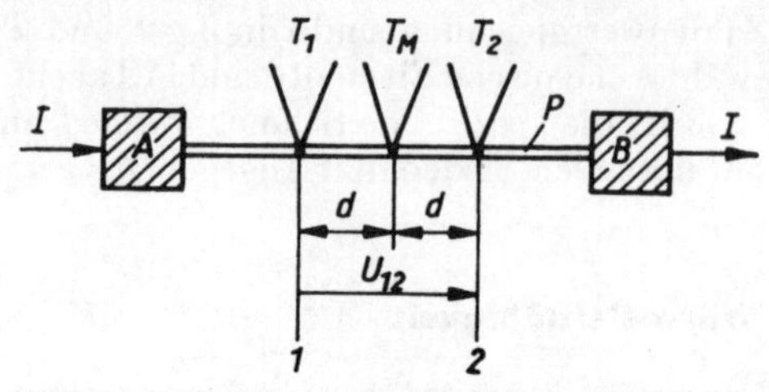

Bild 7.11. Bestimmung der Wärmeleitfähigkeit durch Vergleich mit der elektrischen Leitfähigkeit
P Probe *A*, *B* Probeneinspannung *I* Stromzuleitungen

Bild 7.10. Vergleichsmethode zur Bestimmung der Wärmeleitfähigkeit stabförmiger Proben (*P* Probe, *N* Normal)
1 Heizer *2* Isolation *3* Kühlbad

konstanten Strom I durchflossen (Bild 7.11). Im stationären Zustand wird sich eine symmetrische Temperaturverteilung mit dem Maximum in der Probenmitte einstellen. Mißt man diese maximale Temperatur T_M und symmetrisch dazu T_1 und T_2 sowie die Spannung U_{12} zwischen den Punkten 1 und 2, ergibt sich die Wärmeleitfähigkeit zu

$$\lambda = \frac{U_{12}\gamma}{8[T_M - {}^1/_2(T_1 + T_2)]} \tag{7.62}$$

Alle stationären Verfahren haben Vorteile in der einfachen Versuchsdurchführung. Nachteilig ist oft die lange Versuchsdauer bis zur Einstellung des stationären Zustands. Wegen der kürzeren Versuchszeiten werden deshalb auch nichtstationäre Verfahren benutzt. Zahlenwerte für die Wärmeleitfähigkeit λ bei 293 K enthält Tabelle 7.2.

7.2.4. Strahlungszahl

Bei hohen Temperaturen tritt die Wärmeübertragung durch Strahlung in den Vordergrund. Analog der Wärmeleitung läßt sich für den Wärmeübergang durch Strahlung zwischen zwei parallelen Flächen mit nicht allzu großem Temperaturunterschied eine *Wärmeübergangszahl* α_s festlegen:

$$\frac{dQ_{12}}{dt} = \alpha_s A(T_1 - T_2) \tag{7.63}$$

wobei Q_{12} die übertragene Wärmemenge (Strahlungsenergie), A der Flächeninhalt und T_1, T_2 die Temperaturen der Flächen 1 und 2 sind und Leitung sowie Konvektion vernachlässigt werden.
Die Wärmeübergangszahl der Strahlung α_s steht in Zusammenhang mit der stoffspezifischen *Strahlungszahl* σ_{12}

$$\alpha_s = \sigma_{12}\frac{T_1^4 - T_2^4}{T_1 - T_2} \tag{7.64}$$

Zur Bestimmung von α_s bzw. σ_{12} sind eine empfindliche Temperaturmessung und die Ermittlung von Q_{12} notwendig. Bei elektrischer Heizung einer Fläche kann $\frac{dQ_{12}}{dt}$ gleich der elektrischen Leistung UI gesetzt werden, wenn im stationären Zustand gemessen wird. Im allgemeinen kann Q_{12} pyrometrisch bestimmt werden. Als *Strahlungspyrometer* gelangen Thermoelemente, Bolometer und Radiometer zur Anwendung.

7.2.5. Charakteristische Temperaturen

Der reine kristalline Festkörper ist durch die Angabe seiner *Schmelz-* bzw. *Erstarrungstemperatur* eindeutig bestimmt. Zahlreiche Elemente zeigen darüber hinaus in Abhängigkeit von Druck und Temperatur unterschiedliche Gitterstrukturen (allotrope Modifikationen), die durch die Umwandlungstemperaturen im festen Zustand charakterisiert werden.
Die gebräuchlichste Methode zur Bestimmung von Zustandsänderungen in Abhängigkeit von der Temperatur ist die thermische Analyse (Bild 7.12). Die Probe wird in einem Ofen aus der Schmelze abgekühlt und mit Hilfe von Thermoelementen die Temperatur-Zeit-Kurve aufgezeichnet. Eine reine Abkühlungskurve (Ofenkurve) folgt dem Newtonschen Abkühlungsgesetz:

$$T = T_0 \exp(-At) \tag{7.65}$$

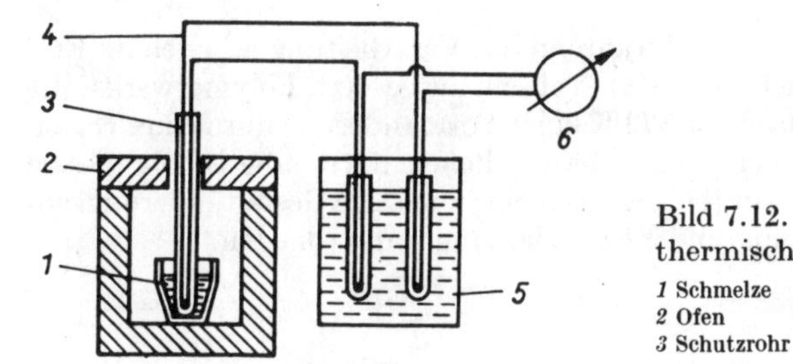

Bild 7.12. Versuchsanordnung zur thermischen Analyse
1 Schmelze, *2* Ofen, *3* Schutzrohr, *4* Thermoelement, *5* Thermostat, *6* Galvanometer

wobei T_0 die Ausgangstemperatur und A eine Abkühlkonstante ist. Bei der Erstarrung eines reinen Metalls wird latente Wärme freigesetzt, die ein Absinken der Temperatur verhindert. Die Zeitdauer dieses *Haltepunkts* ist der spezifischen Schmelzwärme proportional (vgl. Abschnitt 7.2.2.). In analoger Weise bedingen freigesetzte Umwandlungsenergien im festen Zustand Unstetigkeiten der Abkühlung.
Die Umwandlungsenergien im festen Zustand sind oft mit nur geringem Wärmeeffekt verbunden, so daß die Empfindlichkeit der thermischen Analyse nicht ausreicht. Dann benutzt man vorteilhaft die *Differentialthermoanalyse* (DTA). In einem Ofen wird gleichzeitig mit der zu untersuchenden Probe eine Vergleichsprobe erhitzt bzw. abgekühlt. Ihr Temperaturunterschied ist Null und wird mit einem Differentialthermoelement gemessen. Sobald eine Probe eine mit einer Wärmetönung verbundene Umwandlung durchläuft, tritt bei der Umwandlungstemperatur eine Temperaturdifferenz auf.
Zustandsänderungen können auch mit der *dilatometrischen Analyse* erfaßt werden, wenn diese Zustandsänderungen mit Volumenänderungen einhergehen. Änderungen

im festen Zustand bewirken oft eine sprunghafte Änderung bestimmter physikalischer Kenngrößen, z. B. der elektrischen Leitfähigkeit, mit deren Hilfe die Umwandlungstemperaturen indirekt gemessen werden können.

Werkstoffe mit vorwiegend amorpher Struktur, wie Gläser und Hochpolymere, sind durch ein Erweichungsintervall gekennzeichnet, dessen niedrigste Temperatur den *Erweichungspunkt* T_E darstellt. Der *Transformationspunkt* T_T gilt als weitere charakteristische Temperatur amorpher Stoffe. Er kennzeichnet während der Abkühlung den Übergang vom Zustand der unterkühlten Schmelze in den Glaszustand. Erweichungs- und Transformationspunkte werden meist dilatometrisch bestimmt.

Abschließend sei auf zwei weitere stoffspezifische Temperaturen hingewiesen. Die *Curie-Temperatur* als Grenztemperatur des Ferromagnetismus wird aus der Temperaturabhängigkeit der Sättigungsinduktion bestimmt (Abschnitt 7.5.2.). Die *Debye-Temperatur* ist eine in der Elastizitätstheorie, der Theorie der spezifischen Wärme und der elektrischen Leitfähigkeit oft benutzte Bezugstemperatur. Wird ein Kristall auf ein System ungekoppelter harmonischer Oszillatoren zurückgeführt, dann ergibt sich die Debye-Temperatur aus deren Grenzfrequenz ν_g

$$\Theta = \frac{h\nu_g}{k} \tag{7.66}$$

wobei h das Plancksche Wirkungsquantum und k die Boltzmann-Konstante ist.

7.2.6. Thermische Beständigkeit

Die Konstruktionswerkstoffe sind sowohl während der Verarbeitung als auch im Einsatz Temperaturbelastungen und Temperaturwechseln ausgesetzt. Polymerwerkstoffe unterliegen bereits bei Temperaturen bis 373 K einer Formänderung durch ihre Eigenmasse, so daß die Kenntnis der thermischen Beständigkeit notwendig ist. Zu diesem Zweck ermittelt man die Temperatur, bei der noch eine zulässige Gestaltänderung eintritt. Dabei werden Punktbelastung und Biegebelastung unterschieden.

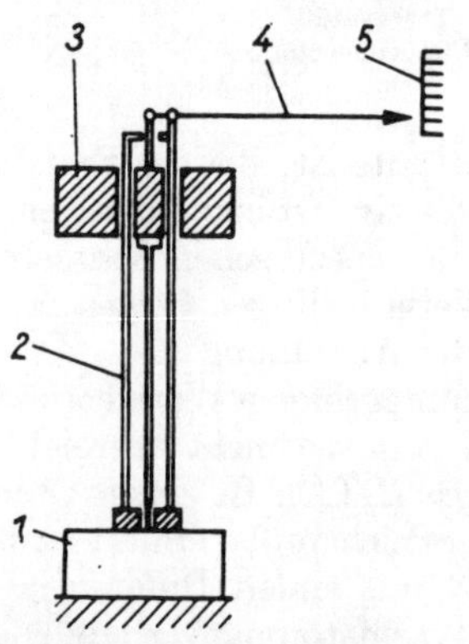

Bild 7.13. Ermittlung der Formbeständigkeit nach *Vicat*

1 Probe
2 Stahlnadel
3 Massestück
4 Zeiger
5 Skala

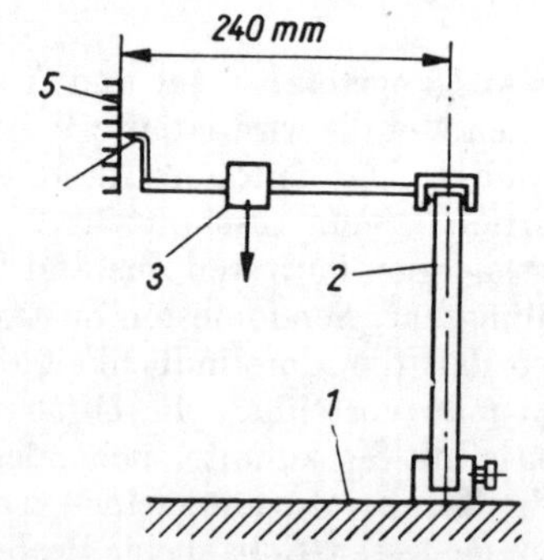

Bild 7.14. Ermittlung der Formbeständigkeit nach *Martens*

1 Grundplatte
2 Probe
3 Massestück
4 Zeiger
5 Skala

Zur Prüfung der Formbeständigkeit nach *Vicat* (Bild 7.13) wird eine zylindrische Stahlnadel mit einer Fußfläche von 1 mm^2 senkrecht auf die Probenoberfläche gesetzt und mit 5 kg belastet. Danach wird die Temperatur je Stunde um (50 ± 1) °C erhöht. Dabei dringt die Stahlnadel in die Probenoberfläche ein. Die Temperatur, bei der die Eindringtiefe 1 mm beträgt, wird als Formbeständigkeit nach *Vicat* angegeben.
Die Formbeständigkeit nach *Martens* erhält man durch Biegebelastung des Prüfkörpers mit einem Biegemoment von 1,23 Nm entsprechend Bild 7.14. Beträgt der Abstand Probenmitte–Zeigerspitze genau 240 mm, dann wird als Formbeständigkeit nach *Martens* die Temperatur bezeichnet, bei der eine Zeigeränderung von 6 mm auf der Skala gegenüber der Ausgangsstellung angezeigt wird.
Insbesondere für Gläser und keramische Werkstoffe ist die *Temperaturwechselbeständigkeit* wichtig. Sie wird als Temperaturdifferenz angegeben, um die der Werkstoff unmittelbar auf Raumtemperatur abgeschreckt werden kann, ohne daß seine Zerstörung bzw. Rißbildung eintritt.

7.2.7. Brandverhalten

Während im vorangegangenen Abschnitt das thermische Verhalten ermittelt wurde für Temperaturen, die keine bzw. nur geringfügige bleibende mechanische Veränderungen des Werkstoffs zur Folge hatten, werden für irreversible Veränderungen des Werkstoffs folgende Temperaturen unterschieden:

Die *Zersetzungstemperatur* ist die niedrigste Lufttemperatur der Umgebung des Prüfkörpers, bei der in bemerkbarer Menge Gase abgespaltet werden. Die *Entflammungstemperatur* ist die niedrigste Lufttemperatur der Umgebung des Prüfkörpers, bei der genügend brennbare Gase frei werden, die durch eine Flamme entzündbar sind. Die *Entzündungstemperatur* ist die niedrigste Lufttemperatur der Umgebung des Prüfkörpers, bei der ohne fremde Zündquelle Selbstentzündung erfolgt.

Diese Temperaturen werden vorwiegend zur Identifizierung von Polymerwerkstoffen benutzt (Tabelle 7.3), können aber ebenso für Öle, Schmierfette u. a. verwendet werden.
Für Konstruktionswerkstoffe ist die *Glutbeständigkeit* eine wichtige Eigenschaft. Als Glutbeständigkeit bezeichnet man das Produkt aus Masseverlust Δm in mg und Flammenweg s in mm. Das Ergebnis wird in Glühgraden 0 (vollständig verbrennende Stoffe) bis 5 (unbrennbare Stoffe) ausgedrückt. Dazu wird ein Probestab mit 80 bis

Tabelle 7.3. Zersetzungs-, Entflammungs- und Entzündungstemperaturen einiger Polymerwerkstoffe

Werkstoff	Entzündungstemperatur in K	Entflammungstemperatur in K	Zersetzungstemperatur in K
PVC hart	728	663	493
Polyäthylen	623	613	573
Polystyrol	761 ... 773	618 ... 668	613
Phenolharz	818	608	573
Silikonharz	873	768	713
Polytetrafluoräthylen	–	–	713

130 mm Länge, 10 mm Breite und 4 mm Dicke in einem Prüfgerät nach *Schramm* und *Zebrowski* mit der Stirnseite an einen elektrisch beheizten Glühstab ($T = 1223\,\text{K}$) angedrückt. Nach 3 min wird die Flamme trocken gelöscht und Δm bestimmt. Der Flammenweg s ergibt sich aus der Differenz der Stablänge und der Länge des nichtverkohlten, geschmolzenen oder zersetzten Teils.

7.3. Messung elektrischer Eigenschaften

Die elektrischen Eigenschaften werden zur Charakterisierung aller Werkstoffe im festen Zustand herangezogen. Ihre Unterscheidung erfolgt nach ihrer Fähigkeit, einen elektrischen Strom zu leiten (*elektrische Leitfähigkeit*). Da elektrische Leitfähigkeitsmessungen sehr genau durchgeführt werden können, lassen sich auf diese Weise geringe Unterschiede der Zusammensetzung, der Wärmebehandlung sowie Werkstoffehler feststellen. Die Meßmethoden unterscheiden sich im allgemeinen danach, ob die Werkstoffe elektrische Leiter, Halbleiter oder Isolatoren sind. Bei tiefen Temperaturen zeigen einige Metalle Supraleitung, deren Sprungtemperatur stoffspezifisch ist. In Isolatoren tritt im elektrischen Feld eine dielektrische Polarisation auf, aus der sich weitere Werkstoffkenngrößen ableiten.

7.3.1. Spezifischer elektrischer Widerstand

Der elektrische Widerstand R eines Prüfkörpers wird durch das Ohmsche Gesetz festgelegt:

$$R = \frac{U}{I} \quad \text{in}\ \Omega \tag{7.67}$$

wobei U die Spannung an seinen Enden und I der durchfließende Strom ist. Der elektrische Widerstand ist von der Geometrie des Prüfkörpers abhängig. Ist seine Länge l und sein Querschnitt A, dann folgt

$$R = \varrho \frac{l}{A} \tag{7.68}$$

Der Proportionalitätsfaktor ϱ ist der *spezifische elektrische Widerstand* des Werkstoffs, sein Kehrwert

$$\gamma = \frac{1}{\varrho} \tag{7.69}$$

die *elektrische Leitfähigkeit*.

Bild 7.15 zeigt eine Zusammenstellung der spezifischen elektrischen Widerstände einiger Werkstoffe. Dabei wird deutlich, daß ϱ nahezu 30 Zehnerpotenzen überstreicht.
Der spezifische elektrische Widerstand von Metallen wird erklärt aus der Streuung ihrer Leitungselektronen an Gitterstörungen und Gitterschwingungen (Phononen), so daß sich ϱ aus zwei Anteilen zusammensetzt: einem temperaturabhängigen Pho-

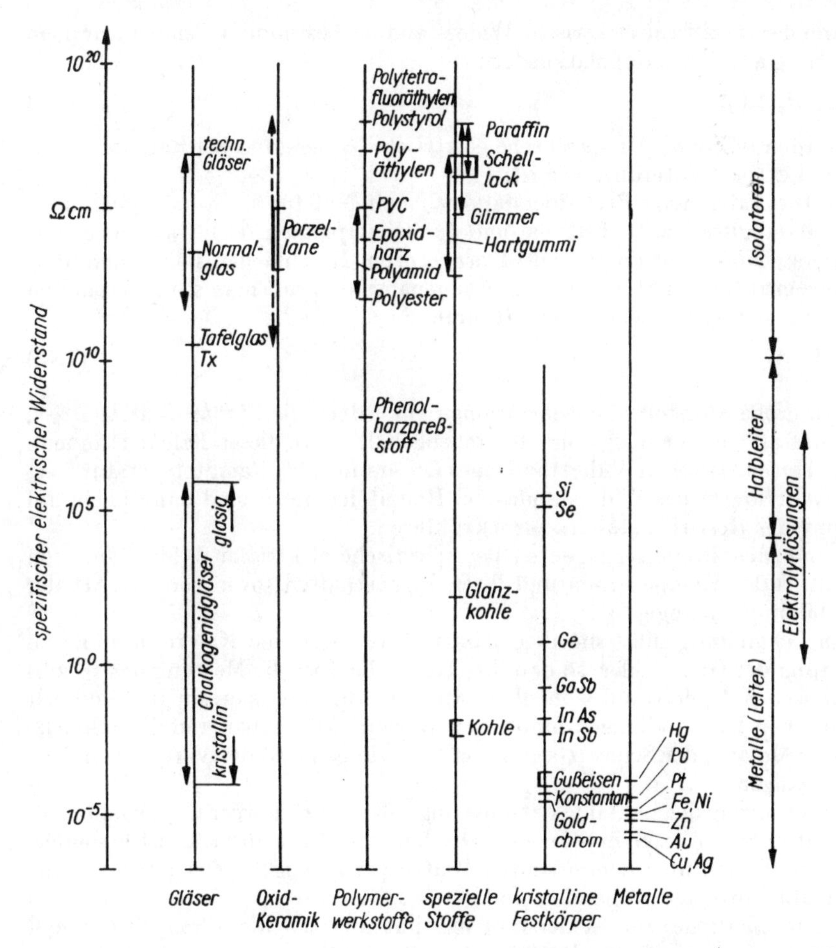

Bild 7.15. Übersicht über den spezifischen elektrischen Widerstand einiger Werkstoffe

nonenanteil $\varrho(T)$ und einem temperaturunabhängigen Restwiderstand ϱ_0 (Störstellenanteil)

$$\varrho = \varrho_0 + \varrho(T) \tag{7.70}$$

Bei tiefen Temperaturen geht $\varrho(T)$ gegen Null, da die Schwingungen des Gitters bis auf die Nullpunktschwingungen verschwinden. Mit steigender Temperatur nimmt $\varrho(T)$ zunächst mit der 5. Potenz der absoluten Temperatur zu, um dann bei Temperaturen im Bereich $0{,}2\Theta \leqq T \leqq 2\Theta$ (Θ Debye-Temperatur) in den linearen Widerstandsanstieg überzugehen. Für höhere Temperaturen können Abweichungen auftreten. Das Temperaturverhalten des spezifischen elektrischen Widerstandes wird allgemein durch den Temperaturkoeffizienten α_ϱ angegeben:

$$\alpha_\varrho = \frac{1}{\varrho}\,\frac{d\varrho}{dT} \tag{7.71}$$

Danach kann der spezifische elektrische Widerstand bei bestimmter Temperatur ϱ_T in guter Näherung aus der Interpolationsformel

$$\varrho_T = \varrho_N(1 + \alpha_\varrho \Delta T) \tag{7.72}$$

ermittelt werden, wenn ϱ_N der spezifische elektrische Widerstand bei Raumtemperatur und ΔT die Temperaturdifferenz ist.
Der temperaturunabhängige Restwiderstand ϱ_0 ist ein Maß für die Störstellenkonzentration im Metallgitter, z. B. Fremdatome auf Gitterplätzen oder Zwischengitterplätzen, Leerstellen, Versetzungen und Korngrenzen. In einfachen Fällen nimmt ϱ_0 mit der Konzentration an Störstellen zu. Am genauesten prüft man dieses Verhalten durch Messung von ϱ_0 bei tiefen Temperaturen, da

$$\lim_{T \to 0} \varrho(T) = 0 \tag{7.73}$$

Für nicht zu große Störstellenkonzentrationen gilt jedoch die *Matthiessensche Regel*, die besagt, daß $\varrho(T)$ unabhängig vom Störstellengehalt ist. In diesen Fällen kann man den spezifischen elektrischen Widerstand eines Leiters auch bei Raumtemperatur messen, denn Änderungen des Widerstandes bei Raumtemperatur sind dann allein auf die Änderung des Restwiderstandes zurückzuführen.
Bei Zwei- und Mehrstofflegierungen ist der spezifische elektrische Widerstand von dem Verhältnis der Komponenten und ihren Eigenschaften sowie von der Art der Legierungsbildung abhängig.
Eine Wärmebehandlung führt im allgemeinen ebenso wie eine Kaltverformung zu einer Änderung der Gitterfehler, so daß ihre Kontrolle über die Messung des spezifischen elektrischen Widerstandes möglich wird. Leitfähigkeitsmessungen sind zur Beobachtung von Umwandlungen brauchbar. Beschränkt meßbar sind die Schmelzpunkte reiner Metalle, der Schmelzbeginn bei Legierungen und der Verlauf von Aushärtungsvorgängen.
Für die Durchführung der Leitfähigkeitsmessung soll der Prüfkörper möglichst in einfacher Gestalt vorliegen, z. B. in Stangen-, Streifen- oder Drahtform. Es ist besonders darauf zu achten, daß über den gesamten Prüfkörper homogene Zusammensetzung und gleichmäßiges Gefüge vorhanden sind.
Die einfachste Methode zur Widerstandsbestimmung ist die *Strom-Spannungs-Methode*, nach der ein durch den Prüfkörper fließender Strom und die über ihm abfallende Spannung gemessen werden. Die Innenwiderstände des Strom- und Spannungsmessers sind so zu wählen, daß keine nennenswerte Meßwertverfälschung für den zu bestimmenden Widerstand R auftritt ($R_{iI} \ll R$; $R_{iU} \gg R$). Zur Auswertung werden die Gln. (7.67) und (7.68) benutzt.
Die unmittelbare Messung des elektrischen Widerstandes kann mit Hilfe der *Wheatstone-* oder der *Thomson-Brücke* vorgenommen werden (Bild 7.16). Die Wheatstone-Brücke (Bild 7.16a) eignet sich zur Messung von Widerständen ab einigen Ohm. Fließt durch G kein Strom, dann gilt

$$R_x = R_1 \frac{R_2}{R_3} \tag{7.74}$$

Der Brückenabgleich kann durch Änderung von R_1 oder durch Änderung des Widerstandsverhältnisses R_2/R_3 erfolgen. Daraus leiten sich zwei Methoden ab:

a) Brücken mit festem Verhältnis der Zweige (*Normalrheostat*)
b) Brücken mit veränderlichem Verhältnis der Zweige (*Wheatstone-Kirchhoffsche Drahtbrücke*)

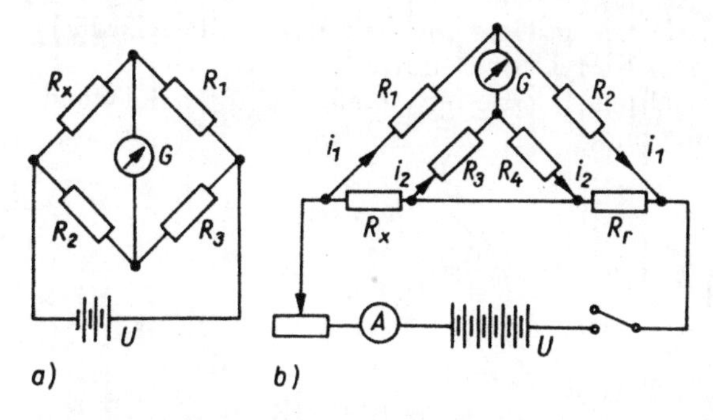

Bild 7.16. Brückenmethoden zur Widerstandsbestimmung
a) Prinzip der Wheatstone-Brücke
b) Prinzip der Thomson-Brücke

Mit der Doppelbrückenanordnung nach *Thomson* (Bild 7.16b) können kleine Widerstände im Bereich von 10^{-6} bis 1 Ω bestimmt werden. Außerdem ist die Messung geringer Änderungen des spezifischen elektrischen Widerstandes möglich. Wenn durch G kein Strom fließt, erhält man

$$R_x = R_n \frac{i_1(R_1 - i_2)\, R_3}{i_1(R_2 - i_2)\, R_4} \tag{7.75}$$

oder, wenn zusätzlich $R_1 = R_3$ und $R_2 = R_4$ ist

$$R_x = R_r \frac{R_1}{R_2} \tag{7.76}$$

Mit dem *Kompensationsverfahren* ist die genaueste Widerstandsmessung möglich. Die Probe R_x wird mit einem Normalwiderstand R_n in einem Stromkreis hintereinandergeschaltet. Mit einem Kompensator werden die Spannungsabfälle über beiden verglichen und kompensiert. Dann ist

$$R_x = R_n \frac{U_x}{U_n} \tag{7.77}$$

Die zuvor behandelten Methoden der Widerstandsbestimmung versagen bei Höchstohmwiderständen. Hierfür ist das *Kondensator-Entlade-Verfahren* geeignet. Ein auf die Spannung U aufgeladener Kondensator der Kapazität C wird über den Widerstand R_x entladen. Dann fließt ein Strom, dessen Stärke durch das Ohmsche Gesetz und die zeitliche Veränderung der Ladung des Kondensators bestimmt wird. Wird der Strom I_0 zur Zeit t_0 und I_t zur Zeit t gemessen, dann kann der gesuchte Widerstand berechnet werden:

$$R_x = \frac{t - t_0}{C} \ln \frac{I_t}{I_0} \tag{7.78}$$

Das *Vierspitzenverfahren* kann mit Vorteil zur Bestimmung des spezifischen elektrischen Widerstandes benutzt werden, da es eine hohe Meßgenauigkeit hat und auf unregelmäßig geformte Teile angewendet werden kann, wenn diese wenigstens eine ebene und blanke Begrenzung aufweisen. Vier Metallspitzen (Bild 6.62) werden auf die Probe aufgesetzt. Für eine unendlich ausgedehnte, sehr dünne Probe der Dicke d sowie gleiche Spitzenabstände ergibt sich der spezifische elektrische Widerstand

$$\varrho = \frac{U}{I} \frac{2\pi d}{\ln 4} \tag{7.79}$$

Eine Erweiterung auf endliche Flächen A, größere Dicken d sowie unterschiedliche Spitzenabstände gelingt mit Hilfe von Korrekturverfahren.
Bild 7.17 zeigt eine einfache Meßschaltung, wie sie für metallische und halbleitende Schichten und Scheiben Verwendung findet.

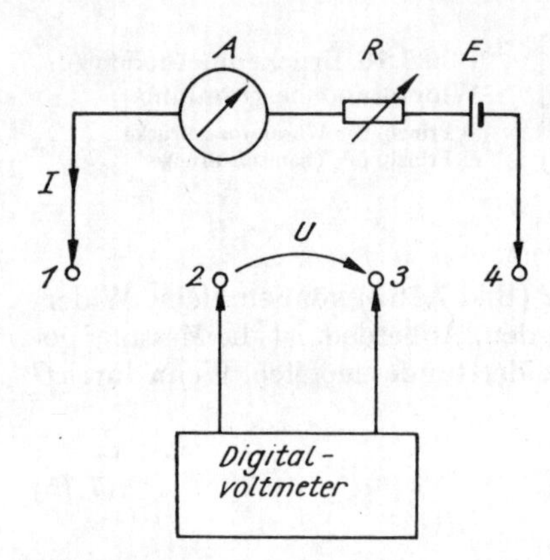

Bild 7.17. Einfache Meßschaltung des Vierspitzenverfahrens

Mit dem veränderlichen Widerstand R wird bei aufgesetzten Meßspitzen der von der Gleichspannungsquelle E gelieferte Strom I durch die Spitzen *1* und *4* eingestellt. Für Spitzenabstände von etwa 1 mm sind Meßströme kleiner 10 mA geeignet. An den mittleren Spitzen *2* und *3* entsteht ein Spannungsabfall U, der mit einem Digitalvoltmeter nahezu stromlos gemessen werden kann, wenn dessen Eingangswiderstand hinreichend groß ist.
In der Halbleitertechnik wird zur Vermeidung von Nichtlinearitäten im Spitzen-Probe-Übergang und von Ladungsträgerinjektionen häufig mit Wechselspannung gearbeitet.
Die Schwierigkeiten der Stromzuführung entfallen ganz, wenn man den Prüfkörper in ein magnetisches Wechselfeld bringt und den Strom in der Probe selbst durch *Induktion* erzeugt. Diese Wirbelströme rufen ihrerseits ein Magnetfeld hervor, das dem ursprünglichen entgegenwirkt und es schwächt. Diese Feldschwächung kann in ein elektrisches Signal überführt werden, das in Einheiten des spezifischen elektrischen Widerstandes justiert werden kann (vgl. Abschnitt 6.3.3.).
Für die Bestimmung der Temperaturabhängigkeit des spezifischen elektrischen Widerstandes wird die Probe in geeigneten Öfen meist unter Schutzgas, z. B. Wasserstoff, erhitzt. Es gilt, den Temperatureinfluß auf die Zuleitungen und Kontakteigenschaften zu berücksichtigen.

7.3.2. Sprungtemperatur der Supraleitfähigkeit

Ein für die verlustfreie Energieübertragung bedeutsamer Effekt ist die *Supraleitung*. Mit sinkender Temperatur fällt bei der *Sprungtemperatur* T_{Sp} der spezifische elektrische Widerstand auf einen unmeßbar kleinen Wert ab. Es werden Supraleiter 1., 2. und 3. Art unterschieden. Supraleiter 1. Art sind reine einkristalline supraleitende Elemente. Als Supraleiter 2. Art werden supraleitende Legierungen und die in ihrer Struktur gestörten supraleitenden Elemente sowie supraleitende intermetallische Verbindungen bezeichnet. Supraleiter 3. Art werden durch eine Spezialbehandlung, z. B.

durch Kaltverformung oder Neutronenbeschuß, supraleitend. Die höchsten bisher technisch realisierten Sprungtemperaturen (z. B. für Nb_3Sn oder Nb_3Ge) liegen bei etwa 20 K.
Durch magnetische Felder bis zur kritischen Feldstärke H_K wird die Sprungtemperatur zu niedrigen Temperaturen (*Schwellwertkurve*, Bild 7.18) durch Drücke über $5 \cdot 10^9$ Nm^{-2} zu höheren Temperaturen verschoben. Mit dem Eintreten des supraleitenden Zustands ist auch eine Änderung der spezifischen Wärmekapazität, der thermischen Leitfähigkeit, der Thermospannung, der magnetischen Permeabilität u. a. Kenngrößen verbunden.

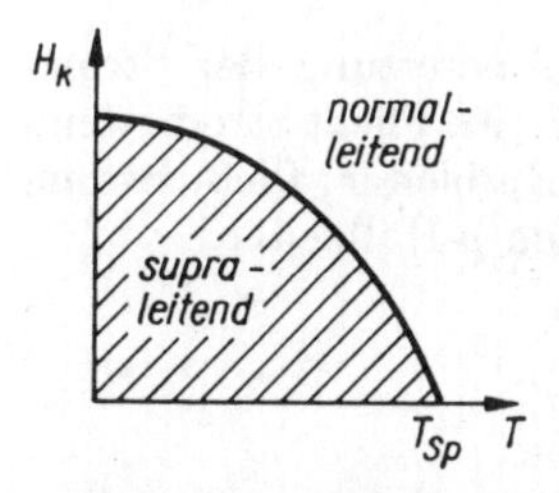

Bild 7.18. Schwellwertkurve eines Supraleiters

Die Sprungtemperatur wird meist aus dem Temperaturverlauf des spezifischen elektrischen Widerstands oder kalorimetrisch aus der Änderung der spezifischen Wärmekapazität im normalleitenden Bereich c_n und im supraleitenden Bereich c_s bestimmt. Es gilt für $T = T_{Sp}$ und $H_K = 0$

$$(c_s - c_n)_{T_{Sp}} = \frac{T_{Sp}}{4\pi} \left(\frac{\partial H_K}{\partial T} \right)^2 V \tag{7.80}$$

wobei V das Volumen der Probe und $\frac{\partial H_K}{\partial T}$ der Anstieg der Schwellwertkurve am Sprungpunkt ist.

7.3.3. Elektrisches Verhalten der Halbleiter

Halbleiter sind Festkörper mit kovalenter Bindung, deren spezifische elektrische Widerstände etwa zwischen 10^{-4} und 10^{10} Ω cm liegen und die Eigenleitung und Störstellenleitung aufweisen. Ihre Materialkenngrößen sind vom Grundgitter des betreffenden Materials abhängig. Hierzu zählen folgende elektrischen Eigenschaften: spezifischer elektrischer Widerstand bei Eigenleitung, Beweglichkeit der Elektronen und Defektelektronen sowie der Bandabstand zwischen Leitungs- und Valenzband und die Elektronenaffinität. Außerdem wird die Anwendung der Halbleiter durch *Halbleiterparameter* bestimmt, die außer vom Grundgitter noch von der Dotierung, der Bearbeitung und Belastung des Halbleiters sowie deren Oberfläche abhängen. Zu letzteren sind die Prüf- und Meßverfahren sehr vielgestaltig, so daß dafür auf spezielle Literatur verwiesen wird [7.10, 7.18, 7.20].
Der spezifische elektrische Widerstand ϱ eines Halbleiters ist gegeben durch

$$\frac{1}{\varrho} = e(\mu_n n + \mu_p p) \tag{7.81}$$

e Elementarladung
$\mu_{n,p}$ Beweglichkeit der Elektronen und Defektelektronen
n Elektronendichte
p Defektelektronendichte

Die Prüfung des spezifischen elektrischen Widerstands erfolgt grundsätzlich nach Abschnitt 7.3.1., wobei Wechselstrommethoden vorteilhaft sind. Im folgenden werden einige für Halbleiter spezifische Eigenschaften genannt und Prüfmöglichkeiten dazu nachgewiesen.
Entsprechend den Ladungsträgerhäufigkeiten werden 3 Leitungstypen unterschieden:

$n = p = n_i$ Eigenleitung (n_i Eigenleitungsdichte, »intrinsic density«)
$n \gg p$ Elektronenleiter (*n-Leiter*)
$p \gg n$ Defektelektronenleiter (*p-Leiter*)

Der einfachste Nachweis des Leitungstyps gelingt durch Auswertung der Strom-Spannungs-Kennlinie eines Metall-Halbleiterkontakts (Bild 7.19): Fließt Strom, wenn am Metall positives Potential anliegt, so hat man einen n-Halbleiter; fließt Strom, wenn am Metall negatives Potential anliegt, so hat man einen p-Halbleiter.

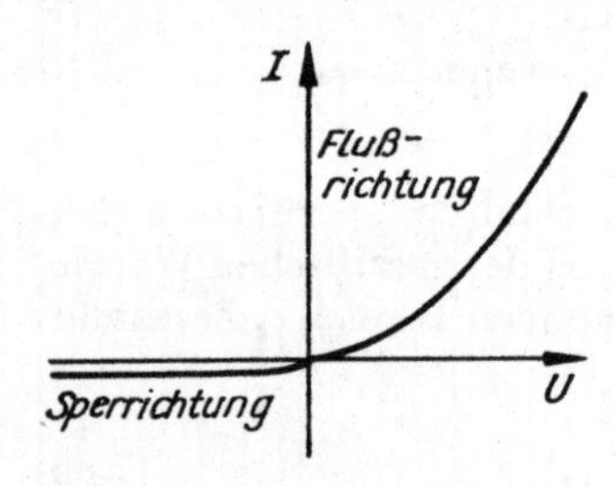

Bild 7.19. Ideale Strom-Spannungs-Kennlinie eines Metall-Halbleiterkontaktes (verschiedene Strommaßstäbe)

Von Halbleiterwerkstoffen werden im allgemeinen große Ladungsträgerbeweglichkeiten gefordert, da sie die Frequenzgrenze der elektronischen Bauelemente wesentlich bestimmen. Eine Kontroll- und Prüfmethode dafür nutzt den Halleffekt (Abschnitt 7.6.3.). Die Hallkonstante R_H steht mit dem spezifischen elektrischen Widerstand ϱ in unmittelbarem Zusammenhang:

$$R_H = \mu_H \varrho \tag{7.82}$$

μ_H Hallbeweglichkeit

In starken Magnetfeldern mit $\mu_H B \gg 1$ ist die Hallbeweglichkeit μ_H gleich der Driftbeweglichkeit $\mu_{n,p}$ der Ladungsträger, so daß $\mu_{n,p} = \mu_H$ nach Gl. (7.82) aus dem Hallkoeffizienten bestimmt werden kann, wenn der spezifische elektrische Widerstand bekannt ist bzw. nach Abschnitt 7.3.1. bestimmt wurde.
Die Grenztemperatur, bei der ein Halbleiter seine Gleichrichtereigenschaften in einer pn-Anordnung verliert, wird durch den Bandabstand W_g im Energiebändermodell bestimmt (Bild 7.20).

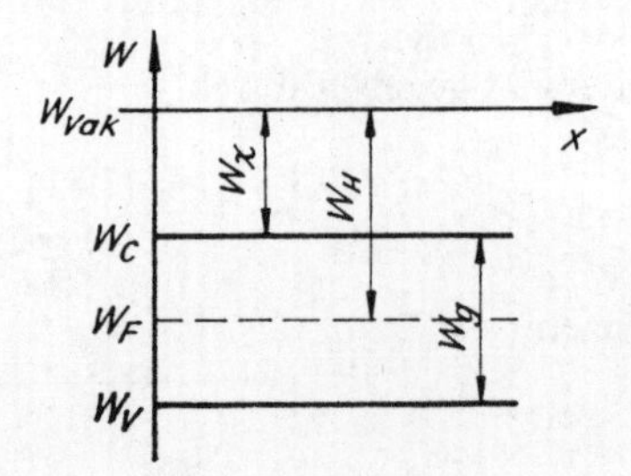

Bild 7.20. Vereinfachtes Energie-Bändermodell eines Eigenhalbleiters

W_{Vak} Vakuumenergie
W_C untere Leitbandkante
W_F Ferminiveau
W_V obere Valenzbandkante
W_g Bandabstand
W_H Austrittsarbeit des Halbleiters
W_χ Elektronenaffinität

Im Gebiet der Eigenleitung, die bei dotierten Halbleitern bei relativ hohen Temperaturen erreicht wird, gilt die *Meyer-Neldelsche Regel*

$$\varrho = \varrho_0 \, e^{\frac{W_g}{2kT}} \tag{7.83}$$

mit k der Boltzmann-Konstante und T der absoluten Temperatur. Trägt man die gemessenen Werte für ϱ und T in der Darstellung $\ln \varrho = f\left(\frac{1}{T}\right)$ auf, dann ergibt sich gemäß Gl. (7.83) eine Gerade, deren Anstieg $\tan \varphi = \frac{W_g}{2k}$ dem Bandabstand proportional ist (Bild 7.21).

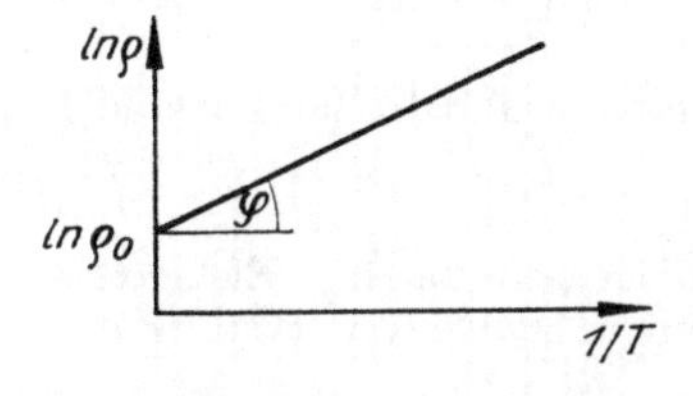

Bild 7.21. Darstellung der Funktion $\ln \varrho = \frac{W_g}{2k} \frac{1}{T} + \ln \varrho_0$

Die *Elektronenaffinität* W_χ gibt diejenige Energie an, die ein auf der Leitbandkante W_C befindliches Elektron benötigt, um ins Freie zu gelangen. Ihre Größe ist im Gegensatz zur Austrittsarbeit W_H des Halbleiters (Bild 7.20) nur vom Wirtsgitter abhängig, weil durch eine Dotierung mit Störstellen lediglich die Lage des Ferminiveaus W_F zur Leitbandkante W_C geändert wird. Die Elektronenaffinität W_χ kann an einem Eigenhalbleiter bestimmt werden, wenn dieser mit einem Metall bekannter Austrittsarbeit W_M in ein thermodynamisches Gleichgewicht gebracht wird, ohne mit ihm verbunden zu sein (Bild 7.22). Mit der Gleichheit der Ferminiveaus stellt sich eine Kontaktspannung U_K ein; für sie gilt (Bild 7.22):

$$eU_K = W_M - W_H = W_M - W_\chi + \frac{W_g}{2} \tag{7.84}$$

e Elementarladung

Die Bestimmung des Kontaktpotentials kann nach der Grundschaltung in Bild 7.23 erfolgen. Durch Abstandsänderung der Referenzelektrode wird die Kapazität C des Systems äquivalent geändert, so daß ein Wechselstrom i fließt:

$$i = \frac{dC}{dt} U_K \quad (U_K = \text{const}) \tag{7.85}$$

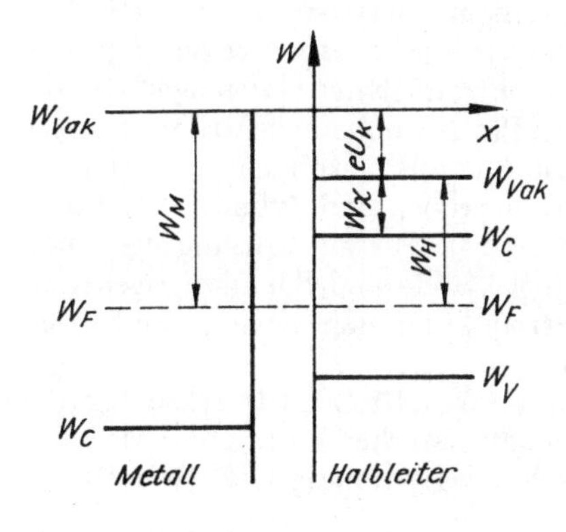

Bild 7.22. Vereinfachtes Energiebändermodell für Metall und Halbleiter getrennt, aber im thermodynamischen Gleichgewicht (vgl. auch Bild 7.20)

W_M Austrittsarbeit des Metalls e Elementarladung
U_K Kontaktspannung

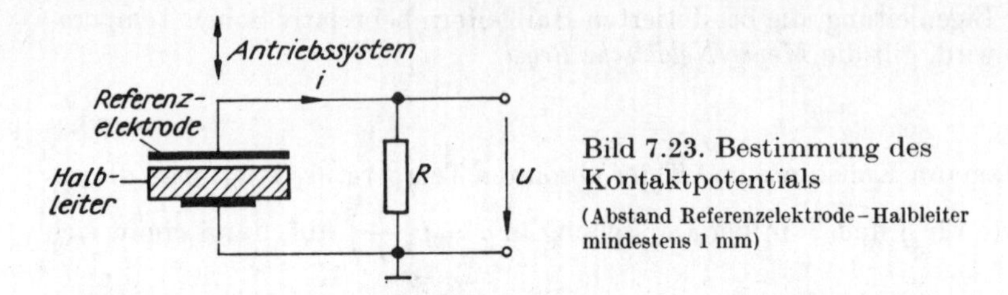

Bild 7.23. Bestimmung des Kontaktpotentials
(Abstand Referenzelektrode–Halbleiter mindestens 1 mm)

Der Wechselstrom i erzeugt an dem Meßwiderstand R eine Wechselspannung U, die geeignet gemessen werden kann. Die Nachweisempfindlichkeit für Kontaktpotentialänderungen liegt unter 1 mV.
Wichtige Materialkenngrößen sind für Germanium, Silizium und Galliumarsenid in Tabelle 7.4 dargestellt.

Tabelle 7.4. Inversionsdichte n_i, Bandabstand W_g, Elektronenaffinität W_χ, Elektronenbeweglichkeit μ_n und Defektelektronenbeweglichkeit μ_p einiger Halbleiterwerkstoffe

Halbleiter	n_i in cm^{-3}	W_g in eV	W_χ in eV	μ_n in $cm^2\ V^{-1}\ s^{-1}$	μ_p in $cm^2\ V^{-1}\ s^{-1}$
Ge	$2{,}3 \cdot 10^{13}$	0,66	4,0	3800	1800
Si	$1{,}0 \cdot 10^{10}$	1,12	4,05	1300	480
GaAs	$1{,}3 \cdot 10^{6}$	1,43	4,07	8500	400

7.3.4. Elektrisches Verhalten von Isolierstoffen

Zur Beschreibung des Isolationsverhaltens sind folgende Begriffe zu unterscheiden:
Der *Isolationswiderstand* wird zwischen zwei Elektroden gemessen und ist der Quotient aus der angelegten Gleichspannung und dem gesamten Strom, der durch den Isolierstoff und an dessen Oberfläche fließt. Der *Volumenwiderstand* wird ebenfalls zwischen zwei Elektroden gemessen und als Quotient aus der angelegten Spannung und dem Teil des Stroms bestimmt, der durch den Isolierstoff fließt. Der *spezifische Volumenwiderstand* ist der Quotient aus der auftretenden Feldstärke und der auf die Elektrodenfläche bezogenen Stromdichte. Der *Oberflächenwiderstand* wird zwischen zwei Elektroden gemessen, die sich auf einer Seite des Prüfkörpers befinden. Er ist der Quotient aus der angelegten Gleichspannung und dem Teilstrom, der an der Oberfläche des Isolierstoffes fließt. Der *spezifische Oberflächenwiderstand* ist der Quotient aus der auftretenden Feldstärke und dem auf die Elektrodenlänge bezogenen Strom.
Zur Widerstandsmessung werden plattenförmige Proben mit konzentrischen, kreisförmigen Elektroden versehen und zur Vermeidung von Störströmen mit einem geerdeten Schutzring umgeben. Bei zylindrischen Rohrproben sind Zylinderelektrodenanordnungen mit Schutzring zu verwenden (Bild 7.24). Für die Messung des Oberflächenwiderstands sind definitionsgemäß Schutzelektrode und Spannungselektrode zu vertauschen. Als Meßmethoden können die Strom-Spannungsmessung und Brükkenmethoden benutzt werden (Abschnitt 7.3.1.).
Wird die elektrische Beanspruchung zu hoch, dann kommt es zum Durchschlag, der durch die Durchschlagsspannung bzw. Durchschlagfeldstärke beschrieben wird. Als *Durchschlagfeldstärke* gilt der Quotient aus Durchschlagspannung und der zwischen

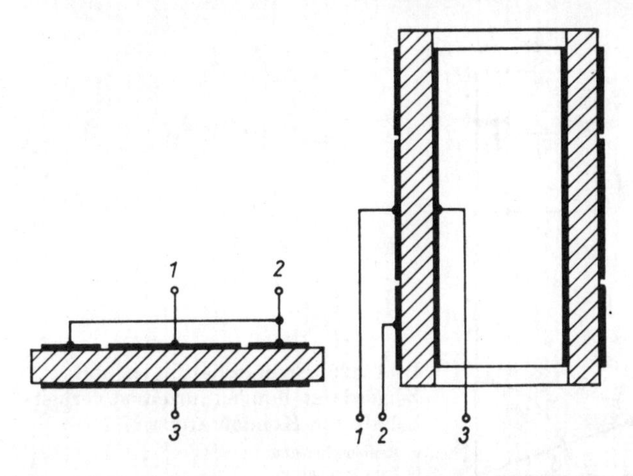

Bild 7.24. Elektrische Untersuchungen an Isolierstoffen
1 Meßelektrode
2 Schutzelektrode
3 Spannungselektrode

den Elektroden gemessenen geringsten Dicke d. Die *Durchschlagspannung* U_D ist der Effektivwert der Spannung, bei der der Durchschlag eintritt. U_D ist abhängig vom Elektrodenabstand bzw. der Dicke d der Probe und der Werkstoffkonstanten k, die temperaturabhängig ist. Für den Zusammenhang gilt näherungsweise das *Fischer-Hinnensche-Gesetz*

$$U_D = kd^{2/3} \tag{7.86}$$

Die Eigenschaften eines Isolators (Dielektrikums) im elektrischen Wechselfeld können durch die Materialkenngröße ε_r (*relative Dielektrizitätskonstante*) und $\tan\delta$ (*dielektrischer Verlustfaktor*) charakterisiert werden. Sie sind aus den Erscheinungen der dielektrischen Polarisation erklärbar.
Die relative Dielektrizitätskonstante ε_r ist das Verhältnis der Kapazität C_D einer mit einem Dielektrikum isolierten Kondensatoranordnung zu der gleichen geometrischen Anordnung C_0 mit Isolierung durch Vakuum oder Luft:

$$\varepsilon_r = \frac{C_D}{C_0} \tag{7.87}$$

Im Dielektrikum entstehen unter Einwirkung des Wechselfeldes dielektrische Verluste. Der Winkel φ zwischen Strom I und Spannung U eines Kondensators beträgt nur bei vollkommen verlustfreien Kondensatoren 90°. Alle technischen Kondensatoren haben Verluste im Dielektrikum, in den Belegungen und in den Stromzuführungen.
Die Kenngröße $\tan\delta = \tan(90° - \varphi)$ wird als dielektrischer Verlustfaktor bezeichnet und ist ein Maß für die Verluste im Kondensator. Für eine verlustbehaftete Kapazität werden zwei verschiedene Ersatzschaltbilder verwendet (Bild 7.25). Der Verlustfaktor ergibt sich daraus für die Reihenschaltung

$$\tan\delta = \frac{U_R}{U_c} = \omega R_R C_R \tag{7.88}$$

und für die Parallelschaltung

$$\tan\delta = \frac{I_R}{I_c} = \frac{1}{\omega R_p C_p} \tag{7.89}$$

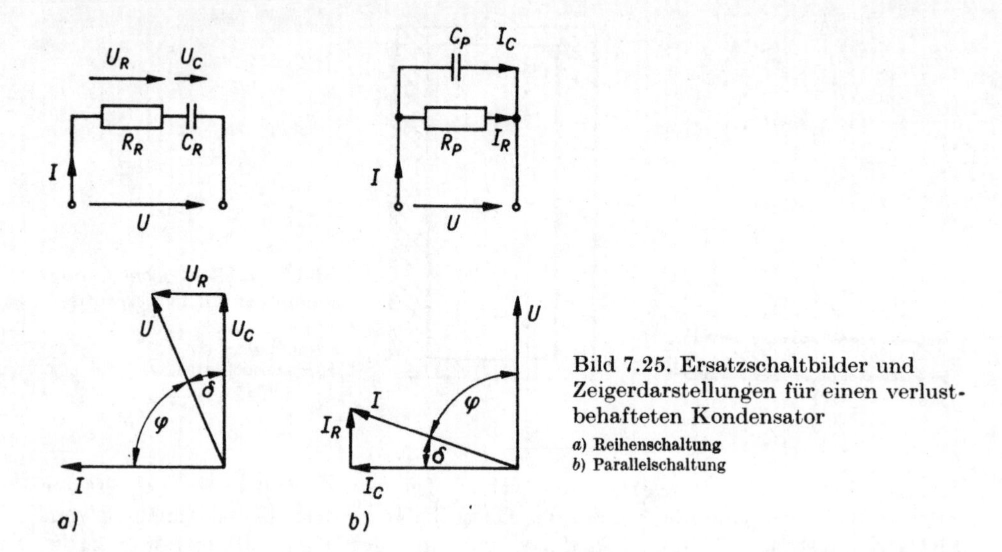

Bild 7.25. Ersatzschaltbilder und Zeigerdarstellungen für einen verlustbehafteten Kondensator

a) Reihenschaltung
b) Parallelschaltung

Die Anwendung der Meßverfahren zur Bestimmung der relativen Dielektrizitätskonstante und des dielektrischen Verlustfaktors ist durch ihren Frequenzbereich gegeben. Zu den wichtigsten Meßverfahren werden die Scheringbrücke (15 Hz bis 100 Hz), die Tonfrequenzbrücke (50 Hz bis 1 kHz), die Transformatorbrücke (50 Hz bis 50 MHz), die Kapazitätsverstimmungsmethode (100 kHz bis 50 MHz) und die Substitutionsmethode (100 kHz bis 100 MHz) gezählt.
Abschließend sei auf zwei Prüfverfahren hingewiesen: die Prüfung auf *Kriechstromfestigkeit* und *Lichtbogenfestigkeit*.

7.4. Messung optischer Eigenschaften

Elektromagnetische Strahlung wird beim Durchgang durch Materie beeinflußt. Diese allgemeine Wechselwirkung wird im optisch sichtbaren Bereich mit Wellenlängen von etwa 400 nm bis 800 nm durch spektrale Stoffkennzahlen und die spektrale Strahlungsverteilung der eindringenden Strahlung beschrieben. Dabei ist die Kenntnis der spektralen Empfindlichkeit der Strahlungsempfänger wichtig. Bewertet der Empfänger die Strahlung gemäß dem spektralen Hellempfindlichkeitsgrad des menschlichen Auges, so erhält man die entsprechenden lichttechnischen Stoffkenngrößen. Bewertet der Empfänger die Strahlung wellenlängenunabhängig (aselektiv), so ergeben sich die entsprechenden strahlungsphysikalischen Stoffkenngrößen.
Trifft Licht mit einem Strahlungsfluß (Lichtstrom) $\Phi_{\lambda 1}$ auf einen Werkstoff, so wird es in mehrere Komponenten aufgespalten, die je nach den Eigenschaften unterschiedlich oder auch Null sein können (Bild 7.26). Ein Teil wird an der Grenzfläche reflektiert ($\varrho_1 \Phi_{\lambda 1}$), ein anderer in der Probe absorbiert ($\Phi_{\lambda 2} - \Phi_{\lambda 3}$) und ein dritter schließlich gelangt durch den Körper der Dicke d hindurch ($[1 - \varrho_2(\lambda)]\, \Phi_{\lambda 3}$).
Daraus lassen sich die in den Abschnitten 7.4.1. bis 7.4.5. behandelten Kenngrößen ableiten.

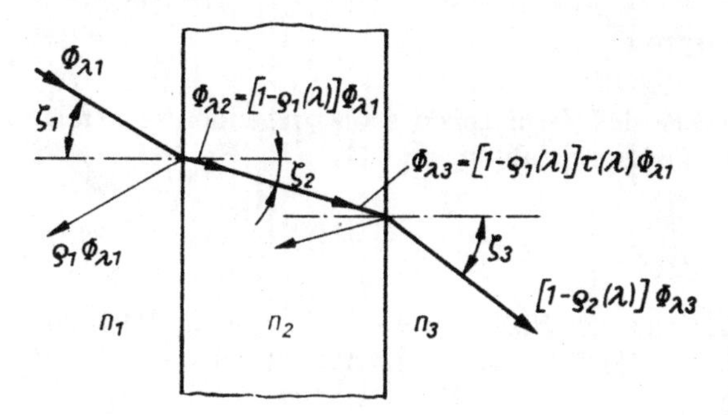

Bild 7.26. Strahlungskomponenten beim Durchgang durch eine planparallele Platte

7.4.1. Spektraler Emissionsgrad, spektraler Absorptionsgrad

Der *spektrale Absorptionsgrad* α (λ, T) ist das Verhältnis des im Inneren eines optisch klaren Mediums absorbierten Strahlungsflusses zu dem auftreffenden spektralen Strahlungsfluß

$$\alpha(\lambda) = \frac{\Phi_{\lambda 2} - \Phi_{\lambda 3}}{\Phi_{\lambda 1}} \tag{7.90}$$

$\alpha(\lambda)$ stimmt mit dem *spektralen Emissionsgrad* ε (λ, T) eines Körpers überein, der nach Abschnitt 7.2.4. mit der Boltzmannschen Konstante σ die Strahlungszahl σ_{12} ergibt. Danach versteht man unter dem spektralen Emissionsgrad ε (λ, T) eines beliebigen Körpers für eine bestimmte Richtung das Verhältnis seiner spektralen Strahldichte L_λ (λ, T) zu der spektralen Strahldichte des schwarzen Körpers $L_{\lambda s}$ (λ, T) gleicher Temperatur (Kirchhoffsches Gesetz)

$$\varepsilon(\lambda,T) = \frac{L_\lambda(\lambda, T)}{L_{\lambda s}(\lambda, T)} \equiv \alpha(\lambda) \tag{7.91}$$

Zur Ermittlung des spektralen Emissions- bzw. Absorptionsgrades kann ein elektrisch beheiztes Rohr verwendet werden, das mit einem kleinen Loch versehen wurde. Es werden die Strahlintensitäten der freien Probenoberfläche und des Loches gemessen; das Verhältnis liefert gemäß Gl. (7.91) den spektralen Emissionsgrad. Für genaue Messungen ist die Temperaturdifferenz zwischen Innen- und Außenwand zu berücksichtigen. Eine Korrektur ist über die Wärmeleitfähigkeit möglich.
Das spektrale Emissionsvermögen ε (λ, T) kann auch aus der wahren Temperatur des Prüfkörpers berechnet oder durch Vergleich mit der Temperatur eines Strahlers mit bekanntem spektralem Emissionsvermögen experimentell bestimmt werden. Wird bei konstanter ausgestrahlter Energie und bei derselben Wellenlänge λ die wahre Temperatur T_λ und die schwarze Temperatur $T_{\lambda s}$ gemessen, dann gilt

$$\frac{1}{T_\lambda} = \frac{1}{T_{\lambda s}} + \frac{\lambda}{c_2} \ln \varepsilon\,(\lambda, T) \tag{7.92}$$

wobei $c_2 = 1{,}4388 \cdot 10^{-2}$ m K eine Konstante ist.

Für Metalle kann $\varepsilon(\lambda, T)$ auch aus Reflexionsmessungen bei Raumtemperatur bestimmt werden.

7.4.2. Spektraler Transmissionsgrad

Der *spektrale Transmissionsgrad* $\tau(\lambda)$ ist das Verhältnis des ausdringenden spektralen Strahlungsflusses $\Phi_{\lambda 3}$ zu dem auftreffenden Strahlungsfluß $\Phi_{\lambda 1}$

$$\tau(\lambda) = \frac{\Phi_{\lambda 3}}{\Phi_{\lambda 1}} \tag{7.93}$$

Zur Messung des spektralen Transmissionskoeffizienten werden die in Gl. (7.93) auftretenden Lichtströme bestimmt. Am zweckmäßigsten bedient man sich der *Ulbrichtschen Kugel* (Bild 7.27).

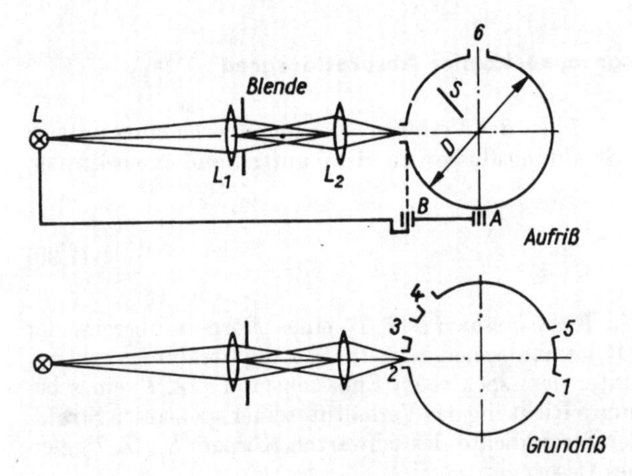

Bild 7.27. Ulbrichtsche Kugel zur Messung des spektralen Transmissions- und Reflexionsgrades bei gerichtetem Lichteinfall

Die *Ulbrichtsche Kugel* hat 6 verschließbare Öffnungen, deren Durchmesser sehr klein gegen den Kugeldurchmesser sind. Sie ist um den Punkt B schwenkbar und um die Achse A drehbar. Im Kugelinneren ist zwischen den Öffnungen *6* und *3* ein lichtundurchlässiger, kreisförmiger Schatter S angebracht, damit kein direktes Licht von den Öffnungen *2, 3* und *4* auf die Meßöffnung *6* fällt. Zur Messung des spektralen Transmissionsgrades $\tau(\lambda)$ wird die Probe an die Öffnung *2* gesetzt. Öffnung *4* ist frei; *1, 3* und *5* sind geschlossen. Ein schmales gerichtetes Lichtbündel vom Beleuchtungssystem L–L_1–L_2 fällt auf die Öffnung *2*, und an der Meßöffnung *6* wird die relative Beleuchtungsstärke $E_{\lambda s}$ gemessen. Danach fällt das Lichtbündel durch Öffnung *4*, und $E_{\lambda 1}$ wird gemessen. Da die Beleuchtungsstärken proportional den Lichtströmen sind, folgt für den spektralen Transmissionsgrad

$$\tau(\lambda) = \frac{E_{\lambda 3}}{E_{\lambda 1}} \tag{7.94}$$

7.4.3. Spektraler Reflexionsgrad

Für optisch schwach absorbierende Stoffe und glatte Grenzflächen (Bild 7.26) lassen sich die *Fresnelschen Reflexionsgrade* $\varrho_p(\lambda)$ und $\varrho_s(\lambda)$ für die beiden Strahlungsflußanteile, deren Schwingungen parallel und senkrecht zur Einfallsebene verlaufen, errechnen:

$$\varrho_p(\lambda) = \frac{\tan^2(\zeta_1 - \zeta_2)}{\tan^2(\zeta_1 + \zeta_2)} \tag{7.95}$$

$$\varrho_s(\lambda) = \frac{\sin^2(\zeta_1 - \zeta_2)}{\sin^2(\zeta_1 + \zeta_2)} \tag{7.96}$$

Dabei ist ζ_1 der Reflexions- und ζ_2 der Brechungswinkel. Bei senkrechtem Strahlungsfluß folgt der spektrale Reflexionsgrad beim Übergang von einem Stoff der Brechzahl n_1 in einen der Brechzahl n_2 zu

$$\varrho(\lambda) = \left(\frac{n_2 - n_1}{n_2 + n_1}\right)^2 \tag{7.97}$$

Eine einfache Methode bestimmt das Verhältnis des zurückgestrahlten spektralen Lichtstroms $\Phi_{\lambda\varrho}$ zum auffallenden Lichtstrom. Daraus folgt der *spektrale Reflexionsgrad*

$$\varrho(\lambda) = \frac{\Phi_{\lambda\varrho}}{\Phi_{\lambda 1}} \tag{7.98}$$

Die *Ulbrichtsche Kugel* ist geeignet, den spektralen Reflexionsgrad $\varrho(\lambda)$ mit einer Probe bekannten spektralen Reflexionsgrades $\varrho_{st}(\lambda)$ zu vergleichen. Die Probe befindet sich dabei an der Öffnung *2*, der Reflexionsstandard an Öffnung *4*. Das Strahlenbündel gelangt durch Öffnung *1* auf *4*, *2* und *3*. Öffnung *3* ist offen, *5* geschlossen. In *6* befindet sich ein spektrales Photometer. Bestimmt werden die Beleuchtungsstärken $E_{\lambda\varrho}$ (Lichteinfall auf die Probe), $E_{\lambda\mathrm{St}}$ (Lichteinfall auf Standard) und $E_{\lambda\mathrm{Streu}}$ (Lichteinfall auf Öffnung *3*). Es gilt:

$$\varrho(\lambda) = \frac{E_{\lambda\varrho} - E_{\lambda\mathrm{Streu}}}{E_{\lambda\mathrm{St}} - E_{\lambda\mathrm{Streu}}} \varrho_{\mathrm{St}} \tag{7.99}$$

Der spektrale Reflexionsgrad $\varrho(\lambda)$ ist mit dem spektralen Transmissionsgrad $\tau(\lambda)$ und dem spektralen Absorptionsgrad $\alpha(\lambda)$ durch die Beziehung

$$\varrho(\lambda) + \tau(\lambda) + \alpha(\lambda) = 1 \tag{7.100}$$

verknüpft.

7.4.4. Brechzahl

Die *Brechzahl* $n(\lambda)$ ist das Verhältnis der Ausbreitungsgeschwindigkeit c monochromatischer, elektromagnetischer Strahlung im Vakuum zu der wellenlängenabhängigen Ausbreitungsgeschwindigkeit $v(\lambda)$ im Medium

$$n(\lambda) = \frac{c}{v(\lambda)} \tag{7.101}$$

Für den Übergang aus dem Medium 1 mit der Brechzahl n_1 in das Medium 2 mit n_2 gilt das *Snelliussche Brechungsgesetz*

$$n_1 \sin \zeta_1 = n_2 \sin \zeta_2 \tag{7.102}$$

(die Winkel ζ_1 und ζ_2 s. Bild 7.26). Da für Luft unter Normalbedingungen $n = 1{,}0003$ ist, wird häufig Luft statt Vakuum als Bezug gewählt.
Die Meßmethoden lassen sich in 3 Gruppen untergliedern: Die Methoden der Strahlenablenkung in einem Prisma aus der betreffenden Substanz gehören zu den genauesten, sind aber umständlich. Außerordentlich bequem und zeitsparend sind die Methoden der Grenzwinkeleinstellung (Refraktometrie). Von höchster Genauigkeit, aber weniger vielseitig anwendbar sind die interferometrischen Verfahren.

7.4.5. Abbesche Zahl

Die Brechzahl ändert sich mit der benutzten Wellenlänge. Unter *Dispersion* eines Stoffes versteht man die Differenz der Brechzahlen für zwei verschiedene Wellenlängen, wobei man sich auf bestimmte Spektrallinien beschränkt (Tabelle 7.5). Die Dispersion ist damit eine Grundgröße für die farbdifferenzierenden Eigenschaften eines Stoffes.

Tabelle 7.5
Spektrallinien

Spektrallinie	Farbe	λ in nm	Spektrum des Elementes
h	violett	404,656	Hg
g	blau	435,8343	Hg
F	blaugrün	486,1327	H
e	grün	546,0724	Hg
d	gelb	587,5623	He
C	rot	656,2785	H
A	rot	768,5[1])	K

[1]) Mitte der Doppellinie 766,494 nm und 769,901 nm

Eine wichtige Vergleichsgröße für Stoffe untereinander ist die reziproke relative Dispersion, die auch *Abbesche Zahl* genannt wird:

$$\nu = \frac{n_d - 1}{n_F - n_C} \qquad (7.103)$$

Die Indizes d, F und C geben die Spektrallinien an, deren Wellenlängen bei der Brechzahlbestimmung zu verwenden sind. Geeignet sind die in Abschnitt 7.4.4. genannten Verfahren.

7.5. Messung magnetischer Eigenschaften

Für viele Werkstoffprüfaufgaben kann die Untersuchung der magnetischen Eigenschaften mit Erfolg eingesetzt werden. Dabei lassen sich zwei Gruppen von magnetischen Kenngrößen unterscheiden: Die erste Gruppe ist nur von der stofflichen Zusammensetzung und damit von der Art des vorliegenden Kristallgitters abhängig. Hierzu gehören die para- und diamagnetische Suszeptibilität, die Sättigungsinduktion und die Curie-Temperatur. Die zweite Gruppe wird nicht nur von der stofflichen Zusammensetzung, sondern in nahezu gleichem Maße auch von Gitterstörungen, einschließlich geringer Verunreinigungen, beeinflußt. Die sie umfassenden magnetischen Größen ergeben sich aus der technischen Hysteresekurve: ferromagnetische Permeabilität, Koerzitivfeldstärke, Remanenz und Hystereseverluste. Sie sind im allgemeinen keine kennzeichnenden Größen mehr für einen bestimmten Werkstoff, sondern auch für seine jeweilige Realstruktur und folglich für seine mechanischen und chemischen Eigenschaften.

7.5.1. Magnetische Permeabilität, magnetische Suszeptibilität

Mit der magnetischen Feldstärke H ist immer eine zweite magnetische Größe verbunden, die magnetische Kraftflußdichte oder magnetische Induktion B

$$B = \mu H = \mu_r \mu_0 H \quad \text{in T (Tesla)} \tag{7.104}$$

μ *absolute Permeabilität* des Werkstoffs
μ_r seine *relative Permeabilität*
μ_0 Permeabilität des Vakuums oder die Induktionskonstante
($\mu_0 = 4\pi \cdot 10^{-7}$ Vs A^{-1} m^{-1})

Analog der dielektrischen Polarisation wird oft auch die magnetische Polarisation I verwendet, die die von der Materie verursachte magnetische Induktion angibt:

$$I = B - \mu_0 H = \mu_0 \mu_r H - \mu_0 H = \mu_0 H(\mu_r - 1) \tag{7.105}$$

$$I = \mu_0 H \chi$$

Die Größe χ wird als *magnetische Suszeptibilität* bezeichnet.
Häufig ist die Magnetisierung M – die auf μ_0 bezogene Polarisation I – eine angegebene und nützliche Größe:

$$M = \frac{I}{\mu_0} = \chi H \tag{7.106}$$

Unterteilt man die Werkstoffe nach χ oder μ_r, so ergeben sich

Diamagnetika	$\chi = -1$ bis 0	$\mu_r = 0$ bis 1
Paramagnetika	$\chi = 0$ bis 1	$\mu_r = 1$ bis 2
Ferromagnetika	$\chi = 1$ bis über 10^6	$\mu_r = 2$ bis über 10^6

Dabei fallen die antiferromagnetischen Stoffe in die Gruppe der Paramagnetika, die ferrimagnetischen Stoffe in die Gruppe der Ferromagnetika.

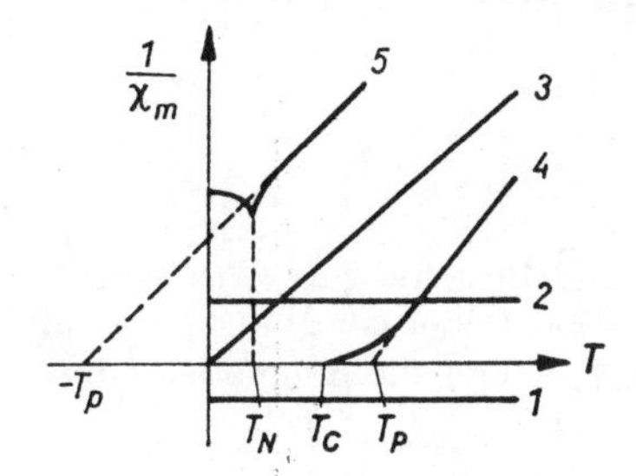

Bild 7.28. Temperaturabhängigkeit der magnetischen Suszeptibilität

1 Diamagnetismus
2 Paramagnetismus der Leitungselektronen
3 Paramagnetismus (Curie-Weißsches Gesetz)
4 ferromagnetische Stoffe oberhalb T_C
5 antiferromagnetische Stoffe oberhalb T_N

Bei Temperatureinwirkung verhalten sich die Stoffgruppen verschieden (Bild 7.28). Die diamagnetische und paramagnetische Suszeptibilität einiger Metalle sind temperaturunabhängig. Für die meisten Paramagnetika gilt das *Curie-Weißsche Gesetz*

$$\chi = \frac{C}{T + \Delta T} \tag{7.107}$$

wobei ΔT und die Curie-Konstante C stoffspezifisch sind. Bei einigen paramagnetischen Stoffen ist $\Delta T = 0$. Bei ferromagnetischen bzw. antiferromagnetischen Stoffen oberhalb der Curie-Temperatur T_c bzw. der Neél-Temperatur T_N ist $\Delta T = -T_p$. Die paramagnetische Curie-Temperatur T_p ist im ersten Fall positiv, im zweiten negativ.

Dia- und paramagnetische Suszeptibilitäten werden meist aus der Kraftwirkung ermittelt, die Proben aus diesen Stoffen in einem homogenen Magnetfeld erfahren. Große magnetische Suszeptibilitäten werden zweckmäßig auf induktivem Weg bestimmt, indem man ballistische oder dynamische Verfahren einsetzt (Abschnitte 7.5.2. und 7.5.3.).

Befindet sich ein Prüfkörper mit der magnetischen Suszeptibilität χ_1 in einem Medium der magnetischen Suszeptibilität χ_2, so wird der Körper im inhomogenen Magnetfeld zu Stellen größerer oder kleinerer Feldstärken hingezogen, je nachdem, ob $\chi_1 > \chi_2$ oder $\chi_1 < \chi_2$ ist. Auf einem am Ort r befindlichen Prüfkörper vom Volumen V, der sich nur in z-Richtung bewegt, wirkt die Kraft

$$F_z(r) = (\chi_1 - \chi_2)\, V\mu_0 H(r) \frac{\partial H}{\partial z} \tag{7.108}$$

Die Kraft kann mit einer Waage als Masseänderung beim Einschalten des Magnetfelds gemessen werden. Bild 7.29 zeigt das Schema einer *magnetischen Waage*. Eine weitere grundsätzliche Bauform ist die Drehwaage.

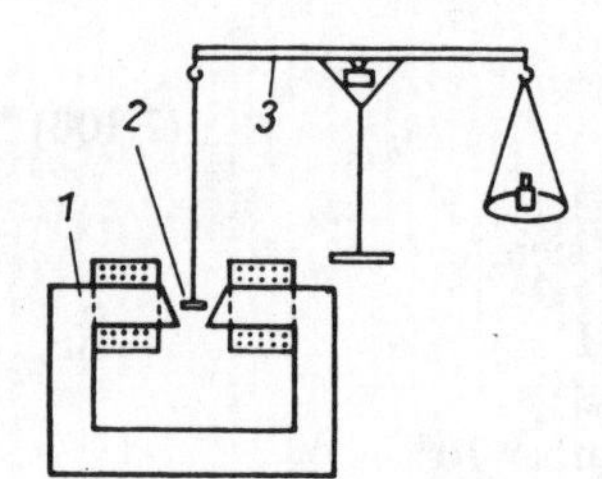

Bild 7.29. Magnetische Waage
1 Feldspule
2 Probe
3 Analysenwaage

Mit Hilfe der para- und diamagnetischen Suszeptibilität können z. B. die Warm- und Kaltaushärtung von Aluminium-, Kupfer-, Aluminium-Magnesium- und ähnlichen Legierungen und die dabei auftretenden Rückbildungserscheinungen untersucht werden.

7.5.2. Neukurve

Unter den Magnetisierungskennlinien versteht man die Beziehungen zwischen der magnetischen Induktion B, der magnetischen Polarisation I oder der Magnetisierung M und der Feldstärke H. Bei ferromagnetischen Stoffen sind die Magnetisierungskennlinien nicht linear.

Bei erstmaliger Magnetisierung erhält man die Neukurve (Bild 7.30), die nach Erreichen der Sättigungsinduktion B_s mit linearem Anstieg verläuft. Aus Gl. (7.104) ergibt der Quotient B/H die ***absolute Permeabilität*** des Werkstoffes. Da μ selbst eine Funktion von H ist, werden deshalb spezielle Werte definiert:
Die *Anfangspermeabilität* μ_a ist der Anstieg der Tangente an die Neukurve im Ursprungspunkt

$$\mu_a = \lim_{H \to 0} \frac{B}{H} \tag{7.109}$$

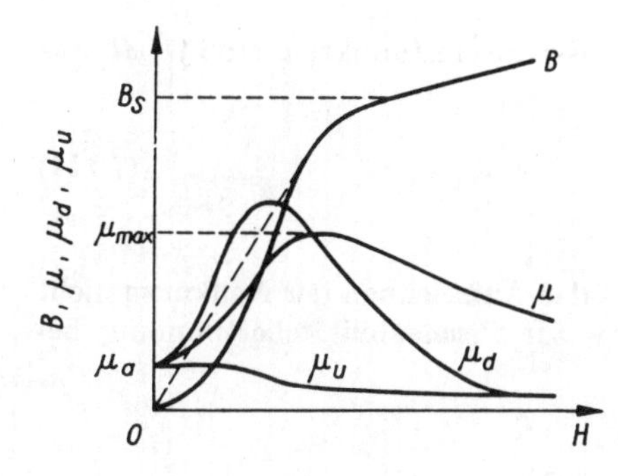

Bild 7.30. Neukurve und Verlauf der magnetischen Permeabilität in Abhängigkeit von der Feldstärke

Die *maximale Permeabilität* μ_{max} liegt an der Stelle, an der eine Gerade durch den Nullpunkt an der Neukurve tangiert:

$$\mu_{max} = K \tan \alpha \tag{7.110}$$

wobei K ein Maßstabsfaktor und α der Winkel ist, den die Gerade mit der Abszisse bildet.
Unter der *Differentialpermeabilität* versteht man den Ausdruck

$$\mu_d = \frac{dB}{dH} \tag{7.111}$$

Wenn man, ausgehend von einem Punkt der Neukurve, die Feldstärke um ΔH erhöht, dann um $2\,\Delta H$ senkt, so verläuft der Vorgang reversibel, wenn nur ΔH sehr klein ist. Es ist

$$\mu_u = \lim_{\Delta H \to 0} \frac{\Delta B}{2\,\Delta H} \tag{7.112}$$

die *reversible* oder die *umkehrbare Permeabilität*. Sie ist nicht von der Feldstärke, sondern von der Induktion abhängig.
Im Bild 7.30 sind die speziellen Werte der magnetischen Permeabilität und die absolute Permeabilität eingezeichnet.
Die Permeabilität ist nur dann eine echte Werkstoffkenngröße, wenn sie an ringförmigen Proben gemessen wird, bei denen sich die Magnetflußlinien im ferro- bzw. ferrimagnetischen Material schließen. Für andere Probenformen werden effektive Permeabilitäten festgelegt, die aber nicht mehr stoffspezifisch sind, sondern u. a. von der Probengeometrie abhängen. Die wirklichen Werte kann man nach Scherung der zugehörigen Hysteresekurven erhalten (Abschnitt 6.3.2.).

Darüber hinaus sei vermerkt, daß vorstehende Erscheinungen den vielkristallinen ferro- bzw. ferrimagnetischen Werkstoff kennzeichnen. Bei Einkristallen ist zusätzlich die Anisotropie der magnetischen Eigenschaften zu berücksichtigen.
Die Ermittlung der Neukurve erfolgt im allgemeinen mit *ballistischen Methoden*, deren Prinzip in Bild 7.31 gezeigt ist. Die Probe liegt als geschlossener Ring vor, auf dem die Feldwicklung mit n_1 Windungen auf den Umfang des Ringes l_1 gleichmäßig aufgebracht ist. Fließt durch die Feldwicklung der Strom I, dann liegt die Feldstärke

$$H = \frac{In_1}{l_1} \tag{7.113}$$

vor. Beim Einschalten entsteht in der Induktionsspule ein Induktionsstoß $\int U\,dt$, aus dem die magnetische Induktion

$$B = \frac{\int U\,dt}{n_2 A_2} \tag{7.114}$$

berechnet wird (Abschnitt 6.3.2.).
Bei der Verwendung *dynamischer Methoden* ist das Aufzeichnen der Neukurve nicht möglich. Dort wird die Kommutierungskurve zur Permeabilitätsbestimmung benutzt (Abschnitt 7.5.3.).

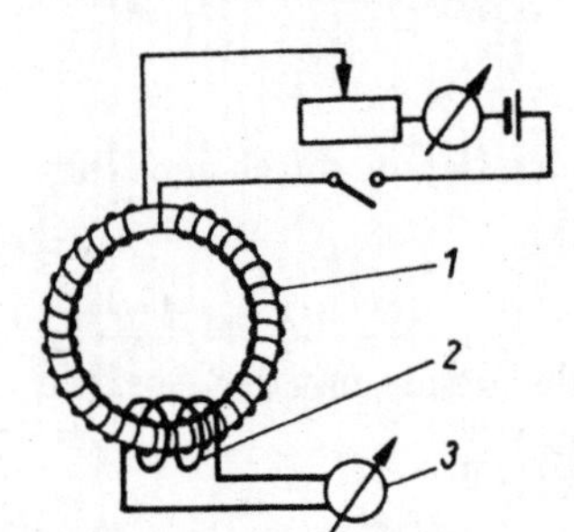

Bild 7.31. Ballistische Induktionsmessung an Ringkernen
1 Feldspule *2* Induktionsspule
3 ballistisches Galvanometer

7.5.3. Hysteresekurve

Wird nach Durchlaufen der Neukurve die magnetische Feldstärke auf den Wert 0 gesenkt, nimmt die Induktion auf den Wert $B = B_r$ ab (Bild 7.32). B_r wird als *Remanenz* oder *Restmagnetismus* bezeichnet. Der Restmagnetismus wird durch ein Feld entgegengesetzter Richtung beseitigt. Die dazu erforderliche Feldstärke bezeichnet man als *Koerzitivfeldstärke* $-{}_BH_c$. Durch weiteres Steigern der Feldstärke kommt es zur Sättigung ($B = -B_S$). Sinkt H wieder auf Null ab, so befindet sich der Werkstoff im Zustand der negativen Remanenz ($B = -B_r$) usw. Beim Durchlaufen eines vollen Zyklus erhält man die *technische Hysteresekurve*.
In Bild 7.32 ist zum Vergleich die Polarisations-Hysterese-Kurve eingetragen. Gemäß Gln. (7.104) und (7.105) sind folgende Aussagen über die Kenngrößen der technischen Hysteresekurven gegeben:

$$I_r = B_r \quad \text{und} \quad {}_IH_c > {}_BH_c \tag{7.115}$$

In Bild 7.32 ist die Feldstärke so groß, daß Sättigung erreicht wird. Eine solche Hysteresekurve wird als *Grenzkurve* bezeichnet. Sind die Scheitelwerte der Feldstärke kleiner, dann bilden sich *innere* Kurven aus. Die Linie, die die Umkehrpunkte

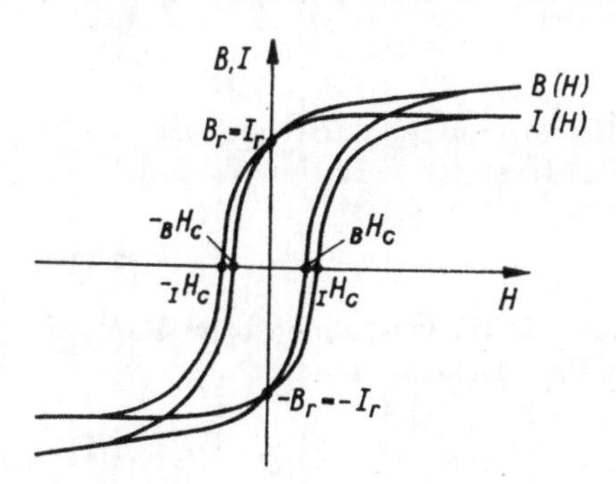

Bild 7.32. Hysteresekurven $B = f(H)$ und $I = F(H)$

aller Hysteresekurven verbindet, wird als *Kommutierungskurve* bezeichnet. Nach der Breite der Hysteresekurve unterscheidet man hartmagnetische Werkstoffe mit einer sehr breiten Hysteresekurve ($H_c > 10^3$ A m^{-1}) und weichmagnetische Werkstoffe mit einer schmalen Hysteresekurve ($H_c < 10^3$ A m^{-1}).
Hysteresekurven können mit ballistischen Methoden (Abschnitt 7.5.2.) punktweise aufgenommen werden. Schneller und bequemer sind allerdings dynamische Prüfmethoden, die die Induktion bei Wechselmagnetisierung (meist 50 Hz) bestimmen. An die Stelle des ballistischen Galvanometers treten dabei andere Spannungsmesser. Meist wird die Oszillographenanzeige gewählt, mit der die Hysteresekurve direkt auf einem Oszillographenschirm abgebildet werden kann.
Der grundsätzliche Aufbau eines solchen *Ferrographen* ist in Bild 7.33 gezeigt. Der Ringprüfkern wurde mit einer Primär- und Sekundärwicklung versehen. Die Primärwicklung liefert über einen Adapter, ein Integrationsglied und einen Meßverstärker an der X-Ablenkung einer Oszillographenröhre eine dem Erregerfeld H proportionale Spannung. In der Sekundärspule wird eine Spannung induziert, die über einen Adapter, ein Integrationsglied und einen weiteren Meßverstärker zu einer der magnetischen Induktion B proportionalen Spannung führt, die an die Y-Ablenkung der Oszillographenröhre gegeben wird. Insgesamt wird auf dem Oszillographenschirm eine Hysteresekurve abgebildet, deren H- und B-Auslenkung in cm abgelesen werden kann. Die Auslenkungen sind in A cm^{-1} bzw. Vs cm^{-2} zu justieren bzw. über die elektrischen Daten der Anlage zu errechnen. Für praktische Prüfungen an Blechproben werden auch Zylinderprüfspulen benutzt, die bei ausreichender Probenlänge mit meist ausreichender Genauigkeit die Ermittlung der technischen Hysteresekurve ermöglichen.
Die aus den technischen Hysteresekurven abzuleitenden Größen H_c, B_r und μ sowie die Verluste (Abschnitt 7.5.4.) geben Auskunft nicht nur über die chemische Zusammensetzung, sondern auch über die Realstruktur, die durch Verunreinigungen und kleine Beimengungen im Ausgangsmaterial, durch die Art und Weise der Herstellung des Endprodukts und die Verarbeitung der Werkstoffe beeinflußt wird.

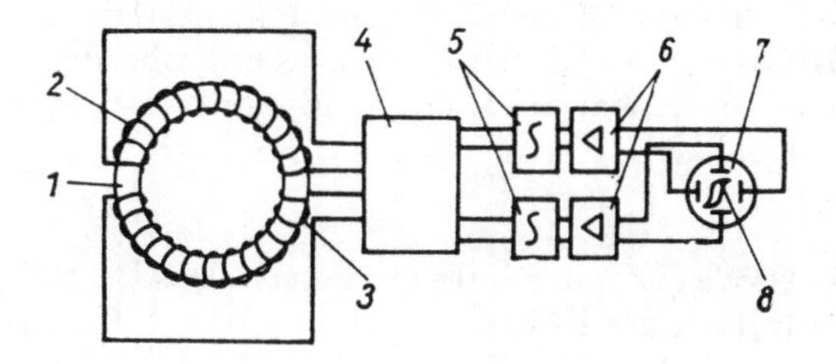

Bild 7.33. Induktionsmessungen mit Wechselmagnetisierung

1 Ringprüfkern
2 Feldspule
3 Induktionsspule
4 Adapter
5 Integration
6 Meßverstärker
7 Oszillographenröhre
8 Hysteresekurve

7.5.4. Magnetische Verluste

Setzt man ferromagnetische Werkstoffe Wechselfeldern aus, so entstehen *magnetische Verluste* V, die sich aus Wirbelstromverlusten V_w, Hystereseverlusten V_h und Nachwirkungsverlusten V_n zusammensetzen:

$$V = V_w + V_h + V_n \tag{7.116}$$

Wirbelstromverluste entstehen durch die Induktion von Wirbelströmen beim Magnetisieren. Sie werden mit nachstehender Gleichung für Bleche abgeschätzt:

$$V_w \approx C \frac{d^2 f^2 B_{max} \gamma}{\varrho} \tag{7.117}$$

Dabei ist C eine Konstante, d die Blechdicke, f die Betriebsfrequenz, B_{max} der Scheitelwert der Induktion, γ die elektrische Leitfähigkeit und ϱ die Dichte des Magnetwerkstoffs.

Die *Hystereseverluste* kann man aus der von der Hysteresekurve umschlossenen Fläche ermitteln, die unmittelbar ein Maß für die Ummagnetisierungsarbeit je Volumenelement und je Zyklus ist. In der Technik wird diese Energie jedoch meist auf eine Masse von einem Kilogramm bezogen und als *Wattverluste* bezeichnet.

Die *Nachwirkungsverluste* sind durch Nachwirkungserscheinungen bedingt, d. h., bei schneller Feldänderung erreicht die Induktion ihren Endwert erst nach einer Zeit, die u. a. von den Versuchsbedingungen, thermischen Vorgängen und Verunreinigungen der Werkstoffe abhängt.

Meßbar sind nur die Gesamtenergieverluste V. Geeignet dafür sind Wattmeter, denen der primäre Magnetisierungsstrom und die sekundär induzierte Spannung zugeführt wird. Das Produkt ist der im magnetischen Werkstoff verbrauchten Wirkleistung proportional.

7.5.5. Magnetische Anisotropie

In den vorstehenden Betrachtungen wurde vernachlässigt, daß ferromagnetische Einkristalle und fast alle polykristallinen ferromagnetischen Werkstoffe wegen ihrer meist vorhandenen Guß-, Verformungs- oder Rekristallisationstextur magnetisch anisotrop sind. Im allgemeinen sind deshalb B und I nicht parallel zu H. Sie müssen als Vektoren und die magnetische Permeabilität als Tensor behandelt werden. Für unterschiedliche Achsen im Kristallgitter ergeben sich folglich unterschiedliche Magnetisierungskurven. Das Ausnutzen von Anisotropieerscheinungen führte zur weiteren Verbesserung der magnetischen Eigenschaften bestimmter Werkstoffe.

Zur Untersuchung der Anisotropieerscheinungen bedient man sich häufig des *Dreh-* oder *Torsionsmagnetometers.* Eine scheibenförmige Probe hängt horizontal an einem Torsionsfaden mit Spiegel. In der Scheibenebene wird ein Feld mit einem schwenkbaren Elektromagneten mit Flachpolen erzeugt. An der Probe entsteht ein Drehmoment M_D, das der magnetischen Polarisation I und dem Volumen V der Probe, der Stärke H des homogenen äußeren Feldes sowie dem Sinus des Winkels φ zwischen Polarisations- und Feldrichtung proportional ist:

$$M_D = \mu_0 I V H \sin \varphi \tag{7.118}$$

Der Winkel φ hängt unmittelbar mit der Größe der Anisotropie zusammen. Das Drehmoment M_D bestimmt man aus der Verdrillung des Fadens.

7.6. Messung von Kopplungseffekten

Zur Untersuchung spezieller Eigenschaften der Werkstoffe sind Kopplungseffekte geeignet, bei denen durch die Einwirkung von Wärme, elektrischer und magnetischer Felder sowie mechanischer Verformung andersartige Wirkungen entstehen können, z. B. elektrische Spannungen, Temperaturdifferenzen und reversible Verformungen. Solche Untersuchungsmethoden haben in den letzten Jahren zunehmend auch in der Werkstoffprüfung Anwendung gefunden.

7.6.1. Thermoelektrische Effekte

Als thermoelektrische Effekte bezeichnet man üblicherweise den Seebeck-Effekt, den Peltier-Effekt und den Thomson-Effekt.
Entsprechend dem *Seebeck-Effekt* entsteht in einem elektrischen Kreis aus zwei verschiedenen Leitern eine Potentialdifferenz, wenn man beide Verbindungsstellen auf unterschiedliche Temperatur bringt. Die Potentialdifferenz wird als Thermospannung bezeichnet. Für eine Temperaturdifferenz dT ergibt sich die *relative Thermospannung*

$$dE_{12} = e_{12}(T)\, dT \tag{7.119}$$

Die damit eingeführte *differentielle Thermospannung* $e_{12}(T)$ zwischen den beiden Leitern ist temperaturabhängig und setzt sich aus den *absoluten differentiellen Thermospannungen* e_1 und e_2 beider Leiter zusammen:

$$e_{12} = e_1 - e_2 \tag{7.120}$$

Die absolute differentielle Thermospannung ist eine Werkstoffkenngröße. Sind beide Leiterverbindungen durch eine endliche Temperaturdifferenz $T_2 - T_1$ gekennzeichnet, dann folgt mit Gl. (7.119) die *relative integrale Thermospannung*

$$E_{12} = \int_{T_1}^{T_2} e_{12}(T)\, dT \tag{7.121}$$

Die relativen integralen Thermospannungen der Metalle, die gegen ein Bezugsmetall über den Temperaturbereich 0 bis 100 °C gemessen wurden, ergeben die thermoelektrische Spannungsreihe in mV. In Tabelle 7.6 sind die absoluten differentiellen Thermospannungen reiner Metalle aufgeführt. Tabelle 6.14 gibt die absoluten differentiellen Thermospannungen für Gefügebestandteile von Stahl bzw. Gußeisen an.
Der *Peltier-Effekt* ist die Umkehrung des Seebeck-Effekts. Wird der Stromkreis aus zwei Leitern von einem Strom I durchflossen, so wird bei konstanter Temperatur an den Verbindungsstellen Wärme absorbiert und emittiert. In der Zeit t wird an den Verbindungsstellen die Wärmemenge

$$Q = \Pi_{12} I t \tag{7.122}$$

zu- oder abgeführt, wodurch sich eine Temperaturdifferenz einstellt. Π_{12} ist der *Peltier-Koeffizient*, der für die Leiterkombination charakteristisch ist.
Der *Thomson-Effekt* tritt in nur einem Leiter auf, wenn seine Enden unterschiedliche Temperaturen $T_2 - T_1 = \Delta T$ haben. Durchfließt diesen Leiter ein elektrischer Strom I, dann wird in der Zeit dT zusätzlich zur Jouleschen Wärme die Wärmemenge

$$dQ = \mu_T\, \Delta T I\, dt \tag{7.123}$$

Tabelle 7.6. Thermoelektrische Spannungsreihe der Metalle

Metall	e in $\mu V\, K^{-1}$	Metall	e in $\mu V\, K^{-1}$	Metall	e in $\mu V\, K^{-1}$
Bi	−80,0	Mg	−1,2	Au	+1,7
Co	−18,5	Al	−1,3	Rh	+1,7
Ni	−18,0	Pb	−1,2	Cu	+1,7
K	−15,6	Sn	−1,2	Cd	+3,5
Rb	−10,2	Nb	−0,5	Mo	+5,9
Pd	−9,8	Cs	+0,1	Ti	+7,3
Na	−8,3	W	+0,2	U	+8,0
Th	−6,5	Tl	+0,8	Zr	+9,5
Hg	−5,5	Ir	+0,8	Li	+11,5
Pt	−4,4	V	+1,0	Cr	+14,0
Be	−3,3	Ag	+1,4	Fe	+17,0
Ta	−2,3	Zn	+1,5	Sb	+42,0

emittiert bzw. absorbiert. Der Faktor μ_T ist der *Thomson-Koeffizient*.
Nach den Methoden der irreversiblen Thermodynamik bestehen zwischen den thermoelektrischen Größen folgende Zusammenhänge, womit ihre Umrechnung möglich wird:

$$\Pi_{12} = T \int_0^T \frac{\mu_{T2} - \mu_{T1}}{T}\, dT \tag{7.124}$$

$$E_{12} = \int_{T_1}^{T_2} \frac{\Pi_{12}}{T}\, dT \tag{7.125}$$

$$e_{12} = \int_0^T \frac{\mu_{T2} - \mu_{T1}}{T}\, dT \tag{7.126}$$

$$e_1 = \int_0^T \frac{\mu_{T1}}{T}\, dT \tag{7.127}$$

Zur Bestimmung der thermoelektrischen Größen ermittelt man hauptsächlich die Thermospannung. Besonders einfach sind Thermospannungsmessungen bei Metallen oder Legierungen, die in Drahtform vorliegen. Ein Metall bekannter absoluter differentieller Thermospannung wird mit dem Meßobjekt verlötet oder verschweißt (Bild 7.34a). Die Verbindungsstellen werden in Thermostaten auf unterschiedlichen Temperaturen gehalten. Die Thermospannungen werden dann meist stromlos mit einem Kompensator gemessen.
Komplizierter sind Messungen an Halbleitern, die in Form von Quadern oder Zylindern vorliegen. Dazu wird meist Graphit als Vergleichsmaterial gewählt. Die Verfälschung der Meßergebnisse durch die Grenzschicht ist problematisch. Man kann einerseits die Oberflächenfremdschicht des Halbleiters durch Ätzen reduzieren oder andererseits die Temperaturmessung zur Probenmitte verlagern (Bild 7.34b). Die Thermoelemente können neben der Temperaturbestimmung zugleich der Messung der Thermospannung dienen.

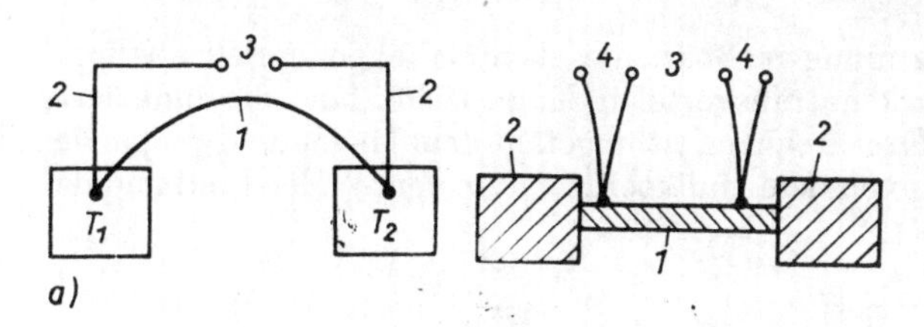

Bild 7.34. Messung der Thermospannung
a) für Drähte
b) für Zylinder und Quader
1 Probe
2 Vergleichsprobe
3 Kompensatoranschluß
4 Temperaturmessung

Die Hauptanwendungsgebiete der Thermoelektrizität sind die Temperaturmessung mittels Thermoelementen und die Erzeugung tiefer Temperaturen mit Thermokühlelementen sowie Strukturprüfungen von elektrischen Leitern und Halbleitern. Thermospannungsmessungen sind ein empfindlicher Nachweis für Phasenänderungen, Ordnungsvorgänge und Ausscheidungen. Besondere Bedeutung hat in der zerstörungsfreien Werkstoffprüfung die Messung der Kontaktthermospannungen (Abschnitt 6.3.4.) erlangt.

7.6.2. Magnetostriktion

Der *magnetostriktive Effekt* besteht in einer elastischen Längen- oder Volumenänderung ferromagnetischer Körper beim Anlegen eines Magnetfeldes. Man unterscheidet Längs-, Quer- und Volumenmagnetostriktion, je nachdem, ob die Änderung der Länge parallel oder senkrecht zur Richtung des magnetischen Felds oder die Änderung des Volumens beobachtet werden kann.
Einkristalle zeigen in verschiedenen Richtungen unterschiedliches Magnetostriktionsverhalten. Beispielsweise ergibt die Längsmagnetostriktion von Nickeleinkristallen Verkürzungen, die in der [100]-Richtung den größten, in der [111]-Richtung den kleinsten Wert haben.
Die elastischen Längenänderungen durch Wirkung des Magnetfelds lassen sich mechanisch nur schwer messen. Zur starken Vergrößerung sind Kombinationen von mechanischen Hebeln und optischen Spiegeln notwendig (vgl. auch Verfahren zur Bestimmung der Wärmeausdehnung in Abschnitt 7.2.1.).

7.6.3. Halleffekt

An einer langen quaderförmigen Probe, die von einem Strom I durchflossen wird, wirkt ein transversales Magnetfeld H, das in der Probe die Induktion B hervorruft. Man mißt senkrecht zu B und I eine Spannung

$$U_{\mathrm{H}} = R_{\mathrm{H}} \frac{IB}{d} \tag{7.128}$$

R_{H} wird als *Hallkonstante* oder *Hallkoeffizient* bezeichnet und ist eine Werkstoffkenngröße; d ist die Dicke der Probe in B-Richtung. Gl. (7.128) gilt streng nur für kubische Kristalle und isotrope Medien. Ansonsten ist der Hallkoeffizient durch einen Hall-Tensor zu ersetzen.
Die einfache Bestimmung des Hallkoeffizienten erfolgt nach dem Schema in Bild 7.35. Für die Messung der Hallspannung U_{H} sollte ein Kompensationsverfahren verwendet werden, damit keine Störungen durch den Peltier-Effekt auftreten.
An elektrisch gut leitenden Meßproben läßt sich der Hallkoeffizient nach dem *Helikon-Effekt* auch elektrodenlos messen, wenn hohe Magnetfeldstärken verwendet werden. Die Probe wird einem schwachen longitudinalen Feld ausgesetzt, das beim Abschalten in der Probe Wirbelströme induziert, die exponentiell abklingen. In einer Induk-

tionsspule wird dabei eine Spannung meßbar, die ebenfalls exponentiell abklingt. Durch Überlagerung eines starken transversalen Magnetfelds fällt die induzierte Spannung oszillierend ab. Die Kreisfrequenz ist ungefähr dem Magnetfeld proportional; der Effekt ist nur abhängig von dem Hallkoeffizienten, dem Widerstand und der Geometrie der Metallprobe.

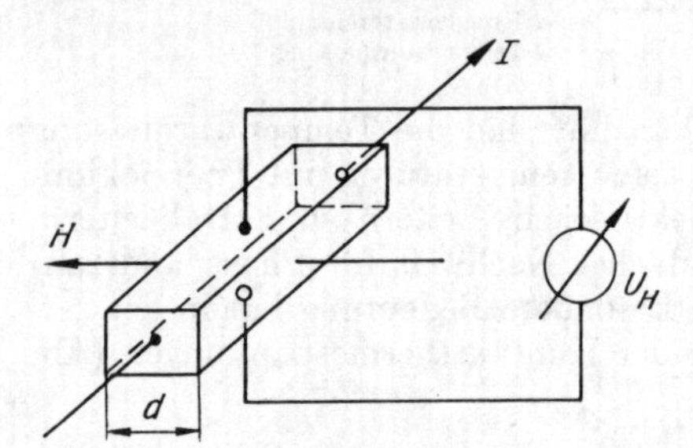

Bild 7.35. Nachweis des Halleffekts

7.6.4. Piezoelektrizität

Durch den piezoelektrischen Effekt entsteht unter der Wirkung einer Kraft F auf den zur elektrischen Achse senkrechten Flächen eine Ladung

$$Q = F\delta_p \tag{7.129}$$

wobei δ_p die werkstoffspezifische *piezoelektrische Konstante* ist.
Gl. (7.129) kann unmittelbar als Ausgang für ein Meßverfahren dienen. Bringt man die Probe der Dicke d zwischen die Elektroden einer Kondensatoranordnung, so kann zwischen den Elektroden eine Spannung gemessen werden:

$$U = \frac{F\delta_p}{C} = \frac{F\delta_p d}{A\varepsilon_0\varepsilon_r} \tag{7.130}$$

C Kapazität der Kondensatoranordnung mit Probe; A Fläche der Elektroden; ε_0 absolute Dielektrizitätskonstante des Vakuums; ε_r relative Dielektrizitätskonstante des Probenmaterials

Die entstehenden Spannungen sind von der Größenordnung 1 VN^{-1} und daher gut meßbar. Dieser Effekt ist umkehrbar. Durch ein elektrisches Feld in Richtung einer piezoelektrischen Achse wird der Kristall komprimiert bzw. dilatiert.
Stoffe mit hohen piezoelektrischen Konstanten sind Quarz, der trikline Turmalin, das Seignettesalz und Bariumtitanate. Ihr Hauptanwendungsgebiet ist neben der Ultraschallerzeugung (Abschnitt 6.2.1.5.) die Kraftmessung.

Literaturhinweise

[7.1] *Eder, F. X.:* Moderne Meßmethoden der Physik. T. 1–3. Berlin: VEB Deutscher Verlag der Wissenschaften 1956/72
[7.2] Einführung in die Werkstoffwissenschaft (Herausgeber: *W. Schatt*), 5. Aufl. Leipzig: VEB Deutscher Verlag für Grundstoffindustrie 1984
[7.3] Metody ispytanija kontrolja i issledovanija mašinostroitel'nych materialov, T. III: Metody issledovanija fizičeskich svojstv metallov. Moskva: Mašinostroenie 1974
[7.4] *Livšic, B. G.:* Fizičeskie svojstva metallov i splavov. Moskva: Gosudarstvennoe naučnotechničeskoe izd. mašinostroitel'noj literatury 1959
[7.5] *Helbig, E.:* Grundlagen der Lichtmeßtechnik. Leipzig: Geest & Portig 1972

Quellennachweise

[7.6] *Bauer, G.:* Strahlungsmessung im optischen Spektralbereich. Messung elektromagnetischer Strahlung von Ultraviolett bis Ultrarot. Braunschweig: Vieweg 1962

[7.7] *Engelage, D.; Dallwitz, L.:* Grundlagen supraleitender elektronischer Schaltungen. Leipzig: Geest & Portig 1978

[7.8] *Feldtkeller, E.:* Dielektrische und magnetische Materialeigenschaften. Bd. 1. Mannheim, Wien, Zürich: Bibliographisches Institut 1973

[7.9] Fizičeskij enciklopedičeskij slovar'. T. 1–5. Moskva: Izd. sovetskaja enciklopedija 1966

[7.10] Halbleiterwerkstoffe. (Hrsg.: *Hadamovsky, H.-F.*). Leipzig: VEB Deutscher Verlag für Grundstoffindustrie 1972

[7.11] *Hänsel, H.; Neumann, W.:* Physik. Teil 7. Festkörper. Berlin: VEB Deutscher Verlag der Wissenschaften 1978

[7.12] *Jellinghaus, W.:* Magnetische Messungen an ferromagnetischen Stoffen. Berlin: de Gruyter 1952

[7.13] *Kohlrausch, F.:* Praktische Physik. Bd. 1–3. 22. Aufl. Stuttgart: Teubner 1968

[7.14] *Laeis, W.:* Einführung in die Werkstoffkunde der Kunststoffe. München: Hanser-Verlag 1972

[7.15] Metallovedenie i termičeskaja obrabotka stali (spravočnik). Moskva: Gosudarstvennoe naučno-techn. izdatel'stvo literatury po černoj i svetnoj metallurgij 1961

[7.16] *Möschwitzer, A.; Lunze, K.:* Halbleitertechnik. 4. Aufl. Berlin: VEB Verlag Technik 1979

[7.17] *Nitzsche, K.:* Schichtmeßtechnik. Leipzig: VEB Deutscher Verlag für Grundstoffindustrie 1975

[7.18] *Paul, R.:* Halbleiterphysik. Berlin: VEB Verlag Technik 1974

[7.19] Praktikum der Metallkunde und Werkstoffprüfung. (Hrsg.: *Wassermann, G.*). Berlin, Heidelberg, New York: Springer-Verlag 1965

[7.20] *Pfüller, S.:* Halbleitermeßtechnik. Berlin: VEB Verlag Technik 1976

[7.21] *Saechling-Zebrowski:* Kunststoff-Taschenbuch. 18. Aufl. München: Hanser 1971

[7.22] *Schulze, G. E. R.:* Metallphysik. 2. Aufl. Berlin: Akademie Verlag 1974

[7.23] Taschenbuch Elektrotechnik. Bd. 1. Grundlagen. 4. Aufl. (Hrsg.: *Philippow, E.*). Berlin: VEB Verlag Technik 1974

[7.24] Taschenbuch Feingerätetechnik. Bd. II. 2. Aufl. Berlin: VEB Verlag Technik 1972

[7.25] Werkstoffe der Elektrotechnik und Elektronik. Leipzig: VEB Deutscher Verlag für Grundstoffindustrie 1973

Standards (Auswahl)

TGL 14071 — Bestimmung der Formbeständigkeit in der Wärme nach *Martens*

TGL 15347 — Bestimmung der elektrischen Widerstandswerte fester und flüssiger Isolierstoffe

TGL 20960 — Bestimmung der Glutbeständigkeit nach *Schramm* und *Zebrowski*

TGL 0-1306 — Dichte; Begriffe und Einheiten

TGL 043710 — Thermospannungen und Werkstoffe der Thermopaare

TGL 0-53484 — Prüfung von Isolierstoffen; Bestimmung der Lichtbogenfestigkeit

TGL 200-0006 — Bestimmung der relativen Dielektrizitätskonstante und des dielektrischen Verlustfaktors von Isolierstoffen

TGL 200-0018 — Prüfung von Isolierstoffen; Bestimmung der Kriechstromfestigkeit

TGL 25265 — Prüfung metallischer Werkstoffe; Bestimmung des spezifischen elektrischen Widerstandes

TGL 200-0034/01 /02 — Magnetische Werkstoffe; Kenngrößen und Begriffe zur Bestimmung der magnetischen Eigenschaftswerte

TGL 94-06008 — Bestimmung des Längenausdehnungs-Koeffizienten von Glas und Einschmelzmetallen

8. Verfahren zur experimentellen Dehnungs- und Spannungsbestimmung

Die beanspruchungsgerechte und materialökonomische Dimensionierung von Maschinen und Konstruktionsteilen macht es erforderlich, die im Bauteil zu erwartenden Spannungszustände bzw. die auftretenden Formänderungen hinreichend genau zu kennen. Eine exakte theoretische Behandlung dieses Problems ist bei komplizierten Bauteilen und Beanspruchungsbedingungen besonders dann nicht immer möglich, wenn zusätzlich zur Betriebsbeanspruchung noch durch den technologischen Prozeß bedingte Eigenspannungen auftreten.
Darüber hinaus sind in wachsendem Maße Bestrebungen zu beobachten, eine bessere Werkstoffausnutzung durch die gezielte Erzeugung solcher Eigenspannungsfelder zu erreichen, die bei Überlagerung mit der Betriebsbeanspruchung in den gefährdeten Bauteilbereichen einen niedrigeren resultierenden Spannungszustand liefern. Zur Sicherung einer hohen Bauteilzuverlässigkeit ist es jedoch notwendig, die reproduzierbare Einstellung eines derartigen Eigenspannungszustandes zu kontrollieren.
In beiden Fällen leisten die Methoden der experimentellen Dehnungs- und Spannungsanalyse wertvolle Hilfe.

8.1. Mechanische und mechanisch-optische Verfahren

Grundprinzip der *mechanischen Dehnungsmessung* ist es, die durch Änderung des Spannungszustandes in einem Bauteil eintretende Längen- bzw. Formänderung zu erfassen. Zu diesem Zweck wird eine bestimmte Meßstrecke L_0 am Bauteil abgegriffen. Die Längenänderung ΔL dieser Strecke wird zur Ausgangslänge L_0 ins Verhältnis gesetzt, so daß die Dehnung über die Beziehung

$$\varepsilon = \frac{\Delta L}{L_0} \tag{8.1}$$

berechnet werden kann.
Da die zu messenden Längenänderungen in der Regel relativ klein sind, werden zur mechanischen Dehnungsmessung neben Meßschiebern, Meßschrauben und Meßuhren noch spezielle Dehnungsmeßgeräte eingesetzt. Sie weisen mit Zahnstange und Zahnrad bzw. Hebelübersetzungen Mechanismen auf, die eine Verstärkung der Meßgröße ermöglichen. Zum Abgreifen der Meßlänge am Bauteil sind die Dehnungsmeßgeräte mit Schneiden oder Spitzen ausgerüstet, von denen eine beweglich angeordnet ist.
Das im Bild 8.1 gezeigte *Dehnungsmeßgerät nach Kennedy* läßt den prinzipiellen Aufbau einer solchen mechanischen Meßanordnung erkennen. An zwei Meßleisten, die an

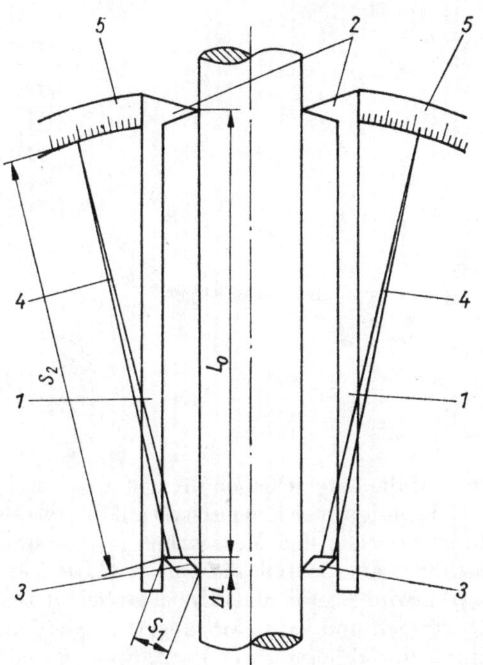

Bild 8.1. Dehnungsmeßgerät nach *Kennedy*
1 Meßleisten
2 feste Schneide
3 bewegliche Schneide
4 Zeiger
5 Skala

dem zu vermessenden zylindrischen Prüfstück (z. B. einer Zugprobe entsprechend Abschnitt 2.1.1.1.) befestigt sind, ist je eine feste und eine bewegliche Schneide angeordnet. Letztere sind als Doppelschneidenprismen ausgebildet. An ihnen ist jeweils ein Zeiger angeordnet, der eine Ablesung der Längenänderung ΔL an der Skala gestattet.
Die Verlängerung der Probe um ΔL bewirkt eine Drehung der Doppelschneidenprismen. Sie wird mit Hilfe der an den Prismen starr befestigten Zeiger verstärkt und ist an den Skalen ablesbar. Die Verstärkung V ergibt sich aus dem Verhältnis der Hebellängen S_1 und S_2 zu

$$V = \frac{S_2}{S_1} \tag{8.2}$$

Sie kann einen Wert von etwa $V = 50$ erreichen. Durch Mittelwertbildung über die an beiden Skalen angezeigten Meßwerte wird der Einfluß einer Biegung ausgeschaltet. Eine Verstärkung bis zu $V = 2000$ und damit eine Verbesserung der Meßgenauigkeit kann durch mehrfache Hebelübersetzungen erreicht werden.
Zur Bestimmung der Dehnung auf ebenen Flächen von Trägern, Schienen, Profilen und anderen Bauteilen haben sich *Setzdehnungsmesser* bewährt. Die an den verschiedenen Stellen des Bauteils abzugreifende Meßstrecke L_0 wird durch Meßmarken bestimmt. Als zur Markierung geeignet erweisen sich kleine Stahlkugeln, die durch Spezialkörner in die Oberfläche des zu untersuchenden Bauteils eingeschlagen werden. Zum Ausmessen dieser Meßstrecken ist nur ein einziges Meßgerät erforderlich. Seine Meßfühler sind als Kugelschalen ausgebildet, von denen eine an einem beweglichen Hebel angeordnet ist. Im Bild 8.2 ist der Setzdehnungsmesser nach *Huggenberger* wiedergegeben.

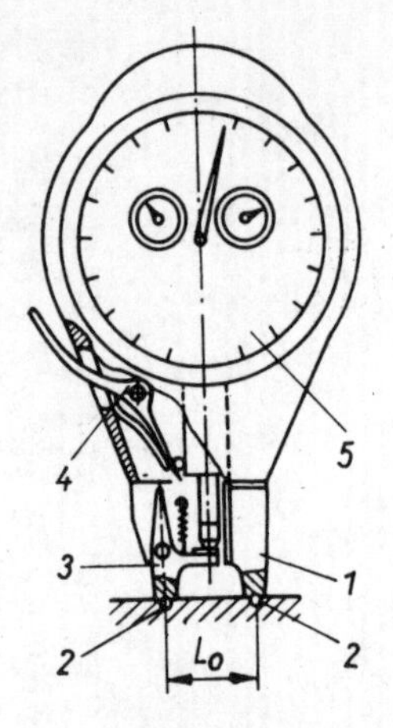

Bild 8.2. Setzdehnungsmesser nach *Huggenberger*

1 fester Meßfühler
2 Kugel
3 beweglicher Meßfühler
4 Hebel
5 Meßuhr

Die Hohlkugel des festen Meßfühlers wird auf die eingeschlagene Kugel aufgesetzt. Der bewegliche Meßfühler kann über den Hebel mit seiner Kugelschale auf die zweite Meßmarke abgesenkt werden. Der Abstand zwischen den Meßmarken ist vor und nach der Veränderung des Spannungszustandes am Bauteil auszumessen. Die Veränderung der Meßlänge L_0 um den Betrag ΔL wird über den als Hebel ausgebildeten beweglichen Meßfühler auf die Meßuhr übertragen und kann dort abgelesen werden. Eine Verbesserung der Meßgenauigkeit durch eine Erhöhung der Verstärkung ist mit der Anwendung *mechanisch-optischer Dehnungsmesser* zu erreichen. Die bei mechanischen Dehnungsmessern zur Verstärkung verwendeten Hebel sind hier z.T. durch Lichtzeiger ersetzt. Das Arbeitsprinzip dieser Meßgeräte soll am Beispiel des *Spiegelgerätes* nach *Martens* dargelegt werden. Es ist im Bild 8.3 gezeigt und weicht im prinzipiellen Aufbau nur wenig von dem Dehnungsmesser nach *Kennedy* ab. Die Verlängerung ΔL der Meßlänge L_0, die zwischen der festen Schneide und der als Doppelschneidenprisma ausgebildeten beweglichen Schneide abgegriffen wird, bewirkt eine

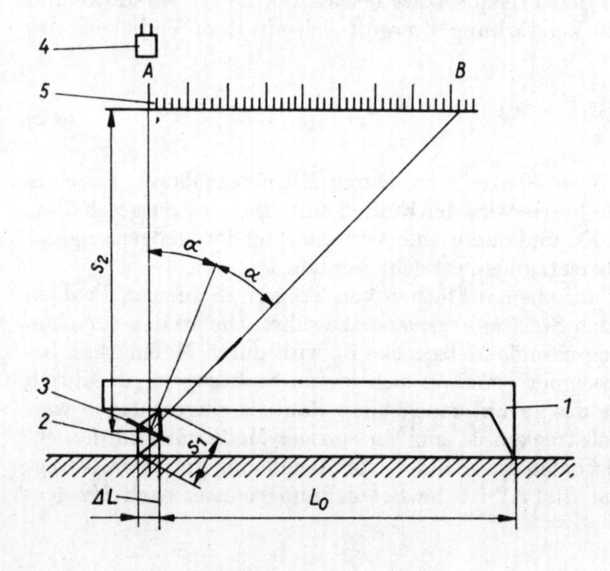

Bild 8.3. Spiegelgerät nach *Martens*

1 feste Schneide
2 bewegliche Schneide
3 Spiegel
4 Fernrohr
5 Skala

Drehung der beweglichen Schneide und des damit starr verbundenen Spiegels. Durch das mit einem Fadenkreuz versehene Fernrohr kann die in größerer Entfernung von der Meßstelle aufgestellte und vom Spiegel reflektierte Skala abgelesen werden. Ändert sich die Meßlänge um ΔL, so verschiebt sich die am Fadenkreuz sichtbare Stellung der Skala von A nach B. Die Verstärkung V ergibt sich unter Berücksichtigung der Reflexion des Lichtzeigers zu

$$V = \frac{\overline{AB}}{\Delta L} = \frac{S_2 \tan 2\alpha}{S_1 \sin \alpha} \approx \frac{2S_2}{S_1} \tag{8.3}$$

Sie nimmt für $S_2 = 1$ m und $S_1 = 4$ mm einen Wert von $V = 500$ an und kann durch Verlängerung des Abstands S_2 noch erhöht werden.
Die Trennung von Dehnungsaufnehmer und Ableseeinheit wird bei einer Reihe von *optischen Dehnungsmeßgeräten* aufgegeben, da dann die Schwierigkeiten bei der Justierung der Ableseeinheiten wegfallen. Die für eine hohe Meßgenauigkeit notwendige Verstärkung des Meßwerts ist bei diesen Geräten durch eine mehrfache Reflexion des Lichtzeigers an Spiegeln erreichbar, wobei das Vergrößerungsvermögen der für die Bündelung der Lichtstrahlen erforderlichen Linsensysteme zusätzliche Verstärkungen ($>$10000fach) möglich macht. Ihr wesentlicher Nachteil ist jedoch die manuelle Ablesung des Meßwerts, die an jeder Meßstelle des Bauteils direkt erfolgt, so daß diese gut zugänglich sein muß.

8.2. Elektrische Dehnungsmeßverfahren

Die *elektrischen Dehnungsmesser* wandeln die mechanische Längenänderung ΔL in elektrische Signale um. Diese Signale können von der eigentlichen, mitunter schwer zugänglichen Meßstelle gut abgeleitet, nahezu unbegrenzt elektronisch verstärkt und analog bzw. digital registriert werden.
Sie gestatten es ferner, über einen Meßstellenumschalter mehrere Meßstellen nacheinander abzufragen. Mit diesen Meßgeräten kann somit eine Reihe von Nachteilen der mechanischen Dehnungsmesser überwunden werden. Als für die Dehnungsmessung geeignete elektrische Größen haben sich die Änderung der Induktivität von Spulen, der Kapazität von Kondensatoren und die Änderung des ohmschen Widerstandes erwiesen.

8.2.1. Induktive Wegaufnehmer

Induktive Wegaufnehmer nutzen zur Umwandlung der mechanischen Verformung, die in Abhängigkeit von der Belastung als Längenänderung, Verdrehung, Durchbiegung usw. in Erscheinung treten kann, die Änderung der Induktivität von Spulen aus. Diese Änderung wird hervorgerufen durch die mit der Verformung verbundene Verschiebung eines ferromagnetischen Kerns (Anker) in einer oder mehreren von Wechselstrom durchflossenen Spulen. Die Meßgeber können als Tauchankeraufnehmer, Querankeraufnehmer oder Differentialtransformator ausgebildet sein.
Das Arbeitsprinzip eines solchen Gebers soll am Beispiel des *Tauchankeraufnehmers* dargelegt werden. Er besteht, wie die schematischen Darstellungen im Bild 8.4 zei-

gen, aus zwei Spulen entgegengesetzter Wicklungsrichtung, die miteinander gekoppelt sind. Im Inneren der Spulen befindet sich der verschiebbare Anker. Durch dessen Verschiebung um Δx in Richtung x wird die Induktivität L_1 der Spule *1* um den Betrag ΔL_1, die Induktivität L_2 der Spule *2* um den Betrag ΔL_2 verändert. Diese Änderungen überlagern sich zur resultierenden Induktivität ΔLs. Sie wird mit Hilfe entsprechender elektrischer Schaltungen (Brückenschaltungen) in eine elektrische Spannung umgeformt. Durch geeignete Dimensionierung von Spulen und Anker kann erreicht werden, daß sich die resultierende Induktivität Ls über einen großen Bereich mit der Verschiebung x des Ankers linear ändert. Der Proportionalitätsbereich zwischen dem Verschiebungsweg x des Ankers und der resultierenden Induktivität Ls kann bei optimaler Gestaltung bis auf 80% der Spulenlänge ausgedehnt werden. Diese Geber können je nach der konstruktiven Gestaltung sowohl zur Messung großer als auch kleiner Verschiebungswege eingesetzt werden. Es werden verschiedene induktive Wegaufnehmer angeboten, mit denen ein Meßbereich von 10^{-4} bis 200 mm erfaßt werden kann.

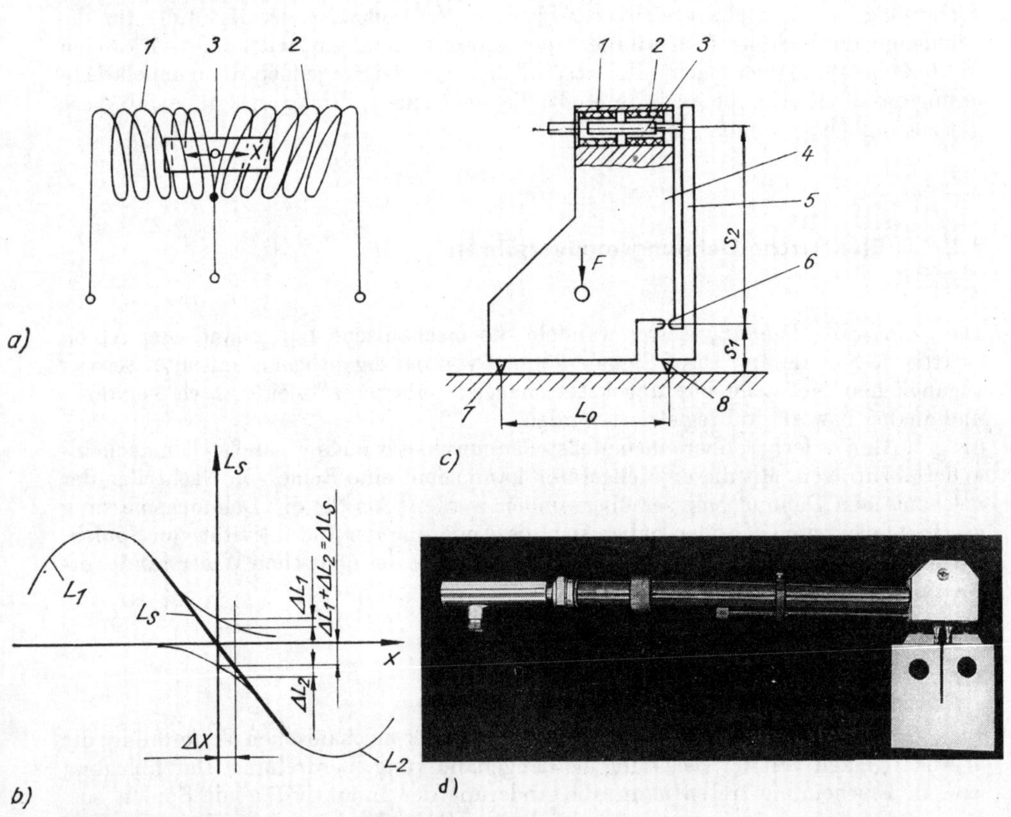

Bild 8.4. Induktiver Wegaufnehmer

a) Arbeitsschema
b) Kennlinie
c) Prinzip eines Wegaufnehmers mit mechanischer Vorverstärkung
d) Registrierung der Kerbaufweitung im Bruchmechanikversuch durch induktive Wegaufnehmer mit mechanischer Vorverstärkung

1, 2 Spulen; *3* Anker; *4* Grundkörper; *5* Hebel; *6* Drehpunkt; *7* feste Schneide; *8* bewegliche Schneide

Für sehr kleine Meßlängen ist eine mechanische Vorverstärkung der Längenänderung ΔL nach dem im Bild 8.4c dargelegten Schema möglich. Die Meßlänge L_0 wird zwischen der festen und der beweglichen Schneide abgegriffen. Eine Längenänderung ΔL kann über das um den Drehpunkt bewegliche Hebelsystem S_1, S_2 verstärkt und auf den Anker übertragen werden. Im Spulensystem wird eine Induktivitätsänderung erzeugt, die dann zur Meßbrücke ableitbar ist.
Neben den bisher betrachteten induktiven Wegaufnehmern, die eine mechanische Verbindung mit dem zu untersuchenden Bauteil erfordern, stehen ferner *berührungslose Wegaufnehmer* zur Verfügung. Sie nutzen die mit der Änderung eines Luftspalts zwischen Meßobjekt und Wegaufnehmer verbundene Änderung der Induktivität von Spulen aus und werden zur Registrierung von Verschiebungen, Verdrehwinkeln, Schwingwegen usw. eingesetzt.

8.2.2. Dehnungsmeßstreifen

8.2.2.1. Grundlagen des Verfahrens

Die Verformungsmessung mit *Dehnungsmeßstreifen* beruht auf der mit einer elastischen Verformung metallischer Drähte, Folien oder stäbchenförmiger Halbleiter verbundenen Änderung des Ohmschen Widerstands. Die Widerstandsänderung der Dehnungsmeßstreifen wird über Kabel einer Meßbrücke zugeleitet, in zur Verstärkung geeignete elektrische Signale umgewandelt und angezeigt.
Die auf den Widerstand R des unverformten Drahts bezogene Widerstandsänderung dR ist in erster Näherung der auf die Ausgangslänge L bezogenen Längenänderung dL proportional. Führt man einen als *k-Faktor* bezeichneten Proportionalitätsfaktor k ein, so läßt sich der Zusammenhang zwischen relativer Widerstandsänderung und relativer Längenänderung in der Form

$$\frac{dR}{R} = k\frac{dL}{L} \tag{8.4}$$

angeben.
Die Integration der Gl. (8.4) in den Grenzen R und $R + \Delta R$ bzw. L und $L + \Delta L$ liefert für $k = \text{const}$ unter Berücksichtigung der ersten drei Glieder einer Reihenentwicklung mit Gl. (8.1)

$$\frac{\Delta R}{R} = k\varepsilon + \frac{k(k-1)}{2}\varepsilon^2 \tag{8.5}$$

Da ε in der Regel klein ist, kann das zweite Glied in erster Näherung vernachlässigt werden, so daß zwischen relativer Widerstandsänderung und Dehnung der lineare Zusammenhang

$$\frac{\Delta R}{R} = k\varepsilon \tag{8.6}$$

entsteht.
Aus Gl. (8.6) folgt, daß zur Herstellung von Dehnungsmeßstreifen Drahtmaterial verwendet werden muß, dessen relative Widerstandsänderung in einem möglichst großen Verformungsbereich der Dehnung proportional ist. Dabei soll der k-Faktor als Verhältnis von relativer Widerstandsänderung zur Dehnung hohe Werte aufweisen.

Kleine Dehnungsmeßstreifen mit hoher Empfindlichkeit erfordern ein Drahtmaterial mit hohem spezifischem Widerstand. Um Temperatureinflüsse klein halten zu können, soll der Temperaturkoeffizient des spezifischen Widerstands niedrig sein. Ferner ist eine geringe Differenz der thermischen Ausdehnungskoeffizienten zwischen zu untersuchendem Bauteil und dem Meßdraht zweckmäßig. Zur Verringerung des Einflusses einer an den Lötstellen entstehenden Thermospannung muß der Meßdraht eine geringe Thermospannung gegenüber Kupfer aufweisen. Schließlich ist eine gute Lötbarkeit und im Hinblick auf niedrige Fertigungstoleranzen eine gute Bearbeitbarkeit zu fordern.

Der k-Faktor ist durch die Beziehung

$$k = 1 + 2\mu + \frac{1}{\varrho}\frac{d\varrho}{d\varepsilon} \tag{8.7}$$

gegeben und enthält mit $1 + 2\mu$ einen geometrischen Anteil, der durch die Poissonsche Querkontraktionszahl beeinflußt wird, sowie einen Werkstoffanteil, der als Dehnungskoeffizient des spezifischen Widerstands ϱ zu bezeichnen ist. Bei der häufig als Drahtmaterial verwendeten Widerstandslegierung aus 40% Ni und 60% Cu (Konstantan) überlagern sich beide Anteile so, daß ein k-Faktor von etwa 2 entsteht. Die Werte für k für andere metallische Widerstandslegierungen liegen im Intervall $1{,}5 \leqq k \leqq 3{,}5$. Bei *Halbleiterdehnungsmeßstreifen* ist der zweite Anteil des k-Faktors, d. h. der Dehnungskoeffizient des spezifischen Widerstands erheblich größer, und ihre k-Faktoren liegen daher je nach Halbleiterwerkstoff (Silizium, Germanium) und Dotierung (p, n) im Intervall $50 \leqq k \leqq 170$. Sie haben somit eine wesentlich größere Empfindlichkeit und werden aus diesem Grund zur Erfassung kleinster Dehnungen eingesetzt.

Bei Halbleiterdehnungsmeßstreifen gewinnt der zweite Term in Gl. (8.5) an Bedeutung, so daß merkliche Abweichungen von der Linearität auftreten. Sie liegen bei einem Dehnungswert von $1{,}5\,^0/_{00}$ etwa bei 9%. Demgegenüber beträgt die Linearitätsabweichung bei Drahtdehnungsmeßstreifen lediglich 0,5%.

8.2.2.2. Aufbau und Anwendungsgebiete der Dehnungsmeßstreifen

Um den für eine Messung günstigen Widerstand des Drahtdehnungsmeßstreifens – er liegt etwa zwischen 100 und 1000 Ω – verwirklichen zu können, ist bei einem Drahtdurchmesser von 0,01 bis 0,03 mm eine Drahtlänge von 10 bis 30 cm erforderlich. Diese Länge ist als Meßlänge in der Regel zu groß. Der Meßdraht wird daher flächenhaft, mäanderförmig oder als Flachspule ausgebildet und zum Schutz vor Beschädigungen auf einem Träger angeordnet. Als Träger haben sich Papier oder Kunstharzfolien bewährt. Zur Herstellung elektrischer Verbindungen werden aus dem Träger verstärkte Anschlußdrähte herausgeführt, die durch Löten mit den Meßkabeln zu verbinden sind. Der Aufbau eines *Drahtdehnungsmeßstreifens* ist schematisch im Bild 8.5a dargestellt.

Die an den Umkehrstellen des Drahtes quer zur Meßrichtung liegenden Drahtteile erfassen Dehnungskomponenten, die in Querrichtung wirken. Daher kann die in Längsrichtung gemessene Dehnung etwas verfälscht werden. Das Verhältnis von Quer- zur Längsempfindlichkeit liegt für Drahtdehnungsmeßstreifen zwischen −0,01 und +0,04.

Dieser Einfluß wird bei den im Bild 8.5b gezeigten *Foliendehnungsmeßstreifen* durch breitere Ausführung der Umlenkstellen erheblich verringert. Das Meßgitter dieser

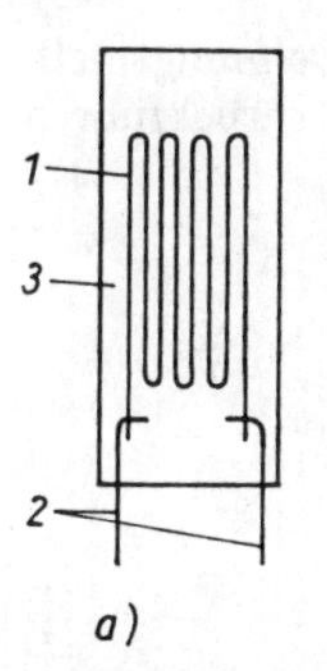

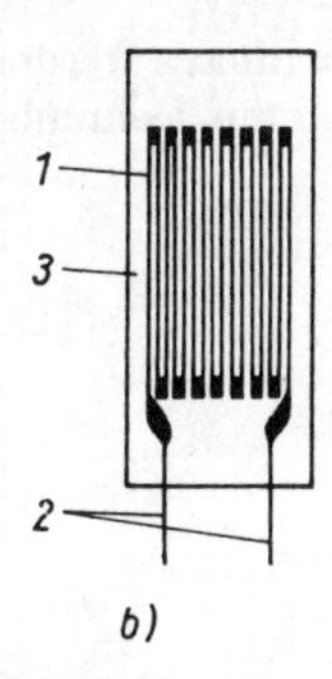

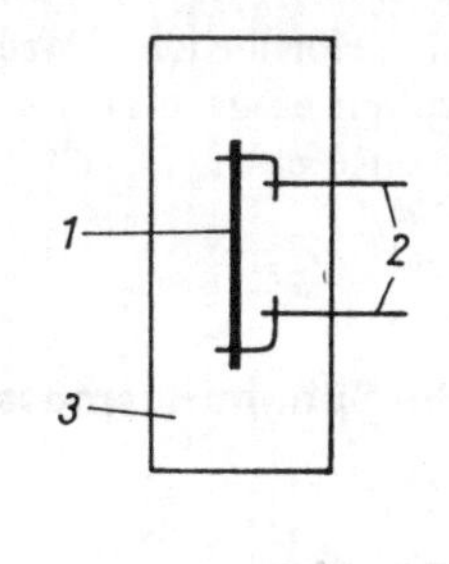

Bild 8.5. Aufbau von Dehnungsmeßstreifen

a) mäanderförmiger Drahtdehnungsmeßstreifen
b) Foliendehnungsmeßstreifen
c) Halbleiterdehnungsmeßstreifen
1 aktives Meßelement
2 verstärkte Anschlußdrähte
3 Träger

Streifen kann analog zur Technik der gedruckten Schaltungen durch Ätzen dünner Metallfolien erzeugt werden, die sich auf Kunstharzunterlagen befinden. Außerdem ist die Strombelastbarkeit der Foliendehnungsmeßstreifen größer als die der Drahtdehnungsmeßstreifen, da die entstehende Wärme auf Grund der im Vergleich zu Drahtdehnungsmeßstreifen größeren Oberfläche besser abgeleitet werden kann.
Bei *Halbleiterdehnungsmeßstreifen* ist die im Bild 8.5c gezeigte Anordnung üblich, wobei neben der dargestellten Form mit einem Halbleiterstäbchen auch Ausführungen mit zwei Stäbchen angeboten werden.
Die Dehnungsmeßstreifen werden auf dem zu untersuchenden Bauteil durch Aufkleben befestigt. Die Klebverbindung muß die Verformung des Bauteils über den Träger auf den Meßdraht, das Meßgitter des Foliendehnungsmeßstreifens oder den Halbleiterstreifen übertragen. Daher werden an den Klebstoff besondere Anforderungen im Hinblick auf Kriechfestigkeit, Hysteresefreiheit, Feuchtigkeitsunempfindlichkeit, Haftvermögen und Temperaturbeständigkeit gestellt. Als Kleber haben sich kaltaushärtende Epoxidharze bewährt. Zur experimentellen Erfassung mehrachsiger Dehnungszustände werden *Dehnungsmeßrosetten* eingesetzt. Sie bestehen aus mehreren auf einem Träger befestigten Dehnungsmeßstreifen und können, wie Bild 8.6 zeigt, als Kreuzrosette, Deltarosette bzw. T-Deltarosette oder Sternrosette ausgebildet sein. Diese Anordnungen gestatten es, die Dehnungen in mehreren Richtungen zu messen.

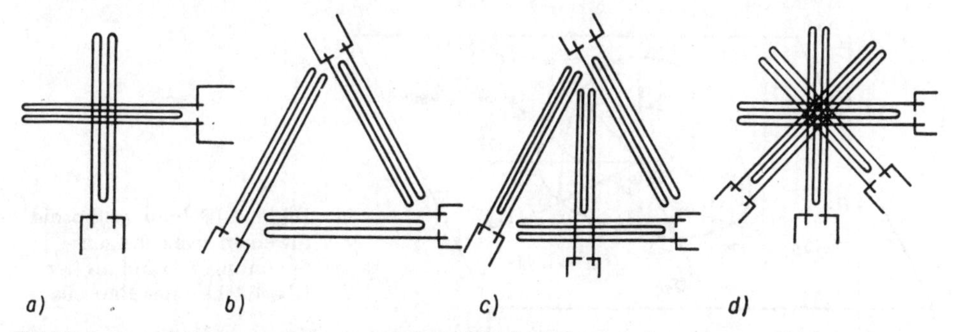

Bild 8.6. Anordnung von Dehnungsmeßstreifen bei Messung in mehreren Richtungen

a) Kreuzrosette Meßrichtungen 90°
b) Deltarosette Meßrichtungen 60°
c) T-Deltarosette Meßrichtungen 30° und 60°
d) Sternrosette Meßrichtungen 45°

Neben der Bestimmung von Dehnungen als Folge äußerer Belastungen von Bauteilen können mit Dehnungsmeßstreifen auch *Eigenspannungszustände* erfaßt werden. Zu diesem Zweck ist eine Freisetzung der Eigenspannungen durch Abdrehen, Ausbohren oder Zerschneiden des Bauteils erforderlich. Darüber hinaus werden Dehnungsmeßstreifen zur Erfassung von Größen eingesetzt, die sich auf Dehnungen zurückführen lassen, z. B. Kräfte, Drehmomente usw.

8.3. Röntgenographische Spannungsmessung

8.3.1. Grundlagen des Verfahrens

Die *röntgenographische Spannungsmessung* ist eigentlich eine Dehnungsmessung, wobei als Meßmarken die Abstände der Atome bzw. der Netzebenen kristalliner Werkstoffe herangezogen werden. Die infolge von äußeren Kräften oder Eigenspannungen hervorgerufene Änderung des Netzebenenabstandes Δd kann mit Hilfe der Beugungs- und der Interferenzerscheinungen von Röntgenstrahlen gemessen werden. Grundlage hierfür ist die *Braggsche Gleichung.* Sie beschreibt den Zusammenhang zwischen dem Netzebenenabstand d und dem Reflexionswinkel ϑ der verwendeten Röntgenstrahlung mit der Wellenlänge λ in der Form

$$n\lambda = 2d \sin \vartheta \tag{8.8}$$

Faßt man die relative Änderung $\dfrac{\Delta d}{d}$ des Netzebenenabstandes d als *Gitterdehnung* ε auf, so kann diese Gitterdehnung über die durch Differentiation der Gl. (8.8) entstehende Beziehung

$$\varepsilon = \frac{\Delta d}{d} = -\cot \vartheta \, \Delta\vartheta \tag{8.9}$$

mit der Änderung $\Delta\vartheta$ des Reflexionswinkels ϑ verknüpft werden.
Die in der räumlichen Richtung φ, ψ (Bild 8.7) vorliegenden Gitterdehnungen $\varepsilon_{\varphi,\psi}$ werden nun denjenigen Dehnungswerten gleichgesetzt, die die Elastizitätstheorie für

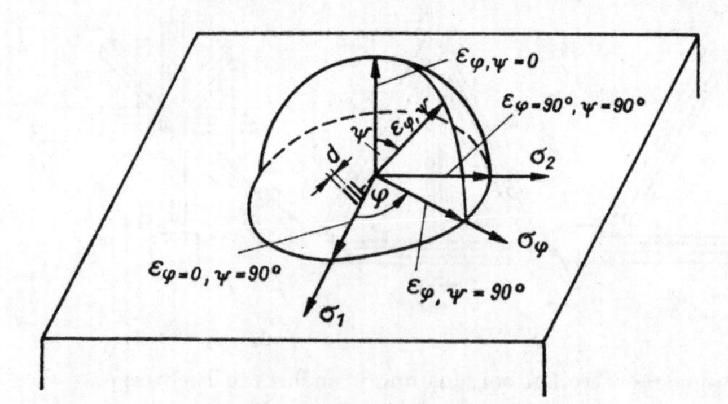

Bild 8.7. Dehnungsellipsoid für einen zweiachsigen Spannungszustand an der Oberfläche eines Bauteils

einen zweiachsigen Oberflächenspannungszustand liefert. Als *Grundgleichung der röntgenographischen Spannungsmessung* entsteht somit der Zusammenhang

$$\varepsilon_{\varphi,\psi} = \left(\frac{\Delta d}{d}\right)_{\varphi,\psi} = -\cot \vartheta \, \Delta\vartheta_{\varphi,\psi} = \frac{1}{2} \mathrm{S}_2 \sigma_\varphi \sin^2 \psi + \mathrm{S}_1(\sigma_1 + \sigma_2) \tag{8.10}$$

mit

$$\frac{1}{2}S_2 = \frac{\mu + 1}{E} \quad \text{und} \quad S_1 = -\frac{\mu}{E} \tag{8.11}$$

μ Poissonsche Konstante
E Elastizitätsmodul

Gl. (8.10) stellt für φ = const eine in $\sin^2 \psi$ lineare Funktion der Dehnungen $\varepsilon_{\varphi,\psi}$ bzw. der Reflexionswinkeländerung $\Delta\vartheta$ dar. Sie ist im Bild 8.8 wiedergegeben und gestattet die Bestimmung der gesuchten Spannungskomponente σ_φ aus dem Anstieg

$$\frac{\partial \varepsilon_{\varphi,\psi}}{\partial \sin^2 \psi} = m = \frac{1}{2} S_2 \sigma_\varphi \tag{8.12}$$

im $\varepsilon_{\varphi,\psi}$-$\sin^2 \psi$-Diagramm zu

$$\sigma_\varphi = \frac{m}{\frac{1}{2} S_2} \tag{8.13}$$

bzw. im $\Delta\vartheta$-$\sin \psi$-Diagramm zu

$$\sigma_\varphi = -\frac{\cot \vartheta}{\frac{1}{2} S_2} m \tag{8.14}$$

Die Hauptspannungssumme entsteht aus Gl. (8.10) für $\varepsilon_{(\varphi,\psi=0)}$ zu

$$\sigma_1 + \sigma_2 = \frac{\varepsilon_{(\varphi,\psi=0)}}{S_1} \tag{8.15}$$

als Ordinatenachsenabschnitt im $\varepsilon_{\varphi,\psi}$-$\sin^2 \psi$-Diagramm.

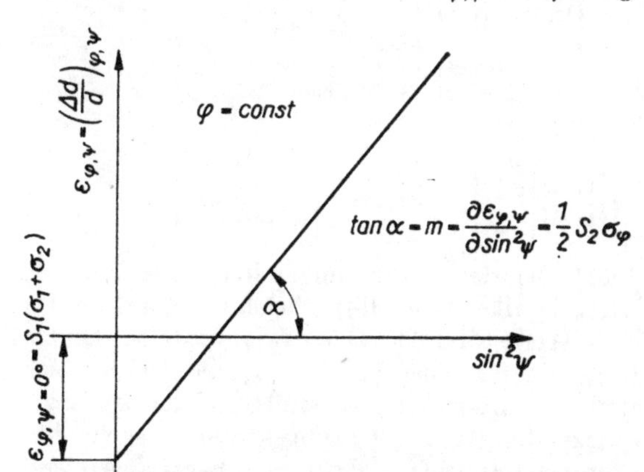

Bild 8.8. Dehnungsverteilung im $\varepsilon_{\varphi,\psi}$-$\sin^2 \psi$-Diagramm

Für Bauteile, bei denen z. B. die Hauptspannungen (σ_1; σ_2) zur Bauteiloberfläche geneigt sind, ein hoher Spannungsgradient von der Oberfläche zum Bauteilinneren existiert bzw. Vorzugsorientierungen infolge von Texturen auftreten, sind Abweichungen von der durch Gl. (8.10) gegebenen linearen Gitterdehnungsverteilung über $\sin^2 \psi$ nachgewiesen worden. Sie können bei der Spannungsermittlung durch besondere Auswerteverfahren berücksichtigt werden.

8.3.2. Bestimmung der röntgenographischen elastischen Konstanten

Die Gln. (8.10) bis (8.15) enthalten die elastischen Konstanten S_1 und bzw. $^1/_2\ S_2$. Diese werden über die Beziehungen (8.11) aus den mechanisch bestimmten Werten für E und μ des quasiisotropen polykristallinen Werkstoffs berechnet. Da jedoch die Gitterdehnungen $\varepsilon_{\varphi,\psi}$ röntgenographisch immer nur an bestimmten Netzebenen (*hkl*) registriert werden können, muß die elastische Anisotropie, d. h. die Richtungsabhängigkeit der elastischen Konstanten $S_{1(\text{rö})}$ und $^1/_2\ S_{2(\text{rö})}$, bei der röntgenographischen Spannungsbestimmung berücksichtigt werden.
Diese röntgenographischen elastischen Konstanten (REK) $S_{1(\text{rö})}$ und $^1/_2 S_{2(\text{rö})}$ können entweder aus den Elastizitätskoeffizienten der Einkristalle berechnet oder experimentell im einachsigen Zugversuch bestimmt werden. Zur Berechnung der röntgenographischen elastischen Konstanten existieren eine Reihe von Modellvorstellungen über die Kopplung der Kristallite im polykristallinen Werkstoff (Bild 8.9). Auf

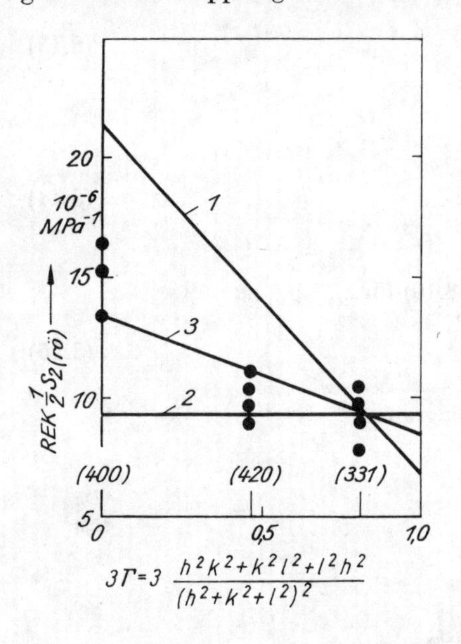

Bild 8.9. Abhängigkeit der röntgenographischen elastischen Konstanten des Kupfers von der Orientierung

1 berechnet nach *Reuß*
2 berechnet nach *Voigt*
3 berechnet nach *Eshelby/Kröner*

der Basis der Grenzannahmen von *Voigt* über gleiche Dehnungen in allen Kristalliten und von *Reuß* über gleiche Spannungen in allen Kristalliten liegen Rechnungen für kubisch und hexagonal kristallisierende Werkstoffe vor. Den experimentellen Ergebnissen am besten gerecht wird die Theorie von *Kröner* und *Eshelby*, die von den zwischen einem kugelförmigen Einschluß des anisotropen Kristalls und der quasiisotropen Matrix desselben Werkstoffs wirkenden Wechselwirkungskräften ausgeht. Für die experimentelle Ermittlung der röntgenographischen elastischen Konstanten werden einachsig beanspruchte Proben verwendet. In ihnen sind die Gitterdehnungen ε_ψ in der durch die Oberflächennormale und die Beanspruchungsrichtung aufgespannten Ebene zu bestimmen.
Aus der Gl. (8.10) entsteht mit $\sigma_2 = 0$ und $\varphi = 0$ der Zusammenhang

$$\varepsilon_\psi = \sigma_1 \left(\frac{1}{2} S_{2(\text{rö})} \sin^2 \psi + S_{1(\text{rö})}\right) \tag{8.16}$$

Die partielle Ableitung der Gl. (8.16) nach σ_1 und $\sin^2 \psi$ liefert für $^1/_2\, S_{2(\text{rö})}$ den Zusammenhang

$$\frac{1}{2} S_{2(\text{rö})} = \frac{\partial}{\partial \sigma_1} \left(\frac{\partial \varepsilon_\psi}{\partial \sin^2 \psi} \right) = \frac{\partial}{\partial \sin^2 \psi} \left(\frac{\partial \varepsilon_\psi}{\partial \sigma_1} \right) \tag{8.17}$$

Die Konstante $S_{1(\text{rö})}$ ergibt sich an der Stelle $\psi = 0$ zu

$$S_{1(\text{rö})} = \frac{\partial \varepsilon_{\psi=0}}{\partial \sigma_1} \tag{8.18}$$

Die Mittelwerte der für einzelne Netzebenen (hkl) bekannten röntgenographischen elastischen Konstanten sind für ferritischen Stahl mit einem Kohlenstoffgehalt von weniger als 0,2% und für Aluminium in Tabelle 8.1 dargestellt.

Tabelle 8.1. Experimentelle Werte röntgenographischer elastischer Konstanten für Stahl und Aluminium

Werkstoff	Netzebene (hkl)	Elastische Konstanten			
		$^1/_2\, S_{2(\text{rö})}$ in 10^6 MPa^{-1}	$S_{1(\text{rö})}$ in 10^6 MPa^{-1}	E in GPa	μ
Stahl	(800)	7,17	−1,74		
(α-Fe,	(310)	6,71	−1,67		
C ≦ 0,2 %)	(732)/(651)	6,08	−1,38		
	(211)	5,55	−1,22		
	mechanisch	6,21	−1,36	206	0,28
Aluminium	(511)/(333)	18,36	−4,79		
	(420)	19,38	−5,09		
	(222)	18,36	−4,79		
	mechanisch	18,98	−4,79	71	0,34

Für heterogene, d. h. mehrphasige Werkstoffe sind zwei Wege der röntgenographischen Spannungsbestimmung möglich:

1. Es werden mit den röntgenographischen elastischen Konstanten der jeweiligen Phase die Spannungen in jeder Phase bestimmt. Diese Vorgehensweise liefert zusätzliche Informationen über die während des Beanspruchungsprozesses insbesondere nach dem Überschreiten der Fließspannung einer Phase zwischen den Phasen auftretenden Spannungsumlagerungen. Die wirksame mittlere Spannung entsteht dann aus der mit dem Phasenvolumenanteil gewichteten Mittelwertsbildung.
2. Es werden die Spannungen in nur einer Phase gemessen. Der Einfluß weiterer Phasen und die bei überelastischer Verformung einer Phase auftretende Spannungsumlagerung zwischen den Phasen muß durch die röntgenographischen elastischen Konstanten heterogener Werkstoffe berücksichtigt werden. Diese können experimentell bestimmt oder rechnerisch abgeschätzt werden. Sie hängen vom Volumenanteil der Phasen ab und werden für Beanspruchungen, die oberhalb der Fließspannung einer Phase liegen, durch die Verformung beeinflußt.

8.3.3. Meß- und Auswertemethoden

Wie aus den Gln. (8.13) bzw. (8.14) hervorgeht, läuft die röntgenographische Bestimmung der Spannungskomponente σ_φ auf eine Festlegung des Anstieges m im $\varepsilon_{\varphi,\psi}$-$\sin^2\psi$- bzw. $\Delta\vartheta_{\varphi,\psi}$-$\sin^2\psi$-Diagramm hinaus. Hierzu ist eine möglichst genaue Bestimmung der Lage der Röntgeninterferenzlinien erforderlich. Aus der durch Umformung von Gl. (8.9) erhaltenen Beziehung

$$\Delta\vartheta = -\varepsilon \tan\vartheta \tag{8.19}$$

wird deutlich, daß für einen vorgegebenen Dehnungsbetrag ε die Änderung des Reflexionswinkels $\Delta\vartheta$ um so größer ist, je größer ϑ selbst ist. Aus diesem Grund wird zur Erzielung einer größeren Meßgenauigkeit mit Reflexionswinkeln im Intervall $90° > \vartheta > 60°$ gearbeitet.

Die Festlegung des Anstiegs m der Gitterdehnungsverteilung im $\varepsilon_{\varphi,\psi}$-$\sin^2\psi$-Diagramm erfordert die experimentelle Bestimmung der Gitterdehnung in mindestens 2, in der Regel jedoch 3 bis 5 Richtungen ψ (φ = const). Aus diesen Dehnungswerten kann durch lineare Ausgleichsrechnung der Anstieg m bestimmt werden. Zur Registrierung der Interferenzlinien kommt die Film- oder Diffraktometermeßtechnik zur Anwen-

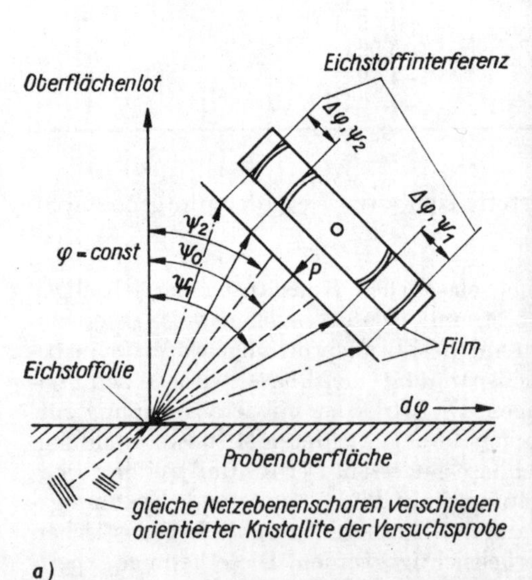

Bild 8.10. Röntgenographische Spannungsmessung mit Filmregistrierung

a) Schema der Bestimmung der Gitterdehnungen ε_{φ_1} und ε_{φ_2} für $\psi_0 \neq 0$

b) Röntgenographische Eigenspannungsbestimmung an einem Motorgehäuseteil

dung. Bei der *Filmregistrierung* liefert, wie Bild 8.10a zeigt, eine Aufnahme unter dem Einstrahlwinkel $\psi_0 \neq 0$ zwei Gitterdehnungswerte $\varepsilon(\varphi, \psi_1)$ und $\varepsilon(\varphi, \psi_2)$. Für die Bestimmung eines Spannungswertes sind daher zwei Filmaufnahmen unter verschiedenen Einstrahlwinkeln ψ_0 ausreichend. Die Linienlage auf dem Film wird durch Ausmessen des Abstands $\Delta_{\varphi,\psi}$ zwischen einer Interferenzlinie des zu untersuchenden Werkstoffs und einer *Eichstoffinterferenz* bestimmt. Als *Eichstoffe* haben sich Silber- bzw. Wolframpulver bewährt, die als dünne Schicht auf die Meßstelle aufgebracht werden. Bei eindeutig erkennbaren Schwärzungsmaxima der Interferenzlinien läßt sich mit diesem Verfahren eine Meßgenauigkeit von 20 MPa erreichen.
Eine höhere Meßgenauigkeit wird mit der *Diffraktometermeßtechnik* erreicht. Als Strahlungsdetektoren werden Zählrohre, Szintillationszähler oder ortsempfindliche Detektoren benutzt. Neben dem bisher üblichen *Ω-Diffraktometer* hat sich seit einiger Zeit das *ψ-Diffraktometer* eingeführt. Wie Bild 8.11 deutlich macht, unterscheiden sich

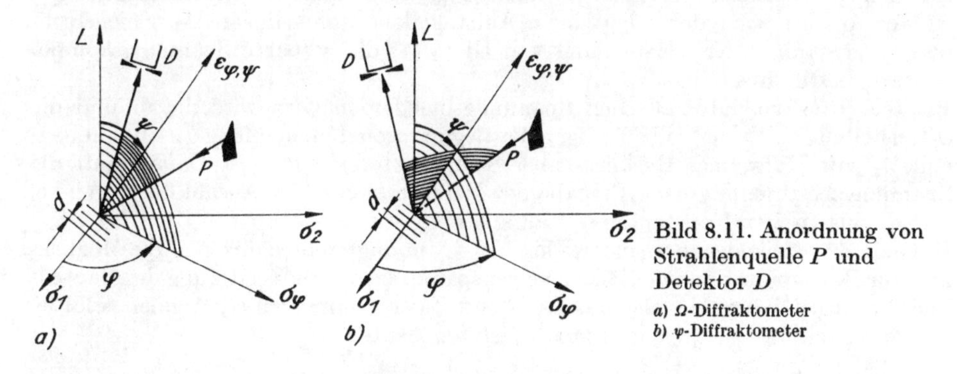

Bild 8.11. Anordnung von Strahlenquelle P und Detektor D
a) Ω-Diffraktometer
b) ψ-Diffraktometer

beide Diffraktometer durch die Anordnung von Strahlungsquelle P (Primärstrahlrichtung) und Detektor D (Richtung des gebeugten Strahls) bezüglich der durch das Probenoberflächenlot L, die Dehnungsmeßrichtung $\varepsilon_{\varphi,\psi}$ und die gesuchte Spannungskomponente σ_φ aufgespannte Ebene. Beim Ω-Diffraktometer (Bild 8.11a) liegen Strahlungsquelle P, Dehnungsmeßrichtung $\varepsilon_{\varphi,\psi}$ und Detektor D in dieser Ebene. Das ψ-Diffraktometer (Bild 8.11b) ist dadurch gekennzeichnet, daß die Strahlenquelle P, die Dehnungsmeßrichtung $\varepsilon_{\varphi,\psi}$ und der Detektor D in einer zu dieser Ebene senkrechten Ebene angeordnet sind.
Zur Festlegung der Interferenzlinienlage $\vartheta_{\varphi,\psi}$ bzw. der Interferenzlinienverschiebung $\Delta\vartheta_{\varphi,\psi}$ sind eine Reihe rechnergestützter Verfahren (z. B. Parabel-, Linienschwerpunkt-, Kreuzkorrelationsverfahren) entwickelt worden. So kann z. B. die ϑ-Koordinate des Schwerpunkts der Interferenzlinie nach rechnerischer Festlegung und Abtrennung des Untergrunds aus der registrierten Intensitätsverteilung $I(\vartheta)$ (Bild 8.12) über die Beziehung

$$\vartheta_S = \frac{\int_{\vartheta_A}^{\vartheta_E} I(\vartheta)\,\vartheta\,d\vartheta}{\int_{\vartheta_A}^{\vartheta_E} I(\vartheta)\,d\vartheta} \tag{8.20}$$

erhalten werden.

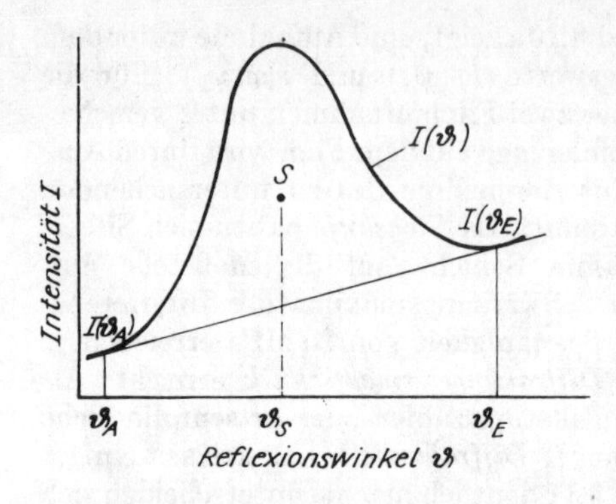

Bild 8.12. Bestimmung der Interferenzlinienlage ϑ_S nach der Schwerpunktmethode

Aus den für verschiedene Neigungswinkel ψ registrierten Interferenzlinienlagen $\vartheta_{S\varphi,\psi}$ ist der Anstieg m in der $\Delta\vartheta_{\varphi,\psi}$-$\sin^2 \psi$-Abhängigkeit durch lineare Ausgleichsrechnung und dann unter Verwendung von Gl. (8.14) die gesuchte Spannungskomponente σ_φ bestimmbar.
Bei teil- bzw. vollautomatischen Spannungsmeßgoniometern wird die ϑ- und die ψ-Einstellung nach der selbständigen Festlegung von Linienanfang ϑ_A und Linienende ϑ_E mit Hilfe eines Rechners über Schrittmotoren realisiert. Damit läuft die Spannungsbestimmung nach Eingabe der Meßinterferenz, der Anzahl der ψ-Winkel und der elastischen Konstanten selbständig ab.
Besondere Vorteile der röntgenographischen Spannungsmeßtechnik sind die Möglichkeit zur Bestimmung von Oberflächeneigenspannungen ohne Zerstörung des Bauteils und die Registrierung des sich aus Last- und Eigenspannungen ergebenden resultierenden Spannungszustands in einem belasteten Bauteil.

8.4. Feldmeßverfahren

Während die bisher dargestellten Meßmethoden Dehnungs- bzw. Spannungsbestimmungen an ausgewählten Stellen des Untersuchungsobjekts (Bauteile, Proben) in vorgegebenen Richtungen erlauben, liefern die im folgenden zu betrachtenden *Feldmeßverfahren* Aussagen über die Verschiebungs- bzw. Dehnungs- oder Spannungsverteilung in größeren Bauteilbereichen. Hierzu gehören neben dem seit langem bekannten Reißlackverfahren und der Spannungsoptik auch das Moiré-Verfahren und die holographische Interferometrie. Den hier zuletzt genannten drei optischen Feldmeßverfahren ist gemeinsam, daß die Verschiebungs-, Verzerrungs- bzw. Spannungskomponenten durch Auswertung optischer Interferenzstreifen bestimmt werden.

8.4.1. Moiré-Verfahren

Das *Moiré-Verfahren* gestattet die Bestimmung von Dehnungsverteilungen vorwiegend an ebenen Oberflächen von Bauteilen. Mit einem Moirébild wird primär die Verteilung der Verschiebungen erfaßt, aus denen dann durch geeignete Auswerteverfahren die Dehnungen ermittelt werden können.

Das *Moirébild* ist ein System dunkler Streifen, das bei der Überlagerung von Gittern mit 10 bis 100 Linien je mm entsteht, und zwar entweder als *Teilungsmoiré*, wenn zwei Strichgitter ungleicher, aber wenig verschiedener Teilung parallel zueinander verschoben werden, oder als *Verdrehmoiré*, wenn zwei Strichgitter gleicher Teilung um einen kleinen Winkel gegeneinander geneigt sind.
Die Moiréstreifen des Teilungsmoirés (Bild 8.13a) liegen zu den Linienscharen der sie erzeugenden Strichgitter parallel, während die Moiréstreifen des Verdrehmoirés (Bild 8.13b) senkrecht auf der Winkelhalbierenden des Verdrehwinkels der beiden Strichgitter stehen. Treten Verschiebungen und Verdrehungen gleichzeitig und örtlich unterschiedlich auf, so daß die Linienschar eines Gitters, wenn auch nur geringfügig, gekrümmt ist, erscheinen die Moiréstreifen als beliebig gekrümmte Kurven (Bild 8.13c). Sie entstehen im allgemeinen Fall als Schnittpunkte von Gitterlinien der beiden Gitter. Ordnet man jeder Gitterlinie eines Gitters eine Zahl (Ordnung) zu, so wird deutlich, daß ein *Moiréstreifen* durch alle die Schnittpunkte gebildet wird, deren Gitterlinien die gleiche Ordnungsdifferenz aufweisen.

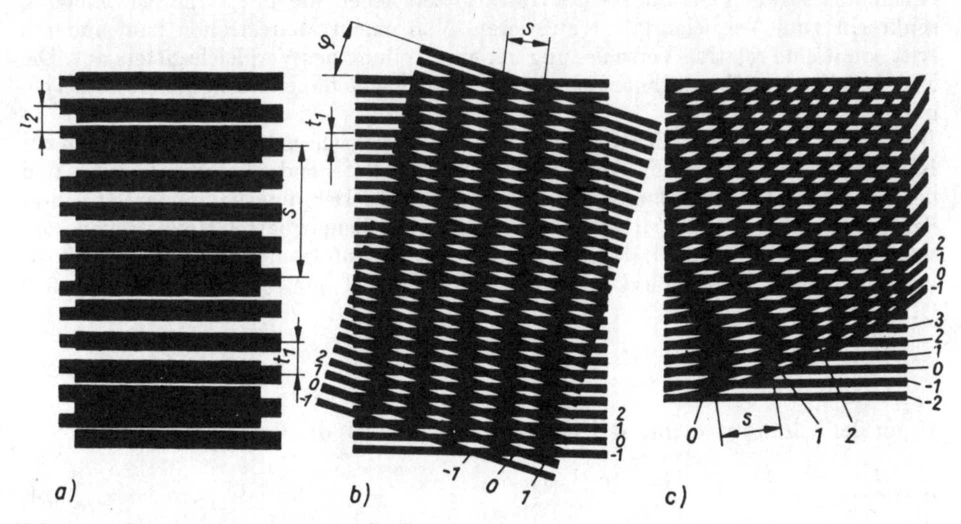

Bild 8.13. Entstehung von *Moiré*-Bildern
a) Teilungsmoiré *b)* Verdrehungsmoiré *c)* allgemeiner Fall

Zwischen dem Abstand S zweier Moiréstreifen eines Teilungsmoirés und den Teilungen t_1 und t_2 der beiden das Moiré aufbauenden Strichgitter besteht für $t_2 > t_1$ der Zusammenhang

$$S = \frac{t_1 t_2}{t_2 - t_1} \tag{8.21}$$

Der Abstand S zweier Moiréstreifen eines Verdrehmoirés kann bei gleicher Teilung t_1 aus dem Verdrehwinkel φ über die Beziehung

$$S = \frac{t_1}{2 \tan \frac{\varphi}{2}} \approx \frac{t_1}{\varphi} \tag{8.22}$$

berechnet werden.

Für die praktische Dehnungsanalyse sind in der Regel zwei Gitter gleicher Teilung erforderlich, von denen das eine meist durch fotochemische Methoden oder selektives Ätzen auf die Oberfläche des zu untersuchenden Bauteils aufgebracht wird. Dieses Gitter wird als *Objektgitter* bezeichnet und muß fest auf der Oberfläche des Bauteils haften. Vor dem Objektgitter wird ein *Vergleichsgitter* gleicher Teilung so angeordnet, daß sich die Linien im unbelasteten Zustand genau decken.
Während der mechanischen Beanspruchung verformt sich das Objektgitter gemeinsam mit der Bauteiloberfläche, d. h., es sind sowohl Änderungen in der Teilung als auch Verdrehungen möglich. Sie führen zur Bildung von Moiréstreifen, die bei lichtdurchlässigen Bauteilen oder Modellen im Durchlicht, bei lichtundurchlässigen Werkstoffen im Auflicht als Moirébild sichtbar gemacht und fotografisch registriert werden können.
Zur *Auswertung der Moirébilder* wird die bereits oben dargelegte Tatsache genutzt, daß die Moiréstreifen der geometrische Ort der Schnittpunkte gleicher Ordnungsdifferenz von Linien des Objekt- und Vergleichsgitters sind. Aus ihr folgt, daß auf einem Moiréstreifen alle Punkte des Objektgitters liegen, die die gleiche Verschiebung senkrecht zum Vergleichsgitter aufweisen. Von einem Moiréstreifen zum anderen tritt somit eine relative Verschiebung um eine Teilung des Vergleichsgitters auf. Die Moiréstreifen sind damit Linien gleicher Normalverschiebung und werden *Isotheten* genannt.
Bezeichnet man die zur Richtung der Linien des Vergleichsgitters und damit auch zur Richtung des unverformten Objektgitters senkrecht stehende Koordinate mit y und die in Gitterrichtung verlaufende mit x, so kann die Dehnungskomponente ε_y unter der Voraussetzung, daß ε_y über den Abstand zweier benachbarter Moiréstreifen konstant ist, mit Hilfe von Gl. (8.21) bestimmt werden. Infolge der Dehnung ε_y wird die ursprüngliche Teilung t_1 des Objektgitters auf $t_2 = t_1(1 + \varepsilon_y)$ verändert. Mit t_2 liefert Gl. (8.21)

$$S = \frac{t_1(1 + \varepsilon_y)}{\varepsilon_y} \tag{8.23}$$

Unter der Voraussetzung $\varepsilon_y \ll 1$ entsteht aus Gl. (8.23) die Beziehung

$$S = \frac{t_1}{\varepsilon_y} \tag{8.24}$$

Aus ihr kann die gesuchte Dehnungskomponente ε_y zu

$$\varepsilon_y = \frac{t_1}{S} \tag{8.25}$$

bestimmt werden.
Wird die Forderung einer konstanten Dehnung zwischen den einzelnen Moiréstreifen nicht erfüllt, so sind die partiellen Ableitungen der Verschiebungen u und v in x- und y-Richtung zur Dehnungsbestimmung heranzuziehen. Die Verschiebung v in y-Richtung ergibt sich aus der Ordnung n der Moiréstreifen und der Teilung t_1 des Gitters zu

$$v = nt_1 \tag{8.26}$$

Wegen $t_1 = \text{const}$ erhält die Dehnungskomponente ε_y die Gestalt

$$\varepsilon_y = \frac{\partial v}{\partial y} = t_1 \frac{\partial n}{\partial y} \tag{8.27}$$

Zur Ausführung der Differentiation wird zunächst die Verschiebung v, genauer die Ordnung der Moiréstreifen, über einer parallel zu y verlaufenden Geraden graphisch dargestellt. Da die wirkliche Ordnung der Moiréstreifen in der Regel nicht bekannt ist, die Verschiebung v von Streifen zu Streifen aber jeweils einer Teilung t_1 des Gitters entspricht, genügt es, einen Streifen als Null-Linie zu bezeichnen, von der aus die weiteren Streifen zu numerieren sind. Die graphische Ermittlung des Anstiegs der so erhaltenen Kurve liefert schließlich die Dehnung ε_y. Bild 8.14 gibt dieses Auswerteverfahren wieder. In analoger Weise kann die Dehnung ε_x über die Beziehung

$$\varepsilon_x = \frac{\partial u}{\partial x} = t_1 \frac{\partial m}{\partial x} \tag{8.28}$$

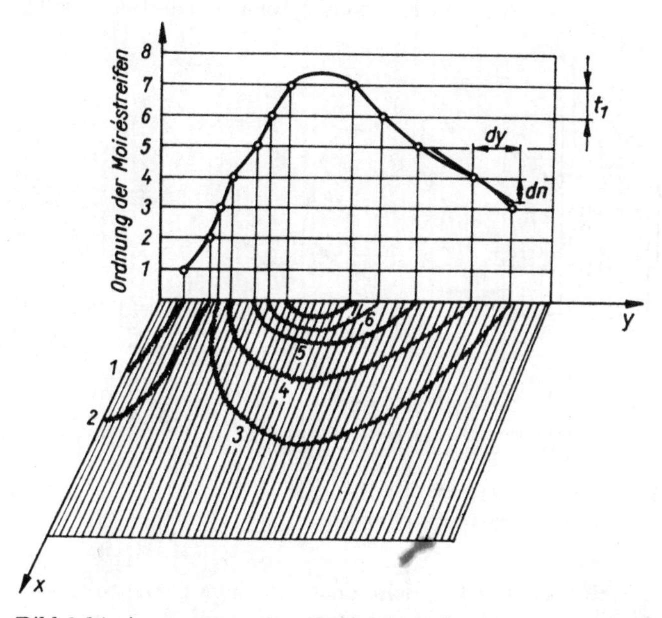

Bild 8.14. Auswertung einer *Moiré*-Aufnahme

bestimmt werden, wobei Objekt- und Vergleichsgitter jetzt aber parallel zur y-Richtung auf dem Bauteil zu orientieren sind und m die Ordnung der dann entstehenden Moiréstreifen darstellt. Schließlich kann die Schiebung γ über den Zusammenhang

$$\gamma = \frac{\partial u}{\partial y} + \frac{\partial v}{\partial x} = t_1 \left(\frac{\partial m}{\partial y} + \frac{\partial n}{\partial x}\right) \tag{8.29}$$

ebenfalls durch graphische Differentiation erhalten werden. Neben den bisher betrachteten Liniengittern werden noch Kreuz- und Spiralgitter zur Erzeugung der Moirébilder verwendet. Außerdem kann zur Untersuchung gekrümmter Oberflächen, z. B. bei der Plattenbiegung, das Schattenmoiré- oder das Reflexionsmoiré-Verfahren eingesetzt werden. Die Erzeugung der Moirébilder beruht bei diesen Verfahren auf der optischen Überlagerung des Vergleichsgitters mit seinem Schattenbild bzw. seinem Reflexionsbild.

8.4.2. Spannungsoptik

Die *Spannungsoptik* nutzt zur experimentellen Spannungsanalyse die Tatsache aus, daß eine Reihe lichtdurchlässiger Materialien, z. B. Glas, Polymethylmethacrylat, Phenolformaldehydharze, Epoxidharze usw., unter Belastung optisch doppelbrechend sind. Da dieser Effekt nach Entlastung wieder verschwindet, wird er im Gegensatz zu der durch eine Orientierung der Makromoleküle hervorgerufenen Orientierungsdoppelbrechung als zeitliche oder Spannungsdoppelbrechung bezeichnet.
Von dem zu untersuchenden Bauteil ist unter Berücksichtigung der Gesetze der Ähnlichkeitsmechanik ein Modell aus einem spannungsdoppelbrechenden Material herzustellen. Das Modell wird im Strahlengang einer spannungsoptischen Apparatur zwischen Polarisator und Analysator angeordnet. Die Apparatur ist im Bild 8.15 schematisch dargestellt und besteht aus einer meist monochromatischen Lichtquelle,

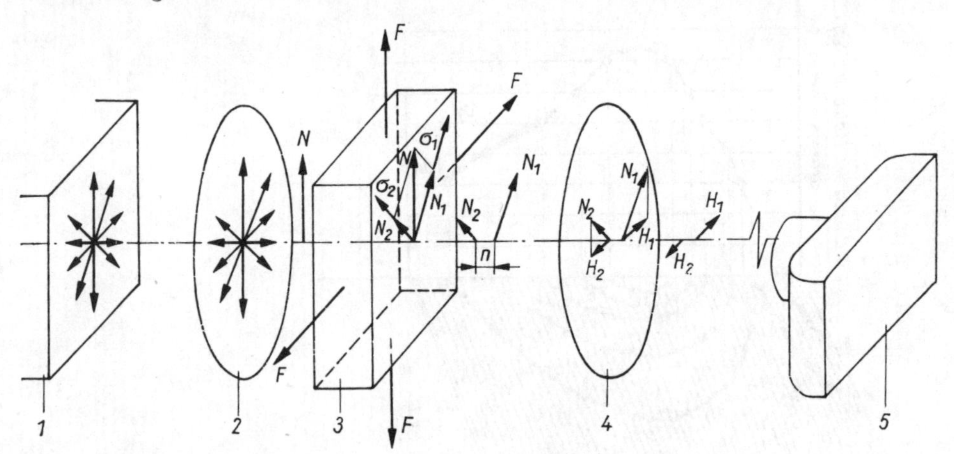

Bild 8.15. Spannungsoptische Apparatur (schematisch)
1 Lichtquelle *2* Polarisator *3* Modell *4* Analysator *5* photographische Registrierung

deren Licht von einem Polarisator, der nur für Licht einer Schwingungsrichtung – im dargestellten Fall der vertikalen – durchlässig ist, polarisiert wird. Der Vektor N der vertikal schwingenden Lichtwelle wird im belasteten Modell in zwei Komponenten zerlegt; die Richtungen dieser Teilvektoren N_1 und N_2 stimmen mit den Richtungen der Hauptspannungen σ_1 und σ_2 überein. Sie haben jedoch im Vergleich zur Geschwindigkeit v_0 im unbelasteten Modell verschiedene Geschwindigkeiten v_1 und v_2, die über die Beziehungen

$$v_1 = v_0 + c_1\sigma_1 + c_2\sigma_2 \tag{8.30a}$$

$$v_2 = v_0 + c_1\sigma_2 + c_2\sigma_1 \tag{8.30b}$$

mit den Hauptspannungen verknüpft sind. c_1 und c_2 sind Materialkonstanten.
Infolge dieser unterschiedlichen Geschwindigkeiten tritt nach dem Durchlaufen des Modells der Dicke d ein Gangunterschied (Phasenverschiebung) der Größe n' zwischen den Wellen N_1 und N_2 auf. Die Phasenverschiebung n' läßt sich aus der Laufzeit T zu

$$n' = (v_1 - v_2)\,T \tag{8.31}$$

bestimmen.

Gl. (8.31) liefert schließlich mit (8.30) die Phasenverschiebung n' zu

$$n' = \frac{c_1 - c_2}{v_0} d(\sigma_1 - \sigma_2) \tag{8.32}$$

wenn für $T = \dfrac{d}{v_0}$ gesetzt wird.

Faßt man die Konstanten in der Form

$$C = \frac{c_1 - c_2}{v_0} \tag{8.33}$$

zusammen und bezieht die Phasenverschiebung n' auf die Wellenlänge λ des verwendeten Lichts, so entsteht mit

$$n = \frac{n'}{\lambda} \quad \text{und} \quad S = \frac{\lambda}{c} \tag{8.34}$$

die *Hauptgleichung der Spannungsoptik*

$$\sigma_1 - \sigma_2 = \frac{S}{d} n \tag{8.35}$$

Die Größe S wird als spannungsoptische Konstante bezeichnet.

Der gegenüber dem Polarisator um 90° gedrehte Analysator (Bild 8.15) läßt nur die Horizontalkomponenten H_1 und H_2 der Lichtwellen N_1 und N_2 passieren. Die Intensität $I_{(H_1+H_2)}$ der aus den Horizontalkomponenten resultierenden Lichtwelle H ergibt sich zu

$$I_{(H_1+H_2)} = KH^2 \sin^2 2\varphi \sin^2 \pi n \tag{8.36}$$

Die resultierende Intensität wird Null, d. h., hinter dem Analysator herrscht Dunkelheit für die Punkte des Modells, für die gilt:

$$\begin{aligned} &1.\ \sin^2 \pi n = 0 \\ &2.\ \sin^2 2\varphi = 0 \end{aligned} \tag{8.37}$$

Die erste Bedingung wird für $n = 0; 1; 2; 3 \ldots$ erfüllt, d. h., wenn die Phasenverschiebung n ein ganzzahliges Vielfaches der Wellenlänge λ ist. Als geometrische Orte aller Punkte, die der Bedingung $n = 0$ oder $n = 1$ oder $n = 2$ usw. genügen, erscheinen somit dunkle Linien, die als *Isochromaten* bezeichnet werden. Wird weißes Licht verwendet, sind die Isochromaten Linien einer Farbe. Da die auf die Wellenlänge bezogene Phasenverschiebung n über Gl. (8.35) mit der Hauptspannungsdifferenz verknüpft ist, S und d für ein bestimmtes Modell Konstanten sind, können die Isochromaten als Linien gleicher Hauptspannungsdifferenz gedeutet werden.

Die zweite Bedingung wird für $\varphi = 0°$ und $\varphi = 90°$ erfüllt. Die Polarisationsrichtung fällt dann mit der Richtung der jeweiligen Hauptspannung zusammen. Die entstehenden dunklen Linien (*Isoklinen*) sind Linien gleicher Hauptspannungsrichtung. Da die Hauptspannungsrichtungen im belasteten Modell örtlich verschieden sind, ist es zur Erfassung des vollständigen Richtungsfelds notwendig, die Isoklinen durch Drehen von Polarisator und gekreuztem Analysator im Winkelbereich von 0 bis 90° aufzuzeichnen. Das geschieht dadurch, daß Polarisator und Analysator um jeweils einen konstanten Winkel, z. B. 5°, gedreht und die entstehende Isokline registriert wird.

Aus den hinter dem Analysator entstehenden Isoklinen- und Isochromatenbildern – sie werden fotografisch registriert – sind für jede gewählte Beanspruchung die am Modell auftretenden Hauptspannungsrichtungen, die aus diesen konstruierten *Hauptspannungslinien* und die Hauptspannungsdifferenzen bestimmbar. Letzteres ist allerdings nur möglich, wenn die *spannungsoptische Konstante* S bekannt ist. Sie kann im einachsigen Zug-, Druck- oder Biegeversuch zu

$$\mathrm{S} = \frac{\sigma_1 d}{n} \tag{8.38}$$

bestimmt werden.

Bild 8.16a zeigt das im Eichversuch an einem Biegestab entstandene Isochromatenbild. Für eine auf Bruchteile genaue Festlegung der Isochromatenordnung erweist sich die graphische Extrapolation, wie sie im Bild 8.16b dargestellt ist, als zweckmäßig. Sie wird auch angewendet, wenn die Isochromatenordnung an lastfreien Rändern des Modells bestimmt werden soll. Für solche Randbereiche, die nicht Angriffspunkte äußerer Kräfte sind, folgt aus Gl. (8.35) wegen $\sigma_2 = 0$ die Spannung am Rand σ_R unmittelbar zu

$$\sigma_\mathrm{R} = \frac{\mathrm{S}}{d} n \tag{8.39}$$

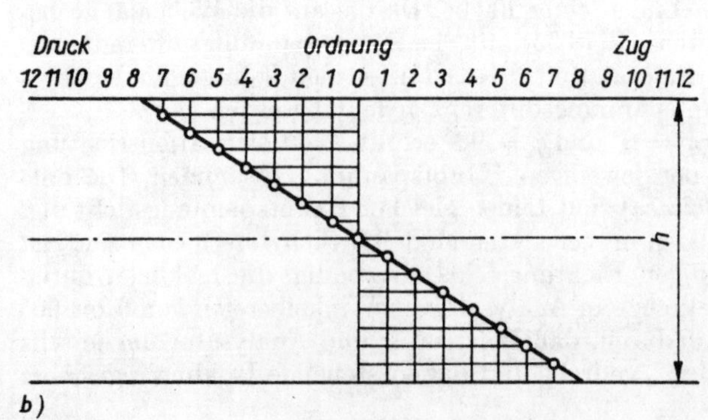

Bild 8.16. Eichaufnahme am Epoxidharz EGK 19 im Biegeversuch

a) Isochromatenbild

b) Extrapolation zur Bestimmung der Isochromatenordnung am Rand

8.4.3. Holographische Verformungsmessung

Grundlage dieser Methode ist die holographische Interferometrie. Sie gestattet es, Oberflächenverformungen von Proben oder Bauteilen in der Größenordnung von 10^{-3} bis 10^{-4} mm hinsichtlich Größe und Verteilungen exakt nachzuweisen. Der dazu erforderliche meßtechnische Aufbau ist schematisch im Bild 8.17 dargestellt.
Die vom Laser ausgesandte monochromatische, kohärente Wellenfront wird mit Hilfe des Strahlenteilers T in zwei Anteile zerlegt. Der eine Anteil dient, nachdem er über ein Linsensystem Li aufgeweitet wurde, der direkten Beleuchtung des Objektes O. Der zweite Anteil wird als Referenzwelle über ein Spiegelsystem S nach der Aufweitung durch das Linsensystem Li direkt auf die holographische Platte H gelenkt.
Die vom beleuchteten Objekt ausgehende Wellenfront interferiert mit der Referenzwelle in der Ebene der Hologrammplatte H. Das entstehende außerordentlich feine Mikrointerferenzmuster wird in der Fotoemulsion gespeichert. Durch Beleuchten der fotochemisch entwickelten Platte mit der Referenzwelle kann die Objektwelle über die Beugung an dem in der Hologrammplatte gespeicherten Interferenzmuster freigesetzt werden. Damit entsteht ein dreidimensionales virtuelles Bild des Objekts.
Zur Erzeugung des holographischen Interferogramms stehen mit dem Doppelbelichtungs-, dem Echtzeit- und dem Zeitmittelungsverfahren drei verschiedene Methoden zur Verfügung, von denen hier nur das Doppelbelichtungsverfahren betrachtet werden soll. Bei diesem Verfahren werden zwei holographische Aufnahmen in einer Hologrammplatte gespeichert. Die erste, sie wird als Nullaufnahme bezeichnet, hält den Zustand des unverformten Objekts fest: die zweite Aufnahme fixiert den Zustand bei Belastung. Wird die nach der Doppelbelichtung fotochemisch behandelte Hologramm-

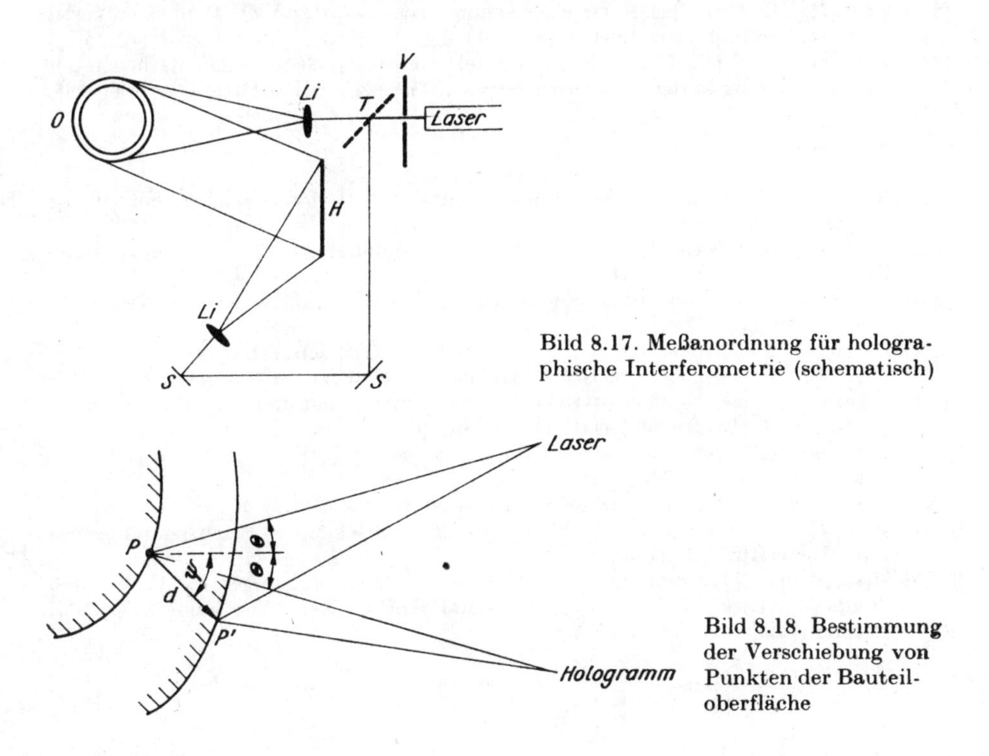

Bild 8.17. Meßanordnung für holographische Interferometrie (schematisch)

Bild 8.18. Bestimmung der Verschiebung von Punkten der Bauteiloberfläche

platte mit der Referenzwelle beleuchtet, entsteht infolge der Überlagerung der beiden in ihr enthaltenen Hologramme ein System von Makrointerferenzstreifen. Die Linien dieses holographischen Interferogramms stellen in erster Näherung Orte gleicher Oberflächenverformung dar.
Der Zusammenhang zwischen der Ordnung N ($N = 1, 2, 3 \ldots$) der Interferenzstreifen, der Objektgeometrie und der Verschiebung d der Oberfläche ergibt sich entsprechend Bild 8.18 zu

$$d = \frac{\lambda \left(N - \frac{1}{2}\right)}{2 \cos \psi \cos \theta} \tag{8.40}$$

λ ist die Wellenlänge des verwendeten Laserlichts. Die Winkel θ und φ resultieren aus der Aufnahmegeometrie.
Anwendungsgebiete der holographischen Verformungsmessung sind u. a. die für bruchmechanische Untersuchungen erforderliche Bestimmung der elastischen Verzerrungen in der Umgebung von Rissen, die zerstörungsfreie Rißprüfung (Abschnitt 6.6.3.) oder der Nachweis von Resonanzschwingungen in Turbinenschaufeln.

Literaturhinweise

[8.1] *Vocke, W.; Ullmann, K.:* Experimentelle Dehnungsanalyse. Leipzig: VEB Fachbuchverlag 1974
[8.2] *Speer, S.:* Experimentelle Spannungsanalyse. Leipzig: Teubner 1971
[8.3] *Thamm, F. G.; Ludvig, I.; Huszàr* u. *Szàto I.:* Dehnungsmeßverfahren. Budapest: Akadèmiai Kiadó 1971
[8.4] *Tietz, H.-D.:* Grundlagen der Eigenspannungen. Leipzig: VEB Deutscher Verlag für Grundstoffindustrie 1984
[8.5] *Wernicke, G.; Osten, W.:* Hologramminterferometrie – Grundlagen, Methoden und ihre Anwendung in der Festkörpermechanik. Leipzig: VEB Fachbuchverlag 1982

Quellennachweise

[8.6] *Siebel, E.:* Handbuch der Werkstoffprüfung. Bd. 1. Berlin, Göttingen, Heidelberg: Springer-Verlag 1958
[8.7] *Fink, K.; Rohrbach, C.:* Handbuch der Spannungs- und Dehnungsmessung. Düsseldorf: VDI-Verlag 1958
[8.8] *Glocker, R.:* Materialprüfung mit Röntgenstrahlen. Berlin, Heidelberg, New York: Springer-Verlag 1971
[8.9] *Peiter, A.:* Eigenspannungen I. Art. Düsseldorf: Triltsch-Verlag 1966
[8.10] *Wolf, H.:* Spannungsoptik. Berlin, Heidelberg, New York: Springer-Verlag 1976
[8.11] 6. Internationale Konferenz Experimentelle Spannungsanalyse, München 1978. VDI-Bericht 313. Düsseldorf: VDI-Verlag 1978
[8.12] Symposium Experimentelle Spannungsanalyse, Stuttgart 1982. VDI-Bericht Nr. 439. Düsseldorf: VDI-Verlag 1982
[8.13] *Vest, C. M.:* Holographic Interferometry. New York: Wiley 1979
[8.14] *Tietz, H.-D.:* Zu einigen Entwicklungen auf dem Gebiet der Eigenspannungsmessung. Neue Hütte 26 (1981) 6, 225
[8.15] *Tietz, H.-D.; Blumenauer, H.; Hoffmann, H.:* Eigenspannungen in Werkstoffen. Sitzungsberichte der AdW der DDR – Mathematik, Naturwissenschaft, Technik. Berlin: Akademie-Verlag 1977

9. Anwendung der SI-Einheiten in der Werkstoffprüfung

9.1. Überblick über die gesetzlichen Maßeinheiten

Auf der 11. Conférence Générale des Poids et Mesures (CGPM) im Jahre 1960 wurde für das aus den Basiseinheiten Meter, Kilogramm, Sekunde, Ampere, Kelvin und Candela bestehende Einheitensystem der Name *Système International d'Unités* (Internationales Einheitensystem), abgekürzt mit SI, festgelegt. Dem System wurde auf der 14. CGPM (1971) als weitere Grundeinheit das Mol hinzugefügt und damit sein Anwendungsbereich auf die physikalische Chemie und Molekularphysik ausgedehnt. Als zusätzliche Grundeinheiten sind die ergänzenden SI-Einheiten Radiant und Steradiant zu betrachten.
In der DDR wurde im November 1968 die Anordnung über die Tafel der gesetzlichen Einheiten [1] veröffentlicht. Sie enthält das von der 11. CGPM angenommene Einheitensystem (SI). Entsprechend den Festlegungen des Rates für gegenseitige Wirtschaftshilfe (RGW) im ST RGW 1025-78 wurde am 1. 1. 1980 die TGL 31548 »Einheiten physikalischer Größen« und damit die Anwendung des SI für verbindlich erklärt. Sie enthält auch Hinweise auf allgemein gültige SI-fremde Einheiten, die unbefristet und unbeschränkt angewendet werden dürfen, auf SI-fremde Einheiten mit befristeter Gültigkeitsdauer sowie nur auf Spezialgebieten gültige SI-fremde Einheiten.
Das SI basiert auf den in Tabelle 9.1 angeführten sieben Grundeinheiten und zwei ergänzenden Einheiten, aus denen die Einheiten der übrigen Größen abgeleitet werden.
Eine Reihe dieser aus den Grund- und ergänzenden Einheiten abgeleiteten Größen haben entsprechend ihrer Bedeutung einen eigenen Namen erhalten. Eine Auswahl ist in Tabelle 9.2 zusammengestellt. Alle dort aufgeführten Einheiten sind kohärent, d. h., sie lassen sich ohne einen von 1 verschiedenen Zahlungsfaktor aus den Grundeinheiten ableiten.
SI-fremde Einheiten sind alle Einheiten, deren Beziehung zu den SI-Einheiten einen von 1 verschiedenen Zahlenfaktor aufweist. Tabelle 9.3 enthält eine Auswahl SI-fremder Einheiten; vollständig sind sie in TGL 31548 aufgeführt.
Im ersten Abschnitt sind allgemein gültige, im zweiten Abschnitt nur auf Spezialgebieten gültige und im dritten Abschnitt bis zum Vorliegen internationaler Beschlüsse befristet gültige SI-fremde Einheiten zusammengestellt.
Diese Angaben werden ergänzt durch die in Tabelle 9.4 aufgeführten Einheiten für Verhältnisgrößen. Neben diesen allgemein anwendbaren Einheiten für Verhältnisgrößen und logarithmierte Verhältnisgrößen dürfen spezielle Einheiten angewendet werden, wenn sie in Standards definiert sind (z. B. das Phon nach TGL 33256/07).
Zur Bildung von dezimalen Vielfachen und Teilen von SI-Einheiten und auch anderer gesetzlicher Einheiten (soweit nicht in Tabelle 9.3 unter Bemerkungen: »Keine Vor-

Tabelle 9.1. Grundeinheiten und ergänzende Einheiten des Internationalen Einheitensystems (SI)

Größe	Benennung der Einheit	Einheiten-Zeichen	Definition der Einheit
GRUNDEINHEITEN			
Länge	Meter	m	Das Meter ist gleich 1 650 763,73 Vakuum-Wellenlängen der Strahlung, die dem Übergang zwischen den Niveaus 2 p_{10} und 5 d_5 des Atoms Krypton 86 entspricht.
Zeit	Sekunde	s	Die Sekunde ist die Dauer von 9 192 631 770 Perioden der Strahlung, die dem Übergang zwischen den beiden Hyperfeinstrukturniveaus des Grundzustandes des Atoms Caesium 133 entspricht.
Masse	Kilogramm	kg	Das Kilogramm ist die Masse des internationalen Kilogrammprototyps.
Temperatur (thermodynamische)	Kelvin	K	Das Kelvin ist der 273,16te Teil der (thermodynamischen) Temperatur des Tripelpunktes von Wasser.
elektrische Stromstärke	Ampere	A	Das Ampere ist die Stärke des zeitlich unveränderlichen elektrischen Stromes durch zwei geradlinige, parallele, unendlich lange Leiter von vernachlässigbarem Querschnitt, die den Abstand 1 m haben und zwischen denen die durch den Strom elektrodynamisch hervorgerufene Kraft im leeren Raum je 1 m Länge der Doppelleitung $2 \cdot 10^{-7}$ N beträgt.
Lichtstärke	Candela	cd	Die Candela ist die Lichtstärke, die $\frac{1}{600000}$ m^2 der Fläche eines schwarzen Körpers bei der Erstarrungstemperatur des Platins beim Druck 101 325 Pa senkrecht zu seiner Oberfläche ausstrahlt.
Stoffmenge	Mol	mol	Das Mol ist die Stoffmenge eines Systems, das aus so vielen gleichartigen elementaren Teilchen besteht, wie Atome in 0,012 kg des Kohlenstoffs 12 enthalten sind.
ERGÄNZENDE EINHEITEN			
ebener Winkel	Radiant	rad	1 rad = 1 m/m Der Radiant ist der Winkel zwischen zwei Kreisradien, die aus dem Kreisumfang einen Bogen ausschneiden, dessen Länge gleich dem Radius ist.
Raumwinkel	Steradiant	sr	1 sr = 1 m^2/m^2 Der Steradiant ist der Raumwinkel, dessen Scheitelpunkt im Mittelpunkt einer Kugel liegt und der aus der Oberfläche dieser Kugel eine Fläche ausschneidet, die gleich der eines Quadrates ist, dessen Seite mit dem Kugelradius übereinstimmt.

Tabelle 9.2. Auswahl abgeleiteter (kohärenter) SI-Einheiten

Größe	Benennung der Einheit	Einheitenzeichen	Definition der Einheit	Bemerkungen
Frequenz	Hertz	Hz	1 Hz $= 1\ s^{-1}$	wird bei Angabe von Umlauffrequenzen (Drehzahlen) vorzugsweise Eins je Sekunde (1/s) benannt
Kraft	Newton	N	1 N $= 1\ m\ kg\ s^{-2}$	
Druck	Pascal	Pa	1 Pa $= 1\ N/m^2$ $= 1\ m^{-1}\ kg\ s^{-2}$	Die Einheit Pascal ist vorzugsweise vor Newton je Quadratmeter auch für die physikalischen Größen – mechanische Spannung – Elastizitätsmodul – Schubmodul – Kompressionsmodul anzuwenden.
Arbeit, Energie	Joule	J	1 J $= 1\ N\ m = 1\ m^2\ kg\ s^{-2}$	Die Einheit Joule ist für jede Energieform anwendbar.
Leistung	Watt	W	1 W $= 1\ J/s = 1\ m^2\ kg\ s^{-3}$	
Wärmemenge	Joule	J	1 J $= 1\ m^2\ kg\ s^{-2}$	
elektrische Spannung	Volt	V	1 V $= 1\ W/A = 1\ m^2\ kg\ s^{-3}\ A^{-1}$	
elektrischer Widerstand	Ohm	Ω	1 Ω $= 1\ V/A = 1\ m^2\ kg\ s^{-3}\ A^{-2}$	Bei Schreibmaschinenschrift ist als Einheitenzeichen auch »Ohm« zulässig.
elektrischer Leitwert	Siemens	S	1 S $= 1/\Omega = 1\ m^{-2}\ kg^{-1}\ s^3\ A^2$	
Elektrizitätsmenge, elektrische Ladung	Coulomb	C	1 C $= 1\ s\ A$	

Tabelle 9.2. (Fortsetzung)

Größe	Benennung der Einheit	Einheitenzeichen	Definition der Einheit	Bemerkungen
elektrische Kapazität	Farad	F	1 F = 1 C/V = 1 m^{-2} kg^{-1} s^4 A^2	
magnetischer Fluß	Weber	Wb	1 Wb = 1 V s = 1 m^2 kg s^{-2} A^{-1}	
magnetische Induktion (magnetische Flußdichte)	Tesla	T	1 T = 1 Wb/m^2 = 1 kg s^{-2} A^{-1}	
magnetische Feldstärke	Ampere je Meter	A/m	1 A/m = 1 m^{-1} A	
Induktivität	Henry	H	1 H = 1 Wb/A = 1 m^2 kg s^{-2} A^{-2}	
Permeabilität (magnetische Feldkonstante, Induktionskonstante)	Henry je Meter	H/m	1 H/m = 1 m kg s^{-2} A^{-2}	
Lichtstrom	Lumen	lm	1 lm = 1 cd sr	
Beleuchtungsstärke	Lux	lx	1 lx = 1 lm/m^2 = 1 m^{-2} cd sr	
Exposition	Coulomb je Kilogramm	C/kg	1 C/kg = 1 kg^{-1} s A	In der DDR auf dem Gebiet Atomsicherheit und Strahlenschutz nicht mehr zulässig.
Expositionsleistung	Ampere je Kilogramm	A/kg	1 A/kg = 1 kg^{-1} A	

Tabelle 9.2. (Fortsetzung)

Größe	Benennung der Einheit	Einheitenzeichen	Definition der Einheit	Bemerkungen
Energiedosis	Gray	Gy	1 Gy = 1 J/kg = 1 $m^2 s^{-2}$	
Energiedosisleistung	Gray je Sekunde	Gy/s	1 Gy/s = 1 W/kg = 1 $m^2 s^{-3}$	
Aktivität	Becquerel	Bq	1 Bq = 1 s^{-1}	
Neutronenquellstärke	Eins je Sekunde	1/s	1/s = 1 s^{-1}	1. Die Einheit ist nur für radioaktive Neutronenquellen definiert. 2. Die Bezeichnung »Becquerel« ist für die Einheit der Neutronenquellstärke unzulässig. 3. keine Vorsätze

sätze« steht), sind die in Tabelle 9.5 zusammengestellten Vorsätze zu verwenden. Dabei sind u. a. folgende Regeln zu beachten:

- Die Vorsätze sollten so gewählt werden, daß der Zahlenwert möglichst in den Bereich zwischen 0,1 und 1000 gebracht wird. In Tabellen ist jedoch möglichst für jede Größe ein einheitlicher Vorsatz anzuwenden, auch wenn dann einige Zahlen die genannten Grenzen überschreiten.

Tabelle 9.3. SI-fremde Einheiten

Größe	Benennung der Einheit	Einheitenzeichen	Definition der Einheit	Bemerkungen
ALLGEMEIN GÜLTIGE SI-FREMDE EINHEITEN				
Volumen	Liter	l oder L	$1\,l = 1 \cdot 10^{-3}\,m^3$	nicht für Angaben mit einer relativen Unsicherheit $< 5 \cdot 10^{-5}$ zugelassen
ebener Winkel	Grad	°	$1° = \pi/180\,rad = 1{,}745329 \cdot 10^{-2}\,rad$	keine Vorsätze
	Minute	′	$1' = \pi/10800\,rad = 2{,}908882 \cdot 10^{-4}\,rad$	keine Vorsätze
	Sekunde	″	$1'' = \pi/648000\,rad = 4{,}848137 \cdot 10^{-6}\,rad$	keine Vorsätze
Zeit	Minute	min	1 min = 60 s	keine Vorsätze
	Stunde	h	1 h = 60 min = 3600 s	keine Vorsätze
	Tag	d	1 d = 24 h = 86400 s	keine Vorsätze außerdem ist die Anwendung der Kalendereinheiten Woche (Wo.) = 7 d Monat (Mon.) = 28 ... 31 d Jahr (a) = 365 oder 366 d zulässig
Masse	Tonne	t	$1\,t = 1 \cdot 10^3\,kg$	
NUR AUF DEM GEBIET DER ATOM- UND KERNPHYSIK ZUGELASSENE SI-FREMDE EINHEITEN				
Energie	Elektronenvolt	eV	$1\,eV = 1{,}60219 \cdot 10^{-19}\,J$	
BIS ZUM VORLIEGEN INTERNATIONALER BESCHLÜSSE GÜLTIGE SI-FREMDE EINHEITEN				
Druck	Bar	bar	$1\,bar = 1 \cdot 10^5\,Pa$	
Schalldruck	Mikrobar	μbar	$1\,\mu bar = 1 \cdot 10^{-1}\,Pa$	keine Vorsätze

Tabelle 9.4. Einheiten für Verhältnisgrößen

Größe	Benennung der Einheit	Einheitenzeichen	Definition der Einheit	Bemerkungen
Verhältnisgröße (Verhältnis aus zwei gleichartigen Größen, speziell Verhältnis einer Größe zu einer Bezugsgröße)	Eins	1		
	Prozent	%	$1\,\% = 1 \cdot 10^{-2}$	Bei der Verwendung der Verhältniseinheiten ist auf jeden Fall kenntlich zu machen, worauf sich die Anzahl bezieht, z. B. Massen- oder Volumenkonzentration in %
	Promille	‰	$1‰ = 1 \cdot 10^{-3}$	
	Millionstel	ppm	$1\text{ ppm} = 1 \cdot 10^{-6}$	
	Milliardstel	ppb	$1\text{ ppb} = 1 \cdot 10^{-9}$	
logarithmierte Verhältnisgröße	Bel	B	Das Bel ist die Einheit von zur Basis 10 logarithmierten Verhältnisgrößen. Der Wert 1 Bel ergibt sich aus dem Verhältnis 10:1 zweier gleichartiger Leistungsgrößen bzw. dem Verhältnis 10:1 der Quadrate zweier gleichartiger Feldgrößen.	Leistungsgrößen sind z. B. Leistung, Energie, Energiedichte; Feldgrößen sind z. B. elektrische Spannung, elektrische Stromstärke, Schalldruck e = Basis der natürlichen Logarithmen $1\text{ Np} = 2(\lg e)\text{ B} \approx 0{,}8686\text{ B}$
	Dezibel	dB	$1\text{ dB} = 0{,}1\text{ B}$	
	Neper	Np	Das Neper ist die Einheit von zur Basis e logarithmierten Verhältnisgrößen. Der Wert 1 Neper ergibt sich aus dem Verhältnis e:1 zweier gleichartiger Feldgrößen bzw. dem Verhältnis e:1 der Quadratwurzeln zweier gleichartiger Leistungsgrößen.	

- Die Vorsatzzeichen zur Bildung von dezimalen Vielfachen und Teilen von Einheiten dürfen nur mit den Einheitenzeichen verbunden werden. Zwischen Vorsatzzeichen und Einheitenzeichen ist kein Zwischenraum zu lassen.
- Zur Bildung von Vielfachen und Teilen einer Einheit mit selbständigem Namen darf jeweils nur ein Vorsatz benutzt werden.
- Die Kombination von Vorsatzzeichen und Einheitenzeichen gilt als ein Symbol, das ohne Verwendung von Klammern in eine Potenz erhoben werden kann.
- Dezimale Vielfache und Teile von Einheiten ohne selbständigen Namen werden gebildet, indem Vorsätze vor einen oder mehrere der Namen der Einheiten angefügt

werden, aus denen die Benennung zusammengesetzt ist. Vorsätze dürfen nicht vor Potenzbezeichnungen gesetzt werden, da mit Potenzbezeichnungen gebildete Benennungen von Einheiten nicht als selbständige Namen gelten.

- Dezimale Vielfache und Teile von abgeleiteten Einheiten ohne selbständigen Namen sollen vorzugsweise so gebildet werden, daß nur ein Vorsatz und dieser beim ersten Faktor im Zähler angewendet wird. Hiervon darf nur dann abgewichen werden, wenn besondere Gründe vorliegen, z. B. wenn dadurch die Anschaulichkeit wesentlich erhöht wird.

Tabelle 9.5. Vorsätze zur Bildung von dezimalen Vielfachen und Teilen von Einheiten

Vorsatz	Vorsatzzeichen	Faktor, mit dem die Einheit multipliziert wird	Zahlenwert
Exa	E	10^{18}	Trillion
Peta	P	10^{15}	Billiarde
Tera	T	10^{12}	Billion
Giga	G	10^{9}	Milliarde
Mega	M	10^{6}	Million
Kilo	K	10^{3}	Tausend
Hekto	h	10^{2}*)	Hundert
Deka	da	10*)	Zehn
Dezi	d	10^{-1}*)	Zehntel
Zenti	c	10^{-2}*)	Hundertstel
Milli	m	10^{-3}	Tausendstel
Mikro	µ	10^{-6}	Millionstel
Nano	n	10^{-9}	Milliardstel
Piko	p	10^{-12}	Billionstel
Femto	f	10^{-15}	Billiardstel
Atto	a	10^{-18}	Trillionstel

Anmerkungen: Vielfache und Teile der SI-Einheiten »kg« werden nicht von dieser, sondern von der inkohärenten Einheit »g« gebildet.

*) Vorsätze, die einer ganzzahligen Potenz von Tausend (10^3) entsprechen, sind zu bevorzugen. Die Vorsätze Hekto, Deka, Dezi und Zenti sollen nur noch zur Bezeichnung von solchen Vielfachen und Teilen von Einheiten verwendet werden, die bereits üblich sind (z. B. cm, hl).

Bei der Niederschrift der Einheitenbenennungen, der Einheitenzeichen und der Größen aus Zahlenwert und Einheit sind folgende Festlegungen aus der TGL 31548 zu berücksichtigen:

- Die in den Tabellen 9.1 bis 9.3 angewendete Schreibweise der Benennungen von Einheiten ohne selbständigen Namen ist zu bevorzugen. Anstelle der Zusammenfassung eines Einheitenprodukts in ein Wort (z. B. Newtonmeter) dürfen jedoch auch zwei Einheiten durch das Wort »mal« verbunden werden (z. B. Newton mal Meter). Für Produkte im Nenner ist statt des Bindeworts »mal« das Bindewort »und« zu bevorzugen (z. B. Joule je Kilogramm und Kelvin, aber auch Joule je Kilogramm mal Kelvin). Die Bindewörter »mal« oder »und« dürfen auch durch einen Bindestrich ersetzt werden (z. B. Joule je Kilogramm-Kelvin).

- Außer der in den Tabellen 9.1; 9.2 und 9.3 angewendeten Schreibweise der Potenzprodukte aus Einheitenzeichen sind andere Schreibweisen zulässig. Für den Punkt als Multiplikationszeichen ist neben der Schreibweise auf der Mittellinie zwischen zwei Einheitenzeichen bei Schreibmaschinenschrift auch die Schreibweise auf der Grundlinie der Zeile zulässig. Der Punkt darf auch weggelassen und durch einen Zwischenraum (Ausschluß, Leerraum) ersetzt werden, wenn dies nicht zu Mißverständnissen führt.
- Wenn eine abgeleitete Einheit als Quotient gebildet wird, können der schräge Bruchstrich, der waagerechte Bruchstrich oder negative Potenzexponenten verwendet werden. Bei mehreren Faktoren darf jedoch jeweils nur ein schräger Bruchstrich in einer Zeile verwendet werden, sofern nicht Klammern hinzugefügt werden. Produkte nach einem schrägen Bruchstrich sind in Klammern zu setzen. Eine gemischte Verwendung von Bruchstrichen und negativen Exponenten ist unzulässig.
- Einheitenzeichen dürfen nur mit Einheitenzeichen, Einheitenbenennungen nur mit Einheitenbenennungen kombiniert werden.
- Das Einheitenzeichen ist mit einem Zwischenraum hinter den gesamten Zahlenwert der Größe in eine Zeile zu setzen. Der Zwischenraum entfällt bei hochgestellten Zeichen wie °, ′, ″, jedoch nicht bei °C.
- Einheitenzeichen dürfen nicht mit Indizes und nicht in Verbindung mit anderen Kurzzeichen verwendet werden.

9.2. Auswirkung der Umstellung auf SI-Einheiten auf die Kennwerte wichtiger Größen in der Werkstoffprüfung

Durch den Übergang auf SI ergeben sich bei einigen in der Werkstoffprüfung wichtigen Größen, u. a. Kraft, Spannung, Kerbschlagzähigkeit, teilweise um Größenordnungen andere Kennwerte.
Für die Umrechnung von bisher üblichen Einheiten auf SI-Einheiten und umgekehrt sind in TGL 33996 (Metallische Werkstoffe, Kenngrößen und Einheiten, Umrechnung in SI-Einheiten) Festlegungen getroffen worden, auf deren wichtigste auszugsweise in diesem Abschnitt eingegangen wird.

9.2.1. Kraft

Anstelle der im technischen Maßsystem üblichen Krafteinheit kilopond (kp) tritt das Newton (N):

$$1\ \text{N} = 1\ \text{kg m s}^{-2}$$

Das Newton ist die Kraft, die der Masse 1 kg in der Wirkungsrichtung der Kraft die Beschleunigung $1\ \text{m s}^{-2}$ erteilt. Unter Berücksichtigung der Normalfallbeschleunigung $g = 9{,}80665\ \text{m s}^{-2}$ ergibt sich für das Kilopond die folgende Umrechnung in die SI-Einheit Newton:

$$\begin{aligned} 1\ \text{kp} &= 1\ \text{kg} \cdot 9{,}80665\ \text{m s}^{-2} \\ &= 9{,}80665\ \text{N} \end{aligned}$$

In Tabelle 9.6 sind die Zahlenwerte zur Umrechnung im Bereich 10 bis 1000 N zusammengestellt.
Für das Runden von auf SI-Einheiten umgerechneten Kennwerten gelten folgende Regeln (Beispiele Abschnitt 9.2.2.):

- Ganzzahlige Ausgangswerte sind auf Zahlen mit der Endziffer 0 zu runden.
- Ergeben sich beim Runden benachbarter Ausgangswerte gleiche Zahlenwerte, dann ist auf die Endziffer 5 zu runden.
- Ausgangswerte mit einer Stelle hinter dem Komma sind auf ganze Zahlen zu runden.
- Ausgangswerte mit zwei Stellen hinter dem Komma sind auf Zahlen mit einer Stelle hinter dem Komma zu runden.

Tabelle 9.6. Umrechnung von Kilopond in Newton (im Bereich 10 bis 1000 Newton)

kp	0	1	2	3	4	5	6	7	8	9
	N									
0	–	10	20	30	40	50	60	70	80	90
10	100	110	120	130	140	150	160	170	180	190
20	200	210	220	230	240	245	255	260	270	280
30	290	300	310	320	330	340	350	360	370	380
40	390	400	410	420	430	440	450	460	470	480
50	490	500	510	520	530	540	550	560	570	580
60	590	600	610	620	630	640	650	660	670	680
70	690	700	710	720	730	740	750	755	765	770
80	780	790	800	810	820	830	840	850	860	870
90	880	890	900	910	920	930	940	950	960	970
100	980	990	1000							

9.2.2. Zug-, Druck-, Biege-, Verdreh- und Scherbeanspruchung

Die Einheit der Spannung Kilopond je Quadratmillimeter ($kp\ mm^{-2}$) ist durch die Einheit Megapascal ($MPa = 10^6\ Pa = 1\ N\ mm^{-2}$) nach der Beziehung

$$1\ kp\ mm^{-2} = 9{,}80665\ MPa = 9{,}08665\ N\ mm^{-2}$$

zu ersetzen.
Diese Festlegungen gelten für die Kenngrößen:

Zugfestigkeit	Zeitstandfestigkeit
Streckgrenze	Zeitdehngrenze
Dehngrenze	Kriechgrenze
Druckfestigkeit	Zug-Schwellfestigkeit
Stauchgrenze	Druck-Schwellfestigkeit
Quetschgrenze	Zug-Druck-Wechselfestigkeit
Biegefestigkeit	Biege-Schwellfestigkeit
Biegefließgrenze	Biege-Wechselfestigkeit
Verdrehfestigkeit	Verdreh-Schwellfestigkeit
Verdrehfließgrenze	Verdreh-Wechselfestigkeit
Scherfestigkeit	

Für metallische Werkstoffe sind die Moduln in der Einheit Gigapascal (GPa = 10^9 Pa = 10^3 N mm^{-2}) anzugeben. Es gilt die Beziehung

10^3 kp mm^{-2} = 9,80665 GPa

Die auf die Einheit GPa umgerechneten Zahlenwerte sind auf ganze Zahlen zu runden.
Tabelle 9.6 ist außer für die Umrechnung von kp in N auch für die Umrechnung folgender Einheiten anzuwenden:

p	in mN
kp mm^{-2}	in MPa (N mm^{-2})
10^3 kp mm^{-2}	in GPa (10^3 N mm^{-2})
kp cm^{-2}	in 10 kPa (10^{-2} N mm^{-2})
kp m	in N m
kp m	in J
kp m s^{-1}	in W

Umrechnungsbeispiele

Streckgrenze	36,0 kp mm^{-2} = 350 MPa
Streckgrenze	38,0 kp mm^{-2} = 373 MPa
Zeitdehngrenze	16,5 kp mm^{-2} = 162 MPa
Biegewechselfestigkeit	764 kp cm^{-2} = 7,64 kp mm^{-2} = 74,9 MPa
Elastizitätsmodul	21,5 · 10^3 kp mm^{-2} = 211 GPa

9.2.3. Arbeit, Energie, Wärmemenge

Arbeit, Energie und Wärmemenge sind Größen gleicher Art. Ihre Einheit ist das Joule (J)

1 J = 1 N m

Die Einheit der Wärmemenge Kalorie (cal) ist durch die Einheit Joule (J) zu ersetzen:

1 cal = 4,1868 J

Die Werte zur Umrechnung sind in Tabelle 9.7 zusammengestellt; sie sind auch anzuwenden für die Umrechnung von

kcal	in kJ
cal g^{-1}	in J g^{-1}
kcal kg^{-1}	in kJ kg^{-1}
cal s^{-1}	in W
cal cm^{-2} s^{-1}	in 10 kW m^{-2}
cal cm^{-2} s^{-1} grd^{-1}	in 10 kW m^{-2} K^{-1}
cal grd^{-1}	in J K^{-1}

Die Arbeit kann auch mit Hilfe der SI-Einheiten Volt und Ampere berechnet werden:

1 J = 1 V A s = 1 W s

In Tabelle 9.8 sind weitere Werte zur Umrechnung der Einheiten von Arbeit, Energie und Wärmemenge zusammengestellt.

Tabelle 9.7. Umrechnung von Kalorie in Joule

cal	0	1	2	3	4	5	6	7	8	9
	J									
0	–	4	8	13	17	21	25	29	33	38
10	42	46	50	54	59	63	67	71	75	80
20	84	88	92	96	100	105	109	113	117	121
30	126	130	134	138	142	147	151	155	159	163
40	167	172	176	180	184	188	193	197	201	205
50	209	214	218	222	226	230	234	239	243	247
60	251	255	260	264	268	272	276	281	285	289
70	293	297	301	306	310	314	318	322	327	331
80	335	339	343	348	352	356	360	364	368	373
90	377	381	385	389	394	398	402	406	410	414
100	419									

Tabelle 9.8. Umrechnung weiterer Einheiten von Arbeit, Energie und Wärmemenge

	J	kp m	kW h	k cal	PS h
1 J	1	0,102	$2{,}78 \cdot 01^{-7}$	$2{,}39 \cdot 10^{-4}$	$3{,}77 \cdot 10^{-7}$
1 kp m	9,81	1	$2{,}72 \cdot 10^{-6}$	$2{,}34 \cdot 10^{-3}$	$3{,}7 \cdot 10^{-6}$
1 kWh	$3{,}6 \cdot 10^{6}$	$3{,}67 \cdot 10^{5}$	1	860	1,36
1 kcal	4187	427	$1{,}16 \cdot 10^{-3}$	1	$1{,}58 \cdot 10^{-3}$
1 PS h	$2{,}65 \cdot 10^{6}$	$2{,}7 \cdot 10^{5}$	0,736	632	1

9.2.4. Härte

Entsprechend einer Vereinbarung der ISO sind die Zahlenwerte der Brinell-, Vickers- und Rockwellhärte beim Übergang auf die SI-Einheit N der Kraft nicht zu verändern.

Brinell- und Vickershärte

Bei der Ermittlung der Brinell- und Vickershärte geht der Zahlenwert der Prüfkraft mit in das Ergebnis ein. Um auch bei der Angabe der Prüfkraft in N zu den gleichen Zahlenwerten für die Brinell- und Vickershärte zu gelangen, muß in den Definitionsgleichungen der Faktor 0,102 hinzugefügt werden (Abschnitt 2.3.). Nach der gleichen ISO-Vereinbarung ist bei Angaben von Vickers- und Brinellhärtewerten die Einheit (früher kp mm^{-2}) nicht mehr anzugeben. Es wird dem Härtewert (Zahlenwert) nur das Symbol HB oder HV hinzugefügt, z. B. 450 HV. Die Zahlenwerte hinter dem Kurzzeichen, z. B. 450 HV 30, die bisher die Höhe der Prüfkraft in kp kennzeichneten, bleiben unverändert und geben nunmehr die mit dem Faktor 0,102 multiplizierte Höhe der Prüfkraft in N an; die Prüfkraft bei HV 30 beträgt somit 294 N.

Rockwellhärte

Die Größen der Kräfte (Vorkraft, Zusatzkraft, Gesamtkraft) bleiben unverändert, nicht jedoch ihre Zahlenwerte. Als Nachteil ergeben sich dadurch unrunde Zahlen für die Prüfkraft; z. B. beträgt bei HRC die Gesamtprüfkraft 1470 N statt bisher 150 kp. Da der Zahlenwert der Kraft nicht in den Zahlenwert des Ergebnisses eingeht und nur bei der Kennzeichnung des Verfahrens berücksichtigt wird, bleiben die Härtewerte unverändert.

9.2.5. Kerbschlagzähigkeit

Für die Schlagarbeit ist die Einheit Kilopondmeter (kp m) durch die Einheit Joule (J) nach der Beziehung

$$1\ \text{kp m} = 9{,}80665\ \text{J}$$

zu ersetzen, wobei die in Tabelle 9.6 zusammengestellten Zahlenwerte für die Umrechnung anzuwenden sind.
Die auf die Einheit J umgerechneten Zahlenwerte sind für die Prüfquerschnittsflächen ab 0,4 cm^2 auf ganze Zahlen zu runden, für Prüfquerschnittsflächen unter 0,4 cm^2 auf die Endziffer 0 oder 5 in der ersten Dezimalstelle.
Da in größerem Umfang bereits anstelle der Kenngröße Kerbschlagzähigkeit die Kenngröße Schlagarbeit unter Angabe der Probenform verwendet wird, sind in Tabelle 9.9 die Werte für die Umrechnung der Kerbschlagzähigkeit von 1 kp m cm^{-2} in die Schlagarbeit in J in Abhängigkeit von der Probenform angegeben, wobei die Rundungshinweise zu beachten sind.

Tabelle 9.9. Umrechnung der Kerbschlagzähigkeit von 1 kp m cm^{-2} in die Schlagarbeit in J in Abhängigkeit von der Probenform

Probenform nach TGL 11225	Prüfquerschnitt in cm^2	Schlagarbeit bei der Kerbschlagzähigkeit 1 kp m/cm^2	
		in kp m	in J
R 2	0,8	0,8	7,84532
R 3	0,7	0,7	6,86466
S 2	0,8	0,8	7,84532
S 3	0,7	0,7	6,86466
K 2	0,4	0,4	3,92266
K 3	0,35	0,35	3,43233
KK 2	0,24	0,24	2,35360
SK 2	0,4	0,4	3,92266

9.2.6. Bruchzähigkeit

Die bisher verwendete Einheit kp $mm^{-3/2}$ ist durch die Einheit MPa $mm^{1/2}$ nach der Beziehung

$$1\ \text{kp mm}^{-3/2} = 9{,}80665\ \text{MPa mm}^{1/2}$$

zu ersetzen; die Werte der Tabelle 9.6 gelten auch für diese Umrechnung.

9.2.7. Ionisierende Strahlung

Hinsichtlich der Anwendung der SI-Einheiten für ionisierende Strahlung gilt in der DDR die »Richtlinie für die Anwendung der Einheiten physikalischer Größen nach TGL 31548 auf dem Gebiet Atomsicherheit und Strahlenschutz« [2].

Energiedosis

Die SI-Einheit der Energiedosis D ist das Gray (Gy). Sie ist bevorzugt mit den Vorsätzen Mikro und Milli zu verwenden. Außer weichem Gewebe als Bezugssubstanz der Energiedosis sind auch Luft und Wasser als Bezugssubstanzen zulässig, soweit die Kalibrierungsbedingungen von Dosismeßgeräten nur für Luft oder Wasser gegeben sind.
Die Begriffe Expositionsdosis oder Exposition sind auf dem Gebiet Atomsicherheit und Strahlenschutz nicht mehr zulässig. Hierfür ist die Größe Energiedosis zu verwenden. Im praktischen Strahlenschutz ist es zulässig, für den Übergang von Expositionsdosiswerten mit der alten Einheit Röntgen (R) auf Energiedosiswerte als Näherungen folgende Beziehungen zu verwenden:

$1\,\mathrm{R} = 10\,\mathrm{mGy}$

$1\,\mathrm{mR} = 10\,\mu\mathrm{Gy}$

Für Präzisionsmessungen in Luft gilt dagegen die Umrechnung

$1\,\mathrm{R} = 8{,}77\,\mathrm{mGy}$ (in Luft)

Äquivalentdosis

Die Äquivalentdosis, im Strahlenschutz zur Bewertung der schädigenden Einwirkung ionisierender Strahlung benutzt, wird durch das Produkt aus Energiedosis D im betreffenden Gewebe und dem Qualitätsfaktor Q gebildet. Für Röntgen- und Gammastrahlung ist $Q = 1$, für schnelle Neutronen und Protonen ist $Q = 10$. Da Q dimensionslos ist, haben die Energie- und Äquivalentdosis die gleiche Dimension. Zur Unterscheidung beider Größen wurde für die Äquivalentdosis anstelle der alten Einheit rem die Einheit Sievert (Sv) eingeführt; sie ist ebenfalls bevorzugt mit den Vorsätzen Mikro und Milli zu verwenden. Es gilt $1\,\mathrm{Sv} = 100\,\mathrm{rem}$.

Dosisleistungseinheiten

Dosisleistungseinheiten sind als Quotient einer zulässigen Dosiseinheit und der SI-fremden Einheit Stunde zu bilden. Bevorzugt zu verwenden ist die Einheit $\mu\mathrm{Gy\,h^{-1}}$ für die Energiedosisleistung und $\mu\mathrm{Sv\,h^{-1}}$ für die Äquivalentdosisleistung.

Aktivität

Die Einheit der Aktivität ist das Becquerel (Bq). Ein Becquerel entspricht einer Kernumwandlung je Sekunde. Bei Bezug der Aktivität auf die Oberfläche, das Volumen oder die Masse eines Körpers sind bevorzugt die Einheiten $\mathrm{Bq\,m^{-2}}$, $\mathrm{Bq\,m^{-3}}$ bzw. $\mathrm{Bq\,kg^{-1}}$ zu verwenden, gegebenenfalls mit geeigneten Vorsätzen vor der Einheit Bq.
Die Umrechnungsbeziehung zur alten Einheit Curie (Ci) lautet

$1\,\mathrm{Bq} = 2{,}70 \cdot 10^{-11}\,\mathrm{Ci}$

$1\,\mathrm{Ci} = 3{,}70 \cdot 10^{10}\,\mathrm{Bq}$

Tabelle 9.10. Zusammenstellung wichtiger Größen der Werkstoffprüfung mit Angabe der Formeln zur Umrechnung bisher üblicher Einheiten in Einheiten des SI-Systems und umgekehrt

Größe	SI-Einheit	Umrechnungen			
Länge	m	1 Å	$= 10^{-10}$ m	1 nm	= 10 Å
			= 0,1 nm	1 pm	= 0,01 Å
			= 100 pm		
		1″ (Zoll)	= 0,0254 m	1 m	= 39,37″ (Zoll)
			= 25,4 mm		
Kraft	N	1 dyn	$= 10^{-5}$ N	1 μN	= 0,1 dyn
			= 10 μN	1 N	$= 10^{5}$ dyn
		1 kp	= 9,806 65 N		= 0,101 97 kp
			≈ 9,8 N		≈ 0,102 kp
			≈ 10 N		≈ 0,1 kp
Spannung, Festigkeit	N m^{-2} = Pa (Pascal)	1 kp mm^{-2}	= 9,806 65 N mm^{-2}	1 N mm^{-2}	= 1 MPa
			= 9,806 65 MPa		= 0,101 97 kp mm^{-2}
			≈ 9,8 N mm^{-2}		≈ 0,102 kp mm^{-2}
			≈ 10 N mm^{-2}		≈ 0,1 kp mm^{-2}
		1 kp cm^{-2}	= 0,098 07 N mm^{-2}	1 N mm^{-2}	= 10,197 kp cm^{-2}
		1 dyn cm^{-2}	= 0,1 Pa		= 145 psi
			= 0,1 N m^{-2}		$= 10^{-5}$ dyn cm
		1 psi (pounds per square inch)	$= 6{,}89 \cdot 10^{-3}$ N mm^{-2}	1 Pa	= 10 dyn cm^{-2}
Druck von Fluiden (Gase, Flüssigkeiten, auch Schalldruck)	Pa (Pascal) = N m^{-2}	1 μbar	= 0,1 Pa	1 Pa	= 10 μbar
		1 mbar	= 100 Pa		= 0,01 mbar
		1 Torr	= 133,32 Pa		$= 7{,}501 \cdot 10^{-3}$ Torr
		1 bar	$= 10^{5}$ Pa	1 MPa	= 10 bar
			= 0,1 MPa		
Arbeit, Energie	J = Nm	1 kpm	= 9,806 65 J	1 J	= 0,101 97 kpm
		1 eV	$= 1{,}6021 \cdot 10^{-19}$ J	1 aJ	= 6,242 eV

Tabelle 9.10. (Fortsetzung)

Größe	SI-Einheit	Umrechnungen			
Wärmemenge	J	1 eV	= 0,16021 aJ	1 pJ	= 6,242 MeV
	= Ws	1 erg	$= 10^{-7}$ J = 0,1 µJ	1 µJ	= 10 erg
		1 cal	= 4,1868 J	1 J	= 0,23885 cal
		1 PS h	= 2,6478 MJ	1 MJ	= 0,37767 PS h
		1 kW h	= 3,6 MJ		= 0,27778 kW h
Leistung	W	1 kpm s^{-1}	= 9,80665 W	1 W	= 0,10197 kpm s^{-1}
	= J s^{-1}	1 PS	= 0,7355 kW	1 kW	= 1,360 PS
ebener Winkel	rad (Radiant)	1°	= 17,4533 mrad	1 rad	$= \frac{180°}{\pi} = 57,29578°$
		1′	= 0,29089 mrad	1 mrad	= 3,4377′
		1″	= 4,8481 µrad	1 µrad	= 0,206264″
Zeit	s	1 min	= 60 s	1 ks	= 16,667 min
		1 h	= 3600 s = 3,6 ks		= 0,27777 h
		1 d	= 86400 s = 86,4 ks	1 Ms	= 11,5741 d
magnetische Induktion	T (Tesla)	1 Gauß	$= 10^{-4}$ T = 0,1 mT	1 T	$= 10^4$ Gauß
	= Wb m^{-2}	1 Kilogauß	= 0,1 T		= 10 Kilogauß
	= Vs m^{-2}				
magnetische Feldstärke	A m^{-1}	1 Oerstedt	$= \frac{1000}{4\pi}$ A m^{-1}	1 A m^{-1}	= 0,012566 Oe
			= 79,5775 A m^{-1}	1 A cm^{-1}	= 1,256637 Oe
			= 0,7958 A cm^{-1}		≈ 1,25 Oe
			≈ 0,8 A cm^{-1}		
Exposition Ionendosis	C kg^{-1}	1 R (Röntgen)	$= 2,58 \cdot 10^{-4}$ C kg^{-1}	1 C kg^{-1}	$= 3,87597 \cdot 10^3$ R
			= 0,258 mC kg^{-1}	1 mC kg^{-1}	= 3,87597 R

Tabelle 9.10 (Fortsetzung)

Größe	SI-Einheit	Umrechnungen			
Aktivität	Bq (Becquerel) $= s^{-1}$	1 Curie	$= 3{,}7 \cdot 10^{10}$ Bq	1 Bq	$= 2{,}702\,70 \cdot 10^{-11}$ Ci
			= 37 GBq		$= 2{,}702\,70 \cdot 10^{-8}$ mCi
		1 mCi	$= 3{,}7 \cdot 10^{7}$ Bq		
			= 37 MBq		
		1 µCi	$= 3{,}7 \cdot 10^{4}$ Bq		
			= 37 kBq		
Energiedosis	Gy (Gray) $= J\ kg^{-1}$	1 rd	$= 10^{-2}$ Gy	1 Gy	$= 10^{2}$ rd
			= 10 mGy	1 mGy	$= 10^{-1}$ rd
		1 mrd	$= 10^{-5}$ Gy	1 µGy	$= 10^{-4}$ rd
			= 10 µGy		
Äquivalentdosis	Sv	1 Sv	= 100 rem	1 rem	$= 10^{-2}$ Sv

Anmerkung: Bei der Benutzung dieser Tabelle sollten folgende Einheiten nicht verwechselt werden:

C (Coulomb) mit Ci (Curie)
rd (Rad) mit rad (Radiant)

9.2.8. Umrechnungstabelle

In Tabelle 9.10 sind nochmals einige wichtige Formeln zur Umrechnung der bisher gebräuchlichen Einheiten in SI-Einheiten und umgekehrt zusammengestellt, wobei auch Einheiten aus dem angelsächsischen Schrifttum (z. B. Zoll, psi) sowie Einheiten, die zu einem früheren Zeitpunkt verwendet wurden (z. B. Gauß, Oerstedt) Berücksichtigung finden.

Literaturhinweise

[1] Anordnung über die Tafel der gesetzlichen Einheiten vom 26. 11. 1968. GBl. SDr. 605 vom 1. 3. 1969; Berichtigung im GBl. II, 1969, Nr. 45, S. 291
[2] Richtlinie für die Anwendung der Einheiten physikalischer Größen nach TGL 31548 auf dem Gebiet Atomsicherheit und Strahlenschutz. Mitteilungen des Staatlichen Amtes für Atomsicherheit und Strahlenschutz 19 (1982) Nr. 1

Standards (Auswahl)

TGL 31548 Einheiten physikalischer Größen; verbindlich ab 1. 1. 1980
TGL 33996 Metallische Werkstoffe; Kenngrößen und Einheiten; Umrechnung in SI-Einheiten; verbindlich ab 1. 7. 1978

Sachwörterverzeichnis

C

D

E

S

T

U

V

W

Z

Pulvermetallurgie — Sinter- und Verbundwerkstoffe

Von einem Autorenkollektiv

Herausgegeben von Prof. Dr.-Ing. habil. Dr.-Ing. E. h. *Werner Schatt*

3., durchgesehene Auflage
600 Seiten mit 473 Bildern und 124 Tabellen
Format 16,5 cm × 23,0 cm
Leinen mit Schutzumschlag, DDR 70,— M, Ausland 70,— DM
ISBN 3-342-00409-6
Bestell-Nr.: 542 168 5

Vertriebsrechte für BRD, Berlin (West), Österreich und die Schweiz bei Dr. Alfred Hüthig Verlag GmbH, Heidelberg

Neben die industriell vorherrschenden schmelzmetallurgischen Verfahren sind mit Beginn dieses Jahrhunderts zunehmend pulvermetallurgische Methoden zur Herstellung von Formteilen und Halbzeugen getreten. Außer wirtschaftlichen Vorteilen (z. B. infolge der prozeßstufenärmeren und nahezu abfallfreien Fertigung von Massenformteilen oder der Erzeugung hochschmelzender Werkstoffe unter Umgehung des Schmelzzustands) bietet die Sintertechnik auch eine Reihe einzigartiger Lösungsvarianten. Zu ihnen gehören die in einem weiten Bereich abstufbaren, porigen Materialien oder die Verbundwerkstoffe, in denen beliebige Komponenten zu gemeinsamer oder neuer Wirkung gebracht werden können.
Die Darstellung dieses für die Werkstoffentwicklung und Materialsubstitution bedeutsamen Technikgebiets führt von den wichtigsten Verfahren der Gewinnung, Aufbereitung, Prüfung und Charakterisierung der Pulver über deren Formgebung zu Bauteilen und Halbzeugen bis zu den Vorgängen und technologischen Varianten des Sinterns sowie der Prüfung von Sinterteilen. Einen ebenso breiten Raum nehmen die Sinterwerkstoffe selbst ein. Mit Massenformteilen auf Eisen- und Nichteisenbasis, hochfestem und -legiertem Sinterstahl, Reib- und Gleitelementen (Lager), teilchenverfestigten und hochporösen (Filter) Materialien, Kontakt- und Magnetwerkstoffen, hochschmelzenden Metallen und Legierungen sowie Metall-Nichtmetall-Verbundwerkstoffen und Spezialkeramiken wird eine nahezu erschöpfende Beschreibung der Sinterwerkstoffe und ihrer Anwendung gegeben.

Bestellungen nehmen alle Buchhandlungen entgegen.

VEB Deutscher Verlag für Grundstoffindustrie · Leipzig